数字IC设计入门

微课视频版

白栎旸 ◎ 编著

清华大学出版社

北京

内 容 简 介

本书旨在向广大有志于投身芯片设计行业的人士及正在从事芯片设计的工程师普及芯片设计知识和工作方法,使其更加了解芯片行业的分工与动向。

本书共分 9 章,从多角度透视芯片设计,特别是数字芯片设计的流程、工具、方法、仿真等环节。凭借作者多年业内经验,针对 IC 新人关心的诸多问题,为其提供提升个人能力,选择职业方向的具体指导。本书第 1 章是对 IC 设计行业的整体概述,并解答 IC 新人普遍关心的若干问题。第 2 章和第 3 章分别阐述数字 IC 的设计方法和仿真验证方法,力图介绍实用、规范的设计和仿真方法,避免 Verilog 语法书中简单的语法堆砌及填鸭式灌输。第 4 章在前两章的基础上,通过实例进一步阐述设计方法中的精髓。第 5 章详细介绍作为当今数字芯片主流的 SoC 芯片架构和设计方法,并对比了非 SoC 架构的设计,无论对 SoC 芯片还是非 SoC 芯片设计都极具参考价值。第 6 章介绍 3 种常用的通信接口协议,同时也可以作为 IC 设计方法的总结和练习。第 7 章介绍数字 IC 设计必须具备的电路综合知识和时序约束知识。第 8 章对数字 IC 设计中常用工具及其操作方法进行介绍,能够帮助新人快速上手。第 9 章总结归纳一些学习数字 IC 设计的方法及如何进行职业发展方向的规划等热点问题。书中的一些重点内容和实操环境配有视频讲解,能够帮助读者更深入地掌握书中内容。

本书可作为数字芯片设计的科普书,供希望进入该行业的人士或希望了解芯片界动向的人力资源行业人士及芯片创业者阅读,也可作为技术参考书,供学习和从事设计的学生和工程师阅读。

图书在版编目(CIP)数据

数字 IC 设计入门:微课视频版/白栎旸编著.—北京:清华大学出版社,2023.8(2025.4重印)
ISBN 978-7-302-63503-1

Ⅰ.①数…　Ⅱ.①白…　Ⅲ.①数字集成电路－电路设计　Ⅳ.①TN431.2

中国国家版本馆 CIP 数据核字(2023)第 083313 号

责任编辑:赵佳霓
封面设计:刘　键
责任校对:郝美丽
责任印制:杨　艳

出版发行:清华大学出版社
　　　　网　　　址:https://www.tup.com.cn,https://www.wqxuetang.com
　　　　地　　　址:北京清华大学学研大厦 A 座　　　邮　　编:100084
　　　　社　总　机:010-83470000　　　　　　　　邮　　购:010-62786544
　　　　投稿与读者服务:010-62776969,c-service@tup.tsinghua.edu.cn
　　　　质量反馈:010-62772015,zhiliang@tup.tsinghua.edu.cn
　　　　课件下载:https://www.tup.com.cn,010-83470236
印　装　者:涿州市般润文化传播有限公司
经　　　销:全国新华书店
开　　　本:186mm×240mm　　印　张:29.75　　　　字　　数:669 千字
版　　　次:2023 年 9 月第 1 版　　　　　　　　　印　　次:2025 年 4 月第 5 次印刷
印　　　数:5501~7000
定　　　价:109.00 元

产品编号:097171-01

前 言
PREFACE

芯片行业在中国原本是一个默默无闻的行业。几十年来,国内总有两种声音,一种是拿来主义,"自己研发做什么,买来就好了";另一种是要自己做芯片。说真的,在 2010 年以前,笔者还在读研究生时,根本没想过中国需要做芯片,以及中国能做芯片。笔者的计算机用的是 Intel 的 CPU 及模组,内存是三星的,毕设用的是 TI 的 DSP,直到我找到了一份芯片研发的工作,才知道中国也有做芯片的行业,但是,当时国内的产品生产商对国产芯片抱着十分怀疑的态度,寻找各种理由,拒绝使用国产芯片,国产芯片生存的空间只有两个:其一就是完成国家任务,例如某某基金、项目、课题,或销售给军队,完成国产化率指标;其二就是国内大厂自己做一个性能较差的芯片,以此要挟国外芯片供货商,"如果要提价,我们有备份",于是国外厂商就不敢提价,直到年头久了,国外芯片技术更新换代,大厂自己的备份失去了要挟的能力,才又组织人力重新研发一次。可见当时国内芯片产业的生态是多么恶劣。

芯片研发的门槛高,从业者大多是硕士或博士,在芯片名不见经传的时代,芯片工程师薪资待遇差,劳动强度高,加班加点是常有的事,被人戏称为"没钱又没闲的一群人"。只能看着隔壁互联网、游戏等行业的高薪流口水,很多从业者转行去了互联网,或改做 FPGA 产品。由于高校培养的专门人才少之又少,人力缺口只能由其他专业的人来填补,例如笔者就是从通信和信号专业转过来的,但笔者当时也不是专门要找做芯片方面的工作,合同签的是软件开发,误打误撞被分配来做芯片,这种实际工作和意向书不一致的情况,也是大厂的常规操作。

近些年,美国逐渐开始了针对中国的贸易战,特别是加大了对中国科技产业的制裁和封锁。在这场没有硝烟的战争中,芯片出人意料地站在了风口浪尖,成为美国要挟中国的利器。过去一直高喊"买买买"的产品经理们不作声了,因为他们要么已经被禁止买入,要么就是在被禁的路上。一时之间,如何打破美国在芯片界的垄断地位,建立独立且完整的芯片研发、制造产业链,突然成为国家战略的重中之重。在这一国际形势的影响下,无论大厂小厂,"芯片替换运动"正在逐渐展开,大家都希望尽早用国产芯片替代随时可能断供的国外芯片。这一替换也使人们发现,原来我国在芯片领域有这么多短板需要填补,很多细分市场长期以来无人问津,或未得到应有的重视,例如 CPU 领域、存储领域、网络处理领域、无线通信领域、模拟芯片领域等。面对这些空白或短板,喜欢赚快钱的资本,在国家的引导下,进入了芯片行业,在一定程度上促进了近些年来国内芯片业的快速发展。同时也必须看到,目前国内芯片行业，正处在群雄并起，逐鹿中原的战国时代，必然会经历一场激烈的竞争，完成它的大清洗。我相信，经过充分的竞争与重组后，我国芯片业将会越来越有竞争力，面对美国的威胁，我们将有更多话语权，芯片业将会成为推动国内工业创新与发展，捍卫我国世界第一工业国地位的重要行业。

随着芯片行业的快速发展，人才缺口越来越大，希望进入芯片行业，从事设计、验证等相关工作的学习者也为数众多，但对于新人来讲，芯片行业分工细致，产品形态繁多，术语五花八门，想要入门不是一件易事。本书正是为了满足这些读者的需要而撰写的。笔者从业十余年，转战过芯片研发的多个领域，如算法、RTL 前端设计、验证、综合、FPGA、驱动软件等，曾独立完成多款小型芯片的数字全流程开发，经验覆盖数字、模拟等多个细分领域，参与研发的芯片量产累计已达上亿颗。这使笔者对芯片流程各领域都有所了解，并且笔者同样也是非科班出身，在工作中从零开始学习芯片，初学者可能遇到的"坑"，笔者大都跳进去并且爬上来过，因而更了解初学者的学习心理和知识需求。希望这本书可以帮助读者排除心中的种种迷雾和疑团，从宏观上和微观上都更加了解芯片，迅速成长，早日摘掉"萌新"的帽子。

资源下载提示

素材(源代码)等资源：扫描目录上方的二维码下载。

视频等资源：扫描封底的文泉云盘防盗码，再扫描书中相应章节的二维码，可以在线学习。

笔者的阅历有限，书中难免存在疏漏，希望读者热心指正，在此表示感谢。

白栎旸

2023 年 5 月

于南京

本书内容介绍

目录

CONTENTS

本书源代码

## 第 1 章

IC 设计行业概述

IC 设计行业是一个高科技行业,有着复杂而细致的分工、严格的流程规范、多种不同类型的 EDA 工具。本章将向读者展示 IC 设计行业的全貌,使读者能够对该行业建立起一个完整清晰的认识。

1.1　IC 设计公司的分类

IC 设计公司有多种分类方法。若按有无芯片生产能力来分,可分为兼具设计与生产能力(Integrated Design and Manufacture,IDM)的企业和只有设计能力,找专门工厂进行生产(Fabless)的企业两大类。

历史上最早出现的是第一类企业,当时芯片仅仅是印制电路板的微缩版本,生产和设计分工并不明确。随着芯片技术的发展,设计和生产逐渐分离,并各自按照不同的技术路线发展演进。第一类企业往往拥有雄厚的资金,因为芯片的生产设备十分昂贵,芯片制程方面的技术获取和积累难度大,是所谓"重资产"领域。

以台积电为代表的芯片生产厂商看准了设计与生产相分离的趋势,开启了芯片"代工"的新模式,即代替设计公司生产芯片的模式。只要设计公司提供规定格式的设计文件,代工厂就能够生产出他们想要的芯片。这种代工厂称为 Foundry。芯片代工厂的成立,鼓励了那些资金较少但又有芯片设计需求的企业和个人成立专门的设计公司,从而形成了当前的"设计公司＋代工厂"模式。

就如当年"微软＋IBM"的商业联合力压苹果,占据了个人计算机的大部分份额,这种"设计公司＋代工厂"模式也已成为绝对的主流,传统的 IDM 公司也正在逐渐改变其思路。例如著名的 AMD 公司,原本是一家 IDM 公司,后来将设计与生产剥离,设计部分仍叫 AMD,生产部分改名 Global Foundry,为全世界的设计公司做代工。韩国三星电子属于 IDM 公司,但它除了满足自己的需要,偶尔也做代工,苹果设计的手机芯片有一部分是由台积电代工的,而另一部分则由三星代工。Intel、TI、ST 等国外大厂都是 IDM 公司,但由于生产技术的强保密性,一些企业的生产技术、加工精度已经相对落后,不再属于芯片制造的第一梯队,但它们也有自己的生存之道,例如更加紧密的设计与生产的结合。由于没有公司间的隔阂,其设计要求可能会直接促成某些生产工艺的调整和改进,这是"设计公司＋代工厂"模式很难做到的。这就类似于苹果的 iOS 系统,虽然 CPU 频率并不比安卓手机高,内存也不如安卓手机大,但运行流畅度却胜过安卓,这源于苹果更紧密的软硬件结合能力。

　　IC 设计公司,按产品类型也可分为数字 IC 公司和模拟 IC 公司。数字 IC 公司主要的产品是数字芯片,模拟 IC 公司主要研发模拟芯片。这并不是说数字芯片中没有模拟器件,或模拟芯片中不包含数字器件,而是指它们各自功能的着重点。数字芯片的主要功能着重于数据的运算及传输,其模拟电路只起辅助作用,例如家里用的计算器,主要用来进行加减乘除运算,因而它属于数字设备,但它也需要电源驱动电路及时钟发生器来触发运算。模拟芯片的重点在于模拟,如 ADC 芯片、时钟控制芯片、电源管理芯片等。它们的核心是模拟功能,但同时也需要通过数字接口来配置一些参数才能正常工作,因而它们也需要 I^2C 或 SPI 等数字电路。一些芯片,其模拟功能和数字功能同等重要,例如 USB 接口芯片,原本是用来传输数据的,按理说应该属于数字芯片,但为了提高传输速率,它使用了 SerDes 技术,传输时使用高信噪比的串行模拟信号,因而模拟处理电路也同样重要,这种芯片可称为数模混合芯片。

1.2　数字 IC 设计流程

　　数字 IC 的设计流程如图 1-1 所示。如果只关注设计流程的主干部分,则可以看出主要分为 3 步。第 1 步由数字 IC 设计工程师编写电路设计文件,该文件常用 Verilog 设计语言描述,实际上就是一个文本,称为寄存器传输层(Register Transfer Level,RTL)设计文件,用任何文本编辑器都能打开。第 2 步将 RTL 输入综合工具,被工具转换为实际电子元器件的连接,称为综合(Synthesis)。该工具输出的元器件连接文件称为网表,也是纯文本的。第 3 步是将综合网表输入后端布局布线工具中,该工具能将文本形式的网表变为实际电路图,类似于常见的 PCB 图,称为版图(Layout)。版图的绘制无外乎两个问题:一个是元器件如何摆放,即布局问题(Place),第 2 个是元器件如何连接,即布线问题(Route)。数字版图的绘制过程大部分由计算机自动完成,因此称为自动布局布线(Automatic Place and Route,APR),很多时候也直接称为 PR。版图为 Foundry 能够识别的通用格式,Foundry 根据它来制造芯片。制造芯片的过程称为流片,由设计厂将版图交付给 Foundry 的行为称为交付流片(TapeOut)。

　　在 3 个主要流程之外,尚存在其他工序,其中,验证和验收(SignOff)是负责对设计质量进行把控和最终验收的。数字前端设计完成后,要将 RTL 设计文件提交给数字验证,用以确认设计的正确性和合理性。一旦发现错误,会反馈给设计者进行修改,如此反复迭代,最终交付到综合阶段的 RTL 设计文件都是经过验证的合格品。对 RTL 设计文件的验证和仿真行为称为前仿,即版图成形前的仿真。在验证过程中,由验证人员编写的测试平台(Testbench)文件是对实际应用环境的仿真,虽然该文件不用于综合和版图绘制,但为发现设计中的错误提供了依据,应当将其地位看作与 RTL 设计文件同等重要。当后端完成版

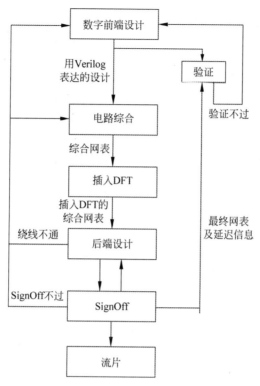

图 1-1　数字 IC 设计流程

图设计后,还要经过时序和功耗检查,只有合格后才能交给 Foundry,这种检查叫作 SignOff 检查。若检查无法通过,首先是数字后端工程师自己努力,重新绘制版图或微调元器件位置,若无法达到目的,再修改综合策略,重新综合,并绘制版图,若仍无法达到目的,要反馈到前端 IC 设计,在 RTL 上进行调整。在 SignOff 合格后,还要将最终网表和延迟信息提供给验证人员,由他们进行后仿,以便对芯片设计的时序功能做最后的验收检查。所谓后仿,就是版图成形后的仿真。

可测性设计(Design For Test,DFT)也是一个附属工序,它的原理是在芯片中加入一些附属电路,这些电路与芯片的主要功能无关,但有了它们,可以在芯片的生产过程中使用测试机台快速判断芯片的功能是否完好、内部结构是否正常。如果芯片中包含 DFT 电路,则测试机台可以向芯片的某些引脚发送事先准备好的测试向量,在芯片的另一些引脚上采样芯片对测试向量的反应。将事先准备好的预期效果与实际采样到的结果进行对比,从而判断芯片的内部功能是否正常。DFT 功能也常常被称为扫描(Scan),即用测试机台扫描芯片内部之意。DFT 检查的对象是生产差错造成的芯片损坏,它不能检查设计问题。设计问题应该由验证工序来检查。DFT 对于芯片来讲并不是必需的,一些低成本的芯片没有插入 DFT 电路,在设计流程上,直接从电路综合过渡到后端设计。

平时人们常说的前端设计和后端设计,区别在于设计的对象是抽象的还是具体的。前端设计的是抽象电路，它只描述功能，而不是具体电路，而后端设计的是具体电路，不仅要知道该电路需要哪些元器件，还要一一确认这些元器件的摆放位置。电路综合是前端和后端的分界线，综合之前没有元器件而只有功能，综合之后，设计才有了具体化的元器件。当然，有经验的前端设计工程师也往往强调心中有电路，但所谓心中的电路并非最终的实际电路，而是功能相似的概念性电路。在心中画电路的目的是认清设计架构，并避免潜在的设计隐患。

1.3 模拟 IC 设计流程

虽然本书主要谈数字 IC 设计，但芯片毕竟是数字电路与模拟电路的混合体，因而了解模拟 IC 的设计流程，对于数字 IC 工程师也是很有必要的。

模拟 IC 设计流程是：绘制原理图（Schematic）、仿真原理图、根据原理图绘制版图、抽取寄生参数、版图后仿、设计规则检查（Design Rule Check，DRC）、版图与原理图的一致性检查（Layout Versus Schematics，LVS），最后流片。

模拟 IC 设计流程没有数字 IC 设计那么多步骤，比较清晰直观。在设计中，也没有那么多自动化成分，原理图、版图都是手动绘制的，电阻、电容等元器件参数都得人工确定。

模拟电路的仿真一般由原理图的设计者亲自完成，原因是模拟电路的设计参数选择范围宽泛，需要验证的场景也比较复杂，仿真验收标准不十分明确，这就需要设计者搭建关键的应用环境和场景，对电路上产生的反应做出判断，随时调整电路结构和参数。如此复杂的验证需求，让专业的验证完全领会，难度可想而知。为了降低沟通成本，一般不设置专门的模拟验证岗位，而是由设计人员兼任。

模拟版图工程师与模拟 IC 设计师一般是分开的两个职业。模拟 IC 设计师一般也都掌握一些绘制版图的方法，但绘制的熟练程度及对一些物理问题的处理方面，他们必须求助于专业的版图工程师。对于普通模拟电路，版图工程师可以根据原理图及通用的绘图规则直接进行绘制，然而对于诸如射频电路及高功率管之类有着特殊要求的设计，版图工程师需要与模拟 IC 设计师进行充分沟通，在模拟 IC 设计师的协助下进行绘制。

要验证模拟 IC 设计的功能和性能，在流片之前只能靠仿真，无法像数字 IC 那样通过仿真验证和 FPGA 验证两种方法来相互印证设计效果，而模拟仿真速度慢、情况多，很难覆盖真实使用中可能遇到的全部情况，因此，模拟设计具有很高的不确定性，芯片的实际效果与仿真结果存在明显差距是经常发生的。正是由于模拟设计有这样的特点，很大程度上限制了模拟工程师经验积累的速度，也提高了模拟设计的门槛。也正是由于数字电路与模拟电路在设计难度及对结果把控能力方面的差异，使数字电路不论是在过去还是在将来，都有逐渐取代模拟电路的趋势。不过这一趋势并不能无限延展，因为模拟电路也有一些无法被取代的特性。

如果读者还没能体会到模拟电路的设计与验证的复杂度，则可以想象数字电路处理的是 0 和 1 两种信号，它的数值域内只有两个数，任何讨论非 0 即 1，大大限制了讨论范围，而模拟电路的数值域是实数域,包括所有连续的整数、浮点数、正负数,数值域内的数据有无穷多个,因此,即便是很小的电路,元器件数量不多,也需要设计者和仿真者从数值域中挑选一部分值作为设计和仿真中所要用到的值,绝对不可能覆盖所有情况。

1.4 芯片整体规划

在获得芯片开发任务后,首先要估计芯片的总面积、总成本,用什么工艺,选哪家Foundry。通常将芯片整体规划,以及内部数字、模拟电路的位置、面积、形状等特征的规划称为版图布局规划(FloorPlan)。一个 FloorPlan 的例子如图 1-2 所示,读者可以在图中辨认出数字和模拟电路的形状、存储器件(ROM、SRAM 等)的位置、芯片的总体形状、面积、引脚分布,甚至模拟与数字的连接关系。连接关系一般在最初阶段无法确定,因为芯片开发未完成,需要哪些连接都不确定,只有等到模拟设计全部完成,它需要数字提供哪些配置信息和控制信号才能明确下来,具体连线的摆放位置也需要在最后敲定。在研发过程中,经常会调整 FloorPlan 规划,例如,实际设计超出了规划面积,可以将 FloorPlan 沿着 x 轴或 y 轴扩展。

FloorPlan 的周围是芯片引脚(Pad),对于特定的芯片封装,引脚的数量和排布是确定的。Pad 实际上指的是芯片引脚上的一块金属,通过它可以将芯片焊接在电路板上,而 I/O 是包括 Pad 和内部逻辑在内的整个引脚设计。一个完整的引脚设计如图 1-3 所示,它包含上拉使能、输入使能、信号输入、输出增强、信号输出、输出使能,以及引脚金属。芯片外面的塑料壳子叫作芯片的封装,大体上分为两种,一种是插针式(引脚如针),另一种是表贴式(引脚扁平)。

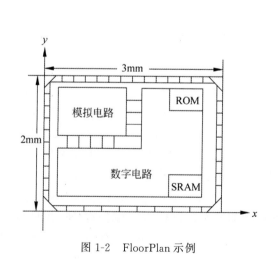

图 1-2 FloorPlan 示例

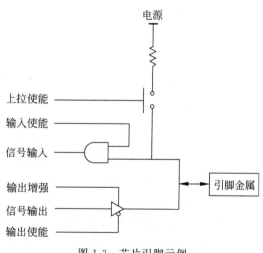

图 1-3 芯片引脚示例

1.5 IC 设计工具

数字前端编写 RTL 很简单,只要是个文本编辑器都能写,例如 Windows 上的记事本、写字板、Word 等,但工程师一般用 Vim,或其图形化增强版 Gvim,因为该工具有很多特性适合 RTL 编写,该工具在 Linux 和 Windows 上都能用,而且是免费的。

要了解设计中主要的电子设计自动化(Electronic Design Automation,EDA)工具,必须先了解 EDA 软件的市场格局和相关开发商。世界三大 EDA 巨头分别是铿腾(Cadence)、新思(Synopsys)和明导(Mentor)。粗略地说,数字设计较常用 Synopsys,而模拟设计常用 Cadence。实际上,Synopsys 和 Cadence 都有完整的设计工具链,只是有用户认可度和市场占有率的区别。Mentor 在一些细分领域有优势。

在数字 IC 设计方面,首先需要对 RTL 进行仿真。最常用工具是 Synopsys 的 VCS,Cadence 的仿真工具叫 Insicive,也叫 irun。这些工具可以胜任前仿、后仿、UVM 架构的仿真等。Cadence 的 irun 与模拟设计工具 Virtuoso 中集成的 AMS 仿真工具相结合,支持数字模拟电路混合仿真。

数字设计离不开波形查看工具。看波形的软件一般会集成在仿真工具中,随仿真软件一同安装。VCS 的波形软件叫 DVE,而 Insicive 也可以用 SimVision 来查看波形,但是,在这个领域,一家名为 Novas 的公司所编写的软件,以其明快的界面、方便的功能、快捷的操作,异军突起,得到了广泛认可,它就是 Verdi(以音乐家威尔第的名字命名,其前身叫 Debussy,以音乐家德彪西的名字命名)。Verdi 现已被 Synopsys 收购,成为其工具链家族的一员。Mentor 的仿真和看波形软件叫 ModelSim,该软件主要用于 FPGA 功能的仿真。

编译 C 语言时有语法检查,RTL 同样需要检查语法的工具。最常用的是 Atrenta 公司开发的 Spyglass,它不仅能检查单纯的语法错误,还能进行跨时钟域处理方案的可靠性检查,该软件甚至可以在内部执行综合、功耗评估和简单的布局布线,使它能全方位地给出设计建议。该工具也已被 Synopsys 收购。Cadence 相对应的检查工具是 nLint。

综合工具,即将 RTL 转换为实际电路的工具,最常用的是 Synopsys 的 Design Compiler(DC)。该工具内部还带有一些 Synopsys 开发的库,能够帮助设计者减小面积,提高性能,例如加法器、乘法器等,这些设计好的子模块在 DC 中被称为 DesignWare(DW)。可以是让工具自动从 RTL 中识别出可用 DW 替换的代码,也可以是设计者手动例化 DW 模块。Cadence 相应的工具叫 Genus(原名为 RTL Compiler)。

版图自动布局布线的软件,Synopsys 有 ICC2(旧版为 ICC),Cadence 有 Innovus(原名 Encounter),两个软件都被广泛使用。由于两个软件的操作命令不同,后端工程师往往只掌握其中一种。Synopsys 为了增强客户的黏性,开发了一个银河(MilkyWay)流程,从前端到后端,通过专用的二进制文件格式(db)传输,占用空间小,处理效率高,但也有许多公司使用 DC 综合,再将网表导入 Innovus 进行布局布线。

当版图完成后,需要对整个设计的时序、功耗进行评估,即 SignOff 步骤。对应的工具是 Synopsys 的 Prime Time(PT)和 Cadence 的 Tempus。目前,PT 已成为业内 SignOff 的标准。实际上,时序分析在 DC 中也能做,但两者在分析方法、细节考虑全面度、分析速度等方面存在差异。在综合时使用 DC 检查,而在 SignOff 时,使用 PT 检查。

从 RTL 到综合网表的过程,以及从综合网表到后端网表的过程,可能意外地改变原有功能和设计意图。为了检查出此类风险,需要一种形式验证工具,也称为逻辑等效性检查(Logic Equivalence Check,LEC),将 RTL 和网表进行一一对照。Synopsys 开发的工具是 Formality,Cadence 开发的工具是 Conformal。

进入设计版图阶段,可以确定走线的延迟。该值受到信号负载、线路长短、粗细、周围线路等多重影响,需要用模型和查表进行计算才可以得到确切的值。该过程称为寄生参数的提取,一般使用 Synopsys 的工具 StarRC。提取出来的信息可用于 PT 进行 SignOff,也可以输入 VCS 中进行后仿。

上述工具,最主要的控制语法是 TCL 语言。EDA 工具大多以该语言为基础,扩展出各种专用命令,因此,TCL 基本语法的掌握是必不可少的。

以上是数字设计的基本工具,还有一些更加细分的工具类型,如仿真加速器等,本书不再赘述。EDA 厂商也不只有 3 家,例如国内的华大九天等厂商也开发了一些性能优异的工具软件,读者可以在今后的工作中慢慢探索。总体而言,数字芯片的设计工具繁多,步骤复杂,因而入行的门槛也比较高,但希望读者不要被繁杂奇怪的工具名称和专业术语所吓倒,工具终归是工具,设计芯片最重要的是设计思想,验证芯片最重要的是案例设计和环境仿真,这些人类智慧是工具很难代替的。只要读者抓住重点,通过熟悉前人的脚本,结合查询芯片论坛的讨论,学会基本的工具使用方法还是比较容易的。切不可被 EDA 厂商的各种概念宣传所左右,而忘记了芯片设计和验证的真正初衷。

模拟 IC 设计常用的 EDA 工具比较简单,主要是 Cadence 公司的 Virtuoso。与数字设计中繁多的工具不同,Virtuoso 能满足大部分设计需求,例如绘制并仿真原理图、绘制并仿真版图、数模混合仿真等。实际上,Virtuoso 更像集成开发环境(Integrated Development Environment,IDE),它包含很多独立的设计工具,如仿真工具 Spectre 等。Mentor 的 Calibre 可以用来提取寄生参数、进行 DRC 和 LVS 检查,是比较公认的模拟 SignOff 工具。最终的模拟版图必须用 Calibre 检查通过后才能放心流片。

新人往往会有一个误区,认为 EDA 软件是单纯的软件,普通软件公司也可以进行 EDA 开发。实际上,EDA 软件是芯片制造技术和软件技术结合的产物。EDA 厂商需要与 Foundry 厂商紧密合作,才能获得有关的生产细节数据,从而帮助用户进行更加准确的仿真、寄生参数的提取、规则的检查。不同 EDA 工具抽取的寄生参数可能不同,仿真结果也可能不一样,原因可能是不同的工具获得的工艺数据不同。可见,EDA 和 Foundry 是相辅相成的,具有很强的互利性和垄断性。国内 EDA 厂商若想打破国际巨头的垄断,不能仅靠软件技术,还要与各大 Foundry 厂达成战略合作,共享工艺数据,这样才能做出有实用价值的 EDA 工具。

人们通常习惯于静态思维,误以为设计方法、设计工具是长期不变的,设计 EDA 的公司也是长期存在的。从上文介绍的 EDA 工具链中可以看到,芯片行业是一个经常发生变化的行业,企业间的收购与合并、产品线的搭建与裁撤是常有的。像 Atrenta 和 Novas 这样的名字,曾经为芯片设计者所熟知,如今也渐渐地消失在历史长河之中,只在一些公司服务器的 EDA 安装目录中偶尔会出现,这也算是一种时代的印记吧。

IC 设计中常用的 EDA 软件见表 1-1,括号中为公司名。

表 1-1　常用的 EDA 软件（括号中为公司名）

数字/模拟	数字流程	常用软件	其他软件
数字	RTL 编写	Vim/Gvim	普通文本编辑器
	仿真	VCS(Synopsys)	Insicive(Cadence)
	看波形	Verdi(Synopsys)	DVE(Synopsys) Simvision(Cadence) ModelSim(Mentor)
	设计检查	Spyglass(Synopsys)	nLint(Cadence)
	综合	DC(Synopsys)	Genus(Cadence)
	时序验收	PT(Synopsys)	Tempus(Cadence)
	自动布局布线	ICC2(Synopsys) Innovus(Cadence)	
	设计版图形式验证	Formality(Synopsys)	Conformal(Cadence)
	提取寄生参数	StarRC(Synopsys)	
模拟	原理图/版图/仿真等	Virtuoso(Cadence)	
	寄生抽取/DRC/LVS	Calibre(Mentor)	

1.6　IC 设计公司的分工和职位

IC 设计公司的分工如图 1-4 所示。大体分为设计研发、测试与方案、销售等三大类,大厂还会有很多支持部门和更细分的岗位。

设计研发分为模拟设计和数字设计两种。两者使用不同的工具和不同的设计思路,其中,数字设计的分工比较细致,可分为数字 IC 设计、数字 IC 验证、数字 IC 后端设计、DFT等。这些职位基本与 1.2 节介绍的数字流程对应。模拟设计的分工没有数字多,与1.3 节介绍的模拟流程对应,各研发岗位的职能罗列如下。

(1) 数字 IC 设计:也称数字前端设计,或数字 IC 开发。主要工作是使用硬件设计语言(HDL,目前最常用的 HDL 是 Verilog 语言)来设计数字电路,使其能够完成某种功能。设计后需要进行简单仿真验证,确认功能基本无误。最终产物是用 HDL 描述的电路设计文本 RTL。数字电路综合和形式验证的工作,可以由数字 IC 设计工程师做,也可以设置专门的岗位。

(2) 数字 IC 验证:负责验证数字电路是否符合功能预期,并对数字版图进行后仿。主要使用 Verilog 的扩展语言 System Verilog,并使用 UVM 等验证方法学指导验证流程。有

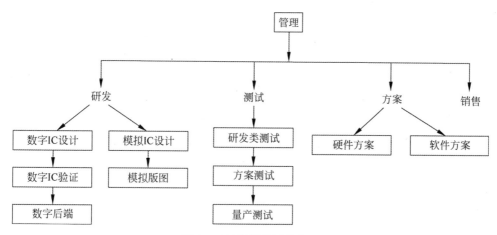

图 1-4 IC 设计公司的分工

些 SoC 芯片的验证,需要编写 C 语言在 CPU 上运行。

(3)数字后端:主要使用后端自动布局布线工具将综合后的网表转变为可以流片的版图,并通过 PT 的检查和修正,使最终的版图满足时序、面积、功耗的要求,并且要使版图通过 DRC 和 LVS 检查。

(4)模拟 IC 设计:负责设计模拟 IC 原理图,并对原理图进行仿真。将完成的原理图提交给模拟版图工程师进行版图绘制,并给予协助和指导,完成模拟版图,还负责对其进行后仿。

(5)模拟版图:负责按照模拟 IC 设计的原理图绘制版图。与数字的自动绘制不同,模拟版图为纯手工绘制。该岗位还负责对版图进行最后的 DRC 和 LVS 检查。

数字 IC 和模拟 IC 的版图拼接,可以在数字上进行,也可以在模拟上进行。若在数字上进行,则模拟整体作为一个模块输入数字 PR 工具中,并最终导出全芯片版图。若在模拟上进行,则数字整体作为一个模块输入模拟的 Virtuoso 工具中,由模拟版图工程师手工连线,并导出全芯片版图,继而对全芯片做 DRC 和 LVS 检查。

芯片公司的软件工程师就是一般意义上的嵌入式软件工程师。嵌入式软件工程师与在计算机上编程的软件工程师的主要区别在于前者编程的对象是芯片,而后者编程的对象是计算机。计算机的结构在几十年来没有大的变化,而且性能稳定,生态齐全,编程者主要考虑上层应用的问题。相比之下,芯片上的变数就比较多了,配置数量多且含义复杂,时钟方案五花八门,设计上有缺陷的芯片还可能因为各种原因而工作不正常。嵌入式软件工程师既要了解不同的芯片,为这些芯片编写底层驱动用的软件开发包(Software Design Kit,SDK),还要像计算机软件的编程者一样编写芯片的上层应用软件。他们获得不同的芯片后要学习其不同的结构和特征,了解各种芯片的具体要求,因此,嵌入式软件工程师的工作相当多且繁杂。在芯片公司里,软件工程师有多种岗位可以匹配。他们可能参与芯片的研发验证(类似 IC 验证工程师,只不过写的是 C 代码或 C++代码),也可能负责芯片测试(SoC芯片测试离不开嵌入式工程师撰写的测试软件用例),还可能负责芯片的 SDK,甚至需要参与开发下载器软件、GUI界面、量产测试软件或应用方案（直接使用 SDK 开发应用方案，这样，芯片的用户就可不必自己雇佣软件开发者）。

芯片生产后，需要做一个演示用的电路板，向客户展示芯片性能，称为 Demo 或称评估板（EVB）。有时，为了方便推广，甚至会直接做成一套完整电路解决方案，只要套上外壳就是一个能销售的产品。这些设计电路板、选择周边元器件的工作，由应用方案工程师承担。测试工程师或应用工程师负责对包括芯片在内的电路板的性能进行测试，与软件测试人员一起，调整芯片参数，更换外围元器件的型号，最终使该电路板的性能达到最佳。电路板上各元器件的型号列表，称为 BOM 表，产品生产商用 BOM 表来评估产品成本。

芯片一旦接到订单，就面临快速生产、快速出货的压力，如何能保证量产质量呢？这就需要进行量产测试，即芯片被放入专用机台中，由机台输入特定激励，芯片响应这些激励，输出一定的波形。量产测试由专门的测试工程师负责。

芯片公司的主要职位见表 1-2。

表 1-2　IC 设计公司的主要岗位

大岗位	细分岗位	职　　能	常用工具
数字	数字 IC 设计	设计芯片中的数字电路	Vim、VCS、Verdi、Spyglass、DC 等
	数字 IC 验证	验证芯片中的数字电路功能	VCS、Verdi 等
	数字 IC 后端	将抽象电路转换为版图	ICC2、Innovus、Calibre、PT 等
	其他岗位，如 SignOff、DFT 等	负责在数字电路中插入 DFT、对最终的版图进行时序、面积、功耗的检查等	DC、PT、Formality 等
模拟	模拟 IC 设计	设计芯片中的模拟电路	Virtuoso 等
	模拟版图	将电路原理图做成版图	Virtuoso、Calibre 等
软件	嵌入式软件工程师	（1）参与芯片开发/验证 （2）参与 SDK （3）参与芯片应用方案	Keil、SourceInsight、Visual Studio 等
软方案	测试工程师	（1）对芯片设计性能的测试 （2）芯片量产测试	兼用软件和硬件工具
硬方案	应用工程师	做电路板，为芯片找到合适的应用场景	Pads、Altium Designer、Cadence 等

注意　需要注意区分 SDK 和 PDK，后者是物理设计开发包，是 Foundry 提供的用来设计芯片的一系列文件。

1.7　选择设计还是验证

设计和验证是两个不同的岗位，各自有其特点，以及相关的技能树。设计的重点在于对电路的把握，技能树集中在如何用最小的面积/功耗做出特定功能的电路，因而更注重设计思路,对语法的要求较少,很多有经验的工程师用简单规范的语法就能清晰地描述一个功能较为复杂的电路。验证的重点在于找错误,不要求会设计电路,却需要有敏锐的洞察力,善于"顺藤摸瓜",善于从一个不起眼的异常中发现设计中的问题。好的验证对客户的实际应用场景有深入理解,可以在搭建验证平台时把客户的需求和注意点都囊括进去。为了做到这一点,验证需要使用较为复杂的语法搭建验证环境。

在设计语言方面,IC设计最常用的是Verilog描述语言,而验证常用System Verilog。Verilog是System Verilog的子集,即两者有公共的语法部分,但Verilog语法条目少,System Verilog语法条目多,而且System Verilog中融合了一些面向对象的语法成分,更类似于C++。验证为了达到验证目的,除了System Verilog,验证还可能用到C语言、扩展的System C语言,以及C++语言等。

在应知应会的工具方面,IC设计需要学习掌握的工具较多,如VCS、Spyglass、DC、PT、Formality、lc_shell等,而验证基本上一个VCS或Incisive就能满足其大部分的工作要求。对于脚本语言,如Perl和Python,在设计和验证中都有应用。

在主要工作内容方面,IC设计初期的一两年内其主要工作不是设计,而是熟悉各种工具的使用,在项目中扮演一个语法检查者、规范监督者的角色,俗称"打杂"。以后将逐渐接触模块设计,进而发展到整体架构的设计。验证初期的主要工作是一些简单模块的验证,例如检查设计中寄存器是否能够读写正确,地址和初值是否正确等,这些工作一方面需要细心,另一方面也能加强新人的验证能力和语法技巧。有一定经验的验证工程师可以进行验证案例的编写、设置并调整验收标准、搭建较复杂的验证环境,以及编写较复杂的验证参考模型等。

在学习重点方面,IC设计初期的学习重点是设计方法论和小型功能模块的设计,例如,简单计数器、同步/异步FIFO、各种SoC总线协议、跨时钟异步处理等,而验证工程师初期的重点学习内容是验证流程,熟悉验证平台结构,记忆并熟练运用System Verilog及UVM验证语法等。

读者应注意上文中工作内容和学习重点的区别。前者指工作时被分配的任务,而后者是作为学习者应该关注的重点。本书之所以分开列举,是因为工作内容往往不是学习的重点,例如,IC设计如果在前期只关注了分配给自己的任务,熟悉了各种工具并能很好地支持项目进度,但从未自己动手写一些小的设计,那么其进步仍然是比较缓慢的。同样道理,如果验证新手每天只专心扫描寄存器,而对验证平台上的模块分工、芯片功能没有深入的认识,他也将长期停留在这一阶段,只能被动地接受指令并按照他人的指示寻找可能的错误,而不是自己设法发现错误,而好的验证工程师都是主动验证,即自己根据DUT功能制定验证案例,自由调整验证观察项和预期结果,并对验证的最终结果负责。

在入门的难易程度方面,设计和验证在初期的学习阶段都比较枯燥乏味。验证在学习知识、经验成长速度方面要快于设计。设计中的一些电路理论较为抽象,要实践这些抽象的概念也需要常年的工作和流片积累,而验证是一种面向计算机和服务器的编程工作,平时的工作就是主要的经验来源。

验证的工作更为辛苦,因为其工作伴随芯片从策划到最终流片的全过程。初期要和设计一起了解需求和应用环境,并筹划搭建验证平台。中期要了解设计接口和模块连接,进行模块验证。后期要进行整体验证、回归测试、覆盖率收集、后仿等工作。往往设计只花了很少时间改一个问题,而验证要将所有的测试案例都重新执行一遍,以确定修改无误,但这里的"辛苦"指的是验证工作量比设计工作量多,并非验证岗位一定比设计岗位忙。例如验证工作量是设计工作量的 2 倍,而人员招聘也是 2 倍,平均到每个人,设计与验证的工作强度就基本相同了。这也是验证人力缺口大、工作比较容易找的原因。

设计与验证对于数字 IC 的开发都十分重要,因而对于同等熟练程度的设计和验证,其薪资水平相差无几。在国内,设计往往在工作中占主导,因为他们毕竟是芯片的设计者,验证相对弱势,而在国外,验证更为强势,因为验证相当于设计的客户,验证提出需求,设计满足之,但这种强势是建立在验证充分了解用户需求和应用环境的基础之上的,其精力大部分放在这一方面,而将较为底层的功能交由 UVM 平台自动处理。

1.8　模拟 IC 设计与数字 IC 设计的区别

数字电路脱胎于模拟电路,最早的芯片都是由模拟电路搭建的,后来人们认识到模拟电路中的某些元器件,如触发器、与或非门等,方便搭建电路,也方便查找错误,非常适合以计算为主的应用场景,于是基于触发器的数字电路就逐渐发展起来,进而脱离了模拟电路,形成了独立的设计方法和流程。

可见,数字电路是模拟电路的一个子集,模拟电路可以使用数字电路的元器件库进行设计,但数字无法使用模拟的元器件库。

数字器件只有 0 和 1 两种状态,还有一种亚稳态属于异常,需要尽量避免,而模拟器件有多种工作状态。因为数字状态少,因此元器件本身结构也较为简单,容易量产和标准化,因而可以根据抽象电路描述(如 Verilog)进行自动电路综合,并进行自动布局布线,模拟器件的种类繁多,能适应各种不同的需求,其大小、阻值、容值等参数都可以更改,不易标准化,因而设计流程至今仍无法实现自动化,仍然手动绘制原理图,继而绘制版图。

也正是由于数字可以标准化和自动化,其设计结果的可预测性非常强,仿真验证案例种类有限,可收敛,所以才独立于设计的验证岗位存在,而模拟 IC 设计没有专门的验证,也是因为元器件状态的多样,验证案例无法脱离设计者而独立存在,因此通常由设计者亲自验证。

数字的标准化和自动化,还降低了数字设计的难度,即相同功能,用数字方式实现比用模拟方式实现更加容易,而且结果更可靠。那么,在给定相同时间和人力的情况下,数字可以做出更为复杂的功能。这就是为什么多数芯片其主要的功能是由数字电路承担的。只有那些数字电路无法渗透的领域,才由模拟电路实现。

目前模拟电路设计的主要领域包括电源、时钟和数字模拟相互转换(ADC/DAC)、微机电(MEMS)、存储芯片等。目前这些领域大多是数模混合形式,模拟和数字的功能贡献各占一半。例如 ADC 中含有数字滤波器和校准机制,时钟生成电路中有数字的小数倍分频模块及其他一些小的数字功能模块,电源管理芯片的通用标准如 PD 和 QC,再如无线充电的 QI 等协议,都离不开数字电路的控制。过去主要是模拟领域的高频混频器、高频滤波器,随着数字电路时钟频率的不断提升,也正在逐渐被数字混频器和滤波器所取代。可以说,模拟电路数字化的进程仍在继续,但模拟注定不会被数字完全取代,因为模拟是与现实的物理世界直接相关的,数字世界只是为了便于理解和处理而人为创造的。凡是与芯片外围环境打交道的场景,都离不开模拟电路将其转换为数字信号,一些超高速的接口,如大家常用的 USB 接口、PCIE 总线等,使用的是称为 SerDes 的连接技术,它能够在一根信号线上传输频率为几十 GHz 的高速信号,如果用数字方式传输,由于包含很多高频分量,是无法以这么高的频率传输的,只能通过模拟的方式。通常,数字适合计算和控制,而模拟适合与电压、电流等物理量相关的处理工作。

数字设计对工艺不敏感,一个 28nm 工艺下流片的 Verilog 代码,其大部分可以不必修改就可在诸如 3nm、5nm 的工艺下流片,而模拟电路对工艺十分敏感,相同电路设计在不同的工艺下,不同的 Foundry 下,甚至在相同工艺的细分流程下,表现均不同。对于模拟设计者的水平要求、经验要求高于数字设计。数字经常能做到一版成功(第 1 次流片就达到预期),而模拟要想一版成功,只能是出于设计者对特定流片工艺的熟练把握,如果不是深耕一种特定工艺,要一版成功非常困难。

虽然数字设计不太关心工艺,但是人们普遍关注工艺的进步,从前几年热捧的 5nm 到近年来追求的 3nm,都是由数字推动的。因为工艺的进步直接导致数字电路尺寸缩小、速度加快、功耗降低,而模拟设计却不追求这样的工艺进步,因为它们处理的电压和电流等物理量需要在版图上画一个足够大的晶体管(也称为管子)。例如,一根管子需要画 1000nm 长,不论是在 5nm 工艺下,还是在 28nm 工艺下,其大小都差不多。因而数字追求的工艺是越精细越好,而模拟并不追求精细,很多以模拟为主的芯片使用 0.18 工艺(180nm),这是 20 年前的老工艺,高校流片做实验甚至用 300nm 工艺,这些工艺流片成本低,能够满足模拟的基本实验需求。模拟更关心一些特殊性能,例如某些工艺下的管子功耗特别低,另一些能够耐受很高的电压,还有一些工艺的性能在 $-30\sim100℃$ 范围内不会发生明显变化。这些需求衍生出了某种特殊的工艺,如碳化硅等,这些工艺不能为数字流片,只能单独为模拟流片。

数字的管子一般较小,虽然元器件库中同样功能的管子也会提供三、四种不同大小的,小管子输出电流小,大管子输出电流大,容易带动更多的负载。模拟管子普遍较大,特别是用来承载大电流、大电压的功率管,以及电感(称为巴伦)等元器件,它们会占用很大的芯片面积。

现在有所谓数字芯片和模拟芯片的说法。原本模拟芯片是指没有任何数字电路的芯片,这类芯片往往规模小,功能单一,如 LED 芯片等,但目前随着用户对产品性能的要求不断提升,纯粹模拟电路的芯片已逐渐被淘汰。现在的模拟芯片主要指其主体功能为模拟功能,如电源管理芯片、高频收发芯片等,其中包含数字部分,但只起到辅助作用。一些小芯片甚至只有 SPI 和 I^{2}C 这类简单数字接口。数字芯片是以计算和控制等数字功能为主的芯片。此类芯片占市场上的大多数，其规模普遍较大，工艺普遍比模拟芯片先进。

1.9　数字 IC 设计与 FPGA 开发的区别

FPGA 的特点是可实现硬件逻辑的灵活连接，元器件之间的连接关系可以修改，而普通芯片是固定的。FPGA 配套的 EDA 是一个集成开发环境，它集编辑、语法检查、仿真、综合、布局布线、时序分析于一身。目前主流的三大 FPGA 厂商及其 EDA 开发环境见表 1-3。

表 1-3　主流的三大 FPGA 厂商及其 EDA 开发环境

厂　商	EDA 开发环境	厂　商	EDA 开发环境
赛灵思(Xilinx)	Vivado(原名 ISE)	莱迪思(Lattice)	Diamone
阿尔特拉(Altera)	Quartus		

数字 IC 设计和 FPGA 开发都需要写 Verilog，综合时都要写 sdc 时序约束文件，因而数字 IC 设计人员和 FPGA 开发人员可以互通，但他们在工作流程和设计思路上存在一定的差异。

从研发步骤来看，数字 IC 的步骤更多，分工更精细。数字 IC 设计和验证是分开的，而 FPGA 的设计和验证工作通常情况下都由开发者完成。IC 验证常用的工具是 VCS，在服务器上工作，使用 UVM 验证方法学，而 FPGA 仿真常用 ModelSim 或 FPGA 厂商提供的 EDA，在 Windows 系统下工作，使用普通的加激励观测输出的方式，甚至不加参考模型，通过人工识别结果的正确与错误。其他诸如语法规则检查、综合、布局布线、时序分析，数字 IC 都各有对应的 EDA 工具来完成，而 FPGA 一般会交给 FPGA 厂商提供的 EDA 按顺序逐项自动完成。当然，综合有时也会用 Synplify 等第三方工具。这些流程需要的设置选项通常也由设计开发者亲自填选。

数字 IC 的设计语法和 FPGA 的设计语法基本相同，所以很多用于芯片的模块，可以不经修改地直接在 FPGA 上使用，这就是 FPGA 可以作为验证芯片的硬件平台的原因。尽管如此，这两种硬件的设计表达方式仍然存在一些差异，主要表现为以下几点：

（1）FPGA 内部集成了设计完善的 PLL(锁相环)时钟网络，多数情况下，FPGA 片外会加一个晶振，其内部需要的时钟信号都来自该晶振并通过 PLL 的分频，整个 FPGA 设计可以形成一个全同步的结构。只有在少数复杂设计中，FPGA 片外才会带上两块乃至多块晶振，分别驱动其内部的电路，所以大多数 FPGA 设计，其时钟结构比较简单，容易操控，而在芯片上，通常会同时有多路异步时钟进入同一个模块，需要切换时钟使用，以便适应工作、休眠等不同应用场景。这也使芯片对功耗的控制比 FPGA 更灵活。FPGA 无法真正关闭晶振，因而晶振的功耗无法排除，再加之其内部元器件结构的特殊性，即便 FPGA 再怎么使用省电设计，相对于芯片来讲，仍然是十分耗电的。

（2）FPGA 与芯片在时钟结构上的不同，使在使用 FPGA 验证芯片功能时，芯片的时钟网络部分功能是无法被验到的,只能完全交由计算机仿真验证。

(3) FPGA 的上电复位电路也是天然存在的,在许多由 FPGA 开发人员所写的 Verilog 中,甚至对触发器没有异步复位,FPGA 仍能正常运行,而在数字 IC 设计中,每个触发器的异步复位是必须有的,否则芯片会工作在未知状态。

(4) 在 sdc 时序约束的编写上,FPGA 虽然也需要写,但要求远不及芯片严格。由于 FPGA 中时钟结构较为简单,在时钟约束方面就可以简化,没有很多异步时钟声明。设定时钟不确定性的语句,在 Quartus 中被简化为一句简单的 derive_clock_uncertainty,而在芯片中需要仔细与负责时钟产生电路的模拟工程师讨论真正的 uncertainty 后才能实施约束。

(5) 在 IP 的使用方面,FPGA 的 EDA 工具自带一些免费和收费 IP,开发者可以直接调用,而在芯片设计中,可以选择不同供应商的 IP,可选择性比 FPGA 强,但获得 IP 后的集成过程需要开发人员花费较长的学习和熟悉时间,验证人员也需要对提供的 IP 进行验证,因而 FPGA 开发的速度一般比芯片设计快很多。

(6) 对于输入输出共用的芯片引脚(inout 类型引脚),在 FPGA 中表达很简单,可以使用下面的一句话来表达,其意思是如果 out_en 信号等于 1,引脚 b 就输出 a 信号,否则引脚 b 就将被当作一个输入引脚。FPGA 工具会自动将该语法与芯片引脚上的各控制信号相连。在芯片设计中,需要设计者手动将 out_en、a、b 等信号线与 I/O 器件相连。

```
assign b = out_en ? a : 1'bz
```

从硬件结构分析,数字芯片中的元器件都是真实元器件。例如,芯片设计中的与门,在电路中就对应一个真正的与门,而 FPGA 设计中的与门,却是由一个查找表(Look Up Table,LUT)实现。不仅是与门,FPGA 中的其他电路也多是由 LUT 实现的。统一用 LUT 的好处就是保证了 FPGA 的可修改性,即一个 LUT 可以在不同的设计中用作不同的功能,但同时也增加了单个门电路的面积、功耗,并降低了处理速度。同一个功能,在芯片中实现比在 FPGA 中实现,其面积、功耗要小得多,同时速度也更快,因此,FPGA 存在的主要价值是它的可修改性、易实现性,这是普通芯片做不到的。一个好的想法,使用 FPGA 实现,比从头开始研发一款芯片,周期短得多。当然,如果最终做成了芯片,则单片的成本会比 FPGA 有显著下降,但如果算上人力成本、时间成本、购买 EDA、流片、封测的成本,则不一定划算。究竟是使用 FPGA 方案还是使用芯片方案,要看该产品的市场需求量。过去,我国芯片设计厂家尚为数不多的时代,很多做产品的厂商获得功能复杂、速度要求高的产品开发任务时,自然而然地会选择 FPGA 实现,最典型的是视频采集和处理领域,而当前,随着国内芯片设计实力的提升,产品厂商可能会请芯片厂商代为设计对应的芯片,而将 FPGA 作为芯片发布前的应急方案,或者将 FPGA 作为芯片研发中的一个验证环节。在未来,FPGA 仍然不会被淘汰,但主要应用场景将从产品为主转换为实验为主,其在产品中的份额将渐渐被更快、更省电、成本更低的专用的芯片所取代。

1.10 芯片设计的未来发展趋势

芯片设计的全自动化正在不断向前推进中。模拟设计目前接近纯手工状态，很多参数选型需要工程师自己仿真或计算，版图也需要手工绘制。未来的 EDA 工具可能只需工程师输入要求，它会使用 AI 技术找到设计中的最佳参数搭配，从而简化仿真设计流程，版图也将像数字一样支持自动绘制。数字设计虽然已在布局布线上实现了基本自动化，但对于时序或功耗不收敛的情况，仍然需要人工进行修正，电路综合过程也有很多选项开关和参数需要人为选择，而选择了不同的策略会影响芯片的最终面积、时序和功耗。设计自动化最终的效果是综合、布局布线的全自动化，无须人为选择，通过计算机 AI 辅助，自动找到最优解，从 RTL 到最终版图，中间的转换不会存在转换错误，因而也不再需要形式验证。EDA 工具会进一步 IDE 化，即所有工具集成在一个软件内，类似 FPGA 开发工具那样，支持按顺序自动完成全过程，中间不需要人为干预和修改。前端设计流程也会有新的改进，例如 MATLAB 一直在倡导的，通过更为简单的语言描述，直接生成 RTL 代码。目前，设计师仍然要亲自想办法解决除法、矩阵处理等底层问题，而新的描述语言将更为高级，所有底层设计功能都将由综合器提供，设计者可以将注意力集中在架构和上层应用功能上。

芯片设计的商业模式一直呈现出两个不同的趋向，一个是统一集中设计，另一个是个性化设计。

倡导统一集中设计的是各大 EDA 厂商，以及大型 IP 设计公司，例如 ARM。实际上，EDA 厂商也是大型 IP 供应商。在过去，不同的企业如果想要研发芯片，则会各自招聘设计和验证团队，各自独立完成设计。芯片工程师不是在搞技术创新，而是在不断地重新发明"轮子"。这样不仅拖延了产品开发时间，增加了成本，设计质量也良莠不齐。IP 厂商倡导的理念是由技术实力强大的大型 IP 厂商提供公共 IP，客户如有定制芯片的需求，可向 IP 厂商提出。IP 厂商根据这些需求，使用自动化软件进行配置，自动生成芯片设计，甚至多个 CPU 核的复杂设计都可以在配置好参数后一键生成。它们所提供的 IP 或方案都是通过充分验证的，客户可直接使用，不必经历设计和验证过程。这种思路类似于让企业直接购买芯片，只不过支持了个性化定制需求。如此发展下去，必将消灭所有的中小芯片公司，推动 IP 提供商实现市场垄断，最终，芯片服务的定价权将会完全掌握在他们手中。

个性化设计强调产品的个性，即使是最常用的模块，例如串口打印用到的 UART 或 I^2C 接口，也都会有客户提出不同的设计要求。统一集中式的设计，虽然也是一种厂商定制化，但由于研发成本的问题，不可能在各个细节都支持定制，而产品生产商的需求是无穷无尽的，想法也是多种多样的，他们可能更欢迎在许多细节上能够定制。这种个性化有好的方面，就是增加了产品的多样性，扩展了用户的选择范围，但也有明显的缺点，即无法模块化和 IP 化。在许多芯片公司里，曾经有过 IP 化部门，即所谓平台部门，将过去分散的需求统一整理，设计出符合大众需求的 IP，供整个公司使用。这样做减少了整个公司的研发投入，维护成本也大大降低了，但是，由于对细节个性化的过度追求，使统一的 IP 又不得不拆分成若干个性化版本,以满足不同产品的不同需求。最终,这样的部门不得不撤销,因为各分支版本差别越来越大,已经难以统一维护了。作为设计者和产品规划者,必须仔细考虑究竟什么才是用户认可的特色,什么只是用户不会买账的一厢情愿。其实市场竞争,就是各个厂商预测市场需求的过程,猜对者生存,猜错者淘汰。

1.11　关于本书描述方法的约定

在进入本书的正题之前,先要与读者建立一些描述上的约定,或者说是对平时工作中混用的一些概念进行详细界定,以保证书中的内容不被误解。

本书对寄存器和触发器的概念并不做严格区分。一般而言,用寄存器一词重点指它的功能,即具有寄存数据功能的元器件,至于它内部如何实现则并不关心。寄存器一般用 reg 表示,即 register 的缩写。寄存数据的物理实体很多,例如触发器(Flip-Flop,FF)和锁存器(Latch)等。在数字设计中,主要提倡用触发器。寄存器是受控于时钟沿的元器件,Foundry 会在标准单元库中提供多种寄存器,例如图 1-5 中展示的 3 种。触发器是由边沿信号而非电平导致数据存储的,在图中,画三角号的 CP 就是触发源,一般 CP 接的是时钟信号。虽然触发器有多种,但工程师在设计时,头脑中闪现的只有图 1-5(a)的结构,因为这是最基本结构,其他结构,如(b)和(c),都由此衍生而来,最后由综合器根据 RTL 描述的情况,自行决定选用哪种结构。对于触发器,数字工具链的内部有严格的时钟时序控制机制及保证它正常运行的流程方法,能够确保流片前的仿真与流片后的芯片在效果上一致。

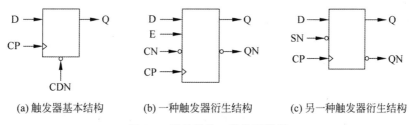

(a) 触发器基本结构　　(b) 一种触发器衍生结构　　(c) 另一种触发器衍生结构

图 1-5　触发器的 3 种类型举例

锁存器较少使用,它一般以非时钟信号作为存储控制,如图 1-6 所示,D 是数据输入端,Q 是数据输出端,SDN 和 EN 是控制信号,只有当 SDN 为 1 且 EN 为 0 时,Q 端会存储 D 输入的数据,当 SDN 为 1 且 EN 为 1 时,Q 忽略 D 的输入,保持不变,当 SDN 为 0 时,忽略其他输入信息,Q 值被复位为 1。与触发器的边沿控制不同,EN 是一个电平信号,一般它不连接时钟,而是连一根普通的信号线。这种锁存器很难被纳入时序计算中,因为它既不属于组合逻辑,又无法像触发器一样作为时序路径的起终点,所以时序上无法通过工具保证,只能由工程师自己来保证。

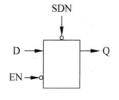

图 1-6　一种锁存器的原理图

综上，本书中说的寄存器，基本也可以替换为触发器。在数字芯片 EDA 工具链中，两个概念也是混用的，一个 reg 既可以指寄存器，又可以指触发器。另外，所谓时序逻辑门电路，也基本等同于触发器。

另外一个重要的概念是设计的边界。综合的对象是设计（Design），而不是芯片。因本书只讲解数字电路，所讲的设计指的是数字电路设计。芯片中的模拟电路部分会特别称为模拟电路。芯片是由数字和模拟两部分构成的，所以设计不能指代芯片本身，甚至设计都不能指代全部的数字电路，因为有些综合是分块的，例如将数字电路分为两块，分别综合并布局布线后，以硬 IP 方式被模拟版图工程师拼装到整体版图上。本书所描述的对象，除特别说明外，均指一个综合对象，在书中称其为本设计或直接称为设计。

是设计就有输入/输出线。在数字设计中，需要严格区分不同类型的输入/输出线，特别是在综合时，直接与所用的命令相关。具体的称谓如图 1-7 所示。图中包含两块数字设计，分别进行综合与 PR，因此它们在本书中界定为两个独立的设计。设计有总的输入/输出线，称为端口（Port），在综合时选取 Port 用命令 get_ports。在本书中，Port 和端口是混用的，输入的 Port 称为输入端，输出的 Port 称为输出端。

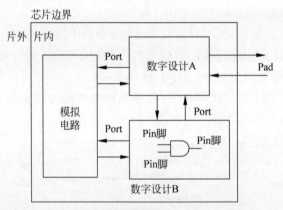

图 1-7　数字设计边界和输入/输出线的称谓

设计之间、设计与模拟电路间都使用 Port 相连。也有一些 Port 是直接伸向芯片外界的，这些 Port 习惯上称为引脚、管脚、Pad、I/O。本书使用引脚和 Pad 的称呼。

在设计内部，有例化的元器件，也有很多子模块，它们也都有输入/输出线，称为 Pin，在本书中称为 Pin 脚，在综合时选取 Pin 脚用命令 get_pins，需要注意它与 Port 的区别。另外，Pin 一词也容易与通信中的 Ping 相混淆，后者是发送测试报文证明网络畅通的意思。

端口、引脚等称谓偏向于物理概念，在设计阶段和验证阶段，不需要特别区分，在本书中，它们被统称为接口。只有特别强调其物理属性时，才用不同的名称加以区分。

SPI、I^2C、UART、USB、SerDes 等通用接口的称呼，本书仍称其为接口。对于 AHB、APB 等总线上的信号，也统称为总线接口。

另外，本书在讨论中还涉及设计内部和设计外部的描述，称为设计之内和设计之外。虽然这样用词准确，但用多了就难免啰唆，所以本书中也常用片内/片外的称谓来代替。虽然片内实际指芯片之内,片外指芯片之外,但对于以设计为中心的本书来讲,设计以外其实都可以看作片外。

设计内部用 RTL 表示的抽象逻辑,除时钟外,均称为信号或数据。本书用时钟或时钟信号称谓来指代时钟,单独出现的信号一词表示非时钟的其他信号。

本书所讲的元器件,指的是芯片中的组合逻辑门电路及时序逻辑门电路,而标准单元库或工艺库指的是囊括了这些可选元器件的集合。数字设计只能在已有的选项中挑选元器件,不能创造元器件,类似自助餐而非开小灶点菜,Foundry 提供什么,数字设计就用什么,因此,这些备选的元器件也称为标准单元(Standard Cell)。

图 1-3 已经说明了 I/O 与 Pad(引脚)之间的区别。I/O 是一种标准单元,但它比较特殊,与其他的标准单元可能不放在同一个标准单元库中,驱动电平也可能不同。为了简化表述,本书将包含 I/O 的标准单元库称为引脚单元库,不再称其为标准单元库,以示区别。以元器件库作为两个库的统称。标准单元库中的元器件,本书称为标准单元。引脚单元库中的元器件,本书称为 I/O 或 I/O 器件。两者统称为元器件。

若不涉及 I/O 内部结构的讨论,则 I/O 一般用引脚一词来代替。

在综合时,有一个中间步骤是将 RTL 抽象逻辑先映射为通用单元(Generic Boolean),然后映射到标准单元。通用单元与工艺无关,也不包含物理特性,只有功能属性,与 RTL 描述类似,而标准单元既有功能属性,又有延迟、电压等工艺属性,与工艺和 Foundry 有关,因此,读者需要区分通用单元和标准单元。通用单元的集合称为通用单元库,它与标准单元库是不同的。

芯片设计还需要 Foundry 提供的 lef 文件和 lib 文件,它们都描述了特定流片工艺下元器件的特性,其中,lef 文件描述了元器件的物理属性,lib 文件描述了元器件的功能属性。lib 文件经常被编译为二进制的 db 文件才能在某些 EDA 工具中使用。在本书中,将 lef 和 lib 文件统称为技术库。设计文件除了 RTL 外,也可以带有物理信息,保存为 def 文件,它的基础内容是设计的形状和尺寸,扩展内容包括端口的分布位置、RAM 和 ROM 等硬核的放置位置、内部元器件的放置和布线位置等。本书将 RTL 和 def 统称为设计。由于本书主要关注抽象的 RTL 设计方法,技术库的概念并不常用,而且,在使用设计一词时,默认指其中的 RTL 部分。

在设计者看来,不论是元器件还是自己写的模块,都是可供调用的零部件,它们可以拼凑成一颗芯片,但有时也需要区分自己写的模块和元器件。本书将自己写的模块称为设备(Device)或模块(Module),以示区别。用设备一词主要强调它具备相对独立的功能,在介绍 SoC 架构等上层逻辑时较为常用,设备也经常被替换为单元(Unit)一词,它指的是人为设计的单元,而非标准单元。用模块一词主要强调它在设计文件结构上的独立性,在介绍通用设计和底层逻辑时较为常用。需要注意,本书的设备不是指普通意义上的成套设备,而是比设计低一级的概念,一个设计中可以包含许多设备。当然,设备也可以在设计之外,例如仿真时,为了验证 DUT 的功能,需要在 TB 上编写一些虚拟设备与 DUT 相连,并和 DUT 协同工作。

　　在需要区分数字和模拟但不需要区分元器件和设备的语境下，本书使用数字器件和模拟器件的称呼。其他包含器件的名词还有时序逻辑器件、组合逻辑器件、存储器件、时钟门控器件、逻辑器件、延迟器件、I/O 器件等。元器件也称为逻辑门，其中，时序逻辑器件也可称为时序逻辑门，组合逻辑器件可称为组合逻辑门。

　　在谈及时序分析时，本书将使用满足、收敛等词来表示符合时序要求，用不满足、不收敛或违例等词汇来表示不符合时序要求。

　　读者应认真熟悉上述规定，以便更加清晰地理解本书内容。

## 第 2 章

基于 Verilog 的 数字 IC 设计方法

本章主要向读者介绍 Verilog 语法知识。虽然语法条目较多,但在实际工作中却只使用其中很少的几条语句。与传统的对语法逐条解释的讲解方法不同,本章力求使读者能够了解 Verilog 与电路的关系,以及在实际工作中常用的电路描述方式。毕竟,我们设计的是电路,而不是语法,语法只是设计电路的手段而非目的。在学习了本章后,读者不会成为语法专家,但应该学会如何用 Verilog 描述一个电路。

2.1　数字器件与 Verilog 语法的关系

虽然 Foundry 提供的可用元器件种类较多,但数字设计师并不特别在意这些元器件,在其头脑中,只存在 10 种简单元器件,即与门、或门、非门、异或门、加法器、乘法器、选择器、比较器、移位器、触发器。至于如何将这些门电路组合成更为复杂的门电路,并应用到电路中是综合器的工作,设计者并不关心。

数字 IC 设计又称为数字逻辑设计,之所以有这样的别名,是因为数字电路本身就是逻辑的,即只有 0 和 1 两种逻辑,非此即彼。为了实现 0 和 1 的计算与传输,需要两种类型的电路,一种叫组合逻辑,另一种叫时序逻辑。组合逻辑是电平输入和电平输出。一个与门的逻辑如图 2-1 所示,其中,与门的符号表示和引脚命名如(a)所示,逻辑波形如(b)所示。当输入 a 或 b 维持 0 电平时,输出 z 也维持 0 电平,当输入 a 和 b 同时为 1 时,z 输出 1。

组合逻辑虽然符合人的思维习惯,并且元器件结构简单,但问题是如果输入含有毛刺,输出就有毛刺,如图 2-2 所示,输入 b 突然从 0 变成 1 后又在短时间内恢复 0,可以视为毛刺,输出 z 受到 b 的影响,也产生了毛刺。

时序逻辑就是以时钟作为驱动源的电路。一个触发器,在时钟的驱动下,将 D 输入端的信号送到 Q 端输出,如图 2-3 所示,其中,(a)是触发器的符号和引脚名称,(b)是触发器的输入和输出波形。这里引入节拍的概念,也可称为拍。时序逻辑上的时钟,一个周期为一拍,英文中常写作 1T。(b)中共有 7 拍,在第 3 拍,复位信号 rst_n 解复位,该触发器才正常工作。在第 4 拍,D 信号由 0 变 1,如果是组合逻辑,则 Q 端应该在 D 变化的同时发生变化,

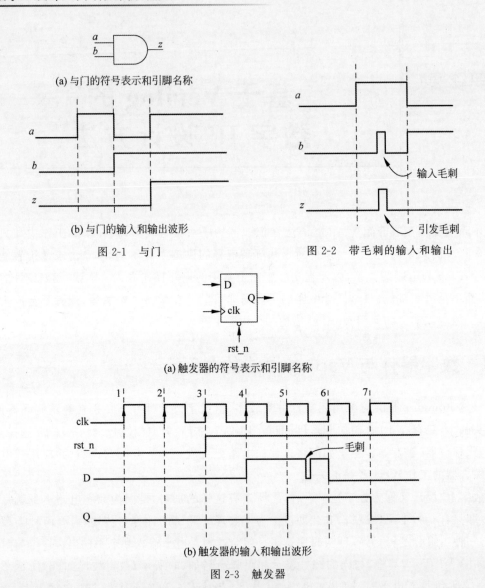

(a) 与门的符号表示和引脚名称

(b) 与门的输入和输出波形

图 2-1　与门

图 2-2　带毛刺的输入和输出

(a) 触发器的符号表示和引脚名称

(b) 触发器的输入和输出波形

图 2-3　触发器

但时序逻辑的特点是必须等待时钟驱动,因此 Q 端从 0 变 1 发生在第 5 拍。在第 6 拍,D 信号又从 1 变为 0,所以 Q 端在第 7 拍之后变为 0。时序逻辑能够消除毛刺,D 在第 5 拍和第 6 拍之间出现毛刺,若是组合逻辑,则 Q 端会同时出现毛刺,但在触发器中,在出现毛刺的位置上,时钟并没有驱动,因此 Q 仍然保持原来的状态。这就是所谓"数字电路有去除毛刺的天然特性"说法的由来。在这里必须明确定义什么是时钟驱动。时序逻辑中,时钟的上升沿或下降沿才能驱动电路运行,该时钟边沿就是时钟驱动。定义中用了"或"而不是"和",是因为普通的触发器是单边沿采样的,即不能同时使用上升和下降两种沿进行采样,至于使用哪种沿采样,要看设计时使用的 Verilog 语句。这里再定义采样的概念,即时钟边沿出现时,触发器会将当时 D 端输入的值放在 Q 端输出,这就是所谓对 D 信号进行采样。图 2-3 中凡是时钟的上升沿都标有箭头,即说明该触发器是上升沿触发采样的。触发器也可称为寄存器(Register,reg)。之所以叫寄存器是因为如果没有时钟驱动,则 Q 端会保持原有状态不变,也就寄存了上一次触发时的 D 端信息,而对于组合逻辑,输出端是无法寄存信息的,必须随输入的变化而立即发生变化。在第 7.2 节介绍的综合脚本中,会有 reg2reg 一项,意思是 Register to Register,指的是两个触发器中间的路径。读者在进行前仿时,看到的仿真波形会和本图一样,是理想的,而使用版图网表进行后仿时,仿真波形是带延迟的。很多初学者会认为前仿波形就是电路的实际状况,因而在分析波形时经常发生理解错误。图 2-3 也画出了触发器的符号表示,它共有 4 个引脚,除输入的 D 端和输出的 Q 端外,三角形位置表示时钟,下方的 rst_n 表示复位,其上的圆圈表示 0 电平有效,即 rst_n 等于 0 时,寄存器处于复位状态。此时,Q 端保持 0,即使时钟和 D 端有动作,Q 端也不会变化,只有当 rst_n 等于 1 时,才解除复位状态,寄存器方能正常工作。

时序逻辑是整个数字电路的基础,在 10 种元器件中,只有触发器属于时序逻辑器件,因而触发器是整个数字电路的基础,这一点,从 Verilog 的另一个称呼 RTL 就可知晓。RTL 意为寄存器传输层,直译过来就是:从一个触发器的输出到另一个触发器的输入,通过触发器的层层传递,最终实现了一个功能完整的数字电路。数字的时序分析,主要是分析两个触发器之间的路径延迟。10 种元器件中的其他 9 种属于组合逻辑。这 10 种元器件经过复杂地组织,能够实现所有数字芯片的逻辑运算需求,从简单的加、减、乘、除,到复杂的浮点运算、复数运算、矩阵运算都能解决。可能有读者会问一堆问题,诸如"乘法不就是重复的加法吗?""加法器也可以由与或非门实现呀?""比较器用异或门也能实现吗?"之类,这里笔者概括为 10 种,是从 Verilog 常用的表达形式的角度来讲的,也就是说,虽然加法器也可以由与或非门实现,但一般直接使用"+"这个符号表示加法,较少会使用门电路去搭建加法器,因为现代芯片规模庞大,要实现的功能十分复杂,工程师应该将精力更多地投入到重点难题的实现上,而对于加法如何实现这类最底层问题,都交由综合步骤自动完成,现代 EDA 工具也更加智能,能够根据设计描述自动匹配出面积最省、速度最快的电路,例如 DC 综合器中包含的 DesignWare 器件库。基本元器件中不包括除法,原因是除法的实现不同于乘法,它受到被除数、除数、商的数值范围的限制,有时需要用到迭代等复杂方法实现,还有分母为 0 等异常情况需要报告,所以并不属于 Verilog 中常用的直接运算方式。

读者务必注意与或非加乘等指的是元器件,而非 C 语言中代表的运算含义。写 Verilog 最忌讳的是用 C 语言的编程思维来写,虽然两者在语法上十分相似。C 语言的代码叫程序,即流程顺序,按照编写顺序逐条执行。数字前端写的 Verilog 仅仅是代码,而非程序。代码即代替电路图的一种文本语言描述。因而在编写 Verilog 时,人们脑中会呈现出该代码对应的电路概貌和时序,理解这一点,对于新人格外重要。

10 种数字器件的符号表示以及 Verilog 表示方法见表 2-1。

表 2-1 10 种数字逻辑器件和 Verilog 表示

逻辑类型	元器件名	符　号	Verilog
组合逻辑	与门		assign z = a & b;
	或门		assign z = a | b;
	非门		assign z = ~a; 或 assign z = !a;
	异或门		assign z = a ^ b;
	加法器		assign z = a + b;
	乘法器		assign z = a * b;
	选择器		assign z = s ? b : a;

	比较器		assign z = (a == b);
			assign z = (a > b);
			assign z = (a < b);
			assign z = (a != b);
			assign z = (a >= b);
			assign z = (a <= b);

	移位器		assign z = a << 3;　　//左移,相当于乘以 8 assign z = a >> 3;　　//右移,相当于除以 8

时序逻辑	触发器		always @(posedge clk or negedge rst_n)
			begin
			　　if (!rst_n)
			　　　　Q <= 0;
			　　else
			　　　　Q <= D;
			end

真正的元器件库中有很多复杂元器件,如图 2-4 所示,但这些元器件都可以看作 10 种基本元器件的组合,不会超出原有的功能范围,因此在设计时,头脑中只需使用这 10 种元器件进行电路组织。

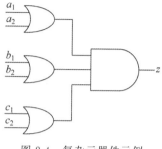

图 2-4　复杂元器件示例

2.2　可综合的 Verilog 设计语法

能变成电路的 Verilog 表达叫作可综合,在设计电路时,只能使用可综合的语法表述,而在仿真时,由于只在计算机上运行,不流片,可使用不能综合的高级语法,以增加语言表达的灵活度和复杂度。

本节主要向大家介绍可综合的设计语法,对于不可综合的语法,将在第 3 章的仿真中介绍。

可综合语法中,常用的电路表述只有两种,一种 assign,另一种是 always。在表 2-1 中可以找到这两种表述的例子,其中,与门的表述如下:

```
assign z = a & b;
```

触发器的表述如下,称为 always 块。注意,时序逻辑的语法中等号用的是"<=",叫非阻塞赋值,而组合逻辑中的赋值用"=",叫阻塞赋值。@括号中的列表叫敏感列表,意思是 always 块输出的 Q 对列表中的信号保持敏感,如果敏感信号动,则 Q 也会动。posedge clk 意思是时钟的上升沿,negedge rst_n 意思是复位信号的下降沿。将这两个沿写在敏感列表中,意思是最终的输出 Q 对两个沿敏感,而不是对电平敏感,这体现了时序逻辑的本质。语法中,begin 和 end,相当于 C 语言中的"{"和"}",if (!rst_n) 后面跟着 Q <= 0,此句可以用 begin 和 end 括起来,也可以不用,就像 C 语言中,if 后面的句子,如果只有一句话,则可以不用大括号。

```
always @ (posedge clk or negedge rst_n)
begin
    if (!rst_n)
        Q <= 0;
    else
        Q <= D;
end
```

always 块不仅可以用来表示时序逻辑，也可以用来表示组合逻辑，如下例所示，它是与门逻辑的另一种表述方式。注意，这里仍然用阻塞赋值。初学者会误认为凡是 always 块，都是时序逻辑，实则不然，但是可以确定的是，凡是组合逻辑，都用阻塞赋值，凡是时序逻辑，都用非阻塞赋值。下例中，@后面也有敏感列表，但用 * 代替了，* 在这里表示省略描述。综合器在看到这种省略描述后，会自动在 always 块中寻找与输出 z 相关的输入信号，自动填入敏感列表中。在本例中，工具会自动将 a 和 b 作为输入填进去。当逻辑较大、输入信号很多时，人工填写可能会遗漏，完全依靠人工是没必要的，用工具自己寻找的方式最保险，所以写 Verilog 时，对于这种 always 块组合逻辑，敏感列表都填 *。

```
always @( * )
begin
    z = a & b;
end
```

从上述 3 个例子中可以总结出 Verilog 的语法规律：

（1）时序逻辑，必须使用 always 块，并同时使用"<="非阻塞赋值。在其敏感列表中，必须出现时钟信号的边沿和复位信号的边沿。

（2）组合逻辑，可以使用 assign，也可以使用 always 块，但它们的赋值都是"="阻塞赋值。若使用 always 块，则敏感列表中使用 *。如果遇到 always 块的敏感列表带 *，则可以直接判定为组合逻辑。

上述两个关键词 assign 和 always，以及 3 个例子代表的 3 种不同表达，可以看作可综合 Verilog 的全部语法，读者可以简单记忆为"两词三例"。本书后面的内容，凡是可综合的电路，都只使用两词三例来描述。虽然 Verilog 语法中会给使用者提供多种选择，笔者也见过组合逻辑用"<="的例子，但目前正规设计，基本只使用两词三例，其他复杂的语法现象几乎不使用。在这里需要强调的是，Verilog 中的语法表达，描述的全部是电路，因此，例子里面的 z、a、b、clk、rst_n、Q、D 都称为信号，在电路中都是实实在在的金属连线，切勿按照 C 语言的习惯，误将其称为变量。

2.3 对寄存器的深度解读

寄存器对时钟的上升沿和复位的下降沿敏感。对时钟的下降沿不敏感，当下降沿来时，寄存器输出的 Q 值仍然保持不动。可以将时钟上升沿和复位下降沿看成两个事件，当这两个事件中任意一个发生后，先看复位信号是不是 0，若是，则 Q 值不论原来是什么，都会立即变成 0，若不是，则 Q 将寄存当前 D 的值。上例时序逻辑中的 !rst_n，可以写为 ~rst_n，或 rst_n == 0，没有严格要求。

一般会使用时钟上升沿来驱动寄存器，若想使用时钟下降沿触发的寄存器，则可将敏感列表中 posedge clk 改为 negedge clk。同时支持上升沿和下降沿的触发器是较为罕见的，普通设计仅在这两种沿中二选一。在工作中也会遇到使用两种沿的电路，称为双沿触发，但那是指整个电路,而非一个触发器是双沿的。整个电路的双沿,可以是前一级寄存器采用上升沿触发,其 Q 端连接的另一个寄存器采用下降沿触发。在设计中最常用的电路设计是单沿触发,而且是上升沿触发,即整个电路中的所有触发器全部是上升沿触发的。这样用的原因是设计简单,不需要查某个寄存器是上升沿触发还是下降沿触发,因而不容易出错。对于同样的功能需求,双沿触发需要的时钟慢,但要求时钟是 50％占空比,而单沿触发,对时钟的要求快一倍,但对时钟形状的要求降低很多。

复位信号 rst_n,以 0 电平作为复位电平,1 电平解复位,是通用标准,很少有反过来使用的。原因是,数字电路的复位信号是模拟电路给的,通常,模拟电路将其命名为 POR (Power On Reset),即上电复位信号。芯片刚通电时,电压小,逐渐上升到要求的电压,例如 1.8V,POR 本质上是一个电压上升的标志,模拟电路放一个比较器,将输入电压与 0.9V 比较,电压小于 0.9V,POR 为 0,电压大于 0.9V,POR 为 1。因而复位信号上电时总是先 0 后 1,数字寄存器需要在复位信号为 0 的阶段保持复位态,不能运行,因为此时芯片电压不足,不能保证正常运行,而复位信号变成 1,说明上电完毕,电压充足,寄存器解除复位进行正常运行是安全的。

需要特别澄清的是语句 negedge rst_n,直接意思是复位信号的下降沿,即该寄存器对复位信号的下降沿敏感。笔者长期以来也认为既然语法表达是这样,那应该就是当复位信号表现出下降沿时,即从 1 变为 0 时,才会触发 Q 的动作。如图 2-5 所示,在 rst_n 的下降沿,Q 值恢复为复位态。

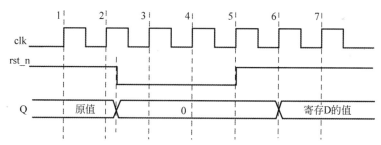

图 2-5　寄存器复位和恢复的时序

这样一来,就产生了一个问题,在芯片刚上电时,复位信号一直为 0,随着芯片上电完成,复位信号逐渐从 0 变为 1。整个过程没有下降沿,是否意味着 Q 端在芯片上电后不处于复位状态,而是处于不定态? 经过仿真和与模拟工程师进行确认,笔者发现复位信号对寄存器的作用不是通过信号沿来驱动的,而是通过电平来驱动,它更像组合逻辑而非时序逻辑。如图 2-6 所示,只要 rst_n 为 0,即使没有下降沿,寄存器都处在复位态,因此,语句 negedge rst_n 对学习者有误导作用。读者在写时序逻辑时仍然需要这样写,但心里要清楚寄存器复位的实际原理。

在本例中,Q 值的初始值为 0,读者可以根据需要写成 0 或 1。初值为 0 或 1,对应两种不同的触发器。

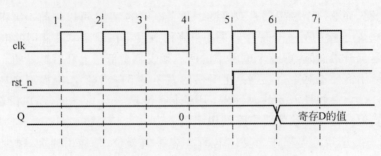

图 2-6　芯片上电时寄存器输出的状态变化

2.4　阻塞与非阻塞赋值的区别

时序逻辑用的都是非阻塞赋值"<=",它与阻塞赋值"="的区别表现在于：非阻塞赋值的意思是该句表达不会阻塞后续表达的执行,如下例中,X<=0 的执行,不会阻碍到 Y<=0 的执行,它们是同时发生的。

```
always @(posedge clk or negedge rst_n)
begin
    if (!rst_n)
    begin
        X <= 0;
        Y <= 0;
    end
    else
    begin
        X <= A;
        Y <= B;
    end
end
```

而阻塞赋值,意思是如果前一句不执行,后一句就无法执行,前一句会阻塞后一句。如下例中 C 语言的表达就是阻塞赋值,$c = a + b$ 如果不执行,$d = 3 * c$ 也不执行。

```
int abc(int a, int b)
{
    int    c, d;
    c = a + b;
    d = 3 * c;
    return(d);
}
```

对于可综合的 Verilog 来讲,其实并不会阻塞。在下例中,always 块的目的是创造 z 和 k 两个信号。$k = 3 * z$ 和 $z = a \& b$ 是两个不同的电路,$k = 3 * z$ 电路不会被 $z = a \&$

b 阻塞。本例对应的原理图如图 2-7 所示。可见,对于电路描述来讲,语法只是表示一种连接关系,并没有执行先后顺序的说法,但如果本例使用非阻塞赋值,语法检查会报错,因此,这是一种惯用方法。阻塞赋值在 Verilog 中真正体现阻塞,是在仿真使用的不可综合语法中,到第 3 章再做解释。

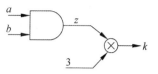

图 2-7 本例对应的原理图

```
always @ ( * )
begin
    z = a & b;           //与门
    k = 3 * z;           //乘法器
end
```

2.5 组合逻辑的表达方式

对于一个组合逻辑电路,应该在什么情况下用 assign,在什么情况下用 always 呢?

比较简单的逻辑适合使用 assign 方式,较为复杂的逻辑应使用 always 块。下例给出了一个适合用 always 块的较复杂例子:

```
always @ ( * )          //always 块表达
begin
    if (s1)
        a = 1;
    else if (s2)
        a = 2;
    else if (s3)
        a = 3;
    else
        a = 0;
end
```

同样的功能若改用 assign,则为下例所示。很明显,用 always 块表达意思更加清晰。

```
assign a = s1 ? 1 : (s2 ? 2 : (s3 ? 3 : 0)); //assign 表达
```

在 2.2 节中已解释了敏感列表中的 * 在组合逻辑 always 块中的作用。如果读者使用过一些老 IP,则可能还会看到下例所示的表达,这种表达已随着综合器的进步渐渐被淘汰了,不建议初学者使用。

```
always @ (s1 or s2 or s3)
begin
    if (s1)
        a = 1;
    else if (s2)
        a = 2;
    else if (s3)
```

```
        a = 3;
    else
        a = 0;
end
```

2.6　组合逻辑中的选择器

如果想表示图 2-8 所示的二选一 MUX，该如何表示呢？下例展示了 3 种二选一 MUX 的表达方式，分别使用了 assign 和 always。

```
//第 1 种表达,assign 完整表达
assign z = (s==1) ? b : a;

//第 2 种表达,assign 简化表达
assign z = s ? b : a;

//第 3 种表达,always 块表达
always @(*)
begin
    if (s)
        z = b;
    else
        z = a;
end
```

那么如图 2-9 所示的多选一 MUX，又该如何表示呢？

图 2-8　二选一选择器(MUX)原理图

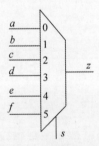

图 2-9　多选一 MUX 原理图

因为使用 assign 表示显然会过于复杂，所以需要用 always 块表示。表示方法有两种，其一如下例所示。

```
always @(*)
begin
    if (s == 0)
        z = a;
    else if (s == 1)
```

```
            z = b;
        else if (s == 2)
            z = c;
        else if (s == 3)
            z = d;
        else if (s == 4)
            z = e;
        else if (s == 5)
            z = f;
        else //默认值
            z = a;
end
```

其二如下例所示。

```
always @(*)
begin
    case (s)
        0: z = a;
        1: z = b;
        2: z = c;
        3: z = d;
        4: z = e;
        5: z = f;
        default: z = a; //默认值
    endcase
end
```

需要注意的是,上面两种表达综合出来的电路是不同的,其中,第2种所综合的电路如图 2-9 所示,而第 1 种综合出来的电路如图 2-10 所示,从图 2-10 可见,使用 if 表述的选择关系,综合的电路是一层一层逐渐展开的,写在 if 最前面的语句,掌握着最终的选择权,因而优先级最高,再往后优先级逐层下降,而使用 case 表述的 MUX,每个选择都是并列的,优先级相同。

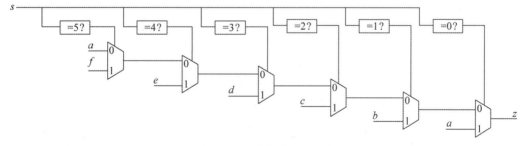

图 2-10　包含优先级的电路

使用 if 表述,有可能出现隐藏逻辑,即设计者没有考虑到,但实际会被综合出来的逻辑门。隐藏逻辑是设计的隐患,设计者在写代码时应该清楚其逻辑含义,尽量避免出现隐藏逻辑。为了避免设计中出现隐藏逻辑,在实际项目中往往会提倡使用 case 语句来表达。

下例中反映出 if 的优先级特征，条件 $s < 5$ 包含 $s == 4$ 的情况，因为 $s < 5$ 优先，因而当 $s == 4$ 时，z 的赋值是 a 而不是 b。如果设计意图是要在 $s == 4$ 时使 $z = b$，则应当将其写在 $s < 5$ 之前。

```verilog
always @( * )
begin
    if (s < 5)
        z = a;
    else if (s == 4)
        z = b;
    else
        z = c;
end
```

同样的逻辑可以改写为下例中 case 的形式。使用 case 会使 z 的赋值更加明确，因为在写 case 语句时能够强迫设计者更加细致地思考问题，从而避免隐藏逻辑。在写 case 语句时，需要注意 default 的用法。这里假设信号 s 的位宽是 3 比特，数值范围为 0～7，在下例中已经将这些情况都讨论完全了，因而 default 可以省略，但一般项目要求 default 都要写，以避免设计者遗漏了某些情况而造成隐藏逻辑。

```verilog
always @( * )
begin
    case (s)
        0: z = a;
        1: z = a;
        2: z = a;
        3: z = a;
        4: z = a;
        5: z = c;
        6: z = c;
        7: z = c;
        default: z = c; //默认值
    endcase
end
```

case 有一种变体是 casez，它可以拓展 case 的使用范围。如果 case (s) 的情况有很多，例如 10 000 个，需要对这 10 000 种情况进行适当归类，才能让代码简练，此时需要用到 casez，如下例所示，其中，问号的意思是 0 或 1 都能匹配，类似计算机语言中的通配符。

```verilog
always @( * )
begin
    casez(s)
        16'b00011???????????: z = a;
        16'b10111111????0000: z = b;
        16'b1111?001000?????: z = c;
        default: z = d;
```

```
        endcase
    end
```

虽然很多项目提倡使用 case 或 casez 来表述选择器,但究竟是使用 if 还是 case,仍然取决于表达的需要。总体而言,case 便于判断是否相等的情况,而 if 适合判断大于或小于关系,不同情况用不同的表达,可以使 Verilog 逻辑更加清晰,也更便于维护。

注意 组合逻辑中的 if 和 else if,最后必须跟一句 else,使整体逻辑完整。若没有 else,则该电路会综合出一个锁存器(Latch)。锁存器不属于 10 种基本元器件之一。在设计中,凡有寄存需求,应尽量使用触发器,避免使用锁存器,特别要避免不写 else 引起的隐藏逻辑。

2.7 Verilog 中的 for 循环

按照一般程序语法书的习惯,讲完 if,必定要讲 for 了,但是 Verilog 并非程序语言,需要将语法与电路一一对应。if 和 case 对应的是选择器,那么 for 对应的是什么元器件?答案是什么都不对应,for 对应的是逻辑的复制。正是由于它没有对应到真正的元器件,所以新手经常会用错,导致逻辑不能综合或实现面积过大,综合出了意想不到的元器件。有些项目禁止使用 for 循环也出于此理由,项目中提倡将 for 循环用 Perl 脚本展开,尽量在 Verilog 中表现为简单的没有 for 循环的语法,这样有两点好处,其一是防止新人用错,其二是出现问题时可以直接定位到元器件。

对于上面提的第二点,需要再进一步解释。使用 for 循环复制的元器件,在其中某个出现错误时,不容易定位到。例如,复制了 3 个元器件,名称分别为 a[0]、a[1]、a[2],在 for 循环中都叫 a[ii],其中 ii 是变量,代表 0～2。假如元器件 a[2] 上发现了问题,想定位,在 Verilog 中无法找到专门针对 a[2] 的逻辑,只能找到 a[ii],对于 Debug 来讲较为不方便。

但是笔者平时设计时,还是会使用 for,因为对于循环多次的代码,将 for 展开会使代码变得很长,不容易阅读,中间出现笔误很难发现,用脚本语言将其展开,虽然不会有笔误,但在项目推进过程中,此处逻辑可能会经常改动,增加了发生错误的风险,另外也不容易体现出设计者的思想和电路规律,所以循环多次的情况,笔者并不排斥用 for,下面介绍它的用法。

在 Verilog 中,for 有两种用法。一种是一次复制多个逻辑的 for 循环,本书中称类型一,另一种是用在一个 always 块中的,只复制该块中的逻辑,超出块的范围就不复制,本书中称为类型二。

类型一使用 generate 块,如下例所示。整个要复制的逻辑都包含在由 generate 和 endgenerate 限定的范围内,其中 ii 是变量,不是信号,是用来表示复制的次数的,因而用 genvar 这个特殊的类型进行声明。复制的可以是 assign 和 always 等语句的集合,只要内部有 ii,其代表的电路逻辑都会被复制。此例中每个逻辑都被复制 12 份,并且每个复制电路都有自己的名称，例如 aa[0]～aa[11] 和 dd[0]～dd[11] 等。pp_core 是整个 generate 块的名称，读者可为 generate 块取各种名称，但不能没有名称。一个代码中可以声明多个 generate 块，可根据逻辑上的相关性将其划分为多个 generate 块，并分别取名，但不建议一个 generate 块过于庞大。

```verilog
genvar ii;

generate
    for(ii = 0; ii < 12; ii = ii + 1)
    begin: pp_core
        assign aa[ii] = (bb[ii] > cc[ii]);

        always @(posedge clk or negedge rst_n)
        begin
            if (!rst_n)
                dd[ii] <= 1'b0;
            else if (en[ii])
                dd[ii] <= ff[ii];
        end
    end
endgenerate
```

注意　代码中的 ii＝ii＋1，不能使用 C 语言的常见表示 ii＋＋，此语法在综合中不支持。

　　类型二如下例所示，在一个 always 块中，不需要 generate，ii 也不需要声明成 genvar，而是用普通的 integer（32 位整数）。此例的逻辑是：store 为一个寄存器组，共 12 个，其初值都是 0。当用户发起写操作（wr），并且地址（addr）与 store 编号相等时，数据（dat_in）就进入 store 组中对应的寄存器中。读者注意，没有任何一个寄存器叫 store，综合后的寄存器是 12 个，分别为 store[0]～store[11]。若一个代码中，有多处类似本例的 for 循环，则其循环变量都可以统一使用 ii，综合工具会辨认出来，不必为每个 for 循环都声明一个专门变量。

```verilog
integer ii;

always @(posedge clk or negedge rst_n)
begin
    //如果 if、else、for 等条件语句下面有很多附属语句，就用 begin…end 括起来
    //如果只有一句话，则可以不用 begin…end
    //有些项目要求任何情况下都加 begin…end，以免设计者疏忽
    if (!rst_n)
    begin
        for (ii = 0; ii < 12; ii = ii + 1)
            store[ii] <= 0;
    end
    else
    begin
```

```
        for (ii = 0;ii < 12;ii = ii + 1)
        begin
            if (wr && (addr == ii))
                store[ii] <= dat_in;
        end
    end
end
```

注意 ii是变量,不是信号,即它没有对应任何电路或金属连线。如果 ii 声明为 wire 或 reg,然后要表示一个信号 a[ii],则语法将不能综合为电路。此处 Verilog 与 C 语言有所不同。

2.8 逻辑运算符号优先级

Verilog 中各种逻辑运算符的优先级顺序见表 2-2,其中运算符用逗号隔开,优先级数值低者更优先。因为表中求余运算器件不常用于 RTL,所以在写代码时应使用更常见的逻辑取代。"&"和"&&"在电路上都会综合为与门,"|"和"||"在电路上都会综合为或门。"&""|"和"^"既是单参数运算符(只需跟一个参数),又是双参数运算符(需要跟两个参数)。当作为单参数运算符时,可将一个多比特信号的内部进行按位运算,最终结果是单比特,例如 $\&a$,其中 a 的位宽是 3 比特,该表达式将 a 的 3 比特都连到与门的输入端。在作为双参数运算符时,可将两个参数进行按位运算,两个参数的位宽必须相等,结果的位宽也与这两个参数一致,如 $a \& b$,表示 a 和 b 按位进行与操作,而"&&"作为双参数运算符,体现的不是按位操作,而是逻辑操作,例如 $a \&\& b$,a 被看作一个事件,而 b 是另一个事件。原则上这两个事件都应该是单比特,值为 1 表示成功,为 0 表示失败,语法允许 a 和 b 为多比特,只要不为全零即表示成功。在 C 语言中,常常会出现 a 或 b 是多比特而使用 $\&\&$ 的情况,而 Verilog 作为硬件设计语言,为了表义准确,应保证 a 和 b 都是单比特,此时,$\&$ 和 $\&\&$ 可以通用。读者可能会读到类似 $(a==b)\&(c!=d)$ 这样的代码,其中 $a==b$ 可以理解为一个事件,$c!=d$ 可以理解为另一个事件,两个事件成功为 1,失败为 0,因此,$(a==b)$ 表达本身就只代表一个比特。另外,"!"和"~"在 C 语言中也有差别,"!"指逻辑取反,其参数是单比特,即本来某个事件是成功的,取"!"就变为失败,而"~"是按位取反,其参数允许是多比特的。在 Verilog 中,这两个符号的含义与 C 语言相同,但对于单比特信号,两个符号经常混用,例如触发器中复位逻辑有时会写为!rst_n,有时也会写为~rstn_n。

表 2-2 逻辑运算符优先级

符　　号	参数个数	对应的元器件	优先级
!,~	1	非门	0
*,/,%	2	乘法器、除法器、求余器(不用于综合)	1
+,−	2	加法器、减法器	2

续表

符　号	参数个数	对应的元器件	优先级
$<<,>>$	2	移位器	3
$<,<=,>,>=,==,!=$	2	比较器	4
$\&,|,{}^{\wedge}$	1或2	与门，或门，异或门	5
$\&\&,||$	2	与门，或门	6
$?:$	3	选择器	7

学习优先级的目的是可以让设计者少写几个括号，有时运算式特别复杂，括号特别多，可读性会很差，代码如下：

```
assign z = ((a + (b * c)<<3) & (~d)) - 1;      //原式
assign z = (a + b * c <<3 & ~d) - 1;           //简化式
```

括号多或少，都可能影响阅读体验，那么，哪些情况下需要加括号呢？原则如下：

（1）在设计者不确定优先级的情况下，应尽量加括号，防止出错。

（2）相同优先级的符号并列出现，要加括号以区分运算顺序。

（3）一些被普遍接受的表达可以不加括号，例如乘法优先于加法，对于 $a+(b*c)$ 就可以省略括号。

（4）$(\sim d)$ 的优先级很高，可以省略括号。

（5）对于 $a+b<<3$，为了明确先做加法再左移 3 位，虽然可以不用括号，但一般会加上，以便表达式更清晰。

（6）当 $\&$ 等符号作为单参数运算符时，一般需要加括号以提醒阅读者，如 $(\&a)$ 或 $(\sim a)$。

2.9　组合逻辑与时序逻辑混合表达

前面介绍了时序逻辑和组合逻辑，但实际上在读很多 RTL 代码时，会发现两种逻辑都是混起来写的，代码如下：

```
always @(posedge clk or negedge rst_n)
begin
    if (!rst_n)
        z <= 0;
    else
        z <= a + b;
end
```

这种表达方式其实是一种简化表达，它的完整形式代码如下：

```
assign z_pre = a + b;

always @(posedge clk or negedge rst_n)
```

```
begin
    if (!rst_n)
        z <= 0;
    else
        z <= z_pre
end
```

有些 RTL 代码中出现的时序逻辑与组合逻辑混合使用的表达方式十分复杂,不容易理解,那时可以考虑将其拆分为时序与组合两个模块,以帮助理顺逻辑关系。

2.10 Verilog 中数值的表示方法

上文所有例子在表示数值时,均直接写为 0、1、2 等,目的是让读者能够理解重点语法和逻辑。实际上,数值一般不直接写,如果直接写,则工具会理解为十进制 32 比特数,但实际中的信号位宽多种多样,选用哪种进制表示数值也有多种选择,因此需要将这两方面予以规定。

常用进制对应的符号见表 2-3,所表示的数值一般带有位宽和进制信息。

表 2-3 进制与符号的对应关系

进 制	符 号	举 例	解 释
二进制	b	4'b0110	4 比特数,用二进制表示为 0110
十进制	d	8'd3	8 比特数,用十进制表示为 3
十六进制	h	15'h1abc	15 比特数,用十六进制表示为 1abc

一个数值,选择何种进制来表示,是由设计者自由决定的,选择进制并不会改变数值本身,例如 4'd11,也可以表示为 4'hb,或者 4'b1011。

对于设计来讲,要求在写每个数值时都必须带有位宽和进制信息,即类似 4'd11 的表示,不允许写成 11,因为会在 Spyglass、VCS、DC 等工具中出现警告,提示 32 比特的值被赋值给非 32 比特的信号。对于验证,要看项目要求。

另外,还有一种特殊的数值表示法,例如{5{1'b0}}表示 5 个比特 0,再如{4{1'b1}}表示 4 个比特 1。这种表示一般不用,但它也有优点,上例中的比特数量 5 和 4 可以用参数替代,若 Verilog 中有一个参数 kkk,则可以写为{(kkk){1'b0}},甚至可以写成用计算式表示的位宽,如{(kkk+2){1'b0}}。注意,kkk 是参数,不是信号,它不是电路,而是一种编译时使用的变量。带参数的 Verilog,其意义是有一些设计者不确定的因素,需要根据实际情况进行配置,因此无法确知某些数值的位宽,此时,能引入参数来决定位宽,根据不同配置使位宽发生变化,是一种很方便的特性。这种表示方法还可以写为{常数{逻辑表达式}}的形式,如下例所示,此例的目的是使用 APB 总线配置两个只写信号(write-only 信号),这两个信号合称为 int_clr,等式的右边,仅当地址 apb_addr 等于 7,并且在 APB 总线上发生写操作时,

APB 写入的两比特数据 apb_wdat[1:0]才会被配置到 int_clr 中,否则 int_clr 就是 0。问题在于,(apb_addr == 4'd7) & wr_en 是一比特,不能跟 apb_wdat[1:0]按位求与,因而需要将一比特复制为两比特,即{2{(apb_addr == 4'd7) & wr_en}},代码如下:

```
assign int_clr = {2{(apb_addr == 4'd7) & wr_en}} & apb_wdat[1:0];
```

对于其他辅助变量,可以直接写数字,例如在 for 循环中讲述的 genvar ii,ii 只是个变量,没有对应的电路,那么 for 循环赋值就不需要带位宽和进制了,可以像下面这样写:

```
for( ii = 0; ii < 100; ii = ii + 1)
```

注意 Verilog 中,如果单写 a、b、c、d、e、f、x、z,表示的是信号名,不能作为数值,如果想表示十六进制的数值,则可写为 4'ha 等,1'bx 表示未知态,1'bz 表示高阻态。

2.11 信号的状态类型

Verilog 中常见的信号状态有 4 种,分别是 0、1、z、x,其中,0 和 1 是数字电路本身的状态,它的本源是零电平和 VDD 电平。例如,将一根导线接地,它的电平就是 0,可以用数字 0 表示,将一根导线接 VDD 电平,那么它传出的信号就是 1。VDD 是数字电源的常用标号,另外,整个芯片的电源常称为 VCC,芯片的地常标注为 VSS。不同工艺和元器件库需要的 VDD 不同,例如 0.9V、1.8V、3.3V 等,而同一个元器件库中的所有元器件,其需要的供电电压 VDD 一般相同的,只有 I/O 器件等少数元器件,其输入端和控制端是比较低的电压,而输出端口却是较高的电压。数字 0 和 1 对应的电平不会特别严格,而是有一个浮动范围,通常信号电平低于 VDD 的 30%,就被认为是 0,高于 VDD 的 70%,就被认为是 1。数字设计师处理的对象是 0 和 1,不会经常去联想其背后代表的电压含义。

z 态是高阻态。高阻的名字虽然不好理解,但实际并不神秘。如果一颗芯片不通电,则它所有的引脚就都是高阻态。可见,高阻态的实际意义就是不会干扰到其他信号传输的状态,例如某信号 A 是高阻态,某信号 B 不是高阻态,那么信号 A 叠加到信号 B 上(可以想象为两根信号线被拧在一起),结果仍然是 B,而 A 没有任何效果。一般来讲,一个有着双向传输功能的引脚,如果设置为输入模式,就可以认为这个引脚处于高阻态,意思是它对电路板上与它相连的元器件没有任何影响,这些相连元器件如果要对本芯片输出 0 或 1,就可以直接顺着该高阻态引脚输入,而不会被干扰或阻挡。在 FPGA 的 Verilog 表述中,可以很形象地将 FPGA 的引脚描述为如下语句,其中 b 是 FPGA 的引脚,所以声明为 inout 类型,oe 是该引脚的方向选择,若 oe 为 1,则 b 为输出模式,将信号 a 输出到 FPGA 外面,而当 oe 为 0 时,是高阻态,即输入模式,外面的信号从 b 引脚可以进来后与信号 c 形成了组合逻辑,代码如下:

```
inout b;

assign b = oe ? a : 1'bz
assign d = b ^ c;
```

注意 上例中引用 FPGA 的语法只是为了说明 z 态的含义。IC 设计中对引脚的设计不像 FPGA 这么简单,需要例化一个引脚模块,在代码中不会出现 1'bz 数值。

x 态的含义是未知态,有 4 种情况会产生未知态:其一是芯片已上电但复位信号未进行复位的情况;其二是双向引脚信号冲突,因为没控制好,导致有一路信号通过引脚输入,另一路信号通过相同的引脚输出;其三是芯片中一个元器件的某个输入端为 x 态,于是输出就跟着变成了 x 态,这就是所谓 x 态的传播;第四是触发器的时序不满足,产生了亚稳态,从而表示为 x 态。上述 4 种情况在仿真中都能看到,但实际中,第 1 种情况基本不会出现,除非模拟电路设计有误,其他 3 种在数字设计有缺陷时会出现,实际在测量其电压时会出现不稳定或非预期的问题。在可综合的 Verilog 中,不会出现 1'bx 数值,因为没有一个设计会故意将一个错误引入 RTL 中,所有的错误都是意外发生的。该符号在仿真脚本和仿真波形中可能出现。

2.12 电平信号与脉冲信号

在数字设计中,常会使用电平信号和脉冲信号的概念,本节就对这两种信号的形态进行说明。

电平信号也叫 Latch 信号,即一个信号持续多个时钟周期都一直保持为 1 的信号,如图 2-11 中的信号 a 所示,它持续了 3 个时钟周期。脉冲信号就是只持续一个时钟周期的信号,如图 2-11 中的信号 b 所示。工程师在交流时,对于电平信号 a 常用的说法是"将 a 给 Latch 住",对于脉冲信号 b 常用的说法是"打一个脉冲 b"。

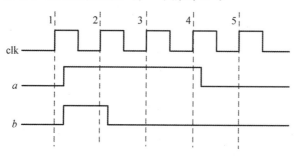

图 2-11 电平信号与脉冲信号

这两种信号看似只是波形的差异,实际上背后代表了某种设计意图。电平信号表示一种状态,只要这种状态存在,波形就持续为 1,状态消失,波形就变为 0,而脉冲信号表示一种命令,或触发信号。

电平信号和脉冲信号可以相互转换。一个电平信号若想变成脉冲信号,有 3 种转换方法,如图 2-12 所示,一个电平 a_latch 可以经过处理,获得它的上升沿脉冲(抓取上升沿),下降沿脉冲(抓取下降沿),或同时得到其上升、下降的双沿脉冲(抓取双边沿)。值得注意的是,上升沿脉冲是电平上升之后才能产生的,同样,下降沿脉冲也只能在电平下降后产生。电路设计是一个因果系统,即诱发因素先发生,相应结果后出现。有时,设计需要在电平上升沿或下降沿之前就起脉冲,那就不能用电平转脉冲的方法,而是要去寻找什么因素引起电平的上升和下降,即去找更早的诱发因素。这其实就是 RTL 设计的主要方法,即如果想构造一个波形,则必须找到引起该波形变化的驱动信号和驱动事件。对于时序逻辑来讲,驱动事件一定发生在所构造的波形之前,对于组合逻辑来讲,驱动事件与所构造的波形同时发生。驱动事件分两种,一种是诱发上升的事件,另一种是诱发下降的事件。在构造电平信号前,必须找到这两种事件。在构造脉冲信号时,只需找到诱发上升的事件,而其下降必然在一拍后发生,因此不需要找对应的事件。在本书以下部分的电路设计讨论中,仍然会反复使用这种方法来分析。

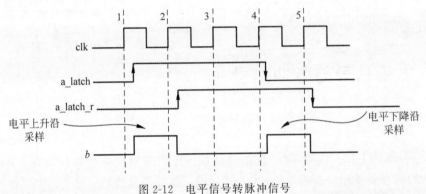

图 2-12　电平信号转脉冲信号

抓取边沿变化对应的 Verilog 描述如下例所示,其中 a_latch 是待处理的电平信号,a_rise 是 a_latch 的上升沿脉冲,a_fall 是 a_latch 的下降沿脉冲,a_change 是 a_rise 和 a_fall 的合并。在产生 3 个脉冲信号时,需要对 a_latch 打一拍,使其延迟 1T,得到 a_latch_r,该信号可看作 a_latch 的过去值。a_fall 等于(～a_latch) & a_latch_r,可以理解为当前 a_latch 为 0,但它过去是 1,其实就是由 1 变成 0。a_rise 等于 a_latch & (～a_latch_r),可以理解为当前 a_latch 为 1,但它过去是 0,其实就是由 0 变成 1。a_change 等于 a_latch ^ a_latch_r,可以理解为当前 a_latch 与它过去的值不同,即它发生了变化。

```
wire        a_latch;
reg         a_latch_r;
wire        a_rise;
wire        a_fall;
wire        a_change;
```

```
always @(posedge clk or negedge rst_n)
begin
    if (!rst_n)
        a_latch_r <= 1'b0;
    else
        a_latch_r <= a_latch;                  //保留曾经的电平记忆
end

assign a_fall    = (~a_latch) & a_latch_r;    //抓取下降沿
assign a_rise    = a_latch & (~a_latch_r);    //抓取上升沿
assign a_change  = a_latch ^ a_latch_r;       //抓取双边沿
```

由脉冲信号转换为电平信号,如图 2-13 所示。构造电平信号需要想明白它什么时候上升,什么时候下降。当脉冲转电平时,脉冲到来时刻即是电平上升的时间,而电平下降的时间可以是下一次脉冲到来的时间,也可能是另外存在一个信号让它下降。图 2-13 中 a 是待转换的脉冲信号,c_latch 是被 a 驱动起来的电平信号,b 是另外一个脉冲信号,它负责将 c_latch 降下去。在实际中,脉冲信号转电平往往用在速度转换系统,如一个快速系统将信号传递给一个慢速系统,如果快速系统直接给慢速系统一个电平,则慢速系统有可能采不到该电平,因此,快速系统就先把自己的脉冲 a 转换为电平 c_latch,传到慢速系统,再由慢速系统确认收到后,发出一个 b 信号,将 c_latch 归零,从而完成一次控制传输。

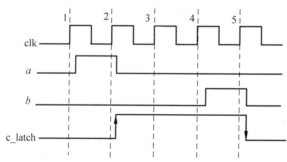

图 2-13　脉冲转电平的波形

脉冲转电平的 Verilog 代码如下。

```
always @(posedge clk or negedge rst_n)
begin
    if (!rst_n)
        c_latch <= 1'b0;
    else
    begin
        if (a)          //让电平上升的脉冲(主脉冲)
            c_latch <= 1'b1;
        else if (b)     //让电平下降的脉冲(握手成功的反馈脉冲)
            c_latch <= 1'b0;
    end
end
```

需要注意的是,这里也考虑了脉冲 a 和 b 如果同时发生该如何处理的问题。使电平上升的脉冲称为建立脉冲,在图 2-13 中是 a,使电平下降的脉冲称为撤销脉冲,在图 2-13 中是 b。若 a 和 b 同时发生,是应该让电平上去还是下来,需要根据设计需求来定。若 if(a)写在上面,则 c_latch 会变成 1,或保持 1,反之,若 if(b)写在上面,则会变为 0 或保持原来的 0 不变。如果该代码用于速度握手,需要对流程进行控制,即规定 a、b 脉冲依次出现才是一个完整的握手过程。若两个连续的 a 或连续的 b 接踵而至,则是违例的。在数字设计中,要么在硬件上保证不违例,要么在设计描述和产品说明书(DataSheet)中写明操作规程,以免软件错误操作。有了顺序保证,则 a 和 b 谁放在前面,其逻辑都是正常的。

对于速率不同的两个模块的连接,往往快速模块认为的脉冲信号,在对端慢速模块的采样下可能会丢失,即脉冲信号被当作毛刺过滤掉了。可以用上文中的方法在发送端将脉冲转电平后传给对端。若发送端是慢速模块,则在它看来是脉冲的信号,在对端看来其实是一个电平,此时在对端将电平转换成脉冲即可。

在设计时,建议主要传递脉冲信号,不仅在模块内部,也包括模块间的传递。好处是只需关心其上升的条件,下降是自动的,而且达成默契之后,参与设计的所有人获得其他人的信号都首先认为是脉冲,将减少他理解模块接口的时间和难度,从而减少因误解而发生设计错误的机会。如果需要构造电平信号,则应在信号名中加入后缀"_latch",这样可以使设计者和阅读者都明确该信号的特性。这样做对阅读者很重要,由于设计者也存在遗忘的问题,文档也不可能覆盖到设计的细枝末节,当设计者修改模块或增加功能时,往往会忘记之前设计的一些信号的特性,有特殊后缀提醒对他的修改工作有很好的辅助作用。

当传递多比特数据时,往往会带一个有效脉冲信号(Valid,vld)。多比特信号又称总线信号(Bus),它的传递常常使用电平类信号,它不会自动清零,而伴随它的 vld 信号就负责通知采集 Bus 的逻辑来采它。如图 2-14 所示,信号 a 是一个总线信号,它的值在第一拍由 a0 变为 a1 后,就一直保持不变,并未在第二拍清零,直到第 5 拍又改变了。脉冲信号 a_vld 是伴随总线 a 而生的,它与 a 的变化同时发生,但它是脉冲,在第二拍又回到 0。下一级逻辑可以通过采集 a_vld 来得知信号 a 是否已发生变化,而不需要自己去比较当前的 a 与刚才的 a 的差别,节省了逻辑和面积。这种传输方式在数字芯片内部传输总线时是十分常见的,但对于数字与模拟的总线信号传递,则不这样用。例如模拟需要数字对它配置一个多比特控制字,数字就直接输出总线 a,不带 a_vld。

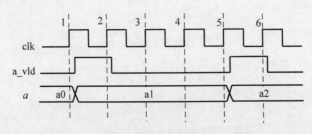

图 2-14　总线信号及其伴随的 vld 信号

注意　常说的总线,包括 AHB、APB、AXI 等,仅代表与 CPU 连接的一组线,这组线像人的脊椎一样,一端连接大脑(CPU),路径上连接了五脏六腑(各种设备,如 UART、RAM、ROM、GPIO 等),这种总线应该称为 CPU 总线。广义的总线就是多比特信号。不论 CPU 总线还是广义总线,其英文都是 Bus。

2.13　对信号打拍就是保留历史的记忆

　　一个基本的设计思维是所有的信号处理都应发生在同一时刻,电路是无法将过去曾经发生的一个信号事件与当前时刻的信号事件做处理的。这里所讲的信号事件是指信号表现为 0 或 1,例如信号 a 等于 0 是一个事件,它变为 1,就发生了另一个事件。信号 a 本身是永远存在的,但在它身上发生的事件却经常改变。如果希望将过去某个时刻发生的事件与当前正在发生的事件放在一起处理,必须将过去的信号事件寄存下来,并一直将其保存到现在,这样才能与现在的信号混合起来处理,可以理解为用寄存器保留历史的记忆。例如前文讲的提取一个电平的上升沿的例子,如何判断一个电平上升了? 道理很简单,就是当前的电平为 1,但是刚才它是 0,就说明它上升了,但是设计者只能看到现在的信号,刚才的信号是什么样却不知道,所以需要用寄存器对信号打一拍,以便保留对过去信号的记忆。

2.14　驱动和负载

　　在 RTL 的编写、仿真及后端布局布线时,常常会有两个名词反复被人提起,那就是驱动(Driver)和负载(Load)。如果将关注点聚焦到一个元器件上,则驱动就是这个元器件的输入信号,负载就是这个元器件的输出信号。如果关注点是芯片,则驱动就是这颗芯片的输入信号,负载就是这颗芯片的输出信号。可以将驱动和负载的关系想象成一台发电机连接电动机的系统。发电机是电动机旋转的根源,所以发电机是电动机的驱动。电动机被发电机带着转,所以电动机反过来是发电机的负载。驱动有强有弱,好比发电机输出的功率有强有弱,负载有大有小,好比电动机的转动扇叶有重有轻。如果一台发电机上面挂着多台电动机,则需要发电机发出更大的功率才能带动这些机器,可以称这种情况为重负载。如果电动机的数量减至一台,则负载就明显变轻了。

　　在电路中所讨论的驱动和负载,往往其关注的是整个设计或者设计中的一块局部电路。通常可以将一个信号接入多少个门电路作为衡量驱动和负载大小的量度,这个数量称为扇出数。扇出数多,好比发电机需要带动的电动机多,要求驱动能力强,并且平均分配到每根扇出线上的功率小。每根扇出线上的驱动能力,一般用电流来衡量。驱动线上的电流是总电流,流到每个分支上的电流是总电流除以分支数。负载数量越多,需要驱动上提供的电流就越大,否则负载功能可能受影响,因而在设计时可能需要关注一个信号的具体负载数量，当数量太多时，需要换一种逻辑表述，或者复制这根信号线以分担电流压力，但一般情况下不需要关注，特别是最初设计时如果过于关注这一点，容易因小失大，引入一些基本功能上的错误。要记住，在任何情况下，功能都是第 1 位的，其次才是面积、功耗、扇出等因素。

在下面的代码中包含了一个时序逻辑和两个组合逻辑。时序逻辑用来产生信号 a，它的驱动是 b 和 c，时钟 clk 和复位 rst_n 是时序逻辑的固定驱动线。a 有两个负载，一个是信号 d，另一个是信号 g。驱动信号 d 的是信号 a、e、f，而它又驱动了信号 g。

```
always @ (posedge clk or negedge rst_n)
begin
    if (!rst_n)
        a <= 1'b0;
    else if (b == 16'd12)
        a <= c;
end

assign d = a ? e : f;
assign g = a + d;
```

新人在设计中往往会出现多重驱动的问题，简称多驱，即一个信号本来由一个 always 逻辑块或一个 assign 逻辑块驱动，但在设计中，却有多个逻辑块驱动，如下例所示，两个逻辑都有产生信号 a 的作用。这种设计是错误的，因为信号 a 将不知道听哪个逻辑的，Spyglass 等语法规则检查工具能够检查出此类问题。

```
assign a = b + c;

always @ (posedge clk or negedge rst_n)
begin
    if (!rst_n)
        a <= 1'b0;
    else if (b == 16'd12)
        a <= c;
end
```

上例中的多驱问题非常明显，工具也很容易查到，但在实际应用中，还会出现一些不易察觉的多驱现象，例如一个设备连了两个驱动，本来达成协议，两个驱动不会同时开启，一个时刻只能有一路驱动启动，另一路驱动保持高阻态。在实际操作中，由于软件操作错误，将两个驱动同时开启，导致多驱。实际上，各种总线协议的出现，就是为了避免多驱冲突的发生，因而各协议都有严格的握手机制。例如，在 APB 总线忙碌时把 PREADY 信号拉低以阻止其他驱动活动，在处理完毕后拉高释放总线，当出现错误时把 PSLVERR 信号拉高。在数字表述中，也把信号 a 拉高称为发出信号 a，虽然在实际上，信号 a 是一直存在的，但这种习惯说法也应熟悉。

2.15 Verilog 中模块和信号的声明方式及模块例化方法

用 RTL 描述的电路,要求一个文件只描述一个模块(Module),文件名即模块名,其声明方式及模块内部的结构如下例所示。此例中,一个名为 abc 的模块,内容被包裹在 module 和 endmodule 两个声明中,因而该 Verilog 文件的名称也应该叫 abc.v。

```
module abc                    //模块的开始,abc是模块名
(
    //接口声明
    input   a,                //如果接口声明没完,则此处用逗号
    output  b                 //接口声明完了,没有符号
); //注意此处有个分号
//------------------
内部信号声明
内部逻辑描述,或称模块正文
endmodule
```

上例小括号中的接口声明表示了该模块的输入和输出,称为接口信号。输入模块的信号用 input 声明,输出用 output 声明,如果既可以输入又可以输出,则用 inout 声明(仅适用于芯片引脚的例化)。上例对接口信号的声明方式在本书中称为接口声明方式一。声明输入/输出接口也可以用以下方式,先在括号中把输入和输出的信号名称写一遍,不标注 input 或 output,到后面再声明一次,这时才注明 input 和 output,称为接口声明方式二。

```
module abc
(
    //接口声明
    a,
    b
);
//------------------
input   a;                //用分号
output  b;                //用分号
//------------------
内部信号声明
内部逻辑描述,或称模块正文
endmodule                 //模块的结尾
```

使用接口声明方式二比接口声明方式一代码显得更长,特别是接口多时显著增加了 Verilog 文件整体的长度,但目前大厂项目管理一般要求使用第 2 种,因为它方便例化。

例化也称实例化,即将一个电路模块放在另一个电路模块里。之所以两个模块不写到一个文件里是因为模块功能规划,不可能一个大设计只有一个模块,而是按照功能拆分成若干较小的模块,分别编写,通过文件名和注释了解其各自的功能,并将这些分散的模块包裹在一个文件里,从而形成一个完整的设计。汇总了所有小模块的文件,称为顶层文件,其命

名经常使用 xxx_top.v 或 xxx_wrapper.v 这种带后缀的名称。熟悉 C 语言的读者可以将
例化看作 C 语言中的函数调用。具体例化方法如下例所示，其对应的电路结构如图 2-15 所
示。模块 abc 中有两个 m1 的例化，即 m1 电路被复制了两份。为了区分这两份电路，要为
每个例化都取一个别名，例中命名为 u1_m1 和 u2_m1。常见的例化名为"u_模块名"或"模
块名_inst"，如果一个模块被例化了多次，则可以命名为"u1_模块名"和"u2_模块名"进行区
分，但这些都不是强制规范，需要根据自己的需要命名。有了例化名，m1 的两块电路就可
以通过模块 abc.u1_m1 索引到 u1_m1 电路，通过 abc.u2_m1 可以索引到 u2_m1 电路，这
样不论是仿真验证，还是综合 PR，都能够方便地找到这块电路。可见，例化一方面可以帮
助设计者本人和设计的阅读者更清晰地理解模块结构，对于一些常用的电路，也经常被写成
单独的模块，哪里用到，就在哪里例化，例如笔者经常用到同步 FIFO 和异步 FIFO，就会写
成单独的 FIFO 模块，放在公共目录下随时准备调用。需要注意的是，Verilog 中的例化，其
电路本质是将模块复制一份到大的模块中，而 C 语言的函数则不是复制，是调用。函数代
码放在固定位置，每次调用函数时就进入该位置，而复制意味着每个例化其物理位置均不
同，这一点要区分清楚。

```
module abc
(
    input   a,
    input   b,
    output  c,
    output  d
);
//----------------------------
wire    q;              //内部信号声明
wire    c2;             //c2 也是内部信号
//----------------------------
m1  u1_m1               //例化 m1 模块,命名为 u1_m1,其中 m1 是模块名,u1_m1 是例化名
(
    .in1  (a),         //前面有".",后面有逗号
    .in2  (b),         //in1 和 in2 是 m1 中的接口名,而 a、b、q 是例化后的实际信号名
    .out1 (q)          //结束时无逗号
);

m1  u2_m1              //又例化了一次 m1 模块,命名为 u2_m1
(
    .in1  (a),         //
    .in2  (c),         //此处输入为 c
    .out1 (c2)         //此处输出为 c_out
);

assign c = q + 1;
assign d = c2 * 7;

endmodule
```

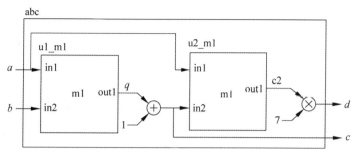

图 2-15 模块 abc 的电路结构

更为复杂的模块划分和例化结构如图 2-16 所示,每个独立的功能模块都应该写成单独的 Verilog 文件,并由不同层次的顶层文件层层例化,如图中发射机的物理层处理模块中包含了 3 个例化,而物理层处理模块也在发射器模块中被例化,发射总模块和接收总模块被数字顶层例化。

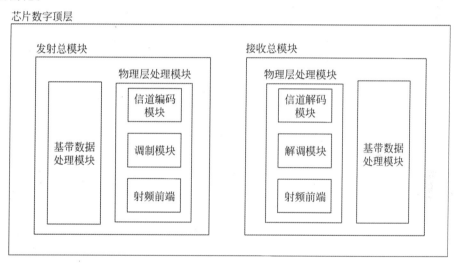

图 2-16 一款射频通信芯片模块划分结构简图

了解了例化,再回到上文讨论的接口声明方式选择问题。相对来讲,接口声明方式二更接近最终的例化形式。对于大型项目而言,模块接口多、结构复杂,模块的设计者和例化者往往不是同一个人,他们的经验不同、对架构的理解不同,在这种情况下,让例化者越少操作,出错的概率越小,因此大型项目往往推荐使用接口声明方式二,但对于小规模设计,可以采用接口声明方式一。本书因篇幅所限,在代码例程中均使用接口声明方式一。

不论接口信号还是内部信号,都有其信号类型。可综合的 Verilog 中的信号的常用类型只有两种,一种是 reg,另一种是 wire。读者不要顾名思义,以为 reg 就是声明一个寄存器的输出信号,而 wire 是组合逻辑的输出信号。实际上,读者可以记为两个凡是,即凡是在 always 块中生成的信号都声明为 reg,凡是在 assign 语句中生成的信号都声明为 wire。一个组合逻辑,编写为 always 块形式,也要声明为 reg。需要注意 reg 和 wire 声明的是

always 和 assign 的输出信号,而不是参与运算的全部信号。例如,assign $c = a + b$ 中,信号 c 是 assign 的输出,它应该声明为 wire,而 a 和 b 是这句话的输入,它们声明成什么类型与这句话无关,而应该根据输出 a 和 b 的语句来定。

如果是内部信号声明,就直接写为如下形式:

```
wire      aaa;
reg       bbb;
```

但在接口信号声明中,表达形式有所不同。下例中展示了两种 input 声明方法,其中的 wire 是可有可无的,多数情况下不用写。

```
input wire  aaa;          //带 wire
input       aaa;          //省略 wire
```

下例中展示了两种 output 声明方法,输出信号 aaa,在模块内部是用 always 块生成的,应该用 reg 类型,但它同时也是 output。在(a)中用两句声明,第二句不能忽略,一旦忽略,aaa 会被当成 wire 类型,导致工具报错。也可以用(b)的方式,将两句并作一句。注意,只有"output reg aaa;",不可能出现"input reg aaa;",因为 input 必须是 wire 类型。

```
//(a)
output      aaa;          //接口声明:说明 aaa 是输出
reg         aaa;          //内部信号声明:说明 aaa 是 reg 类型

//*********************************************************************
//(b)
output  reg  aaa;         //两句并作一句
```

对于多比特信号,需要声明位宽,如下例所示。当调用这些信号时,从序号 0 开始,例如想表示 aaa 的低位上的第 1 个比特,使用 aaa[0],其最高位比特 aaa[2] 是它的第 3 个比特。如果要表示 4'd7,则二进制为 4'b0111,其最高位 aaa[3] 为 0,最低位 aaa[0] 为 1。注意,位的序号都是十进制的。这类信号可以借用 C 语言的称呼,命名为数组信号。

```
input  [2:0]   aaa;       //aaa 是 3 比特信号,序号放在":"两边,可在 input 后声明

//bbb 是 8 比特信号,可在 output 后声明.如果同时需声明 reg,先写 reg,再写位宽
output  reg  [7:0]   bbb;

reg     [3:0]   ccc;      //ccc 是 4 比特信号,可在 reg 后声明
wire    [12:0]  ddd;      //ddd 是 13 比特信号,可在 wire 后声明
```

信号还可以使用二维表示,如下例所示,aaa、bbb、ccc、ddd 都是二维的,读者可以将其看作一个二维矩阵,aaa 有 2 行 6 列,bbb 有 11 行 8 列,以此类推。二维信号的寻址方式是,以行作为粗寻址,以列作为细寻址,例如 aaa[1][4],是指 aaa 两行中的第 2 行的第 5 个比特,而 aaa[1] 表示由 6 个比特组成的信号。值得注意的是,这种二维信号声明只能用在

Verilog 的内部信号上,接口信号不能用二维信号进行传递。

```
input    [5:0]    aaa[1:0];              //错误用法,接口传递用二维信号
output   [7:0]    bbb[10:0];             //错误用法,接口传递用二维信号
reg      [3:0]    ccc[7:0];              //正确用法,内部信号可用二维传递
wire     [4:0]    ddd[2:0];              //正确用法,内部信号可用二维传递
```

　　二维信号在实际应用中并不常见,因为波形观察者在 RTL 代码中不太容易将一个二维信号放到波形图中,即使已放到波形图中,也需要从中小心寻址他们关心的信号。当用 VCS 仿真并保存波形时,二维信号不会自动被保存,需要在 Testbench 中设置特殊命令 $fsdbDumpfile 才能下载,详见第 3 章对仿真方法的论述,然而,二维信号也有它的用武之地,例如较大规模的重复逻辑,有时需要借助 for 循环将其复制,此种情况下,如果每个重复逻辑使用信号名来区分,是无法写成 for 循环的,这就需要声明为二维信号,如下例中,使用 generate 块一次性构造 12 个计数器电路,每个计数器都是 16 位的,若将这些计数器都命名为不同的名称,如 cnt0 或 cnt1,在 for 循环中则无法表示,而命名为 cnt[0] 和 cnt[1],就可以表示。

```
reg  [15:0]   cnt[11:0];                //声明二维信号
genvar  ii;                             //声明 generate 的变量

generate //generate 块开始处
    for (ii = 0; ii < 12; ii = ii + 1)      //for 循环,构造 12 个计数器
    begin: cnt_gen                          //声明 for 循环的名称,一定要有
        always @(posedge clk or negedge rst_n)
        begin
            if (!rst_n)
                cnt[ii] <= 16'd0;
            else if (cnt_en[ii])                 //当时钟使能脉冲开启后,时钟开始计时
                cnt[ii] <= 16'd1;
            else if ((cnt[ii] > 16'd0) & (cnt[ii] < 16'd100))
                cnt[ii] <= cnt[ii] + 16'd1; //计到 100 才停
        end
    end
endgenerate //generate 块结束处
```

　　上述多为声明数组的例子,下面举一个在代码中使用数组的例子,如下例所示,使用信号名后带中括号的方式来定位到具体的信号,二维数组用两个中括号以定位到比特,二维数组只用一个中括号就定位到多个比特。此例中包含一种新的数据组合方式,即用大括号将一些比特组合起来,高位在前,低位在后,中间用逗号隔开。

```
wire [2:0]      a;                  //一维数组信号
wire            b;
wire [1:0]      c;
wire [2:0]      d[1:0];             //二维数组信号
wire [1:0]      e;
wire            f;
```

```
assign a[0]         = b;              //给 a[0]信号赋值
assign a[2:1]       = c;              //给 a[1]和 a[2]信号赋值,注意等号左右两边的位宽要一致
assign d[0][1:0]    = c;              //定位二维数组要用两个中括号,d[0]表示一个 3 比特的信号
assign d[0][2]      = b;
assign d[1][1:0]    = {c[1],b};       //等号右边,两个单比特信号用大括号组合为两比特
assign d[1][2]      = a[2];           //将 a 中的一个比特赋值给 d 中的一个比特
assign {e,f}        = {b,d[0][1:0]};  //大括号赋值也可以反过来用,这里是给 e 和 f 赋值
```

不论是一维数组还是二维数组,其本质仍然是金属线和寄存器。在综合时,凡是组合逻辑,其信号线的名字可能被工具改动,如改为"n134",而时序逻辑则会保留其寄存器的名称不变,但是会将中括号改为下画线的形式,例如 aaa[0]改称 aaa_0_,aaa[1]改称 aaa_1_,bbb[3][2]改称 bbb_3_2_,因此,虽然 RTL 中使用了数组,在设计者的大脑中数组内部是一个整体,但工具认为它们是不同的元器件,譬如 aaa[3:0][1:0]其实就是 8 个分立的触发器输出的 8 根线。一些工具文档或图书中给出的电路如图 2-17 所示,这种叠加的触发器形象

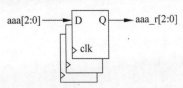

图 2-17 工具文档中数组信号的图形表示

地表示出一个数组不是一个拥有多比特输入的触发器,而是由多个单输入触发器组成的。再次强调,声明为 reg 未必就是寄存器,只有写为时序逻辑,带时钟驱动的 always 语句才能被综合为寄存器或称触发器。

可能有读者会问,"既然[3:0]可以表示位宽,那么[3:1]也可以表示位宽,例如声明一个 reg [3:1] a 行不行?"从语法上说是可以的,笔者也见过有代码这样写,此时就不能用 a[0]来表示任何寄存器了,因为序号的范围是 1 到 3,所以用 a[1]、a[2]、a[3]才有意义。建议读者不要这样使用,从设计者到阅读者都不太习惯这种表示方法,容易隐藏Bug。位宽书写顺序也要按照先大后小来写,例如[3:0],一般不写为[0:3]。

注意 虽然内部信号声明通常写在代码的上面,但不必先写声明再写代码,一般的做法是先写代码,完成代码后,将代码中用到的信号添加到声明区域。在添加声明时先不需要对信号进行分类整理,而是直接按书写顺序,假设代码中先出现了一个 assign 产生的信号,就将该信号进行声明,又出现了一个 always 产生的信号,也将该信号进行声明,这样只写产生的信号,不必写它们的驱动信号,因为驱动信号要么是 input 进来的,要么是模块内部产生的,后面一定会有产生这些信号的逻辑,可以在后面产生时再添加。在声明了全部信号后,可以对这些信号的顺序进行归类整理。

2.16 Verilog 的注释和换行方法

Verilog 的注释方法同 C 语言一样,使用"//"为开头,或以"/ * "为开头,并以" * /"为结尾。通常,代码的不同部分之间,需要用注释隔开以方便阅读。注释内容可以写代码内容

介绍,也可以仅仅用一排符号将两处相对独立的代码进行隔离。

Verilog 中对换行没有特殊要求。由于 Verilog 可以自由换行,所以不需要加任何标点,设计者可以利用这一特点对比较复杂的逻辑进行编排,使之更容易被读懂,如下例(a)中所示的逻辑较为复杂,但是如果像(b)那样按照内部逻辑关系重新排版后,其逻辑关系就清晰多了。

```
//(a)
assign zzz = (~a) | ((~b ? f : g) ^(c & d)) | e;

// ****************************************************************
//(b)
assign zzz =    (~a)
             |    ((~b ? f:g)
                ^    (c & d))
             |    e;
```

有些新人比较在意一个 module 声明中括号应放在哪一行,如下面所示的两个例子。常见的是(a)方式,但(b)方式也没错,根据个人习惯书写即可。

```
//(a)
module   abc (
......
);

// ****************************************************************
//(b)
module   abc
(
......
);
```

2.17　带参数的 Verilog

写一个模块时,模块的位宽未必是固定的,例如位宽还没确定就要求开始设计,再例如要写一个通用模块,很多项目都要调用,但需要不同的信号位宽。这时,如前文所述的固定位宽写法显然是不方便的,幸好 Verilog 中可以引入参数,让模块的内部性质,如位宽、初值等成为可变的。

在模块中加入参数的方法如下例所示,在 module 名字后面加"#",并以 parameter 为关键词声明需要引入的参数,本例中引入了两个参数,按照一般项目的规定,参数名一般用大写字母表示,以便与普通的信号相区别。

```
module  abc
#(  //注意有"#"
    parameter  BITWID_A = 8,              //参数间用逗号分开
    parameter  BITWID_B = 10
)
(                                         //接口声明
    input   [BITWID_A:0]  aaa,            //使用了参数作为位宽声明的一部分
    output  [BITWID_B:0]  bbb             //使用了参数作为位宽声明的一部分
);                                        //注意有";"
```

参数也可以如下例这样声明，但是由于声明位置靠下，接口声明就无法使用参数了，所以在 RTL 中使用上面的方式更为常见。

```
module  abc
(  //接口声明
    input    [3:0]   aaa,
    output   [2:0]   bbb
);
//------- 参数声明 ---------
parameter  BITWID_A = 8;                  //不在括号里时用";"结尾
parameter  BITWID_B = 10;

//------- 内部信号声明 ------
wire   [BITWID_A:0]   ccc;
reg    [BITWID_B:0]   ddd;
```

在上面的两个例子中，BITWID_A 的值为 8，BITWID_B 的值为 10，当要调整参数时，更改这两个值即可。在实际使用时，不进入模块内部更改它们的值，而是在模块例化时将参数带上，如下例中，BITWID_A 由 8 改为 9，BITWID_B 由 10 改为 3。

```
abc
#(  //参数列表
    .BITWID_A  (9),                       //注意前面加".",小括号中是调整的参数,尾部有逗号
    .BITWID_B  (3)                        //声明完毕,尾部无逗号
)  u_abc                                  //例化名在这里
(//接口信号连线
    .aaa    (aaa),
    .bbb    (bbb)
);
```

如果模块内部明明有参数，但例化时没写参数列表，如下例所示，则综合工具会使用 abc 模块内部的参数值，即 8 和 10，因而它们也是参数的默认值。

```
abc     u_abc                             //无参数列表时,实际参数就用模块 abc 内部的默认值
(
    .aaa    (aaa),
    .bbb    (bbb)
);
```

如果设计者不想在例化时改变参数,而仅仅想在模块内部使用并修改参数,则可以把 parameter 声明改为 localparam 声明,即本地参数声明。下例即是一个使用 localparam 的例子,此例中 abc 模块在被其他模块例化时,不可带有参数列表。此例中,参数不仅参与到位宽中,还参与到了逻辑描述中,这也是声明参数的另一种用途,即给数据赋予意义,使设计思想更易被理解,类似 C 语言中 define 声明的宏。这种用途一般均声明为 localparam,参数对应的数值也很少改动。需要注意的是,此例中 BITWID_A 的数值 8 是不带位宽和进制信息的,而 OK 的数值 1'b1 带有位宽和进制信息,为什么呢?这就涉及 Verilog 中参数的本质,综合工具认为参数仅仅是对数值的替代,即在综合后,原本 BITWID_A 位置将全替换为 8,而 OK 位置将全替换为 1'b1,因而可以看出,8 作为位宽声明,即[8:0],是不需要加位宽和进制信息的,而 1'b1 是作为赋值使用的,需要加,否则会被认为是 32 位数值。

```verilog
module   abc
(   //接口声明
    input    [3:0]   aaa,
    output   [2:0]   bbb
);
//------- 参数声明 ---------
localparam  BITWID_A  = 8;           //不用 parameter,改用 localparam
localparam  BITWID_B  = 10;
localparam  OK        = 1'b1;        //声明参数为了让数字包含意义
localparam  FAIL      = 1'b0;

//------ 内部信号声明 ------
wire    [BITWID_A:0]     ccc;
reg     [BITWID_B:0]     ddd;
wire                    eee;

//------ 模块正文部分 ------
assign eee = OK;                     //使用参数赋值
```

注意　parameter 和 localparam 声明的参数,将最终作为硬件的具象化,在芯片设计时能改,但流片后就固定了。不像软件函数那样可以随时修改。

2.18　Verilog 中的宏定义

和 C 语言一样,Verilog 中也可以使用宏定义,区别在于 C 语言用"♯"开头,而 Verilog 用"`"开头。注意,该符号在键盘的左上角,不是单引号。宏定义不仅会用在仿真脚本中,许多设计文件也会用到。下面讨论一些常见的宏定义。

`define 用于定义一个关键字,其作用类似于前文介绍的 parameter。下例中,定义了宏变量 AAA,它的值是 1,注意,变量名和数值之间用空格而非等号。

```verilog
`define    AAA    8'h01
```

在代码中引用 AAA 时,也需要带"`"符号,如下例所示。在综合编译时,与 parameter 一样,AAA 会被工具自动替换为 8'h01。

```
assign aaa = bbb + `AAA;
```

也可以不写数值,只写个宏变量名,示例如下:

```
`define    AAA
```

这种方式主要应用于同一个逻辑,为适应不同的应用方式和场景,写了多个版本的代码,依靠不同的宏定义来选择最终编译哪个版本的代码。例如,要写一块存储逻辑(比较典型的是 FIFO 中的存储需求),可以使用寄存器来搭建,这样实现简单,但成本高,也可以使用 SRAM 或 DDR 来搭建,成本逐级降低,但控制复杂度逐级提升。存储逻辑代码就可以按照以下方式编写:

```
`ifdef USE_REG
    用 reg 搭建的存储
`elsif USE_SRAM
    用 SRAM 搭建的存储
`else  //USE_DDR
    用 DDR 搭建的存储
`end
```

如果在文件开头定义了 USE_REG,则综合第 1 个条件语句,如果定义了 USE_SRAM,则综合第 2 个条件语句,在没有任何定义的情况下综合第 3 个条件语句。

除了`ifdef还有`ifndef,即没有定义某个宏时,就执行下面的命令。

可以使用`undef对已定义的宏进行取消,举例如下:

```
`undef AAA
```

这种用法一般只用于在同一个文件中,先定义一个宏,使用该宏,最后取消它。取消它的目的是防止其他的全局宏定义与其重名,从而改变综合的代码,这种用法较为少见。

`include 用于将多个 define 或 parameter 包含在一个总的定义文件中。这些 define 和 parameter 会在多个模块中用到,因此,如果在每个模块中都定义一遍,就会造成重复劳动,而且,一旦 define 或 parameter 的数值有所改变,只需在一个定义文件中修改,就会在所有的模块中生效,若用逐一修改的方式就可能造成有些模块漏改,从而引入 Bug。

一个使用`include 的例子如下,在此设计中,ADC 对电压的测量占用了 ADC 的第 0 号通道,对电流的测量占用了第 1 号通道,对温度的测量占用了第 2 号通道。在 adc_def.v 文件中对 ADC 不同通道的测量值进行了统一定义。两个设计模块 AAA 和 BBB,一个用到了电流通道信息,另一个用到了电压通道信息,只要在它们的文件开头将 adc_def.v 包含进去,宏定义即可引用。

```
//--------------- adc_def.v 文件内容如下 --------------------
`define    ADC_U    4'd0
`define    ADC_I    4'd1
`define    ADC_T    4'd2

//-------------- 模块 AAA 中的内容如下 ----------------------
`include "adc_def.v"
module AAA
(
    output    [31:0]    cur_seq
);
assign cur_seq = 3 * `ADC_I + 32'd1;
endmodule

//-------------- 模块 BBB 中的内容如下 ----------------------
`include "adc_def.v"
module BBB
(
    output    [31:0]    volt_seq
);
assign volt_seq = 5 * `ADC_U + 32'd3;
endmodule
```

`include 语句不一定非要写在文件开头，也可以写在模块的中间任何位置。综合编译器的工作仅仅是将 include 的文件内容粘贴到引用它的文件中去，所以在任何地方引用都没问题，例如下面的例子：

```
//-------------- loc_def.v 文件内容如下 --------------
localparam    A = 10'd3;
localparam    B = 10'd1;

//-------------- 模块 AAA 的内容如下 --------------------
module AAA
(
    input    a,
    input    b,
    output   c
);

`include "loc_def.v"
...
endmodule
```

2.19 function 的使用

有些组合逻辑表达式特别复杂，而且可以在不同的地方使用相同的表达式，因而存在复用的机会，那么就可以将这类组合逻辑封装为 function，就像 C 语言中的函数一样，可以随时调用。因而,function 是一种组合逻辑的封装,不能包含时序逻辑。

下例展示了 function 的典型用法。在一个名为 example 的模块中,需要做一个比较复杂的组合逻辑,并且要做两次,产生 tmp1 时做一次,产生 c 时又做了一次,若不用 function,代码则会显得冗长,读者还需要用肉眼观察产生 tmp1 的逻辑与产生 c 的逻辑是否一致。使用 function 之后,代码不仅简短而且清晰。该例体现了 function 的特征。一个特征是输入,可以是多个,但输出只有一个,并且输出在 function 内部的命名与 function 本身的名字相同。在本例中,function 叫 opt_func,它输出的信号也叫 opt_func。第 2 个特征是如果 function 内部用到了中间变量,例如此例中的 w,则必须声明为 reg 类型,不能声明为 wire 类型。第 3 个特征是 function 本身放在模块内部。

```verilog
module example
(
    input                   clk     ,
    input                   rst_n   ,
    input       [7:0]       a       ,
    input       [7:0]       b       ,
    output      [7:0]       c
);
//--------------------------------
reg     [7:0]   tmp1;
//--------------------------------
always @ (posedge clk or negedge rst_n)
begin
    if (!rst_n)
        tmp1 <= 8'd0;
    else
        tmp1 <= opt_func(a,b);
end

assign c = opt_func(tmp1,a);

//在模块内部声明 function,其名字与输出的名字相同,名字前面的[7:0]代表输出的位宽
function [7:0] opt_func;
    input   [7:0]   x   ;
    input   [7:0]   y   ;
    reg             w   ; //必须是 reg 类型

    begin               //这里的 begin … end 可以省略,但最好加上
        w = (|x) ^ y[3];

        opt_func[0] = (x[0] | y[7]) & w;
        opt_func[1] = (x[1] & y[6]) & w;
        opt_func[2] = (x[2] | y[5]) & w;
        opt_func[3] = (x[3] & y[4]) & w;
        opt_func[4] = (x[4] | y[3]) & w;
        opt_func[5] = (x[5] & y[2]) & w;
        opt_func[6] = (x[6] | y[1]) & w;
        opt_func[7] = (x[7] & y[0]) & w;
```

```
        end
    endfunction

    endmodule
```

从可重用性的角度讲,将 function 的内容写成模块也可以,而且写成模块的好处是不仅一个模块能够调用它,而且其他模块也能调用它,写成 function 就只能在模块内部,其他模块无法调用。基于这个原因,function 在 RTL 中一般较少使用,只有当 function 内部语句较少,并且只在一个模块内反复调用时才会用到。

function 一般与 task 相提并论,但规范编写的 function 是可以综合的,而 task 一般用在仿真模型中,不用于可综合电路设计,在第 3.17 节会介绍 task 的用法。

2.20　状态机设计

状态机不是一种元器件,而是数字设计中常用的一种设计结构。要想实现一种比较复杂的功能,一种方式是可以选择做成 SoC,通过软件实现,另一种方式是直接用数字硬件实现,这往往需要借助状态机的设计方法。

假设需要设计一个赛跑机器人的控制电路,该机器人的动作有 3 种。第 1 种是空闲,第 2 种是准备,第 3 种是跑,并且机器人在一个时段内只会做其中一种动作,那么设计时可以将其看成 3 种不同的工作状态,分别为空闲态(IDLE)、准备态(PREPARE)和奔跑态(RUN)。总结出状态后,需要绘制如图 2-18 所示的状态转换图,以明确状态之间的转换关系。刚开始机器人是空闲的,但当外部命令触发(trig)它运转时,它会进入准备态,当然,在准备的过程中,外部命令也可以随时取消(cancel)它的运转。若准备过程中发生错误(error),同样会取消准备。当机器人准备好后,将有一个准备完毕(prepare_done)信号传入状态机,使机器人进入奔跑态,并在奔跑完毕后(run_done),回到空闲态。在奔跑时,外部命令也随时可以让机器人停止(cancel)奔跑从而回到空闲态。再者,奔跑时如发生了内部错误,则需要回到空闲态,以免机器发生损坏,因此从 RUN 到 IDLE 可以使用组合条件 run_done | cancel | error。3 种状态其实有 6 个转换方向,但其中有一些可能是不存在的,例如从空闲态不可能直接跳到奔跑态,或奔跑过程中让机器人回到准备态,对于每个可能的方向,设计者都必须思考到位,并规划转换条件及不需要的方向路径。由于在归纳工作状态时,状态的数量总是有限的,一个无限状态数量的状态机是无法实现的,因此,状态机也常被称为有限状态机(Finite State Machine,FSM)。

一个模块中如果有了状态机,则其他信号即可依附于状态机进行编写,可以写成组合逻辑,电路的时序部分依靠状态自身的切换实现。将图 2-18 中各状态下的所属功能进行细化,可以列一张表,如图 2-19 所示。

图 2-18 和图 2-19 对应的 Verilog 如下例所示,这是一个虚拟的机器人控制逻辑,为了方便理解,其中某些信号使用了中文。该状态机采用的是所谓的三段式的写法,其中第 1 段

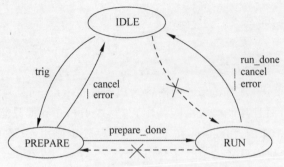

图 2-18 一个跑步机器人的状态转换图

视觉传感器关闭
关节驱动电动机关闭
维持直立姿态
主控制器关闭

IDLE

run_done
| cancel
| error

trig

cancel
| error

prepare_done

PREPARE   RUN

视觉传感器开启   奔跑
关节预热   障碍物闪避
摆出奔跑预备姿态   持续更新路径规划
路径估计和速度估计   调节奔跑速度

图 2-19 状态机控制下的功能细节

是在时序逻辑下生成 state 信号,第 2 段是在组合逻辑下生成 next_state 信号,第 3 段是状态机所产生的输出信号或作用信号。从注释中可以获知这 3 端的具体位置。

```
module robot
(
    //来自系统的输入
    input                clk        ,
    input                rst_n      ,

    //来自用户的控制
    input                trig       ,
    input                cancel     ,

    //从机器人机械部分输入的采样数据
    input        [9:0]   adc_dat    ,
```

```verilog
    //运行状态的输出
    output reg    [1:0]       state          ,
    output                    error
);

//将状态定义为本地参数,是状态机的常规操作
localparam    IDLE     = 2'd0;              //总共有 3 种状态,用两比特足够
localparam    PREPARE  = 2'd1;
localparam    RUN      = 2'd2;


//----------- 内部信号声明 ---------------------
reg    [1:0]    next_state;
reg             视觉传感器使能;
reg    [3:0]    关节驱动;
reg    [2:0]    姿态;
reg             路径规划使能;


//----------- 以下是设计正文 ---------------------
//状态机本体 ---->>>>>>>>
//下面的 always 块时序逻辑是第 1 段
always @(posedge clk or negedge rst_n)
begin
    if (!rst_n)
        state <= IDLE;                     //使用本地变量,而不是使用具体数字
    else
        state <= next_state;
end

//下面的 always 块组合逻辑是第 2 段
always @( * )
begin
    case (state)                           //此处用 state,而不是 next_state
        IDLE:
        begin
            if (trig)
                next_state = PREPARE;      //条件触发,进入工作状态
            else
                next_state = IDLE;         //未触发,保持空闲态
        end

        PREPARE:
        begin
            //要把异常跳转条件写在最前面
            //当 error 和 done 同时发生时,优先处理 error
            if (cancel | error)
                next_state = IDLE
            else if (prepare_done)
                next_state = RUN;
            else
```

```
                    next_state = PREPARE;
            end

        RUN:
        begin
            if (run_done | cancel | error)
                next_state = IDLE;              //条件触发,回到 IDLE
            else                                //任何触发条件都没有,保持原来的状态
                next_state = RUN;
        end

        default: next_state = IDLE;             //写 case 时都会写一下,常规操作
    endcase
end

//在状态机下面的各项功能 ---- >>>>>>>>
assign error = (adc_dat = 10'h1ab);             //假设一种 error 触发条件

//以下所有的产生逻辑可以视为一段,即第 3 段
always @( * )
begin
    case (state)
        IDLE:           视觉传感器使能 = 1'b0;
        PREPARE:        视觉传感器使能 = 1'b1;
        RUN:            视觉传感器使能 = 1'b1;
        default:        视觉传感器使能 = 1'b0;           //覆盖没有讨论到的情况
    endcase
end

always @( * )
begin
    case (state)
        IDLE:           关节驱动 = 关闭;
        PREPARE:        关节驱动 = 预热;
        RUN:            关节驱动 = 运动;
        default:        关节驱动 = 关闭;           //覆盖没有讨论到的情况
    endcase
end

always @( * )
begin
    case (state)
        IDLE:           姿态 = 直立;
        PREPARE:        姿态 = 预备;
        RUN:            姿态 = 奔跑;
        default:        姿态 = 直立;           //覆盖没有讨论到的情况
    endcase
end

always @( * )
begin
```

```
        case (state)
            IDLE:               路径规划使能 = 1'b0;
            PREPARE:            路径规划使能 = 1'b1;
            RUN:                路径规划使能 = 1'b1;
            default:            路径规划使能 = 1'b0;            //覆盖没有讨论到的情况
        endcase
    end

endmodule
```

注意,上例中组合逻辑的写法也可改写为下面的样式,此例显得十分整齐是因为它们的逻辑都类似,而如果它们的逻辑区别很大,例如关节驱动的逻辑由很多 if 条件语句组成,而其他组合逻辑没有相同条件,则硬凑在一起反倒会影响理解,还不如上例那样分开写更清晰。综合工具在理解组合逻辑信号和时序逻辑信号的产生时,其理解方式是像上例那样理解,每个信号独占一个 always 块。对于初学者来讲,推荐使用该方法,以便厘清设计思路,而对于较为复杂的状态机,熟练的设计师也可以使用下面的方式,以便从更高的层次向代码的阅读者展示代码中每种状态下哪些信号在变动。

```
always @ ( * )
begin
    case (state)
        IDLE:
        begin
            视觉传感器使能     = 1'b0;
            关节驱动          = 关闭;
            姿态             = 直立;
            路径规划使能       = 1'b0;
        end

        PREPARE:
        begin
            视觉传感器使能     = 1'b1;
            关节驱动          = 预热;
            姿态             = 预备;
            路径规划使能       = 1'b1;
        end

        RUN:
        begin
            视觉传感器使能     = 1'b1;
            关节驱动          = 运动;
            姿态             = 奔跑;
            路径规划使能       = 1'b1;
        end

        default:
        begin
```

```
                视觉传感器使能    = 1'b0;
                关节驱动        = 关闭;
                姿态          = 直立;
                路径规划使能     = 1'b0;
            end
        endcase
    end
```

上例中所产生的功能性信号都是组合逻辑，并非不允许用时序逻辑产生信号。事实上，既然后面使用了状态机的方式，就是为了充分利用其有状态的优点，在状态限定下做组合逻辑可以使设计更加清晰易懂，综合出来的电路面积也更小，但设计中也会存在一些特殊情况，例如，某个信号必须用寄存器，因为它有寄存需求（如果不发生某个条件，则该信号需要一直保持不变），使用组合逻辑无法寄存，使用锁存器又不被允许，只能使用时序逻辑，同时也要保证其随着状态的切换而切换，它将使用与状态相同的跳转条件，并用时序逻辑实现。

除了三段式，状态机还有一段式和两段式的写法。下例使用一段式写法，其实就是前文所讲的将组合逻辑与时序逻辑组合起来，省掉了中间环节 next_state。

```
//一段式写法
always @(posedge clk or negedge rst_n)
begin
    if (!rst_n)
        state <= IDLE; //注意,时序逻辑用"<="符号
    else
    begin
        case (state)
            IDLE:
            begin
                if (trig)
                    state <= PREPARE;
                else
                    state <= IDLE;
            end

            PREPARE:
            begin
                if (cancel | error)
                    state <= IDLE
                else if (prepare_done)
                    state <= RUN;
                else
                    state <= PREPARE;
            end

            RUN:
            begin
                if (run_done | cancel | error)
```

```
                                state <= IDLE;
                    else
                                state <= RUN;
                end

                default: state <= IDLE;
            endcase
        end
    end
```

　　两段式的写法是将 3 段式中的两个组合逻辑块(next_state 和一系列输出信号)放在一个 always 块中。在实际工作中,常用的是三段式写法。

注意　很多设计在编排状态的编号时强调使用格雷码,即 state0 的编号为 0,state1 的编号为 1,state2 的编号为 3,state3 的编号为 2,这样,可以使从 state0 过渡到 state3 的过程中,每次状态只变化一比特。这样做的理由是避免寄存器采样错误,因为每次变一比特,采样后状态就固定了,而若同时变多比特,从原状态到目的状态,中间还会经历一个过渡阶段,例如从 3 变到 0,中间可能经过了 2 或 1 的状态,但实际上大可不必担心,因为整个数字电路设计是建立在时序同步的基础上的,只要是同步电路,从综合工具到后端,最后到 Foundry,链条上每一道环节都是为了保证采样不出错,即使状态机使用了格雷码,电路中的其他部分,如为数众多的计数器,也不可能全部使用格雷码计数。这里希望读者明白,集成电路是一种大规模现代工业的组成部分,电路之所以可以运行,是建立在看似非常脆弱但实际上确实很有保障的技术控制之下的,因而不需要担心,除非在研发中遗漏了某些重要步骤,例如时序不满足的情况下强行流片,否则在同步系统的前提下不会出问题。异步情况下的处理将在第 2.23 节进行详细说明。

2.21　电路的时序

　　在讲时序之前,需要引入延时路径的概念。数字设计中的延时路径如图 2-20 所示,指的是 3 条通道,路径 1 是从输入端口到寄存器(图中①),也称 in2reg,路径 2 是从寄存器到寄存器(图中②),也称 reg2reg,路径 3 是从寄存器到输出端口(图中③),也称 reg2out。路径 2 不仅包括从寄存器 AA 到寄存器 BB 的走线,还包括寄存器内部从 clk 到 Q 端的延时,即一个信号从被采样到被输出,中间的延迟。分析时序(Timing),就是分析 3 种路径上的延时是否满足寄存器的要求,因此分析工具会先辨认出一个设计中有哪些路径,然后将每条路径进行时序分析。读者可能注意到,路径的端点只有寄存器和端口,没有组合逻辑,因此,分析时序时,不能从组合逻辑开始,也不能以组合逻辑结束。从复位信号 rst_n 到 Q 端输出,也属于时序分析的一部分,但比较特殊,2.25 节将对它进行专门论述。

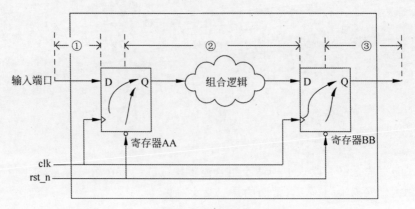

图 2-20　延时路径

　　时序分析的本质就是分析从寄存器到寄存器的延时，即使是输入端口、输出端口，也被想象为在设计的外面存在两个寄存器，如图 2-21 所示，因此，数字设计师所写的代码才被称为 RTL，即在设计师眼中，看到的只是一个个的寄存器，其他组合逻辑是依附和伴随寄存器而生的。

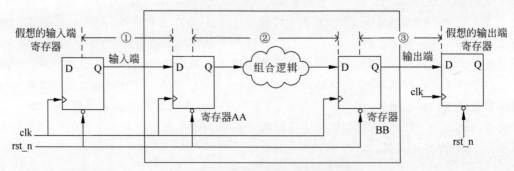

图 2-21　端口时序分析时的假设场景

　　一条时序路径如图 2-22 所示，研究该路径的时序问题就是考量信号 b 从寄存器 AA 出来后，经过组合逻辑，变为信号 c 后，再到达下一个寄存器 BB 的输入端口的时间，是否满足寄存器 BB 对输入信号 c 到达时机的一些要求。如果满足这些要求，就称为时序满足（Meet），否则称为时序不满足或违规（Violate）。一个数字设计在时序方面追求的目标是整体设计中的全部寄存器的时序都满足，只有这样，功能才不会出错。

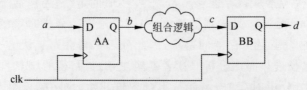

图 2-22　一个简单的从寄存器到寄存器的电路

注意　直接连线也属于组合逻辑,即图 2-22 中的组合逻辑如果是一条金属线,则 b 和 c 是同一个信号,也可视为组合逻辑。

与图 2-22 对应的 Verilog 描述如下:

```
always @(posedge clk or negedge rst_n)      //对寄存器 AA 的描述,它产生信号 b
begin
    if (!rst_n)
        b <= 1'b0;
    else
        b <= a;
end

//本例中,单独写了一个组合逻辑模块,例化后放在这里
combinational_logic      u_combinational_logic
(
    .IN    (b),
    .OUT   (c)
);

always @(posedge clk or negedge rst_n)      //对寄存器 BB 的描述,它产生信号 d
begin
    if (!rst_n)
        d <= 1'b0;
    else
        d <= c;
end
```

那么,寄存器 BB 在采样其 D 端上的输入信号时,对该信号有哪些要求呢? 主要是两个,一个是建立时间(Setup Timing),另一个是保持时间(Hold Timing)。与图 2-22 电路对应的时序如图 2-23 所示,图中展示了两个时钟周期内各信号的变化及时序情况。clk 是寄存器 AA 和 BB 共同使用的时钟,假设两个寄存器的敏感列表中都写了 posedge clk,那么它们都只对时钟上升沿敏感,在时钟上升沿到来后对 D 端数据进行采样,并在 Q 端输出采样结果。图 2-23 中第 1 个时钟上升沿之后不久,在寄存器 AA 的 Q 端上,信号 b 被输出,它由 0 变为了 1。此后,一切将从这一变化开始。标记①是寄存器 AA 的输出延迟时间,即从它采样输入信号 a 到输出信号 b,中间的延迟时间。信号 b 经过一段组合逻辑后变成信号 c,这段组合逻辑也是有时延的,即便是单纯金属连线也有时延,该时延是②标记的范围,可以看到从那以后信号 c 也上升了。标记③和④分别表示寄存器 BB 所要求的建立时间和保持时间,其中,建立时间③是比时钟上升沿到来提早的一段时间,意思是输入信号必须在这段时间之前就已经建立起来,而保持时间④是比时钟上升沿到来稍晚的一段时间,意思是输入信号也必须在这段时间内保持不变。③和④共同组成一个窗口,称为时间窗口。寄存器 BB 要求信号 c 必须在时间窗口内保持恒定不变,只有这样才能正确地采样到 c,从而输出正确的信号 d。信号 c 实际上是在经历了②的延迟后到达的(建立),那么它的实际建立时间是

⑤，即它比第 2 个时钟上升沿提前了⑤。⑤比③长，因而用⑤减③一定是正数，这种用实际建立时间减去寄存器要求的建立时间，所得到的值称为建立时间余量（Setup Timing Slack），它为正值说明满足要求。到了第 2 个时钟上升沿之后，信号 b 发生了变化，原因是寄存器 AA 采到信号 a 的值为 0，所以表现在信号 b 上。时间段⑦和①的物理意义一样，也是寄存器 AA 输出信号 b 的延迟时间，但两者的数值可能不同，因为①是从 0 变到 1 的时间，而⑦是从 1 变到 0 的时间，从芯片制造工艺上讲两种变化的时间会有所差异。信号 b 的变化自然会引发信号 c 的变化，与时段②一样，此变化发生也需要时间⑧。从第 2 个时钟上升沿开始，到信号 c 从 1 变为 0 止，即图中标号⑥，称为实际保持时间，它与理论保持时间④相减，称为保持时间余量（Hold Timing Slack），其值为正时，表示满足要求。由图可见，⑤和⑥组成的时间段内，信号 c 都保持 1 不变，该时段囊括了寄存器 BB 所要求的时间窗口，因此满足寄存器 BB 的两个时序要求，该寄存器将采到 c 的值，然后将值传递给输出信号 d，该信号在第 2 个时钟上升沿后，经过时段⑨后表现为 1。⑨和①的物理意义一致，均为寄存器的输出延迟，如果寄存器 AA 和 BB 是两个相同类型的寄存器，则①和⑨都是从 0 到 1 的变化，其值也应该相等。在此图中，读者应重点关注⑤和③所表示的建立时间关系，以及⑥和④所表示的保持时间关系，它们是数字工具分析电路时序的基础。一般，工具通过查询寄存器参数表来得到建立和保持时间的理论值③和④。计算⑤时，工具需要明确①、②及时钟周期 p，可以通过计算 $p-①-②$ 来得到⑤。①也通过查询寄存器参数表来得到，②分为两部分，一部分是元器件的延迟，另一部分是金属线的走线延迟，通过查询组合逻辑门的参数，可以得到元器件的延迟，通过测量实际布线的走线长度、宽度、厚度，再代入延迟模型公式，也可以得到走线延迟，当尚未进行布线时，根据线载模型公式算出估计值，最后将各级元器件延迟和走线延迟累加得到。⑥通过⑦＋⑧得到，⑦通过查寄存器参数表得到，⑧算法与②相同。两个寄存器之间的时序分析已经如此复杂了，拥有上亿门电路的大型数字设计怎么分析时序呢？当然要借助数字工具才能分析，综合时 DC 工具就可以进行初步时序分析，而 SignOff 阶段，使用 PT 工具可以进行详细而精准的时序分析。

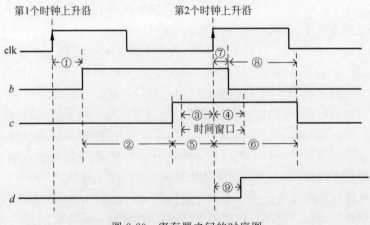

图 2-23　寄存器之间的时序图

可能读者会产生这样的疑问:"为什么信号 b 在每个时钟沿都要发生变化?"一般情况下,不会每个时钟沿都变化,但也不能排除这种情况,因而它属于最恶劣场景,只有它得到满足,才能保证芯片在任何情况下时序都是正确的。时序正确,也称为时序收敛。

一个建立时间不满足的例子如图 2-24 所示,其描述的情况仍然是图 2-23 所描述的,不同点在于时段②延长(说明信号 b 和 c 之间的组合逻辑延迟时间变长),导致信号 c 的上升沿在寄存器 BB 所要求的建立时间③的内部才发生变化,实际的建立时间⑤的长度小于③,建立时间的 Slack 为负值,因此可以判断建立时间不满足。当时序不满足时,会导致寄存器的输出信号 d 变为不定态(亚稳态),即 x 态,随着 d 将错误的 x 态信号向下传播,整个电路功能将发生紊乱。同时,也应该注意到,信号 b 和 c 之间的组合逻辑的延迟时间变长,既会导致时段②变长,也会导致时段⑧变长,使 c 的下降沿也较晚发生,因而实际保持时间⑥会变长,已经远远超出了所要求的保持时间④,所以一个建立时间违规的路径,不会同时伴随保持时间违规。由于信号 c 的下降沿较晚到达,虽然满足了第 2 个时钟沿的保持时间,却可能不满足第 3 个时钟沿的建立时间,其表现和原因都同第 2 个时钟的建立时间违规一样,无须重复分析,因而分析时序只分析一个时钟周期,除非遇到特殊的时序语法约束,一般不会扩展到多个周期分析。

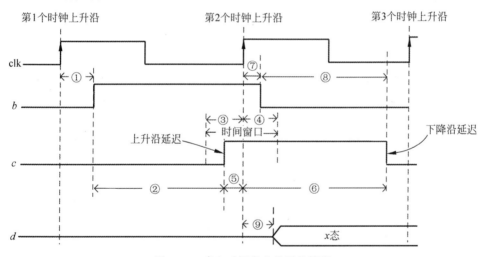

图 2-24 建立时间发生错误的情况

与图 2-23 相对应的保持时间违规的例子如图 2-25 所示。由于信号 b 和 c 之间的组合逻辑很短,造成时段②十分短暂,实际建立时间⑤远大于③对建立时间的要求,但这样并非只带来好处,当信号 b 下降后,信号 c 经过短暂的时段⑧也下降了,比要求保持的时间④更加提前,可以判断发生了保持时间违规。信号 d 同样无法正确采样到 c 的值,将在一段时间后输出亚稳态。

对于一个数字设计,由于时钟快、逻辑多、面积受限,建立时间往往难以满足,而保持时间比较容易满足,即使发生图 2-25 那样的保持时间问题,也容易修复。时序问题在 RTL 编码时是无法直接看出的,但一个有经验的设计者会根据自己所写的组合逻辑量间接估计出

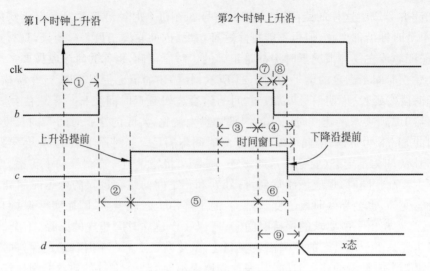

图 2-25 保持时间发生错误的情况

这块电路是否可能存在时序问题，从而在设计阶段尽早优化，而不是等综合阶段或后端报出时序问题时才想到要改。早期设计时的优化往往只涉及局部逻辑和模块，比较容易修改，而到了后期再优化时，由于设计已经完毕，规模较大，模块间的关联较多，可能会引发隐藏的Bug，需要更多的验证时间，因此，设计者应一边写代码，一边在头脑中构建电路，在早期设计中进行时序优化是很重要的，例如下文的流水线设计，就是一种在架构设计上避免时序违规的方法。

2.22 流水线设计方法

数字设计及后端布局布线的难点在于建立时间，原因是现代数字电路的一大特征就是速度快，即时钟频率高，动辄数吉赫兹，因此时钟周期短，供组合逻辑传播的时间也短，而偏偏现代数字电路的另一大特征是规模大、功能复杂度高，这就意味着组合逻辑数量多。在速度和复杂度双重压迫之下，只有提高芯片制造的工艺水平，缩短每个元器件的延迟，才能在一定程度上缓解这种压力，这就是芯片工艺水平在不断提高的内生动力。对于一个给定制造工艺、给定时钟速度的设计任务，一般有两种途径来满足其建立时间要求。一个是放宽对芯片面积的要求，让后端布局布线工具能够在更大的范围内寻找到最短路径进行布线，从而缩短走线延迟。对于大多数芯片，出于成本压力，面积要求是必需的，只能通过在设计上缩短组合路径来满足建立时间要求。要做到这一点，一方面需要优化设计，减少不必要的逻辑，而更具有可操作性的办法是使用流水线设计（Pipeline）。一个流水线设计的例子如图 2-26 和图 2-27 所示。原本的设计是图 2-26 那样，在寄存器 AA 和 BB 之间，存在一个组合逻辑，由或门、与门、非门串联构成。假设时钟 clk 的周期是 10ns，信号 b 输出的延迟是 1ns（图 2-23 中的时段①），或门、与门、非门的延迟都是 3ns，总延迟是 10ns（图 2-23 中的时段②),寄存器 BB 要求的建立时间为 1.4 ns(图 2-23 中的时段③),则信号 c 实际到达寄存器 BB 的时间是 10ns,而寄存器要求 c 最迟的到达时间是 $10-1.4=8.6$ns,实际到达时间晚于要求到达时间,所以建立时间不满足。若如图 2-27 那样,在组合逻辑后面多插入几个寄存器,一旦发现路径太长就插一个寄存器,这样就可以保证建立时间,图中插入了 CC 和 DD 两个寄存器,也称为插入两级流水。这样,每个寄存器的 8.6ns 建立时间要求都能够满足,实际到达时间约为 $1+3+0.5=4.5$ns,其中 1ns 为前级寄存器的输出延迟,3ns 为组合逻辑器件延迟,0.5ns 为走线延迟。进一步思考可以发现,时钟 clk 还可以提升频率,其周期可缩短为 $4.5+1.4=5.9$ns,其中 1.4ns 为要求的建立时间,如此一来,整个电路的时钟周期从 10ns 缩短到了 5.9ns。CPU 就是通过这种多级流水的方式提高它的主频,寄存器与寄存器之间的组合逻辑较短,因而可以支持时钟频率数吉赫兹而又不出现建立时间违规的问题。一些简单的 CPU,如 ARM 的 Cortex-M0 核,内部流水只有 3 级,因此它可支持的最高时钟速度较慢,而复杂的 CPU 内部流水可以达到十几级。

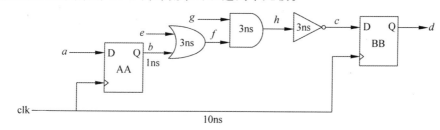

图 2-26　流水线设计之前的路径

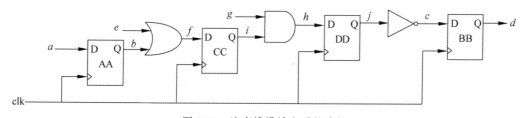

图 2-27　流水线设计之后的路径

图 2-26 对应的波形时序如图 2-28 所示。信号 b 由时钟上升沿拍出,而信号 c 是通过组合逻辑得到的,因此它并不在时钟沿处变化,而是相对于 b 延迟一段时间后变化。信号 d 是寄存器的输出,因而也是在时钟沿上变化。数据下标表示数据的源头,例如 c_1 的源头是 b_1,可知 d_1 的源头实际上来自一个时钟之前的 b_1。读者可能会发现,图 2-26 中信号 b 和 d 的变化都发生在时钟沿上,而图 2-23 中这两个信号的变化还要经历①和⑨这两个延迟。其实这是两种不同的表示方法,图 2-23 细节较多,更符合实际电路中发生的情

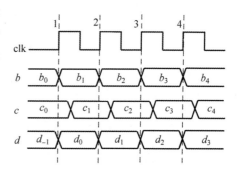

图 2-28　流水线设计之前的时序图

况,一般在分析单周期时序时会这么画,对于多周期整体时序概貌,则不必这么精细,就如图 2-28 那样画即可。工程师往往在设计之前,先画时序图,或在设计过程中有一些没想明白的问题,就在纸上画一张简单的时序图,厘清思路后再继续编码,过于精细的画图既浪费时间,又会使设计侧重点偏离,因此两种画法读者都应掌握并分清其应用场景。

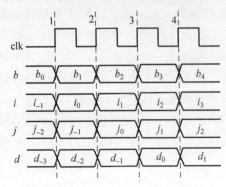

图 2-29　流水线设计之后的时序图

图 2-27 对应的时序图如图 2-29 所示。由于插入了两级流水,信号 i 和 j 分别是这两级流水的输出,可以看出,原本信号 d 是在信号 b 之后的一拍处出的,但现在却推迟到了 3 拍之后。如果时钟频率不变,插入流水会使信号输出延迟,即使提高频率,总体输出还是会延迟的,因为了提高的频率并不能与插入的流水线数相当。从图中可见,最终的信号 d 虽然有延迟,但是信号不会断,即输入口上信号 b 在每一拍都会变化,对应的信号 d 在每一拍也发生变化,中间没有哪一拍是停顿的,这就是流水线的含义,即一旦水流起来,就不会断,因此,延迟的效果仅会在流水刚开始时体现,即从 b_0 到 d_0 的中间时段,再往后的效果与没有插入流水前的效果是一样的,但时序却更容易满足要求。

以下是图 2-26 对应的 Verilog 代码,读者可以通过电路图、时序、Verilog 之间的对照,来学习 Verilog 如何描述一个电路。

```verilog
always @(posedge clk or negedge rst_n)      //对寄存器 AA 的描述,输出信号 b
begin
    if (!rst_n)
        b <= 1'b0;                          //这些复位的初值不一定是 0,要根据设计的功能来定
    else
        b <= a;
end

assign c = ~((b | e) & g);                  //3 个组合逻辑器件串联,得到信号 c

always @(posedge clk or negedge rst_n)      //对寄存器 BB 的描述,输出信号 d
begin
    if (!rst_n)
        d <= 1'b0;
    else
        d <= c;
end
```

以下是图 2-27 对应的 Verilog 代码:

```verilog
always @(posedge clk or negedge rst_n)      //对寄存器 AA 的描述,输出信号 b
begin
```

```
        if (!rst_n)
            b <= 1'b0;
        else
            b <= a;
    end

    always @(posedge clk or negedge rst_n)        //对寄存器CC的描述,输出信号 i
    begin
        if (!rst_n)
            i <= 1'b0;
        else
            //这里用组合逻辑与时序逻辑结合的描述方式,减少了一行 assign
            i <= e | b;
    end

    always @(posedge clk or negedge rst_n)        //对寄存器DD的描述,输出信号 j
    begin
        if (!rst_n)
            j <= 1'b0;
        else
            //这里也用组合逻辑与时序逻辑结合的描述方式,减少了一行 assign
            j <= g & i;
    end

    always @(posedge clk or negedge rst_n)        //对寄存器BB的描述,输出信号 d
    begin
        if (!rst_n)
            d <= 1'b0;
        else
            d <= ~j;                              //这里仍然用了组合逻辑,没有声明信号 c
    end
```

2.23　跨时钟域异步处理方法

32min

前文介绍了时序,而时序分析的基础在于同步电路(Synchronous Circuit),即时序分析是针对同步电路进行的。同步电路是什么概念呢?电路设计中所有的寄存器,它的时钟都来自同一个时钟源,当电路的时序满足要求时,同一个时钟沿将会触发所有寄存器同时做出采样动作,因此这些寄存器是同步的。将此概念推而广之,假设设计中有些寄存器被同一个时钟驱动,而另一些寄存器被该时钟的分频时钟所驱动,仍然属于同步电路,如图 2-30 所示。图中,寄存器 AA 和 BB 是由时钟 clk 驱动的,而 CC 和 DD 是由 clk 分频后的时钟 clk_div 驱动的。虽然 CC 和 DD 并不会对 clk 的每个采样沿都做出反应,但由于 clk 和 clk_div 两个时钟之间的相位关系固定,所以可看作同步电路。

再进一步推广,凡是时钟相位有关系的电路,都可看作同步电路,如图 2-31 所示。图中,数字设计从模拟电路中引入了两个时钟,分别为 clk1 和 clk2。由于两个时钟在模拟电

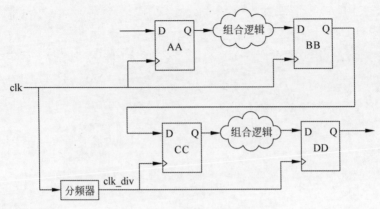

图 2-30　有分频时钟的同步电路

路中有相同的源头,因而相位关系也是确定的,例如 clk2 的上升沿比 clk1 的上升沿晚了 3ns 到达,那么同样也可知寄存器 AA、BB 与 CC、DD 输出的前后关系,因而也可看作同步的。上述这些同步情况,都需要使用时序分析的方法对寄存器之间的路径进行分析,满足条件后才可以流片,称为时序 SignOff。

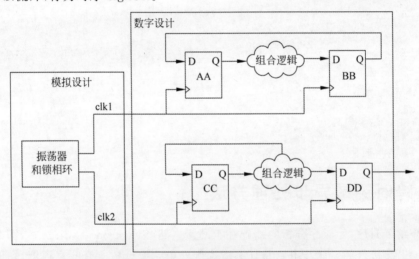

图 2-31　包含两个时钟输入的数字设计

解释了狭义的同步和广义的同步概念后,可以定义异步时钟（Asynchronous Clock）的概念。一个异步时钟的例子如图 2-32 所示,图中的数字设计由 3 个时钟驱动,分别是 clk1、clk2、clk3,很明显,clk3 是来自芯片外界的输入,与 clk1 和 clk2 并无关联,因此它们不存在任何相位关系和频率关系,此时,可以称 clk3 与 clk1 是异步时钟,寄存器 EE 受 clk3 驱动,可称为 EE 处在 clk3 时钟域下,相应地,AA、BB 处在 clk1 时钟域下,CC、DD 处在 clk2 时钟域下,如前文所说,若 clk1 和 clk2 的相位关系固定,则 clk1 时钟域和 clk2 时钟域可看作同一个时钟域,但在有些设计中,clk1 和 clk2 虽然同源,但它们中间存在走线的长短差异、粗细差异、金属层次差异,再加上不同温度下可能会产生不同的延迟（温度影响下状态的改变称为温漂),给芯片加上不同的电压也会造成不同的延迟,因此如果数字工程师去询问模拟工程师 clk1 和 clk2 的相位关系,模拟工程师可能无法确切回答,在这种情况下 clk1 和 clk2 就无法在数字电路中进行精确的时序约束,因为它们输入的相位关系都不确定,进行时序约束将失去意义,此时,clk1、clk2 也可以看作异步时钟。处在两个异步时钟域下的信号,也可以称为异步信号。一个典型的异步时钟的例子是 MCU(单片机)中常用的 SWD 时钟,它通过一个引脚进入芯片,与图中 clk3 一样,与内部的时钟毫无关系,因此它驱动的一些调试访问端口(Debug Access Port,DAP)寄存器就与 CPU 的其他寄存器处于异步时钟域上。

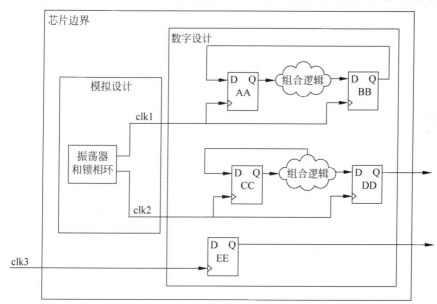

图 2-32　包含异步时钟的电路

注意　数字设计喜欢强调时钟域,信号从一个时钟域到另一个时钟域,需要经过特殊的跨时钟域处理。模拟设计喜欢强调电源域,一个信号,是 12V 的,是 5V 的,还是 3.3V 的,要特别留意,转换电压时要经过特殊处理。

两个异步时钟域下的信号并不会完全保持隔离,有时它们也需要进行交流。一个 SoC 系统中包含跨时钟处理的例子如图 2-33 所示,图中 CPU 是由时钟 clk1 驱动的,相应的总线时钟虽然可以分频,但仍然处于 clk1 时钟域内,在总线上挂着某设备,该设备需要 CPU 对它进行一些参数配置,以及当用户需要读取该设备状态时能从 CPU 读到,因而其内部包含一个配置模块,以总线时钟作为驱动。同时,该设备的功能需要由另一个时钟 clk2 驱动才能完成。使用 clk2 而非 clk1 可能源于多种原因,例如 clk1 太慢,需要更高速的 clk2 以提高该设备的工作效率,或者考虑到当 CPU 休眠后 clk1 处于极低频率甚至没有时钟的情况下,由于 clk2 的存在,设备仍然能维持工作。在这样的设计中,必然存在工作在 clk1 域的总线接口配置模块与工作在 clk2 域的设备功能核心模块之间的信号交互。

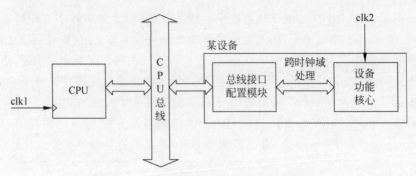

图 2-33　SoC 系统中跨时钟域处理的场景

异步时钟域上信号的相互流通,不能直接用金属线连接,因为时钟之间的关系是不确定的(可以认为是随机的),当寄存器采集异步信号后,其实际建立和保持时间无法保证符合要求,因此很可能在寄存器的输出端产生亚稳态。亚稳态是一种不稳定的状态,一般数字信号只有 0 和 1 两种状态,而亚稳态的电平可能既非 0 又非 1,而且在变化中,一段时间后,才能稳定在一个事先无法预知的状态上,因而这种信号的传播是危险的。亚稳态并不是必然会发生的,大多数情况下,异步信号可以侥幸地在寄存器的采样窗口内不变,因为采样窗口很短,维持不变是大概率事件,不会产生亚稳态,但是只要有概率产生,就是芯片的不稳定因素。例如,某寄存器每次采样后,输出亚稳态的概率是千分之一,如果它的时钟在 10MHz上,则 1s 会出现 10 000 次亚稳态,看似小概率的事件会演变成经常出现的事故,而且,亚稳态还会随着线路进行传播,导致更大范围的亚稳态发生,因此,异步信号跨时钟需要特殊处理,常称其为跨时钟域(Clock Domain Crossing,CDC)处理。

在对跨时钟域方法进行说明之前,先定义两个概念,源时钟域和目的时钟域。若某个信号,是在 clk1 域上产生的,它要进入 clk2 域里的一个寄存器,则称 clk1 域为源时钟域,称clk2 域为目的时钟域。

前面提到,信号可分为电平信号和脉冲信号,也可分为单比特信号和总线信号。先介绍单比特电平信号的跨时钟域处理方法。该信号的处理如图 2-34 所示,任务是将电平信号 a从 clk1 域传递到 clk2 域,中间经过了源时钟域上的寄存器 AA 打了一拍,目的时钟域上的寄存器 BB 和 CC 打了两拍,最终得到信号 d,即为跨时钟处理的结果。这种结构就是著名的背靠背跨时钟域处理方法。用寄存器 BB 采集得到的信号 c 出现亚稳态的概率是比较高的,因为它是信号 b 跨时钟后第 1 次被采样,而 c 再经过寄存器 CC 的打拍,传到信号 d 后,

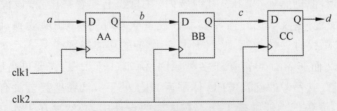

图 2-34　单比特电平信号的跨时钟域处理

出现亚稳态的概率就大大降低了。信号 c 的线路上应保持干净,不应插入任何带有功能的元器件,中间走线也应该尽量短,寄存器 BB 和 CC 紧紧挨着,这就是背靠背名称的由来。当然,它们不能直接挨在一起,线路太短会造成寄存器 CC 的保持时间不满足,出于时序目的,在信号 c 线路上可以插入少量缓冲器(Buffer)进行延迟,有些 IP 厂商可能会提供将 AA、BB、CC 封装在一起的元器件给设计者调用,从而减少后端对跨时钟域走线的顾虑。从寄存器 AA 到寄存器 BB 的中间路径,即线路 b 是不需要检查时序的,应该在 DC 工具中指明,具体的约束方法将在本书第 7 章详细解读。既然信号 d 仍然可能存在亚稳态,那么在 CC 后面再多打几拍岂不更妥当? 确实如此,多打几拍会更妥当,但这是个概率问题,一般认为打两拍,得到的信号 d 出现亚稳态的概率已经很低,如果还不放心,可以选择打 3 拍,但 3 拍以上是没有必要的。整个数字芯片的理论和制造都是概率性的,也就是说,即使没有跨时钟,整个设计都是同步的,也有可能因为工艺偏差造成一定比例的时序错误,从而造成亚稳态。因而将出现亚稳态的概率控制在可接受的范围内即可。

图 2-34 对应的 Verilog 代码如下:

```verilog
reg        b;
reg        c;
reg        d;

always @(posedge clk1 or negedge rst1_n)
begin
    if (!rst1_n)
        b <= 1'b0;
    else
        b <= a;
end

always @(posedge clk2 or negedge rst2_n)
begin
    if (!rst2_n)
    begin
        c <= 1'b0;
        d <= 1'b0;
    end
    else
    begin
        c <= b;
        d <= c;
    end
end
```

在图 2-34 的结构中如果出现了亚稳态,其波形将会如图 2-35 所示。在 clk1 的第 2 拍稍后一点,clk2 的上升沿到达,正好在 clk1 的采样窗口内,即两个时钟的采样窗口有重叠的部分,此时,信号 b 刚好从 0 变为 1,就立即在寄存器 BB 里被 clk2 的上升沿所采样,使采样结果 c 出现亚稳态,在图中用 x 表示。在 clk1 的第 4 和第 5 拍之间,clk2 也有一个上升沿,

这时信号 b 是稳定的,所以采样后得到的 c 也跟随 b 的值变为 1。信号 b 在 clk1 的第 6 拍归零,而信号 c 在 clk1 的第 7 拍处才能采样到 b,继而归零。值得注意的是,clk1 的第 7 拍处刚好 clk2 也有上升沿,即两者的采样窗口又重合了,那么会不会也像第 2 拍一样产生亚稳态呢? 答案是不会,因为 clk1 在第 7 拍处,信号 b 已经稳定为 0,寄存器 BB 不会采错。上述情况对于图 2-35 中(a)和(b)都是相同的,之所以画两幅图是因为面对信号 c 出现的亚稳态,寄存器 CC 可能会采样出两种结果,一种如(a)所示在 clk1 的第 4 和第 5 拍中间采样到 1,于是信号 d 就变为 1,另一种如(b)所示采样到 0,于是 d 就仍保持 0,而在 clk1 的第 7 拍附近采样到 1。这个亚稳态的例子可以得出以下结论:

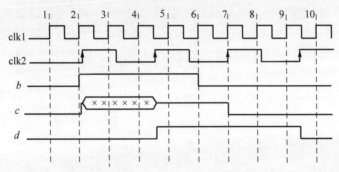

(a) 亚稳态时可能出现的一种波形情况

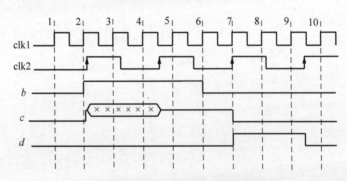

(b) 亚稳态时可能出现的另一种波形情况

图 2-35 单比特跨时钟域处理中会遇到的亚稳态情况

(1) 跨时钟时,当两个时钟触发沿接近彼此的采样窗口,并且待采样信号在发生变化时,才会产生亚稳态。若待采样信号未变化,则仍然采样的是正常值。

(2) 出现亚稳态的信号会逐渐趋于稳定,该稳定可以是振荡后自己稳定下来,也可以是下一个时钟沿采样到正常信号后迫使它稳定,但如果该亚稳态信号连接着组合逻辑,则亚稳态会顺着组合逻辑传播,虽然前一级会稳定,但随着后级亚稳态的传播,电路将逐渐失控,因此不允许在未进行特殊跨时钟处理的信号上加组合逻辑。

(3) 当亚稳态自行稳定后,其值将停留在 0 上还是 1 上是无法预测的,因此,若总线信号跨时钟时出现亚稳态,则它最后稳定到什么值上也是不确定的。例如一个 4 比特信号,虽然 RTL 中可以控制它的数值只能出现 3 种,但若出现亚稳态,则它可能最终停留在 16 种数值中的任何一种上。

(4)经过特殊跨时钟域处理的信号,其输出的早晚是不确定的,可能提前一拍,也可能滞后一拍,因此在设计上,不能预期它的到达时间,只能等待它到达后触发下面的工作。

如果信号 a 是从芯片外面或者从模拟电路进来的,不知道它的源时钟域,则可以取消寄存器 AA,只用寄存器 BB 和 CC。

对于单比特脉冲信号的跨时钟处理,需要比较源时钟和目的时钟的快慢关系。若源时钟比目的时钟慢,则源时钟上的脉冲信号,在目的时钟看来是一个电平信号。这种跨时钟域比较简单,先按照图 2-34 的背靠背结构将该脉冲信号打过来,然后按照图 2-12 的方法,取该信号的上升沿或下降沿,方能转换为目的时钟域的脉冲信号。

若源时钟比目的时钟快,则源时钟上的脉冲信号,在目的时钟看来可能是个毛刺,有时会被采到,但也可能会被遗漏。对于此问题的处理,如图 2-36 所示,为了确定无疑地采到脉冲信号 a,需要先将 a 在源时钟域 clk1 转换为电平信号 a_latch,然后使用前文介绍的背靠背打拍方法,在目的时钟域 clk2 上打拍两次,第 1 次打拍得到 b_latch,第 2 次打拍得到 b_latch_r。接着,使用前文介绍的给电平取脉冲的方法,抓取 b_latch_r 上升沿脉冲,得到信号 b,这样,脉冲信号 a 跨时钟后就转换成了脉冲信号 b,不会遗漏,但握手过程尚未结束,因为过程中的各 Latch 信号仍然还在 Latch 中,需要让它们回到 0。方法是将目的时钟域的脉冲 b 也 Latch 住,得到 b_feedback_latch,即反馈的电平信号,跨时钟域到 clk1 上,得到 c_latch_r。a_latch 看到 c_latch_r 为 1,说明目的时钟域的脉冲信号 b 已成功生成,a_latch 就恢复为 0,通过打拍传递使 b_latch_r 也为 0。b_feedback_latch 看到 b_latch_r 为 0,则它也变为 0,再经过打拍传递,最终 c_latch_r 也变成 0。至此,整个握手过程中所有信号都恢复正常,可以接收新的脉冲。可见,该握手过程需要经历较长的时间,从 clk1 的第 2 拍开始发起,直到 clk1 的第 20 拍才结束,图中的小箭头表示信号变化的触发原因,箭头尾部的电

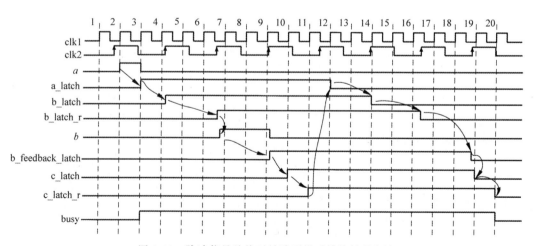

图 2-36 脉冲信号从快时钟跨到慢时钟的处理方法

平变化推动了箭头处的电平变化。实际上,对于快转慢场景,不需要构造 b_feedback_latch,而直接使用脉冲 b 跨时钟回到 clk1 域,让 a_latch 归零,可以缩短握手过程。本书之所以使用 b_feedback_latch,是考虑到一些新的情况,例如一种场景是源时钟和目的时钟在理论上同频异步,但实际中存在周期抖动,则握手时就无法说清谁快谁慢,另一种场景是源时钟和目的时钟的快慢关系会随着用户的配置而变化,需要设计一种通用性的握手方式。图 2-36 恰恰是一种适合各种情况的通用方式。当然,由于亚稳态的存在,b_latch_r 和 c_latch_r 的波形可能提前或延迟一拍,但不论哪种情况,该握手系统都能很好地达到脉冲传递的目标。上述握手过程需要在系统中达成一个默契,即当发起一次脉冲请求 a 后,在握手全部完成前,不要再发另一个 a 脉冲,否则握手过程会发生混乱。信号 busy 表示握手过程正在进行,源时钟域读到 busy 后将就会避免连续发送脉冲。若有发送脉冲的需求却被busy 阻断,则可以选择两种处理方式,一种是让前级系统将新请求暂时存储在 FIFO 中,另一种是命令软件暂时不要发起请求,直到 busy 归零。

图 2-36 对应的 Verilog 代码如下:

```verilog
reg             a_latch;
reg             b_latch;
reg             b_latch_r;
reg             b_latch_2r;
wire            b;
reg             b_feedback_latch;
reg             c_latch;
reg             c_latch_r;
wire            busy;

//---------------------------------------------------------
always @(posedge clk1 or negedge rst1_n)
begin
    if (!rst1_n)
        a_latch <= 1'b0;
    else if (a)
        a_latch <= 1'b1;              //先在 clk1 域把 a 变成电平
    else if (c_latch_r)               //当目的时钟域反馈称脉冲 b 已产生,本电平会归零
        a_latch <= 1'b0;
end

always @(posedge clk2 or negedge rst2_n)
begin
    if (!rst2_n)
    begin
        b_latch    <= 1'b0;
        b_latch_r  <= 1'b0;
        b_latch_2r <= 1'b0;
    end
    else
    begin
```

```
        b_latch      <= a_latch;              //跨时钟第一拍,容易产生亚稳态
        b_latch_r    <= b_latch;              //跨时钟第二拍,几乎没有亚稳态
        b_latch_2r <= b_latch_r;              //为了转换为脉冲而打拍
    end
end

assign b = b_latch_r & (~b_latch_2r);        //抓取 b_latch_r 的上升脉冲

always @ (posedge clk2 or negedge rst2_n)
begin
    if (!rst2_n)
        b_feedback_latch <= 1'b0;
    else if (b)
        //反馈信号,当b起来以后它也锁存住
        b_feedback_latch <= 1'b1;
    else if (~b_latch_r)                      //"~"和"!"对于单比特是可以混用的
        //当源时钟的电平已归零后,反馈电平也归零
        b_feedback_latch <= 1'b0;
end

always @ (posedge clk1 or negedge rst1_n)
begin
    if (!rst1_n)
    begin
        c_latch    <= 1'b0;
        c_latch_r <= 1'b0;
    end
    else
    begin
        c_latch    <= b_feedback_latch;       //跨时钟第一拍,容易产生亚稳态
        c_latch_r <= c_latch;                 //跨时钟第二拍,几乎没有亚稳态
    end
end

assign busy = a_latch | c_latch_r;           //产生忙信号阻止新的握手请求
```

　　对于总线信号的跨时钟域传输,要结合总线信号的传输特点,在图 2-14 中已做了解释,即总线信号本身是维持电平状态的,而伴随它的 vld 信号是脉冲信号。对于这种信号,常用两种方式进行跨时钟处理,一种是异步 FIFO,另一种是 vld 握手。

　　异步 FIFO 是一种存储结构,存储介质可以是寄存器,也可以是 RAM 等。FIFO 意思是 First In First Out,即先进入存储器的数据会被最先读出,因而不用担心其顺序被打乱,它天然有保序的作用。异步的意思是它的写频率和读频率是不同的,因此需要两个时钟。在跨时钟时,源时钟用作写时钟,目的时钟用作读时钟,源时钟的 vld 作为写命令信号,在目的时钟上也产生一个 vld 作为读命令信号,这样就实现了总线数据的跨时钟异步交换。对于异步 FIFO 的详细设计可参看第 4 章内容。

　　异步 FIFO 在使用时,源时钟域和目的时钟域的处理可以按各自的速度正常进行,不需要等待握手完成,但它的结构相对复杂,为了达到源时钟域和目的时钟域数据吞吐率的平

衡,需要开辟足够大的存储空间,而有时需要结构更为简单的处理方式,也允许源时钟域在
数据到达目的时钟域之前可以等待一段时间,在这段时间内不会再过来新的数据,此时可以
使用握手的方法。该方法的整体思路是只给 vld 信号做跨时钟握手,假设总线信号本身在
握手期间不会更新,则总线信号直接从源时钟域拉到目的时钟域,不需要任何处理。当 vld
跨时钟完毕后,在目的时钟域上用跨时钟后的 vld 直接采样总线信号即可。对于脉冲形式
的 vld 信号的跨时钟方法,不论是从快到慢,还是从慢到快,前文都已做过阐述。从快到慢
的总线跨时钟处理代码如下:

```verilog
wire            vld1;
wire    [7:0]   data1;
reg             vld1_latch;
reg             vld2_latch;
reg             vld2_latch_r;
reg             vld2_latch_2r;
wire            vld2;
reg             vld2_feedback_latch;
reg             c_latch;
reg             c_latch_r;
wire            busy;
reg     [7:0]   dat2;

//前面的代码与单比特脉冲从快到慢的跨时钟操作完全一致
always @(posedge clk1 or negedge rst1_n)
begin
    if (!rst1_n)
        vld1_latch <= 1'b0;
    else if (vld1)                      //把 vld1 脉冲转换为电平
        vld1_latch <= 1'b1;
    else if (c_latch_r)                 //反馈使电平归零
        vld1_latch <= 1'b0;
end

always @(posedge clk2 or negedge rst2_n)
begin
    if (!rst2_n)
    begin
        vld2_latch    <= 1'b0;
        vld2_latch_r  <= 1'b0;
        vld2_latch_2r <= 1'b0;
    end
    else
    begin
        vld2_latch    <= vld1_latch;
        vld2_latch_r  <= vld2_latch;    //电平跨时钟
        vld2_latch_2r <= vld2_latch_r;
    end
end
```

```
    assign vld2 = vld2_latch_r & (~vld2_latch_2r);        //提取电平上升沿,获得 vld2

    always @(posedge clk2 or negedge rst2_n)
    begin
        if (!rst2_n)
            vld2_feedback_latch <= 1'b0;
        else if (vld2)
            vld2_feedback_latch <= 1'b1;                  //反馈回 clk1,让 vld1_latch 归零
        else if (~vld2_latch_r)
            vld2_feedback_latch <= 1'b0;
    end

    always @(posedge clk1 or negedge rst1_n)
    begin
        if (!rst1_n)
        begin
            c_latch        <= 1'b0;
            c_latch_r      <= 1'b0;
        end
        else
        begin
            c_latch        <= vld2_feedback_latch;
            c_latch_r      <= c_latch;                     //反馈信号从 clk2 跨到 clk1
        end
    end

    assign busy = vld1_latch | c_latch_r;                 //反馈忙信号

    //本代码的重点: 在 clk2 域上,用 vld2 采样 8 比特总线信号 dat1,并寄存在 dat2 中
    //寄存结束后,dat1 就可以再更新了
    always @(posedge clk2 or negedge rst2_n)
    begin
        if (!rst2_n)
            dat2 <= 8'd0;
        else if (vld2)
            dat2 <= dat1;
    end
```

使用握手方法进行跨时钟处理的最大症结在于源时钟数据正在跨时钟握手时,不允许新的数据从源时钟产生。那么,怎样才能避免新的数据在源时钟内产生呢? 对于非 CPU 控制的电路,即非 SoC 电路,其架构是全硬件的,不太容易避免,所以一般在这种情况下采用异步 FIFO 进行跨时钟,而如果操作的一方是 CPU,操作者是人,就可以通过将 CPU 总线上的 Ready 信号拉低,来通知 CPU 总线尚未准备好,上次操作还在继续,这样 CPU 就会停止继续操作。不论何种 CPU 总线,都有 Ready 信号,在 AHB 总线中称为 HREADY,在 APB 总线中称为 PREADY。回到图 2-33 的场景,该外围设备中其实存在两个方向的跨时钟域信号,一个是从 CPU 总线进来,用于配置设备功能核心区域,另一个是在设备核心区域产生的数据,例如设备工作状态等,反馈到 CPU 总线,供用户了解情况。对于前者,可以

使用 Ready 信号拉低的方式,保证跨时钟过程不受干扰,对于后者,可以有两种操作,一种是在用户主动读设备状态时再跨时钟,此时也可以用 Ready 拉低的方法保护跨时钟过程,另一种比较简单,即设备主动往 CPU 总线配置器中灌入自己的状态信息,每隔一段时间就灌一次,可以是每间隔一拍发起一次反馈,术语称这种每拍电平都不同、形状类似时钟的信号为 toggle 信号。如果使用第 2 种,则由于不是 CPU 主动要读,用 Ready 拉低的方式妨碍用户访问其他设备是不妥当的,应在握手过程中产生一个 busy 信号,若握手过程正在发生,则不发起新的反馈,若握手过程已结束,则继续用 toggle 方式发起反馈,这样就可以实现自动跨时钟信息搬运。上述过程如图 2-37 所示,设备时钟是 clk2,CPU 总线时钟是 clk1,由于是从设备反馈状态给 CPU 总线,所以 clk2 为源时钟,clk1 为目的时钟,反馈的 vld 为高低起伏的 toggle 信号,但第 1 个 toggle 引发跨时钟握手后,busy 信号就一直拉起。由于 busy 的拉起,第 2 个 toggle 的高电平脉冲没有起到触发握手的作用,直到 busy 归零后,第 3 个 toggle 才触发下一次握手,实际触发握手的是 real_toggle 信号,它是被 busy 掩住的 toggle。注意,busy 都是源时钟域信号,因而本图中 busy 是在 clk2 域上的。

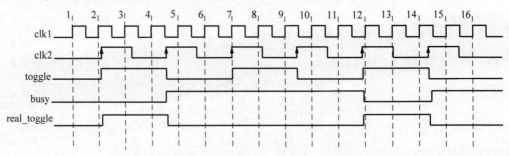

图 2-37　将设备状态反馈给 CPU 总线时钟域的时序

2.24　时钟和复位信号的起源

　　一个完整的数字电路设计中,一定会有时钟和复位两个输入信号,这两个信号都是由模拟电路提供的。深入理解时钟和复位信号,能帮助理解数字电路的很多常见问题,本节将对时钟、复位的产生和特征进行介绍。

　　衡量时钟频率的准确和稳定程度常用 Skew 和 Jitter 两个指标。Skew 是时钟传播延迟所造成的相位差,如图 2-38 所示。图 2-38(a)是一个数字设计的原理图,虽然两个寄存器 AA 和 BB 都靠信号 clk 驱动,但由于它们传播的路径不同,即金属线长短不同(图中用一个 Buffer 表示延迟),会造成时钟传播延迟的差异,图 2-38(b)就反映了这种差异,clk1 和 clk2 都是 clk 的分支路径,它们的相位差,即为它们之间的 Skew。为了抵消这种 Skew,数字后端在布设时钟线时会在时钟线上插一些 Buffer,例如在图 2-38(a)中的 clk1 路径上插个 Buffer,或缩短 clk2 路径延迟,使 clk1 和 clk2 相对于 clk 的延迟一致,这样两者的 Skew 就不存在了。

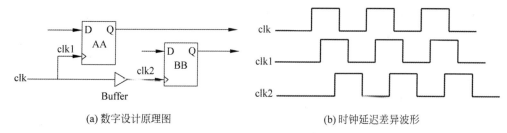

(a) 数字设计原理图	(b) 时钟延迟差异波形

图 2-38　时钟 Skew 的原理

在 2.21 节介绍电路时序时,分析两个寄存器时都使用源头时钟 clk,忽略了 clk1 和 clk2 的差异性,对于初学者认识时序的本质是允许的。实际上,对于数字 IC 前端设计来讲,在考虑设计问题时,往往会忽略 Skew 的存在,而将此问题放到数字后端解决。正因为可以只关注一些问题,而忽略另一些问题,才能将设计思路清晰化,若将所有电路问题都混在一起考虑,则会极大地加重设计者的思维负担,导致 Bug 的发生。过去的芯片规模小,现代的芯片规模越来越大,也得益于分工越来越细致,每个人都可以只关注一小部分问题。

Jitter 是时钟抖动,如图 2-39 所示,其频率并不固定,它的上升沿或下降沿并未在规定的时间变化,而是随机地提前或滞后,使最终实现的

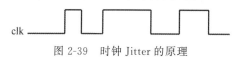

图 2-39　时钟 Jitter 的原理

频率有时比设计频率高,有时又比设计频率低,整体频率表现为围绕设计频率而晃动。有时,一个时钟固定比设计频率高,或低,而非晃动,也可称为频率相关的 Jitter,或称为频率偏移,简称频偏。当设计人员讨论时钟的性能时,往往会混淆相位不稳定的 Jitter 和频率相关的 Jitter,造成理解和设计上的问题,因此在深入讨论前,应先明确讨论的是哪种 Jitter。Jitter 的性能常以 ppm[①] 为单位进行衡量,即每一百万个时钟周期里面允许偏差几个周期,对于较高级的民用芯片,例如 WiFi 芯片,可能要求低至 ±20ppm,即每一百万个时钟周期仅允许偏差 20 个周期。这里的偏差,主要指频率相关的 Jitter,因为它是持续累积的偏差,而相位不稳定的 Jitter 往往以原频率为中心晃动,从统计的角度看,频率几乎没有偏差。

一般的数字芯片,驱动时钟有 3 个来源,第 1 个是电阻和电容组成的振荡器(RC Oscillator,RCO),第 2 个是晶体或晶振,第 3 个是锁相环(Phase Locked Loop,PLL)。

RCO 的具体结构较为复杂,对于数字设计来讲,只要理解为一种时钟发生电路即可,它集成在芯片内部,芯片上电后它也开始振荡,它的特征是不依赖晶体或晶振,只靠电路就能提供时钟,成本低,但精度较差,频偏可能达到 ±1%,即 Jitter 为 ±10 000ppm,所以 RCO 一般用作启动时钟,即芯片启动后尚未进入正式工作状态时,它需要一个时钟进行一些准备工作,例如运行 Boot 命令、配置一些寄存器、切换到其他工作时钟等,这些任务并不需要精细地进行对时,因而 RCO 可以胜任。

晶体和晶振其实是两种元器件,但它们都利用了晶体在通电后能够产生频率固定的振

---

① 本书使用 ppm 表示时钟实际频率与额定频率之间的差别,国际标准单位为百分比(1ppm＝±0.0001%)。

动这一性质。晶体比较简单，除了外壳接地以外，只有输入端（XI）和输出端（XO）两个引脚，芯片内部需要集成一个晶体驱动器，它是一个标准单元，数字工程师直接例化即可，其结构如图2-40所示。晶振自己包含晶体和振荡器，不需要芯片内部集成振荡器Cell，有些还带有温度补偿和压控（通过电压调节频率）。晶体和晶振一般放在芯片外面，成本较高，但其频率偏差较小，带有温度补偿的晶振更可以在不同温度环境下维持较准确的频率，其Jitter可以保持在20ppm甚至更低，对于时间敏感的场景，一般选择此类时钟。当芯片开始工作后，可以先用RCO时钟进行初期配置，配置完毕，检查无误，并检测到外部晶体后，可将时钟切到晶体或晶振时钟上。

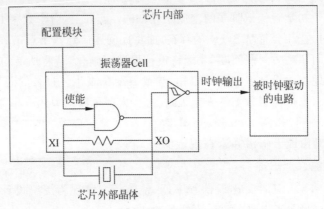

图 2-40　晶体及其驱动电路

　　PLL电路常用于生成高频时钟，如无线通信中的2.4GHz、5GHz等频段。当然它也可以生成几百兆赫兹的时钟。其内部结构如图2-41所示，它是一个带反馈的电路。图中参考频率就是一个低频时钟，输出频率是一个高频时钟。前向链路整体可看成倍频器，即频率乘法器，反馈链路是频率除法器。参考时钟可以用RCO，也可以用晶体或晶振的输入。用PLL的目的显然是因为RCO或晶振的频率不满足工作要求，需要更高的工作频率。

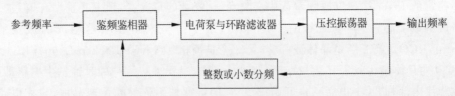

图 2-41　PLL电路内部结构

　　时钟信号随着电源加入芯片中，它自身的振幅也在逐渐变大，一直到达它的工作振幅为止。从小幅振荡到正常工作，需要一段时间，在此期间，芯片不应进入正常工作状态，需要用复位信号将整个电路复位住。

　　一个寄存器通常只对时钟的上升沿或下降沿敏感，因此在Verilog中，要么用posedge clk，要么用negedge clk。在一般的设计中，寄存器优先选择使用时钟上升沿，而使用下降沿的寄存器并不多。按理说，使用双时钟沿采样，数据采样速率能提高一倍，如图2-42(a)所示,寄存器 AA 用上升沿采样,寄存器 BB 用下降沿采样。它对应的时序如图 2-42(b)所示,信号 b 在第 2 个时钟沿就得到了数据,若将 BB 改为上升沿采样,则必须等到第 3 个时钟沿才可以得到数据,但大多数设计,宁愿提高时钟频率,也不愿使用双沿触发,原因是双边沿要求两条边沿的距离要比较宽,这样数据才能既有足够的输出时间,还能保证有足够的建立时间,因此,对于双沿触发来讲,最佳的时钟占空比是 50%,然而,由于温度、电压等不确定因素,会导致占空比不能完全保持 50%,可以认为在这种情况下保持占空比的难度高于保持频率稳定性的难度,因此数据采样可能出错。相反,使用单时钟沿触发,占空比的时变问题可以忽略不计,甚至在设计上都可以设计为非 50%占空比。需要双时钟沿的设计主要是时钟的切换电路,以及 DDR 存储芯片。前者的目的是消除时钟毛刺,后者的目的是在保持时钟速率不变的前提下提高数据速率,代价是它必须用差分时钟来保证占空比的稳定。

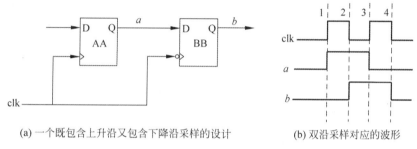

(a) 一个既包含上升沿又包含下降沿采样的设计　　(b) 双沿采样对应的波形

图 2-42　双时钟沿采样示例

　　数字的总体复位信号来源于数字电路的电源 VDD。模拟电路中有一个电压比较器,它包含一个阈值,当 VDD 上升到超过该阈值时,复位信号就拉高,否则就是低电平。假设 VDD 为 1.8V,并且比较器的阈值为 1.2V,当电压未升至 1.2V 之前时,复位信号为 0,当高于 1.2V 时复位信号为 1。复位信号在模拟电路中常被称作 POR(Power On Reset),即上电时产生的复位信号。复位信号在数字电路中常写作 rst_n,"_n"的意思是低电平有效,用低电平可以复位,取 Negative 一词的首字母。之所以用低电平复位,而不用高电平,就是因为上电过程中复位信号先为 0,等超过阈值后才是 1,也就是说,上电过程中一直复位住电路,直到电源电压达到一定幅度后才释放,恢复电路的自由。复位信号的产生如图 2-43 所示,图中(a)是原理简图,(b)是电路对应的上电波形。

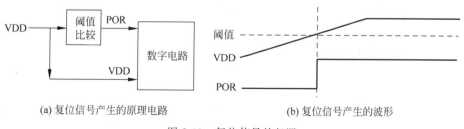

(a) 复位信号产生的原理电路　　　　　　(b) 复位信号产生的波形

图 2-43　复位信号的起源

> **注意** 由于时钟信号上电后必须稳定后才能让电路进入正常工作状态，单纯靠 POR 来决定电路什么时刻被释放仍然存在一定的风险，因此，一般在 POR 释放后，仍然会启动一个计数器，使电路再复位一段时间。

最基本的复位信号是 POR，但它只能在芯片上电时起到复位作用，而无法在芯片的运行过程中随时复位，因此，还可以添加其他复位手段，如增加某个引脚作为复位引脚，每个模块也可以拥有自己的软复位信号，用软件配置寄存器，起到复位模块的作用。

2.25 异步复位同步释放原则

复位信号有一个非常重要的原则，叫作异步复位同步释放原则。异步复位指一个寄存器的复位信号随时可以复位，不必考虑该寄存器的时钟信号正处在哪个相位上。同步释放指一个寄存器的复位信号从复位态回到释放状态的时机，必须与该寄存器的时钟信号保持同步关系。概括地讲，就是对复位信号什么时候复位没有要求，而对什么时候释放有严格要求。

为什么复位时不需要复位信号与时钟保持同步呢？因为保持同步是为了避免亚稳态，而处于复位状态的寄存器，即使短暂地出现了亚稳态，也会马上进入复位状态。如果数字电路共享同一个复位信号，则亚稳态传播也不需要考虑，因为它们会几乎同时地进入复位状态。

为什么释放时需要对复位信号做时钟同步处理呢？因为释放后如果出现亚稳态，此时寄存器的复位已经释放，则无法再把寄存器纠正到一个确定的状态。笔者遇到过未经同步释放处理的芯片，它在上电复位时状态正确，但复位信号释放后其状态就不一定了，同一颗芯片每次复位释放后状态都不一致。原因就是其内部的寄存器处于亚稳态，而亚稳态会逐渐稳定，至于稳定在哪种状态并不能确定。

在时序方面，复位过程主要关注复位信号维持低电平的脉宽，而解复位过程则需要关注时钟与解复位信号之间的关系。该关系由两个参数来定义，一个是 Recovery 检查；另一个是 Removal 检查。这两个时序参数分别规定解复位信号传输延迟的上限和下限。两者的时序含义如图 2-44 所示。时钟第一拍发起解复位，它经过线路传输和组合逻辑到达目标寄

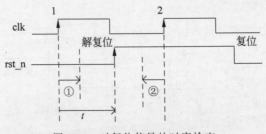

图 2-44 对复位信号的时序检查

存器的复位端,即时序路径的终点,经过的时间为 t。t 不能太短,离第一拍时钟触发沿太近会导致解复位后输出亚稳态,因此,第一拍时钟对 t 有一个最小时间要求,即①,它便是Removal 时间。但 t 也不能太大,如果它跑到了第二拍时钟范围内,就会干扰到第二拍的信号输出,因此,第二拍时钟对 t 有一个最大时间要求,即②。t 不能超过②的左边界,否则它离第二拍时钟触发沿就太近了。值得注意的是,在一些工艺下,对于②的要求经常是负值,这意味着 t 可以超过第二拍时钟沿,而输出信号仍然是正常的,在这种情况下,对复位信号的 Recovery 要求比对普通信号的 Setup 要求会宽松一些。

注意 很多工程师会将 Recovery 检查等同于 Setup 检查,将 Removal 检查等同于 Hold 检查,它们都不是信号本身的特性,而是寄存器的特性,是根据寄存器的制造工艺来定的,这样类比便于记忆和理解。

下面是一个对外来的异步复位信号 POR 进行同步处理的例子。此例针对芯片上电场景,不仅将 POR 处理为一个同步释放的复位信号 rstn_pre,还对复位信号进行了再延迟,最终得到了 rst_n,该信号才是最终给数字内部各寄存器使用的复位信号。

```verilog
reg        [1:0]    rstn_sync;
wire                rstn_pre ;
reg        [15:0]   por_cnt  ;
reg                 rst_n    ;

//外来的复位信号 POR 可视为完全异步的
//该电路是异步复位同步释放的典型电路
//生成的复位信号 rstn_pre,已经具备异步复位同步释放的特性
always @(posedge clk or negedge POR)
begin
    if (!POR)
        rstn_sync <= 2'd0;
    else
        rstn_sync <= {rstn_sync[0], 1'b1};
end

assign rstn_pre = rstn_sync[1];

//以下电路是附加的,目的是给复位延迟一段时间再释放,以便电压和时钟进一步稳定
//当 por_cnt 数到最大值时,就保持不动
always @(posedge clk or negedge rstn_pre)
begin
    if (!rstn_pre) //注意,这里的复位信号已经被换成处理过的复位了,不再使用 POR
        por_cnt <= 16'd0;
    else if (por_cnt != 16'hffff)
        por_cnt <= por_cnt + 16'd1;
end
```

```
//当 por_cnt 数满后,rst_n 才会释放,否则就一直为 0
always @(posedge clk or negedge rstn_pre)
begin
    if (!rstn_pre)          //注意,这里的复位信号已经被换成处理过的复位了,不再使用 POR
        rst_n <= 1'b0;
    else if (por_cnt == 16'hffff)
        rst_n <= 1'b1;
    else
        rst_n <= 1'b0;
end
```

注意 有些网上流传的代码,写时序逻辑时只有时钟驱动,而没有复位驱动,是不正确的,如果没有复位,则芯片上电时寄存器的输出是不定态,非常危险。FPGA 中时序逻辑的敏感列表中不写复位是允许的,因为它内部的结构是一上电就自动初始化,但也建议写上。对于芯片则必须写。

42min

2.26 无毛刺的时钟切换电路

数字电路中最重要的信号就是时钟,没有之一,而一个复杂系统,不可能只有一个时钟,往往需要支持多个时钟来回切换。若切换过程中出现时钟毛刺,并且进入寄存器中,则会导致寄存器内部出现时序问题,使寄存器输出亚稳态。特别是对于 SoC 芯片,即包含 CPU 的芯片,当 CPU 正在执行指令时,发生了时钟切换,该切换动作也是在 CPU 指令的指挥下做的,所以根本无法在切换之前停止 CPU 的运行,若切换过程并不完善,时钟中留有毛刺,则 CPU 正在执行的指令动作将会出错,并导致下一条指令无法寻到正确的地址,进而导致整个系统宕机。因而时钟切换过程不允许产生任何毛刺,但是可以存在时钟延迟。当 CPU 执行指令时,遇到时钟未到的情况,它会锁存住当前状态并等待时钟沿的到来,相当于在芯片内部时间暂停了,直到时钟切换完,新的时钟沿到来,静止的 CPU 才会再次被激活。综上,时钟切换的总体思路是以拖延时钟沿时间为代价,换取无毛刺的切换。如图 2-45 所示,(a)中的时钟切换存在毛刺,(b)的时钟切换过程没有毛刺,尽管中间延迟了较长时间。毛刺的定义是非常窄的脉冲信号,至于多少算是窄,不同的工艺有不同的标准。同一个宽度的脉冲,对于制程较老的工艺,可能被当作毛刺,而对于先进制程的工艺,可能不算毛刺。工艺越精细,电路的速度越快,越能识别短脉冲。本节要讨论的是不论任何工艺都能适用的切换方法。

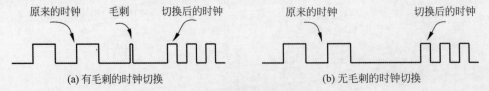

图 2-45 时钟切换的两种情况

　　一个典型的时钟切换电路如图 2-46 所示,本书称为时钟切换电路一。从外部看该电路如图 2-47 所示,实际上就是一个二选一 MUX。如果是普通的信号 MUX,在本章组合逻辑选择器中已经讲过,不论是用 Verilog 表述还是用直接例化元器件的方式都非常简单,其切换过程会产生毛刺,但由于后续一定有寄存器的打拍采样,毛刺会被自然滤除,因而不必担心,但对于时钟来讲,一定不能存在毛刺。为了避免毛刺,就只能使用类似图 2-46 那样的复杂结构。该电路分为明显的上下两部分,上面部分是 clk_A 的切换电路,最终输出时钟为 a2o,下面部分是 clk_B 的切换电路,最终输出时钟为 a4o。两个时钟汇总到或门 O1 处,输出 clk_out 信号。上下两部分电路的结构是一致的,由 sel 信号选择 clk_out 输出 clk_A 还是 clk_B。上下两个与门 A2 和 A4 即为两个时钟的门控,时钟本身走 a2i_1 和 a4i_1,而控制开关,即门控信号,走 a2i_2 和 a4i_2。上面部分的电路属于 clk_A 时钟域,下面部分的电路属于 clk_B 时钟域。上面部分的门控信号产生的过程是:先由外部控制信号 sel 和内部切换控制信号 a1i_2 共同产生了信号 a1o,但是 a1o 不属于 clk_A 时钟域,因而需要经过 S1、S2 两级电平信号同步电路,得到 a1o_sync。寄存器 S3 与 S1、S2 不同,它是以时钟下降沿采样的,反相器 B2 对时钟进行反相后才进入 S3,这是为了方便理解,实际电路中不需要 B2,因为有专门的下降沿触发寄存器可供使用。经过 S3 采样控制信号 a1o_sync,得到门控信号 a2i_2。下面部分的门控信号的产生过程也完全相同。

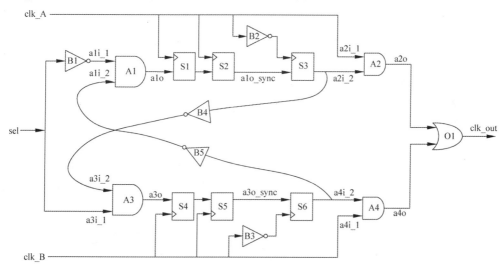

图 2-46　时钟切换电路一

　　根据图 2-46 画出的时序如图 2-48 所示,图中展示了时钟从 clk_B 切到 clk_A,后又切回到 clk_B 的过程。先开始,sel 为 1,即选择 clk_B。此时,clk_A 的门控 a2i_2 是关闭的,clk_B 的门控 a4i_2 是开启的。可知,与门 A3 的输入信号 a3i_2 一直为 1,因为中间有 B4 作为反相。当用户想使用 clk_A 时,他会

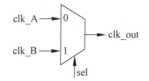

图 2-47　时钟切换电路的顶层视图

配置寄存器，使 sel 为 0。A3 的输出 a3o 会马上做出反应，从 1 变为 0，但是 A1 的输出 a1o 不会马上从 0 变为 1，因为下面的门控 a4i_2 尚未变为 0，与门 A1 输出被封死在 0 上无法动弹，它必须等到 a4i_2 门控关闭后才有动作。a4i_2 关闭的过程需要从 a3o 开始，经过同步得到 a3o_sync，再通过下降沿采样，最终 a4i_2 从 1 变为 0，clk_B 被关停，同时 A1 解放，信号 a1o 从 0 变为 1，经过同样的同步和采样步骤，最终将 clk_A 的门控开启。将上述过程概括起来，即先经历关闭 clk_B 过程，再经历开启 clk_A 过程。同样，sel 从 0 变为 1 后，先经历关闭 clk_A 过程，再经历开启 clk_B 过程。从时序图的 clk_out 可以看出，从关闭源时钟到开启目的时钟，中间经历了一段等待期，但时钟的周期都是完整的，占空比保持输入时的占空比，不存在毛刺。

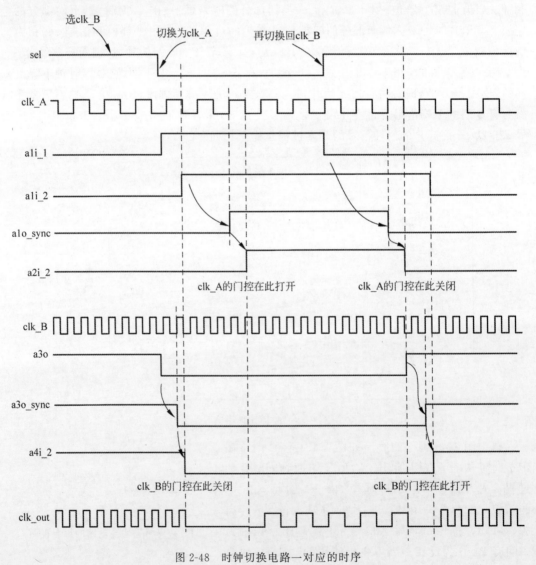

图 2-48　时钟切换电路一对应的时序

这里需要解释一下为什么 a1o 和 a3o 需要同步。a1o 的驱动源是 sel 和 a4i_2，其中，a4i_2 是 clk_B 时钟域上的信号，仅凭这一点，a1o 就不属于 clk_A 时钟域，必须同步。这里需要解释的是 sel 信号的时钟域。一般 SoC 芯片中 sel 信号与 CPU 信号同步，假设这里操作的 clk_out 信号正是 CPU 的时钟，则当 clk_out 为 clk_A 时，sel 是 clk_A 域的信号，当 clk_out 为 clk_B 时，sel 是 clk_B 域的信号，因而 sel 的时钟域是在变化的。如果 clk_out 不是 CPU 时钟，则 sel 可能还会在其他时钟域上，情况就更复杂了，因此在设计时，不能假设 sel 的时钟域，必须将其看作一个对于任何时钟域都是异步的信号。

下面再解释一下为什么 S3 和 S6 两个寄存器需要用下降沿触发。这两个寄存器的输出就是各自的时钟门控。如果使用上升沿切换，如图 2-49(a)所示，则由于寄存器存在输出时延(Output Delay)，如图中的 t，当关闭门控时，会在 clk_out 处留下一个窄脉冲。由于输出时延是皮秒级的，该脉冲的宽度也是同样的级别，它一定是一个毛刺信号，而用下降沿采样的波形如图 2-49(b)所示，它是在时钟的高电平结束以后才发生切换，即使存在输出延迟，切换也是在时钟为低电平时发生的。一般时钟的占空比不会达到 80%～90%，一般是 50% 甚至更窄，因此皮秒级的切换延迟仍然能保证关闭时钟发生在下一个时钟上升沿到来之前，因而是安全的。

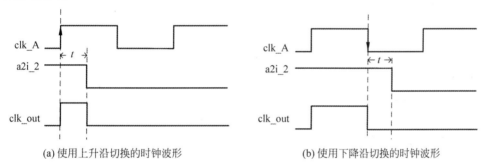

(a) 使用上升沿切换的时钟波形　　　　　　　(b) 使用下降沿切换的时钟波形

图 2-49　上升沿切换和下降沿切换的效果对比

时钟切换电路的难点就在于设计上的错误在前仿中仿不出来，只能在后仿中发现问题，而且还应该精心构造 clk_A 和 clk_B 的相位关系，否则在后仿中也难以察觉问题。

注意　这种上升沿和下降沿混合电路，需要时钟占空比尽量达到 50%，以保证上升沿和下降沿的时序都能得到满足。

图 2-46 对应的 Verilog 如下，由于上下两块电路的结构完全相同，可以写成公共模块，例化两次更为方便。在如下的代码中使用的是代码展开方式，其中的信号名与图 2-46 对应。此设计中 clk_A 对应的复位信号为 rstn_A，clk_B 对应的复位信号为 rstn_B。前文已详细讲述了复位信号的异步复位同步释放原理，因此两个时钟不能使用同一个复位，而是要由同一个复位分别进行同步处理后得到 rstn_A 和 rstn_B，这样才能在各自的时钟域下使用。

```
module clk_switch1
(
    input    clk_A   ,
    input    clk_B   ,
    input    rstn_A  ,
    input    rstn_B  ,
    input    sel     ,
    output   clk_out
);

//------------------------------------------------
wire    a1o;
reg     a1o_r ;
reg     a1o_sync;
reg     a2i_2;
wire    a2o;
wire    a3o;
reg     a3o_r;
reg     a3o_sync;
reg     a4i_2;
wire    a4o;
wire    a1i_2;
wire    a3i_2;

//------------ 上面的电路部分 -------------------------
assign a1o = (~sel) & a1i_2;                    //A1 与门输出

always @ (posedge clk_A or negedge rstn_A)      //上升沿采样的同步器
begin
    if (!rstn_A)
    begin
        //这些初值设为1,因为假设sel复位时为0,会选中clk_A作为默认输出时钟
        //所以它的门控必须在复位时就已经打开
        a1o_r        <= 1'b1;
        a1o_sync     <= 1'b1;
    end
    else
    begin
        a1o_r        <= a1o;
        a1o_sync     <= a1o_r;
    end
end

always @ (negedge clk_A or negedge rstn_A)      //下降沿采样的寄存器
begin
    if (!rstn_A)
        a2i_2            <= 1'b1;                          //复位时默认打开clk_A门控
    else
        a2i_2            <= a1o_sync;
end
```

```
assign a2o = clk_A & a2i_2;                        //clk_A 门控时钟输出

//-------------- 下面的电路部分 -------------------------------------
assign a3o = sel & a3i_2;                          //A3 与门输出

always @(posedge clk_B or negedge rstn_B)          //上升沿采样的同步器
begin
    if (!rstn_B)
    begin
        a3o_r          <= 1'b0;                    //复位时默认关闭 clk_B 门控
        a3o_sync       <= 1'b0;
    end
    else
    begin
        a3o_r          <= a3o;
        a3o_sync       <= a3o_r;
    end
end

always @(negedge clk_B or negedge rstn_B)          //下降沿采样的寄存器
begin
    if (!rstn_B)
        a4i_2          <= 1'b0;
    else
        a4i_2          <= a3o_sync;
end

assign a4o = clk_B & a4i_2;                         //clk_B 门控时钟输出

//-------------- 两个电路交叉的非门部分 -------------------------------------
assign a1i_2 = ～a4i_2;
assign a3i_2 = ～a2i_2;

//-------------- 或门输出 -------------------------------------
assign clk_out = a2o | a4o;

endmodule
```

图 2-46 的设计有两个问题,一个是时钟上升沿和下降沿都要用,对时钟的 50% 占空比要求较为严格,芯片工作特性随着温度、电压等因素的变化而变化,占空比无法精准保证,因此,这样的设计可能影响可靠性。另外,两个门控使用与门,综合和 PR 工具对时钟的识别会有一定困难,因为工具会认为与门的两个输入都是时钟,而时钟会进行时钟树综合等特殊处理,但实际上只有其中一个是时钟,另一个是门控信号。为了避免工具误解,需要增加时钟约束,让工具只将与门的其中一个输入当作时钟,而另一个不要当时钟。这样的要求增加了时序约束脚本的复杂度。

一种在图 2-46 基础上改进的切换电路如图 2-50 所示，本书称为时钟切换电路二，其中使用了带 Latch 的时钟门控器件 ICG 作为门控，取代了过去的与门。ICG 是一种常见的标准单元，大多数工艺会提供这一元器件，使用时直接例化即可。

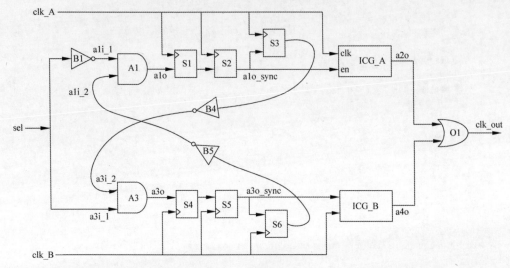

图 2-50　时钟切换电路二

ICG 概括起来主要有两个输入引脚，一个是时钟本身，另一个是时钟使能。它的输出即为门控后的时钟。该元器件的特点是当源时钟为高时，若时钟使能突然关闭，也不会立即切断时钟的输出，而是等到时钟的电平降为 0 后再关闭。类似地，当源时钟为高时，若时钟使能突然打开，也不会立即输出时钟，也是要等时钟的电平降为 0 后再开启。具体波形如图 2-51 所示。

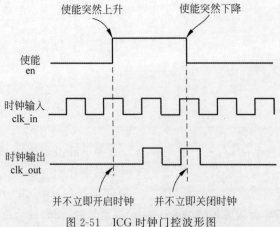

图 2-51　ICG 时钟门控波形图

借助 ICG 的特性，可以省略图 2-46 中的下降沿采样寄存器 S3、S6，以及用于时钟门控的与门 A2 和 A4，但是在图 2-50 中仍然需要增加两个上升沿触发的寄存器，图中仍然命名为 S3 和 S6。添加它们是因为原本使能信号在关闭一个时钟后就会通知另一个时钟域，令其打开，但 ICG 的时钟输出动作比使能更迟一些，使能将时钟关闭并不意味着时钟真的关闭了，而是要等一段时间，所以时钟使能关闭后，还不能马上通知另一个时钟开启，不然可能造成两个时钟同时开启的情况，进而也会产生毛刺（凹型毛刺，也就是时钟刚下去不久又上升，保持 0 的时间太短）。稳妥的办法是使能关闭后，再延迟一拍，此时源时钟必定已经关闭了，再去通知目的时钟域就不会有危险了。新增的上升沿触发寄存器 S3 和 S6 就是为了将使能信号延迟一拍而准备的。该电路对应的 Verilog 如下：

```verilog
module clk_switch2
(
    input    clk_A   ,
    input    clk_B   ,
    input    rstn_A  ,
    input    rstn_B  ,
    input    sel     ,
    output   clk_out
);

//--------------------------------------------------
wire    a1o;
reg     a1o_r ;
reg     a1o_sync;
reg     a1o_sync_r;
wire    a2o;
wire    a3o;
reg     a3o_r;
reg     a3o_sync;
reg     a3o_sync_r;
wire    a4o;
wire    a1i_2;
wire    a3i_2;

//------------ 上面的电路部分 ------------------------
assign a1o = (~sel) & a1i_2;              //A1 与门输出

always @(posedge clk_A or negedge rstn_A)    //与切换电路一相同
begin
    if (!rstn_A)
    begin
        a1o_r      <= 1'b1;              //复位时默认打开 clk_A 门控
        a1o_sync   <= 1'b1;
    end
    else
    begin
        a1o_r      <= a1o;
        a1o_sync   <= a1o_r;
    end
end
```

```verilog
always @(posedge clk_A or negedge rstn_A)          //S3,注意这里改为上升沿逻辑
begin
    if (!rstn_A)
        a1o_sync_r   <= 1'b1;
    else
        a1o_sync_r   <= a1o_sync;
end

ICG    u_ICG_A                                      //例化 ICG,输出门控时钟 a2o
(
    .en        (a1o_sync ),
    .clk_in    (clk_A    ),
    .clk_out   (a2o      )
);

//------------- 下面的电路部分 -------------------------------------
assign a3o = sel & a3i_2;                           //A3 与门输出

always @(posedge clk_B or negedge rstn_B)           //与切换电路一相同
begin
    if (!rstn_B)
    begin
        a3o_r    <= 1'b0;                           //复位时默认关闭 clk_B 门控
        a3o_sync <= 1'b0;
    end
    else
    begin
        a3o_r    <= a3o;
        a3o_sync <= a3o_r;
    end
end

always @(posedge clk_B or negedge rstn_B)           //S6,注意这里改为上升沿逻辑
begin
    if (!rstn_B)
        a3o_sync_r<= 1'b0;
    else
        a3o_sync_r<= a3o_sync;
end

ICG    u_ICG_B                                      //例化 ICG,输出门控时钟 a4o
(
    .en        (a3o_sync ),
    .clk_in    (clk_B    ),
    .clk_out   (a4o      )
);


//------------- 两个电路交叉的非门部分 -------------------------------
assign a1i_2 = ~a3o_sync_r;
```

```
    assign a3i_2 = ~a1o_sync_r;

    //-------------- 或门输出 -----------------------------------
    assign clk_out = a2o | a4o;

endmodule
```

另一种常见的切换电路如图 2-52 所示,基本结构与切换电路一、二相同,只是少了寄存器 S3 和 S6,因此它切换速度快了半拍。之所以能做到快半拍是因为反相器 B2 和 B3 将时钟取反后直接进入与门门控,相当于下降沿切换电路一中的下降沿采样,最后在或门 O1 的尾部加一个反相器 B6,使被反转的时钟恢复到原来的相位。需要注意的是,切换电路一、二在切换的间歇期,时钟 clk_out 的电平保持 0,而本电路在切换的间歇期,时钟输出保持 1电平。

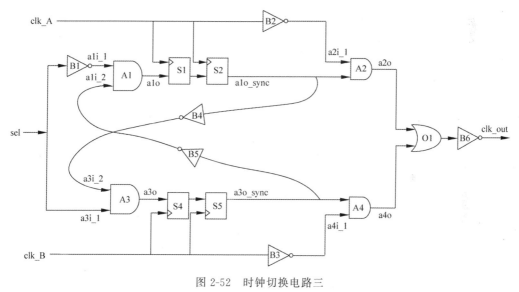

图 2-52　时钟切换电路三

图 2-52 对应的 Verilog 如下:

```
module clk_switch3
(
    input    clk_A    ,
    input    clk_B    ,
    input    rstn_A   ,
    input    rstn_B   ,
    input    sel      ,
    output   clk_out
);

//--------------------------------------------------
wire    a1o;
```

```verilog
reg     a1o_r;
reg     a1o_sync;
wire    a2o;
wire    a3o;
reg     a3o_r;
reg     a3o_sync;
wire    a4o;
wire    a1i_2;
wire    a3i_2;

// ----------- 上面的电路部分 -------------------------
assign a1o = (~sel) & a1i_2;

always @ (posedge clk_A or negedge rstn_A)   //与切换电路一相同的同步结构
begin
    if (!rstn_A)
    begin
        a1o_r           <= 1'b1;
        a1o_sync        <= 1'b1;
    end
    else
    begin
        a1o_r           <= a1o;
        a1o_sync        <= a1o_r;
    end
end

assign a2o = (~clk_A) & a1o_sync;            //clk_A取反后直接使用a1o_sync作为门控

//------------- 下面的电路部分 ------------------------------------
assign a3o = sel & a3i_2;

always @ (posedge clk_B or negedge rstn_B)     //与切换电路一相同的同步结构
begin
    if (!rstn_B)
    begin
        a3o_r           <= 1'b0;
        a3o_sync        <= 1'b0;
    end
    else
    begin
        a3o_r           <= a3o;
        a3o_sync        <= a3o_r;
    end
end
```

```
assign a4o = (~clk_B) & a3o_sync;              //clk_B取反后直接使用 a3o_sync 作为门控

//------------- 两个电路交叉的非门部分 ------------------------------------
assign a1i_2 = ~a3o_sync;
assign a3i_2 = ~a1o_sync;

//------------- 或门输出 ------------------------------------
assign clk_out = ~(a2o | a4o);                 //取或之后还要加一步反相

endmodule
```

最后要介绍的切换电路如图 2-53 所示,本书称为时钟切换电路四。其在切换电路一的基础上,将原来的与门变成或门,将最后的或门替换为与门,这样就可以省略中间的寄存器 S3 和 S6 了,因而其速度比电路一快半拍,与电路三相当,而且整个电路没有对时钟的反相操作,也没有使用下降沿采样的寄存器。

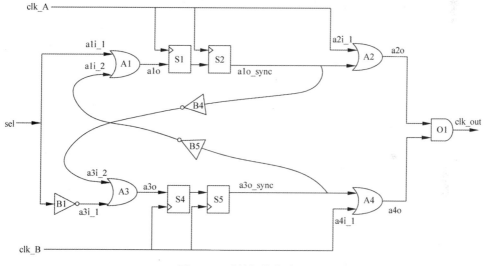

图 2-53 时钟切换电路四

电路四的良好特性源于它使用高电平作为门控关闭的电平,而使用低电平作为门控开启的电平,这与前面 3 个电路正好相反,而且时钟在关闭后保持高电平,这与电路一和二相反。这种方式使之前担心的问题,即在时钟上升沿关闭或开启门控会产生毛刺的问题,不会出现。如图 2-54 所示,仍然考虑存在寄存器的输出延迟 t,当关闭时钟门控前,由于输入时钟正好是高电平,输出时钟跟随,也是高电平,关闭后,输出保持高电平,因而没有毛刺;开启时钟前,输出是高电平,开启后,正处在输入时钟为高电平的时期内,所以输出仍然为高电平,仍然没有毛刺。

图 2-54 对应的 Verilog 如下,注意与电路一相比,寄存器上电初值有所变更,这是因为门控电平的控制方式与电路一相反。

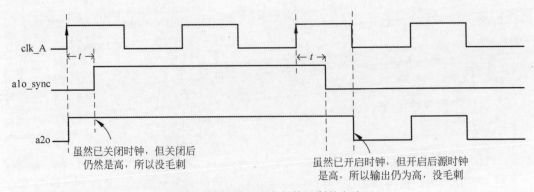

图 2-54 电路四避免切换毛刺的方法

```
module clk_switch4
(
    input    clk_A    ,
    input    clk_B    ,
    input    rstn_A   ,
    input    rstn_B   ,
    input    sel      ,
    output   clk_out
);

//-------------------------------------------------
wire    a1o;
reg     a1o_r ;
reg     a1o_sync;
wire    a2o;
wire    a3o;
reg     a3o_r;
reg     a3o_sync;
wire    a4o;
wire    a1i_2;
wire    a3i_2;

//------------ 上面的电路部分 --------------------------
assign a1o = sel | a1i_2;                    //A1 改为或门输出

always @(posedge clk_A or negedge rstn_A)
begin
    if (!rstn_A)
    begin
        a1o_r        <= 1'b0;                //初值改了,由于 0 表示开启,1 表示关闭
        a1o_sync     <= 1'b0;                //默认上面电路先开启,所以初值应为 0
    end
    else
    begin
        a1o_r        <= a1o;
        a1o_sync     <= a1o_r;
```

```
        end
    end

    assign a2o = clk_A | a2i_2;                    //clk_A门控改为或门输出

    //-------------- 下面的电路部分 --------------------------------------
    assign a3o = (~sel) | a3i_2;                    //A3改为或门输出

    always @(posedge clk_B or negedge rstn_B)      //上升沿采样的同步器
    begin
        if (!rstn_B)
        begin
            a3o_r     <= 1'b1;                      //初值改为1,即默认关闭
            a3o_sync <= 1'b1;
        end
        else
        begin
            a3o_r     <= a3o;
            a3o_sync <= a3o_r;
        end
    end

    assign a4o = clk_B | a4i_2;                     //clk_B门控改为输出

    //-------------- 两个电路交叉的非门部分 --------------------------------------
    assign a1i_2 = ~a3o_sync;
    assign a3i_2 = ~a1o_sync;

    //-------------- 改为与门输出 --------------------------------------
    assign clk_out = a2o & a4o;

endmodule
```

注意　时钟切换电路是整个芯片的关键电路,一般将其放在芯片专门的时钟复位模块当中便于管理。为了使时钟的产生路径清晰可控,约束文件能够找到相应的时钟产生点,一般会用直接例化标准单元的方式,例如一个与门,会在元器件库中找一个与门例化,而不用 & 的描述。上例中使用 &、|、~ 等普通 Verilog 描述方法是为了让初学者更清晰地理解电路与 Verilog 表达之间的关系。

2.27　组合环

在设计中,如果用组合逻辑产生的信号又作为输入反馈回到原来的组合逻辑中,称为组合环,也称为逻辑互锁,是设计时应该避免的情况。一个组合环的例子如图 2-55 所示,信号 d 从组合逻辑输出后又反馈到组合逻辑中,会造成信号不

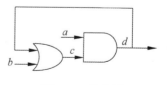

图 2-55　组合环

稳定。

对于组合环的处理方法一般是在该环的任意处插入一个寄存器，但这只是权宜之计，出现组合环的实际原因是设计构思时存在问题，在发现组合环后应该重新审视自己的设计思路。

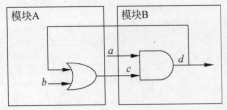

图 2-56　两个模块共同组成的组合环

由于设计任务需要多人分工完成，有时在单个设计者的模块中没有组合逻辑，但两个模块连起来就形成了组合环，这种情况如图 2-56 所示，因此，在实际项目中经常要求模块的输出或输入使用触发器打一拍，以避免连接时出现组合环。

2.28　RTL 的前向设计法和后向设计法

▶ 11min

RTL 的设计思路，根据设计者手上掌握材料的不同而不同，这些材料称为先验信息。通常，设计者获得先验信息的来源是项目经理或销售人员。他们首先会定位市场，确定要研发什么类型的芯片，再从这个大类中确定细分类型，并参考该类型芯片的已有产品（竞品）的用户手册（DataSheet）来确定芯片的整体架构。项目经理或开发经理会将整体架构细分为若干模块，并将每个模块的功能都定义清楚。比较细心的开发经理可能还会定义每个模块的简单接口、数据信号和控制信号在模块间传递的路径和方向等信息。这些先验知识被分配到每个模块的设计者手上，这样就能够开展设计工作了。这种已知需求、模块功能、接口信息，并且据此进行开发的方式，称为前向设计。数字 IC 设计多数情况下是前向设计，这种设计方式没有现成的电路图，只有功能，设计的目的是创造一个电路图实现该功能。

与前向设计相反的是后向设计，即已知电路图，照着电路图写 Verilog。这种情况常见于结构简单但意义重大、容易出现设计缺陷的模块，例如前文介绍的复位信号异步复位同步释放处理电路、无毛刺的时钟切换电路、电平和脉冲信号跨时钟域异步处理电路等。这些电路一般可以通过查阅书籍资料或 EDA 工具的帮助文档获取电路图，然后将其改为 Verilog 表述。

首先来介绍后向设计方法的操作步骤。已知某电路如图 2-57(a)所示，要将其改写为 Verilog，首先要给它内部的连线命名，对于一根信号线分为多个支路的情况只需取一个名字，如图 2-57(b)所示。

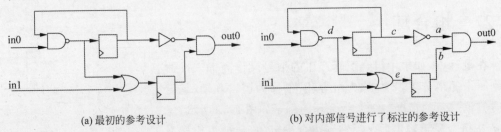

(a) 最初的参考设计　　　　　　　　　(b) 对内部信号进行了标注的参考设计

图 2-57　一个后向设计的先验电路

接下来开始写 Verilog，方法是从整个电路的输出开始写，慢慢写到电路的输入，具体编写步骤如下例所示。在写的过程中，要不断地问自己，"a 是怎么产生的？""b 是怎么产生的？"，只要搞清楚一个信号的驱动，就能写出它的逻辑。

```verilog
assign out0 = a & b;                        //out0 的产生
assign a = ~c;                              //a 的产生

always @(posedge clk or negedge rst_n)      //b 的产生
begin
    if (!rst_n)
        b <= 1'b0;
    else
        b <= e;
end

always @(posedge clk or negedge rst_n)      //c 的产生
begin
    if (!rst_n)
        c <= 1'b0;
    else
        c <= d;
end

assign d = ~(in0 & c);                      //d 的产生

assign e = in1 | d;                         //e 的产生
```

最后将这些信号的声明写在代码的上方即可。对于小型模块，声明可以不按逻辑顺序，仅仅按照书写顺序进行编排，下例即是如此，而对于大型模块，建议将声明归类，分组写，中间空出若干行，这样有助于设计者以后修改代码时厘清思路，并方便读者阅读。

```verilog
input     in0;
input     in1;
output    out0;

//此处声明按照上面编码的顺序,逐一声明信号
wire      a;
reg       b;
reg       c;
wire      d;
wire      e;
```

相对于后向设计的简单步骤，前向设计是比较困难的，很难用明确步骤进行总结。对于前向设计，不同层次的设计者的先验信息都存在差别，例如，较有经验的设计者，项目经理会给他一个相对抽象的任务，由他自己来定义这个任务或模块的输入、输出接口，而对于初级设计者，需要向他指派明确的任务，明确列出所开发的模块需要具备哪些功能，并明确模块的输入和输出接口。本书下面介绍的方法主要针对初级设计者的这类需求。

一个模块的框图如图 2-58 所示，注意，若模块内部的时钟只有一个，则无须画出时钟和复位信号，直接画出控制信号和数据信号即可。控制信号和数据信号都是基于功能而言的。当功能上有数据传播的需要时，对应数据传播的路线和处理就是

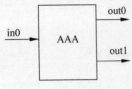

数据通路。数据传播也需要一些控制，例如总线信号通常带有一个 vld 脉冲信号来标识其更新并有效，数据的运算如果不是一拍出来，而是需要状态机运行，经过若干拍才出来，则还需要控制信号来触发状态机。编写代码从输出开始，即先写输出信号 out0

图 2-58 模块框图举例

和 out1 的逻辑电路，想一想如果要得到 out0 和 out1，则需要用到哪些信息，这些信息就代表内部的信号，这里假设它们需要用到 a、b、c 3 种信息，则它们就是 AAA 的内部信号，最后思考模块的输入信号 in0 与 a、b、c 的关系，用 in0 如何生成这 3 个信号。如果仅用 in0 提供的信息不足以生成这 3 个信号，就需要模块增加输入，该输入需要设计者从其他模块里找，或者要求数字顶层专为它而生成。有时可能会遇到模块有 5 个输入，但只用到其中 3 个的情况，此时可以将多余的两个输入删除，为一个模块提供足量的信息是很容易的，但如何运用和处理这些信息，使其能为输出服务，需要设计者自己决定。一个最简单的设计往往需要很少的接口，随着功能的不断加入，不仅要增加新的功能模块，原来已经写好的模块其接口也需要增加，以便与新模块进行交互。本书倡导从输出开始考虑问题，而不是从输入，有助于设计者明确目标，增强设计的目的性。如果模块的内部功能比较复杂，则不应直接开始编码，而是要先画一个时序图，在画时序图的过程中可以知道为了能达到某个功能目标，需要事先准备好哪些信息，例如为了提取电平信号的上升沿，需要事先将原电平信号打拍。具体时序图的画法将在后文详细讲解。

2.29　自顶向下的设计和自底向上的设计

前向设计和后向设计主要着眼于设计细节，即一个细分模块应该怎样设计，这是一个战术层面的问题，而在设计复杂功能时，需要更多地考虑战略层面的问题。

一颗芯片一般会包含数字电路和模拟电路两部分。数字内部的所有模块被一个 Verilog 文件所囊括，该文件称为数字顶层，它的内部每个分支的大功能模块也都有各自的顶层，最终设计的电路就是这种层层包含的关系。两个大的功能模块之间是平等的，没有从属和包含的关系，设计时要保持它们的独立性，尽量减少模块间的关联。如果两个模块之间的关联较多、较复杂，则说明这两个模块理应被划分到同一个大的功能模块中，而不是分开。

对于复杂功能的实现，其最终的实现需要多个细分模块的参与，代码量大、功能点多，对于验证评估其功能的正确与否也较为复杂。此种情况下，设计者可以选择使用自顶向下的设计方法或自底向上的设计方法。所谓自顶向下，就是先了解该大模块功能的全部细节后，将功能拆分成若干小模块，画出它们的交互信号，然后逐一实现。最终对该整体设计进行验证。所谓自底向上，就是在尚未完全理解全部功能的情况下，先找出其中最核心的功能并实现，然后交付验证，看该核心功能是否成功，若成功，则进一步挖掘其他附属功能，并逐一实

现,每实现一个功能,就集成到原来的核心功能旁边,用顶层包起来,交付验证,这样层层叠加推进,最终实现全部功能。

自顶向下的设计方法比较依赖顶层设计人员,即架构师的智慧和经验,而对于一个设计者不熟悉的全新领域,使用自顶向下的设计方法会导致设计关注点与实际客户关注点的偏离,遇到 Bug 后由于设计复杂会产生定位困难,对核心指标理解不清晰从而造成设计架构上的错误,而自底向上的设计,不论是有经验者还是无经验者都能上手,通过从简到繁的演进和实验来增强设计者对核心指标的理解,因为刚开始的系统简单,所以可以快速证明设计者对功能的理解是否正确,在逐步增加功能并验证的过程中,定位 Bug 也比较容易,只需在新增加的功能中找,所以笔者更推荐自底向上的设计理念。

如果决定采用自底向上的设计方法,可以事先不规划各功能模块,而是直接开始写功能,将基本功能先写在一个模块中。在逐步扩展功能时,设计者会渐渐感觉到模块的代码行数越来越多,模块越来越复杂,难以维护,此时再将其中一部分功能剪贴到一个新文件中,该新文件就是一个派生的模块。

由于目前国内在不同芯片应用领域的设计水平、设计规模、盈利能力都与发达国家存在较大差距,很多情况下是靠购买国外现成 IP、现成架构,或引进先进公司架构师的方式来追赶国际先进水平,因此目前国内的主流设计方式还是自顶向下,即先获得顶层架构,再在实现细节上不断打磨。一旦架构有缺陷或过时淘汰,底层的打磨将变得毫无意义,所以只能期待我国的芯片设计能早日赶上国际先进水平,大家在同一起跑线上竞争时,才更容易产生新的思路和方法,到时候,我们也会和几十年前的西方国家一样,从一个小的原创设计开始,慢慢发展壮大我们自己的架构体系,并逐渐聚积形成难以超越的技术壁垒。

2.30 原理图和时序图

9min

原理图和时序图对于设计 RTL 有重要意义,因此需要设计者掌握绘制这两类图的基本方法和原则。

原理图是对设计结构的一种描绘,主要向观者展示设计包含哪些主要模块。一幅好的原理图能够使观者在短时间内就了解到设计的主要架构、层次和主要功能。原理图可以分为不同层次,大到一款复杂芯片的顶层架构,小到一个小模块内部的门电路,都可以画出,但一定要注意设定绘制的界限,即事先要定好该图精细到哪一层次。对于架构图或将较大的设计画在一张图中,则图中绘画的界限应设定为大的功能模块,不能过于细致,不然不仅容易偏离其重点,绘画难度和篇幅都难以控制,而对于小的功能模块,甚至可以精细到门电路。

讲数字 IC 设计的老师经常会强调所谓心中有电路,似乎有经验的设计者在设计之前其模块的大体结构都了然于胸,但实际上,除非是非常成熟的电路,例如跨时钟处理、电平脉冲转换等,任何设计者都不可能做到了然于胸。真正的心中有电路,是在编写代码过程中,电路逐渐展开,使设计思维从模糊到清晰、从混乱到有序的一个过程,因此,在设计之前,先画一个细节完整的原理图其实没多大用处。如果是画一个概括性的框图,大体知道需要将大功能细分为哪些小功能,还是有一定帮助的,但是这些功能之间的数据交换和关系在开展设计之前很难确定,在不确定接口关系的情况下,画框图的作用与直接用文字逐条描述设计特征没有区别,因此,笔者建议初学者在获得一个开发任务时,与其花时间画原理图或框图,还不如将需要实现的功能详细罗列在文档中,列得越详细,说明对该任务的理解越深刻,最终出大问题的可能性越小。

原理图的主要用处在于使观者快速理解架构,因此,如果是读别人已经写好的模块(例如IP),想快速理解它,就可以画它的原理图,将它内部的模块和模块之间的信号连接都画出来。也许在绘制过程中你看不出它是怎样的结构,每个模块都有怎样的功能,但一旦画完,通过观察整体拓扑结构并结合模块名,你就会马上明白它分为哪些大功能,功能之间是什么关系。一个原理图的例子如图2-59所示,从图中可以清晰地看出该结构分为左右两大部分,中间的cfg_reg是配置寄存器,用于配置这两部分运行的参数,而这两部分之间并无关系。实际上,像图2-59这样结构清晰的原理图并非一次性绘制完成的,它需要在绘制过程中进行调整,例如cfg_reg模块的信号逐渐增多,就将其形状拉长,cfg_reg和DD两个模块之间原本的距离较短,但后来画到了EE模块,需要插到这两个模块中间,因而需要将其距离拉长。经过类似一系列调整之后,才能达到图示的效果。

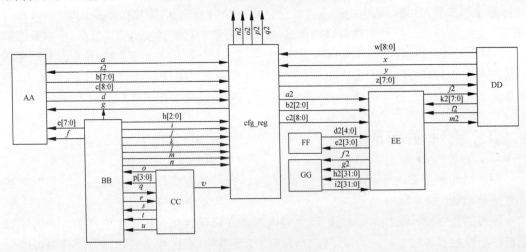

图 2-59　原理图举例

对于精确到门电路的原理图,基本不需要画。像这种基础层次的设计,功能往往十分明确且单一,可以直接写Verilog,或用时序图加以辅助。需要画门电路级原理图的场景仅限于跨时钟场景,例如跨时钟域处理、无毛刺的时钟切换等,在前文的介绍中都给出了门电路,它们的特点是:如果不画原理图,则在出现设计问题时,前仿无法发现,后仿也需要构造特殊案例才能发现,静态时序分析不检查,只有画出原理图,才能将时钟域上有无跨时钟处理、切换有无毛刺等情况,清晰地展示出来。

时序图是用来描述一系列信号发生的先后顺序及相位关系的视图。数字IC设计号称是并行设计,一是由于组合逻辑,在理想状态下(不考虑延迟),组合逻辑的输入和输出是同时的;二是由于两个信号或两个功能,设计者可以选择它们之间存在发生的先后顺序,也可以选择它们同时发生,但实际上数字IC也有按顺序驱动不同电路的需求,例如一种状态机的运转必须由一个脉冲触发才能开始,最终状态机处理的输出也是在状态机走到最后一种状态才输出的,因此这里必然有先触发、再运行、最后输出结果的过程。由于电路中必然会包含寄存器,而寄存器是有节拍的,因而在寄存器的输入和输出之间形成了先后顺序的差别。读者可以将数字 IC 想象为一个纯并行的电路,但为了实现某种特定功能,必须像软件那样按顺序执行一些规定动作,如果不加控制,则这些动作将同时执行,为了保证执行的顺序性,需要用到寄存器或更高级的保序类型——状态机,以抗衡这种并行性。一个寄存器形成不同节拍的例子如图 2-60 所示,图中假设输入信号 $a0$、$b0$、$c0$ 是同一拍输入的,则 $a1$、$b1$、$c1$ 属于同一拍,$b2$、$c2$ 属于同一拍。同拍的意思即同时变化。

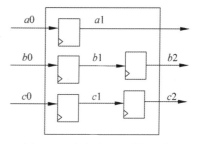

图 2-60　由寄存器形成的节拍

用原理图表示节拍比较复杂,占用篇幅大,连线复杂时绘图会拥塞,使读者很难分辨连线的首尾,节拍关系也无法直接体现,而如果用时序图,信号间的节拍关系就变得清晰了。一个节拍对齐的例子如图 2-61 所示,它表示一个数据和伴随它的 vld 信号的时序。(a)是不对齐的,vld 比 data 提前一拍。若 vld 产生时就是这样,则不应该直接送出,而是应加一个寄存器打一拍再送出,这样才能与 data 的变化保持同步,如(b)所示。之所以(b)是正确的,是因为外界要采 data 时,首先要看 vld。按照(b),第 3 拍能采到 vld 为 1,同时采样 data 可以得到更新后的 $a1$,而如果时序是(a),则第 2 拍采样到 vld 为 1,同时采样 data 却还是旧数据 $a0$,因此,当设计画出时序图后,若呈现(a)的情况,就应在 vld 后再增加一级寄存器,使之延迟一拍,变为(b)。寄存器多数是为了实现功能,也有一些是为了像图 2-61 那样单纯地以对齐节拍为目的。

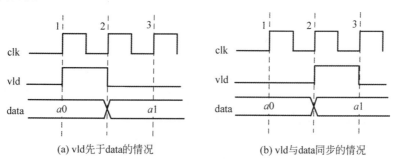

(a) vld先于data的情况　　　　　　　(b) vld与data同步的情况

图 2-61　时序节拍对齐

时序图分为两种,一种是理想时序图,另一种是实际时序图。理想时序图不考虑物理延迟,例如组合逻辑的时延、寄存器输出时延等因素。在前仿时 VCS 上呈现的时序图就是理想时序图。图 2-61 就是两幅理想时序图,信号的变化发生在时钟触发沿上,也就是忽略寄存器或组合逻辑延迟的结果。在图(a)中,用时钟第 2 拍采样 vld,为什么会采到 1,而不是

0？在图中该上升沿刚好是1和0的交界，为什么认为采到的是1呢？它对应的实际时序如图2-62所示，考虑到电路延迟，信号变化实际发生的位置相对于理想时序图延迟了一些，可见，第2拍确实能采到vld为1的情况。在观察理想时序图、判断采样到的是什么数值时，都是按照上例那样，采样的是时钟上升沿前面的数值，所基于的理由也是实际波形。

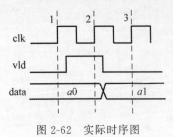

图2-62　实际时序图

在前文所配的时序图中，有理想时序图，也有实际时序图，那么，什么时候使用理想时序图，什么时候使用实际时序图呢？如果要描述一个电路的功能，一般使用理想时序图，这样绘制比较方便，而且基于上述对采样数据的判别方法，也不会出错。实际上，前仿过程中VCS所呈现的波形图就是理想时序图，设计者在设计之前或在设计过程中绘制的时序图也使用理想时序图即可。如果要分析时序过程，例如判断某条路径的建立时间或保持时间是否符合寄存器的要求，则需要用实际时序图来再现信号的传播过程，因此，实际时序图用于前端设计完成后，要进行时序分析的情况。在电路的后仿阶段，VCS所呈现的波形图是实际时序图。对于无毛刺的时钟切换等时钟产生电路，在设计时也需要画实际时序图，因为从前文的描述看，该电路涉及很多时序细节，例如关断时钟时由于延迟会产生毛刺等问题，但是由于这些电路结构都比较成熟，平时设计时可以直接用成熟的电路，因此也可以说在前端设计阶段不需要画实际时序图。

在设计时用理想时序图，而实际电路运行却有着另外一套时序，那么用理想时序图做设计，会不会导致最终的功能错误？答案是不会。理想时序图是芯片设计的努力方向，从前端到后端所做的所有步骤，都是为了保证理想时序图中的功能得以实现，虽然电路有延迟，但每个寄存器的每一拍输出的信号都与理想时序图保持一致，这就是DC、PT、ICC等设计工具要对设计中的建立时间和保持时间进行反复检查的原因。如果一颗芯片最终时序能够SignOff，就可认为实际时序与理想时序没有差别。在设计中，确实会有时序不确定的现象存在，例如跨时钟域处理电路，由于亚稳态的存在，信号在目标时钟域上究竟是第2拍出来还是第3拍出来，不能确定，但是这些不确定性都是在设计层面上考虑的，例如跨时钟的问题，设计必须保证不论信号是哪拍到达，功能都是对的，因此，在遇到类似情况时，对同一个信号，需要画不只一幅时序图，要将所有可能的情况都画出来，并找到一个公共对策，以保证最终的功能正确。

数字IC进行Debug的方法主要通过波形来判断，所谓波形其实就是时序图。在开始设计前或设计过程中绘制时序图，也就是先在头脑中和在纸面上预先将尚未完成的设计波形画出来，以便待设计完成后，能够将预想的波形与实际仿真的波形进行对照，从而在设计思想的本源上发现问题。这是一种前向的Debug方法。与之相对的是后向Debug方法，即代码写成以后进行仿真，仿真时看波形，只看最后的结果是否正确。若发现结果错误，则追溯结果的驱动信号，尝试修改该驱动信号的逻辑以使结果正确，若无法简单修改，则需要继续向上追溯，直到能找到可以修改的位置。相对于后向Debug，使用画时序图的方法进行前向Debug，对于原创性设计是很有必要的。如果不画时序，仅凭大脑的简单分析就开始写代码,则是否会出现结构性问题完全取决于大脑的分析能力和对分析结果的记忆能力,不如将分析结果画出来更为可靠,因为一个设计往往会持续数星期或数月,中间经常会被打断,而希望长时间维持对设计细节的记忆几乎是不可能的,只有通过绘制时序图,保存并在需要时翻出来温习,才能保证后面的设计和原来的设计思路一致,信号传输握手等关系清晰,而后向 Debug 方法,常常用于非原创性设计,即设计者或验证者手上已经有一个设计,需要对其加入新的功能或需要找出其中的问题时,使用直接仿真并追溯的方法更加高效。

和原理图一样,时序图也可分为粗略时序图和细节时序图。粗略时序图仅仅体现一种时序思路,实际每一拍信号不一定与时序图完全一致。当我们获得一个新项目时,先确定它的接口,即输入和输出,在明确了它们各自有什么功能后,画出它们的时序,在画的过程中,设计者就能够明白从输入/输出的过程,中间可能需要经过哪些步骤,将这些体现中间步骤的信号画出来并命名。在前文讲前向设计方法时,提出从输出信号开始倒着写代码,一直写到输入信号驱动,此法适合功能较为简单的设计,对于复杂设计,如果已经有了时序图,则可以从输入开始写,时序图上标明的中间信号直接写到代码中,最后写到输出。细节时序图体现了若干关键信号每一拍的动作,像仿真的波形图一样。这种对细节的描述一般用于在复杂电路中进行较为缜密的交互、节拍对齐等情况。

在前文所讲的前向设计法和本节所讲的时序图设计法中,设计的思考方法都是先要明确要产生一个什么样的功能信号,然后考虑现有的输入信号提供的资源能不能产生该信号。也就是说,设计的着眼点永远是考虑一个信号怎么产生,而不会同时考虑多个信号如何产生。之所以在设计模块内部会衍生出成千上万根信号线,其根源是设计者要生成最终的输出信号,这才慢慢衍生出来的。例如某模块,最终的输出是 A,模块的输入是 a 和 b,用 a 和 b 无法直接生成 A,于是考虑在内部创造一个新的信号 B,这样 A 通过 B 来生成,于是又出现了一个新问题,B 如何生成? 为了生成 B,创造了 C,如此往复,不停地创造新的信号以便产生上一个信号,直到生成了信号 Z,该信号可以由输入的 a 和 b 直接生成,于是创造新信号的工作才告结束。这也是为什么在前向分析法中笔者强调从模块的输出开始设计。后向设计法不用创造新的信号,因为电路已经完全展现在设计者面前,里面有几根信号线是清晰的。用时序图设计,就是将这一从后向前设计的思路在纸上预先推导了一遍,从而知道了从输入到输出中间需要创造哪些信号、它们各自都有什么功能,因而在编写代码时,可以从后向前写,也可以从前向后写,顺序可以由设计者自由决定。

也许有读者会说:“不画时序图,先写代码,错了不要紧,仿真能仿出来。到时候再改不就行了? 仿真波形和时序图一样呀!”笔者这里强调画时序图是因为时序图提供的是设计理想,即设计的参考波形,而代码仿真图提供的是实际波形。设计者在只看实际波形的情况下,缺乏对照,头脑中的参考波形容易淡忘,从而会放过实际波形中存在的问题。将参考波形与实际波形对比观察,是效率最高的 Debug 方式。再者,如上例所述,对复杂工作使能模式的关注,会使设计者只关注某个功能细节,而不是着眼于整体。试想,一个仿真波形,时间为 10.1ms,其中 10ms 为工作使能模式的仿真,而两边空余的 0.1ms 是非使能模式,设计者一定更加关注那 10ms 发生的各种动作。正因为如今的设计者更惯于使用先写代码后仿真的设计方法，很少画图，才导致设计缺陷层出不穷，企业需要招聘更多的验证人员来发现这些隐藏的缺陷，所以笔者希望广大读者能够在设计时有意练习画时序图的能力，并在平时的工作交流中学会使用流程图、框图等多种手段来表达设计思路、测试思路和描述实验现象。复杂的问题仅用语言是无法表述清楚的，而不清楚的表述往往使讨论陷入僵持，实际上双方可能都没有准确理解对方的真实意图。借助画图既可以理清自己的思路，又可以帮助他人明白自己的观点，在平时的工作学习中要多用。画图不必特别精细，不需要横平竖直，给自己画的图只要求自己能看懂即可，给他人看的图需要做到简明扼要、重点突出。

卡诺图和逻辑化简是大学数字电路课中推荐的方法。卡诺图的用途是有一个待设计的组合逻辑电路，其输入对应的输出是已知的，但是该电路具体用什么门电路是不知道的，通过卡诺图，可以得到满足规定条件的最简化设计。一般常见的逻辑化简如$(\sim A)|(\sim B)=\sim(A\&B)$。这些方法在实际电路设计中较少采用，因为现代综合工具都有逻辑优化措施，手工编写的 RTL 可能冗余比较多，产生一个逻辑的方式比较啰唆，但在综合时会对其进行识别并优化。基于现有技术，对于设计者的要求仅仅是想到什么就写什么，即已知输入对应的输出，就可以进行编码，不需要人为简化。

2.31 在时序逻辑和组合逻辑之间选择

在写 RTL 时，对于一个信号，除了一些固定用法已经决定了信号使用的是时序逻辑还是组合逻辑，例如前文介绍的电平脉冲互转电路、跨时钟域同步处理电路等，这些典型做法对于设计者来讲已经烂熟于心，可以直接编写或者将其他芯片上写好的模块直接拿来用，但对于非典型功能的实现，往往需要考虑某个信号是用时序逻辑产生还是用组合逻辑产生的问题。

对于该问题，有一个明确的标准，即先想想该信号是否允许它的驱动发生变化。如果是组合逻辑，驱动一旦变化，则该信号也会跟着变化。由于这根信号线的功能事先是明确的，是否允许发生变化是设计者已经知道的。如果不允许发生变化，但驱动确实会变，则使用时序逻辑产生本信号。

不推荐使用每产生一个信号都用时序逻辑的做法，因为时序逻辑是按时钟周期输出的，如果寄存器太多，即打拍太多，最终信号输出的延迟就会很大，可能不满足整体架构对于数据吞吐率的要求，同时，每打一拍，一个信号就相当于复制了一份，面积成本翻倍。当然，前文也讲过流水线设计，即两个寄存器之间只有很少的组合逻辑，能够保证时钟很快的情况下时序仍然是收敛的。实际上这是一个芯片设计架构的问题，如果是底层设计者在设计底层模块，时钟周期已经规定了，并且该时钟周期相对工艺来讲比较慢（工艺越落后，可允许的时钟速度越慢，相反，工艺越先进，可允许的时钟速度越快），则写代码时主要功能可以用组合逻辑实现，仅当需要保持数据时才使用时序逻辑，这里称这种情况为情况 1。如果上层架构设计没有规定时钟频率，希望时钟越快越好，或者规定了时钟频率，但该频率相对于工艺已经很快了，中间的时序裕量很少，则需要使用密集打拍的流水线方式设计，这里称这种情况为情况 2。正常设计中，多数时候都是情况 1，这样做可以保证设计出来的电路快速输出且面积最省。

下面举一种情况 1 的设计实例,例如要设计一个电路,用它进行以下复杂的数学计算。模块的输入是 d、q、$\cos\theta$、$\sin\theta$,并且正弦和余弦并非每拍都输入,而是由一个使能脉冲 vld 周期性地驱动本电路,最终输出 a、b、c。

$$\begin{bmatrix} \alpha \\ \beta \end{bmatrix} = \begin{bmatrix} \cos\theta & -\sin\theta \\ \sin\theta & \cos\theta \end{bmatrix} \begin{bmatrix} d \\ q \end{bmatrix}$$

$$\begin{bmatrix} a \\ b \\ c \end{bmatrix} = \begin{bmatrix} 0 & 1 \\ \dfrac{\sqrt{3}}{2} & -\dfrac{1}{2} \\ -\dfrac{\sqrt{3}}{2} & -\dfrac{1}{2} \end{bmatrix} \begin{bmatrix} \alpha \\ \beta \end{bmatrix}$$

这种运算一般采用情况 1,即组合逻辑运算,中间不插入寄存器,如图 2-63 所示。整个系统受到正弦、余弦的 vld 信号限制,它引入了本模块中唯一的时序因素,其他电路均为组合逻辑,即 a、b、c 随着 $\cos\theta$、$\sin\theta$ 的变化而变化。设计中,允许 $\cos\theta$、$\sin\theta$ 在 vld 不为 1 时自由变化,这种许可的目的是节省面积,若不允许变化,则必然需要对其进行打拍,从而付出寄存器的成本。允许输入自由变化的代价是输出也自由变化。这种自由变化可能会对用到该输出的后级模块造成影响,也可能没有影响,要看具体应用。在图 2-63 中,为了稳定最后的输出,将其分别打了一拍,从而屏蔽了中间的无效变化,使后级能够安全地使用这些计算结果。

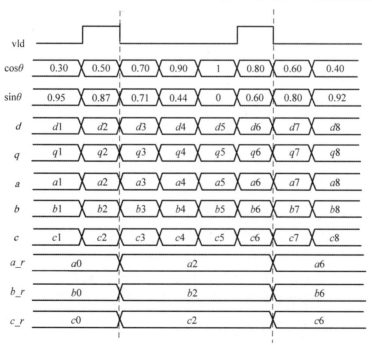

图 2-63 情况 1 纯组合逻辑运算配合简单时序控制

如果希望输出数据如图 2-63 一样是稳定的,不会自由变化,可以选择使用稳定的输入源,即将输入打拍,让输入保持,或像图中那样给输出打拍。不需要给输入/输出都打拍,那样是提供了多余的保护,付出了无效成本。具体选择上,推荐使用输出打拍的方式,因为组合逻辑运算过程中存在不同的时延,中间必然产生数据毛刺。仅仅给输入打拍,则模块内部产生的组合逻辑毛刺会随着输出泄漏到模块以外,因此,推荐在输出打拍,这样,输出将不会有毛刺。

阻碍设计者采用情况 1 的因素是时序,计算过于复杂的情况下,无法在一个时钟周期内完成全部的组合运算,从而造成时序错误,因此不得不将运算分配到多个时钟周期,即中间的输出需要打拍,例如在上例中先对中间数据 α 和 β 打一拍,让 a、b、c 的计算在下一个时钟周期里进行,以面积换取时序上的优化,这就是有时采用情况 2 的原因。

有时,当对所要实现的功能不太清晰、对其中的参数不十分明确的情况下,需要先利用 MATLAB、C++、Python 等方便的仿真工具和高级程序语言进行仿真,确定具体的步骤、方法、参数后才编写 RTL。可以从这些程序语言的表达式中判断出 RTL 应该使用时序逻辑还是组合逻辑。若程序语言的等号两边出现同一个变量,例如 $c = c + a$,则说明 c 的运算需要它本身的历史值,凡是需要记录历史值的信号都必须是寄存器寄存下来的信号,即时序逻辑产生的信号,因此 c 一定使用时序逻辑编写。如果程序表达为 $a = 3 \times b$,则说明 a 的产生不基于历史,只需实时计算,因而可使用组合逻辑实现。

2.32　signed 声明的妙用

对信号进行 signed 声明,即告诉综合工具,该信号是一个有符号的信号,即信号的值有正负之分,需要在综合时对它进行特殊处理,增加一些电路逻辑。具体的声明方式如下例所示。此例中信号 a 和 b 都是 10 比特,其最高位 $a[9]$ 和 $b[9]$ 是符号位,其他是数值。有符号的信号处理,在控制领域较少,但在数值运算、通信等领域十分常见,因而学习者有必要掌握其方法。

```
reg     signed  [9:0]   a;          //对一个 reg 信号声明
wire    signed  [9:0]   b;          //对一个 wire 信号声明
```

很多工程师担心这些工具增加的电路逻辑会成为隐藏逻辑,因而即使在处理有符号的信号时,他们也会使用无符号的处理方式。这样做虽然妥当,所有的逻辑都清清楚楚地显示在 RTL 中,但同时会给设计者带来额外的思想负担,使设计者不得不抛开算法实现层面的思考而将一部分注意力放在有符号数的处理上。实际上,只要掌握了 signed 的规律,知道声明 signed 后综合工具会做哪些操作,则 signed 不但不会给设计带来风险,反而会简化设计思路,减少代码量,使代码变得更清晰。

掌握 signed 用法规律的一个好方法是对同一个模块,写两种代码,一种不带 signed 声明,另一种带,使两种代码都能正常运行,最后对比它们的异同。对比后会发现,有 signed

时,综合工具会自动对有符号的信号进行高位补位,即当数值运算结果是正值或零时,高位补0,这和不声明是一样的,但当数值运算结果是负值时,高位补1,不论缺几位,都会自动补1。signed 的魅力就体现在"自动"二字上,不需要手动在 RTL 上写这些逻辑。下面举 3 个具体应用场景的实例。

第 1 个场景是参与加法运算的信号,允许位宽不相等。下面将对比使用与不用 signed 情况下,运算正确性与代码复杂度的区别。假设运算是将有符号的 a 和 b 相加,得到 c。a 是 5 位,b 是 4 位,c 是 6 位。$a[4]$、$b[3]$、$c[5]$ 是它们各自的符号位。如果令 a 等于 3,b 等于 -5,则 c 应该的结果为 -2。实际电路中,$a = 5'b00011$,$b = 4'b1011$。如果使用简单的无符号加法,则如下例所示。最终输出的 c 为 6'b001110,即 14,这显然是错误的。

```
module tt1
(
    input  [4:0]    a, //无 signed
    input  [3:0]    b,
    output [5:0]    c
);
assign c = a + b;
endmodule
```

如果想既不使用 signed 声明,又要算出正确答案,则需要将上例改写为下例所示代码,它先将参与加法运算的 a 和 b 进行位宽扩展,扩展的比特为该数据的符号。扩展后再进行加法。具体来讲,它使 a 变为 6'b000011,使 b 变为 6'b111011,最后 c 为 6'b111110,即 -2。

```
module tt1
(
    input  [4:0]    a,              //无 signed
    input  [3:0]    b,
    output [5:0]    c
);
// --------------------
reg    [5:0]    a2;                 //补充 a 的位宽
reg    [5:0]    b2;                 //补充 b 的位宽

// --------------------
always @( * )
begin
    if (~a[4])                      //当 a 非负时,补 0
        a2 = {1'b0, a};
    else                            //当 a 为负时,补 1
        a2 = {1'b1, a};
end

always @( * )
begin
    if (~b[3])                      //当 b 非负时,补 0
        b2 = {2'b00, b};
```

```
        else                        //当 b 为负时,补 1
            b2 = {2'b11, b};
    end

    assign c = a2 + b2;
endmodule
```

上例仅仅实现了一个有符号加法,处理过程就如此烦琐。对于拥有成千上万有符号加法的芯片来讲,代码量是巨大的。代码量越大,则中间可能出现的问题也就越多。如果使用 signed 声明,综合工具会对 a 和 b 进行自动位宽扩展,代码量就能明显减少,设计的复杂度也会大大降低,如下例所示。

```
module tt1
(
    input     signed [4:0]     a,
    input     signed [3:0]     b,
    output   signed  [5:0]     c
);
assign c = a + b;
endmodule
```

输出的信号 c 可以不用声明 signed,仅 a 和 b 声明即可,但当本 Verilog 文件中用到信号 c,并且在使用中将 c 视为一个有符号数,则必须加 signed,如下例中,产生信号 d 的过程用到了信号 c,并且为有符号加法,因此 c 要声明 signed。读者可能会问:"这么说来,输出信号 c 是否也可以被当作无符号数使用呢?"当然是可以的,因为电路本身不带符号,只能表示 0 和 1,符号是人们为了数值计算臆想出来的,换句话说,一段二进制编码,可以将它当作无符号数,也可以将它当作有符号数,数据是不变的,变化的只是人对数据的解释。

```
module tt1
(
    input                           clk      ,
    input                           rst_n    ,
    input     signed [4:0]          a        ,
    input     signed [3:0]          b        ,
    output   signed  [5:0]          c                          //需要声明 signed
);
//--------------------
reg  signed [5:0]  d;

//--------------------
assign c = a + d;

//本 RTL 内部使用了信号 c,以产生信号 d
always @ (posedge clk or negedge rst_n)
begin
    if (!rst_n)
        d <= 6'd0;
```

```
        else
            d <= c - b;
    end

    endmodule
```

注意　虽然很多时候 output 可以不必加 signed,但是仍然建议读者加上,因为这种统一的、规律性的处理可以避免出错。加了没坏处,不加可能会有害。

一个 4 比特有符号数,它的十进制值是 −5,为什么对应的二进制数是 4'b1011 呢? 一个 6 比特的有符号数,它的十进制是 −2,为什么对应的二进制数是 6'b111110 呢? 这就涉及补码的概念。在大学计算机原理课上都会讲到原码、反码、补码的概念。如果想用 4 比特表示 5,可以写为 4'd0101,其中最高位的 0 标示符号为正。一个正数的原码、反码、补码都是相同的。全零表示数值 0,符号也是正的。若要表示 −5,则符号位变为 1,即原码为 4'b1101,求补码的方法是取反码再加 1,则反码为原码的逐比特取反,但符号位保留。该数反码为 4'b1010,补码为 4'b1011。若已知补码求原码,则规则仍然是取反加 1,而不是取反减 1,因此在仿真中看到的 4'b1011 其实是 −5 的补码。从原理上看,补码体现了一个"补"字。可以想象一个圆,如图 2-64 所示,图中体现了用 4 比特表示的有符号数,表示范围是 −8～7,圆被切成 2^4 等份,即 16 等份。数值 0 和数值 16 都在图中 0 的位置,因此 0 和 16 可以互换,就像一个圆的 0° 和 360° 可以互换一样。若想表示 −5,则可以从 0 开始逆时针旋转 5 个单位,也可以从 16 开始逆时针旋转 5 个单位,则所以 −5 的补码也可以用十进制直接计算,即 16 − 5 = 11,二进制仍然是 1011。综上,一个负数,当用 n 比特表示其补码时,可以用原码取反加 1,也可以用 2^n 加上它,两种操作是等价的。

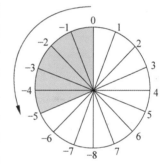

图 2-64　补码原理图

注意　在 Verilog 中,对一个数的符号进行取反,例如"−a",直接写成 −a 和写成 $2^n - a$,在语法上是完全等价的,都是取补码,其等价关系与信号 a 是否被声明为 signed 无关,因而设计者使用最简单的"−a"表达即可。

计算机或芯片内部之所以采用补码来表示负数,因为补码经过运算处理仍然是补码,不需要在计算过程中或在结果处理上与其他码型相互转换。仍然以 4 位数表示的 −5 为例,其二进制是 4'b1011,向高位移动(左移)两位表示乘以 4,正确答案应该是 −20,其二进制是 6'b101100,原来的 4 位增加为 6 位,该数就是 −20 的 6 位数补码。−5 向低位移动(右移)一位,相当于除以 2,应为 −2.5。由于硬件无法表示浮点数,所以结果应为 −3。将二进制数 4'b1011 向右移动 1 位得到 3'b101,原 4 位变为 3 位,它是 −3 的补码。在芯片中由于正负数都用补码表示,所有加减运算均为加法,不存在真正意义上的减法,这也是 10 种元器件中不包含减法器的原因。芯片内部的加法过程，例如 $-5+3=-2$，加数、加数、和都是 4 比特，-5 的二进制是 4'b1011，3 的二进制是 4'b0011，和为 4'b1110，即 -2 的补码。从上述左右移和加法的例子可以看出，补码运算中无须转换为其他码，输出结果就是补码，简化了算数处理。

注意 $-5/2=-2.5$，在芯片中会约等于 -3，而不是 -2，这是由补码性质决定的。若一定要得到 -2，则需要对 RTL 进行特殊处理。

上述补码操作在未对信号声明 signed 时，需要设计者自行把握。如果声明了 signed，设计者则可以在无补码知识的情况下进行设计，简化了设计思维。

第 2 个场景是有符号的信号需要扩展位宽时，带 signed 声明的可以自动扩展，从而减少手工描述。

下面代码中信号 b 比 a 多 1 比特，b 需要从 a 处取值，a 和 b 都没声明 signed，则 b 的逻辑需要讨论 a 的正负。

```verilog
module tt2
(
    input           [7:0]  a, //未声明 signed
    output  reg     [8:0]  b  //比 a 多 1 比特
);

//-------------------
always @( * )
begin
    if (~a[7])              //a 为非负数
        b = a;
    else                    //a 为负数
        b = {1'b1,a};
end

endmodule
```

而下面代码中声明了 signed，就直接赋值，综合时会自动补位。

```verilog
module tt2
(
    input   signed  [7:0]  a, //有声明 signed
    output  signed  [8:0]  b  //比 a 多 1 比特
);
//-------------------
assign b = a;                 //直接赋值

endmodule
```

第 3 个场景是在需要右移的情况下，带 signed 声明的可以自动对移位后留出的空位进行填补符号位操作，而不声明 signed，空出来的高位固定补 0，而不是补符号位。这里注意，右移需要用到">>>"符号,而非传统的">>"符号,即右移时 signed 与">>>"同时使用才能正常补位。

下面代码中未声明 signed,b 的补位需要设计者手动写。

```
module tt3
(
    input           [7:0]    a, //未声明 signed
    output   reg    [7:0]    b
);
//-----------------
always @( * )
begin
    b = a >> 3;
    if(a[7] == 1'b1)              //当a是负数时b补1
        b[7:5] = 3'b111;
end

endmodule
```

而下面代码中声明了 signed,又使用了">>>",因而移位时会自动补。

```
module tt3
(
    input    signed    [7:0]    a, //已声明 signed
    output   signed    [7:0]    b
);
//-----------------
assign b = a >> 3;                //自动补,设计者可以不用管

endmodule
```

注意 有符号数左移的情况下,需要目标信号比原信号宽一些。例如 b = a << 4,信号 b 需要至少比 a 宽 4 比特,更宽也可以。只要信号 a 声明了 signed,多出来的高位比特全部会补足符号。左移情况下,"<<"和"<<<"的效果一样。

在下面的代码中,信号 c 是一个三目运算的结果且该结果是错误的。原因是 6'd0 的表达使得综合器将其识别为无符号数,同时,对等的 $(a + b)$ 也被转换为无符号数运算。

```
module tt4
(
    input    signed    [4:0]    a ,
    input    signed    [3:0]    b ,
    input                       sel ,
    output   signed    [5:0]    c
);
//-----------------
```

```
assign c = sel ? (a + b) : 6'd0;

endmodule
```

而在下面代码中,将加法和选择器分开写,信号 c2 运算的结果是正确的,信号 c 的选择器不会改变该结果。

```
module tt4
(
    input     signed    [4:0]    a  ,
    input     signed    [3:0]    b  ,
    input                        sel  ,
    output              [5:0]    c
);
//--------------------
wire signed    [5:0]  c2;
//--------------------
assign c2 = a + b; //输出仍然是个 signed 信号

//将 MUX 单独拿出来写
//对于输出来讲,有没有 signed 声明都无所谓,因为它不会被处理
//输出的非 signed 信号,进入其他模块,也可以被重新声明为 signed 信号
//signed 仅当被处理时才有意义
assign c = sel ? c2 : 6'd0;

endmodule
```

下例可以进一步说明 signed 的意义。信号 b 没有 signed 声明,当 a 等于 −6,并且 b 等于 3 时,计算得到 c 为 29,而不是预期的 −3,结果的区别来自 a 在从 5 位扩展到 6 位时补的是 0 还是 1。其原理与前文所述相同,即参加运算的数,以无符号数为优先。当无符号数和有符号数参与到同一个算式中时,有符号数 a 会先转换为无符号数再进行计算,因此它扩位时按照无符号数扩位,补 0。

```
module tt1
(
    input    signed    [4:0]    a,
    input              [3:0]    b,
    output   signed    [5:0]    c
);
assign c = a + b;

endmodule
```

对于这种有符号数和无符号数的混合运算,一般需要先将无符号数转换为有符号数再运算,如下例所示。这样可以保持 a 的有符号性质,在扩展位宽时扩展符号位,而不是单纯补 0。

```
module tt2
(
    input    signed    [4:0]    a,
    input             [3:0]    b,
    output   signed    [5:0]    c
);
assign c = a + signed'({1'b0, b});

endmodule
```

以上介绍的是 signed 信号的移位及赋值,还有一个需要注意的点是比较逻辑。如下例所示,在 always 块中,信号 a 要大于 -1 才能使信号 b 变为 0。这种比较逻辑一般需要使用强制转换语句 signed'() 来将 $-5'd1$ 转换为有符号数,或者不写成 $-5'd1$,直接用 -1,这样综合和仿真出来的逻辑才是对的。若直接用 $-5'd1$,语法则会将其识别为一个无符号数,即 5'b11111,所以无论 a 是什么数,都不会大于 $-5'd1$,这是有悖常理的。

```
wire signed    [4:0]    a;
reg                     b;

always @( * )
begin
    if(a > signed'( - 5'd1))        //此处"signed'"的意思是将 - 5'd1 转换为有符号数
        b = 1'b0;
    else
        b = 1'b1;
end
```

下例给出的是一个有符号的信号 a 与另一个无符号的信号 c 之间的比较,依然按上述规则,将无符号的 c 强制转换为有符号数再比较。c 是无符号的,即一定是大于或等于 0 的,要想转换为有符号数必须为其扩展一位符号位,即 $\{1'b0, c\}$,然后转换。若不扩展,而是写成 signed'(c),则 c 的最高位 $c[2]$ 将被当成符号位,这是不符合设计预期的,应当避免。a 和扩展后的 c 在位宽上不一致也是允许的,如下例中 a 是 5 位,c 扩展后是 4 位,综合器会自动处理。

```
wire signed    [4:0]    a;
wire           [2:0]    c;
reg                     b;

always @( * )
begin
    if(a > signed'({1'b0, c}))
        b = 1'b0;
    else
        b = 1'b1;
end
```

综合上述例证和说明,可以对 signed 类型声明的用法总结出如下规律:

(1) 无论是否用 signed 声明,在实际设计中都会有处理带符号数据的需求,而 signed 的魅力主要在于两点,一点是自动在高位上填补符号位,另一点是有符号数可以直接比较大小,无须用符号与绝对值联合判断。基于这两点优势,可以减少用于底层符号处理的代码。

(2) 一个运算式中,如果除了加、减、乘、除以外还存在其他组合逻辑,则需要将加、减、乘、除与其他组合逻辑分开,改写为两个运算式。

(3) 当使用加、减、乘、除时,允许参与运算的数据同时为非 signed,或同时为 signed。若出现有些数据是 signed 而有些数据为正整数常量或非 signed 的情况,则需要先将非 signed 强制转换为 signed。四则运算所得的结果,对于全部是非 signed 运算的加法、乘法或除法,结果也是非 signed 的,而对于全部是非 signed 运算的减法,结果是 signed 的,多余的高位比特也会自动填补符号位。对于全部是 signed 参与的运算,结果也为 signed。

(4) 若一个数的补码表示为 a,则它的相反数的补码表示为 $-a$,不论 a 是否声明为 signed,都可以使用这种表示,不需要用传统的取反加 1 法,但 $-a$ 如果需要存储,其位宽要比 a 的位宽多一比特。

(5) 在对 signed 数进行大小比较时,也需要遵循比较算式的两边同为 signed 的要求。若其中一边为正整数常量或非 signed 的情况,则需要先将非 signed 强制转换为 signed。一个非 signed 的信号 a 转换为有符号信号的语法是 signed'($\{1'b0, a\}$),即先给 a 的高位扩展一位,然后转换,目的是避免综合器误将 a 的最高位认为是符号位,造成转换错误。需要特别注意的是,若比较的对象是 $-a$,并且 a 是正数,则需要使用 signed'($-\{1'b0, a\}$),不可使用 $-$signed'($\{1'b0, a\}$),该表达不能通过语法检查,也不可简单地写为 signed'($-a$),虽然语法检查是正确的,但运行结果将是错的。具体应用如下例,该例的用意是希望得到一个信号 $a2$,它是在信号 a 的基础上进行幅度限制的信号,幅度的下限是 cfg_min,上限是 cfg_max。问题的难点在于信号 a 是有符号数,因而对幅度的限制还需要讨论符号。

```
wire          [14:0]  cfg_max;              //无符号
wire          [14:0]  cfg_min;              //无符号
wire   signed [16:0]  a;
reg    signed [15:0]  a2;

always @( * )
begin
    if (~dir)                               //方向为正或 0
    begin
        if (a < signed'({1'b0,cfg_min}))    //正数强制转换
            a2 = cfg_min;                   //会自动补位
        else if (a > signed'({1'b0,cfg_max}))  //正数强制转换
            a2 = cfg_max;                   //会自动补位
        else
            a2 = a;
    end
    else                                    //方向为负
```

```
        begin
            if (a > signed'( - {1'b0,cfg_min}))         //负数强制转换
                a2 = - cfg_min;                          //会自动补位
            else if (a < signed'( - {1'b0,cfg_max}))    //负数强制转换
                a2 = - cfg_max;                          //会自动补位
            else
                a2 = a;
        end
    end
end
```

（6）有符号数向右移位，需要用>>>，这样才能自动在高位补符号，不要用>>。若向左移动，则无论 signed 数还是非 signed 数，处理方法都一样，使用<<<和<<的效果相同，但需要注意的是，如果要将信号 a 左移 5 位，则可以使用的方法有 3 种，分别是 $a <<< 5$、$a << 5$，以及 $\{a, 5'd0\}$，对于非 signed 的 a，这 3 种是等价的，但对于 signed 的 a，前两种是等价的，左移后，信号类型仍然是 signed，即 $a << 5$ 作为一个信号，其类型为 signed，但 $\{a, 5'd0\}$ 的信号类型为非 signed，因此，在写包含 signed 数的四则运算时需要注意使用 $a << 5$ 或 $a <<< 5$ 表达方式，例如 $c = (a <<< 5) + b$，其中 a、b、c 都是 signed 信号，而若使用 $c = \{a, 5'd0\} + b$，则会将 b 强制转换为非 signed 信号，从而影响到 signed 信号的符号补位，造成结果 c 的错误。

（7）在综合时，需要声明让工具支持 System Verilog，声明语句如下：

```
# ------------ 综合时声明支持 System Verilog ---------------
analyze - format sverilog [待编译文件列表]

# ------------ 综合时不支持 System Verilog ---------------
analyze - format verilog [待编译文件列表]
```

（8）仿真时，也需要声明让工具支持 System Verilog，声明语句如下：

```
# ------------ 仿真时声明支持 System Verilog ---------------
vcs - sverilog [待编译文件列表]
```

2.33　数字逻辑中浮点数值的定点化方法

数字逻辑只有 0 和 1，无法表示浮点数，即含小数点的数，需要有一些变通的方法将浮点数变为整数，而在设计者头脑中它仍是个小数。在实际工作中，浮点数整数化的工作是由算法工程师完成的，RTL 设计者获得的已经是整数化的算法了。那么算法工程师是怎样将浮点数变为整数的呢？假设有一个浮点数 a，算法工程师先确定 a 能表示的最大值和最小值，即数值范围，然后确定 a 的小数点需要保留多少位，即数值精度。已知范围、精度、符号，就可以对 a 进行整数化了。例如，a 的变化范围的整数部分是 $-5\sim3$，则从其中找出绝对值最大的，即 -5，取其绝对值 5，可以取 2 的对数 $\log_2(5) = 2.3219$，说明需要 2.3219 比

特才能表示 5,由于比特数必须是整数,用 2 比特不够,就选 3 比特,即对 2.3219 向上取整来确定整数位宽。再假设 a 的精度保留 5 位,则小数位宽是 5 比特。注意这里的 5 比特是二进制数的 5 位,不是大家熟悉的十进制位。综上,a 的位宽由 3 位整数和 5 位小数确定,共 8 位,带上符号应为 9 位。

那么,a 若等于 3.14,用上述 9 位表示法表示为多少? 位宽确定以后,表示一个数只需用精度计算,使用算式 $\lfloor 3.14 \times 2^5 \rfloor = 100$,转换为二进制为 9'b001100100,式中出现的 5 即是精度,$\lfloor x \rfloor$ 表示向下取整。之所以用向下取整而非四舍五入,是因为 RTL 中所做的一切截断操作,在数学上都可视为向下取整,例如 $a \gg 2$,可视为 $\left\lfloor \dfrac{a}{4} \right\rfloor$,而如果想达到四舍五入的效果,则不能简单截取数据比特,需要进行特殊处理,因此,向下取整是最接近 RTL 惯常操作的运算。在 MATLAB 中,设一个浮点数为 x,其精度为 n,对其进行整数化的代码如下:

```
y = floor(x * 2^n);
```

算法是如何得知某个信号的数值变化范围和精度要求的呢? 答案是靠仿真或数学分析。仿真工具常见的有 MATLAB、Python 或 C++,总之是一种高级语言,其优点在于不需要考虑繁多的硬件实现因素,而将注意力集中于算法上。

下面以一个基于 CORDIC 算法的正弦波发生器为例,来说明算法确定数据范围和精度的过程。如图 2-65 所示,其输入是一个角度或弧度,输出是角度对应的正弦值。假设系统规定了输入角度的精度是 10 位,即将 360°范围进行 1024 等分。输出正弦波,通过常识也知道它的变化范围是从 -1 到 1。此系统输入的角度数量只有 1024 种,数量较少,最适合进行算法遍历,即将 1024 个可能的输入都仿真

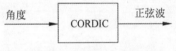

图 2-65 正弦波发生器框图

一遍,以便精准地确定精度。算法会先建立浮点数学模型,理论仿真结束后,将系统的输入要求代入。弧度是 2π,分为 1024 份,每份为 $\dfrac{2\pi}{1024} \approx 0.006\,136$,因此在系统输入时,将每个角度都以 0.006 136 进行量化,例如 30°可量化为 $\text{round}\left(\dfrac{30 \times \pi}{180 \times 0.006\,136}\right) = 85$,即输入值 85 代表 30°。式中 round(.) 表示四舍五入,在算法分析中,系统的输入一般用四舍五入法,这是为了精确,而系统内部,一般使用向下取整。当输入已经量化但内部保持浮点时,可以仿真出系统输出误差为 3.5e-3,即输出正弦波与理论值最大相差 3.5e-3,因此可知不论系统内部精度有多高,最终实现的误差不会低于 3.5e-3,系统定点化的目标应该是尽量保持该误差数量级不变。接着,算法工程师会尝试对内部迭代参数进行不同精度的定点化,并减小迭代次数以便更快地得出结果,最后对输出正弦波的精度进行量化,每步尝试都会看一下误差是否增大。最终可以确定迭代参数精度、迭代次数、输出精度等参量,并将完全整数化的算法代码提供给 RTL 设计者,在该代码中,RTL 设计者找不到任何小数的踪迹,可据此编写 RTL 代码。数字验证也可根据该算法代码及算法测试文件,编写自己的 Testbench,以

便开展验证工作,有时算法会直接将算法代码生成链接库文件. so 或. o,验证在 VCS 里直接输入该文件,与 RTL 设计进行结果对照,从而绕过自己编写 Testbench 的环节。

2.34　运算的溢出与保护

在设计含有加、减、乘、除等运算功能的模块时,常有设计者纠结信号保留多少位宽、是否需要溢出位等问题。如果有较为全面的算法分析,将所有可能发生的情况考虑清楚,则运算的中间产物和最终产物的位宽都可以通过算法仿真和分析确定下来,位宽确定了,就不再会发生溢出,因此也不必考虑溢出位。

但是,并非所有的工作都会配备算法人员,也并非所有的 RTL 工程师都具备算法能力,因此,这里提供一些通用的计算原则。

当进行无符号数的二元加法时,不论两个加数的位宽是否一致,最终的结果需要在加数的最大位宽的基础上扩展一位,因为相加的最大数不会超过此范围,如下例中,a 是 6 位,b 是 4 位,c 是在 6 位的基础上再扩展一位,变为 7 位。

```
wire    [5:0]    a;
wire    [3:0]    b;
wire    [6:0]    c;

assign c = a + b;
```

推广到多个无符号数相加,则需要使用极限递推法来确定最终的位宽。例如,有 8 个 3 比特数相加,如果两两相加都增加一比特,最终的结果是 10 位,但用极限递推法,7 是 3 比特数中最大的,8 个 7 相加是 56,用二进制表示 56,需要的位宽是 $\log_2(56) \approx 5.8$,即只需 6 位,对应的代码如下:

```
wire    [2:0]    a;
wire    [2:0]    b;
wire    [2:0]    c;
wire    [2:0]    d;
wire    [2:0]    e;
wire    [2:0]    f;
wire    [2:0]    g;
wire    [2:0]    h;
wire    [5:0]    i;

assign i = a + b + c + d + e + f + g + h;
```

减法的本质是加法,但是,无符号数的减法相当于强制将无符号数替换为有符号数,即强制扩展了一位符号位。输出结果也可能出现负值,因此,输出结果也必须是有符号数,其结果也是在参与运算的数中找到位宽最大的,然后扩展一位,示例如下。不需要对结果进行 signed 声明,如果要声明也没错,只不过这里并不是必需的,不影响运算结果。

```
wire    [3:0]    a;
wire    [8:0]    b;
wire    [9:0]    c;

assign c = a – b;
```

对于无符号数的加减混合运算,仍然使用极限递推法。如下例所示,将 3 个加数和两个减数分开分析。三个数相加后的数值范围是 0～53,两个减数的数值范围是 0～72。两组数相减后的数值范围是 −72～53,算上符号共需要 8 位,这就是 f 的位宽。需要注意的是,上述分析的前提是这些运算在一个式子中完成,若是分步完成的,则应按照每个式子的极限递推法来决定各自输出的位宽。极限递推法算出的是最恶劣情况下的输出位宽,很多时候,输入数据的范围并不是满幅输出,例如此例中的 a,推导时假设其最大值为 15,但若已知其最大值是 8,则 f 的位宽需要根据该信息重新确定。

```
wire    [3:0]    a;
wire    [2:0]    b;
wire    [4:0]    c;
wire    [5:0]    d;
wire    [2:0]    e;
wire    [7:0]    f;

assign f = a + b + c – d – e;
```

有些设计场景已经规定了输出的位宽,不容设计者修改。此时,需要判断溢出位。如下例中,c 本来应该是 5 比特位宽才合理,但是由于输出限定 4 比特,所以只能同时输出一个溢出位,当加法发生溢出时,输出信号 d 变为 4 比特能表示的最大值,若不溢出,则正常传输 c。这里要强调的是,只有输出位宽受限时才需要这样做,若不限定位宽,则应按照上述极限递推法来计算,不需要溢出位。限定位宽的目的一般是为了限制算法面积,因为随着计算式的不断增长,位宽必然在不断加宽,对于加法,这种加宽是线性的,但对于乘法,这种加宽是指数级的,因此必须给数值计算的位宽划定一个范围,不然芯片面积就会超出预期规划。因而在实现时可能会选择逐级削减位宽,以此来减少整体面积。

```
wire    [3:0]    a    ;
wire    [3:0]    b    ;
wire             ovf  ;              //全称是 overflow,即溢出
wire    [3:0]    c    ;
reg     [3:0]    d    ;

assign {ovf, c} = a + b;

always @ ( * )
begin
    if (ovf)
        d = 4'hf;
```

```
        else
            d = c;
    end
```

对于有符号数的位宽限定情况,需要考虑最高的 2 比特,最高位是符号位,次高位是溢出位,如下例中的计算结果 c,没有将数值与溢出位分开,而是一起声明为了信号 c。要求的输出位宽是 4 位,而实际上应该是 5 位,因而需要进行溢出保护,下面的 always 块组合逻辑就体现了这一溢出处理的思路。

```
wire signed  [3:0]    a;              //参与计算的是有符号数
wire signed  [3:0]    b;
wire signed  [4:0]    c;              //极限方法确定的位宽
reg          [3:0]    d;

assign c = a + b;

always @( * )
begin
    if (~c[4])                        //说明 c 是正数
    begin
        if (~c[3])                    //说明 c 的值不是很大,c[3]可以被直接移除
            //1'b0 是符号位,c[3]被移除后,数值只剩下 c[2:0]
            d = {1'b0,c[2:0]};
        else                          //说明 c 的值很大,c[3]被移除后需要溢出保护
            d = 4'h7;                 //溢出保护后显示最大值
    end
    else                              //说明 c 是负数,用补码表示
    begin
        if (~c[3])                    //说明 c 的值很大,需要溢出保护
            d = 4'h8;                 //此数是 -8 的补码
        else                          //说明 c 的值很小,可以直接移除 c[3]
            //1'b1 是符号位,c[3]被移除后,数值只剩 c[2:0]
            d = {1'b1, c[2:0]};
    end
end
```

关于参与计算的常数位宽,由于需要通过 Spyglass 的检查,所以要注意,如下例中,Spyglass 会报加法两端位宽不匹配,即 a 的位宽是 4,2'd1 的位宽是 2,两边不匹配,所以常数位宽应修改为 4'd1。若直接写 a+1,则工具会认为 1 的位宽是 32 位,也会报错。目前,综合工具越来越智能,像 a+1 或 a+2'd1 这样的位宽不匹配写法,并不会造成综合错误,结果仍然是对的,但一方面为了严谨,另一方面为了 Spyglass 少报错,需要设计者在位宽上注意。

```
wire    [3:0]    a;
wire    [4:0]    b;

assign b = a + 2'd1;
```

注意 一般公司对 Spyglass 工具检查报错的处理要求是尽量修改报错位置,使之不报错。对于少数无法避免的报错或报警的问题,若在功能上确实没问题,则需要解释说明,征得上级领导同意,将该条信息掩盖掉,也称 Waive 掉。

对于两个无符号数相乘,其结果的位宽是两个乘数位宽之和。如下例所示,结果 c 的位宽是 a 和 b 的位宽之和,因此,乘法会明显增加运算模块内部数据处理的位宽,很多时候必须限制或截位来避免运算位宽指数爆炸。限制的方法如前所述,通过溢出位的判断,使溢出时,输出为所限定位宽可以表示的最大值。截位是截取最低位并丢弃,数据的最高位称为最重要比特(Most Significant Bit, MSB),最低位称为最不重要比特(Least Significant Bit, LSB),因此计算结果中可以保留高位,因为高位是最重要的,而舍弃低位,因为低位是相对不重要的。

```
wire    [3:0]    a;
wire    [2:0]    b;
wire    [6:0]    c;

assign c = a * b;
```

对于两个有符号数相乘,其结果位宽也是两个乘数位宽之和。之所以有符号数也有这样的位宽,是因为用补码表示有符号数的负数,其最大绝对值比正数的最大绝对值大 1,所以使位宽扩展了 1 位。

关于两个数的除法,是一个比较复杂的问题。加法和乘法,其结果在精度上没有损失,而除法则不然。例如 3 除以 2,是两个整数输入,但输出是小数,这种问题在加法和乘法中是遇不到的。该小数如何设定精度,不同的设计方案有不同的需求。如果设计者只需整数结果,也可以直接按照下例来写,但这样综合出来的电路一方面只能输出整数,小数精度全部丢失,另一方面面积很大,因此,一般解决除法问题,在明确了设计需求的基础上,使用迭代的方法,以时间换取高精度和小面积。

```
wire    [3:0]    a;
wire    [2:0]    b;
wire    [3:0]    c;

assign c = a/b;
```

▶ 36min

2.35 在 RTL 中插入 DFT 的方法

生产芯片的过程会产生一定数量的不合格品。不合格可能是因为生产工艺误差造成性能降低,例如一片晶圆上,靠近边缘的部分,其性能就比中间的部分差;也可能是因为工厂中的粉尘颗粒落到芯片上造成短路;还可能是由于光刻过程中材料、操作、晶圆本身质量等问题造成的刻蚀错误、内部短路断路等缺陷。生产出来的芯片,需要经过一系列测试步骤以确定它是功能正常的,只有功能正常的芯片才能包装销售。合格芯片数量除以总芯片数量,得到的值称为良率,它反映了芯片生产质量控制得好与坏。由于芯片的需求量和产量都很高(量产的芯片月销售量一般有上百万片之多),因而这种测试不可能由人工测试,而是自动完成的。就连放芯片、拿芯片的过程都由机械手完成。测试使用的设备称为自动测试机台(Automatic Test Equipment,ATE),它可以产生测试需要的芯片激励信号,并测量芯片各输出引脚的值。输入的激励,称为测试向量,是由一种专门的自动测试向量产生软件(Automatic Test Pattern Generation,ATPG)产生的。机台吃入该向量,按向量描述对芯片打激励,并将芯片的输出与向量预期的输出进行对照,从而获知芯片是否包含缺陷。芯片在设计阶段就需要引入一些特殊设计,在芯片中为测试向量的输入和输出提供多条专用通道,以便能更加全面地展现出芯片内部的具体情况,这种特殊设计称为DFT,又称Scan。在第1.6节中介绍的量产测试岗位,以及DFT设计岗位,都是为量产测试服务的,其中量产测试岗位更接近于测试现场,负责与测试相关的软硬件的开发,而DFT岗位负责在RTL中加入DFT设计及用ATPG工具生成测试向量等工作。有时,非DFT岗位的RTL设计工程师也需要参与编写DFT,因此在本节将介绍在RTL中插入DFT设计的一般方法。

在RTL中插入DFT代码的结构如图2-66所示。图中是一款SoC数字芯片的极简设计,它由CPU和外围电路组成,设计中包含7个通用输入/输出引脚(General-Purpose Input and Output,GPIO)。在该设计中插入DFT的思路是利用这些GPIO,在芯片内部建立多个通道,使ATE测试设备能够将测试向量顺着这些通道打进去,并且还能将芯片内部的响应从这些通道中输出以便分析。从图中可以看到,GPIO0除了作为普通GPIO功能还被复用为scan_se,即Scan使能引脚。GPIO1也被复用为scan_clk,即Scan的时钟引脚。GPIO2被复用为scan_rstn,即Scan的复位引脚。GPIO3被复用为scan_di[0],即Scan过程中测试向量第0比特输入口。GPIO4被复用为scan_di[1],即Scan过程中测试向量第1比特输入口。GPIO5被复用为scan_do[0],即Scan过程中芯片内部响应第0比特输出口。GPIO6被复用为scan_do[1],即Scan过程中芯片内部响应第1比特输出口。还有一个单独的芯片引脚SCAN_MODE,不与其他数字引脚复用,它负责保证在整个Scan模式下,DFT相关的二选一MUX都被选择为1,也就是用它来选中Scan功能,而不是平常运行的功能。在芯片Scan过程中,scan_clk和scan_rstn将代替芯片原有的时钟和复位信号来驱动芯片内部每个触发器,从而使每个触发器能在外部测试仪的控制之下进行工作,因而可以看到图中的scan_clk和scan_rstn后面还有一级MUX用来选择时钟和复位。值得注意的是,芯片正常运行时,可能会有多个时钟,这些时钟可能是同步关系,可能是异步关系,也可能是分频关系,但这些时钟无一例外地被替换为scan_clk,即在Scan过程中,所有触发器都运行在同一个频率上,特别是分频时钟的输出也要被替换,这是经常容易被忽略的。DFT测试过程的时钟并不快,典型频率是20MHz,如有建立时间、保持时间等时序问题,可再降低频率。scan_se作为Scan的使能,实际上从属于SCAN_MODE,仅当SCAN_MODE为1时,scan_se才有意义,除了在Scan过程中作为使能外,CPU也经常会将SCAN_MODE和

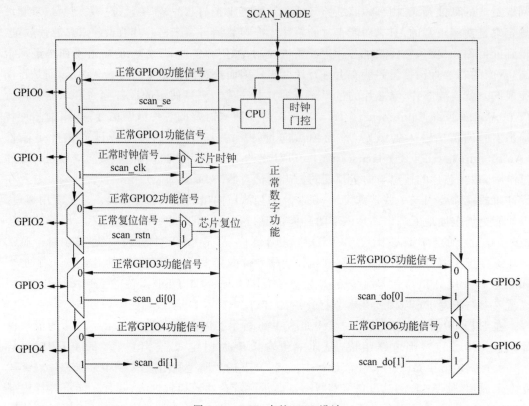

图 2-66 RTL 中的 DFT 设计

scan_se 引入其内部,而芯片中为数众多的时钟门控电路,作为一个元器件,经常会带有一个 test 接口,应该用 SCAN_MODE 信号线将其连接。scan_di 和 scan_do 的比特数应该是相同的,在图 2-66 中它们的比特数均为 2,即测试向量是两比特并行输入的,并行比特数越多,进行 Scan 测试的速度就越快。由于 ATE 设备昂贵,设计公司很多是租赁 ATE 设备按时间付费的,因此测试速度快就意味着测试成本的节省,GPIO 引脚虽然是双向的,但作为 Scan 的功能引脚,只能使用单方向。例如 GPIO3 被复用为 scan_di[0],但不能改变方向同时作为 scan_do[0] 使用,因此,可以得到一个关系式,若一颗芯片的数字引脚有 m 个,减去必要的 scan_se、scan_clk、scan_rstn,剩余数字引脚除以 2,并向下取整,可以得到测试向量的最大并行度 n,具体如下,而 SCAN_MODE 需要单独占用一个引脚。

$$n = \left\lfloor \frac{(m-3)}{2} \right\rfloor$$

注意 scan_di 在 RTL 中只有输入,没有负载,即悬空线。scan_do 在 RTL 中只有输出,没有驱动,也是悬空线。后续 scan_di 和 scan_do 怎么连,属于 DFT 工程师的工作,他会使用 DC 综合工具中的 DFT 相关命令使 scan_di 和 scan_do 发生关系,但是这样的 RTL,在 Spyglass 规则检查和 Formality 形式验证中都会报错。Spyglass 报错是因为 scan_di 无负载,scan_do 无驱动,而 Formality 报错是因为 RTL 的 scan_di 和 scan_do 都悬空,而网表对照组因为最终插入了 DFT 而非悬空,两者不一致。对于 Spyglass 的报错可以忽略,对于 Formality 的报错,可以用如下命令让工具只检查正常功能模式,不对比 Scan 功能模式:

```
set_constant – type port ref:/REF_LIB/ $design/SCAN_MODE 0
set_constant – type port ref:/IMP_LIB/ $design/SCAN_MODE 0
```

下面代码是图 2-66 对应的 RTL 代码,它包含了 DFT 的可测性设计,其中,SCAN_MODE 是 Pad 名,进入芯片内部后的信号称为 scan_mode,还可见 scan_se 与 GPIO0 的复用,以及 scan_di 与 scan_do 各自与 GPIO 的复用情况。scan_clk 和 scan_rstn 在代码中并未出现,但实际上,GPIO1 的输入信号 pin_MUX[1]就是 scan_clk,当 scan_mode 等于 1 时,它不仅代替了原有的时钟 clk,从而得到 clk_changed,也代替了原来 clk 的分频时钟 clk_div,从而得到 clk_div_changed。同样,GPIO2 的输入信号 pin_MUX[2]就是 scan_rstn,它在 scan_mode 为 1 时,替换了原本的复位信号 rst_n。本例最值得关注之处在于 RTL 中对 a2d_pin0、a2d_pin1、d2a_pin0 和 d2a_pin1 这 4 个信号的处理。a2d 的意思是从模拟到数字,即它是模拟电路发给数字电路的信号。在数字芯片中,模拟发给数字的信号分为两类,一类是如时钟 clk 和复位 rst_n 那样的特殊信号,即数字必须依赖这些信号才能工作,就像依赖电源和地一样,而另一类信号是普通信号,即与数字的稳定工作没有直接关系,仅仅是模拟电路需要告知数字并要求数字帮它做一些处理。对于这种输入数字的普通 a2d 信号,在 Scan 测试时,希望它随机变化,从而增加对芯片内部各门电路的覆盖率。在代码中,当 scan_mode 等于 1 时,a2d_pin0 输入的值不是被强制等于 0,而是被 d2a_pin0_pre 取代。d2a 是从数字电路到模拟电路的意思,即数字电路对模拟电路的配置,因为模拟电路的设计只能接固定配置,对于需要灵活改变配置的场景模拟往往需要数字帮它配置。在 Scan 过程中,由于输入的测试向量随机变化,所以会造成数字的输出 d2a_pin0_pre 随机变化,从而反过来使 a2d_pin0 输入实现了随机变化,这正好是设计的目的,但是,实际中,数字配置模拟的信号却不能真的随机变化,因为这些配置很可能关系到模拟电路的稳定,从而也会影响数字电路的稳定,例如某些配置是用来配置电源电压的,有些是配置电流的参数,这些都与数字的供电息息相关,数字不可能在做 Scan 测试的过程中允许电源电压和电流也随机晃动,因此,实际的输出不允许随机,而应该保持初始状态或使模拟电路能够正常工作的状态。在代码中可以看到,虽然 d2a_pin0_pre 是随机的,但并未输出,而真正输出的 d2a_pin0 被强制赋值为 1,这里假设 1 是使模拟能够正常工作的配置。同理可以理解 a2d_pin1 和 d2a_pin1 的处理。本例的另一个需要关注的点是 u_scan_do_0_abc 和 u_scan_do_1_abc,它们是对 Buffer 的例化,有增强输出电流和对信号进行延迟的作用。Buffer 并不包含在 10 种基本数字元器件中,因为正常的设计不需要用到它,但在实际情况中,每款芯片的设计里面,或多或少会出现它的身影,原因是可以方便设计师定位到某块电路或某根信号线。有读者可能会说:“每个信号都有自己的名字,模块例化也有自己专属的例化名,找到它们并不困难。”实际上在工程中找不到信号的原因是因为电路综合过程中参与组合逻辑运算和控制的信号,经常被优化而消失,或被改名,变成类似 n173 这类没有具体含义的名称,电路中的触发器可以保留它的名称,该名称由 Q 端所接信号的名称命名,例如某触发器,其 Q 端连接信号 sig,则该触发器一般会被命名为 sig_reg。若 Q 端连接的是一个总线信号中的一比特,例如比特 3,则一般会命名为 sig_3_reg,当然,命名规则是可变的,但以 Q 端信号命名触发器的原则不变。综上,对于像 scan_do 这样没有驱动的信号,若不例化一个 Buffer 给它接上,则综合器会将其识别为冗余逻辑并被优化掉,其他对元器件的直接例化也是出于此原因。例化的另一个好处是在对芯片逻辑进行综合过程中必须写时序约束文件,只有例化了元器件,才可以很方便地通过例化名和接口名称定位到该信号。例化时,注意取一个有特点的名字,以避免与其他正常信号名相混淆。例如所有直接例化的元器件都包含一个"_abc"后缀,那样在写综合约束时就可以写 set_dont_touch [get_cell { * _abc}],让综合工具不要优化掉该元器件,这样,在 DFT 工程师对 scan_di 和 scan_do 进行连接时,才能找到 scan_do 信号。其实际位置为具体路径 u_scan_do_0_abc/IN 和 u_scan_do_1_abc/IN。因而初学者读懂本例,不仅可以学习 DFT,还可以了解整个系统架构的组织方式。

```verilog
module dft_example
(
    //Pad
    inout           SCAN_MODE,              //scan_mode 专用 Pad,注意 Pad 都是 inout 类型
    inout           GPIO0,                  //GPIO0 Pad,注意 Pad 都是 inout 类型
    inout           GPIO1,                  //GPIO1 Pad,注意 Pad 都是 inout 类型
    inout           GPIO2,                  //GPIO2 Pad,注意 Pad 都是 inout 类型
    inout           GPIO3,                  //GPIO3 Pad,注意 Pad 都是 inout 类型
    inout           GPIO4,                  //GPIO4 Pad,注意 Pad 都是 inout 类型
    inout           GPIO5,                  //GPIO5 Pad,注意 Pad 都是 inout 类型
    inout           GPIO6,                  //GPIO6 Pad,注意 Pad 都是 inout 类型

    //芯片内部接口信号,非 Pad
    input           clk ,                   //模拟给数字提供的时钟信号
    input           rst_n,                  //模拟给数字提供的复位信号

    //cfg
    input           a2d_pin0,               //模拟给数字提供的普通信号 0
    input           a2d_pin1,               //模拟给数字提供的普通信号 1
    output          d2a_pin0,               //数字给模拟提供的配置信号 0
    output          d2a_pin1                //数字给模拟提供的配置信号 1
);

    //--------------------------------------------------------------
    wire    [1:0]   scan_do;                //Scan 过程中芯片内部响应输出 2 比特
    wire    [1:0]   scan_do_buf;            //scan_do 经过 Buffer 后的输出
    wire    [1:0]   scan_di;                //Scan 过程中输入的测试向量 2 比特
    wire            scan_mode;              //Pad SCAN_MODE 的输入信号
    wire            scan_se;                //Scan 过程的使能信号

    wire    [6:0]   pin;                    //7 个 GPIO 输入的正常工作信号
    wire    [6:0]   pout;                   //7 个 GPIO 输出的正常工作信号
```

```verilog
wire       [6:0]              p_oe;                    //7 个 GPIO 输入和输出的切换信号

wire       [4:0]              pin_MUX;                 //5 根 GPIO 复用输入信号线
wire                          pout5_MUX;               //2 根 GPIO 复用输出信号线,GPIO5 和 GPIO6
wire                          pout6_MUX;

wire                          clk_changed;             //最终用于驱动 clk 时钟域下寄存器的时钟
wire                          clk_changed_gated;       //clk_change 的时钟门控输出
wire                          clk_div;                 //clk 的分频时钟信号
wire                          clk_div_changed;         //最终用于驱动 clk_div 时钟域下寄存器的
                                                       //时钟
wire                          rst_n2;                  //所有寄存器的最终复位信号
wire                          clk_en;                  //时钟门控信号

wire       [11:0]             bus;                     //CPU 总线简化模型

wire                          a2d_pin0_changed;        //为适应 DFT 需求而改变的 a2d_pin0
wire                          a2d_pin1_changed;        //为适应 DFT 需求而改变的 a2d_pin1

wire                          d2a_pin0_pre;            //已产生但尚未输出的 d2a_pin0 配置字
wire                          d2a_pin1_pre;            //已产生但尚未输出的 d2a_pin1 配置字

//----------------------------------------------------------
//例化 SCAN_MODE Pad
pad     u_scan_mode
(
    .PAD        (SCAN_MODE   ),    //Pad 连接点
    .OUT        (1'b0        ),    //该 Pad 只用输入功能,输出值可任意填写
    .OE         (1'b0        ),    //Pad 方向设为输入,即输出不使能
    .IN         (scan_mode   )     //将输入的信号命名为 scan_mode
);

//当进行 Scan 时,scan_se 的值来源于 GPIO0 输入的信号,当正常工作时,scan_se 为 0
//该 scan_se 信号分为两支,一支通入 CPU 中,另一支悬空,等待 DFT 综合将其接入
assign scan_se = scan_mode ? pin_MUX[0] : 1'b0;

//当进行 Scan 时,GPIO0 当 scan_se 用时,正常的输入 pin[0]被断掉,阻止其发挥作用
//因此,本例给 scan_mode 下的 pin[0]赋 0,也可以赋为随机数
//正常工作时,pin[0]将得到 GPIO0 的输入值
assign pin[0]   = scan_mode ? 1'b0 : pin_MUX[0];

//当进行 Scan 时,GPIO0 当 scan_se 用,它是纯输入信号,因而固定选择 0,即输入
//当正常工作时,可以根据 GPIO 模块的设置来决定方向
assign p_oe[0] = scan_mode ? 1'b0 : pout_en[0];

//pin_MUX[1]就是 scan_clk,它是 GPIO1 的输入
//当进行 Scan 时,系统时钟 clk 被从 GPIO1 来的时钟所取代,正常工作时仍使用系统时钟 clk
assign clk_changed = scan_mode ? pin_MUX[1] : clk;

//当进行 Scan 时,GPIO1 当 scan_clk 用,因此 pin[1]被赋 0
//正常工作时,pin[1]将得到 GPIO1 的输入值
assign pin[1] = scan_mode ? 1'b0 : pin_MUX[1];
```

```
//当进行 Scan 时,GPIO1 当 scan_clk 用,它是纯输入信号,因而固定选择 0,即输入
//当正常工作时,可以根据 GPIO 模块的设置来决定方向
assign p_oe[1] = scan_mode ? 1'b0 : pout_en[1];

//在 RTL 中凡是用到分频时钟的寄存器,其驱动时钟在正常工作时仍然是 clk_div
//在进行 Scan 时,驱动时钟改成来自 GPIO1 的时钟
assign clk_div_changed = scan_mode ? pin_MUX[1] : clk_div;

//rst_n2 是寄存器的复位信号.当进行 Scan 时,复位信号来自 GPIO2 的输入
//正常工作时,复位信号来自系统复位 rst_n
assign rst_n2 = scan_mode ? pin_MUX[2] : rst_n;

//当进行 Scan 时,GPIO2 当 scan_rstn 用,因此 pin[2]设为 0
//正常工作时,pin[2]将得到 GPIO2 的输入值
assign pin[2] = scan_mode ? 1'b0 : pin_MUX[2];

//当进行 Scan 时,GPIO2 当 scan_rstn 用,它是纯输入信号,因此固定选择 0,即输入
//当正常工作时,可以根据 GPIO 模块的设置来决定方向
assign p_oe[2] = scan_mode ? 1'b0 : pout_en[2];

//两比特 Scan 测试向量输入,分别从 GPIO3 和 GPIO4 输入进来,正常工作时均为 0
//scan_di[0]和 scan_di[1]两根信号线均空接
assign scan_di[0] = scan_mode ? pin_MUX[3] : 1'b0;
assign scan_di[1] = scan_mode ? pin_MUX[4] : 1'b0;

assign pin[3] = scan_mode ? 1'b0 : pin_MUX[3];
assign pin[4] = scan_mode ? 1'b0 : pin_MUX[4];

//Scan 时,都是输入
assign p_oe[3] = scan_mode ? 1'b0 : pout_en[3];
assign p_oe[4] = scan_mode ? 1'b0 : pout_en[4];

//例化 Buffer,防止 scan_do[0]被优化,方便在约束时定位到该信号
//名称用特殊的"_abc"作为标记
BUF     u_scan_do_0_abc
(
    .IN             (scan_do[0]     ) ,  //Buffer 输入
    .OUT            (scan_do_buf[0] )    //Buffer 输出
);

//例化 Buffer,防止 scan_do[1]被优化,方便在约束时定位到该信号
//名称用特殊的"_abc"作为标记
//scan_do[0]和 scan_do[1]信号均为空接
BUF     u_scan_do_1_abc
(
    .IN             (scan_do[1]     ) ,  //Buffer 输入
    .OUT            (scan_do_buf[1] )    //Buffer 输出
);

//GPIO5 最终的输出,当进行 Scan 时输出的是 scan_do[0],正常工作时输出正常的数据
```

```
assign pout5_MUX = scan_mode ? scan_do_buf[0] : pout[5];

//GPIO5 的输入值,直接与 Pad 的数据输入端口相连
assign pin[5] = pin_MUX[5];

//GPIO5 在 Scan 时作为 scan_do[0],它是纯输出,因此固定选择 1,即输出
//当正常工作时,可以根据 GPIO 模块的设置来决定方向
assign p_oe[5] = scan_mode ? 1'b1 : pout_en[5];

//GPIO6 最终的输出,当进行 Scan 时输出的是 scan_do[1],正常工作时输出正常的数据
assign pout6_MUX = scan_mode ? scan_do_buf[1] : pout[6];

assign pin[6]    = pin_MUX[6];
assign p_oe[6]   = scan_mode ? 1'b1 : pout_en[6];

// --------------------------------------------------------------
//例化 GPIO0 Pad
pad     u_P0
(
    .PAD            (GPIO0),        //Pad 连接点
    .OUT            (pout[0]),      //Pad 输出
    .OE             (p_oe[0]),      //Pad 输出使能,即 I/O 方向
    .IN             (pin_MUX[0])    //Pad 输入
);

//例化 GPIO1 Pad
pad     u_P1
(
    .PAD            (GPIO1),        //io
    .OUT            (pout[1]),      //i
    .OE             (p_oe[1]),      //i
    .IN             (pin_MUX[1])    //o
);

//例化 GPIO2 Pad
pad     u_P2
(
    .PAD            (GPIO2),        //io
    .OUT            (pout[2]),      //i
    .OE             (p_oe[2]),      //i
    .IN             (pin_MUX[2])    //o
);

//例化 GPIO3 Pad
pad     u_P3
(
    .PAD            (GPIO3),        //io
    .OUT            (pout[3] ),     //i
    .OE             (p_oe[3] ),     //i
    .IN             (pin_MUX[3])    //o
);
```

```
//例化 GPIO4 Pad
pad      u_P4
(
    .PAD         (GPIO4),          //io
    .OUT         (pout[4]  ),      //i
    .OE          (p_oe[4]  ),      //i
    .IN          (pin_MUX[4])      //o
);

//例化 GPIO5 Pad
pad      u_P5
(
    .PAD         (GPIO5),          //io
    .OUT         (pout5_MUX),      //i
    .OE          (p_oe[5]),        //i
    .IN          (pin_MUX[5])      //o
);

//例化 GPIO6 Pad
pad      u_P6
(
    .PAD         (GPIO6),          //io
    .OUT         (pout6_MUX),      //i
    .OE          (p_oe[6]),        //i
    .IN          (pin_MUX[6])      //o
);

//例化一个时钟门控电路
//此例想说明：对于时钟门控器件,一般也需要 scan_mode 输入
clk_gate    u_clk_gate
(
    .clk         (clk_changed    ),    //源时钟是 MUX 后的总时钟
    .enable      (clk_en         ),    //时钟使能信号是配置模块产生的
    .test_en     (scan_mode      ),    //需要 scan_mode 输入
    .gated_clk   (clk_changed_gated  )//时钟门控的输出
);

//例化一个时钟分频器
//此例想说明：对于带分频时钟的设计,在 Scan 时仍然和未分频时钟一样使用 scan_clk
//不可将 scan_clk 输入时钟源中进行分频再使用
clk_divider    u_clk_divider
(
    .clk         (clk    ),            //时钟源,不能用 scan_clk 或 clk_changed
    .clk_div     (clk_div )            //分频时钟,在 Scan 时,它将被 scan_clk 代替
);

//例化一个 CPU.做 DFT 设计的一般 SoC 芯片
//不带 CPU 的芯片,即非 SoC 芯片往往比较低端,有时不做 DFT
//CPU 本身有时也需要输入 scan_se 和 scan_mode
cpu      u_cpu
```

```
(
    .clk            (clk_changed_gated),    //时钟源已融合了 scan_clk
    .rst_n          (rst_n2),               //复位信号已融合了 scan_rstn
    .bus            (bus),                  //CPU 总线概念模型
    .scan_se        (scan_se),              //i
    .scan_mode      (scan_mode)             //i
);

//例化一个 7 输入/输出的 GPIO 模块,将其挂在 CPU 的总线上
gpio    u_gpio
(
    .clk            (clk_changed_gated),    //时钟源已融合了 scan_clk
    .rst_n          (rst_n2),               //复位信号已融合了 scan_rstn
    .bus            (bus),                  //挂到 CPU 总线上

    .pin            (pin),                  //从 Pad 上输入的 7 路 GPIO 信号
    .pout           (pout),                 //想输出给 Pad 的 7 路 GPIO 信号
    .p_oe           (p_oe)                  //7 个 GPIO Pad 的输入/输出方向控制
);

//例化一个配置模块,用于配置数字电路、模拟电路等,也用于载入模拟输入的普通信号
cfg     u_cfg
(
    .clk            (clk_div_changed),      //用的是分频时钟源,但在 scan 时不分频
    .rst_n          (rst_n2),               //复位信号已融合了 scan_rstn
    .bus            (bus),                  //挂到 CPU 总线上
    .a2d_pin0       (a2d_pin0_changed),     //模拟输入的两路普通信号
    .a2d_pin1       (a2d_pin1_changed),     //changed 意为在 Scan 时其内容已变
    .d2a_pin0       (d2a_pin0_pre),         //输出给模拟电路的配置
    .d2a_pin1       (d2a_pin1_pre),         //在 Scan 时它可能是随机数,不能直接输出
    .clk_en         (clk_en)                //设置上面的门控开关
)

//将输入的值随机化,更有助于 Scan 检查芯片的内部错误,这里使用输出配置信号将其随机化
//正常工作时就与原信号直接相连
assign a2d_pin0_changed = scan_mode ? d2a_pin0_pre : a2d_pin0;
assign a2d_pin1_changed = scan_mode ? d2a_pin1_pre : a2d_pin1;

//对模拟的配置关系到芯片的电流电压等重要参数,即便是 Scan 过程,也要保证芯片的供电正常
//因此不能随便输出,而是仅输出那些能使模拟正常工作的值
//在非 Scan 模式下,就与原信号直连
assign d2a_pin0 = scan_mode ? 1'b1 : d2a_pin0_pre;
assign d2a_pin1 = scan_mode ? 1'b1 : d2a_pin1_pre;

endmodule
```

注意 元器件库会提供有 Scan 和无 Scan 两套元器件,即用户可以选择做 DFT 设计,也可以选择不做,这不是必需的。有 DFT 的设计,做了针对芯片结构的 Scan 测试后,更能保证芯片出货的质量,减少客户投诉和产品召回等情况。除了针对结构的测试,也有针对功能的

测试。如果认为仅通过功能测试就可出货，就可以不做 DFT。做 DFT 就用有 Scan 的元器件，不做就用无 Scan 的元器件，有 Scan 的元器件面积略大。

2.36　需要进行元器件例化的几种情况

前文将数字 IC 设计师头脑中的元器件归类总结为 10 种，即在设计时，设计者头脑中只需将所写的 RTL 代码与这 10 种元器件进行对应。实际的元器件多种多样，综合工具会根据代码自动识别、自动匹配，设计者一般不需要对它们进行了解、记忆和直接使用。

但是，有些情况下，设计者需要舍弃 10 种抽象元器件思维，直接例化使用实际元器件。这些情况具体包括以下几种：

（1）时序链路太长，时序无法收敛。有时，综合出来的电路中间的元器件比较多，导致电路延迟大，当后端工程师向前端设计者反馈这样的问题时，可以考虑注释掉原来的逻辑，改用例化元器件的方式以缩短链路。

（2）时钟信号线的要求。为了满足不同应用场景的需求，芯片的时钟信号结构往往比较复杂。简而言之，包括以下元器件和结构。

- 多选一的 MUX：可以从多个输入时钟源中选择想要的时钟。这些 MUX 包括时钟专用 MUX 和普通 MUX。尽量使用时钟专用 MUX，因为它的切换延迟较小，是专为时钟设计的 MUX。只有当时钟专用 MUX 不满足要求时，例如需要一个 4 选 1 的 MUX，但标准单元库中只提供了 2 选 1 的时钟 MUX，才需要用普通 MUX 代替。
- 时钟门控：即使时钟只有一个，也会用到不同的模块当中。这些模块可能并非同时工作，基于省电的要求，每次只需开启用到的模块，并将不用的模块时钟切断，因此，可以按工作模式将模块划分为若干个群，每个群使用一个统一的时钟，群与群之间，时钟源可能相同，但都要各自加上时钟门控，以提供独立开关功能。时钟门控推荐使用 ICG，即带 Latch 的门控。
- Buffer：时钟线在数字设计中是一种特殊的信号线，需要让综合工具和 PR 工具清晰地辨认出其源头和脉络，而综合中或综合后的网表，往往只会保留寄存器的输出名，而不会保留组合逻辑上的信号名，而对时钟做的逻辑，常常是组合逻辑。为了使工具更好地辨别时钟，在 sdc 约束文件中会详细描述不同时钟的源头和走向，但在描述过程中，不能使用组合逻辑上的信号名称，因为会被综合掉，而且也不可能等到综合后用综合器的命名来写约束文件，因而需要在必要的时钟节点上插入 Buffer，以便其输入引脚和输出引脚可以作为时序约束的锚位，不用担心名字被替换。
- 与或非门等元器件：在前文的时钟切换电路中，使用 Verilog 语法描述了切换电路。设计者也可以手动例化元器件来搭建相同结构的电路。优点是手动搭建时可以选择逻辑链路较短、功能简单的元器件，并且可以选择它的驱动能力，对于高级设计者是很有必要的。

（3）复位线的要求。复位线虽然没有时钟线般复杂，但由于它也有巨大的扇出数量

(fan-out),也可看作一种需要特殊处理的信号。有些项目在综合阶段不对复位信号做Removal 和 Recovery 的时序检查要求,需要在综合约束脚本中设置 set_ideal_network 和 set_dont_touch_network 命令以告知工具。这些复位线在综合时也会被改名,仍然会产生无法定位到信号的问题,因此需要在不同的复位信号上插入 Buffer 来标记它们。一根复位信号线之所以在数字内部会变成多根复位线,是因为需要坚持异步复位同步释放的原则,所以该复位线会与不同时钟进行同步,从而产生出多条复位线,有些芯片还有复位引脚,又增加了一些复位信号的复杂性。另外,可以用 Buffer 当作延迟器件,例如,有些模块(看门狗,即 Watchdog 电路)本身会产生系统复位信号,而它也可能被自己产生的复位信号所复位,为了避免复位信号刚产生就被复位行为拉下来,导致脉冲毛刺,也可以在该复位信号上插入一个有较长延迟性能的 Buffer,以便提供足够的复位时间。

元器件的功能和延迟带载性能描述一般以 PDF 文档的形式给出,设计者可以在 PDK 文件包中找到。设计者要想熟练使用元器件,必须详细阅读该资料,但不必通读。一般例化元器件的情况,其实都可以直接用 Verilog 抽象表达,因此,设计者可以先写出 Verilog 的抽象表达式,分析出具体需要什么元器件,是时序器件还是组合逻辑器件,是与门还是非门,将问题具体化之后再去文档中有的放矢地找到对应的一类元器件,从中挑出合适的。元器件的命名都符合规则,例如与门都以 A 开头,或门都以 O 开头,Buffer 都以 B 开头,非门都以 I 开头,按名字找元器件是可行的办法。同一个元器件常会提供有不同驱动能力的多个版本,驱动能力小意味着可带的负载数量少,电路的扇出受限,优点是面积小,相反,驱动能力大的器件带载能力强,但面积大,在不知道如何选择的情况下,可以选择中等偏弱的驱动能力即可。

直接例化元器件后,仿真就需要导入这些元器件的行为模型,这些模型都保存在以 .v 为扩展名的文件中,一般是一个文件包含了所有元器件,称这种文件为库文件。在 PDK 当中也能找到。一般,不同电源域的元器件会放在不同的库文件中,因此,如果例化了两种不同电源域的元器件,例如 Pad 的电源域可能与数字内部元器件不同,需要在仿真前让工具载入所有涉及的库文件。具体如何在工具中进行设置,详见第 3 章的仿真方法。

下例给出一段手动例化元器件的 Verilog 代码,并附有相应的 sdc 约束文件。例化名使用前缀 aaa_ 来体现是手动例化,复位信号使用 rst_ 前缀,时钟信号使用 clk_ 前缀,名字的后半部分体现了各复位信号和时钟信号的区别。如此命名后,综合工具和 PR 工具便可以通过通配符的方式一次性选中很多具有相同特征的信号,如下例中的综合约束语句,目的是想将复位信号都设为时序理想线路,并且阻止综合工具在该路径上进行综合,它寻找全部复位线的办法是使用通配符寻找所有以 aaa_rst_ 为开头的元器件,因而 Verilog 中的 aaa_rst_global 和 aaa_rst_rco 都在它的约束范围之内。

```
//在 Verilog 代码中的例化语句
BUFF aaa_rst_global     (.I(por),          .Z(global_rstn));
BUFF aaa_rst_rco        (.I(rcorstn_p),    .Z(rcorstn));
CKBD aaa_clk_freeclk    (.I(freeclk_p),    .Z(freeclk));
```

```
// ******************************************************************
//在综合用的 sdc 约束文件中的语句
set_ideal_network        [get_pins {u_clkCtrl/aaa_rst_ * /Z}]
set_dont_touch_network   [get_pins {u_clkCtrl/aaa_rst_ * /Z}]
```

2.37 对于大的扇入和扇出的处理

　　一个信号被很多信号共同驱动,称为大扇入。一个信号用于驱动很多信号,称为大扇出。扇入如图 2-67(a)所示,多个驱动 drv0～drv5 共同驱动一个信号 pub_load,扇出如图 2-67(b)所示,一个信号 pub_drv 用于驱动多个负载 load0～load3。

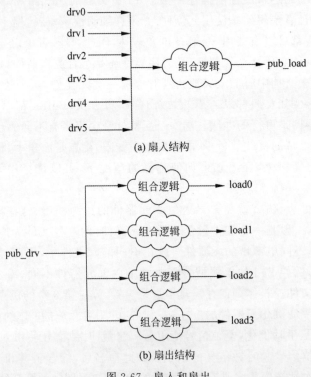

(a) 扇入结构

(b) 扇出结构

图 2-67　扇入和扇出

　　究竟扇入和扇出数量是多少才算是大,主要根据面积、工艺、元器件选型来定。一般地,大扇出需要在 pub_drv 端产生更大的电流,才能正常驱动多个负载,因而在 pub_drv 处常常会加一个大 Buffer 来增强电流,同时,Buffer 的大小及驱动关系也会引起时序的变化。时序要求是由工艺提出的,对于老旧的工艺,本来时序就慢,改变驱动强度对它的影响不大,而对于先进工艺,可能影响很大。面积方面,大 Buffer 面积也大,也是应该考虑的范畴。对于数字设计的新人来讲,在设计时可以不考虑这些因素,最终对于驱动能力的检查,会有后面的流程予以保证,例如综合、PR 等,特别是 PR 时会对整个电路的给电均衡性进行分析,以防止电路上某些位置的供电电压与另外一些位置的供电电压不同,电流驱动能力也会纳入工具计算。

这里也需要新人关注的一点是大的扇入扇出可能会造成 PR 布线拥塞(Congestion),即在这个局部,信号线太过密集,找不到空余的面积来排列这些线,术语称为没有布线资源。此时后端工程师会向设计者反馈,要求设计者重新改写电路。一般使用两种方法来改善这种拥塞,一种是将原来的扇入扇出分组处理,如图 2-68(a)和(b)所示,这样可以有效地避免信号线过于集中在电路中的一个点上,如果扇入扇出过大,可以多分出几个过渡阶段。另一种方法就是使用直接例化元器件的方法,人工优化电路结构。更多时候,两种办法会结合使用。

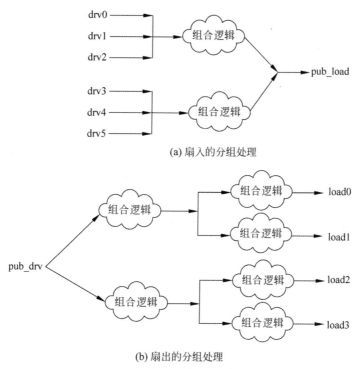

(a) 扇入的分组处理

(b) 扇出的分组处理

图 2-68　大扇入和扇出的分组处理法

布线拥塞的例子以大扇入最为常见,典型的例子是在 SoC 架构中的一个设备里,需要配置的寄存器很多,由于这些配置需要提供读写两个方向的功能,以便支持用户通过 CPU 进行配置,并能将已有的配置读出来,在设计上表现为这些寄存器还要拉回到配置模块中,并集中在一个信号上输出给 CPU,从而造成了大的扇入问题时。当遇到此类问题时,即可用上面的方法进行处理。

之所以上面的例子全是组合逻辑,没有画时序逻辑,是因为这些问题的实际是组合逻辑问题。一个带时序逻辑的例子如图 2-69 所示,虽然看起来 pub_load 是扇入的结果,但实际上,寄存器的输入,即 A 点才是扇入的结果,因此,对此问题的分析并不包含时序逻辑。如果在解决问题的同时引入了时序问题，即虽然布线拥塞的问题解决了，但时序路径太长，不满足要求，那就可以在图 2-68 的方案上进行打拍，以缓解时序压力，但前提是保证功能的正确性。

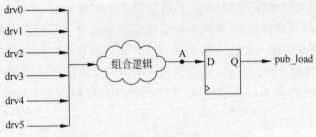

图 2-69　带有时序逻辑的扇入电路

2.38　低功耗设计方法

现在随着移动式、可穿戴式设备的增多，其内部芯片的功耗已经成为重要的技术指标。功耗低的芯片，在同等容量的电池带动下，可以支持更长时间，其好处是显而易见的。为了满足低功耗的要求，近十几年来出现了很多低功耗的技术，也增加了一些原来没有的低功耗流程，甚至出现了专门的低功耗岗位。

芯片设计和生产流程中，可以从多个层次、多个角度实现低功耗。第 1 层，即最低级的一层，是通过 RTL 实现的低功耗，包括每个模块都要带有使能信号、时钟门控等，SoC 系统要有不同频率的时钟可供自由切换，以便使芯片工作在不同工作模式下，如高性能工作模式、普通工作模式、普通休眠模式、深度休眠模式等。第 2 层操作是在电源域上做的，当某些模块不用时，连同电源一起切断，以做到无功耗的效果，这种拥有独立电源开关的区域称为电源岛。第 3 层操作是从芯片制造的掩模（Mask）层次结构上考虑的。第 4 层，即最高级的省电操作，是 Foundry 厂商在工艺上进行的省电，如专门的低功耗工艺。

芯片功耗主要分为静态功耗和动态功耗。动态功耗就是在信号上下翻动时产生的功耗，即芯片只有工作时才有的功耗。静态功耗是即使芯片不工作，只要通电，就会在内部元器件上及金属线上产生的功耗。对于老旧的工艺，整体功耗较大，其中动态功耗占较大比例，静态功耗比例较小，而在先进工艺中，动态功耗得到了显著降低，而静态功耗的降低相对较小，因而造成了先进工艺下功耗整体较小，其中，静态功耗比例大、动态功耗比例小的局面。

除了静态功耗和动态功耗的分类方法外，芯片功耗还可以分别用运行功耗和休眠功耗进行考量。当芯片正常工作时，动态功耗和静态功耗有叠加作用，共同构成了运行的总功耗。此时，动态功耗固然是难免的，但好的设计可以将其尽量降低。当芯片不工作时，一个好的设计会让它进入休眠态，此时，时钟频率降低甚至没有，与其相关的模拟工作模块也可以关闭，而差的设计即使在休眠时可能还有模块在运行，时钟速率也没有充分降低。对于芯片的使用者,即产品制造厂来讲,他们不关心静态功耗和动态功耗,而是更看重运行功耗和休眠功耗,因为该指标直接关系到其产品的最终功耗。静态功耗和动态功耗主要是芯片设计生产时考虑的指标。

上述第1层省电的主要目标是降低动态功耗,即希望电路尽量少动,能不动就不动。不论是通过为模块设计使能信号,还是增加时钟门控、降低时钟频率,均为达到此目的。第2层省电是能直接切断电源开关,开关是在版图上直接插入的,可以降低静态功耗,但它的实施需要在系统层面上考虑,系统规划者需要了解芯片在不同模式下哪些模块是开启的、哪些模块是关闭的,当从一个模式转到另一个模式时允许用多长时间来转换,而实际的电源岛的开闭时间是否满足要求等问题。毕竟,将电源切断后再启动,需要更长的启动时间,刚上电的模块其工作状态也需要重新配置。第3层省电也是由系统规划师决定的,需要解决选用何种工艺、该工艺需要用多少层金属等问题。第4层省电是在制造工艺上的优化。本节内容主要针对 Verilog 的应用,因而主要介绍第1层的省电操作。

在模块中加入使能信号及时钟门控信号,是 RTL 中常用的省电方式,特别是在 SoC 架构下,对于 CPU 上挂着的各种设备,如果它们都有各自的使能和时钟门控,则 CPU 就可以对其进行任意开关,不仅能降低休眠功耗,还可以降低运行功耗。

门控时钟的加入不一定要手动插入时钟门控器件(例如 ICG),使用 Verilog 语法也可以自动插入门控,如下例所示。读者可能注意到此例只写了 if 和 else if,没有写最后的else,这样写是为了让产生 a 的寄存器,其时钟端自动产生出门控电路。

```
always @(posedge clk or negedge rst_n)
begin
    if (!rst_n)
        a <= 1'b0;
    else if (b)
        a <= c;
end
```

上面语句还可以改为下面的表达方式,即明确地告知工具,信号 a 在没有 b 的情况下是保持的。

```
always @(posedge clk or negedge rst_n)
begin
    if (!rst_n)
        a <= 1'b0;
    else if (b)
        a <= c;
    else
        a <= a;   //可以不写,也可以明确写在这里
end
```

按照上面的逻辑,最终综合出来的电路如图 2-70 所示,信号 b 与时钟融合后才进入寄存器的时钟引脚。

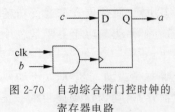

图 2-70　自动综合带门控时钟的
寄存器电路

若想让综合器自动插入时钟门控，则需要在综合编译命令 compile_ultra 后面插入允许自动插门控的选项，如下：

```
compile_ultra        - gate_clock
```

明确写出保持逻辑，在真实项目中更为常见，因为项目管理要求设计者明确设计的每条路径的走向，若不写 else，则可能是设计者忘写了，也可能是为了综合出门控，但如果写了，则说明设计者考虑过这个问题，并最终决定要使用保持电路。可以对比下例中的(a)和(b)两部分。两者综合出来的信号 a 的功能是相同的吗？乍一看没区别，其实是不同的，(a)中当信号 b 为 1 且 c 为 0 时，信号 a 是保持原值的，但(b)中相同条件下 a 会采样信号 e 的电平，因此，明确写出保持电路，对于初学者是十分有必要的，对于熟练的设计者则可以放宽要求。

```
//(a)
always @(posedge clk or negedge rst_n)
begin
    if (!rst_n)
        a <= 1'b0;
    else if (b)
    begin
        if (c)
            a <= d;
    end
    else
        a <= e;
end

// ***************************************************************
//(b)
always @(posedge clk or negedge rst_n)
begin
    if (!rst_n)
        a <= 1'b0;
    else if (b & c)
        a <= d;
    else
        a <= e;
end
```

上述时序信号的写法只适合于电平信号，而脉冲信号仍然需要正常打拍。换言之，若功能上允许使用电平信号，即无须每个时钟都响应，只等条件脉冲到来才响应，则使用上述写法再加上综合时的控制选项，可以使综合器自动插入门控；若功能上要求使用脉冲信号，即信号刚变成 1，下一拍必须变为 0，则正常写逻辑，不应插入时钟门控。如果一个信号，可以选择电平信号或脉冲信号，则应尽量选择电平信号，因为它可以插门控，可以省电。一般，电路中一个脉冲信号可以伴随若干电平信号,因而一个信号只要它的其中一个伴随信号是脉冲,则它就可以做成电平信号,如图 2-71(a)中的总线传输信号,有效信号 a_vld 是一个脉冲,足以说明总线 a 上的数据有更新,总线 a 一直保持住即可,若使用图 2-71(b)中的方式,有效信号 a_vld 和总线信号 a 都是脉冲,则没有这个必要,a 上也插不了时钟门控。总之,与功耗要求相比,功能要求永远是优先的,不应为了满足功耗要求把功能做错了,在可以满足功能要求的前提下,要尽量使用设计手段降低功耗。

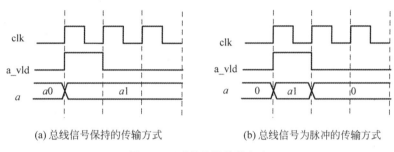

(a) 总线信号保持的传输方式   (b) 总线信号为脉冲的传输方式

图 2-71 两种总线传输方案

由于综合器可以根据 Verilog 表达式自己插入时钟门控,因此,在设计时,应尽量少地构建分频时钟,而使用有效信号来代替分频。如下例中产生了一个 4 分频的有效信号 clk_d4_vld,用来代替 4 分频的时钟。在产生信号 a 的 always 块中,使用了该有效信号。本例中,有效信号的产生是在 cnt_d4 等于 1 时,也可以在等于 2 或 3 时产生,但需要避免等于 0 时产生,因为 cnt_d4 的 0 状态可能在复位时被 Latch 住,导致 clk_d4_vld 持续。

```verilog
always @(posedge clk or negedge rst_n)
begin
    if (!rst_n)
        cnt_d4 <= 2'd0;
    else
        cnt_d4 <= cnt_d4 + 2'd1;
end

assign clk_d4_vld = (cnt_d4 == 2'd1); //4分频有效信号

always @(posedge clk or negedge rst_n)
begin
    if (!rst_n)
        a <= 1'b0;
    else if (clk_d4_vld)              //4分频有效信号起到分频时钟作用
    begin
        if (b)
            a <= 1'b1;
        else
            a <= 1'b0;
    end
end
```

上例实现的波形如图 2-72(a)所示,每 4 个周期判断一次,而图 2-72(b)中的 clk_d4 即为 4 分频时钟方式,可见,上下两图最终的实现效果是一致的。

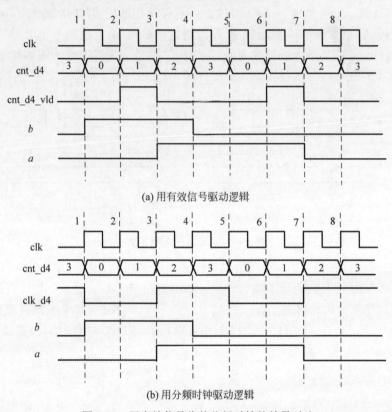

(a) 用有效信号驱动逻辑

(b) 用分频时钟驱动逻辑

图 2-72 用有效信号代替分频时钟的效果对比

推荐使用图 2-72(a)的方式是因为这种方式实现的电路,在整体上看仍然是单一时钟,即由 clk 驱动了整个电路,而图 2-72(b)中则是一部分电路由 clk 驱动,另一部分电路由 clk_d4 驱动,它拥有两个时钟。时钟数量越少,意味着电路越简单,使用工具分析越容易,出现时序分析错误的机会就越少,而且,如果生成分频时钟,在 sdc 约束文件上需要声明时钟,而用有效信号驱动就不需要声明,系统会对产生 a 的寄存器自动插入门控时钟。

上述方法是对寄存器的时钟输入端加入门控,但当整个模块不用时,从时钟输入口到门控之间的时钟传播路径上也会形成一定的动态功耗,为了消除这部分功耗,需要给该模块增加一个总的时钟门控,一般会用手动例化的方式将 ICG 放到芯片统一的时钟复位模块中,当本模块不用时,可以切断它的总时钟。一个芯片的时钟架构的例子如图 2-73 所示,图中 3 个模块的时钟都有各自的手动例化 ICG 开关,3 个开关都放在统一的时钟复位模块中,一般芯片中会将所有产生的时钟信号和复位信号放在该模块中集中管理,即使这 3 个模块的驱动时钟相同,通过 3 个开关,也可以清晰地分为 3 路独立时钟,不会相互影响。

另外,模块即使不工作,若它的时钟仍然保持,当芯片的其他模块在工作时,则难免会使

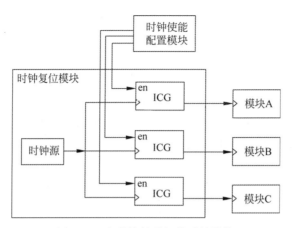

图 2-73　各模块的总门控时钟结构

该模块的某些信号也跟着动起来,为了避免这种现象,需要在模块上设置一个使能引脚,它控制着模块内部的所有寄存器。当使能为 0 时,所有寄存器保持不动,不论外界如何变化,模块内部不会产生动态功耗。为什么使能信号只控制寄存器而不控制组合逻辑呢?仍然是因为 RTL 是寄存器传输级语言,关键节点在于寄存器,即时序逻辑,组合逻辑是伴随寄存器而生的,因此,只要使寄存器不动,意味着组合逻辑的输入端就不动,则输出端也不会动,所谓一夫当关万夫莫开,寄存器就是数字 IC 中的关口和要塞。

若模块从运行状态退出,应该如何操作使能信号和总的时钟门控信号呢?应先关闭使能,然后关闭总的时钟门控。当要开启该模块时,也应先开启时钟门控,再开启模块使能。注意,模块使能可以是该模块的一个可配置寄存器,但模块的时钟门控使能信号不能放在本模块进行配置,因为配置寄存器需要时钟,当模块时钟关闭后,就无法通过配置让时钟再次开启了,因而时钟门控使能应集中放在一个常开且独立的配置模块中,如图 2-73 中的时钟使能配置模块。

2.39　用 IP"攒"一颗芯片

在数字设计中,直接使用 IP 以实现某种功能的方式十分常见。IP 又称 IP 核,其全称是 Intellectual Property Core,即知识产权核。IP 可以是 RTL 代码,也可以是原理图或版图,不论呈现何种形式,它都可以看作一个相对独立的功能实现单元。如果 IP 是 RTL 形式,并且其内部没有例化特殊工艺的元器件,则可以用于多种工艺制程,而如果得到的是版图 IP,就只能在它规定的工艺下流片,例如在硅片内部集成 Flash 或 EEPROM 这类记忆性器件,需要使用高电压工艺,因此,凡是需要集成这类 IP 的芯片都不能选择低电压的工艺。

IP 的作者可以是个人,也可以是公司等组织,可能是免费开源的,也可能是收费的。收费方式也有多种,可以是一次性购买的,也可以是根据芯片最终的产量按片计费。例如为公众所熟悉的 ARM 处理器,就是一系列收费的 IP,其收费包括授权费(License Fee)和版税

（Royalty Fee），授权费是只要下载 ARM 核就需要花的费用，而版税是根据芯片销量抽成。更细节的商业模式还有很多，例如 ARM 的 Cortex M0/M0＋ IP核已加入 DesignStart 计划中，不收取授权费，即开发者可以免费申请下载并使用，芯片量产后再收取版税。

IP 有大有小，大的 IP 可能包含整个芯片的设计架构和验证架构，使用者将无法改变或很难改变这些既定架构，只能按照 IP 的要求进行设计，相当于 IP 是一幢房子的框架，而设计者只是添砖加瓦，一般适用于功能复杂而设计公司没有相关设计经验的情况。小的 IP 只是芯片当中的一个小模块，相当于房子上的一块砖瓦，用来代替人工编写，可以节省人力和开发验证时间。

如今的 IC 设计领域，除一些前沿项目以外，几乎不存在原创性开发和研究，到手的设计任务可能已被其他公司、其他工程师开发过好多遍了，因此，只要有想法和资金，靠买各种IP 在短时间内攒一颗芯片的公司越来越多。这就使过去大家认为的高科技领域，越来越低端化，设计者也不需要具备多少设计经验就可以实现一些复杂的功能，这也是很多设计者虽然做了几年设计，但仍感到内心忐忑、没有积累多少设计经验的原因。如同几十年前的个人计算机爆发的时代，许多厂商采购 CPU、主板、内存条、硬盘、电源等，就能攒一台计算机，最后贴上自己的商标就可以销售，以至于普通人都可以自己买零件进行 DIY，现如今，这样的事情正发生在芯片领域，如果流片生产线可以将成本降低到普通人能接受的程度，那么普通人 DIY 一颗芯片也不是什么难事。

既然手工可以攒芯片，不需要花费很多脑筋也可以搞设计，那么迟早就会有机器代替人工来做同样的事情。实际上，这一进程可能比人们想象中来得更快。国外的芯片设计和生产方式正在发生变化，出现了一批设计服务公司，芯片的企划和创意由需求方提出后，设计服务公司会根据这些信息搜寻他们能够掌握的 IP 并进行匹配，最后在脚本或图形化界面中配置一些参数和一些核的数量，即可自动生成一个完整的芯片设计，该设计的代码都由机器自动生成。这种 IP 搜寻和匹配的方式，使设计服务公司不必像过去那样重复设计，最后只挣到一份辛苦钱，因而能够最大化其经营效率，同时，需求方也快速地实现了自己的创意，能够快速流片进而抢占市场先机。这种方式最大的利益者是那些手里有巨量 IP 的公司，如EDA 巨头兼 IP 巨头 Synopsys 和 Cadence，以及 ARM 等，因而其在芯片设计服务路线上走得最远也最成功。另一方面，靠传统设计方式生存的企业将失去其生存空间，先是在时间成本上，继而是在人力成本上，因此，国内芯片产业如果不想被外国巨头靠技术实力碾压，必将走向化零为整、通过重组合并形成超大型芯片集团的道路。只有建立起中国自己的设计服务体系，积累足够的自有知识产权 IP 核，才能摆脱外国的技术殖民，达成中国芯片业的独立自主，不能再走采买外国 CPU 和内存攒中国计算机的老路。

2.40　设计规范和习惯

Verilog 代码在编写过程中，需要遵守一定的规范，目的是使代码清晰易懂、层次分明，其设计思路和每个信号的目的容易被识别。这样做不仅有利于代码的阅读者、审查者，而且有利于代码的设计者本人,因为一个设计的编写需要数周甚至数月的时间,在设计过程中会有很多细节是设计者当时熟悉但以后就会逐渐淡忘的,如果代码清晰易懂,他就可以很好地维护代码,例如更方便地添加新功能或更容易地定位到 Bug。设计过程中或设计后,设计者会编写文档,是不是有了设计文档,Verilog 的代码风格就可以比较随意了呢? 答案是不行,因为文档的撰写者无法做到每个信号、每个点滴的思路都写在文档中,每个细节的时序都画在文档中,这样做会消耗大量的时间,而且文档相对代码来讲有一定的滞后性,不可能写一点代码就马上写出相应的文档,一般完成阶段性设计后才开始写文档,此时,一些细节可能已经丢失了。根据笔者的观察,很多设计和文档存在不同步的问题,例如代码已经升级到第3 版,但文档还停留在第 1 版,这与开发人员的工作任务安排等因素有关,一个几十甚至上百人的研发团队要想有序地、同步地开展工作,是一件非常困难的事情,而作为设计者,既然无法左右大环境,就只能在我们的设计代码上尽量做到规范、清晰。

写代码之所以要规范是因为代码的语法提供了很多灵活性,这在方便编写的同时也增加了阅读的难度。不同公司有不同的规范性要求,本节所列出的既有较为共识性的要求,也有笔者自己在编写代码时的一些经验总结。

(1) 信号的命名规范。许多情况下,设计者和阅读者会通过信号名对信号的作用有一个大致的判断,因此,信号应根据它的功能作用来命名。一般使用英文简写,例如 clock 用 clk、reset 用 rst、driver 用 drv、inverter 用 inv、delay 用 dly、direction 用 dir、valid 用 vld、trigger 用 trig 等。最常见信号即延迟打拍信号,若一个信号名为 a,对它打拍一次命名为 a_r,打拍两次命名为 a_2r,以此类推。有的厂商要求使用 a_d、a_2d 的命名来代替 a_r、a_2r。在笔者自己的代码中,单纯打拍使用_r 后缀,而如果也是打拍,但加入了其他逻辑控制,不是单纯打拍,则使用_dly 后缀加以区别。若信号 a 已经生成,但后来发现它并不能满足当初的设计要求,后面还要加一些逻辑才能真正产生 a,则可以将原来的 a 改名为 a_pre,这样阅读者就可以理解它是信号 a 的一个中间产物。状态机中的状态一般命名为 state,或 xxx_state,而三段式写法中的状态机跳转组合逻辑部分的信号命名通常为 next_state 或 state_next。通常在设计中以信号变高为有效,即平时它为 0,当它为 1 时说明需要处理,这种高有效的信号不需要特殊命名,但如果相反,低有效,即平时为高,当它为 0 时才需要处理,则需要加一个后缀_n,如复位信号 rst_n,即说明它是低有效,有的厂商使用后缀_b 来代替_n。有些信号会来回翻转,波形类似时钟,一般称其为 toggle 信号,可以加后缀_toggle 或_tog 来说明其性质。有些代码规范中要求体现电平信号和脉冲信号的区别,在电平信号上加后缀_latch,在脉冲信号上加后缀_pulse 或_puls。为了缩短信号名长度,可以默认信号为脉冲信号,只专门对电平信号加后缀。有些规范中要求标明时序逻辑的输出信号,加后缀_reg,笔者不推荐这种做法,因为综合器在自动命名时序输出信号时也会使用_reg 后缀,这样一来,前端代码_reg 在综合后会变为_reg_reg,在分析网表时会造成一定的理解障碍,所以在前端代码中尽量不要在信号名中出现 reg 字样。有些代码规范要求标明信号所述的时钟域,而事实上,由于大多数模块都是单一时钟,在模块内部的信号命名并不需要标明时钟域,需要标明时钟域的情况是专门的跨时钟处理模块,由于会有不同时钟域的信号在同一个模块内处理,才需要标明各自的时钟域。对于中断信号 Interrupt 的命名,可以简写为 int,如 Timer 的中断,写为 timer_int 等,但如果设计者担心与代码的关键字 int(有符号的 32 比特整数)发生混淆,可以使用全称。命名顺序是先体现模块名,然后是其功能,最后体现性质,例如 _r、_pre、_toggle、_latch 等,因此性质部分往往是后缀而非前缀,但如果设计者希望通过首字母归类方法方便地找到一类信号,例如想将所有模块的中断都归类到一起,则可以提前为前缀,如 int_timer、int_uart、int_i2c 等。

(2) 注释的规范。注释和文档都有各自的优势,注释便于体现细节思路,而文档更便于说明整体设计思路和架构,好的注释在很大程度上能代替文档的作用。一般的注释要求,例如在模块的接口声明处通过注释介绍每个信号的作用,在内部信号声明处介绍内部信号的作用等,已经是常识,但常识的背后,往往流于形式,许多大厂往往会将代码的注释行数纳入考核指标,导致被动注释、为完成指标而注释的现象十分普遍,例如 APB 总线上的选择信号 psel 是一种约定俗成的命名,根据命名即可知道意思,但仍然在后面写上注释 APB Peripheral Select。有些注释仅仅是将简写的信号名展开为全拼,如 ref_clk,其注释是 Reference Clock,这样的注释毫无意义。真正有用的注释是在写代码时,随手记录设计者的想法,例如一个 always 模块,其目的是产生信号 a,它依赖 b 和 c 两个信号进行驱动,但 b 和 c 还没有写,那么就可以在写该 always 块之前或之后写下注释,称这里需要产生 b 和 c,它们需要多少位宽、是否有符号、功能和作用如何定义、最终产生的信号 a 的作用是什么等信息。设计者通过这行注释,就知道下一步应该怎么写。模块内部信号声明时的注释事实上可以不用,因为凡是经过大项目的人都知道一个代码在流片时的样子和刚写完的样子是完全不同的,中间会经历多次修改。如果设计者在第 1 次写成代码后对声明加注释,在其后的修改中,可能这个信号已经被删除了,有些信号的意义已经发生了改变,但是注释仍是原来的注释,这种注释不但不会起到帮助作用,反而会起到误导作用。笔者提倡的做法是先将接口信号和内部信号声明进行归类,中间以空行隔开,然后使用统一的类型注释,即一类信号统一使用一个注释,类中的信号可以改,功能可以变,但这个功能大类是不变的。在修改代码时,先找到需要修改的是哪一类信号,这样再添加、删除、更改信号就不会出现注释和代码不同步的现象及乱注释的现象。

另外,对于模块接口信号的注释一般可以加在模块里面,也可以在例化该模块时加入。笔者建议将注释加到模块文件里,而例化时,应该在例化信号名后面注释它的方向和位宽。如下例所示,在一个模块中例化了两个模块,它们的接口信号是互相连接的,若不注释它们的方向,则阅读者必须进入两个例化模块内部才知道,注释以后就清晰可见,阅读者可以不进入例化中,而是在顶层就对功能逻辑、信号流向有一个纵览。除了应该注释信号方向外,还应该注释位宽,方便设计者核对。在代码演进过程中难免会修改位宽,设计者常常会只改一处而忘记改另一处,例如将 BBB 的输出信号 a 的位宽改为[10:0],但 AAA 的输入 a 的位宽仍为[11:0],如果将位宽加在注释中就很容易看出来两个接口不匹配。

```
AAA     u_aaa
(
    .a1     (a), //i[11:0],表示输入 input
    .b1     (b), //i[3:0]
    .c1     (c)  //o[1:0],表述输出 output
);

BBB     u_bbb
(
    .a2     (a), //o[11:0]
    .b2     (b), //o[3:0]
    .c2     (c)  //i[1:0]
);
```

（3）模块间信号传递的规范。模块间信号规范的重要性在于当设计者处在一个大项目中,负责其中一个模块的设计时,必将与其他的设计者发生关联、分工和握手等行为,而两个设计者对接比起一个设计者单独写两个模块,出错概率大很多。为了避免发生交流障碍,一方面是由开发经理事先做好方案,以明确每个人的任务,另一方面,需要建立一套代码规范,使大家在做每个项目时都达成默契,以便节省沟通成本。具体的规范是,模块的输出信号,默认为脉冲信号,凡是不带_latch 后缀的信号都为脉冲信号,如果是电平信号则加_latch 后缀。控制信息推荐用脉冲信号传递,而总线数据推荐用电平信号传递。模块对接时使用脉冲信号的好处是假设两个模块都使用同一个时钟,信号接收者只需关心什么条件下该信号会有效,无须关心什么条件下信号会失效,因为脉冲信号在有效后的下一拍就会自动失效。倘若对接的信号比较多,这种默认的方式会免去很多讨论,即便对接模块属于不同频率的时钟域,这种方式也可以减少很多问题。另外,推荐在模块输出信号前,先打一拍再输出。有人说这一要求是为了去除组合逻辑中的毛刺,固然组合逻辑的输出是包含毛刺的,但如果是输出给数字模块,由于整个设计都会保证时序,模块间的毛刺与模块内部的毛刺一样不会造成隐患,除非是输出给模拟电路的信号才需要特别注意毛刺。打拍的主要原因是要避免出现组合环的风险,详情可参见 2.27 节。

（4）代码排列的规范。C 语言等程序语言的代码顺序是固定的,按顺序一步步执行,而 Verilog 不同,它的所有 assign 和 always 都是在描述电路,而电路一上电就都在运行,不存在先后的问题。我们不能说一个 assign 写在前面就先执行,因此,Verilog 相较于 C 程序更不易读懂。为了增强代码的可读性,设计者需要一边写代码,一边时常调整代码的表达顺序,使其更易懂。调整的方法如同信号声明的方法,即归类。例如一段代码是用于接口配置的,集中在一起,另一段代码是实现模块功能的,也集中在一起,还有一段代码是向用户反馈中断信号等运行状态的,还集中在一起。这 3 段代码用若干个空白行分开,使读者明白它们属于不同的类。如果模块功能较多,则类的头部可以用大段注释类名,大类也会分为若干小类,用小段注释即可,如果模块功能较少,篇幅较短,则每类都用小段注释即可。

一个大段注释的例子如下：

```
//*****************************************
//----------- 接口操作 ----------------
//*****************************************
接口功能代码群

//*****************************************
//----------- 模块功能 ----------------
//*****************************************
模块功能代码群

//*****************************************
//----------- 用户反馈 ----------------
//*****************************************
用户反馈代码群
```

一个小段注释的例子如下：

```
//----------- 接口操作 ----------------
接口功能代码群

//----------- 模块功能 ----------------
模块功能代码群

//----------- 用户反馈 ----------------
用户反馈代码群
```

在一个类的内部，书写最好是有方向的，即要么从输入信号线慢慢延伸到输出，要么从输出信号线慢慢回溯到输入。一般，从输入开始写到输出结束符合正常的思维逻辑，而在前文的设计方法中笔者推荐从输出开始写，因此，在写完全部代码后要将代码调整为便于阅读的顺序。

（5）排版规范。为了方便阅读，逻辑运算符、赋值符的左右两边都需要有空格，一般取反不加空格，例如 ~a。for、if、case 等语句所囊括的内容都要缩进 4 个空格，若有多层 if 嵌套的情况，则仍然按层次缩进，建议每个缩进占 4 个空格。缩进是十分重要的帮助理解的手段，应认真加以利用。为了能方便地缩进，可以在 Gvim 的配置文件.vimrc 中加入以下设置语句，目的是让键盘上的 Tab 键的缩进长度为 4，而且它会被 4 个空格取代，这样每次需要缩进时就使用 Tab 键即可。这样设置的缺点是写 Makefile 文件时，由于 Tab 键在该文件中有特殊含义，不允许被空格替代，因此笔者遇到这种情况时会手动粘贴一些原有的 Tab 字符来代替键盘输入。

```
set sw = 4
set ts = 4
set expandtab
```

如果 for、if、case 等语句很长，层次结构很多，甚至可能一个 always 块长达数千行，靠缩进也无法辨别究竟某个语句属于哪一层级，则建议用缩进加注释的方法来提高可读性，如下例所示，每个层次的代码不仅有缩进，还在关键处加入了层次编号的注释。

```
if (第1层语句)          //if_1
begin
    if (第2层语句)      //if_2
    begin
        if (第3层语句) //if_3
        begin
            电路表达
        end            //if_3
        else           //if_3
        begin
            电路表达
        end            //if_3
    end                //if_2
    else               //if_2
    begin
        if (第3层语句) //if_3
        begin
            电路表达
        end            //if_3
        else           //if_3
        begin
            电路表达
        end            //if_3
    end                //if_2
end                    //if_1
else                   //if_1
begin
    if (第2层语句)      //if_2
    begin
        if (第3层语句) //if_3
        begin
            电路表达
        end            //if_3
        else           //if_3
        begin
            电路表达
        end            //if_3
    end                //if_2
    else               //if_2
    begin
        if (第3层语句) //if_3
        begin
            电路表达
        end            //if_3
        else           //if_3
        begin
            电路表达
```

```
        end             //if_3
      end               //if_2
  end                   //if_1
```

其他的缩进，例如声明部分、例化部分，也要尽量对齐。Verilog 的行数很多，经常需要大规模地进行列编辑（对若干行的同一列进行删除、添加、修改等操作），对齐后的代码会给列编辑带来方便。另外，比较复杂的逻辑表达式，也要尽量分行编写，有助于清晰地表达计算思路，具体例子如下：

```
module ABC
(
    input               clk         , //声明信号时逗号对齐
    input               rst_n       , //位宽、信号名都对齐，如果没有内容就空出来
    input               a           ,
    input               b           ,
    output  reg   [7:0]  eee             //虽然有 reg，但也是对齐的
);
//---------------------------------
wire        ccc   ;                     //全部符号对齐
wire        dd    ;
//---------------------------------
WWW  u_www                              //例化 WWW 模块，信号引用名、括号等都对齐
(
    .I   (a    ),                       //i
    .Z   (ccc  )                        //o
);

assign dd =      (ccc & a)              //写复杂逻辑时分行，这里总体是或门，要体现出来
             | (~b);

always @(posedge clk or negedge rst_n)
begin
    if (!rst_n)
        eee <= 8'd0;
    else
        eee <= {eee[6:0],dd};
end

endmodule
```

(6) 代码编写规范。一些代码的编写规范已在前文说明，如模块的接口声明一般采用接口声明方式二（详见 2.15 节），模块参数声明一般会声明在接口声明之前（详见 2.17 节），状态机的写法一般是 3 段式（详见 2.19 节）。这里需要增加的一点是写 always 块时，要尽量使用一个 always 块只输出一个信号的写法，即使一个 always 块要输出多个信号，这些信号也应该当产生条件基本相同时才合并，这样逻辑会比较清晰。笔者曾经遇到过大段的状态机逻辑，一个 always 块输出多个信号，而且这些信号的形成条件差异很大，类似下例的情况，与其将逻辑写得如此复杂，倒不如分开，例如用 3 个 always 块，分别输出 a、b、c，这样更

为清晰。

```
always @ ( * )
begin
    if (state1)
    begin
        a = 1;

        if (条件 1)
            b = 3;
        else
            b = 2;

        if (条件 2)
            c = 4;
        else
            c = 5;
    end

    else if (state2)
    begin
        if (条件 3)
            a = 7;
        else
            a = 8;

        if (条件 4)
            b = 9;
        else
            b = 10;

        c = 11;
    end
end
```

2.41 数字电路的布局布线流程简介

23min

  数字电路的绘制,其实就是前文介绍的数字版图的布局布线,即 PR。本书主要讲解前端设计方面的内容,但如果对后端 PR 流程有一个大概的印象,对于提高设计水平、增强设计意识及促进与后端同事的工作交流等方面都是有意义的,本节将概括地讲述后端布局布线的流程。

  第 1 步是对芯片产品的整体规划,即对芯片面积、形状、封装的确定,以及对流片工艺、Foundry 和金属层数的选择。硅片整体不一定是正方形,也可能是长方形。一个硅片,即大众所熟悉的芯片,称为一个 Die。在一个封装内可以不只有一个 Die,而是多个 Die 通过金属线连接在一起,称为 SiP(System in a Package)。与在电路板上连接相比,SiP 方式整体面积更小,连接速度更快(因为线短),而且更重要的原因是有很多 Die 是不封装的,以裸片的形式售卖。之所以不将多个 Die 合并为一个 Die 流片,有很多原因,例如某些模拟电路的 Die,其工艺十分特殊,不支持数字电路,只能是数字电路单独流一个 Die,模拟电路也单独流一个 Die,还有就是不同设计厂商有各自的技术优势,只熟悉自己的领域,跨领域的整合比较难,容易出 Bug,而将两个领域的 Die 一起 SiP,是一种折中的、能快速解决问题的方案。芯片的整体规划关系到芯片的研发方向和成本,一般是由项目经理、产品经理等项目规划人员指定的。

注意 芯片设计制造流程中的不同岗位对同一个事物的命名是不同的,例如上面用 Die 来指硅片,是封装的用语,再例如 DUT,是验证对设计模块的称呼,设计内部不将设计模块称为 DUT。在工作交流中要注意对不同岗位的人会使用不同的术语,应做到灵活切换。

第 2 步是 FloorPlan,即对数字和模拟电路形状和面积的规划。这两类电路形状和摆放位置的大体规划属于芯片的整体规划范畴,而数字后端所做的 FloorPlan 是获得这个大概的数字电路形状规划后在版图上实施,划定元器件布局布线的边界。一个 FloorPlan 的例子已经在第 1 章图 1-2 中给出,由该图可知数字电路的形状并不一定是方形的,当然,方形对于布局布线来讲更容易,但形状不是方形有其具体原因,不能强求。记忆存储器件如 ROM、RAM 等,面积较大,一般规划在芯片的边缘,在规划时尽量不要留一块很窄的空白面积,因为太窄,布局布线无法展开,这块面积又不能浪费,最后成了鸡肋。除要规划面积和形状的绘制,还要规划内部与模拟电路的接口位置,以及外部 Pad 的位置。FloorPlan 在芯片设计过程中会不断调整,因为模拟的引脚位置在增加、删除或调整,数字电路实现的面积也可能与当初规划的不符。

第 3 步是布局(Place),即将综合得到的元器件按照一定规则分散到 FloorPlan 划定的范围当中。ICC 等 PR 工具除了会进行布局以外,还会粗略地进行布线。有一种技术叫物理综合(Physical Synthesis),它认为过去的综合过程是基于线载模型(Wire Load Model,WLM),而线载模型是一种统计信息,并不能反映元器件之间的真实延迟,真正反映真实延迟的是布局后的版图,因此它提倡先粗略综合一下,然后布局,将布局后产生的网表和延迟信息再输入综合工具,产生改进后的综合网表,这样综合的效果最佳。

第 4 步是时钟树综合(Clock Tree Synthesis,CTS),这是 PR 的关键性步骤。前文已强调,时钟是数字设计中最关键的信号,往往一根信号线会延伸到电路的每个角落,造成很大的 Skew,时钟本身也因为时钟源的问题而产生相位不稳定的 Jitter 和频率相关的 Jitter,而随着芯片功能的逐渐强大,不同的工作模式被加入芯片中,一些模式通过切换时钟源、时钟频率实现,使时钟的结构愈加复杂。同一根时钟线延伸到不同区域的寄存器的时钟输入引脚、时钟线上的不同分频,以及不同时钟源的切换,各种结构在数字电路的内部构成了一棵伸展的时钟树(Clock Tree)。在 PR 之前的综合过程中,时钟信号的传输一般设为理想传输,即不允许综合工具在时钟信号线上插入任何元器件。时钟问题的真正解决被放在 PR 的 CTS 过程中完成。综合(Synthesis)的含义即创造元器件,时钟树综合就是在时钟的信号树上插入一些元器件,主要是 Buffer,目的是使在同一个时钟域内达到同步,这样,前仿和后仿的现象就可以一致。同步的主要处理对象就是 Skew，因为在前仿的理想状态下，各寄存器的时钟引脚之间不存在 Skew，这样功能才正确。消除 Skew 的方法就是给离时钟源近的寄存器的时钟线路上插 Buffer，让时钟延迟，一直延迟到与离时钟源远的寄存器的时钟线路相同的程度，如此一来，两者的 Skew 就消失了。消除了 Skew 后的状态称为时钟树平衡（Clock Tree Balance），即不论远近，延迟一律相同。有时，后端不会完全消除一个 Skew，而是利用它来修正数据信号的时序。一个例子如图 2-74(a)所示，假设 AA、BB 两个寄存器相距较远，则 clk1 和 clk2 中间存在一定 Skew，图中的 Buffer 就代表这一 Skew。若从信号 b 到信号 c，中间的组合逻辑延迟较大，则消除 Skew 后寄存器 BB 时钟 clk2 的上升沿与寄存器 AA 时钟 clk1 的上升沿同时发生，信号 c 会在 clk2 的采样窗口的内部发生变化，从而采到了亚稳态。如图 2-74(b)所示，第 3 拍之前信号 c 发生变化的时机太晚，用 clk1 的第 3 拍采不到正常的 c，但 clk2 比 clk1 晚一点，这样就能正常采到 c。

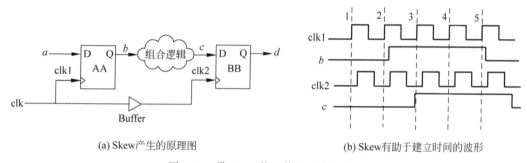

(a) Skew产生的原理图 (b) Skew有助于建立时间的波形

图 2-74 借 Skew 修正信号时序的例子

时钟树平衡不一定要全芯片平衡。若信号完全向前传播、不会反馈，则可以只在其内部做到局部平衡，而不需要在整体上平衡，例如一个波形发生器模块的时钟，驱动波形输出片外。该时钟相对系统的其他时钟延迟几纳秒不会影响波形的正常输出，用户也没有感觉。

电路时序是否容易通过、时序约束是否合理、约束是否被 PR 工具完全理解，这些问题在 CTS 步骤后就已经能够看出了。后端可以显示出时钟树综合的走向脉络，并报告此时的 Timing。若时钟树清晰，时序违例数量较少，则说明正常；若时钟树混乱，与系统设计的时钟树不同，并且时序违例较多，则可能是时序约束语法有问题，虽然语法规则是正确的，但工具并未完全理解这些约束，因而造成了综合错误。

注意 在后端领域，时钟信号和数据信号是成对出现的概念，而在设计架构领域，控制信号和数据信号是成对出现的概念。后端说的数据信号对应到设计架构上，可能是控制信号，也可能数据信号。不要将两种不同的概念域混淆。有时为了避免歧义，后端会使用时钟线和信号线来代替时钟信号和数据信号的概念。

第 5 步是精细布线，也称绕线，即用金属线将所有元器件连接起来。芯片拥有多层金属以供走线，金属层之间用过孔（Via）打通。每层金属都是单独收费的，因此，为了节省成本，可以减少金属的层数，但金属层数少，走线资源就不足，会在一个区域内造成拥塞，特别是设计中存在大的扇入和扇出的情况，一方面可通过设计手段解决（详见 2.37 节），另一方面需要在规划时增加金属层数或面积。金属层和面积都是成本，但哪个成本更高，需要根据不同的工艺和 Foundry 报价进行核算。其实，时钟线和复位线是所有信号中扇出最大的，因为它们是一根线连接了同时钟域上所有的寄存器。时钟线一般会走特殊的金属层，其走线比较宽、电阻小、延迟小、带载能力强。复位线虽然不走特殊的层次，但是用于约束复位的时序要求移除时序（Removal Timing）和恢复时序（Recovery Timing）相对于普通信号较慢，时序上比较容易过。

上述 5 步是 PR 的基本步骤，完成后需要检查时序，一般刚绕完线的版图在时序上是不会全通过的。在时序当中，建立时间是最难满足的，也是前面所有步骤的重点，而保持时间可以手动修正，当绕线完毕后，一些寄存器还会存在保持时间问题，后端会使用脚本在不满足的位置附近插入 Buffer 以使到达速度太快的信号变慢，来满足保持时间要求（详见 2.21节）。所有时序修改完后，还需要将空白的区域填充一些元器件，有专门的 Dummy、Filler等元器件是没有功能的，专门用于填充。填充是基于 Foundry 的工艺要求，必须做的。有时，可以选择填充一些带有功能的元器件，例如与或、非门、触发器之类，当芯片需要做 ECO时，可以使用这些器件。

与模拟版图一样，数字版图也要做 IR Drop、DRC 和 LVS 检查。IR Drop 是电源电压随走线带来的压降检查，目的是检查芯片每个位置的供电电压是否一致。当芯片上只有一个电源引脚时，离该引脚近的元器件电压大，而远的元器件电压小，因而需要在芯片的多个位置分布电源输入引脚，以保证供电的均衡。DRC 检查是检查版图绘制的规则是否符合Foundry 对版图的要求。例如对走线的宽度、线间距、天线效应、信号完整性等的检查。对信号的干扰，特别是来自时钟的干扰加以屏蔽是十分重要的，在屏蔽功能不完善的芯片中，正常信号会受到时钟影响而抖动，造成功能紊乱，因此需要在版图中对时钟等信号线加屏蔽措施、模拟和数字分别接地、模拟不同电源域信号分别接地，并加强信号完整性的检查。LVS 与形式验证概念相似，即对照版图与原理图的一致性，数字设计没有原理图，主要对照版图与最终网表的一致性。

最终，数字版图和模拟版图要合并为一块完整的版图。究竟是以数字版图为主，内部包含模拟版图，还是以模拟版图为主，内部包含数字版图，是一个问题。模拟版图习惯于手工连线，如果是模拟包数字，则模拟版图工程师会将数字版图与模拟版图手动进行连线，并做一个整体的 DRC 和 LVS 检查。如果是数字包模拟，则数字后端会写脚本完成连线，并会对这些连线也做时序检查，并做 DRC 和 LVS 检查。

第 3 章

仿 真 方 法

并非只有 IC 验证人员才需要进行仿真验证,IC 设计人员同样也需要对自己或他人设计的模块进行仿真。本章不涉及复杂的 System Verilog 和验证方法学知识,而是着重介绍最为常用的仿真验证语法和 Debug 思维方式,这些知识不仅可以使零基础的读者能够上手,对于有一定基础的技术人员也有借鉴意义。

3.1 设计者仿真与验证工作的区别

设计仿真主要针对设计人员而言,其任务是通过仿真,检查实际运行效果与其构思是否一致,即前文所讲的手画时序图与仿真时序图是否一致,而验证是一个独立的岗位,验证人员在理论上应当脱离设计者的构思,自己根据需求说明书形成独立的构思,即验证认为正确的模型,称为参考模型(Reference Model,RM),也称为对照组,然后将设计模块与参考模型进行对照,从而确认设计模块是否存在问题。设计模块在验证平台中称为被测设计(Design Under Test,DUT)。验证和设计的分工是符合人脑思维习惯的,对于同一个问题,不同人有不同的理解,如果仅有设计者的设计和自测,则其中理解的偏差、失误之处将会被掩盖,而且一个人更倾向于相信自己所做的决策是正确的,因此,设计者将更少地质疑自己的设计,必须经过他人的眼睛才可能发现问题,这也是验证的参考模型设计必须独立于设计者构思的原因。经典的验证方法甚至会禁止验证人员阅读设计人员撰写的文档,以免思维被同化。

但是,经典的验证方法常常被现实所裹挟,一些设计人员在设计完模块之后并不会进行详细仿真,而是依赖验证帮他找问题,甚至验证人员获得的设计模块在进行语法检查时都不能通过,这是有悖设计和验证分工精神的,也造成了验证需求的激增。另外,目前流行通过 IP 攒芯片,而 IP 质量良莠不齐,需要验证人员在 IP 中发现问题,攒成芯片后还要检验整体功能是否正常,进一步增加了对验证人员的需求。一些培训机构或对验证理解不够深入的人会过度夸大验证和设计仿真的区别,似乎设计仿真是可有可无的,而验证方法学及验证的各种语法才是高大上的,奉之为圭臬。实际上验证和仿真都是为了寻找芯片中存在的设计问题,设计是这一切存在的中心,验证人员最初也是从设计人员中分出来的,他们专门从事仿真工作,久而久之就形成了一套仿真经验,后被归纳总结为验证方法学,没有必要将验证神秘化。虽然原则上验证可以不懂设计，但如果验证也知道一些设计常识并会设计一些简单模块，则对其验证工作也会大有裨益，其与设计人员的沟通交流也会更加顺畅。当然，如果设计人员也掌握更多的验证语法，其自测也可以更加全面灵活，从而可以提高交付质量。

除了使用多种思维方式来寻找 Bug 以外，验证人员的另一个作用是更加全面地对设计进行验证，这项工作会比设计人员自己做的仿真全面得多。某些应用场景、使用方法是设计人员想象不到的，在设计中没有考虑到这些情况，而验证需要将一切可能情形都通过仿真方式展现出来，并观察设计模块是否会在某些奇怪的场景下输出异常结果。设计人员往往会感觉到，一个设计已经很完美了，交给验证后会被爆出一堆 Bug。这些 Bug 有真有假，有设计的问题，也有验证自己的问题，还有在系统层面定义模糊从而引发分歧的问题。

3.2　仿真平台的一般架构

设计者做的仿真和验证工程师的验证工作，其本质区别来自对同一个需求的不同理解，而方法和架构上基本相同，如图 3-1 所示，不论是参考模型还是待测设计（DUT）都需要激励模型对它们进行激发，激励从模块的输入端灌入，相应的输出端会产生响应。参考模型和DUT 的响应被放在一起进行比较，以确认两者是一致的。当发现不一致时，首先应该怀疑DUT 的问题，因为参考模型被编写出来，本身就默认为正确的，它也被称为金标准（Golden），但是要保证参考模型的绝对正确也很难，因为它和设计一样，都是人通过自己的理解用一定的语法编写的，两者出现错误的概率相似，怎么能保证参考模型是对的呢？绝对的保证是没有的，只有相对的保证。例如，参考模型可以不使用综合语法，而是用更加灵活的语法形式，甚至用各种不同的计算机语言来编写，受到的限制少，因而可以更快更好地展现预期功能。这种开发进度和表达能力上的区别类似算法模型与实际产品的区别。System Verilog 的语法非常丰富，就是为了适应写任意激励、任意参考模型、对结果进行多方面比较等各种需求而诞生的，此外，用 System C（一种 C 语言的扩展）、MATLAB 也能够实现仿真、验证平台的搭建。有时，激励也只用于激励 DUT，参考模型可以用灵活的语法在

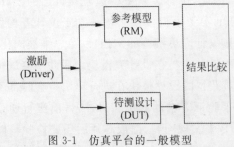

其内部建立一套单独的激励，但这样的建模会出现不同步的问题。假设 DUT 的激励是第 1秒输出信号，而参考模型内部激励是第 2 秒输出信号，则参考模型和 DUT 的输出在同一时刻肯定不一样，让结果比较器如何判断正确与错误？要将第 2 秒的参考输出与第 1 秒的 DUT 输出比较吗？如果这段时间差仍在变化怎么办？因此，两者用同一个激励是最稳妥的建模方法。

图 3-1　仿真平台的一般模型

注意　设计电路的基本单元称为模块（Module），而仿真的基本单元称为模型（Model）。前者是真实的电路，后者是对真实器件行为的模仿，如模仿 Flash、EEPROM、ADC 等器件行为的 Model。

很多时候,设计人员不开发参考模型,因此,在架构上只有激励、DUT及对输出的一些断言,这样做也是允许的,但是仍然建议设计人员准备纸面上的时序图,或功能描述文档,用于对DUT的输出进行Debug。虽然参考模型可以绕开,但绕不开对外围设备的建模。一个SoC芯片的验证平台如图3-2所示,因为该SoC包含多种接口,包括串口(Universal Asynchronous Receiver/Transmitter,UART)、I²C、GPIO、PWM,这些都是对芯片外界的接口,而芯片内部还有模拟电路与它互联,例如时钟和复位信号的产生电路、ADC、DAC等。要想仿真出这些功能,必须编写相应的模型。这些模型,连同DUT在内,被一起例化到一个Verilog文件中,该文件通常被称为Testbench(TB),它是整个仿真的顶层文件。TB文件像一块实际的电路板,上面搭载着我们正在设计的芯片,以及各种其他设备和芯片。仿真者通过查看波形、打印报告(也称log信息,即一段说明文字)等方式来确认仿真现象的正确与否。

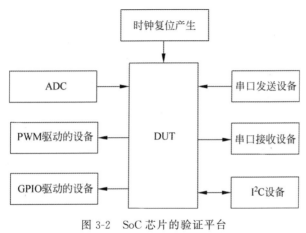

图 3-2 SoC 芯片的验证平台

注意 断言是一种判断的言论,例如信号a等于1就是一种判断。若信号a真的等于1,就会报告正确,或者不报告,若a不等于1,则报告错误。设计和验证都可以使用断言。当设计在代码中留下断言后,若验证仿真时发现断言报错,则说明设计本人认为有错,就可以直接去找设计。断言的实现有多种方式,System Verilog中推荐的断言方式称为SVA(System Verilog Assertions)。

3.3 Verilog 和 System Verilog

System Verilog(SV)是Verilog语法的扩展,反过来讲就是Verilog是SV的子集,因此,精通SV的工程师应该也熟知Verilog,但是,正如第2章所述,Verilog只是电路设计思想的载体,要想实现高质量的设计,需要精通设计思想,在语法使用上反倒很简单,只有always和assign两种语法形式,因此,虽然验证工程师大多熟悉SV,但未必一定会设计。

在仿真阶段，一般会在仿真工具中加入-sv选项，使其在编译时支持SV语法。在下文的介绍中，有纯粹的Verilog，也有简单的SV，在仿真中并不刻意区分，只要可以用于搭建仿真平台，语法可以混用，而且不需要限制在可综合语法范围内，毕竟，仿真验证平台并不用于流片，而是用来找错的。

3.4 Testbench文件的基本结构

Testbench文件的基本结构如图3-3所示。文件以DUT为核心，它需要输入什么就给它什么，例如它需要时钟和复位，就用两个模块分别产生时钟和复位。此外，DUT可能还需要一些来自外围设备的激励，于是就建立一些外围设备的模型，并产生激励，输入DUT，如图中的设备A和B。将DUT的激励都填满以后，需要观察DUT的输出。有些设备需要与DUT进行交互，即该设备先激励DUT，然后DUT给它反馈，形成一个闭环，也可能先由DUT发起输出，而外围设备回复响应信号，如图中设备A。也有的设备是单纯地接收DUT的输出，并做出一些反应，但反应不是给DUT的，仿真者可以通过波形或log显示出这些反应。对于DUT的一些简单的输出信号，无须专门编写模型来接收，可直接拉出连线观察波形，或使用一些简单的观察手段、编写一些断言，当实际波形命中断言后，打印log。TB中还存在一些其他方面的控制单元，它不直接与DUT发生关系，因此在图中没有画出箭头，这些控制包括下载波形的语句、生成随机数的语句、达到一定条件停止仿真的语句等。

图3-3与图3-1和图3-2是一致的。图3-1中的激励信号，对应到图3-3中就是时钟、复位，以及设备A和B对DUT的激励。图3-3中没有图3-1中的参考模型和结果比较，对于设计的仿真来讲是允许的，但是图3-3包含结果的判定方法，即建立外围设备模型，通过观察外围设备模型的反应来判定DUT的输出是否正确。外围设备可分为3类，第一类是设备A，它需要与DUT交互，图3-2中的I^2C就属于第一类。第二类是设备B，只单纯地负责

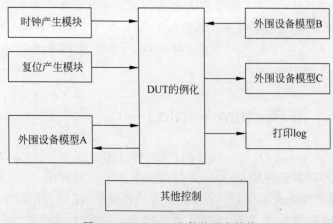

图3-3　Testbench文件的基本结构

激励,图 3-2 中的 ADC 和串口发送设备属于第二类。第三类如设备 C,只单纯地接收信号,并做出反应,图 3-2 中的串口接收设备、PWM 及由 GPIO 驱动的 LED 等设备属于第三类。

图 3-3 中所列各模块或模型,其书写顺序是自由的,因为 SV 是并行语言,书写的先后并不影响连接顺序。笔者习惯的书写顺序如图 3-4 所示,这样写的好处是可以将不经常改动的语句放在下面,写完后可以基本固定,例如 DUT 例化、各种模型的例化等,仿真主要关心的是仿真结束条件,即此次仿真的目的是什么、需要观察到什么程度、遇到什么样的情况可判定为错误、仿真多久没遇到错误就可以停止等问题,这些问题都需要在这个结构里确定。

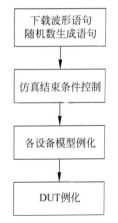

图 3-4　TB 的一般书写顺序

3.5　时钟和复位的产生

时钟和复位信号都是在模拟电路中产生的(详见第 2.24 节),在 TB 中只是产生一个简单的仿真信号。这里要强调仿真的含义,第一,不是真的,与真实情况有或多或少的差异,第二,其输入和输出情况有点类似于真实的元器件。

常用的时钟产生方式如下例所示,例中用了 initial 块,它与 assign 和 always 块处于同等的地位,都是一个独立的表达块,并且由于是并行,一个 initial 块和其他块也没有顺序关系,所以书写时可以按任意顺序排列。initial 块的内部是有顺序的,可以当作一个独立的小型 C 语言来看待。initial 块是 SV 最有别于普通 Verilog 的特征,因为它足够灵活,可以按时间顺序或事件发生的顺序决定内部信号的输出,而不必刻意找规律。在第 2 章介绍设计方法时,所有的手段其实都是为了找到电路的规律,不管是 assign 块还是 always 块,都是一种循环往复的规律的体现,模块内部的很多信号是为了方便设计者找规律而创造出来的辅助信号,而使用 initial 块,不需要找规律,信号什么时候变化、变成什么值都可以通过编写者用特殊的方式来指定。从这个意义上说,initial 块内部才是真正意义上的编程,它体现了两个特点,一个是无规律性,另一个是顺序执行性。

forever 块与 initial 块不是平等的,它必须放在 initial 内部。有规律是无规律的一种特例,forever 即是 initial 中的特例,体现了一种规律性。从英文上理解,forever(永远)和 always(总是)都是规律性的体现,因此两者可以互换,即带 forever 的 initial 块可以与 always 互相替代。

♯(10/2.0)是延时,单位默认为 ns(纳秒),因此它表示延迟 5ns。不直接写 5,而是写为 10/2.0,这是因为 10ns 体现时钟周期(时钟频率为 100MHz),一个周期电平变换两次,因此需要除以 2,写成 2.0 是为了转换为浮点数,例如 9/2 的结果为 4,但是 9/2.0 的结果为 4.5。♯表示延迟。凡是带♯延迟的,都不能被综合,只能用于仿真行为描述。

initial 的首句写 clk＝0 是必要的，它可以让 clk 有一个初始值，若不写，则 clk 将是在不定态基础上不停地翻转，所以，在 initial 首句写下信号的初值是必需的，类似 always 块总是有复位初值的语句。

```
initial
begin
    clk = 0;

    forever
    begin
        #(10/2.0)    clk = ~clk;
    end
end
```

initial 内部产生的信号，类型可声明为 reg，或声明为 SV 中的类型 logic，但不能使用 wire 声明。

仿真中的时间单位，一般会标注在 TB 文件的顶部，其写法如下例所示。前面的 1ns 代表时间单位，如上例中写 #(10/2.0)，意思是 5ns，单位 ns 不写，是默认的，它就源于这里的规定。后面的 1ps 是实际仿真精度，例如 #(10/3.0)，会得到一个无限的浮点数，该浮点数在工具内部仿真时一定要有一个精度将其截断，这里规定是 1ps，则仿真器最终会精确到 3.333ns，小于 1ps 的精度部分就被截断舍弃了。仿真精度越精细，越能体现细节，但仿真时间长、数据量大、最终保存的波形文件大。对于一些精度要求不高的仿真，甚至可以使仿真精度等于仿真单位，即 `timescale 1ns/1ns。

```
`timescale 1ns/1ps
```

很多情况下，仿真者只关心时钟的频率，希望在时钟产生语句中直接体现时钟频率，则可以使用如下写法，通过 parameter 或宏定义直接写出时钟频率，在 # 后面的算式中计算出半周期时间，科学记数法也可以支持。这种写法可方便仿真者改变时钟频率。

```
parameter    FREQ = 32e6;   //将时钟频率规定为32MHz

initial
begin
    clk = 1'b0;

    forever
    begin
        #(1e9/(2.0 * FREQ))    clk = ~clk;
    end
end
```

复位信号的产生也用 inital 块，如下例所示。rst_n 被初始为 0，过 100ns 后变为 1。

```
initial
begin
    rst_n = 1'b0;
    #100    rst_n = 1'b1;
end
```

3.6 灵活的等待方式

在设计中,常常需要等待某个条件满足后才启动,如下例所示,信号 a 一直保持,直到 b 等于 1,它才会自加,若本拍内 b 不等于 1, a 就自动保持,等下一拍再观察 b 的情况。在写 TB 时,也经常要用到相同的思路,即循环等待某个条件。

```
always @(posedge clk or negedge rst_n)
begin
    if (!rst_n)
        a <= 3'd0;
    else if (b)
        a <= a + 3'd1;
end
```

由于 SV 更加灵活,要进行同样的等待工作,不需要借助时钟,如下例所示。信号 a 同样初始化为 0,之后,它每 10ns 观测一次 b,若发现 b 为 1, a 就自加。最后的结果类似于产生了一个以 10ns 为周期的时钟,在时钟驱动下自加。当条件未达到时, a 的数值会自动保持,而不是清零。注意,等待的时间,如果不写单位,默认使用 timescale 规定的时间单位,而如果写了时间单位,则按该单位执行,例如 #3us,即等待 $3\mu s$。

```
initial
begin
    a = 3'd0;

    forever
    begin
        #10;
        if (b)
            a = a + 3'd1;
    end
end
```

另一种实用的等待方式是@,后面跟着敏感条件,意为仅当敏感条件发生时,后面的事件才发生,如下例所示,当信号 b 从 0 变到 1 后,再等 3ns,信号 a 才会变为 1。在可综合的语法中,posedge 和 negedge 只能用于时钟和复位信号,但是在 SV 中可用于任意信号,而且后面还可以继续加条件,例如再等 3ns,并不一定要遵守"#时间 执行语句"这样的定式。从此例可见,@的意思是"当……时",其实,设计常用的 always @(posedge clk or negedge rst_n),

以及 always @(＊)中的@也具有相同含义，只不过在可综合的语法中已经成为固定形式，而在 SV 中就可以充分体现@的本意。

```
initial
begin
    a = 0;

    @(posedge b);
    #3 a = 1;
end
```

需要注意的是，在上例中，代码是按顺序执行的，直到执行到最后一句，该 initial 块就结束了，不像 always 那样是循环执行敏感任务的。要想像 always 那样执行，需要用 forever，示例如下：

```
initial
begin
    a = 0;

    forever
    begin
        @(posedge b);
        #3 a = a + 1;
    end
end
```

always 和 assign 也是 SV 语法所支持的，在 TB 中并不禁止 always 和 assign，可以正常使用，而且用法上可以比可综合的语法更灵活，上例也可以改为下面的表达方式，此例中，信号 a 居然在两个块中出现，这是可综合的语法所绝对禁止的，属于多驱，但是在 SV 中可以，正因为可以，才有可能造成信号冲突，例如在某一时刻，一个功能块命令 a 为 1，另一个功能块命令 a 为 0，仿真工具不知道正确的值是哪个，此时就会在波形中表现为红色，在实际写代码时要注意避免此种情况的发生。

```
initial
begin
    a = 0;
end

always @(posedge b)
begin
    #3 a = a + 1;
end
```

第 3 种等待方式是 wait(a)，其中 a 是一个信号，该句意为当 a 为 0 时就一直等待，直到 a 变成 1 为止。

3.7　信号类型的扩展和强制转换

在 SV 中,除了传统的 wire、reg 类型,以及前文提到的 logic 类型,其他常见的还有 bit 类型、int 类型、real 类型等。bit 类型在语法上只支持 0 和 1 两种状态,非此即彼,不存在 x 态和 z 态,而在 logic 和 reg 类型中,0、1、x、z 等 4 种信号状态都支持,因此 TB 中较少用到 bit 类型,而且 logic 和 reg 类型经常混用。int 其实相当于"reg signed [31:0]"声明,即 32 位有符号整数,若表示 32 位无符号整数,则可以直接声明为"reg [31:0]",也可使用 integer 类型,再或者使用 int unsigned 类型。real 表示带符号的浮点数,相当于 C 语言中的 float。注意,logic、bit、int 等类型本质上是 reg 类型,即这类信号可以在 initial 和 always 块中产生,而不能在 assign 块中产生。wire 类型和上述类型不同,它可以在 assign 块中产生。real 类型信号在 initial、always 和 assign 中都可以产生。

有时,在 TB 中需要对信号进行强制转换。如下例所示,仿真者希望为名叫 ABC 的 DUT 构造一个激励信号 a_fix,该信号需要两个浮点数相除来产生,并且在仿真中需要有规律地改变激励。两个浮点数除法的结果也是浮点数,需要转换为 DUT 需要的整数,可使用强制转换语句 int'(),该转换还有一个特殊的效果就是自动将小数四舍五入,不需要专门的函数。在 SV 中,也可强制转换为其他类型,如 real'()。用 signed'() 可以将无符号数转换为有符号数,并且可综合。在本例中,a_fix 被转换为 int 型,而声明中要求 a_fix 是 logic 类型,这种转换写法是被允许的,若发生溢出,则会自动截位,由仿真者来保证它不会溢出。有些类型转换是自动完成的,例如 a 除以 b,假设 a 是浮点数,则 b 即便是整数,在仿真器的内部也会自动转换为浮点数,输出结果就为浮点数。再例如前文中出现算式 $10/2.0$,使用 2.0 是向 EDA 工具提示该数为浮点数,分子 10 也会相应地被转换为浮点数。这是大多数计算机语言具备的特性。

```
real            a       ;       //浮点数
real            b       ;       //浮点数
logic   [9:0]   a_fix   ;

initial
begin
    b = 0.006136;               //初始化变量
    a_fix = 0;
    a = 0;

    while (a < 2 * 3.1416)      //设置仿真循环结束条件
    begin
        @(posedge clk);         //每当时钟上升沿到来后才做后面的动作
        a_fix       <= int'(a/b);   //激励本体的产生
        a           <= a + 0.01;    //激励参数变化
    end
```

```
        #100 $finish;                    //全部激励完后,再过 100ns,仿真自动结束
    end

    //以下是 DUT
    ABC      u_ABC
    (
        .clk         (clk    ),          //i
        .rst_n       (rst_n  ),          //i
        .in_dat      (a_fix  ),          //i[9:0],构造的激励在这里
        .out_dat     (       )           //o,若 TB 上无观察结果处理,只看波形,可以不引出,在内部看
    );
```

上例中,$finish 是停止仿真的命令,SV 中的内建(Build-In)命令都是以 $开头的。在上例中使用了 while 语句,其他控制语法(如 for 和 if)都可以在 initial 块中使用,用法与 C 语言相同,这里不再赘述。

注意 在可综合的 Verilog 中,所有声明的 wire 或 reg 都对应实际金属线,因此,必须称其为信号,但在 TB 中情况比较特殊,由于是仿真,不是实际的电路,一个变量,如果看作硬件金属连线,则可称其为信号,如果看作软件代码,则可称其为变量。

3.8 log 的打印

要打印 log 时,可以使用 $display()函数,其用法如下,其中%d 代表以十进制打印整数,%f 代表打印浮点数,%x 代表以十六进制数打印整数,与 C 语言中的 printf 用法一致,但 $display 会自动加入换行符,不用写"\n"。

```
$display("state = %d, Isens = %f", state, Isens);
```

从仿真开始的零时刻,到某事件发生,中间经历的时间,可以用 $time 获取。它常与 $display 混合使用,以便打印某个事件发生的时刻,示例如下:

```
$display("Power on happen.", $time);
```

也可以使用如下表述,其中%t 代表 $time。在实际打印中,该时间会按照浮点数的方式打印,若时间精度为 1ps,则打印精度可以精确到 ps,例如 17.000ns。

```
$display("Power on happen %t, aaa = %x", $time, aaa);
```

在双引号中出现的变量,如%f、%d、%x、%t 等,前面都可以对字符宽度进行约束,例如%5t,即以 5 个字符宽度来打印时间。若宽度本身超过 5 个,例如 17.000 宽度是 6 个字符,则仍然打印完整的 6 个字符。对于整数如%d,不仅可以设定打印宽度,还可以设置高位补 0,例如%08d,表示以 8 位宽度打印,当宽度不够时在高位补 0。对于浮点数%f 也可以约

束精度,例如%3.5f,将整数位宽约束到 3 个字符,将小数精度约束到 5 个字符,当整数超过 3 个时按照实际数值打印。注意,所有浮点数类型%f、%t 都不能像整数%d、%x 那样自动在高位补零。

3.9 内建功能函数

12min

除了前文提到的 $finish 可用于结束仿真外,还有一些常用的 SV 内建功能和函数,它们都是以 $为开头,下面将对它们进行介绍。

仿真到一定时间后,调用 $stop 也能让仿真停止,但仿真界面不退出,便于 Debug,而 $finish 是彻底退出。

SV 中的一些数值处理函数如下:

$abs(a),用于求参数 a 的绝对值。参数可以是浮点数,也可以是整数。

$floor(a)、$ceil(a),对参数 a 向下取整、向上取整,参数是浮点数,即若 a 为 1.3,向下取整后得到 1,向上取整后得到 2,四舍五入后也得到 1。没有四舍五入的函数,因为强制取整 int'(a)本身就是对参数 a 进行四舍五入。

$pow(a,b),即以 a 为底,b 为指数,计算该幂次方。参数可以为整数或浮点数。

$hypot(a,b),求复数 $a+bi$ 的模,对于仿真内部有复数计算的芯片,如射频通信芯片,非常有用。

$ln(a),求以自然常数 e 为底,$a$ 的对数。

$log10(a),求以 10 为底,$a$ 的对数。

$exp(a),以自然常数 e 为底,$a$ 为指数,计算该幂次方。

$sqrt(a),求参数 a 的平方根。

SV 包含比较完善的三角函数,具体如下:

$sin(a)、$cos(a)、$tan(a)、$sinh(a)、$cosh(a)、$tanh(a),分别是求弧度 a 的正弦、余弦、正切、双曲正弦、双曲余弦、双曲正切,参数 a 是浮点数。

$asin(a)、$acos(a)、$atan(a)、$asinh(a)、$acosh(a)、$atanh(a),分别是求某值 a 的反正弦、反余弦、反正切、反双曲正弦、反双曲余弦、反双曲正切,参数 a 是浮点数。

$atan2(a,b),已知某个角度的正弦值 a 和余弦值 b,反推该角度值,参数均为浮点数。

上述功能虽然分别标注了支持的数据类型,或浮点数或定点数,但实际上所有函数都支持浮点数和定点数,即便输入的是定点数,仿真工具在内部计算时也要转换为浮点数,最终输出的也是浮点数,但如果 TB 上规定输出的类型为定点数,工具会自动采用四舍五入法将其转换为定点数。

上述这些功能,如果在芯片中实现,都有一定的难度,它要求设计者具备一定算法基础,并根据实际情况设输入/输出接口的位宽精度,其内部计算时产生的中间变量也需要逐一确定精度,但是在 SV 中只需一句代码便可以完成运算。这些功能的引入,不仅方便验证者构造激励信号,其更大的用处在于可以方便地实现参考模型,即芯片内部生成一个计算结果,与仿真平台上的结果进行对照,计算两者的误差,根据误差来评估芯片设计是否正确。下例所示为一个反正切运算模块的仿真 TB,其中既有激励的产生,又包含采用内建功能函数的参考模型,最终可以获得 DUT 运算结果与参考模型之间的误差,并求出误差的最大值,可用于评估该运算模块是否达到设计要求。

```verilog
`timescale          1ns/1ps          //精度声明

//建立 TB 模块,可以用其他名字,但 tb 或以 tb 为前缀的名称较为常见,读者易于辨认
//tb 没有对外接口参数,所有动作都发生在 tb 内部,因此 tb 后面直接使用分号关闭
module tb;
//------------    内部变量声明    --------------------
logic          clk          ;
logic          rst_n        ;

logic          trig         ;

real           z            ;
logic    [16:0]  z_fix      ;
wire           vld          ;    //不仅 DUT,任何模块的输出都是 wire

wire signed   [11:0] atany   ;
real           atany_real   ;
real           atany_get    ;

real           err_atan     ;
real           max_err      ;

//------------    主体内容    --------------------
//生成时钟,周期是 32MHz
initial
begin
    clk = 1'b0;
    forever
    begin
        #(1e9/(2.0*32e6)) clk = ~clk;
    end
end

//生成复位信号,它在 1ms 处解复位,即 1e6ns 处
initial
begin
    rst_n = 1'b0;
    #1e6   rst_n = 1'b1;
end

//主要的激励源模块
initial
begin
    //初始化各激励变量
    trig = 1'b0;
```

```
        z = - 255;
        z_fix = 1'b0;

        //等到解复位后再等 10us
        @(posedge rst_n);
        #10e3;

        //本仿真验收标准是输入 - 255~255,步长为 1/256,对应的输出结果都正确,视为通过
        //因此,这里按要求,借助 while 循环,分时分步构造激励
        z = - 255;
        while (z <= 255)
        begin
            //当探测到一个时钟上升沿后,就 trigger 一下 DUT,激发 DUT 开始运算
            @(posedge clk); trig <= 1'b1;

            //trigger 的同时,输入数据 z_fix 也要准备好
            //这里将 z 乘以 256 是因为 z_fix 是 z 的定点化,z 的小数部分被量化为 8 位
            z_fix <= int'(z * 256);

            //这里想将 trig 构造为脉冲信号,因此,再来一个时钟沿,trig 就下去
            @(posedge clk); trig <= 1'b0;

            //等待计算完成,当 DUT 计算完成时,vld 会起一个脉冲信号,方才停止
            wait(vld);

            //上次运算完成后的 500ns,激励数据更新,并再等 500ns
            #5e2 z = z + 1/256.0;
            #5e2;
        end

    //当全部输入任务完成,并且计算也完成后,再等 1us,结束仿真
    #1e3 $finish;
end

//以下是参考模型
//使用 always 块相当于使用 initial 和 forever,本质相同
always @(posedge clk or negedge rst_n)
begin
    if (!rst_n)
    begin
        atany_get  <= - 1.56;
        atany_real <= 0;
    end
    else
    begin
        //DUT 的输出结果 atany 是定点化后的浮点数,需要在 tb 中恢复为浮点数
        //恢复的浮点数,即 atany_get,除以 1024 是因为原定点为 10 比特小数精度
        //atany_real 是真正的对照组
        //tb 中会将 atany_get 和 atany_real 进行对照
        //每当计算结果出来后,就更新一次
        if (vld)
```

```
            begin
                //这里需要强制转换为浮点数才行
                atany_get   <= real'(atany)/1024;
                atany_real <=  $atan(z);          //使用内建函数算出标准答案
            end
        end
end

//计算 DUT 结果与参考答案的差别,并取绝对值.算法中不关心误差的符号,只关心绝对值
assign err_atan = $abs(atany_real - atany_get);

//自动寻找错误的最大值,即最大误差
always @(posedge clk or negedge rst_n)
begin
    if (!rst_n)
        max_err <= 0;
    else
    begin
        //每当计算结束后,就会更新最大误差结果
        if (vld)
        begin
            //这个#1延迟很重要,如果不写,则此刻误差还没算出来
            //必须象征性延迟一下,等待误差计算出来
            //tb 不是硬件,没有计算延迟
            //因此计算是瞬间完成的,这里写#0.001也可以
            #1;
            if (err_atan > max_err)
                max_err <= err_atan;
        end
    end
end

//例化 DUT
atan    u_atan
(
    .clk     (clk  ),                      //i
    .rst_n   (rst_n ),                     //i

    .trig    (trig ),                      //i,计算触发脉冲
    .vld     (vld  ),                      //o,计算结果有效脉冲

    .para_in (z_fix ),                     //i[16:0],有符号,8位整数,8位小数
    .atany   (atany  )                     //i[11:0],有符号,1位整数,10位小数
);

endmodule
```

   用 SV 进行仿真,比 MATLAB 算法仿真的方便之处在于波形能保留历史,即通过观察波形,可以获知每一时刻上每个变量的具体值,而用 MATLAB 等程序语言做同样的仿真,只可以得到最后一个时刻的结果,若要像 SV 一样得到中间结果,则必须开辟数组,计算一

步存一步,并且由于变量数量众多,MATLAB 只能为比较重要的变量开辟数组,无法看到没有事前保存的变量,而 SV 可以全部保留,不用专门开辟数组。当然,一些复杂的算法和系统功能,在 SV 中是不提供的,而 MATLAB 会提供,因此,对于复杂的数字 IC 设计和大型算法 IP,凭借验证工程师的知识储备无法构建出令人满意的、基于 SV 的参考模型,还需要借助 MATLAB、Python 等拥有大量复杂功能的软件来生成相应的对照组,负责这一工作的是 IC 算法工程师,他们提供算法的 DUT 模型、验证模型和验收标准,一方面指导 DUT 设计,另一方面为验证人员生成参考模型。纯 SV 仿真验证平台在控制 IC、MCU、GPU 等领域较为普遍,因为其设计的特殊性和卖点主要在于合理的架构和元器件搭配,但在 AI、无线通信等领域,常常有 SV 与其他语言混合编写的验证平台,因为这些芯片的卖点除了架构还有先进的算法理论和实现。

3.10 仿真器也会出错

有时不是设计模块写错了,而是仿真器仿出了与设计不相符的波形。如下例中的设计代码,正确的仿真波形为图 3-5(a),但实际的仿真波形可能是图 3-5(b)。

```
always @(posedge clk or negedge rst_n)
begin
    if (!rst_n)
        a <= 0;
    else if (b)
        a <= a + 1;
end
```

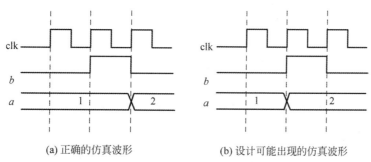

(a) 正确的仿真波形   (b) 设计可能出现的仿真波形

图 3-5　仿真出错的情形

出现仿真器波形错误的原因主要是复杂的时钟分频,这种分频会使仿真器逻辑错乱,混淆事件发生的前后顺序。要解释这种现象,还要从仿真器的原理说起。仿真器也是由面向对象的高级语言编写而成的,因此,虽然硬件实际上是并行的,而且仿真器也会竭力给仿真者一种并行的假象,但在其内部处理上,仍然与其他计算机语言一样是按顺序执行的。那么,怎样以顺序的步骤做出并行的效果呢? 答案是将时间和事件分开。前文的 TB 代码,经常有类似"#10　a＝2;"这样的句子,该句中#10 是延时信息,仿真工具会据此将当前时间轴向后拖动10ns,然后停下来,此刻发生的事件是将信号 a 赋值为2。如果描述再复杂一点,如下例中,一个时刻会发生两个事件,即 a 和 b 的值都在变化,在仿真器内部处理上必然有先后顺序,但在最终的波形显示上,会将 a 和 b 放在同一时刻变化,造成同时变化的假象。

```
a = 7;
b = 3;
♯10   a = 2;
      b = 9;
♯17   b = 4;
      a = 8;
```

对于时钟信号,仿真器会特别区分,因为它是芯片驱动的基准,信号变化始于时钟沿的变化。它辨别时钟的方法就是从寄存器的敏感列表中寻找,但如果该时钟线路经过了很多类似数据的处理,将影响它的分辨,而时钟分频的处理与数据的处理十分相似,下例中生成的 clk_d4 是对原 clk 的 4 分频,看起来像是一个普通的信号处理。

```
always @(posedge clk or negedge rst_n)
begin
    if (!rst_n)
        cnt <= 2'd0;
    else
        cnt <= cnt + 2'd1;
end

assign clk_d4 = cnt[1];
```

若工具将时钟当作普通信号,则它将不把时钟线放在时间变量中处理,而是放在事件变量中,和其他的事件一起排序。将图 3-5 波形的内部延迟细节画出来将如图 3-6 所示。正确的波形为图 3-6(a),由于信号 b 与 clk 同步,在第 2 个时钟沿后 b 才会变为 1,在第 3 个时钟沿采到 b 为 1,因此 a 自加,而错误的波形如图 3-6(b)所示,工具将 clk 当成了数据,顺序排在了 b 变化的后面,即 b 先变为 1,然后第 2 个时钟沿才到,此时,刚好采到 b 为 1,所以 a 在第 2 个时钟沿就自加了。在前仿条件下,像图 3-6 这样的事件前后发生细节是看不到的,只在仿真器内部运行时才出现,不表现在波形上,仿真者只能看到图 3-5 那样几个事件同时

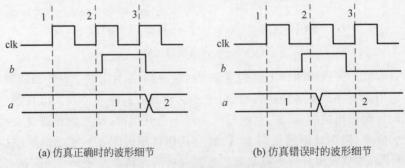

(a) 仿真正确时的波形细节   (b) 仿真错误时的波形细节

图 3-6 仿真出错的波形细节

发生的波形。

当判断为仿真器仿错的情况后,可以在设计的分频处加一小段延迟,人为将这几个事件放在不同的时间点上,这样执行顺序就不会混乱了。添加延迟的方法如下例所示,其中0.01即为延迟,单位是 ns,这里的目的是添加一个极小的延迟,所谓极小,可用 timescale 定义的时间精度来决定,一个极小值就是一个时间精度。也可以设大一些,但不要超过时钟周期的 1%。

```
always @(posedge clk or negedge rst_n)
begin
    if (!rst_n)
        cnt <= #0.01 2'd0;
    else
        cnt <= #0.01 cnt + 2'd1;
end

assign clk_d4 = cnt[1];
```

在编写 TB 时,也常会遇到相同的情况,如下例中,仿真意图是在时钟 clk 的上升沿出现后,将信号 aaa 赋值为 3。按照时间与事件的关系,posedge clk 代表时间,aaa 赋值代表事件,两者应该同时发生。问题是,在 TB 中构造信号本来就是为了驱动 DUT,因此仿真者必须关心引发 aaa 赋值的 clk 的上升沿,在采样 aaa 时,采到的是 0 还是 3。仿真意图是 0,因为根据同步电路设计原则,aaa 的实际赋值位置比 clk 的上升沿晚一点,即它们其实不是同时发生的事件,但若采用下例的写法,往往会使时钟上升沿采到 3,即 EDA 软件会认为 aaa 赋值事件在时钟上升沿之前发生,继而会造成仿真结果错误。

```
initial
begin
    aaa = 0;
    @(posedge clk);
    aaa = 3;
end
```

为了避免这种情况,可以使用两种方式来避免,其中一种是让 TB 语言描述更贴近真实情况,即体现出时钟上升沿先发生,而 aaa 后赋值的事实,将两者拉开一段时间差。如下例所示,在两句话中间插入 #1,以表明它们并非发生在同一个时刻。

```
initial
begin
    aaa = 0;
    @(posedge clk);
    #1;
    aaa = 3;
end
```

上述手动增加时间的方法,在波形上会出现信号延迟或毛刺,虽然这样更接近实际电路上发生的真实情况，但习惯看前仿波形的仿真者仍然希望波形能够按照前仿的无延迟形式进行展现。此时，可以使用非阻塞赋值的方式，如下例所示，将 aaa 赋值的＝改为＜＝，这样，EDA 软件将自动认为该时钟上升沿采样到的 aaa 值为 0，下一个上升沿处 aaa 才变为 3。如此一来，always 块的时序逻辑和 initial 块的时序逻辑就统一了起来。凡是使用 posedge 或 negedge 这样的边沿触发时，后面的信号都使用非阻塞赋值。虽如此，也并非全部的仿真问题均可迎刃而解，例如上文中 RTL 时钟分频导致 EDA 理解错误的情况仍会发生，那时，仍然需要类似 cnt <= ♯0.01 cnt＋2'd1 的语句，即非阻塞赋值加延迟的方式才能仿对。

```
initial
begin
    aaa = 0;
    @(posedge clk);
    aaa <= 3;
end
```

在 TB 中使用非阻塞赋值需要注意应用范围。一个较为复杂的示例如下，仿真意图是 aaa、bbb、ccc 在时钟上升沿处发生变化，因此它们均使用了非阻塞赋值，bbb 虽然后使用了 ccc 的值，但也可以写在 ccc 赋值的前面，因为这两句赋值没有依赖关系，是并行处理的，但是后面的 if 判断句式却不能用非阻塞赋值，因为该判断句必须在 bbb 赋值结束后才能判断，若用了非阻塞赋值，则将不能体现仿真意图。需要注意的是，非阻塞赋值语句必须连续写，如本例中 aaa、bbb、ccc 连续赋值，阻塞赋值语句应写在非阻塞赋值之后。TB 中的这些注意事项，在 RTL 的 always 块时序设计中无须担心，因为在这些 always 块中，所有的赋值都必须是非阻塞赋值。

```
initial
begin
    ……之前的逻辑
    @(posedge clk);
    aaa <= 3;
    bbb <= aaa + ccc;
    ccc <= 5;

    if (bbb > 7)
        bbb = 6;
end
```

3.11　前仿中的真相与假象

前仿就是直接使用 RTL 仿真，仿真波形中，除了 TB 中有意插入的延迟外，不包含其他电路延迟，因而前仿波形显得十分规整，只要模块内部的信号都是同步的，则不论是组合逻辑还是时序逻辑，其产生的信号都只在时钟敏感沿变化，但是，也正是由于波形规整，往往会误导初学者忽略一些电路上的本质问题。例如，组合逻辑产生的信号中间大概率是存在细微毛刺的,只不过同步系统只以时钟沿作为评判标准,只要时钟敏感沿不采样到毛刺,则组合逻辑的毛刺就可以忽略。如果以组合逻辑信号直接输出控制模拟器件,则其中的毛刺不能被忽略。在前仿中,这些毛刺是不可见的,因而也使仿真者放松了对此类问题的警惕。

　　一些在资源和功耗方面进行过特殊节约处理的电路,往往需要将信号与时钟做一些组合逻辑,其实现结果也容易出错。当这种电路设计不当时,在前仿中也能体现出来,只不过是以一种不符合常理的方式。一个前仿异常的例子如图 3-7 所示。出现异常的位置是 slave_addr,仿真的原意是当 slave_addr_vld 出现下降沿时 slave_addr 变化,否则它将保持不变,但从图中可见在 A 点处,slave_addr 从 2 变为 0,但此时 slave_addr_vld 并无下降沿,而且,不论怎样放大波形,都不会在 A 点看到它的任何波动。

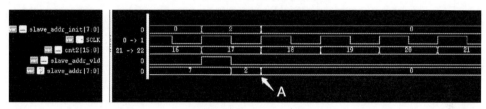

图 3-7　前仿波形异常示例

slave_addr_vld 的产生逻辑如下式所示。

```
assign slave_addr_vld = (cnt2 == 16'd17) & SCLK;
```

　　从表面上看,cnt2 等于 17,和 SCLK 相与,前仿得到的效果是正确的,A 点处确实不会产生波形变化,但深入理解,会发现 cnt2 从 17 变为 18 的时刻,在实际电路中会比前仿显示的时刻要延迟一段时间,这就意味着在 A 点,SCLK 的上升沿时刻 cnt2 仍然为 17,得到的 slave_addr_vld 会变为 1。由于延迟的时间非常短(一般是 ps 级),slave_addr_vld 又马上恢复为 0,所以 A 处确实会产生一个信号下降沿。前仿时不带延迟信息,ps 级的延迟不可见,因而会出现 slave_addr_vld 明明没有变化,却产生了只有它变化后才会造成的影响,因此,电路的设计者应避免用时钟信号参与组合逻辑。另外,对于仿真中的一些怪现象,要联系实际电路进行分析,如果是仿真器本身的问题(如 3.10 节),则可通过修改 TB 来避免,如果是电路 RTL 设计问题,则不应用 TB 来规避,而是应修正设计中的真实缺陷。

3.12　从 DUT 中直接获取信号

　　有时,从 DUT 的接口处无法获得一些仿真者所关心的信息,仿真者希望进入 DUT 内部获取某个信息,以便进行驱动或结果比较。例如,串口通信的基本信号线是两根,一根是发射线,另一根是接收线,通信时不传输时钟,而是靠收发两端事先约定一个时钟频率,即波特率,然后收发两端各自按照约定频率独立产生时钟,在进行 SoC 芯片的串口仿真时,软件可能经常改变该频率,仿真平台为了能对这一频率进行自适应,免去每次软件改完后仿真平台必须跟着修改,并且还需要重新编译的麻烦,就会从芯片 DUT 内部将其串口参数或串口时钟直接拉到 TB 上。

　　从 DUT 中拉信号的方法十分简单，假设一个信号在 DUT 中的位置如图 3-8 所示，即 TB 中例化了 DUT，DUT 中有一个例化名为 AA 的模块，AA 中有一个例化名为 BB 的模块，需要引出的是 BB 中的信号 a，则可以用如下语句来引出该信号，中间经过的每个例化名都用"．"隔开，注意，DUT、AA、BB 都是例化名，而非模块的名称。tb_a 是其在 TB 中的新名字，可以任意命名。这种方法既可以引出单根信号线，又可以引出总线。

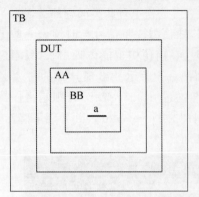

图 3-8　DUT 中的一个信号待引用

```
assign tb_a = tb.DUT.AA.BB.a;
```

　　上例中引出的信号 tb_a，像 TB 中的其他信号一样，既可以用作电平，又可以用作触发。下例代码是将 tb_a 作为电平使用，每隔 10ns 观察一下 tb_a 的值是否为 1，若是，则 b 自加，共循环 5 次。

```
initial
begin
    b = 0;

    for (cnt = 0;cnt < 5;cnt++)
    begin
        #10;
        if (tb_a)
            b = b + 1;
    end
end
```

　　下例代码是将 tb_a 作为触发使用，等待 tb_a 从 0 变为 1 的上升沿，若发生，则 b 变为 1。

```
initial
begin
    b = 0;

    @(posedge tb_a);
    b <= 1;
end
```

　　使用 DUT 引出的信号用于触发用途时，当触发事件发生后，仿真器可能会没有观察到触发事件的发生。如果 tb_a 明明从 0 变成了 1，@(posedge tb_a)却一直没有触发，就是发生了这种情况。此时，可以选择在 TB 中重新产生 tb_a，方法是用一个假时钟来采样 tb_a，然后取出它的上升沿，如下例所示。此例中，TB 构造的假时钟为 fake_clk，它可以数倍于 DUT 的主频。提取的 tb_a 的上升沿信号为 tb_a_rise。always 块的敏感列表中只有 fake_ clk 的上升沿,而没有复位,在 TB 这种不可综合的代码中是允许的,为了防止 tb_a_r 和 tb_a_2r 在仿真初期为不确定的值,可以在下面写个 initial 块以确定它们的初值。initial 块和 always 块是理论上并行运行的。

```
always @(posedge fake_clk)
begin
    tb_a_r  <= tb_a;
    tb_a_2r <= tb_a_r;
end

initial
begin
    tb_a_r  = 0;
    tb_a_2r = 0;
end

assign tb_a_rise = tb_a_r & (~tb_a_2r);
```

3.13　数据预读取

10min

数据预读取是 TB 中一项非常重要的功能,其含义是在仿真的第零时刻,所有先验数据都已经进入存储器或 TB 的数组序列中。在实际芯片中,运行之前数据就在存储器中是常见的情况,例如 MCU 运行前,其程序会被事先烧写到不易失存储器(如 Flash、ROM 等)中,MCU 上电运行时,程序本来就在那里。还有一些芯片使用 EEPROM 作为外部存储器,上电后通过 I^2C 接口读取 EEPROM 中的值作为配置。为了仿真出这一情况,需要在 TB 运行的第零时刻就将数据写入存储器。

预读取的方法很简单,常用命令为 $readmemb 或 $readmemh,其用法如下:

```
initial
begin
    $readmemb("user_num.dat", DUT.memory);
end
```

该命令的意思是将文本文件 user_num.dat 中的信息加载到 DUT.memory 路径中。在 Linux 系统中,文件的扩展名并不重要,因此,user_num.dat 的扩展名不一定是 dat,也可以自己定义,或者没有扩展名,为了方便仿真器找到文件,双引号中还可以明确填写文件路径。DUT.memory 只是本例的假设位置,读者可根据 DUT 存储的实际位置填写。存储器并不一定放在 DUT 内部,例如片外 Flash 或片外 EEPROM 就是在 DUT 以外,仿真者可以下载或自行撰写这些存储芯片的行为模型,将它们与 DUT 一样例化到 TB 中,预读取的数据会放入它们内部虚构的存储部件当中。当然,将数据直接放入掉电易失性器件(如 SRAM 或 DDR)的模型中也可以,这就省略了从非易失性器件到易失性器件的搬移过程,但这样的省略往往也会略过自动复制数据这一必要的系统运行阶段,导致该阶段没有被仿真,留下隐患，读者应注意。

若 user_num.dat 里面以二进制记录数据，则用 $readmemb 命令，若以十六进制记录数据，则用 $readmemh 命令。注意，以二进制记录的数据并不是二进制文件。二进制文件是不用 ASCII 码显示，直接将原始数据保存下来的文件，用文本编辑器打开是乱码。以二进制记录的数据，其字符仍然是转换为 ASCII 码进行存储，用文本编辑器打开可以正常观看。

下面是一个用二进制记录数据的 user_num.dat 的例子，假设硬件中是 10 位宽度的存储体，例如存储体声明为 reg[9:0] mem[255:0]，则有 256 块 mem，每块的位宽是 10 位。

```
0001100110
0001001101
0001010111
...
```

下面是一个用十六进制记录数据的 user_num.dat 的例子，假设硬件中是 8 位宽度的存储体，因此，每个数据是 8 位。

```
04 A1 05 48 FF F7 D0 FA 00 20 00 F0 41 F9 10 BD
75 24 38 A0 B9 88 5C 6E B1 3D 10 23 3A 5D 77 E9
...
```

在文本中，区分数据边界的是空格符和换行符，因此可以根据仿真者自己的格式要求自由决定换行的位置。

在数字设计或芯片测试的过程中，还可能会使用逻辑分析仪、示波器等仪器收集一些测试波形，并将该波形保存为数据，然后将该数据输入 TB 中进行仿真。在进行前期的竞品分析时，测试人员经常会获取一些市场上已有的、与正在开发的芯片类似的其他厂商的芯片，进行分析研究，调研其功能上的特点，找出其在性能上有哪些优势，并提交给研发人员，询问他们是否也具备同样的优势，特别是对于包含信号接收机的芯片，输入信号的接收和处理能力是芯片成败的关键，测试人员会提供相关接收波形给研发人员用于性能评估。同样，在流片之后的测试阶段，有一些问题被发现后，往往定位不到具体原因，需要深入芯片内部进行分析，此时，芯片的仿真者可以选择自己构造一个类似环境，而更为直接的方法是将 PCB 板上采集的信号输入仿真平台中。逻辑分析仪采集到的一般是二进制的数字信号，便于处理，而示波器采集到的一般是浮点信号，在数字仿真平台上需要先转换为数字信号再做进一步处理。保存数据的文件多以 CSV 为扩展名，在 Windows 系统中默认以 Excel 表格形式打开。

下面是一个二进制 CSV 文件的例子，分为两列，左边是时间，右边是数据。时间可以为负。一个文件也可以存储多个数据，此时，该文件会呈现 3 列或更多列。

```
-1.249998420, 1
-1.249900060, 0
```

```
- 1.249635635, 1
- 1.249392975, 0
- 1.249143020, 1
- 1.248886130, 0
- 1.248637465, 1
- 1.248387365, 0
- 1.248147210, 1
- 1.247880195, 0
- 1.247631790, 1
- 1.247364570, 0
- 1.247132455, 1
- 1.246882695, 0
```

一个浮点数 CSV 文件的例子如下：

```
- 2.0000000e + 00, 0.20375
- 1.9999996e + 00, 2.14688
- 1.9999992e + 00, 9.00688
- 1.9999988e + 00, 8.9775
- 1.9999984e + 00, 8.96094
- 1.9999980e + 00, 8.94844
- 1.9999976e + 00, 8.91563
- 1.9999972e + 00, 8.88375
- 1.9999968e + 00, 8.84125
- 1.9999964e + 00, 8.79438
- 1.9999960e + 00, 8.75125
- 1.9999956e + 00, 8.68688
- 1.9999952e + 00, 8.64969
- 1.9999948e + 00, 0.793437
- 1.9999944e + 00, 0.0978125
- 1.9999940e + 00, 0.125938
- 1.9999936e + 00, 0.154375
```

上述两种 CSV 文件,应该怎样将它们输入仿真平台中呢? 用下例提供的方法可以读取浮点数 CSV 文件。timeBai[$]是一个无限长度数组,$表示无限长度,高级计算机语言都有类似的表示。使用 $fopen 命令可以打开一个名叫 AAA. csv 的波形文件,生成一个文件句柄,括号中的 r 表示目的为读取而非写入。 $feof(file)用于寻找文件的结尾,使用 while 循环持续寻找。 $fscanf 用于在遇到与文本匹配的字符时就将其输入数组中,该文件是两列,因此分别输入保存时间的数组 timeBai 和保存数据的数组 dat_vector 中。若是 3 列,则可以用类似的表达,写为" $fscanf(file, "%f,%f,%f", timeBai[cnt], dat_vector1[cnt] , dat_vector2[cnt]);"。持续读取到文件结尾处,关闭文件句柄 $fclose。将时间向量乘以 1e9 是为了将时间单位从秒转变为纳秒,以符合 timescale 规定的时间单位。虽然 CSV 中的时间有负数的情况,但仿真中主要关心的是一个信号的两个相邻值之间间隔的时间,而不关心绝对时间,因此,需要从时间轴 timeBai 中提取相对时间,即后一个时刻减去前一个时刻。例子中构建的数组 timeBai2 就是相对于 timeBai 错位一格的时间轴,两者相减即为相对时间 dtime,或称间隔时间。做完上述处理后,timeBai 和 timeBai2 两个数组就没用了,可以用 timeBai. delete() 语句将其内存空间释放。因为它们是无限数组，在仿真器内部用链表表示，比较占用内存空间，所以需要及时释放。上述处理过程没有出现 SV 中的延时语句，因此这些动作都发生在第零时刻，在仿真器看来就是初始化过程，没有时间消耗，timeBai、timeBai2、dtime、dat_vector 等都不是信号，而是真正意义上的变量。准备完毕后，按照 dtime 的间隔，依次进行延迟，然后将 dat_vector 中的数据打入信号 dat_f 中，在波形工具中可以看到 dat_f。lineNum 记录了数据的个数，可以用 for 循环将其逐一输出。最后的判断条件 dat_f > 1.65 是为了将浮点形式的 dat_f 转换为二进制形式的 dat，这样才能作为数字 IC 的输入。如果 CSV 本身就保存着二进制数，则无须这样判决。

```verilog
`timescale 1ns/1ps

module tb;
//---------- 变量声明部分 ----------------------------
real            timeBai[ $]          ;
real            timeBai2[ $]         ;
real            dtime[ $]            ;
real            dat_vector[ $]       ;
integer         file                 ;
integer         cnt                  ;
integer         lineNum              ;

real            dat_f                ;
wire            dat                  ;

//----------- 仿真平台主体部分 --------------------------
initial
begin
    file = $fopen("AAA.csv", "r"); //打开文件句柄

    //循环读取文件内容，直到文件结尾
    cnt       = 0;
    while (! $feof(file))
    begin
        $fscanf(file, "%f,%f", timeBai[cnt], dat_vector[cnt]);
        cnt ++;
    end
    $fclose(file);                   //关闭句柄
    lineNum = cnt;                   //保存数据量

    //转换时间单位，从 s 转换为 ns，以符合 timescale 的要求
    for (cnt = 0; cnt < lineNum; cnt++)
    begin
        timeBai[cnt] = timeBai[cnt] * 1e9;
    end

    //从绝对时间 timeBai 中获取间隔时间 dtime
    for (cnt = 0; cnt < lineNum - 1; cnt++)
    begin
```

```
            timeBai2[cnt]  =  timeBai[cnt + 1];
            dtime[cnt]     =  timeBai2[cnt] - timeBai[cnt];
        end
        timeBai2.delete();                      //释放无用的变量
        timeBai.delete();                       //释放无用的变量

        dat_f = 0;                              //要发出的模拟波形
        #19c6;
        for (cnt = 0; cnt < lineNum - 2; cnt++)
        begin
            dat_f = dat_vector[cnt];
            #(dtime[cnt]);
        end

        $finish;                                //发完数据后,仿真结束
    end

    assign dat = dat_f > 1.65;                  //组合逻辑:将模拟信号判决为数字信号

endmodule
```

3.14 将仿真数据以文本形式输出

有时,仅通过波形和 Monitor 自动检查无法满足仿真者的需求,仿真者希望将仿真中产生的数据以文本的形式输出以便查看和对照,此时,可以用 $fdisplay 函数。示例如下,先用 $fopen 打开一个文本句柄,语句中 w 表示以可写方式打开。 $fdisplay 的操作同 C 语言中的 fprintf 一致,其后自带换行符,还可使用 $fwrite 代替,区别是其后不带换行符。最后使用 $fclose 函数关闭句柄。本例是将数组数据输出,实际数据来源可以是数组,也可以是信号。这里再次强调,数组不是信号,只有将数组中的数在不同的时刻发出去,才是信号,反之也成立,将不同时刻的信号用一个数组收集起来,信号就变成了数组。数组可以看作损失了时间信息的信号。

```
int             fp         ;
int             cnt        ;
logic   [7:0]   dat[9:0];

initial
begin
    ...                                     //产生 dat 的语句

    fp = $fopen("my_file.txt","w");         //建立可写的文本句柄

    for (cnt = 0;cnt < 10;cnt++)
        $fdisplay(fp, " % x", dat[cnt]);    //将 dat 数组输出到文本中
```

```
        $fclose(fp);                      //关闭文本句柄
    end
```

3.15　并行处理的方法

既然 Verilog 和 SV 都是并行语言，每个 assign、always、initial 都是并行处理的，为什么还要有专门的并行语法呢？因为仅仅通过这 3 种块表达不够灵活，无法满足仿真和验证的需要。如下例(a)部分所示，如果仅使用上述 3 种表达式来得到并行效果，看起来是合理的，但实际情况却是像代码(b)部分所示的那样，妈妈、爸爸、小孩并非完全并行，他们有时需要一起等待某个事件、共同处理某项工作，有时则需要各自并行处理问题。像这种不同变量时而并行，时而不并行的场景，需要更复杂的语法来支持。

```
//(a)
assign 妈妈做家务；
assign 爸爸上班；
assign 小孩上学；

// ********************************************************************
//(b)
等到早晨，三口人起床梳洗、吃早饭以后
妈妈做家务
爸爸上班
小孩上学
直到晚上，三人回家吃晚饭、梳洗、睡觉
```

SV 中引入了 fork…join 语句来解决此问题。整个 fork…join，地位类似 if…else…或 for 循环，是放在 initial 块里面的，比 initial 低一级。例如要表达上例中(b)部分的场景，可以写成下例的形式。此例中所有行为都在一个 initial 块中完成。先对一家三口的行为进行初始化，然后使用 forever 块，表示日复一日过着相同的生活(不考虑节假日)。在早上，妈妈、爸爸、小孩按顺序梳洗，因为家里只有一个洗漱池，每次只能提供一人梳洗。接下来，三人并行吃早饭。完成后，三人一同去学校，此处可以理解为 3 个变量相互发生关系的逻辑过程，既可以理解为并行去学校，也可以理解为相互作用下去学校，然后三人各自在不同的场景下进行各自的活动。等到晚上，三人从学校返回，并行吃晚饭，再串行梳洗，最后并行睡觉。由于有 forever 循环，第二天早晨仍然如此。从此例中可以基本体会 fork 和 join 的用法含义，fork 即分岔，可想象为并联电路，join 是合并，可想象为从并联被捏合为串联。fork 后面的冒号和文字是必须有的，它是块的名称，仿真器在编译时，用以区分不同 fork 之间的差别。

```
    initial
    begin
```

```
        妈妈空闲;
        爸爸空闲;
        小孩空闲;

    forever
    begin
        @早晨;
        妈妈梳洗;
        爸爸梳洗;
        小孩梳洗;

        fork:并行吃早饭
            妈妈吃早饭;
            爸爸吃早饭;
            小孩吃早饭;
        join

        爸爸、妈妈送小孩去学校;

        fork:在不同地点并行
            妈妈做家务;
            爸爸工作;
            小孩上学;
        join

        @晚上;
        爸爸、妈妈接小孩回家;

        fork:并行吃晚饭
            妈妈吃晚饭;
            爸爸吃晚饭;
            小孩吃晚饭;
        join

        妈妈梳洗;
        爸爸梳洗;
        小孩梳洗;

        fork:并行睡觉
            妈妈睡觉;
            爸爸睡觉;
            小孩睡觉;
        join
    end
end
```

　　fork 分开的每个变量动作都可以看作一个进程,但是,如果每个进程不只有一句话,而是一系列动作的组合,该如何表达?可以用 begin…end 包住,视为一个进程。如果将上例中在不同地点并行的 fork 块复杂化,可变为如下表达式。在 begin…end 内部,动作都是按顺序执行的,此例中,妈妈是先做家务,再看电视,最后做晚饭,而妈妈的这些动作与爸爸什么时候开会、看文档无关，因为他们是并行操作的，而小孩的动作没有 begin…end 包围，因此可以单独写下来，与爸爸、妈妈的动作并无关联。

```
fork:在不同地点并行
    begin
        妈妈做家务;
        妈妈看电视;
        妈妈做晚饭;
    end

    begin
        爸爸开会;
        爸爸看文档;
        爸爸写代码;
    end

    小孩上学;
join
```

fork…join 还有两种变体，一种是 fork…join_any，另一种是 fork…join_none。fork…join 的特征是 3 个并行事件都做完后才会执行 join 下面的串行流程，但有时，需要其中任意一个事件完成后就执行 join 下面的流程，这就是 fork…join_any 的用途。如果希望 3 个并行照常做，但也不要耽误 join 后面语句的执行，其实是 4 个进程并行（fork…join 内部的 3 个及 join 后面的全部语句算一个），此时用 fork…join_none。

下例是采用 fork…join_any 的例子，通过 a、b、c、d 4 个进程的打印时间来判断程序运行的先后顺序。

```
fork:use_join_any
    begin
        #3 a = 1;
        $diplay("a happened @", $time,"ns");
    end

    begin
        #1 b = 2;
        $diplay("b happened @", $time,"ns");
    end

    begin
        #2 c = 3;
        $diplay("c happened @", $time,"ns");
    end
join_any

#1 d = 4;
$diplay("d happened @", $time,"ns");
```

最终的打印效果如下。在 1ns 处，fork 中的 b 进程先结束。由于使用了 join_any，当 b

发生后,fork 块外面的 d 进程也开始执行,同时 fork 块内部尚未完成的进程仍然在运行。在 2ns 处,d 进程完成,同时,fork 中的 c 进程也完成了。虽然先打印的是 c,然后才是 d,但这仅仅体现了仿真器内部的执行顺序,对于仿真者来讲并不重要,重要的是两个结束事件都发生在 2ns 处,因此是同时发生的。此时,a 进程还在运行,并在第 3ns 处停止。

```
h happened @1ns
c happened @2ns
d happened @2ns
a happened @3ns
```

作为对比,下面给出了相同的代码,仅将 fork…join_any 改为 fork…join 后的打印,具体如下。在第 1ns,b 进程仍然先结束,但不跳出 fork 块,而是要等 c 和 a 都结束,然后才从容跳出,开始执行 d。

```
b happened @1ns
c happened @2ns
a happened @3ns
d happened @4ns
```

若改为 fork…join_none,则打印如下。可见,使用 fork…join_none,虽然写了 3 个进程并行,实则相当于 4 个进程,连同 d 进程一起开启,d、b 两进程同时结束即说明此情况。

```
d happened @1ns
b happened @1ns
c happened @2ns
a happened @3ns
```

当使用 fork 并行方式时,有必要知道如何关闭 fork 中的进程。因为 fork…join_any 或 fork…join_none 的功能允许代码在 fork 中的进程尚未全部结束时,就执行 fork 以外的语句。有时,当跳出 fork 后,fork 内部的进程将不再有用,但如果不关闭它,则它还会继续运行,从而可能在仿真中制造出意外行为。关闭 fork 中全部进程的语法是 disable fork,下例中展示了一个该语法的应用场景。此例中,fork 块中包含两个进程,一个是等待信号 aaa 变为 1,另一个是等待 $100\mu s$,然后打印超时。仿真者的这种写法表示他不确定信号 aaa 到来的时机是在 $100\mu s$ 以内还是以外,当这两个进程中有一个发生时,就可以执行下面的语句,但若不关闭 fork,则另外一个进程还会执行下去,即在 $100\mu s$ 内 aaa 为 1 后,原本并不超时,仍然会打印超时,这不符合仿真意图,因此,当有一个进程完成后,就可以用该语法关闭另一个进程。

```
fork
    wait(aaa);

    begin
        #100us;
        $display("Timeout.");
```

```
        end
    join_any

    disable fork;      //结束 fork 里的所有进程
```

▶ 53min

3.16 建立模型的方法

图 3-3 中列举了 TB 中可能需要搭建的仿真架构，即 TB 相当于一块测试电路板，板上除了 DUT 以外，还会有其他芯片和元器件。DUT 仅仅是数字的，芯片中还有模拟的部分会与 DUT 相互作用，有时也需要用 SV 搭建模拟模型。本节将分别讨论数字类模型（假想的板上其他数字芯片）和模拟类模型（芯片内部与 DUT 交互的各模拟模块）的搭建方法。

对于一般的 SoC 芯片，其数字引脚的功能比较复杂，需要搭建的数字模型包括 I^2C 主设备（用于仿真 DUT 作为 I^2C 从设备的功能）、I^2C 从设备（用于仿真 DUT 作为主设备的功能）、UART 发射器（用于仿真 DUT 作为 UART 接收器的功能）、UART 接收器（用于仿真 DUT 作为 UART 发射器的功能）、QSPI Flash（用于仿真 DUT 将主要程序烧写在外挂 QSPI Flash 的情况下，上电时 Boot 能否正确读到 QSPI Flash 中的信息）、GPIO 从设备（用于仿真 DUT 的 GPIO 输入和输出功能）等。

SV 的优点就是灵活，因而，在熟悉上述功能的基础上，综合采用前文介绍的方法，可以快速实现上述外围设备的基本功能。一个简单的 UART 接收机模型如下例所示。代码使用 Verilog 传统方式编写。模块接口上并没有时钟，时钟是在内部产生的，频率是 460 800 Hz，也是一个典型的串口时钟频率。当 DUT 有 UART 信号输出时，信号线 rx 会从 1 变为 0（start 位），于是触发（trig）了接收机的计数和存储数据功能。当收满一字节后停止，用 $write 命令将字节打印到终端，之所以不用 $display，是因为后者会自动加入换行符，而串口通信，换行是在 DUT 传来换行符之后才能使用的，不能自行插入。代码中显示，仅当 sreg 等于 8'h0A 时才能打印换行符，因为 0x0a 是换行符的 ASCII 码。值得注意的是，复位信号从接口输入，而时钟在内部产生，这不符合复位信号的同步释放原则，但在模型中可以这样用，因为在模型中不会出现亚稳态。复位信号从接口输入而不是在其内部产生，是因为若该模型复位尚未结束，而 DUT 已经发来串口信息，如果那样，则将无法打印，因此，需要使其共享复位信号，同时复位和解复位，而时钟可以在内部产生，原因是串口协议本身允许收发两端的时钟是异步独立的，不需要来自同一个时钟源，这是模仿真实的场景。最后的 always 块没有复位，是因为块中驱动的是打印命令，里面没有产生任何新的信号或变量，因而没有对变量的初始化需求。

```
    module uart_rx
    (
        input           rst_n ,
        input           rx
    );
```

```
//---------------------------------------------------------------
reg            clk;
reg    [3:0]   cnt;
reg            uartfinish;
reg    [7:0]   sreg;

//---------------------------------------------------------------
initial
begin
    clk = 1'b0;

    forever
    begin
        #(1e9/(2.0 * 460800))  clk = ~clk;
    end
end

//触发接收数据
assign trig = (cnt == 4'd0) & (~rx);

//接收并存储数据
always @(posedge clk or negedge rst_n)
begin
    if (~rst_n)
        sreg <= 8'hff;
    else
    begin
        case (cnt)
            4'd1    : sreg[0] <= rx;
            4'd2    : sreg[1] <= rx;
            4'd3    : sreg[2] <= rx;
            4'd4    : sreg[3] <= rx;
            4'd5    : sreg[4] <= rx;
            4'd6    : sreg[5] <= rx;
            4'd7    : sreg[6] <= rx;
            4'd8    : sreg[7] <= rx;
            default : sreg    <= sreg;
        endcase
    end
end

//接收比特计数
always @(posedge clk or negedge rst_n)
begin
    if (~rst_n)
        cnt <= 4'd0;
    else
    begin
        if (cnt == 4'd8)
            cnt <= 4'd0;
        else if (trig)
```

```
                     cnt <=  4'd1;
               else if (cnt != 4'd0)
                     cnt <=  cnt + 4'd1;
        end
end

//一字节接收完成
always @(posedge clk or negedge rst_n)
begin
      if (~rst_n)
            uartfinish <=  1'b0;
      else
            uartfinish <=  (cnt == 4'd8);
end

//打印收到的字节
always @(posedge clk)
begin
       if(uartfinish)
       begin
           if (sreg == 8'h0A)
                $write("\n");
           else
                $write("%c",sreg);
       end
end

endmodule
```

一个简单的 UART 发射机模型如下例所示。与接收机模型一样,该模型仍然内建了时钟,而在接口上输入复位信号。当仿真者需要用它发出串口字符时,给 char 赋值一字节,并发起一个脉冲 trig,那么在内部计数器 cnt 的控制下,按照串口规则,依次发出 start(电平0)、8 个数据比特(低位先发)、stop(电平 1)。在对 char 赋字符时,可以直接在输入接口写形如 . char("A")的用双引号括起来的字母来代替 ASCII 码的输入。

```
module uart_tx
(
    input                    rst_n,
    input        [7:0]       char ,
    input                    trig ,
    output   reg             tx
);
//-----------------------------------------
reg           clk;
reg    [3:0]  cnt;
//-----------------------------------------
initial
begin
```

```verilog
        clk = 1'b0;

        forever
        begin
            #(1e9/(2.0 * 460800))  clk = ~clk;
        end
    end

    always @(posedge clk or negedge rst_n)
    begin
        if (~rst_n)
            cnt <= 4'd0;
        else
        begin
            if (cnt == 4'd10)
                cnt <= 4'd0;
            else if (trig)
                cnt <= 4'd1;
            else if (cnt != 4'd0)
                cnt <= cnt + 4'd1;
        end
    end

    always @(posedge clk or negedge rst_n)
    begin
        if (~rst_n)
            tx <= 1'b1;
        else
        begin
            case (cnt)
                4'd1   : tx <= 1'b0;
                4'd2   : tx <= char[0];
                4'd3   : tx <= char[1];
                4'd4   : tx <= char[2];
                4'd5   : tx <= char[3];
                4'd6   : tx <= char[4];
                4'd7   : tx <= char[5];
                4'd8   : tx <= char[6];
                4'd9   : tx <= char[7];
                4'd10  : tx <= 1'b1;
                default : tx <= 1'b1;
            endcase
        end
    end
end

endmodule
```

　　编写的模型模仿的是具体设备的行为,而非内含,因此不需要真实地还原其内部的构造,对于 Flash、RAM 等带记忆功能的元器件,直接使用如下的二维寄存器声明即可。

```
reg    [7:0]    mem[511:0];
```

对于模拟器件的建模,原本应使用 VerilogA 进行编写,该语言也是从 Verilog 扩展而来的,专门为模拟建模而生,但是,如果仅仅是行为级仿真,很多情况下可以使用 SV,模拟的电流电压等参数可以使用 real 浮点数类型表示,模拟的传递函数也可以在 SV 中将公式写出并计算,仅仅需要将处理时钟频率提高,因为模拟器件对于数字来讲都是组合逻辑,组合逻辑在理想情况下是瞬间完成的,因此,对于那些需要在模型内部实现传递函数、迭代运算的模拟器件需要使用比数字时钟快数倍的虚拟时钟来处理,而其他模型,不需要处理内部函数,只需在行为上模仿,则可以根据模拟器件表现在接口上的时间来定。一个用于产生数字时钟的 RCO 模型如下,其与数字 IC 的关系如图 3-9 所示。它带有 7 位频率校准字,可以进行频率校准。许多数字 IC 内部包含频率自动校准功能(Auto Frequency Calibrator,AFC),它可以依据晶振提供的标准时钟,对 RCO 进行校准,即经过一系列对校准字的尝试,最终确定一个准确的校准字。为了验证 AFC 功能是否有效,可以在 TB 中建立这种模仿 RCO 校准行为的模型。其输入除了校准字之外,还有 RCO 使能 clk_en。建模的细节可以从模拟设计者那里获得,例如 RCO 振荡的频率范围、使能开启后会立即输出时钟还是会延迟、是否关闭后时钟立即停止振荡还是会拖延等。此例中,RCO 的振荡范围从 10MHz 到 41MHz,调节为均匀调节,即每个校准字对应的增量都是相等的。校准字越小则频率越高,越大则频率越低。依据上述信息,产生了频率变量 freq。频率不能连续调节,模拟电路在调节完一次之后,要反应 5μs,因此,在产生 freq 的 forever 块中,每 5μs 才观察校准字一次,在间隔期内,校准字的变化均忽略。又得知使能信号发起后,时钟并不立即输出,而是需要等待 1μs,因此,当探测到使能的上升沿后,延迟了 1μs,内部的使能才开启,而使能关闭后,时钟立即停止,因此,当探测到使能的下降沿后,没有任何延迟,内部的使能也跟着关闭了。如果要建立非均匀模型,即每个校准字对应的频率变化量不同(更为常见的情况),则可以写得更复杂些。对于 AFC 功能的仿真,除了 RCO 的建模,还需要构造外部参考时钟,即准确时钟,比较简单,采用 3.5 节介绍的稳定时钟生成方法即可。

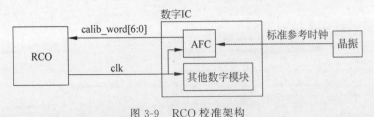

图 3-9　RCO 校准架构

```
module rco_model
(
    input           [6:0]    calib_word   ,
    input                    clk_en       ,
    output    logic          clk
);
```

```verilog
//-----------------------------------------------
parameter STEP      = 41e6/2 ** 7  ;
parameter CLK_BEGIN = 10e6         ;
//-----------------------------------------------
real    freq       ;
logic   clk_en_dly ;

//----------- freq --------------------
initial
begin
    forever
    begin
        freq = CLK_BEGIN + (2 ** 7 - calib_word) * STEP;
        #5e3;
    end
end

//----------- clk_en_delay --------------------
initial
begin
    clk_en_dly = 1'b0;

    fork
        forever
        begin
            @(posedge clk_en);
            #1e3 clk_en_dly = clk_en;
        end

        forever
        begin
            @(negedge clk_en);
            clk_en_dly = clk_en;
        end
    join
end

initial
begin
    clk = 1'b0;
    forever
    begin
        #(1e9/(2.0 * freq));
        if (clk_en_dly)
            clk = ~clk;
        else
            clk = 0;
    end
end

endmodule
```

3.17　task 的使用

task 和 2.19 节介绍的 function 一样，都是将一堆信号和表达式打包为一个功能，并能在一个模块中反复调用，但 task 更加灵活，它一般不用于可综合设计，但却常常出现在仿真模型中，使用频率很高，甚至有一些模型的写法，除了用 initial 块调用最初的 task 以外，就是父 task 嵌套子 task，通过层层嵌套来完成行为。一个套用 task 完成主要功能的代码如下例所示，这是一个 I²C 主设备的模型，功能是发出单字节的写操作和读操作。主要功能是用 task 嵌套完成的，只有一个 initial 块来调用最初的父 task。

```verilog
module i2c_host
(
    output  logic   scl     ,
    inout           sda
);


//---------- 定义 I2C 时间参数,单位是 ns,其频率为 100kHz --------------
localparam CLK_HIGH         = 5e3   ;   //scl high level time
localparam CLK_LOW          = 5e3   ;   //scl low level time

localparam START_HOLD_TIME  = 2.5e3 ;   //hold  time for start
localparam STOP_SETUP_TIME  = 2.5e3 ;   //setup time for stop

localparam DAT_SETUP_TIME   = 2.5e3 ;   //setup time for data
localparam DAT_HOLD_TIME    = 2.5e3 ;   //hold  time for data

localparam INTERVAL_TIME    = 5e3   ;   //wait time between stop and another start

localparam REAL_CLK_LOW = (CLK_LOW >= (DAT_SETUP_TIME + DAT_HOLD_TIME))? CLK_LOW : (DAT_
SETUP_TIME + DAT_HOLD_TIME);


//-------------- 信号声明 -------------------------
logic           sda_out ;
wire            sda_in  ;
logic           sdo_en  ;
logic   [7:0]   rdat    ;


//----------- 将 SDA 设为双向引脚 -------------
assign sda      = sdo_en? sda_out: 1'bz;   //与 FPGA 相同的双向引脚表述
assign sda_in = sda;


//------------ 调用 task 的主流程 --------------------------
initial
```

```
begin
    scl     = 1;
    sda_out = 1;
    sdo_en  = 1;

    #100e3;
    host_wr_one_byt(8'h7, 8'h21);                //发出写操作,对 0x7 地址写数据 0x21
    #100e3;
    host_rd_one_byt(8'h7, rdat);                 //发出读操作,从 0x7 地址读输入,存入 rdat
    $display("read dat from slave: %x.", rdat);  //打印,看是否读出为 0x21
end


//-------------- 两个父 task --------------------------
//该 task 负责向 I2C 从设备写一字节
task host_wr_one_byt;
    input   [7:0]   addr;
    input   [7:0]   dat ;

    logic           ack ;

    start;                              //发起 start
    snd_byt(8'h3c);                     //将 chip id 写为 0x3c,写操作
    rcv_bit(ack);                       //接收 ACK,但这里未用于判断,直接丢弃
    snd_byt_with_feedback(addr, ack);   //发出地址,收到的 ACK 丢弃
    snd_byt_with_feedback(dat , ack);   //发出数据,收到的 ACK 丢弃
    stop;                               //发起 stop
endtask


//该 task 负责从 I2C 的从设备中读取一字节
//任意地址读取,先发出地址,再重新 start 后读取
task host_rd_one_byt;
    input          [7:0]   addr ;
    output  logic  [7:0]   rdat ;

    logic                  ack ;

    start;                              //发起 start
    snd_byt(8'h3c);                     //将 chip id 写为 0x3c,写操作
    rcv_bit(ack);                       //接收 ACK,但这里未用于判断,直接丢弃
    snd_byt_with_feedback(addr,ack);    //发出地址,收到的 ACK 丢弃
    snd_bit(1);                         //发出单比特 1,使时钟 SCL 持续为高
    start;                              //重新发起 start
    snd_byt(8'h3d);                     //将 chip id 写为 0x3c,但改为读操作,即 0x3d
    rcv_bit(ack);                       //接收 ACK,但这里未用于判断,直接丢弃
    rcv_byt_then_answer(rdat, 1'h1);    //接收单字节,然后返回 NAK
    stop;                               //发起 stop
endtask
```

```verilog
//-------------- 被父 task 调用的若干子 task --------------
//发出 start 波形
task start;
    sda_out   = 0;
    sdo_en = 1;
    #(START_HOLD_TIME);
endtask

//发出 stop 波形
task stop;
    snd_bit(0);
    sda_out   = 1;
    sdo_en = 1;
    #(INTERVAL_TIME);
endtask

//用于发出一个比特
task snd_bit;
    input dat_in;

    wait(scl);
    scl = 0;
    #(DAT_HOLD_TIME);

    sda_out   = dat_in;
    sdo_en = 1;
    #(REAL_CLK_LOW - DAT_HOLD_TIME);

    scl = 1;
    #(CLK_HIGH);
endtask

//用于发出整字节
task snd_byt;
    input   [7:0]   byt_dat;

    logic   [7:0]   byt_inner;              //将内部信号全部声明为 logic 或 reg

    byt_inner = byt_dat;

    repeat(8)                               //repeat 是 for 循环的简化表达,这里重复 8 次
    begin
        snd_bit(byt_inner[7]);              //调用其他 task
        byt_inner = {byt_inner[6:0], 1'b1};
    end
endtask

//不仅发出整字节,还会接收 ACK
task snd_byt_with_feedback;
    input           [7:0]   byt_dat;
    output  logic           ack     ;
```

```
        snd_byt(byt_dat);                   //调用其他 task
        rcv_bit(ack);                       //调用其他 task
    endtask

    //用于接收一个比特
    task rcv_bit;
        output        bit_valu;

        scl = 0;
        #(DAT_HOLD_TIME);

        sda_out  = 1;
        sdo_en   = 0;
        #(REAL_CLK_LOW - DAT_HOLD_TIME);

        scl          = 1    ;
        bit_valu     = sda_in;
        #(CLK_HIGH);
    endtask

    //用于接收一字节,并回复 ACK 或 NAK
    task rcv_byt_then_answer ;
        output  [7:0]  dout;
        input          ack ;

        logic          tmp ;
        int            ii ;             //int 相当于 reg signed [31:0]

        for(ii = 0; ii < 8; ii++)
        begin
            rcv_bit(tmp);               //调用其他 task
            dout = {dout[6:0],tmp};
        end

        snd_bit(ack);                   //调用其他 task
    endtask

endmodule
```

从上例可以总结 task 的一些特征,具体如下:

(1) task 与 function 不同,function 的输出信号名就是 function 名字本身,而 task 的输出有自己的名字,与 task 本身的名字不同。

(2) task 可以支持多变量输出,而可综合的 function 只有一个输出。

(3) task 内部声明的信号或变量,只能用 logic、reg 类型(包括 real、int、bit、integer 等 reg 的变体),不能用 wire,与 function 相同。

(4) task 内部既有组合逻辑也有延迟等操作,内部语法与 initial 块相同,只是不需要 initial 块来包裹。task 本身在 initial 中调用(always 是一种特殊的 initial,因此也能调用)。

（5）模块中声明的信号，如 sda_out、sdo_en 等，不需要在 task 的接口上声明，即可在 task 内部使用并可对信号重新赋值。这种调用方式类似于 C 语言中的全局变量，可在多个函数中被使用。

（6）在仿真中，task 内部变量在默认情况下不会被保存成波形，因而 task 的整体效果只通过外部声明的信号或打印信息来体现。这些内部变量，相当于 C 语言中函数的局部变量，当函数运行完毕后，变量所占的空间即被注销掉。

（7）本例中调用 task 的方式是按接口声明顺序调用，例如 rcv_byt_then_answer(rdat, 1'h1)，工具知道 rdat 对应 task 中的 dout，而 1'b1 对应 task 中的 ack。为了能让 task 接口更加灵活调用，可以使用传统的调用方式，代码如下：

```
rcv_byt_then_answer
(
    .ack    (1'b1),  //i
    .dout   (rdat)   //o[7:0]
);
```

另外，task 和 function 在 TB 中也支持 return，定义也同 C 语言中在函数内使用的 return 一样，即执行到 return 处时就退出 task 或 function，如下例所示，当 sign 大于 0 时，当即退出 task，不会打印 Hello。

```
task aaa;
    if (sig > 0)
    begin
        return;
    end

    $display("Hello.");
endtask
```

注意　在 TB 中也可能会出现 function，它在 TB 中的用法更加灵活，例如可以在其内部加入 $display 打印等，但几个特征仍然是保留的，一是它的输出只有一个，并且与 function 同名；二是它内部一般不带延迟信息，在工具看来是在一个时刻完成了全部操作。

8min

3.18　双向驱动线的处理

上例代码中的接口信号 sda 是一个 inout 信号，即有时作为输入，有时作为输出，信号方向由一根控制线决定，具体如下例代码所示。当 sdo_en 为 1 时，输出 sda_out。当为 0 时，接口为高阻。高阻即意味着没有输出，并且若其他设备通过此信号线输入，则可以接收。具体解释可参见 2.11 节。

```
assign sda = sdo_en? sda_out: 1'bz;
```

可见,在仿真模型中声明一个 inout 信号,与在 FPGA 中的用法一样,而可综合的芯片代码需要例化一个 I/O 器件,该元器件如图 1-3 所示。若将上例改写为例化形式,则代码如下:

```
Pad    u_Pad
(
    //重要信号线
    .PAD  (sda   ),//io
    .I    (sda_out),//i
    .OE   (sdo_en ),//i
    .C    (sda_in ),//o,输入信号不能直接以 sda 命名,因它们代表两条线,需重命名

    //辅助控制线
    .PE   (1'b1  ), //i,上拉,有的 Pad 同时具备上拉和下拉功能
    .IE   (1'b1  ), //i,输入使能,这里默认打开
    .DS   (1'b1  )  //i,输出驱动电流加强,这里也默认打开
);
```

实际上,工程上经常使用下例代码声明端口,可以少输出 sdo_en,直接用 sda_out 控制输入/输出方向。当 sda_out 为 0 时,输出 0,当 sda_out 为 1 时,不输出,而是由外界输入。

```
assign sda = (~sda_out)? 1'b0 : 1'bz;
```

当外界也不输入时,由上拉电阻将电平强行拉为 1。在仿真中,可以用 pullup 表示上拉,表达式如下,相当于在 PCB 板上焊接了一个弱上拉电阻。除了 pullup,当然还有 pulldown,相当于弱下拉。

```
pullup(sda);
```

在写 TB 时还有一个问题,若 DUT 中存在双向引脚,在外部 TB 中要想构造该引脚的激励信号,则应该声明什么类型的变量? 例如,SoC 架构中常见的 GPIO,即是一种双向引脚,要验证其输入功能,使用 wire GPIO 声明后,在 initial 块中构造 GPIO 的激励是不符合语法的,代码如下:

```
wire    GPIO0;
wire    GPIO1;

//在 initial 块中驱动 wire 类型信号不符合 SV 语法
initial
begin
    GPIO0 = 1'b0;
    GPIO1 = 1'b0;

    #3 GPIO0 = 1'b1;
end

//DUT 例化
```

```
SoC     u_SoC
(
    ...
    .GPIO0    (GPIO0),//io
    .GPIO1    (GPIO1),//io
    ...
);
```

既然如此，中间需要一个信号进行传递，代码如下：

```
wire    GPIO0;
wire    GPIO1;

logic   gpio0;
logic   gpio1;

//在 initial 块中驱动 wire 类型信号不符合 SV 语法
initial
begin
    gpio0 = 1'b0;
    gpio1 = 1'b0;

    #3 gpio0 = 1'b1;
end

assign GPIO0 = gpio0;
assign GPIO1 = gpio1;

//DUT 例化
SoC     u_SoC
(
    ...
    .GPIO0    (GPIO0),//io
    .GPIO1    (GPIO1),//io
    ...
);
```

3.19 灵活的数组寻址

在 RTL 中，如果遇到需要寻址的情况，则只能使用 case 或 if，例如下面的表达：

```
case(addr)
    2'd0: mem[0] = a;
    2'd1: mem[1] = a;
    2'd2: mem[2] = a;
    2'd3: mem[3] = a;
endcase
```

但在 SV 中,可以用更简洁的表达,代码如下:

```
mem[addr] = a;
```

3.20 通过脚本控制 TB 行为

6min

有时,仿真者希望使用一个脚本文件来控制 TB 的行为,这样做的好处是使仿真工作脚本化,仿真流程清晰,而且每次修改仿真操作流程时,不需要重新编译 TB,直接执行即可,节省了很多编译等待时间。为了达到这个目的,仿真者需要在 TB 中加入脚本解析、字符串处理的功能。

一个用脚本控制 TB 的例子如下。控制其行为的脚本名称为 cmd.txt,须放置在默认路径,即编译命令运行的路径下,若在其他路径下,则需要在 cmd.txt 前写出它的绝对路径或相对路径,帮助工具找到它。TB 通过逐行分析 cmd.txt,获取命令的名称 cmd_name 和命令的参数 cmd_param。该 TB 支持 4 个命令,AAA 用于做两个参数的加法,通过信号 a 输出结果,BBB 用于控制信号 b 的电平高低,WAIT 是等待一段时间,而 DONE 是结束仿真。TB 中除使用了前文介绍的 \$fopen 语句,还需要用到一些 SV 中字符串的处理方法,例如 \$fgets(str, fp)用于获取文件句柄 fp 中每行的内容,存储到字符串对象 str 中。str.getc(0)用于从字符串对象 str 中找到并返回其第 0 个字符(第 0 个即首个,其数组计数从 0 开始,与大多数其他计算机语言相同),str.substr(0,ii)用于从字符串对象 str 中找到并返回一个子字符串,其中包含 str 的从第 0 个到第 ii 个的字符。注意,str.sbustr(ii)不是单独提取 ii 个字符,而是将 ii 及以后的字符作为字符串提取出来。 \$sscanf 用于在字符串内部进行匹配分析,并将匹配到的内容另存到变量中。

```
module cmd_host
(
    output  logic  [4:0]  a  ,
    output  logic         b
);

//------------------------------------------------
int            fp;
string         str;                     //字符串类型
string         cmd_name, cmd_param;  //字符串类型
logic  [7:0]   param_a;
logic  [7:0]   param_b;
logic  [7:0]   cc;
int            have_param;
int            ii;

//------------------------------------------------
initial
```

```verilog
begin
    fp = $fopen("cmd.txt", "r");                    //打开控制脚本

    while( $fgets(str, fp))                          //获取脚本中每行的字符串
    begin
        cc = str.getc(0);                           //从 str 中获取第 1 个字符
        ii = 0;
        have_param = 0;
        cmd_name  = "";
        cmd_param = "";

        while (cc != 0)                             //判断该字符不是空字符,0 代表空字符
        begin
            //命令名称和参数用空格分开,前面是名称,后面是参数
            if (cc == " ")
            begin
                //获得名称
                $sscanf(str.substr(0,ii - 1),"% s",cmd_name);
                //获得参数,包括 ii + 1 及后续字符
                cmd_param = str.substr(ii + 1);
                have_param = 1;                    //表示该命令包含参数
                break;                             //跳出 while 循环
            end
            else                                   //当没有遇到分隔的空格时,就一直找寻
            begin
                ii++;
                cc = str.getc(ii);
            end
        end

        if (have_param == 0)                       //若没有参数,则说明整行语句就是命令本身
        begin
            $sscanf(str, "% s", cmd_name);
            cmd_param = "";
        end

        case(cmd_name)                             //命令列表
            "AAA":
            begin
                //提取参数
                $sscanf(cmd_param, "% d  % d",param_a, param_b);
                //执行相关 task
                task_aaa(param_a, param_b);
            end

            "BBB":
            begin
                //提取参数
                $sscanf(cmd_param, "% d", param_a);
                task_bbb(param_a);                 //执行相关 task
            end
```

```
            "WAIT":
            begin
                //提取参数
                $sscanf(cmd_param, " % d", param_a);
                #(param_a);                    //执行
            end

            "DONE":
            begin
                $finish;                        //没有参数,直接执行
            end
        endcase
    end
end

initial                                        //信号初始化
begin
    a = 0;
    b = 1'b0;
end

task task_aaa;
    input   [3:0]   x1;
    input   [3:0]   x2;

    a = x1 + x2;
endtask

task task_bbb;
    input   sig ;

    b = sig;
endtask

endmodule
```

以下是上述 TB 的一个控制脚本示例：

```
WAIT 10
AAA 3 6
BBB 1
WAIT 20
AAA 7 12
BBB 0
WAIT 30
DONE
```

3.21　下载波形的语句

要想下载（Dump）波形，需要在 TB 中插入用于下载的语句。若没有，则默认不下载波形。这些语句都是可以重复使用的，撰写不同的 TB 时，都可以把下面这段复制粘贴过来。此例中生成的波形文件名为 tb.fsdb，可以进行修改。

```
initial
begin
    $fsdbDumpfile("tb.fsdb");
    $fsdbDumpvars(0);
end
```

对于设计中的二维信号（详见 2.15 节），即便是加了上面的语句也不会下载波形。需要增加如下特殊语句，其中，tb.u_DUT.u_aaa.mem 是包含二维信号名称 mem 在内的信号路径，mem 后面不需要带位宽和数量，如 mem[255:0][7:0]，直接写名称即可。注意，以下所有实例默认 TB 的名字叫 tb，若换用其他名称，则路径中的 tb 也应换为对应名称。

```
initial
begin
    $fsdbDumpfile("tb.fsdb");
    $fsdbDumpvars(0);
    $fsdbDumpMDA(tb.u_DUT.u_aaa.mem);    //增加的语句
end
```

以下是不同厂商的波形文件的下载方式：

上述语句下载的是 fsdb 格式的波形文件，是如今最为常用的二进制波形文件，它具有文件小巧的特点，压缩率较高。还有一些其他文件格式，如 vcd、vpd、shm 等。

vcd 文件是文本文件，打开即可看到保存的波形信息，因此它是未经压缩的，保存的文件很大，目前较少使用。TB 中可使用如下语句下载 vcd 格式的波形文件。

```
initial
begin
    $dumpfile("tb.vcd");
    $dumpvars(0,tb);                    //保存 tb 下全部模块层次的波形
end
```

vpd 是在 VCS 自带的波形工具 DVE 上可以打开的波形文件，但由于 DVE 不常被使用，基本已被 Verdi 取代，因此 vpd 格式的波形文件也较少使用。TB 中可使用如下语句下载 vpd 格式的波形文件。

```
initial
begin
    $vcdplusfile("tb.vpd");
```

```
        $vcdpluson(0,tb);
    end
```

shm 是 Cadence 的工具 irun 中的波形文件,它实际上是一个文件夹,里面的 trn 扩展名文件才是波形的本体。TB 中可使用如下语句下载 trn 格式的波形文件。

```
initial
begin
    $shm_open("tb.shm");
    $shm_probe(tb,"AC");
end
```

3.22　VCS 工具的仿真设置

很多 IC 工程师依赖公司已经提供的编译脚本来仿真,这些脚本主要是用 Makefile 格式编写的,其内部对命令进行了封装,使用者不必输入冗长的命令和控制选项,只需键入短命令便可以完成仿真。公司使用专门的 Makefile 是为了所有仿真都统一于同一种配置环境,因为有些情况下,配置环境不同、调用的命令和选项不同,可能会导致仿真结果的差异,但另一方面,过度依赖公司提供的编译平台,会抑制工程师自主建立平台的能力。有时,只需进行一个简单的仿真或者做一个简单的语法实验,并不需要使用规范的运行脚本。本节介绍的是一些简单的 VCS 仿真命令,读者可以在服务器终端中键入这些命令并运行,也可以放到 Makefile 中运行。掌握了这些命令,读者就可以摆脱平台的约束,自己搭建仿真环境。

VCS 的运行过程分为两个阶段。第一阶段是将 SV 代码编译成一个可执行文件,默认名称为 simv,第二阶段执行 simv,因此,命令也分为两个。编译命令是 vcs,执行命令是simv。

常用的编译命令和选项如下,其中＋notimingcheck 和＋nospecify 两个选项是前仿和后仿的最主要区别,前仿有这些选项,表示忽略时序检查,后仿无此选项,表示仿真器需要一边仿真一边进行时序检查。

```
vcs - sverilog                              \    支持 SV 特性,一般仿真时都需要支持
    - full64                                \    64 位操作系统支持
    + vcs + lic + wait                      \    用于等待 License
    + define + FOR_SIM                      \    这是在命令中定义宏,也可以在 tb 中定义
    + v2k                                   \    支持 Verilog - 2001 语法
    + lint = all,noTMR,noVCDE               \    VCS 编译时的语法检查选项
    - Debug_access + all                    \    使能所有调试功能
    + notimingcheck                         \    关闭 VCS 的时序检查,在前仿时必须开此选项
    + nospecify                             \    忽略元器件库文件中时延检查的功能,也是前仿必备
    - P  /Verdi 安装路径/share/PLI/VCS/linux/novas.tab \   下载 fsdb 波形前需要准备的路径
         /Verdi 安装路径/share/PLI/VCS/linux/pli.a     \   具体需要根据 Verdi 安装的路径而定
```

```
    - f asic.f                    \   asic.f 中存储了所有需要编译的.v 文件
    | tee run1.log                \   将终端上显示的内容同步打印到 run1.log 文件中
```

上例中,需要编译的 Verilog 文件和 SV 文件,其路径和文件名都存放在名为 asic.f 的文本文件中,该文件的内容如下例所示,其中＋incdir＋是帮助工具找到 Verilog 代码中`include 的文件存放的位置,若不指定,默认为当前运行工具的文件夹,但该文件往往存放在其他位置,可以用本命令指定。SV 或 Verilog 的代码,包含路径在内,逐条列到 asic.f 文件中。需要特别注意的是,包含`timescale 语句的文件应该放在文件列表的第 1 位,否则工具将不知道这些文件将以何种精度进行编译。工程中包含的所有文件,一般只允许有一个`timescale 声明,该声明一般放在 TB 文件的顶部,因此,tb.v 文件一般被作为.f 文件列表中的第 1 个文件。也可以选择在编译选项中指定-timescale＝1ns/1ps。.f 文件也可以包含其他.f 文件,对于较大的工程。一个大模块会包含多个子模块,每个大模块,连同它的子模块,放在一个单独的.f 文件中。最终的.f 文件会包含 TB 等仿真模型路径及 RTL 包含的多个.f 文件路径。-v 所指示的库文件,也是一种 Verilog 语法格式的文件,但在一个库文件中会包含多个模块。当 Verilog 中例化了芯片制程中的真实元器件或者在进行后仿时,需要包含该库文件,该文件被 Foundry 厂商放在 PDK 中一起提供给设计公司。工具在遇到普通 Verilog 文件或 SV 文件时,它会对该文件中所有的模块进行编译,当然,一般要求一个文件中只包含一个模块,但是对于-v 指示的库文件,工具会将其当成字典查询,只寻找它需要的模块进行编译,其他模块都忽略,这样可以减少编译量,而且仿真的层次结构也不会被多余的模块扰乱。换而言之,库文件可以不加-v 选项,也能正常编译和仿真,但工具会将其中所有的模块都编译并显示在层次结构中。.f 文件中所有的语句都可以直接写在 VCS 的编译选项中,只不过放在一个文件中管理较为清晰和方便,不会与其他的控制选项相混淆。

```
    + incdir + 文件夹的路径

    路径/tb.v
    路径/a.v
    路径/b.v
    路径/c.v

    - f 路径/其他 f 文件名
    - v 路径/库文件名
```

注意 文件路径分为相对路径和绝对路径。相对路径即从当前操作的文件夹出发,到目标文件夹,中间要经历的操作。例如../是在当前文件夹的上一级文件夹,或../src/是在当前文件夹的上一级文件层次中有一个文件夹叫 src。绝对路径不以当前工作文件夹作为出发点,而是以根目录为出发点描述目标文件夹的位置,例如/home/pippa/src。使用相对路径的好处是当文件夹整体搬移至其他目录后,编译选项不用修改即可运行,但是,由于相对路径使工具更为容易地找到文件,一些同名文件,存放在不同的文件夹中,当工具运行时,容易分不清是哪个文件在运行。常常造成 Debug 一个代码很久,最后发现被 Debug 的文件路径不对,因此,当需要明确真实的文件路径时,常常使用绝对路径。

常用的执行命令和选项如下。这里 simv 是编译产生的可执行文件的名称,若用户将其改为其他名称,则下列命令中的 simv 也应修改为相应名称。

```
simv + vcs + lic + wait        \  用于等待 License
      + define + FOR_SIM       \  这是在命令中定义宏,也可以在 TB 中定义
      + vcs + flush + log      \  加快将缓冲中的报告写入 log
      | tee run2.log           \  将终端上显示的内容同步打印到 run2.log 文件中
```

下面是用 Verdi 打开一个 TB 仿真平台的命令,asic.f 中存有 TB 平台,它包含 DUT,通过 -f 选项读入。-ssf 是在已经存在波形文件 tb.fsdb 的情况下,在打开 Verdi 的同时,也打开该波形。最后面的符号 & 是让 Verdi 在后台运行,不占用终端进程。

```
verdi − sverilog + define + FOR_SIM − f asic.f − ssf tb.fsdb&
```

注意　选项的符号有减号也有加号,这种不一致的情况有一定的历史原因。较早的选项都统一用减号,新加入的选项更倾向于用加号。

从上面的例子可以看出,即便是最简单的命令,其字符数量也较多,为了方便起见,还是应该将其放到 Makefile 文件中,并重新定义简短的命令来调用它们。综合了上述 3 个命令的 Makefile 文件如下,该文件重新定义了 3 个短命令,分别是 compile、run、vd,分别对应上述 3 组长命令。写 Makefile 文件需要注意两点。第一点是例子中[\t]是指代键盘上的 Tab 键,该键可以帮助 Makefile 文件区分命令和内容,compile 等命令前面不加 Tab,而命令下面的内容需要用 Tab。第二点是例子中的符号"\"用于标示下面的语句和上面的语句原本属于同一行,因为一行难以容纳,所以才用"\"分隔为两行或多行,"\"的后面一定不能有空格,而应该是直接跟着换行符,否则编译时会出错。

```
# 编译命令
compile:
[\t]vcs − sverilog                                              \
[\t]    − full64                                                \
[\t]    + vcs + lic + wait                                      \
[\t]    + define + FOR_SIM                                      \
[\t]    + v2k                                                   \
[\t]    + lint = all, noTMR, noVCDE                             \
[\t]    − Debug_access + all                                    \
[\t]    + notimingcheck                                         \
[\t]    + nospecify                                             \
[\t]    − P /Verdi 安装路径/share/PLI/VCS/linux/novas.tab       \
[\t]    /Verdi 安装路径/share/PLI/VCS/linux/pli.a               \
[\t]    − f asic.f                                              \
[\t]    | tee run1.log
```

```
# 执行命令
run:
[\t]simv + vcs + lic + wait                                    \
[\t]       + define + FOR_SIM                                  \
[\t]       + vcs + flush + log                                 \
[\t]       | tee run2.log

# 看波形命令
vd:
[\t]verdi - sverilog + define + FOR_SIM - f asic.f - ssf tb.fsdb&
```

有了上面的 Makefile 文件，就可以在服务器终端上依次键入 make compile、make run、make vd 命令，以完成编译、仿真、打开波形 3 个基本步骤。

此外，Makefile 也可以写得更加灵活，例如用变量表示一些选项，如下例中，编译命令选项都放在变量 VCS_OPTIONS 中，执行命令选项都放在变量 VCS_SIM_OPTION 中，而编译的文件或列表放在变量 VCS_FILE 中。变量在定义时，直接写名字，但在引用时，需要写 $()，例如 $(VCS_OPTIONS)。用变量的好处是，若一个变量中的内容被多处引用，当修改时，只需修改变量值，而无须每处引用都要修改。echo 是 Makefile 中的打印命令，符号@放在任何命令之前，表示不打印命令本身，而是单纯执行，若没有@，就会先打印命令本身再执行。

```
VCS_OPTIONS   =   - sverilog                                   \
                  - full64                                     \
                  + vcs + lic + wait                           \
                  + define + FOR_SIM                           \
                  + v2k                                        \
                  + lint = all, noTMR, noVCDE                  \
                  - Debug_access + all                         \
                  - P /Verdi/share/PLI/VCS/linux/novas.tab     \
                     /Verdi/share/PLI/VCS/linux/pli.a

VCS_SIM_OPTION =  + vcs + lic + wait                           \
                  + define + FOR_SIM                           \
                  + vcs + flush + log

VCS_FILE = - f asic.f

# ------- VCS redirect -----------
compile:
[\t]@echo compiling
[\t]vcs $(VCS_OPTIONS) $(VCS_FILE) | tee run1.log

run:
[\t]@echo running
[\t]simv $(VCS_SIM_OPTION) | tee run2.log

vd:
```

```
[\t]@echo open verdi
[\t]verdi - sverilog + define + FOR_SIM $(VCS_FILE) - ssf tb.fsdb&
```

编译和执行可以合并为一步,这里并不是说将 compile 命令和 run 命令简单合并,因为 compile 需要时间,若它尚未生成 simv,就执行 simv,流程就无法继续下去。合并的办法是在编译命令中加-R 选项,如下例所示。如果仿真者处于代码调试阶段,经常修改 TB,则加入-R 选项比较方便,而如果仿真者的代码比较稳定,激励或命令来自预读取的数据或脚本,则不宜用-R,因为每次仿真不需要编译,直接执行即可。

```
vcs - R          \ 新加入选项,运行完 VCS 后,会直接运行 simv
    ...          \ 其他选项
```

编译时间较长,为了尽量减少编译次数,除了可以使用预读取数据和脚本的方法来触发激励及决定内部的行为走向,还可以在执行命令选项中加入参数,并在 TB 中引用这一参数,这样,如果想改变仿真模型的行为,则只需改变该参数,然后运行仿真,不需要编译过程。一个使用参数的 Makefile 表达如下,它增加了一个变量 FSDBDUMP,希望得到的功能是当 FSDBDUMP 为 0 时,不下载波形,为 1 时则下载波形,而且这种行为改变不需要编译。下例在执行命令选项中引入了一个值,名为 fsdbDump,每次仿真时会读取该值,而在编译阶段则不读该值,因此在改变该值之后不需要重新编译,只需重新执行。

```
FSDBDUMP = 1
VCS_SIM_OPTION =  + fsdbDump = $(FSDBDUMP) \ 新加入选项,用于决定是否下载波形
                    ...                    \ 其他选项
run:
[\t]@echo running
[\t]simv $(VCS_SIM_OPTION) | tee run2.log

#其他命令
...
```

要完成上述功能,在 TB 上也要加入对值 fsdbDump 的处理,如下例所示。具体意思是,当 fsdbDump 值不存在时,即执行命令选项中没有时,默认值为 1,如果存在该值,则使用。若 fsdbDump 为 1,则执行下载波形语句,若为 0,则不执行。下载波形只是一个例子,使用本方法向 TB 中引入变量后,还可以执行其他更加灵活的免编译操作。

```
int    fsdbDump;

initial
begin
    if(! $value$plusargs("fsdbDump = % d",fsdbDump))
        fsdbDump = 1;

    if (fsdbDump)
    begin
```

```
        $fsdbDumpfile("tb.fsdb");
        $fsdbDumpvars(0);
    end
end
```

3.23 ModelSim 工具的仿真设置

用 ModelSim 仿真的命令包括以下几个。

(1) vlib：创建工作库文件夹。

(2) vmap：将逻辑库映射到工作库文件夹下。

(3) vlog：编译。

(4) vsim：仿真。

使用时，经常将命令写在 TCL 格式的文本中运行。TCL 是一种脚本语言，在 ModelSim、DC、PT 等工具中常用它来配置工具运行环境和调用工具的各种命令，使分散的手工输入变为自动化的脚本运行。

一个基于 TCL 的 ModelSim 运行脚本如下例所示，一般会以 .do 为扩展名命名，例如 sim.do。

```
#定义全局变量 design,实际内容是字符 abc,即
set design abc

#定义一个过程,相当于 Makefile 中的一个命令
proc sim {} {
    #将全局变量引入过程中,以便调用
    global design

    #检查当前是否存在 work 文件夹,若没有,就用 vlib 命令创建
    if {![file isdirectory work]} {
        vlib work
    }

    #将逻辑库映射到 work 文件夹下
    vmap work work

    # 编译 abc.f 文件中罗列的 TB 和 RTL
    # -incr 为使用增量编译,即编译过的就不重新编译
    # -sv 为使用 SV 语法编译文件
    # ${design}是引用变量,编译时被替换为其本值 abc
    vlog -sv -incr -f ${design}.f

    #编译后运行,假设 TB 的模块名就叫 tb, -novopt 为关闭优化
    #关闭优化是因为优化后 tb 上的一些信号会被优化掉
    vsim -novopt tb
```

```
}

#proc asim 是 sim 的翻版,但其中加入了 SVA 支持选项
proc asim {} {
    global design

    if {![file isdirectory work]} {
        vlib work
    }

    vmap work work

    #加入了一个宏 SVA_TEST
    vlog - sv - incr + define + SVA_TEST - f {design}.f

    #运行, - assertDebug 为使用 SVA 语法支持
    vsim - assertDebug - novopt tb

    #可以在波形上看到断言失败位置
    view assertions
}

#重新仿真命令 re
proc re {} {
    #强制重启项目
    restart - f

    #加载关于波形的 TCL 文件 wave.do,可以自动打开波形,并加入关心的信号
    do wave.do

    #运行, - all 是运行到最后,如果不加该选项,则单步运行
    run - all
}

#退出仿真命令 q
proc q {} {quit - sim}

#清空控制台
proc clear {} {.main clear}
```

其中的 wave.do 文件示例如下,其中 add wave 是 ModelSim 中打开波形的命令,可在列表中加入关心的信号名称。使用 ModelSim 工具时,TB 中可以不像 VCS 或 Incisive 那样加入下载波形的命令。通过运行上述脚本中的命令 sim 和 re,也可以显示出波形。

```
onerror {resume}
quietly WaveActivateNextPane {} 0
add wave - noupdate - group tb /tb/u_abc/clk
add wave - noupdate - group tb /tb/u_abc/rstn
add wave - noupdate - group tb /tb/u_abc/a
add wave - noupdate - group tb /tb/u_abc/b
```

ModelSim 的工作路径切换和运行脚本方式如图 3-10 所示。

图 3-10　ModelSim 操作方式

3.24　Incisive 工具的仿真设置

Incisive 的运行命令原本为 3 个，分别是 ncvlog、ncelab、ncsim，作用分别是编译代码、链接到抽象逻辑元器件、仿真，后改为统一的命令 irun，它会在后台分步执行上述 3 个命令。irun 之前也有一个类似的命令叫 ncverilog，目前这两种命令都被支持，推荐使用 irun 命令。

irun 运行的基本命令形式如下。＋sv 表示支持 SV 语法，＋access＋wrc 表示打开对象的读、写、连接权限，＋ncrun 表示自动启动仿真，相当于 VCS 中的-R 选项，与前面介绍的工具相同，编译的 TB 和设计文件均放在 asic.f 文件中。＋nctimescale 用于指定 timescale，也可以在 TB 中指明。注意，当 timescale 写在 TB 中时，asic.f 文件列表的第 1 个文件应为 TB 文件。

```
irun ＋sv ＋access＋wrc ＋ncrun ＋nctimescale＋1ns/1ps －f asic.f
```

在 Incisive 中下载波形的方法是在 TB 上加入下载波形的命令，具体方法已在 3.21 节中描述了。还可以使用 TCL 方式的探针文件来指定要下载的波形，从而省略在 TB 中的下载命令。探针文件就像示波器的探头一样，可以扎到指定的信号测试点，因而得名。使用探针文件的 irun 命令的示例如下，其中，新增的＋ncinput＋prob.tcl 指定了一个名为 prob.tcl 的探针文件。

```
irun ＋ncinput＋prob.tcl ＋sv ＋access＋wrc ＋ncrun ＋nctimescale＋1ns/1ps －f asic.f
```

prob.tcl 的内容格式如下。它新建了一个以 shm 为扩展名的文件夹，如前所述，该文件夹下的.trn 文件才是主要的波形文件，TB 是指定下载的位置，这里假设从 TB 开始下载，在实际指定时，也可以指定其他位置，例如仅从 DUT 或 DUT 中的某个子模块开始下载，那么其他部分将不被下载。-depth 用于指明下载的层次，这里希望将所有层次都下载下来，但不确定有多少层，因此就写一个较大的数，下载时，会从 TB 层次开始下载，中间每例化一次就是一层，可以下载到第 100 层。一般情况下，深度写为 0 表示不分层次，全部下载，例如经常用的 VCS 命令 $fsdbDumpvars(0)，其参数 0 即为此意，但 Incisive 中的定义不同。

```
probe - create - shm tb - depth 100
```

探针文件在纯数字仿真中的优势体现不明显,常用的办法仍然是在 TB 中加入下载波形命令,但该文件在数字模拟混合仿真中十分有用,既可以用来扎取数字信号,又可以用来扎取模拟信号,这样可以在下载所关心的波形的同时,避免繁多的模拟信号下载导致服务器硬盘被占满。

3.25 随机数

仿真和验证的一项重要的任务就是构造随机激励,而计算机中一般产生的是伪随机数,即随机数是由一个固定公式或固定架构产生的,只要知道其公式或架构,下一拍会出现什么随机数是可以预料的。产生随机数的公式或架构,需要一个初始值,以后产生的数值都是基于该值进行计算得到的,这个初始值称为随机种子。如果每次仿真都用相同的随机种子,则每次仿真的结果都是一样的,因为产生的所谓随机数,在每次仿真时都是同一组值,因此,随机的关键在于随机种子,每次仿真都要给系统一个不同的种子才能取得理想的仿真效果。一般,采用计算机系统时间,即将包含日期和时间在内的数值作为随机种子,以保证每次仿真的不同。

将日期时间作为随机种子的一种方法如前文所述,向 TB 中引入一个变量 seed,即在执行命令中加入选项＋seed,如下例所示。

```
simv + seed = `date + % N`\   调用 Linux 命令将日期时间作为随机种子,也可使用 % s
    + plusargs_save    \
    ...
```

然后即可在 TB 中将该值加入随机种子发生器中,示例如下。若执行命令中未赋值 seed,则默认为 100,若赋值,则使用实际赋值,然后将随机种子加入随机数发生器中。

```
integer     seed;

initial
begin
    if (! $value $plusargs("seed = % d", seed))
        seed = 100;
    $srandom(seed); //将随机种子加入随机数发生器中
end
```

有了可靠的随机种子,即可用于在仿真代码中产生随机数。在 TB 或子设备模型中产生随机数的方法如下。该句是简单的赋值语句,可以将其运用在 assign、initial 等表达式中。

```
dat = { $random(seed)};
```

上例产生的是 32 位随机数，若需要产生有限位宽的随机数，则可以用经典的求模法。若位宽限制为 n 位，则产生 n 位随机数的方法如下：

```
dat = { $random(seed)} % (2 ** n);
```

如果多个模块有产生随机数的需求，则可以在 TB 中产生 seed，并将其作为输入引入需要的模块中，如下例所示，TB 的各例化模块中都引入了 seed。

```
adc     u_adc
(
    ...
    .seed    (seed),
    ...
);

chg     u_chg
(
    ...
    .seed    (seed),
    ...
);
```

对于所产生的随机数是否有符号的问题，可以用灵活的理解方式，例如产生了 9 位随机数，若将第 9 位看作符号位，则产生的随机数是有符号的，若将第 9 位也看成数据，则产生的随机数是无符号的。

3.26 后仿设置

后仿是对电路网表而非 RTL 进行的仿真，仿真时，除了需要输入电路的网表（标示着各元器件连接关系的文本文件）外，还需要输入一个 sdf 文件（时序分析工具 PT 的输出），该文件带有线路时延信息，因此，后仿是带有时延的仿真，与前仿的理想状况有所不同。数字设计的目的就是使前仿和后仿在结果上相同。后仿的网表可以从综合阶段得到，也可以从数字后端的布局、CTS、布线等各阶段得到，但一般意义上的后仿是指最终数字后端完成了数字版图后导出的最终网表，当然，其中的电源、地、一些无功能的填充元器件可以选择不出现在网表中，以方便仿真。

在准备进行后仿时，需要对 Makefile 和 TB 进行增删。对 Makefile 的改动有两点。第一点是在前仿的编译命令的基础上，将＋notimingcheck 和＋nospecify 两个选项删除，以便让仿真器支持时序分析功能，当遇到时序问题时能够报出，例如建立时间、保持时间不通过等情况。第二点是增加一个忽略时序检查的元器件列表，并将该表的名称加入编译选项中。之所以要添加该列表，是因为数字设计中可能会存在一些跨时钟异步处理的情况，这些情况在设计上通过特殊的处理机制（详见第 2.23 节）可以有效地避免亚稳态现象的发生，而仿真器不能识别这些处理机制,在某些特定的激励下,用于跨时钟域处理的第1个寄存器的时序可能不符合其建立时间或保持时间,这种情况虽然已在设计中考虑到,但仿真器并不知情,也不识别,因此会报错,并将第1个寄存器输出的亚稳态(不定态)传播到电路的内部,使再继续仿真已经失去了意义,因此,需要一个列表告诉仿真工具,哪些寄存器是用于跨时钟处理的第1个寄存器,不检查其时序,自然就不会在仿真中出现亚稳态的情况。如果将上述两点应用到编译选项中,则后仿的编译命令如下,其中＋optconfigfile＋sync_list 用于添加忽略列表,sync_list 是列表名称,可以改名,其路径也可以不在仿真路径,但需要在选项中指明路径,例如＋optconfigfile＋../rtl/sync_list。

```
vcs ＋optconfigfile＋sync_list \     新增选项,忽略时序检查的元器件列表
...                            \     其他选项
```

忽略时序检查列表,即 sync_list,其格式如下。instance 括号中是这些寄存器的例化名,它们都来自电路网表,而非 RTL。对于单个寄存器,综合后一般会加入后缀_reg_,而对于总线寄存器,综合后的命名会加入编号,如_reg_0_,在撰写列表时,需要将总线上的每个寄存器分别列出。例化名之间用逗号隔开。最后的 noTiming 用于告诉工具不要检查它们的时序。

```
instance {
    tb.u_DUT.systick_sync_reg_            ,
    tb.u_DUT.u_gpio.gpio_in_r_reg_2_      ,
    tb.u_DUT.u_gpio.gpio_in_r_reg_1_      ,
    tb.u_DUT.u_gpio.gpio_in_r_reg_0_      ,
    tb.u_DUT.u_timer.u_sync2apb.sig_reg_1_,
    tb.u_DUT.u_timer.u_sync2apb.sig_reg_0_
} {noTiming};
```

对 TB 的修改是增加一部分内容,命令 TB 读取 sdf 时延信息。如下例所示,$sdf_annotate 是读取 sdf 的命令,术语称为时序反标,dut.sdf.gz 是 sdf 文件名称,u_DUT 是 DUT 在 TB 中的例化名,post.log 用于指定生成后仿 log 文件的名称,MINIMUM 或 MAXIMUM 用于选择 sdf 中的最小延迟数据和最大延迟数据。一般,当验证建立时间是否满足时选择 MAXIMUM,当验证保持时间是否满足时选择 MINIMUM,而且,由于 PT 工具考虑十分周详,它会将元器件快慢、载线传输情况、供电电压、温度等因素综合排列组合,最后输出多种情况下的 sdf 文件,后仿时可以全部仿真,也可以选取一些重要的场景来进行仿真。最起码需要仿真的是 ss 下的 MAXIMUM,即电路最慢、电压最低、温度最高、载线最差情况下的建立时间,以及 ff 下的 MINIMUM,即电路最快、电压最高、温度适中、载线良好情况下的保持时间,因为这两种情况都很极端,对应的建立时间和保持时间不容易满足约束要求。

```
initial
begin
```

```
        $sdf_annotate("dut.sdf.gz",u_DUT,, "post.log", "MINIMUM");
    end
```

3.27　仿真案例的管理方法

　　仿真案例,也称测试用例(Testcase,TC)。TB是仿真平台,相当于一块包含DUT的电路板,是相对比较固定的模型,而TC相当于给电路板上加入不同的激励信号,使DUT在内的电路板运行起来,其运行的效果也会反馈回TC,TC会根据自己发出的激励和收到的响应,判断DUT工作是否正常。简单的测试平台不区分TB和TC,而是将TC融入TB中,共同组成一个文件,里面包含时钟和复位的产生、普通激励信号的产生(因为时钟和复位也属于激励,为了区别它们与其他激励,这里称其他激励为普通激励)、DUT、与DUT相连的其他设备模型、对DUT响应的分析语句。如果希望仿真能够按照不同的目的有条不紊地逐一进行,就需要规划不同的仿真案例,并且将这些案例分别放在各自独立的SV文件中,这些文件及文件中包含的仿真模块一般取相同的名字,例如,统一称为aaa.v(SV有自己的扩展名.sv,写扩展名主要是为了文本编辑器能够识别,从而使语法关键字高亮显示),在TB里,其例化名就是u_aaa。当需要用到某个特定的TC时,不需要修改TB,因为不管什么TC都叫aaa.v,因此只需指定该aaa.v的正确路径,这样,就保证了TB的相对稳定。以SoC芯片的仿真为例,其引脚经常会被复用为多种功能,可选择的功能有I^2C、UART、GPIO等,为了仿真I^2C功能,可以写一个TC,它可以启动TB中的I^2C主设备模型,向DUT发送特殊的激励,并获得DUT的回应,在TC中或在I^2C主设备模型中进行分析,为了仿真UART RX功能,又可以写一个TC,启动TB中的UART主设备模型,向DUT发送UART波形,为了仿真GPIO输入功能,还可以写一个TC,向DUT灌输电平信号,上述3个TC都叫aaa.v,在TB中将aaa模块与DUT的固定几个端口相连。在编译仿真平台时,TB和设备模型的代码与路径都不需要修改,每次编译只需更改aaa.v的路径。在实际应用中,一个TC可能不只关联一个模块,仿真者会新建多个文件夹,每个文件夹用案例的验证目标来命名,文件夹内存储着与该TC关联的全部文件,即随着TC的变动而内容需要变动的文件,既包括SV模型,也包括其他文件,例如前文介绍的控制脚本、需要预先读取的数据等。一些外围设备模型,既负责向DUT发送激励,也负责接收DUT的响应并进行分析。对于不同的TC,可能会调用同一个设备模型,但模型内部的激励产生、响应分析方法有所不同,也需要将此设备放入不同的文件夹中存储。

　　在项目进行过程中,DUT的代码会被反复修改、反复验证。验证案例已经稳定,但需要反复对刚修改的DUT进行验证,此过程称为回归验证。通常是验证工程师使用脚本语言控制的一个验证平台,它会将所有TC逐一运行。为了提高回归速度,一般不下载仿真波形,只以log的形式显示该TC是否验证通过。将不同案例分为不同TC分别存储,对于验证案例的易回归性、步骤的标准化,有很大帮助。

3.28 覆盖率统计

仿真者虽然精心设计了各种仿真案例,但仍然会有仿真没覆盖到的语句、状态或功能。为了帮助仿真者快速地找到仿真盲区,从而有针对性地为这些盲区增加仿真案例,仿真工具提供了覆盖率报告功能,它会生成一个报告,标记出已仿真的地方和未仿真的地方。

覆盖率报告包括5种覆盖检查,分别如下:行覆盖率、条件覆盖率、翻转覆盖率、状态机覆盖率和分支覆盖率。行覆盖是最容易理解的,即代码中哪些行是仿真代码没有运行过的,就突出显示。条件覆盖是代码中有一些条件判断,如 if (a && b),设 a 和 b 都是单比特信号,则 a 和 b 联合起来共有4种情况,检测这4种情况是否都已在验证案例中出现,将未出现的情况突出显示。只要该 if 语句有一种情况出现,行覆盖检查就认为被覆盖到了,但条件覆盖检查会检查出来。翻转检查会观察代码中的所有比特,要确认这些比特在仿真过程中都出现了从0变为1和从1变为0的过程,只有这样,翻转覆盖率才会被认为是100%,代码中的比特,若缺少这两种翻转的任意一种,则都会报出来。若代码中出现了状态机,则工具还会统计状态机的每种状态名称,并将这些状态两两排列组合,观察这些组合形式是否都出现在仿真过程中,对于没有出现的组合形式会突出显示。FSM 状态机的各状态之间并非都有跳转关系,而工具在检查时比较机械,默认为它们都可以相互跳转,因此难免会有覆盖不到的状态组合,对于这种未覆盖情况可以忽略。分支覆盖针对的是 if、case 等有多重分支的语句,它会检查 if、else if、else,以及 case 的各状态是否都被仿真过。分支覆盖的突出特点是它可以对多层嵌套的 if…else 结构进行逻辑完整性检查,它会将所有可能出现的条件情况排列组合列成一张表,按表格逐条检查仿真覆盖情况。值得注意的是,case 即使是全覆盖,若没有写 default,也会被报未覆盖,如下例所示。

```
case ({a,b})
    2'b00: w = 1'b0;
    2'b01: w = 1'b1;
    2'b10: w = 1'b1;
    2'b11: w = 1'b0;
    //未写 default,会被报出来
endcase
```

要生成包含上述5个方面的覆盖率报告,需要让仿真工具收集到所有仿真案例信息,从而使工具能够将所有数据汇总,让用户能够看到整体的覆盖率情况。为了做到这一点,首先,前文所述的将 TC 进行区分和保存是收集覆盖率的基础。其次,运行仿真的命令中还要包含一些与覆盖率相关的选项,具体如下:

```
vcs - cm line + con + tgl + fsm + branch    \想要统计的项目,分别为上述5种覆盖检查
- cm_tgl mda                                \mda 是多维数组,这里也将它们加入翻转检查的范围内
- cm_dir cm                                 \最后生成的覆盖率数据存储在名为 cm.vdb 的文件夹中
- cm_hier cm_cfg                            \指定一个文件 cm_cfg,里面写统计的模块与不统计的模块
...                                         \其他选项
```

一个 cm_cfg 文件的例子如下，若用户只想统计某一部分的覆盖率，而不是将整个仿真平台都纳入统计范围，就可以使用该文件指定需要统计的模块路径。事实上，很多时候用户并不关心 TB 或 TC 的覆盖率情况，只关心 DUT 内部的覆盖率，可以用该文件指定只统计 DUT 的覆盖率。本例中，-tree tb 表示不要统计 TB，+tree tb.u_DUT 表示将 TB 中例化的 DUT 纳入统计范围。

```
- tree tb
+ tree tb.u_DUT
```

编译后，进入执行阶段，也需要使用覆盖率选项，代码如下：

```
simv - cm line + con + tgl + fsm + branch    \与编译的选项相同
    ...                                      \其他选项
```

这样设置后，仿真工具会一边仿真，一边收集覆盖率的情况。当然，这样做的代价就是仿真速度会变慢，因此，在 TB 和 TC 的调试阶段，不应该在命令中加入覆盖率选项，以免延长调试时间。

仿真完成后，会生成一个文件夹 cm.vdb，这是在编译选项中指定的名字，可以改。仿真者可以将该文件夹剪切到它对应的 TC 文件夹下保存。每次更换 TC，都会生成一个与之对应的 cm.vdb，将所有 TC 全部运行完，即回归完成时，每个 TC 文件夹下都会有一个 cm.vdb 文件夹，里面存放着不同 TC 下对 DUT 的覆盖数据。接下来需要做的就是将这些文件夹下的数据进行汇总，得出统一报告。可以使用 VCS 工具自带的 urg 命令来完成这项工作，具体命令如下，其中，-dir 用于指定各 cm.vdb 文件夹的存放位置，可以用通配符，此例中，所有 TC 都存放在一个 TC 文件夹下，用各自不同的名字命名，在各自的文件夹中有对应的 cm.vdb，因此使用通配符 tc/*/*.vdb 来表示，后面-metric 用于指定统计哪些类型的覆盖率，这里将 5 种覆盖率都指定了，最后-report 指定了生成报告的文件夹名称，命名为 cm_html。生成的报告是 html（网页）格式的，有很多报告。用户主要从 hierarchy.html 进入，看具体覆盖率，或打开 dashboard.html，查看覆盖率的概况。

```
urg - dir tc/*/*.vdb - metric line + cond + tgl + fsm + branch - report cm_html
```

一个覆盖率统计报告的例子如图 3-11 所示，其中，LINE 表示行覆盖率百分比，COND 表示条件覆盖率，TOGGLE 表示翻转覆盖率，FSM 表示状态机覆盖率，BRANCH 表示分支覆盖率。SCORE 是综合了这 5 种覆盖率后给的总分。图中状态机覆盖率只有 70.2%，未达到 80%，在报告中会以黄色背景标注，对于已达到 100% 的覆盖率，报告中会以绿色背景标注。

SCORE	LINE	COND	TOGGLE	FSM	BRANCH
91.54	97.22	98.69	96.41	70.20	95.16

图 3-11　覆盖率统计报告举例

注意 若 DUT 改动,则之前统计的覆盖率就都无效了,需要重新统计,否则仍使用旧的 cm.vdb 生成报告,会出现覆盖率数据与实际 RTL 不匹配的地方,使一部分覆盖率缺失,因此,在统计覆盖率时一般会选择 DUT 和 TC 都稳定后才进行。

3.29 学会 Debug 思维

设计者的仿真行为一般是由过程导向的,即按照 RTL 上每一句话的描述查看波形是否符合,并且思考该波形是否符合预期。验证者的仿真行为是由结果导向的,即不关心 RTL 内部动作,只关注激励和相应的输出是否符合预期。只有将两种导向相互结合,才能够提高检查的可靠性。

和 C++一样,SV 的语法非常丰富,想完成同样的功能,可以用不同的语法达到目的,这既是它的方便之处,也给代码的阅读者和维护者带来了一定的困难。每个工程师都有自己熟悉的语法风格,而不同人的风格也不尽相同,在实际工作中,只要形成了自己的语法风格,在每次做同样的工作时,重复使用自身风格的代码即可,还可以将常用的代码保存起来,形成一个参考库,在写 TB 时,很多时候是在复制粘贴原来积累的参考库。大可不必遨游在语法的海洋中不能自拔,毕竟,仿真和验证最终的目的是找出芯片的 Bug,即芯片设计上的缺陷,能找到更多 Bug 的工程师、能找到不易察觉的 Bug 的工程师、能发现需求缺陷、通过沟通能使需求更明确更完善的工程师,才是好的工程师,而语法技巧方面反倒是次要的。

好的工程师对波形和 log 有着高度敏感性,同样一个波形或 log,有的工程师会判断通过,而有的工程师会很快发现其中隐藏的问题。这种敏感性是需要锻炼的,只有长期看波形,并且知道哪些场景容易出 Bug,才会对这些场景提高警惕。下面介绍仿真中常用的几种场景。

第一先要重点仿真通用的典型的场景,即芯片定位的受众群体,其最常用的几项功能。强调着眼于典型场景,是因为芯片设计上,很多的功能、面积,其实是留给非典型场景的。因为芯片研发的特点是需求并不能做到十分明确,很多芯片研发时只有市场调查的大概数据和需求,芯片研发周期长,时间一般在 1~3 年不等,这么长的时间,很难有客户会长期投入人力与芯片设计商沟通设计细节和需求细节,因此很多场景是芯片商自己定义的附带功能,并且不确定市场的接受程度。另一方面,芯片中还含有大量的保护性电路,例如,一旦出现异常,该如何恢复,可能准备了多种措施预案,有些电路用于限制用户行为,即假设用户未按照芯片说明进行使用,此时,需要在电路上对用户的违规操作进行一些修正以保持电路的整体正常。虽然集成了各种繁杂的功能,但是芯片的核心业务是需要优先保证的,因此,需要先确认典型场景能否正常使用,这是保证流片基本面不失败的关键。

第二是上电复位、时钟切换等关键电路的仿真,如第 2.25 节所述,如果上电复位处理不当,则会导致芯片上电状态异常,时钟切换功能异常会导致芯片切换中死机,即使是概率性异常或死机,也是用户无法接受的,因此,应重点检查这些电路的行为。在前仿中,由于无法观察到电路异常的效果，因此，需要在后仿中多仿真一些上电复位和时钟切换的场景，几个备选的切换时钟，其相对相位关系越丰富，对切换场景的仿真覆盖率越高。

第三是芯片内部自动复位、手动软件复位等复位形式的仿真。芯片内部的一些模块，出于功能需要，会在某些情况下自己复位。这种复位一般是同步复位，因此，复位后出现亚稳态的情况不需要特别考虑，但是，该复位信号是否已将模块内应该复位的信号完全复位了，需要检查。这种检查，主要是为了保证模块下次运行时，是从初始态开始的。例如，模块中某个计数器计数到 6，但是自动复位时遗漏了该计数器，下次运行时，它将从 6 开始计数，而不是从初始态的 0，从而导致功能错误。仿真时，一般会构造一个条件，使该模块连续运行两次，中间包含它的自动复位，这样就能检验它的第 1 次运行是否会影响到它的第 2 次运行。手动软件复位是 SoC 芯片中的某些模块允许用户通过软件配置寄存器的方式将其复位。它类似于自动复位，注意的问题也类似，但由于是受人控制的，人可以先读交互信息，然后复位，所以交互信息也可以被复位。

第四是模块使能和非使能场景。大多数模块包含自己的使能信号线，因为这是低功耗设计的一种基本做法。和复位一样，在上电后，使能第 1 次打开，模块往往能够正常运行，但是当关闭使能后再次打开，模块是否还能正常运行是不一定的。一些细节，如模块是从关闭时的状态开始运行，还是从初始态开始运行，需要依据模块的功能定义，因此，仿真中要设计两次连续的开使能、关使能场景。

第五是边界场景、极端情况下的仿真。有些运算会出现数据溢出，对溢出情况的处理是否合理，需要仿真。对于内部信号与配置的数据进行比较，也可能出现异常。如下例所示，内部信号 aaa 与用户配置的最大值和最小值进行比较，从而为信号 b 赋予不同的值。比较用的是大于和小于号，而不是大于或等于和小于或等于，这会造成用户将最大值 cfg_aaa_max 配置为 15，或将最小值 cfg_aaa_min 配置为 0 时，都无法达到条件，是否符合设计需求，需要确认。更为特殊的是，若 aaa 为有符号数，则还需要判断符号。这类隐患，可以在仿真中被辨认出来。对于一般的数据运算，应尽量使用遍历的方法，将所有可能的输入数据都遍历到，同时验算输出数据的准确性，若数据位宽过宽，组合情况过于复杂，无法做到遍历，则需要加长随机仿真的时间。

```verilog
input    [3:0]    cfg_aaa_max  ;
input    [3:0]    cfg_aaa_min  ;
wire     [3:0]    aaa          ;
reg      [1:0]    b            ;

always @( * )
begin
    if (aaa > cfg_aaa_max)
        b = 2'd1;
    else if (aaa < cfg_aaa_min)
        b = 2'd2;
    else
```

```
            b = 2'd0;
    end
```

第六是多设备场景,例如 I^2C 设备,一对 I^2C 信号线上可以挂接多个 I^2C 从设备,其中一个是 DUT。在仿真时,不应该只仿真主设备和从设备一对一发射接收,而是要多创建几个 I^2C 从设备模型,由主设备向它们分别进行读写通信,目的是验证 DUT 在静默时,即主设备不与其通信时,它是否会影响到其他设备的正常通信。

第七是状态机的控制。对于某些设备,原本是有具体状态要求的,但设计者可能仅仅将外部输入作为状态,并没有对内部状态进行控制,如下例所示,stat_in 是模块的输入,它可能出现 5 种状态,原本预计这 5 种状态是依次发生的,如从 STATE1 到 STATE2,再依次到 STATE5,设计者直接写了一个 case 块,并未做状态控制,完全依赖输入,但当状态从 STATE2 直接跳到 STATE5,或直接从复位态跳到 STATE5 时,结果 tt 的数值将不符合预期。仿真时需要提出这样的案例,即输入在假设的条件下,再加入一些随机因素,同时,随机因素也是受控的,本例中随机的只是 5 种状态出现的顺序,而并没有使 16 种排列组合数都随机出现,当变量数目多、数据位宽大时,受控的随机可以使仿真快速收敛,而不受限的完全随机可能会发现很多虚假 Bug,而这些 Bug 是实际中不会出现的。

```
input      [3:0]     stat_in;

always @(posedge clk or negedge rst_n)
begin
    if (!rst_n)
        tt <= 0;
    else
    begin
        case(stat_in)
            STATE1: tt <= 1;
            STATE2: tt <= 2;
            STATE3: tt <= 3;
            STATE4: tt <= 4;
            STATE5:  tt <= tt;
        endcase
    end
end
```

第八是配置字的读写。配置字是用户通过软件、数据接口、存储设备,对芯片内部运行的参数进行修改和控制的一种方式。配置字分为可读可写配置字、只写配置字、只读状态字、可读可写但读写内容不一致的配置字 4 类。一般的配置字是可读可写的(也称为可读写寄存器),它首要的作用是写功能,即从外部进入芯片的寄存器中,维持该值,从而长期控制芯片,用户也可以从相同的地址中读出自己写入的内容。只写配置字一般用于在芯片内部触发一个小脉冲,例如清除中断的 clear 信号、模块软复位脉冲信号、一些设备的原始推动脉冲信号等,它的特点是平时为 0,需要时配置为 1,配置后,该值不进入寄存器,只是在芯片内部产生一个脉冲信号，当用户按照写地址去读它时，读出的是 0。与之相比，可读可写配置字产生的是一个电平信号。只读状态字不是用户配置的，而是将芯片内部的信号拉到用户接口上，供用户读取。可读可写但读写内容不一致的配置字其实是将只读状态字和只写配置字接到了一个地址上，该只读状态和只写配置应该有一定的关联性，例如中断清除是只写的，相应的中断信号线的高低状态就可以拉到相同地址上供读取，当用户发起写操作时，内部产生脉冲信号，当用户对相同地址发起读操作时，反映的就是其内部状态，而非刚才配置的内容。可读可写的配置字可以配置单比特数值也可以配置总线数值，只读状态字也可以反映单比特状态或总线状态，但只写配置字和读写不一致的配置字一般只配置和读取单比特信息，即每个比特有其独立的意义。上述配置字也被称为配置寄存器，状态字也被称为状态寄存，但是如上文所说，实际上只写配置字是不进入寄存器的，它只是占用了一个地址而已，因此，称为寄存器并不合适。还有一种称为读清寄存器，即本来它是一种只读寄存器，但用户发起读操作后，其内容本身会自动清零。这种阅后即焚的寄存器本质上也是一种读写不一致的寄存器，只不过它用读信号产生脉冲来清零，用这种方式的往往也是单比特状态字，如中断状态信号等，读清是为了用户少做一步写清操作。一款较为复杂的芯片会包括大量配置字，目的是适应不同用户、不同场景下的各种需求。配置字复杂、数量众多，容易导致错误，例如读地址和写地址不一致等问题，需要仿真和验证仔细确认。确认时，需要将上述几类配置字和状态字分开，分别验证。对于可读写寄存器，既要检查读写，即相同地址下，读出和写入的内容是否一致，又要检查写入的内容是否真正进入了芯片中，这是两个问题，应该分别检查。由于它们的位宽都比较宽，不可能使用遍历的方法，一般做法是长时间大量随机读写。对于只写配置字，只需确认写入后产生了脉冲，对于只读状态字，只需确认读出的内容与内部实际信息相同，对于读写不一致的寄存器或读清寄存器，需要分别检查读出的内容和内部脉冲的产生机制。目前，使用脚本辅助写代码（基于 Perl 或 Python），特别是配置字读写相关的代码，较为常见，对于质量的提升有所帮助，但仍然需要进行上述验证步骤，因为脚本本身可能有 Bug，脚本所依据的 Excel 表格文件也可能有记录错误，会导致生成的代码错误。应特别注意的是，仿真和验证除了可以找出读出和写入不一致这类硬核错误，还可以找出一些软性错误，即从逻辑上并没有设计错误，但使用中不方便。例如，将可读写寄存器与读写不一致的寄存器放到同一个地址上，在用户编写软件时，常常会使用如下 C 命令，它的动作是先读出 regA，然后将其中的第 10 位和第 11 位配置为 1，其他位置的配置保持不变，但如果将读写不一致的寄存器也放在 regA 中，假设它在第 30 位，并假设它的状态是 1，即读出的是 1，则按照下面的 C 代码操作，除了完成用户意图的命令外，还会无意中给第 30 位配置一个 1，假设该配置的作用是清除状态，则状态会从 1 变为 0。当用户读取第 30 位的状态时，他会误认为是 0，但实际上是被自己无意识地清除掉了，因此，这两类寄存器习惯上不放在同一个地址上。

```
regA |= 0x3 << 10;
```

上述的几种情况的重要性排序是站在芯片整体的仿真和验证角度上看的，如果仿真和验证人员充足,则可以同时开展多个方面的工作,如果人手紧张,则可按照上述优先级顺序安排。

仿真的过程一般分为两个阶段。首先是以构造激励、观察波形为主,以便确认 DUT 设计的基本功能是否正确,以及内部细节是否符合设计预期。在第二阶段,即需要运行大量随机仿真的阶段,经常会连续运行几天,在下班前开始运行,几天后检查结果。由于仿真数据量大,下载波形不仅会影响仿真速度,而且波形文件过大可能会占满服务器硬盘,所以此阶段一般不下载波形,事先做好各种断言,当发现问题时,以 log 方式打印错误和错误原因、错误时间、错误发生时的设置和激励等,以便能重点复现出错误的情况。

3.30 验证方法学简介

要讲解仿真和验证,就不得不讲解验证方法学。验证方法学就是一套验证方法,以及为了实践该方法而形成的一套相应的代码。这套代码不是另外创造一门新语言,而是使用了 SV 作基础,通过层层打包封装而形成的一系列类和方法。正如在一个完全封装好的 C++ 平台上编程,完全没有写 C++ 的感觉一样,在一套完整的验证方法学架构下写验证案例,很可能看不到多少 SV 的影子。

验证方法学这一概念从 2000 年左右被提出,发展到现在已经 20 余年,期间经历了 Synopsys、Cadence 和 Mentor 这三巨头的多次尝试与方法论的竞争,其中比较著名的方法架构有 Synopsys 于 2006 年推出的验证方法手册(Verification Methodology Manual,VMM),以及 Cadence 和 Mentor 联合推出的开放验证方法学(Open Verification Methodology,OVM)。OVM 最终在 2011 年演化为今天为人熟知的通用验证方法学(Universal Verification Methodology,UVM),同时也合并了 VMM 中的一些优点。该方法于 2012 年左右在国内得到了推广,成为主流的验证方法。

UVM 的基本架构如图 3-12 所示,它与图 3-1 类似,都是产生激励并输入 DUT 和 RM,最终将响应结果送到 Scoreboard 中进行对比,得出是否通过的结论。虽然与一般的仿真架构基本类似,但 UVM 之所以盛行,必然有其特殊的优点。其优点主要在于两个方面,其一是可重用性,其二是支持多人并行验证。

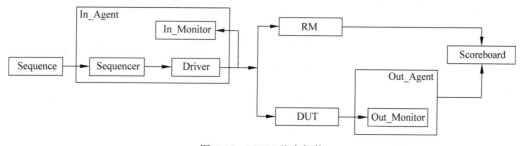

图 3-12 UVM 基本架构

可重用性是指该 UVM 架构上的大部分模块,在更换了不同的 DUT(验证对象)后,仍然可以不经修改就直接使用。以 Driver 为例,过去一个笼统的 Driver 概念,被细分成多个模块后，与实际业务相关的部分被拆分出来，形成 Sequence 类，在更换 DUT 的情况下，主要更改 Sequence 即可。原本，不同的 DUT 之间的接口差异巨大，与 DUT 相连接的 Driver 和 Monitor 基本需要重新编写，这种思路被称为信号级仿真，它关注的对象是信号，而 UVM 将接口抽象后，仿真者不再关注信号，而是关注 DUT 需要处理的事务（Transaction），称为事务级仿真。

将不同 DUT 的接口进行抽象化的工作、事务级与信号级互转的工作及搭建 TB 架构的工作，由验证架构师完成，其他验证人员着力构思不同事务的验证案例，编写不同的 Sequence，一个 DUT 可能支持多种功能，也可以分为多个 Agent。过去，一百个验证就有一百个 TB，有了统一的验证平台后，多人共用一个 TB，用统一的接口与 TB 连接，从交流上看，可以最大限度地统一大部分认识和经验，只在小范围内存在差异，在剖析案例时，能够抓住重点，再也不必像过去那样在整个 TB 上找问题。这就是 UVM 支持多人并行验证的优点，相当于多个头共享同一个身体。

除了上述架构上的优势，还有一些细节上的优点，例如提供了更多可以调用的功能函数和方法，很多过去需要手动编程才能实现的功能也有现成的方法可以调用。

本章所介绍的内容还是传统的仿真方法，对于简单的 TB，用传统方法可以更快地搭建完成，更快地看到仿真结果，它更适合于个人仿真或设计者对自己的 RTL 进行基本时序检查，而如果采用多人验证同一个 DUT 的方式，则不论是配合的密切程度和统一程度，还是验证的完备性，都以 UVM 方式为最佳。

3.31 断言简介

8min

断言是一种待证明的论断，譬如"明天下雨"，就是一种断言。前文讲述芯片仿真 Debug 的方式主要有两种，一种是看波形，另一种是打 log。打印 log 的本质是让 TB 自动判断波形是否正确，判断的方法也是断言。如下例所示，当信号 a 与 b 之差超过 3 时，认为是错误的，于是打印 log 并退出。在断言中，将 a 与 b 之差超过 3 称为一个事件，其相反事件是两者之差不超过 3。

```
initial
begin
    forever
    begin
        @(posedge clk);
        if ( $abs(a - b) > 3)
        begin
            $error("%d, %d, %f", a, b, $abs(a - b));
            $finish;
        end
    end
end
```

注意 $error 打印并不会自动退出仿真,只是打印一行错误信息,括号中的内容在错误信息下面打印。

事实上,不仅仿真验证有断言,在设计中很多时候也会加入断言,这种断言被放在 RTL 的 Module 中,可以在仿真时报告断言通过或不通过。由于是由设计人员编写的,体现了设计的思路,虽然设计人员的仿真并不全面,激励也不如验证人员构造得丰富,但其断言在不断丰富的验证过程中仍然有效,遇到设计问题,当不符合断言描述时,除了验证人员能够判断出错误外,断言也能判断,相当于设计和验证在协同 Debug,能够提高发现问题的效率。放在 RTL 中的断言一般使用 SV 断言(System Verilog Assertion,SVA),该语法是 SV 推荐使用的,EDA 厂商的建议是,在 RTL 中添加的断言数量不少于总代码量的 30%。

一个简单的包含断言的 RTL 如下例所示。模块 abc 的功能是输出信号 b,它是信号 a 的取反,但两者差一拍。下面的断言部分对这一逻辑进行了判断,这里只写了两个断言,分别是 Bis0 和 Bis1。Bis0 用于判断信号 b 在 a 变为 1 之后会变为 0,Bis1 用于判断信号 b 在信号 a 变为 0 之后会变为 1。

```
module abc
(
    input           clk     ,
    input           rst_n   ,
    input           a       ,
    output reg      b
);
//------------ RTL 代码部分 ----------------------
always @(posedge clk or negedge rst_n)
begin
    if (!rst_n)
        b <= 1'b0;
    else
        b <= ~a;
end

//------------ SVA 断言部分 ----------------------
`ifdef SVA
    Bis0: assert property(Evt_b0)
    else
        $error("b is not 0 @ %t", $time);

    Bis1: assert property(Evt_b1)
    else
        $display("b is not 1 @ %t", $time);

    property Evt_b0;
        @(posedge clk) a |-> ##1 ~b;
    endproperty
```

```
        property Evt_b1;
            @(posedge clk) (rst_n && ~a) |-> ##1 b;
        endproperty
 `endif

 endmodule
```

本书将以上例为基础，具体解释断言的格式。下面的片段是断言处理语句，即断言的成立与否有了判断后，如何处理。一般的处理方式是打印，使用 $display 或 $error 都可以，使用 $error 也不会使仿真停止。在本节第 1 个例子中，当 a 与 b 之差超过 3 时会报错，说明该事件是不符合设计预期的。在写 SVA 时，写出来的事件一般是正确的预期，即 a 与 b 之差不超过 3，只有违反它时才会报错。有了这个假设前提，断言处理语句的格式也就固定了，Bis0 是该处理语句的名称，assert 是关键字，Evt_b0 是该段落关注的断言本体，它应该代表正确的预期。下面的打印向仿真者确认其正确（实际上经常被省略，因为仿真时间长，打印的正确信息太多，反而会影响到检查错误信息），else 后面的打印向仿真者提示它的错误和发生事件，用于 Debug。Evt_b0 称为事件。

```
 Bis0: assert property(Evt_b0)    //注意：没有分号
        $display("b is 0 @ %t", $time);
 else
        $error("b is not 0 @ %t", $time);
```

下面的片段是事件的定义。property 和 endproperty 是关键字，将事件包括在 property 块中。事件由时间和该时间上发生的信号判断所组成，不能只有单独的信号判断而没有时间。时间一般以 clk 的沿变化或其他信号的沿变化作为起始。之所以不像 TB 一样用类似 ♯10 作为起始时间，是因为 SVA 是在 RTL 中编写的，它没有绝对时间的概念，与 always 和 assign 一样，它关注的是信号变化的规律性。SVA 的神奇之处在于它可以描述一段时间内的信号变化，如本例中描述的意思为当时钟上升沿到来后，如果信号 a 是 1，则在下一个上升沿时仿真工具看到的信号 b 一定是 0，因此，这句话是以时钟上升沿为起点，以下一个上升沿为终点，描述了一段时间内发生的一连串事件，而本节第 1 个例子的判断，$abs(a-b)>3$，只是在某一时刻做出的，无法表达对一段时间的判断。从该事件的描述，可以看出 SVA 事件描述倾向于用一句话描述比较复杂的逻辑，为了满足这一条件，SVA 的描述有时会比较抽象。类似在 UVM 中，将处理的对象由信号级升格为事务级，在 SVA 中，处理的对象一般视为事件，即便只是一个普通的信号，也应在概念上看作一个事件，即该信号为 1。抽象为事件后，对事件 Evt_b0 的描述应改为当 clk 上升时，事件 a 发生，再过一个上升沿，事件 b 必然不会发生。有了事件概念后，可以将本例中的事件 a 和 b 替换为任何更为复杂的事件，即一个事件可以包含其他事件。property 块在层次上从属于断言处理语句 assert，两者合称断言，断言名以 assert 的名称命名，例如 Bis0 和 Bis1。property 块也可以改为 sequence 块，在以前的语法当中两者是有区别的，但目前已无差别，因此，只需通用 property 块。

```
property Evt_b0;
    @(posedge clk) a |-> ##1 ~b;
endproperty
```

从上例的分析可以看出,特殊符号"|->"是条件判断的意思,所以,下面所列的两种表达式是等价的。应该注意到,如果 a 不成立,则工具将忽略,不会对事件做出判断,即不会认为它是错的,在断言处理后也不会打印错误信息。在断言中,应明确区分什么是错误的情况,什么是可忽略的情况,不能混为一谈。

```
表达式 1: a |-> b

表达式 2:
if (a)
    b = 1;
else
    忽略
```

断言处理块 Bis1 与 Bis0 相似,不再赘述。对于下面的片段,与 Evt_b0 的不同之处在于(rst_n && ~a),整句表达的意思是当时钟上升沿到来后,若复位信号为 1,并且 a 为 0,则在下一个时钟上升沿时 b 一定为 1。语句(rst_n && ~a)表示复位信号为 1 且 a 为 0,这种联合条件应使用括号括起来。之所以要加入复位信号为 1 这个条件,是因为 a 和 b 初始化时都为 0,即解复位前都是 0,在解复位前,也会有时钟上升沿,会触发该断言,进而导致断言报错,而设计者认为这种情况是正常的,不应报错,因此,需要加强约束,将复位信号为 1 这一条件也加进去。

```
property Evt_b1;
    @(posedge clk) (rst_n && ~a) |-> ##1 b;
endproperty
```

以下是 TB,为仿真包含 SVA 的 RTL,需要加入 $fsdbDumpSVA(0)。另外,RTL 中定义了宏变量 SVA,以便灵活开关 SVA 检查,在 TB 或编译命令中需要加入相应的宏定义。

```
`timescale 1ns/1ps
`define SVA
module tb;
//------------------------------------
logic       clk    ;
logic       rst_n  ;
logic       a      ;
wire        b      ;
//------------------------------------
initial
begin
    $fsdbDumpfile("tb.fsdb");
    $fsdbDumpvars(0);
```

```
        $fsdbDumpSVA(0);   //在 fsdb 中加入 SVA 信息
   end

   initial
   begin
       clk = 0;
       forever #10 clk = ~clk;
   end

   initial
   begin
       rst_n = 0;
       #50 rst_n = 1;
   end

   initial
   begin
       a = 0;

       #1e2; @(posedge clk); a <= 1;
       #1e2; @(posedge clk); a <= 0;
       #1e2; @(posedge clk); a <= 1;
       #1e2; @(posedge clk); a <= 0;
       #1e2;

       $finish;
   end

   abc      u_abc
   (
       .clk    (clk     ),  //i
       .rst_n  (rst_n   ),  //i
       .a      (a       ),  //i
       .b      (b       )   //o
   );

   endmodule
```

为支持 SVA 特性，要在 VCS 的编译选项中加入以下选项：

```
vcs - assert enable_diag  \
    ...                    \其他选项
```

也要在执行仿真阶段加入以下选项：

```
simv + fsdb + sva_success  \
    ...                      \其他选项
```

运行后，打开 Verdi，可以选择 SVA 的支持界面，即选择 Window 菜单下的 Assertion Debug Mode，如图 3-13 所示。

在 Verdi 中,可以看到两句断言 Bis0 和 Bis1 的正确与错误统计,事件在每次触发时,其发生时间和结束时间。断言的 Incomplete 状态指事件尚未结束,仿真就已结束了,这是正常现象,仿真结束时总会有断言停在中间。No Attempt 状态指该断言在整个仿真期间一直被忽略,未曾开始,例如 $a \mid \to b$,若 a 一直为 0,则断言将忽略,如图 3-14 所示。

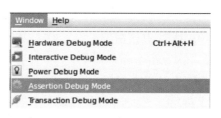

图 3-13　Verdi 中选择 SVA 支持界面

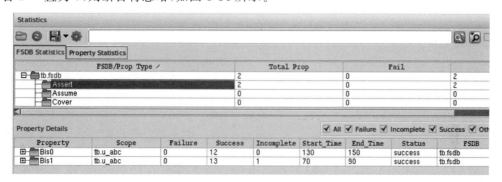

图 3-14　Verdi 中显示的 SVA 统计

断言的语法十分丰富,这里仅列出一些常用表达法:

(1) @(posedge clk)$a \#\#2\ b$,当时钟为上升沿时,先判断 a 是否发生,若发生,再过两个时钟上升沿,工具则会查看 b 是否发生,若不发生,则为错。若 a 未发生,则忽略。与之相似的表达是 $a \#\#[1:3]\ b$,指在 a 发生的第 1 到第 3 个上升沿内,工具都会查看 b 是否发生,若其中任一时钟上升沿上 b 未发生,则为错。$a \#\#[3:\$]\ b$,只在 a 发生后的第 3 个时钟上升沿一直到仿真结束,工具每个时钟上升沿都会查看 b 是否发生,若 b 在中间停止,则为错。

(2) @(posedge clk)intersect(a,b),当时钟为上升沿时,工具会查看 a 和 b 是否都已发生,若发生,则会等待到 a 结束,查看 b 是否也结束。若 a 和 b 只有其中一个发生,则判断为错。若两者都未发生,则忽略。与之相似的表达是 a throughout b,即判断 a 的发生贯穿 b 发生的始终。a within b,判断 a 发生的同时 b 一定是发生着的,但 b 发生 a 却未必发生。

(3) @(posedge clk)$a \mid\Rightarrow b$,当时钟为上升沿时,先判断 a 是否发生,若发生,则在下一个事件开始位置判断 b 是否发生。若 a 未发生,则忽略。与之相似的是 $a \mid \to b$。

(4) @(posedge clk) \$rose(a)$\mid\to \#\#1\ b$,当时钟为上升沿时,工具需要先看到 a 为 0,在下一次时钟上升沿时,看到 a 为 1,则判断为 a 上升,以此为条件,再过一个时钟上升沿,判断 b 是否发生。与 \$rose(a)相似的函数还有 \$fell(a),表示 a 下降,\$stable(a)表示 a 在两个连续的时钟上升沿上没有变化。\$pass(a,2)表示 a 在两个时钟之前就已发生变化。

(5) @(posedge clk) \$onehot(a),当时钟为上升沿时,总线 a 中有且仅有一位是 1,其他

位都是 0。与之相似的表达是 $onehot0($a$)$，即除一位为 0 外，其他位都是 1。$isunkown($a$)$，表示总线 a 中存在 z 态或 x 态。countones(a)==3，判断总线 a 中值为 1 的位有 3 位。

（6）@(posedge clk)a[＊3]，当时钟为上升沿时，发现 a 发生，后面两次时钟上升沿，a 也都发生。与之相似的表达有 a[＊1:3]，指连续 1 到 3 个时钟上升沿上 a 如果发生，则视为成功。a[—>3]，指 a 在 3 个不连续的时钟上升沿都发生。

（7）@(posedge clk) disable iff(!rst_n)(a|—>b)，当复位信号为 0 时，忽略，相当于 @(posedge clk) (rst_n, a)|—>b。

（8）@(posedge clk1) a |=> @(posedge clk2) b，跨时钟判断，在时钟 clk1 的上升沿处，先判断 a 是否成立，然后等到时钟 clk2 的上升沿，判断 b 是否成立。

注意 所谓事件发生和停止是抽象后的概念。若反映在信号上，则事件发生表示信号为 1，事件停止表示值为 0。

事件声明里也可以声明变量，变量也可以是数组。由于事件描述是一段式的，即希望一句话表述清楚，因此，对于复杂的事件会受到限制，此时，可以将 function 或 task 加到事件中，帮助其表达。下例中融合了事件内部声明数组变量及使用 function 辅助表达等特征。需要注意的是，下例中 rd == rd 是一句多余的表达，必然成立，写这句话的原因是：仅仅给事件内部变量进行赋值是不允许的，编译会报错，因此，只能将赋值语句与一个多余的表达混合才能使编译通过。

```
property wr_p;                              //声明事件
    int arr[2];                             //声明内部数组变量

    @(posedge clk) !vld_pulse_r[0] && !DatIn //触发条件
    ##4 (rd == rd, arr[0] = DataIn)          //4 个时钟上升沿后将 DataIn 赋值给 arr[0]
    ##1 (rd == rd, arr[1] = DataIn)          //1 个时钟上升沿后将 DataIn 赋值给 arr[1]
    |=> addr == junc(arr[0],arr[1]);         //比较 addr 与 function 结果是否一致
endproperty

function [1:0] junc;
    input a,b;
    junc = a + 2 * b;
endfunction
```

3.32 仿真和实验

流片前仿真，流片后实验，仿真和实验其实是按照同一套工作流程进行的。

芯片测试从大的方面分为两类，一类是研发类测试，另一类是量产测试。研发类测试是通过实验，验证芯片设计是否符合预期效果，以便确认芯片设计无误。量产测试是在研发类测试已经通过，已确认设计无误，并具备大规模生产的条件下，所进行的以保证芯片生产和

出货质量为目的测试,例如2.35节介绍的DFT测试。本节介绍的是研发类测试和实验。

一款射频通信芯片的接收机测试连接如图3-15所示。信号发生器发出激励信号,相当于Driver。测试时有不同的需求,某些测试需要发单音信号,某些测试需要发扫频信号,有些测试需要发方波或三角波信号,还有些测试需要发射蓝牙、WiFi、5G等符合一定协议要求的信号,它们相当于不同的Sequence,驱动Driver发出不同的信号。激励进入芯片后,经过芯片的处理,先由射频信号经过混频,降为模拟中频或模拟基带信号,不论是射频信号还是芯片处理后的射频基带信号,都可以通过频谱分析仪观察频谱,也可以通过示波器观察基带信号的时域波形。协议分析仪可以接收射频输入和模拟基带输入。信号发生器直接产生射频波形,接入协议分析仪的射频输入口,可以作为芯片性能的参考。芯片自身的模拟基带信号进入协议分析仪后也会得到一个分析结果,可以看到与参考指标的差距,相当于Scoreboard。芯片内部的LDO、DCDC等电源器件工作是否正常,可以通过万用表来测量,万用表适合测量静态指标。芯片的模拟基带信号经过IQ两路ADC采样后会变成数字基带信号,再经过数字解调均衡处理,最终在数字上也能形成一个解析结果,它会通过高速接口(如PCIE)传到PCB板上负责处理业务的CPU中,可以使用逻辑分析仪接通众多的数字引脚,并分析解析数据的正确与否,也可通过计算机打印的方式显示性能。此时,就可以得到3组性能,分别是参考性能、芯片基带输入与理想解调器的联合性能、芯片基带输入与芯片自身解调器的性能。通过对比,可以发现芯片内部性能与参考性能之间的差距,以及芯片内部数字解调器与协议分析仪所代表的理想解调器之间的差距。

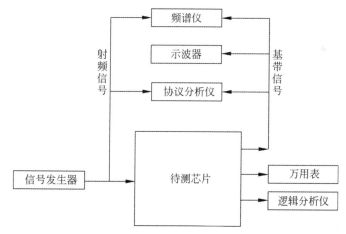

图3-15 一款射频通信芯片的接收机测试连接图

通信芯片往往是兼带发送和接收功能的全双工或半双工通信芯片。上述射频通信芯片中发射机的性能测试连接如图3-16所示。图中没有信号发生器,因为信号源就是待测芯片本身,由CPU发出具体业务请求和数据后,由芯片调制为数字基带信号,通过DAC变为模拟基带信号,该信号通入协议分析仪,可得到芯片基带信号与理想接收机的联合性能,它可作为发射机的参考性能。芯片内部再经过上变频,将基带信号调制到射频频段上并发射,即为射频信号,该信号也可通入协议分析仪的射频口,获得芯片射频信号与理想解调器的性能。可以对比两个性能的差距，从而获得芯片射频性能的估计。同时，通过示波器观察基带信号的时域波形，可以判断信号的峰均比（Peak to Average Power Ratio，PAPR）是否正常，通过频谱仪可以看出射频信号带内是否平坦，以及带外功率是否已经抑制到规定水平。

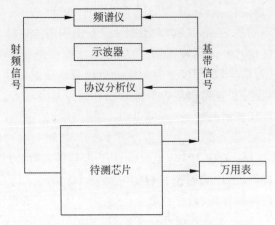

图 3-16　一款射频通信芯片的发射机测试连接图

获得了发射机和接收机的性能，通过优化参数配置和 PCB 板设计，使之性能达到最佳，然后就可以进行正常业务流程的测试，其连接如图 3-17 所示。该芯片以半双工的方式与业务测试仪进行交互性测试，该测试仪可以在内部产生几十甚至上百个同类型的通信设备，与待测芯片进行互联，以模拟真实的网络环境。通过测试能够获得最终的通信成功率和误包率数据。业务测试仪既可以看作 Driver，又可以看作 Monitor 与 Scoreboard 结合的设备。作为对照，需要以竞品做同样的测试，得出它的误包率，将其作为参考。

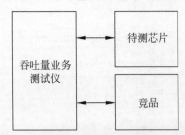

图 3-17　一款射频通信芯片的业务测试连接图

本节概括介绍了芯片测试的方法和所使用的仪器设备，可以看出，仿真架构上的组件都可以在实际测试中找到对应的设备实体。芯片仿真和验证的本质在于提前测试，即将绝大部分芯片设计问题暴露在流片之前，从而使设计者有机会修正这些错误。了解了测试过程后会对仿真和验证的意义有更加深刻的认识。

第4章
基础模块设计举例

尽管数字设计的复杂度和规模越来越大,但其中却包含了许多重复设计,这些设计经过多次例化,逐渐堆积,最终形成了庞大的数字系统。本章将为读者介绍一线工程师常用的设计模块,可以使读者能够轻松地面对常见的设计任务。

4.1 计数器的设计

16min

在芯片设计中,计数器或计时器,即 Timer,是最常用的器件之一,不论你开发哪种模块,其内部总需要几个计数器,所以计数器设计是基础中的基础。

普通的计数器是从 0 开始计数的,计数到指定值后停止,或再继续计数。只计数一次后停止的计数器称为 Oneshot 计数器,它需要一个信号触发才能开始。计到指定值后继续从 0 开始计数的计数器称为重复计数器。

一个普通的 Oneshot 计数器的设计代码如下:

```
always @(posedge clk or negedge rst_n)
begin
    if (!rst_n)
        cnt <= 32'd0;
    else
    begin
        if (trig)                        //触发
            cnt <= 32'd1;
        else if (cnt >= cfg_max)         //计数停止
            cnt <= 32'd0;
        else if (cnt > 32'd0)            //计数过程
            cnt <= cnt + 32'd1;
    end
end
```

其中,cnt 是计数器本身,最终实现时序逻辑输出。trig 是触发计数的脉冲信号,cfg_max 是计数最大值(一般外部输入的配置值都需要写一个 cfg_前缀以便识别),当计到最大值时,强令 cnt 为 0。当 cnt 大于 0 时才自动向上计数,当为 0 时不计数,而是等待 trig 对它进行触发,令它为 1。代码中,之所以用 cnt >= cfg_max,而不用 cnt == cfg_max,是因为

cfg_max 本身也可能是 0,此时 cnt 被触发后会马上变回 0。也可以在 cfg_max 的输入侧就避免出现 0 的情况,避免方法可以是硬件的(在 RTL 中强令它为非 0),也可以是软件的(在软件输入时避免配置 0)。

一个重复计数器的常用表达如下。当使能电平信号 en 为 1 时开始计数,当为 0 时,计数器归零。当计数值小于 cfg_max 时,持续计数,否则它将归零,并重新开始计数。

```
always @ (posedge clk or negedge rst_n)
begin
    if (!rst_n)
        cnt <= 32'd0;
    else if (~en)                  //不使能
        cnt <= 32'd0;
    else                           //使能
    begin
        if (cnt >= cfg_max)        //计数归零
            cnt <= 32'd0;
        else
            cnt <= cnt + 32'd1;    //计数过程
    end
end
```

除了向上递增计数,还可能遇到向下递减计数的需求,一个递减的 Oneshot 计数器如下,其中,reload 是一个负责给计数器重载的脉冲信号,重载是指重新载入预定的数值。cfg_reload 为预定的数值。当触发脉冲 trig 发起时,计数器开始减,一直减到 0 后再回到重载值。重载这个动作很重要,需要发生在计数触发之前,并且要注意不能将 cfg_reload 设为 0,否则就会减出负数。

```
always @ (posedge clk or negedge rst_n)
begin
    if (!rst_n)
        cnt <= 32'hffffffff;
    else if (reload)
        cnt <= cfg_reload;
    else
    begin
        if (trig)
            cnt <= cfg_reload - 32'd1;
        else if (cnt == 32'd0)
            cnt <= cfg_reload;
        else if (cnt < cfg_reload)
            cnt <= cnt - 32'd1;
    end
end
```

有一种复杂的计数器是先递增计数,再递减计数,这对于需要中心轴对称的应用较为适合,例如现在流行的电机的向量控制算法(Field-Oriented Control,FOC),经常用中心对称方式来控制脉冲发生器,从而发出中心轴对称的波形。下例即为一个这样的计数器,当计数器使能 en 开启后,先递增计数,计到 cfg_max 后,再递减计数。这里使用状态机实现该功能,分别是 IDLE 表示不使能时的空闲态,INC 表示递增计数状态,而 DEC 表示递减计数状态。状态机使用 2.20 节介绍的三段式写法。

```verilog
module symme_timer
(
    input                   clk      ,
    input                   rst_n    ,
    input                   en       ,
    input        [31:0]     cfg_max  ,
    output      reg [31:0]  cnt
);

//---------------------------------------------------
localparam  IDLE  = 2'd0;
localparam  INC   = 2'd1;
localparam  DEC   = 2'd2;

//---------------------------------------------------
reg         [1:0]   stat             ;
reg         [1:0]   stat_next        ;
wire                max_pre_vld      ;
wire                one_vld          ;
wire        [31:0]  cfg_max_limit    ;

//---------------------------------------------------
assign cfg_max_limit = (cfg_max == 32'd0) ? 32'd1 : cfg_max;

always @(posedge clk or negedge rst_n)
begin
    if (!rst_n)
        stat <= IDLE;
    else
        stat <= stat_next;
end

always @( * )
begin
    case (stat)
        IDLE:
        begin
            if (en)
                stat_next = INC;
            else
                stat_next = IDLE;
        end

        INC:
        begin
            if (~en)
```

```
                    stat_next = IDLE;
              else if (max_pre_vld)
                    stat_next = DEC;
              else
                    stat_next = INC;
          end

          DEC:
          begin
              if (~en)
                    stat_next = IDLE;
              else if (one_vld)
                    stat_next = INC;
              else
                    stat_next = DEC;
          end

          default: stat_next = IDLE;
      endcase
end

always @ (posedge clk or negedge rst_n)
begin
    if (!rst_n)
        cnt <= 32'd0;
    else if (stat == IDLE)
        cnt <= 32'd0;
    else if (stat == INC)
        cnt <= cnt + 32'd1;
    else if (stat == DEC)
        cnt <= cnt - 32'd1;
end

assign max_pre_vld = (cnt == cfg_max_limit - 32'd1);
assign one_vld = (cnt == 32'd1);

endmodule
```

　　一般在遇到这类设计问题时应先要画一个时序图，如图 4-1 所示，其主要目的是让设计者事先获悉要达到设计目的，中间需要构造哪些信号，可能遇到哪些问题等。如本例中，由于计数器一定要写成时序逻辑，因而 cnt 信号必须相对于状态机的变化晚一拍，这与一般的三段式设计中状态机通过组合逻辑产生输出信号不同，这种不同会导致一些问题，例如图中需要计数到 6，但是状态机必须提前从 INC 变为 DEC，只有这样才能让计数到 6 后进入递减流程，为了使状态机提前变化，设计者构造了 max_pre_vld 信号，当计数到 5 时就起一个脉冲，相当于提前发起状态更新请求，同样道理，在 DEC 状态下，设计者也构造了 one_vld 信号，以便使 DEC 提前变为 INC。这些构造信号和流程，只有画了时序图才能得知，因此，在设计之前，推荐画时序图，而不是在设计后补画时序。画时序图时，不必横平竖直，要尽量简洁,可以在纸上画,也可以借助 WaveDrom、Timegen、Visio 等软件来画。不需要每个信号都从头画到尾,例如图中 max_pre_vld 和 one_vld 是从中间开始画的,因为这两个信号在画图的位置上才是关键信号,在其他时刻并不关心它们的动作。图中竖直的虚线表示触发的源,如图 4-1 中,状态 IDLE 变为 INC,中间的虚线指向 en,说明是由 en 等于 1 导致了状态机的变化,再如 INC 变为 DEC,中间的虚线指向 max_pre_vld,说明是该信号导致了状态机发生变化。

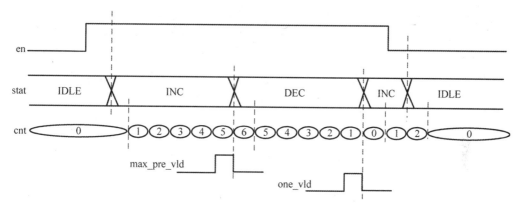

图 4-1　中心轴对称计数器设计时序

max_pre_vld 脉冲要等到计数器 cnt 计数到设定的最大值减 1 时才起来,说明设定的最大计数值 cfg_max 至少要为 1,不允许为 0。在本例中,设计了一个硬件保护机制,将原本使用 cfg_max 的地方用 cfg_max_limit 代替,而后者已经加入了保护,即当 cfg_max 为 0 时,强令 cfg_max_limit 为 1,其他时候两者的值相等。

运行的效果如图 4-2 所示,该仿真从 0 计数到 5,再返回 0。

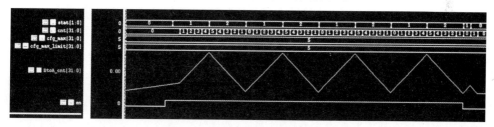

图 4-2　中心轴对称计数器的波形

状态的名称可以在 Verdi 的波形中显示,如图 4-3 所示。先选中状态机信号,本例中为 stat,然后选择 Tools 下面的 Bus Contention 即可。

计数器有时会采用预分频方式,以便使用有限的位宽实现更长周期的计数。例如,一个计数器原本以 20MHz 时钟为驱动,计数器本身的位宽为 16 位,则它从 0 计数到 0xffff 需要 3.28ms。要想延长计数周期,一种方法是增加计数器的位宽,例如从 16 位扩展到 32 位,但那会使面积增大,另一种方法是将驱动时钟进行预分频,例如,要想增长一倍计数时间,就将时钟二分频。在一般的设计中会提供多种预分频选项供用户配置,以增强设计的适应性。

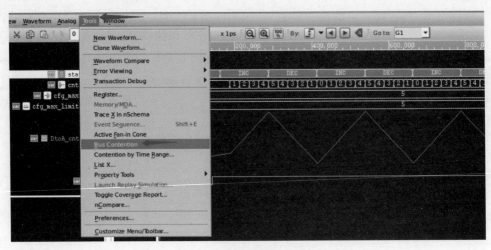

图 4-3　显示状态名的方法

按照 2.38 节的低功耗设计原则，一般不对时钟进行分频，而是使用时钟有效信号来代替。

注意　计数器在大多数设计模块中会出现，它们往往不是设计的最终目的，而仅仅是起辅助作用的信号。对于这样的计数器，不必使用复杂的控制逻辑和外部输入控制信号，本节第 1 个例子是最常用的计数器结构。

44min

4.2　同步 FIFO 的设计

　　FIFO，即 First Input First Output，顾名思义是一种先入先出的存储器，其功能是：用户将数据写入该器件进行存储，当用户读数据时，先写入的数据会被先读出，即读出数据的顺序仍然是写入时的顺序。一般意义的存储器需要用户提供地址和数据两条信息，这样才能进行写入和读取操作。写入时，会写到用户指定的地址，而读取时，也会从用户指定的地址读取，但 FIFO 不同，数据地址是由内部生成的，用户无须提供地址，只需提供读、写控制线和数据。FIFO 有两种典型的应用场景，一种是保序，另一种是缓冲。保序即保持顺序。缓冲应用于瞬时写入和读取速度不匹配的场合，如图 4-4(a)所示，假设上位机的瞬时写入速度为 2Mb/s，而下位机的瞬时读取速度只有 1Mb/s，说明下位机的处理速度无法与上位机的数据供给速度相匹配，此时，下位机只能选择丢失数据。如果在上位机和下位机之间插入 FIFO，如图 4-4(b)所示，则上位机可以按照自己的速度向 FIFO 中写数据，而下位机也可以按照自己的速度从 FIFO 中取数据，只要 FIFO 的深度足够深，即存储空间足够大，就不会出现数据丢失的现象。这里要强调的是作为缓冲的 FIFO，只能调节瞬时的速率不匹配现象，不能调节持续性的速率不匹配现象。图中的上位机和下位机，长期来看，两者平均的输入/输出速率是相等的，中间使用 FIFO 才有效，对于速率长期不相等的情况，FIFO 迟早会溢出，即它内部的存储空间会被全部占满，仍然会造成数据的丢失。一般将瞬时性的高速传输称为 Burst 操作,即多个数据连续传输,中间不间断。大多数传输机制不是匀速的,例如 WiFi 系统,当有数据需要传输时,就会发起传输,当无数据时,就空闲。长期统计的速率和瞬间的速率是不同的。再例如传输电影等流媒体数据和浏览网页、打游戏的 Burst 速率是不一样的,流媒体是确定性的大文件,发起传输时报文较长,每个报文之间有均匀的间隔,因为用户播放的速度是确定的,而浏览网页和打游戏是不可预测的操作,用户可能会频繁地操作不同网页或人物动作,而每项操作都对应较短的报文,报文间隔也不确定,因此,上位机和下位机的速率匹配是设计中应该重点关注的问题,特别是有线以太网高速传输领域,传输速率可以达到成百上千 Gb/s,一旦发生数据丢失,就会影响到很多用户的上网体验。

(a) 没有FIFO缓冲的上位机和下位机连接

(b) 有FIFO缓冲的上位机和下位机连接

图 4-4　有无 FIFO 作为缓冲的对比

FIFO 一般分为同步 FIFO 和异步 FIFO。同步和异步是根据驱动时钟而言的,当写入数据的时钟与读取数据的时钟为同源时钟时,称为同步 FIFO,不同源则为异步 FIFO。同步 FIFO 设计相对简单,而异步 FIFO 由于需要处理异步时钟的读写,所以相对复杂。

一个典型同步 FIFO 的框图如图 4-5 所示,它的左边接上位机,即写 FIFO 的设备,右边接下位机,即读 FIFO 的设备。FIFO 本质上是一个存储器,存储介质可以是寄存器、SRAM、DDR 等。上位机会对 FIFO 发起写操作,wr 是写使能脉冲,wr_dat 是写入的数据,这两个信号是对齐的。上位机在发起写操作前,会读 FIFO 的满状态指示信号 full 或 almost_full,因为 FIFO 的存储空间可能被写满,此时再写入数据必然会发生数据丢失现

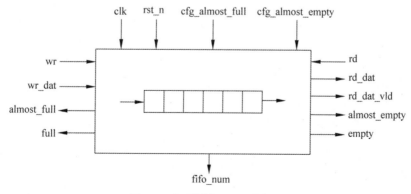

图 4-5　典型同步 FIFO 的框图

象。full状态信号表示FIFO的存储空间已经被全部占满，而almost_full状态信号表示存储空间并未被全部占满，但已经达到了用户设置的临界点，用户可以用cfg_almost_full配置线设置该临界点。下位机对FIFO发起读操作，rd是读使能脉冲，rd_dat是读出的数据，根据存储介质类型、存储空间大小的不同，读出数据的延迟也不同，有的是rd发出后一拍输出数据，有的是两拍输出数据，要根据实际情况来定，不能一概而论。下位机在发起读之前，先要采样FIFO的状态信号empty或almost_empty，empty表示FIFO内存全空，因此不支持读取数据，而almost_empty表示虽然FIFO内存中尚存在一些数据，但数量较少，处于用户配置的cfg_almost_empty以下，以此发出警告。fifo_num用于实时反映FIFO内存中的数据数量。

almost_full和almost_empty常被称为水线，即将FIFO视为一个水桶，输入数据犹如灌水，读取数据亦如放水。当水位低于almost_empty时，会警告下位机，令其降低放水速度。当水位高于almost_full时，会提示上位机，令其降低灌水速度。原本，FIFO只需full和empty两种状态信号，但是，在以Burst方式通信时，上位机灌水不是每输入一个数据先看一下full状态，而是只看一下full状态，就往FIFO中连续灌很多数据，此时，almost_full就很有必要了，它会告诉上位机停止以Burst方式灌水。同理，下位机在使用Burst方式读取时，也需要almost_empty提醒它停止Burst读取。两条水线一般设置为稍大于Burst的长度。

一个同步FIFO的示例代码如下例所示。参数DEEP代表FIFO存储器的存储深度，DEEPWID代表地址的位宽，如果深度为8，则位宽为$\log_2 8 = 3$，BITWID为存储器的宽度。存储器的宽度是每次输入FIFO的数据的宽度，而深度指FIFO总共能存储的数据量。之所以代码中几乎全部使用参数来代替具体数，是因为FIFO作为一种通用器件，经常被例化在各种模块中，不同模块对FIFO有不同的深度和宽度要求，写成参数形式后，例化时修改参数十分方便，这里需要注意的是fifo_num的位宽其实是DEEPWID加1，这是因为实际要表示的数据个数可能比DEEPWID所能表示的最大数还要多一个，例如深度为8时，地址位宽为3位，但FIFO中实际存储了8个数据，就必须在fifo_num上表示8，即4'b1000，是4位。这里需要注意的是，与存储地址不同，fifo_num为0不表示FIFO中有一个数据，而是没有数据，因而才有了位宽必须扩展一位的要求。

```
module sync_fifo
#(
    parameter   DEEPWID = 3  ,
    parameter   DEEP    = 8  ,
    parameter   BITWID  = 5
)
(
    input                   clk             ,
    input                   rst_n           ,

    input                   wr              ,
```

```
    input                          rd               ,
    input      [BITWID – 1:0]      wr_dat           ,
    output  reg [BITWID – 1:0]     rd_dat           ,
    output  reg                    rd_dat_vld       ,

    input      [DEEPWID – 1:0]     cfg_almost_full  ,
    input      [DEEPWID – 1:0]     cfg_almost_empty ,
    output                         almost_full      ,
    output                         almost_empty     ,
    output                         full             ,
    output                         empty            ,
    output     [DEEPWID:0]         fifo_num
);

// ********************************************************************
wire       [DEEPWID – 1:0]     ram_wr_ptr              ;
wire       [DEEPWID – 1:0]     ram_rd_ptr              ;
reg        [DEEPWID:0]         ram_wr_ptr_exp          ;
reg        [DEEPWID:0]         ram_rd_ptr_exp          ;
reg        [BITWID – 1:0]      my_memory[DEEP – 1:0] ;
integer                        ii                      ;

// ********************************************************************
```

//给存储器的写地址,从扩展的写地址 ram_wr_ptr_exp 中取出低位
```
assign ram_wr_ptr = ram_wr_ptr_exp[DEEPWID – 1:0];
```

//扩展的写地址,每发起一次写就加 1,当递增到两倍的 DEEP – 1 时,会回到零地址
```
always @(posedge clk or negedge rst_n)
begin
    if(!rst_n)
        ram_wr_ptr_exp <= {(DEEPWID + 1){1'b0}};
    else if(wr)
    begin
        if (ram_wr_ptr_exp < DEEP + DEEP – 1)
            ram_wr_ptr_exp <= ram_wr_ptr_exp + 1;
        else
            ram_wr_ptr_exp <= {(DEEPWID + 1){1'b0}};
    end
end
```

//给存储器的读地址,从扩展的读地址 ram_rd_ptr_exp 中取出低位
```
assign ram_rd_ptr  = ram_rd_ptr_exp[DEEPWID – 1:0];
```

//扩展的读地址,每发起一次读就加 1,当递增到两倍的 DEEP – 1 时,会回到零地址
```
always @(posedge clk or negedge rst_n)
begin
    if(!rst_n)
        ram_rd_ptr_exp <= {(DEEPWID + 1){1'b0}};
    else if(rd)
    begin
        if (ram_rd_ptr_exp < DEEP + DEEP – 1)
```

```verilog
                ram_rd_ptr_exp <= ram_rd_ptr_exp + 1;
            else
                ram_rd_ptr_exp <= {(DEEPWID + 1){1'b0}};
        end
end

//各种状态信号的逻辑
assign fifo_num = ram_wr_ptr_exp - ram_rd_ptr_exp;

assign full  = (fifo_num == DEEP) | ((fifo_num == DEEP - 1) & wr & (~rd));
assign empty = (fifo_num == 0) | ((fifo_num == 1) & rd & (~wr));
assign almost_full =   (fifo_num >= cfg_almost_full)
                     | ((fifo_num == cfg_almost_full - 1) & wr & (~rd));
assign almost_empty =   (fifo_num <= cfg_almost_empty)
                      | ((fifo_num == cfg_almost_empty + 1) & rd & (~wr));

//用寄存器充当 FIFO 内部的存储介质
always @(posedge clk or negedge rst_n)
begin
    if(!rst_n)
        for (ii = 0; ii < DEEP; ii = ii + 1)
            my_memory[ii] <= {(BITWID){1'b0}};
    else
    begin
        for (ii = 0; ii < DEEP; ii = ii + 1)
        begin
            if(wr & (ram_wr_ptr == ii))
                my_memory[ii] <= wr_dat;
        end
    end
end

//由于寄存器速度快,发起读操作后,实际上只用组合逻辑就能输出数据
//这里还是给它打了一拍再输出
always @(posedge clk or negedge rst_n)
begin
    if(!rst_n)
        rd_dat <=   {BITWID{1'b0}};
    else
    begin
        if(rd)
        begin
            for (ii = 0; ii < DEEP; ii = ii + 1)
            begin
                if (ram_rd_ptr == ii)
                    rd_dat <=   my_memory[ii];
            end
        end
    end
end
```

```
//伴随 rd_dat 的 vld 信号,也在读操作后的一拍输出
always @(posedge clk or negedge rst_n)
begin
    if(!rst_n)
        rd_dat_vld <= 1'b0;
    else
        rd_dat_vld <= rd;
end

endmodule
```

虽然 FIFO 在外部接口上没有任何地址信号,但其内存都是存储器,而存储器都需要地址,该地址在 FIFO 内部用逻辑生成。在代码中,写和读的地址是分开的,分别是 ram_wr_ptr 和 ram_rd_ptr,它们的位宽都是 DEEPWID,例如深度为 8 时,地址 0 存储第 1 个数,直到地址 7 存储第 8 个数,因此只需 3 比特地址。为了获得准确的 fifo_num,需要将存储器的地址扩展一位,分别得到 ram_wr_ptr_exp 和 ram_rd_ptr_exp,fifo_num 就是两者的差。开始时,ram_wr_ptr_exp 一定大于 ram_rd_ptr_exp,因为 FIFO 总是先写后读的,但随着读写的进行,当写入的次数超出了 ram_wr_ptr_exp 所能表示的范围时就会从 0 重新开始计数,会出现 ram_wr_ptr_exp 小于 ram_rd_ptr_exp 的情况,差值是负数,芯片内部用补码表示,仍然可以正确地表示出 FIFO 中数据的数目。一个深度为 8 的例子如图 4-6 所示,其中 ram_wr_ptr_exp 原本是 3,ram_rd_ptr_exp 原本是 14,两者的差为 −11,用 4 位补码表示为 5,所以 FIFO 中存在 5 个数据,接着上位机发起了一个写操作,使 ram_wr_ptr_exp 变为 4,因此 FIFO 中存在的数据量变为 6,最后下位机发起了一个读操作,使 ram_rd_ptr_exp 变为 15,因此 FIFO 中存在的数据量又变回 5。波形的最开始,内存地址 6、7、0、1、2 是有数据的,因此写地址 ram_wr_ptr 提示下次写可以写在地址 3 中,而读地址 ram_rd_ptr 提示下次读可以从地址 6 开始读。一旦发起了写操作,则内存的地址 3 也有了数据,fifo_num 从 5 个增加为 6 个,其后发起了读操作,将地址 6 的数据读走,最终存储数据的地址是 7、0、1、2、3,仍然是 5 个。虽然读取并不会擦除地址上的数据,它仍然在该地址中,但读取会挪动读地址,一旦读地址被挪走,意味着该地址上的数已经失去了价值,随时可以被上位机改写。

FIFO 的内存形式可以是寄存器、SRAM 或 DDR,它的制造成本是逐级降低的。寄存器,即常用的触发器,其特点是读写可以同时发生,读出来的是原来的数据,写入的数据在下一拍才进入寄存器中。在本例的代码中,使用的就是寄存器,因此才会在代码中用一个组合逻辑讨论 wr 与 rd 的状态。对于 SRAM 等器件,写和读是互斥的,因此,当上位机发起写的同时下位机发起读,此种情况被称为访问冲突,必须写一个仲裁机制判断优先读还是优先写,优先顺序不同,最后实现出

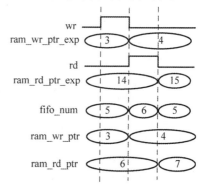

图 4-6 FIFO 内部地址增加与 fifo_num 数目的计算

来的效果也不同,这需要根据系统的实际需求来定。一般,对于深度和位宽较少的 FIFO,使用寄存器实现较为方便,而对于深度和位宽较大的 FIFO,可考虑使用 SRAM,而深度和位宽特别大时,应该使用 DDR。

在有些设计中,会对读写操作进行保护,例如读操作时,使用 rd_real = rd & (~empty)来代替 rd,以免 FIFO 为空时仍然继续读,导致读出无效数据,使用 wr_real = wr & (~full)来代替 wr,以免 FIFO 满溢时仍然继续写,导致将 FIFO 原来保存的数据丢失,但这种逻辑并不能解决问题,写保护只是保护了 FIFO 中原有的信息,其实丢失了新写入的信息,一般 FIFO 没有反馈机制,上位机会误认为写入已经成功,因此,相比于对读写操作的保护,应该更重视 full、empty、almost_full、almost_empty 这 4 个信号反馈的即时性,因为一般情况下,上位机和下位机都会先采样状态,然后决定是否发起读写请求,只要即时反馈,其实并不需要读写保护,因此,在本例中,满状态 full 不仅是 FIFO 填满时反馈,当 FIFO 还差一个数据时,有写请求且没有读请求,说明 FIFO 在下一拍一定会满,必须将这种状态提前反馈出去,以告诉上位机在下一拍不要再发起写请求。同样的道理也应用于 empty、almost_full 和 almost_empty 三个信号中。有些设计会对输入信号进行打拍,但是打拍会影响到状态反馈的即时性,对于本例中以寄存器作为存储介质的情况,完全可以做到即时读写,即从发起写到数据进入寄存器,只需一拍,从发起读到数据出来,也只需一拍。状态反馈也可以做到与读写命令同时发生。得到输入后先打一拍的做法会破坏这种天然的速度优势,导致反馈不即时。若使用读写速度慢的介质,则可以对输入也进行打拍,因为即时反馈已不可得,再增加一拍延迟并不会造成更大损失。

本例中,my_memory 在复位初始化和写操作时都使用了 for 循环语句来减少代码量,也可以使用 generate 块,用一个 for 循环把整个 always 包住。两种做法都可以综合,而且有效缩短了代码量,并体现了代码的逻辑规律。

FIFO 的压栈也是高速数据处理中常见的问题。一个 FIFO 总会有满,上位机写不进去,就必须暂存到本地,那么本地也需要开辟一个 FIFO,以缓存这些发不出去的数据,以此类推,一旦后续处理速度跟不上,前级就会层层压栈,直到最后所有的 FIFO 都满了,系统崩溃。因而数据处理的主要议题就是上位机的速度和下位机速度的匹配,既包括平均速率,又包括上位机的 Burst 写入速率。当下位机难以承担该速率时,FIFO 起到缓冲 Burst 操作的作用,因此 FIFO 的基本深度应为一倍的 Burst 长度,在面积允许的情况下,推荐 2 到 3 倍的 Burst 长度。

上例对应的 TB 如下,它会发出一万次随机读写操作,写操作 wr 和读操作 rd 都是在随机数的基础上由模 2 产生的。当上位机采样到 FIFO 满时,即 sample_full 为 1,它将不发出写操作,下位机采样到 FIFO 空,即 sample_empty 为 1,则它将不发起读操作。在 TB 中申请了两个可扩展的数组 wr_array 和 rd_array,前者用来记录写入 FIFO 的值,后者用来记录从 FIFO 中读出的值,由于读写是随机的,所以单纯从波形上对照读写是否一致、保序是否成功是困难的,用两个数组记录后,在仿真的结束处进行一次性比较是容易做到的。这里不仅在写入数据顺序与读出数据顺序有区别的情况下会报错,同时也会将写入的数据和读出的数据存储在两个文件中，供仿真者自行比较和 Debug 之用。

```verilog
`timescale 1ns/1ps

module tb;
//--------------------------------------------------
int                     fsdbDump        ;
integer                 seed            ;

//clk / rstn
logic                   clk             ;
logic                   rst_n           ;

//sig
logic         [4:0]     wr_array[$]     ;
logic         [4:0]     rd_array[$]     ;

logic                   wr              ;
logic                   rd              ;
logic         [4:0]     wr_dat          ;
wire          [4:0]     rd_dat          ;
wire                    rd_dat_vld      ;

wire                    almost_full     ;
wire                    almost_empty    ;
wire                    full            ;
wire                    empty           ;
logic                   sample_full     ;
logic                   sample_empty    ;

integer                 wr_cnt          ;
integer                 rd_cnt          ;
integer                 cnt             ;

int                     file1           ;
int                     file2           ;

//--------------------------------------------------
//Format for time reporting
initial    $timeformat(-9, 3, " ns", 0);
initial
begin
    if (! $value$plusargs("seed = % d", seed))
        seed = 100;
    $srandom(seed);
    $display("seed = % d\n", seed);

    if(! $value$plusargs("fsdbDump = % d",fsdbDump))
        fsdbDump = 1;

    if (fsdbDump)
```

```
        begin
            $fsdbDumpfile("tb.fsdb");
            $fsdbDumpvars(0);
            $fsdbDumpMDA("tb.u_sync_fifo.my_memory");
        end
    end

    //--------------------------------------------------------------
    initial
    begin
        clk = 1'b0;
        forever
        begin
            #(1e9/(2.0 * 40e6)) clk = ~clk;
        end
    end

    initial
    begin
        rst_n = 0;
        #30 rst_n = 1;
    end

    initial
    begin
        wr              = 0;
        rd              = 0;
        wr_dat          = 0;
        wr_cnt          = 0;
        rd_cnt          = 0;
        sample_full     = 0;
        sample_empty    = 0;

        @(posedge rst_n);

        repeat(1e4)
        begin
            @(posedge clk);
            sample_full   = full;
            sample_empty  = empty;

            if (rd_dat_vld)
            begin
                rd_array[rd_cnt] = rd_dat;
                rd_cnt = rd_cnt + 1;
            end

            #1;
            wr = 0;

            if (rd)
```

```
                    rd = 0;

            wr = { $random(seed)} % 2;
            rd = { $random(seed)} % 2;

            if ((~sample_full) & wr)
            begin
                wr_array[wr_cnt] = { $random(seed)} % 32;
                wr_dat = wr_array[wr_cnt];
                wr_cnt = wr_cnt + 1;
            end
            else
                wr = 0;

            if (~((~sample_empty) & rd))
                rd = 0;
        end

    //check
    file1 = $fopen("wr_fifo.txt","w");
    file2 = $fopen("rd_fifo.txt","w");
    for (cnt = 0; cnt < rd_cnt; cnt++)
    begin
        if (rd_array[cnt] != wr_array[cnt])
            $display("err in address: %d", cnt);

        $fdisplay(file1, "%x",wr_array[cnt]);
        $fdisplay(file2, "%x",rd_array[cnt]);
    end
    $fclose(file1);
    $fclose(file2);

    $finish;
end

//----------------------------------------------------------------
sync_fifo
#(
    .DEEPWID    (3),
    .DEEP       (8),
    .BITWID     (5)
)
u_sync_fifo
(
    .clk            (clk            ),//i
    .rst_n          (rst_n          ),//i

    .wr             (wr             ),//i
    .rd             (rd             ),//i
    .wr_dat         (wr_dat         ),//i[BITWID-1:0]
    .rd_dat         (rd_dat         ),//o[BITWID-1:0]
```

```
            .rd_dat_vld              (rd_dat_vld            ),//o

            .cfg_almost_full         (6                     ),//i[DEEPWID − 1:0]
            .cfg_almost_empty        (2                     ),//i[DEEPWID − 1:0]
            .almost_full             (almost_full           ),//o
            .almost_empty            (almost_empty          ),//o
            .full                    (full                  ),//o
            .empty                   (empty                 ),//o
            .fifo_num                (fifo_num              ) //o[DEEPWID:0]
        );

    endmodule
```

4.3 异步 FIFO 的设计

23min

两个时钟的频率不同或相位不对齐，并不一定是异步时钟。芯片中所讲的异步时钟常指拥有两个不同时钟源，无法搞清楚两个时钟相位关系的情况。若来自同一个时钟源，相位虽有差异，或频率上有分频关系，则仍然可认为是同步时钟，在后端布局布线时会放在同一个时序中进行分析。这里所讲的异步 FIFO，主要指上位机的写时钟和下位机的读时钟是异步时钟的情况。如果写时钟和读时钟是同步关系，也可以用本节所介绍的结构，但跨时钟异步处理的过程可以省略。

异步 FIFO 的结构框图如图 4-7 所示，模块左右两侧分别是写时钟域和读时钟域，写时钟域由上位机时钟来控制，读时钟域由下位机时钟来控制。另有两个配置信号 cfg_almost_full 和 cfg_almost_empty，一般配置完成后不会对其频繁修改，可视作准静态信号，从而不讨论它们所在的时钟域。

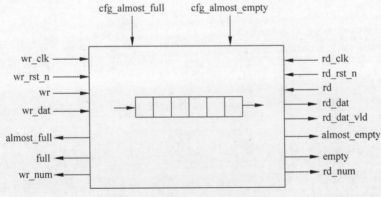

图 4-7 异步 FIFO 的结构框图

异步 FIFO 的示例代码如下，为了方便读者与同步 FIFO 对照，信号名及格式与 4.2 节的同步 FIFO 基本保持一致。异步 FIFO 的特点是读写两个时钟域各自维护一套数据计数器，即例中的 wr_num 和 rd_num，对应同步 FIFO 的 fifo_num。在同步 FIFO 中，fifo_num

使用写地址减去读地址得到,在异步 FIFO 中,写地址和读地址处在不同的时钟域上,所以不能直接相减。为了得到 wr_num,写地址 wr_ptr_exp 与它处在同一个时钟域,可以直接使用,而读地址 rd_ptr_exp 需要从读时钟域同步到写时钟域后才能使用。若没有同步过程,则会造成 wr_num 出现亚稳态,影响 full 和 almost_full 两个指示信号,例如 FIFO 已经满了,但 wr_num 显示没有满,full 没有变为 1,导致上位机又向 FIFO 写了一个数据,最终会导致 FIFO 中的数据丢失,因而同步是必要的。

不同于 2.23 节介绍的总线跨时钟域传输方式,这里使用著名的格雷码对总线信号进行编码后,再使用如图 2-34 所示的简单打拍方式进行传输,当传输到目的时钟域后,使用格雷码的逆过程恢复原来的总线信号即可。格雷码编码的特点是,原本一组连续变化的整数信号,经过格雷编码后,这个变化过程中每次只改变一个比特。例如,从 3 变为 4 的过程,原本是要发生 3 个比特的翻转,但经过格雷编码后,3 变成了 2,4 变成了 6,从 2 到 6 只翻转了一个比特。2.23 节已强调过,只有信号发生变化时,即信号翻转时才有可能发生亚稳态,虽然 rd_ptr_exp 是一个总线信号,但是经格雷编码后,每次只翻转一个比特,其他比特既然不变,就不会产生亚稳态,只有发生翻转的那个比特需要进行电平跨时钟域同步,可以将其视为一个单比特电平信号的跨时钟域问题。之所以整个总线都一起同步过来,是因为格雷码只保证了每次变化一个比特,至于哪个比特会变化是不固定的。示例中的两个 function,其中 graycode 用于格雷编码,而 degraycode 用于反格雷解码。格雷编码后的总线信号 rd_ptr_exp 经过读时钟域打拍得到 rd_ptr_exp_r,再跨时钟到写时钟域,背靠背打两拍,分别对应 rd_ptr_exp_cross 和 rd_ptr_exp_cross_r,最后将 rd_ptr_exp_cross_r 解格雷码得到 rd_ptr_exp_cross_trans,即为写时钟域下的读地址,它与 wr_ptr_exp 作差可得到 wr_num。同理可以推知 rd_num 的计算过程。读者也许会问:"格雷码方式同步显然比图 2-36 所示的总线同步方法更加简单,格雷码方法为何只在 FIFO 等少数场景下使用?"原因是格雷码只保证连续变化的数据只改变其中一个比特,而大多数总线是非连续变化的,例如一个用于传输数据的总线,不能保证数据按照 0、1、2 的顺序变化,数据是随机的,即便用格雷码,也会发生多比特同时翻转的情况,因而只有计数信号跨时钟时才使用格雷码方式。

```verilog
module afifo
#(
    parameter   DEEPWID = 3 ,
    parameter   DEEP    = 8 ,
    parameter   BITWID  = 8
)
(
    input                           wr_clk          ,
    input                           wr_rst_n        ,
    input                           wr              ,
    input           [BITWID-1:0]    wr_dat          ,

    input                           rd_clk          ,
    input                           rd_rst_n        ,
```

```verilog
    input                             rd                        ,
    output  reg     [BITWID - 1:0]    rd_dat                    ,
    output  reg                       rd_dat_vld                ,

    input           [DEEPWID - 1:0]   cfg_almost_full           ,
    input           [DEEPWID - 1:0]   cfg_almost_empty          ,
    output  reg                       almost_full               ,
    output  reg                       almost_empty              ,
    output  reg                       full                      ,
    output  reg                       empty                     ,
    output          [DEEPWID:0]       wr_num                    ,
    output          [DEEPWID:0]       rd_num
);

// ********************************************************************
reg             [DEEPWID:0]     wr_ptr_exp              ;
reg             [DEEPWID:0]     rd_ptr_exp              ;
wire            [DEEPWID - 1:0] wr_ptr                  ;
wire            [DEEPWID - 1:0] rd_ptr                  ;

reg             [DEEPWID:0]     wr_ptr_exp_r            ;
reg             [DEEPWID:0]     rd_ptr_exp_r            ;
reg             [DEEPWID:0]     wr_ptr_exp_cross        ;
reg             [DEEPWID:0]     rd_ptr_exp_cross        ;
reg             [DEEPWID:0]     wr_ptr_exp_cross_r      ;
reg             [DEEPWID:0]     rd_ptr_exp_cross_r      ;
reg             [DEEPWID:0]     wr_ptr_exp_cross_trans  ;
reg             [DEEPWID:0]     rd_ptr_exp_cross_trans  ;

reg             [BITWID - 1:0]  my_memory[DEEP - 1:0]   ;
integer                         ii                      ;

// ------------------------------------------------------------------
assign wr_ptr = wr_ptr_exp[DEEPWID - 1:0];
assign rd_ptr = rd_ptr_exp[DEEPWID - 1:0];

assign wr_num =   wr_ptr_exp              - rd_ptr_exp_cross_trans;
assign rd_num =   wr_ptr_exp_cross_trans - rd_ptr_exp;

assign full         = (wr_num == DEEP) | ((wr_num == DEEP - 1) & wr);
assign empty        = (rd_num == 0)    | ((rd_num == 1) & rd);
assign almost_full  =     (wr_num >= cfg_almost_full)
                        | ((wr_num == cfg_almost_full - 1) & wr);
assign almost_empty =     (rd_num <= cfg_almost_empty)
                        | ((rd_num == cfg_almost_empty + 1) & rd);

// ------------------------------------------------------------------
always @(posedge wr_clk or negedge wr_rst_n)
begin
    if (!wr_rst_n)
        wr_ptr_exp  <= {(DEEPWID + 1){1'b0}};
```

```verilog
        else if (wr)
            wr_ptr_exp   <= wr_ptr_exp + {{(DEEPWID){1'b0}},1'b1};
    end

always @ (posedge rd_clk or negedge rd_rst_n)
begin
    if (!rd_rst_n)
        rd_ptr_exp   <= {(DEEPWID + 1){1'b0}};
    else if (rd)
        rd_ptr_exp   <= rd_ptr_exp + {{(DEEPWID){1'b0}},1'b1};
end

//--------------------------------------------------------------
always @ (posedge wr_clk or negedge wr_rst_n)
begin
    if (!wr_rst_n)
    begin
        wr_ptr_exp_r         <= {(DEEPWID + 1){1'b0}} ;
        rd_ptr_exp_cross     <= {(DEEPWID + 1){1'b0}} ;
        rd_ptr_exp_cross_r   <= {(DEEPWID + 1){1'b0}} ;
    end
    else
    begin
        wr_ptr_exp_r         <= graycode(wr_ptr_exp) ;
        rd_ptr_exp_cross     <= rd_ptr_exp_r          ;
        rd_ptr_exp_cross_r   <= rd_ptr_exp_cross       ;
    end
end

always @ (posedge rd_clk or negedge rd_rst_n)
begin
    if (!rd_rst_n)
    begin
        rd_ptr_exp_r         <= {(DEEPWID + 1){1'b0}};
        wr_ptr_exp_cross     <= {(DEEPWID + 1){1'b0}};
        wr_ptr_exp_cross_r   <= {(DEEPWID + 1){1'b0}};
    end
    else
    begin
        rd_ptr_exp_r         <= graycode(rd_ptr_exp);
        wr_ptr_exp_cross     <= wr_ptr_exp_r          ;
        wr_ptr_exp_cross_r   <= wr_ptr_exp_cross       ;
    end
end

assign wr_ptr_exp_cross_trans = degraycode(wr_ptr_exp_cross_r);
assign rd_ptr_exp_cross_trans = degraycode(rd_ptr_exp_cross_r);


//--------------------------------------------------------------
always @ (posedge wr_clk or negedge wr_rst_n)
```

```verilog
begin
    if (!wr_rst_n)
        for (ii = 0; ii < DEEP; ii = ii + 1)
            my_memory[ii] <= {(BITWID){1'b0}};
    else
    begin
        for (ii = 0; ii < DEEP; ii = ii + 1)
        begin
            if(wr & (wr_ptr == ii))
                my_memory[ii] <= wr_dat;
        end
    end
end

always @ (posedge rd_clk or negedge rd_rst_n)
begin
    if (!rd_rst_n)
        rd_dat <=    {BITWID{1'b0}};
    else
    begin
        if (rd)
        begin
            for (ii = 0; ii < DEEP; ii = ii + 1)
            begin
                if (rd_ptr == ii)
                    rd_dat <= my_memory[ii];
            end
        end
    end
end

always @ (posedge rd_clk or negedge rd_rst_n)
begin
    if (!rd_rst_n)
        rd_dat_vld <= 1'b0;
    else
        rd_dat_vld <= rd;
end


// -----------------------------------------------------------
function     [DEEPWID:0]      graycode;
    input    [DEEPWID:0]      val_in;
    reg      [DEEPWID + 1:0]  val_in_exp;
    integer    i;

    //...................
    begin
        val_in_exp =    {1'b0, val_in};

        for(i = 0; i < DEEPWID + 1; i = i + 1)
```

```
                graycode[i] = val_in_exp[i] ^ val_in_exp[i+1];
        end
    endfunction


    function    [DEEPWID:0]      degraycode;
        input   [DEEPWID:0]      val_in;
        reg     [DEEPWID + 1:0]  tmp;
        integer i;

        //....................
        begin
            tmp = {(DEEPWID + 2){1'b0}};

            for(i = DEEPWID;i > = 0;i = i - 1)
                tmp[i] = val_in[i] ^ tmp[i+1];

            degraycode = tmp[DEEPWID:0];
        end
    endfunction

endmodule
```

　　仔细观察异步 FIFO 的示例,会发现其在产生 4 种状态信号时,与同步 FIFO 的逻辑有所区别,以 full 信号为例,异步 FIFO 中使用两个条件来判断,即 wr_num == DEEP,或者(wr_num==DEEP−1) & wr。对于同步 FIFO,第 2 个条件会加入对 rd 信号的判断,即(wr_num==DEEP−1) & wr & ~rd。为什么异步 FIFO 中取消了对 rd 的判断呢? 原因是 rd 是在读时钟域上,若要它参与判断 full,则需要将其同步到写时钟域,而 rd 与 rd_ptr_exp 不同,rd_ptr_exp 是状态信号,即电平信号,可以用简单的电平信号以跨时钟的方式处理,rd 则属于脉冲信号,当它跨到写时钟域时,最终也必须还原为脉冲信号。考虑到写时钟和读时钟谁快谁慢有多种情况,rd 需要使用如图 2-36 所示的方法进行同步,该同步打拍数量较多,势必会造成 rd_ptr_exp 先同步过去而 rd 迟到的情况,而实际设计中需要的是 rd 先到,rd_ptr_exp 后到,即模仿同步 FIFO 的情况。设计者可以在此做出选择,一种是将完成跨时钟的 rd_ptr_exp 再打拍,等 rd 同步完成,另一种是舍弃 rd 同步。比较合理的选择是后者,因为前者拖延了 rd_ptr_exp 在写时钟域上发挥作用的时间,对于 FIFO 来讲,反馈的即时性就意味着 wr_num 的准确性,继而意味着 full 和 almost_full 状态的准确性,为了同步 rd 而牺牲即时性,反而使同步 rd 本身失去了原本的意义。舍弃 rd 对 full 信号的影响使 full 更容易被拉起来,即 FIFO 的写入会更加受限,不过对于异步 FIFO 来讲,跨时钟本身是必须解决的问题,因而时效性本来就无法与同步 FIFO 相比,出现上述问题也难以避免。同理也可比较出 empty 等状态信号在异步和同步 FIFO 中的异同。

　　示例中使用寄存器作为存储介质,它的驱动时钟是写时钟 wr_clk,复位信号也为写复位 wr_rst_n,但读出时用 rd_clk 驱动,这样做是否会引发读出亚稳态数据? 答案是不会,因为数据从传入寄存器,到被读出,需要 rd_num 的指示。一个数据写入寄存器后,rd_num 不会马上变成1,如上文所说,写地址 wr_ptr_exp 经过多级同步到达读时钟域后,才会使 rd_num 变为1,此时该数据才开放给下位机。这一同步过程所耗的时间足以使写入寄存器的数据稳定,因而不会读出亚稳态。若需要较大的存储空间,则需要将存储介质替换为 SRAM 或 DDR,而异步 FIFO 中使用的这些 RAM 类型都是双口的,即有一套写输入口和一套读输入口,也允许输入读写两个时钟,读写冲突的情况由其内部结构决定。

异步 FIFO 是最常用的总线跨时钟手段,一般在项目中会有已经编写好的模块可供调用,需要时直接例化即可,但 2.23 节所介绍的总线跨时钟域方法也有其用武之地。例如 SoC 系统中一个普通的外围设备,它挂在总线上,所以配置时钟是 CPU 时钟,但同时它内部工作使用的是其他来源的异步时钟。当 CPU 需要配置该设备时,以 CPU 时钟进行写,而设备要让这些配置生效,就以自己内部的频率来读。这种配置的操作有两个特点。其一是配置项目多,其二是操作频率低。异步 FIFO 一般用于同一条数据通道上的读写,如果有多个数据通道,则需要例化多个 FIFO。操作频率低意味着不需要很深的 FIFO 进行读写速度的平衡和缓冲,因此 FIFO 的深度可以很浅。综上,若使用异步 FIFO 来对这些设备的配置线进行跨时钟处理,就需要数量众多的浅深度 FIFO,对于 FIFO 来讲,最好是例化一块大的内存,比起例化很多小的内存更省面积,其原理与平时整理计算机硬盘的原理一致,因此,例化多个 FIFO 会付出很多面积成本。在这种情况下,更适合使用握手跨时钟的方法。

上例对应的 TB 如下,其中写时钟 wr_clk 是 40MHz,读时钟 rd_clk 是 20MHz,仍然使用随机读写方式,使用 wr_array 和 rd_array 记录下写入和读出的数据,在仿真的最后,对数据进行对比,只有写入的数据和读出的数据一致,仿真才通过,否则会打印出不一致的位置。与同步 FIFO 的 TB 不同的是,这里产生了一个频率达到 1GHz 的高频时钟 clk,声明它的目的是辅助获取 wr_clk 和 rd_clk 的上升沿。如果不使用 clk,而是直接使用 @(posedge wr_clk)或 @(posedge rd_clk),在语法上是允许的,但 VCS 等 EDA 工具在较为复杂的时钟场景下,并不能做到 100% 识别出时钟的上升沿,如本例中的两个异步时钟,工具在识别时就有遗漏的情况,会导致 FIFO 读写数据记录不一致。因而为保险起见,声明了一个统一的高频时钟 clk,用它来提取 wr_clk 和 rd_clk 的上升沿,这样整个 TB 就统一在一个时钟下,不会发生漏检的情况。

```verilog
`timescale 1ns/1ps

module tb;

//--------------------------------------------
int                 fsdbDump        ;
integer             seed            ;

//clk / rstn
logic               clk             ;
logic               wr_clk          ;
logic               wr_rst_n        ;
```

```
logic                       rd_clk          ;
logic                       rd_rst_n        ;
logic                       wr_clk_r        ;
logic                       rd_clk_r        ;
wire                        wr_clk_rise     ;
wire                        rd_clk_rise     ;

//sig
logic           [4:0]       wr_array[ $]    ;
logic           [4:0]       rd_array[ $]    ;

logic                       wr              ;
logic                       rd              ;
logic           [4:0]       wr_dat          ;
wire            [4:0]       rd_dat          ;
wire                        rd_dat_vld      ;

wire                        almost_full     ;
wire                        almost_empty    ;
wire                        full            ;
wire                        empty           ;
logic                       sample_full     ;
logic                       sample_empty    ;

wire            [3:0]       wr_num          ;
wire            [3:0]       rd_num          ;

integer                     wr_cnt          ;
integer                     rd_cnt          ;
integer                     cnt             ;

int                         file1           ;
int                         file2           ;

//-------------------------------------------
//Format for time reporting
initial     $timeformat( -9, 3, " ns", 0);
initial
begin
    if (! $value $plusargs("seed = % d", seed))
        seed = 100;
    $srandom(seed);
    $display("seed =  % d\n", seed);

    if(! $value $plusargs("fsdbDump = % d",fsdbDump))
        fsdbDump = 1;
    if (fsdbDump)
    begin
        $fsdbDumpfile("tb.fsdb");
        $fsdbDumpvars(0);
        $fsdbDumpMDA("tb.u_afifo.my_memory");
```

```
        end
    end


//------------------------------------------------------------
initial
begin
    wr_clk = 1'b0;
    #1;
    forever
    begin
        #(1e9/(2.0 * 40e6)) wr_clk = ~wr_clk;
    end
end


initial
begin
    wr_rst_n = 0;
    #30 wr_rst_n = 1;
end


initial
begin
    rd_clk = 1'b0;
    #2;
    forever
    begin
        #(1e9/(2.0 * 20e6)) rd_clk = ~rd_clk;
    end
end


initial
begin
    rd_rst_n    = 0;
    #40 rd_rst_n = 1;
end


initial
begin
    clk = 1'b0;
    #3;
    forever
    begin
        #(1e9/(2.0 * 1e9)) clk = ~clk;
    end
end
```

```verilog
initial
begin
    wr_clk_r = 0;

    forever
    begin
        @(posedge clk);
        if (wr_clk)
            #0.1 wr_clk_r = 1;
        else
            #0.1 wr_clk_r = 0;
    end
end


initial
begin
    rd_clk_r = 0;

    forever
    begin
        @(posedge clk);
        if (rd_clk)
            #0.1 rd_clk_r = 1;
        else
            #0.1 rd_clk_r = 0;
    end
end


assign wr_clk_rise = wr_clk & ~wr_clk_r;
assign rd_clk_rise = rd_clk & ~rd_clk_r;


initial
begin
    wr          = 0;
    rd          = 0;
    wr_dat      = 0;
    wr_cnt      = 0;
    rd_cnt      = 0;
    sample_full  = 0;
    sample_empty = 0;

    @(posedge rd_rst_n);

    forever
    begin
        @(posedge clk);
        if (rd_cnt >= 1e4)
```

```
                break;

        fork
            begin
                if (wr_clk_rise)
                begin
                    sample_full   = full;
                    #1;
                    wr = { $random(seed)} % 2;

                    if ((~sample_full) & wr)
                    begin
                        wr_array[wr_cnt] = { $random(seed)} % 32;
                        wr_dat = wr_array[wr_cnt];
                        wr_cnt = wr_cnt + 1;
                    end
                    else
                        wr = 0;
                end
            end

            begin
                if (rd_clk_rise)
                begin
                    sample_empty = empty;

                    if (rd_dat_vld)
                    begin
                        rd_array[rd_cnt] = rd_dat;
                        rd_cnt = rd_cnt + 1;
                    end

                    #1;
                    rd = { $random(seed)} % 2;
                    if (~((~sample_empty) & rd))
                        rd = 0;
                end
            end
        join
    end

//check
file1 = $fopen("wr_fifo.txt","w");
file2 = $fopen("rd_fifo.txt","w");
for (cnt = 0; cnt < rd_cnt; cnt++)
begin
    if (rd_array[cnt] != wr_array[cnt])
        $display("err in address: % d", cnt);

    $fdisplay(file1, " % x",wr_array[cnt]);
    $fdisplay(file2, " % x",rd_array[cnt]);
```

```
        end
    $fclose(file1);
    $fclose(file2);

    $finish;
end

//------------------------------------------------------------
afifo
#(
    .DEEPWID    (3),
    .DEEP       (8),
    .BITWID     (5)
)
u_afifo
(
    .wr_clk         (wr_clk         ),//i
    .wr_rst_n       (wr_rst_n       ),//i
    .wr             (wr             ),//i
    .wr_dat         (wr_dat         ),//i[BITWID-1:0]

    .rd_clk         (rd_clk         ),//i
    .rd_rst_n       (rd_rst_n       ),//i
    .rd             (rd             ),//i
    .rd_dat         (rd_dat         ),//o[BITWID-1:0]
    .rd_dat_vld     (rd_dat_vld     ),//o

    .cfg_almost_full    (6          ),//i[DEEPWID-1:0]
    .cfg_almost_empty   (2          ),//i[DEEPWID-1:0]
    .almost_full    (almost_full    ),//o
    .almost_empty   (almost_empty   ),//o
    .full           (full           ),//o
    .empty          (empty          ),//o
    .wr_num         (wr_num         ),//o[DEEPWID:0]
    .rd_num         (rd_num         ) //o[DEEPWID:0]
);

endmodule
```

第 5 章

SoC 芯片设计

SoC 架构的芯片是当代数字芯片的绝对主流,不论做什么领域的芯片,SoC 类型的芯片都是首选。因为它具备强大的灵活性,使芯片变成了人们可以自由操作的设备。目前的 SoC 生态建设已相当完备,统一的烧录器、编译器、编程工具、编程语法架构规范等,得到了广泛认同和应用,甚至于芯片设计工程师在完全不懂业务的情况下仍然可以设计出芯片,而嵌入式软件工程师可以在这颗芯片上实现各种各样复杂的功能。这便是 SoC 芯片把持其主导地位的主要原因。本章就来为读者揭晓 SoC 芯片的工作方式和设计方法。

5.1 SoC 架构

SoC 架构由处理器、总线及外围设备组成。处理器是其核心和大脑,它控制着芯片中全部的外围设备,因而称为中央处理器(Central Processing Unit,CPU)。总线相当于芯片的脊髓,而外围设备(Peripheral)相当于芯片的五脏。大脑通过脊髓及其延伸出来的神经细胞与五脏相连,同样地,CPU 通过总线与外设相连。连接的目的是一方面对外设的参数进行配置,即写设备;另一方面对外设的状态进行读取,即读设备。

CPU 常见的有 x86 架构、ARM 架构、51 单片机、RISC-V,其中 x86 一般不开放授权,ARM IP 开放授权,并得到了广泛采用,51 单片机适用于简单、低成本的芯片,而 RISC-V 一方面具备 51 单片机的开源免费、结构简单等优势,另一方面性能又远高于 51 单片机,目前已有部分产品从 ARM 改为 RISC-V。

总线类型常见的有 AXI、AHB、APB 等。

常见外设有只读存储器(ROM)、静态存储器(SRAM)、UART、I²C、计数器(Timer)、脉冲宽度调制器(PWM)、Flash 控制器等。

7min

5.2 关于 CPU 的一些概念

在 SoC 架构中,CPU 一方面需要对外设进行读写,另一方面自己内部也要进行运算,例如四则运算、逻辑判断、移位操作等。只有将这两方面的操作相结合,芯片才能完成特定的功能。CPU执行什么操作、以何种顺序执行操作是由指令来控制的。CPU按顺序读取指令,并按顺序执行。指令为一串二进制数,人们经常说的CPU的指令长度,即为这组二进制数的长度,比较常见的是8位、16位、32位、64位。指令越长,能执行的操作越复杂。同样是一个动作,用64位指令的CPU需要一条指令即可完成,对于8位指令的CPU可能需要8条指令,假设每条指令执行的速度相同,则前者执行该任务耗时是后者的八分之一,但如果执行一个简单动作,只需一条8位指令,此时,64位指令就显得体态臃肿。可见,对于简单应用,使用长指令会浪费存储空间,对于复杂应用,使用长指令却能提高执行效率。

CPU还有指令集的概念,分为复杂指令集(Complex Instruction Set Computer,CISC)及精简指令集(Reduced Instruction Set Computer,RISC)。x86属于复杂指令集,ARM、RISC-V属于精简指令集。复杂指令集的指令数目多,而且单条指令可以完成的行为也比较复杂。精简指令集的指令数目相对少,而且单条指令可以完成的行为比较简单,一个复杂的动作需要拆分为若干个简单动作才能完成。复杂指令集中的指令没有固定的长度,而精简指令集都有着固定长度的指令。复杂指令集中的一条指令代表一系列复杂的动作,如果使用精简指令集表示相同动作,就需要多条指令。如果将复杂指令集中的一条指令比作一块巨石,则精简指令集中的一条指令就是一块小石子。遇到适合巨石安放的位置,一块巨石可以代替许多小石子,但合适的位置并不多,多数时候用小石子填到合适的位置是最方便的。人们为了增加巨石的适应力,制造了很多巨石,将这些巨石打磨成不同的形状,以便适应不同的安放位置,而小石子的种类却不需要很多,因为它们足够细小,找到适合它们的位置比较容易。这就是复杂指令集中指令的条目多,而精简指令集指令条目少的原因。人们之前之所以使用巨石的思路,是因为每块小石子的安装速度太慢,即一个任务执行的速度太慢,不如制造一块巨石直接安装上去效率高。随着芯片工艺的进步、速度的提高,巨石的不方便性和小石子的灵活性逐渐显现。实践证明,两种指令集都各有所长,所以Intel的x86架构中实际是把巨石在其内部也打碎成小石子进行流水处理的,而ARM指令集中小石子的种类也越来越多,石头越来越大,最终,两种指令集的概念将趋于模糊。由于ARM的体系结构已经发展得过于复杂,石头的种类多,大小不一,只有大型公司可以将其理解消化,还需要花钱购买,而RISC-V的规模还处在中小型公司可以维护的程度,也就是石头都还比较小,种类也比较少,因此得到了广泛关注。用芯片实现创新科技,有两种实现方法,一种是将创新放在外设上,作为CPU的一个设备,CPU本身使用通用形态,另一种是将创新直接融入CPU内部,通过修改、增加指令集,使CPU在执行某些特殊功能时速度加快,RISC-V为中小公司进行第二类创新创造了机会。

软件编译器负责将C、C++等高级语言,或汇编语言等低级语言编译成二进制指令文件。它的作用如同一个翻译。复杂指令集的指令数量多,相当于一种词汇量比较多的语言,这里称为A语言,精简指令集相当于词汇量比较少的语言,这里称为B语言。编程人员以统一的语法形式(C、C++或汇编等)输入编译器中,由编译器分别翻译为A语言和B语言。可以看出,A语言的翻译需要记忆的词汇量多,翻译难度较大,同时,每个单词的含义比较复杂,最终翻译的结果,其语句的数量较少,而B语言的翻译需要记忆的词汇量少,翻译难度小,同时,每个单词的含义简单,需要很多单词才能表达清楚意思,最终翻译的结果语句的数量多。同样可以看出,A语言翻译的门槛高,要求具有很高的水平,不同翻译之间的水平差距小,而B语言翻译的门槛低,但同时,不同的翻译,得到的结果质量差别也较大,有的言简意赅,有的则啰啰唆唆。上述比喻基本概括了两种指令集在编译器设计方面的特征。A语言的翻译者主要是微软,它的Visual Studio将其他语言翻译为A语言的效率非常高。B语言的翻译者,例如Keil、gcc等,水平各不相同,Keil编译的结果从大小上和效率上都优于gcc。虽然指令集的大类只有两种,但指令集细分也有多种,例如,同为精简指令集,ARM和RISC-V的指令就不同,ARM自己的众多产品中也有着不同的指令集,51单片机也有自己的指令集,每种指令集都相当于一种语言,因而需要相应的编译器进行翻译。

CPU内部识别指令有两种方式,一种是通过微码,另一种是直接硬件识别。微码识别即在CPU内部实现一个可编程的有限状态机,在这种状态机中,配置的比特不同,状态机的状态走向也不同,因而本质上就是一个较为复杂的有限状态机。微码由指令分解而来,配置到状态机中。复杂指令集多用这种方式。直接硬件识别在Verilog中就是简单的if语句或者case语句,判断指令是否为硬件中设定的二进制数,若是,则走对应的流程。精简指令集多用这种方式。

CPU内部进行指令执行需要用到一些提供给编程者进行读写或运算操作的寄存器,例如ARM Cortex M0中就有6个这样的寄存器,它们与前文设计阶段使用的寄存器并无区别。通常说的CPU位数,例如8位CPU、32位CPU等,指的就是寄存器的位宽,而不是指令长度,因为对于复杂指令集来讲,指令长度是不定的,但是Intel或AMD的CPU属于32位或64位是明确的。寄存器位数越多,进行大数据计算就越容易,因为数据不需要截位,可以直接放在寄存器中进行计算,如果位数少,则当遇到大数据时为了防止溢出,需要将数据截断,进行分批计算,最后合并,一条计算指令就会变成多条指令。

CPU的地址位宽决定了CPU能对多大的空间进行数据读写。这些空间未必有实际的存储器存在,它仅代表CPU的一种寻址能力。在设计SoC芯片时,挂接的外设及CPU内部的一些模块寄存器都会占用地址,这些地址并不连续,可以分开。那么,当CPU访问没有存储器实体的地址时,所取得的数据不就是错误的吗？确实如此,有两种方法用于处理这种情况,一种是在总线上挂接一个假设备,该假设备也是由Verilog编写的模块。凡是CPU寻到无效地址位置时,都会接入该假设备,由它反馈一个无效标志。另一种是在软件编程时,避免操作无效地址,将设备声明为结构体,编程时只操作这些结构体,而不是直接操作地址,有助于避免错误的发生。实际上,CPU获得错误数据并不可怕,可怕的是将该数据用于计算,这是最应该避免的。CPU的地址位宽和数据位宽(寄存器位宽)、指令长度并没有绑定关系,根据CPU寻址的需要,可以自由决定地址位宽。

CPU的时钟频率,即其内部寄存器的驱动频率,决定了一条指令的执行速度。指令的执行速度常用每秒能执行几百万条指令(Million Instructions Per Second,MIPS)来衡量。很多CPU都是一拍时钟就执行完一条指令,但其实CPU并不是在一拍之内做了取指令、执行指令、保存结果等各种工作,而是通过流水线的方式(详见2.22节),在一拍之内完成了

第 1 条指令的执行、第 2 条指令的译码和第 3 条指令的读取,这就是 ARM Cortex M0 中的三级流水,最终用户看到的效果却是一拍执行了一条指令。高端的 CPU 由于具有很高的时钟频率,必须将上述三级流水再多分几级,否则就会因为组合逻辑太长导致建立时间不够。值得一提的是,MIPS 的衡量和测试标准是宏观的,因此,不能单纯地以 CPU 的时钟频率推导 MIPS,因为 CPU 在实际运行时,并不能做到每个时钟周期都能取出一条指令,指令存储在不同的位置,可能存储在 Flash 这类非易失性器件中,也可能存储在 SRAM 或 DDR 中,读取这些设备的速度是不同的。每一拍都能取到想要的指令是极其理想的假设,因为程序语言有很多不确定性,例如在 C 语言中,当遇到 if 和 else 语句时走哪个分支? while 循环在什么情况下跳出? 指令是按顺序存的,但程序语言的这种不确定性会导致取指令不按顺序取。由此,CPU 的设计者引入了缓存(Cache),它的设计思路是先预测下面的几条可能被执行的指令,在 CPU 没有读取之前,先从速度慢的存储介质(如 DDR)中读到速度快的存储介质中(如 SRAM),当 CPU 读取的指令已经在 Cache 中了,称为命中,可以在一个时钟周期内将指令送达 CPU,若不在,则没有命中,再从原来指令存储的位置进行读取。SRAM 虽然读写快,但是面积大,因此不能承担很多存储任务,需要分层次地对预测的指令进行存储,使用最快的 SRAM 作为第一级 Cache,其后级的 Cache 使用面积更小但速度较慢的存储介质,常见的高性能 CPU 均有多达 3 级 Cache,而低性能 CPU 可能没有 Cache。可见,Cache 设计的关键因素在于预测,这是对程序行为,或称对人的行为的预测,目前这个领域仍然吸引了大量的学者从事研究,并没有一个绝对完美的解决方案。

值得一提的是,一个程序或一项任务的执行效率,并不单纯取决于 MIPS 指标,还有它的指令集。若 MIPS 高,但编译出来指令条数多,与 MIPS 低,而指令条数少,最终的执行效果是一致的。

如果一个性能最佳的 CPU 都无法满足应用需求,则需要考虑两个及以上的 CPU 协同配合来完成应用任务。例如手机芯片中通常的做法是使用几个高性能的 CPU 核运行游戏,而低性能核用于普通的应用,原因是高性能核心的功耗高,用它处理一般应用需求会缩短待机时间。多核并行处理,可想象为一套硬件被复制为两份,并将一个任务分成两半,由两套硬件各自处理其中的一半,最终达到缩短任务执行时间的目的。单核 CPU 是按照顺序处理指令的,虽然它也可以处理并行的线程和进程,但这个所谓的并行其实是由操作系统调度产生的幻觉,实际执行仍然是串行的。单核变成多核后,真正从硬件上做到了并行,需要考虑的就是如何分工的问题。ARM 在设计 CPU 和总线时,就已经考虑到该问题,把 CPU 之间通信的接口和协议规定齐备,可以避免 CPU 之间执行指令的冲突。

5.3　简单 SoC 结构及存储器类型

不论是复杂的多核 SoC,还是简单的单核 SoC 结构,都存在设计上的共性,本节以一个简单的 SoC 结构为例,来对该共性进行阐释。

一个简单的 SoC 结构如图 5-1 所示。整个架构的核心仍然是 CPU,它的总线上有几个必要的设备,分别为 ROM、RAM 和 NVM 控制器。这 4 个设备在任何 SoC 芯片中都是必要的,其中,ROM 负责存储芯片上电时 CPU 应该执行的指令,一般称 ROM 上存储的程序为 Boot 或 Bootrom。RAM 用于存储主要的业务指令,并且在运行过程中暂存中间数据。NVM 控制器是非易失性器件的控制器。RAM 在芯片掉电后其内容就会丢失,而 ROM 在掉电后内容还在,但一般只存储上电程序,难堪大任,因而芯片中一般需要非易失性器件(Non-Volatile Memory,NVM)负责在芯片掉电后保持对指令的记忆。常见的非易失性器件如 Flash、MTP、OTP、EEPROM 等。这些器件一般需要特殊设计的控制器才能读写,因而在总线上挂的常常是控制器,在控制器的后面挂 NVM 本体。有时,NVM 并未集成在片内,即 Die 内,而是作为另一个单独的 Die,可以同 SoC 芯片一起焊接在电路板上,也可以将两个不同的 Die 放在一个封装里,作为一颗芯片。

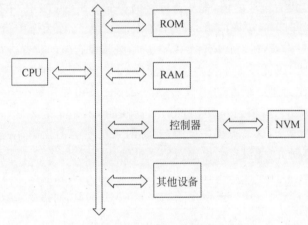

图 5-1　简单 SoC 结构

可见,一颗 SoC 芯片其实是一台微缩的计算机,有 CPU、有 Boot、有内存条(RAM)、有硬盘(NVM),最后由总线和通用输入/输出口(GPIO)设备充当主板功能。

RAM 分为 SRAM 和 DRAM,其中 SRAM 是静态随机存储器,它结构简单操作方便但是面积大,DRAM 是动态随机存储器,它需要周期性地刷新才能保持记忆,操作相对复杂。高速的 DRAM 都使用同步技术,称为 SDRAM,在计算机内存条中使用的芯片是 DDR,它也是一种 SDRAM,但与其他 SDRAM 的区别在于它是双沿采样的,因此速率提高了一倍。设计 SoC 芯片时,一般会放入一块或大或小的 SRAM,作为数据、堆栈的存储器使用,而DRAM 类型却未必会用到,仅当数据存储需求很大,完全使用 SRAM 成本过高时才使用。下例即是一个 SRAM 的例化实例,包括时钟 CLK、片选信号 CEN(低有效)、写使能信号WEN(每个比特有独立的使能,低有效)、地址线 A、输入数据线 D、输出数据线 Q 等。当CSN 为低时,选中该 SRAM,此时观察 WEN,若其中某些比特值为 0,则将 D 中相应比特写入 A 所指向的地址,在写的同时,Q 端也会在一到二拍内,将 A 地址上原有的数据输出到接口上。本例中 WEN、D 和 Q 都是 32 位的,用户的程序,如 C 语言中的 int、char、short,可以体现在 WEN 上,譬如要对 4 字节中的某个进行写操作,则其他 3 字节的使能都为 1,只有需要改写的字节使能为 0。信号 addr 的位宽根据 SRAM 的具体容量来定，此例中 addr 的位宽为 20 位，可知该 SRAM 的容量为 2～4MB。

```
sram       u_ram
(
    .CLK  (clk          ),//i
    .CEN  (csn          ),//i
    .WEN  (wr_en_n      ),//i[31:0]
    .A    (addr         ),//i[19:0]
    .D    (wdat         ),//i[31:0]
    .Q    (rdat         ) //o[31:0]
);
```

SRAM 一般由工具生成，工具由 Foundry 或 IP 供应商提供。ARM 公司提供的一个 SRAM 生成工具界面如图 5-2 所示，可以设定 SRAM 的字数量、字长、宽度形状、所属的金属层等。字长设定为与 CPU 数据总线长度相同，字的数量根据应用需要而定，至于其他物理量，如 Top 层、纵线、横线分别应分配到哪个金属层，需要听取后端工程师的建议，以及将整个芯片的设计层次综合考虑，主要是找到使用率较低的层次实现 SRAM。Multiplexer Width 决定了最终生成的 SRAM 的形状，生成时建议将这些选项都试一遍，选出生成形状最方正、面积最小的来使用。工具最终可以生成 gds2 和 lef 文件，供后端布局布线使用，cdl 网表文件用于 LVS 一致性对照，以及 Verilog 文件用于前仿和后仿。

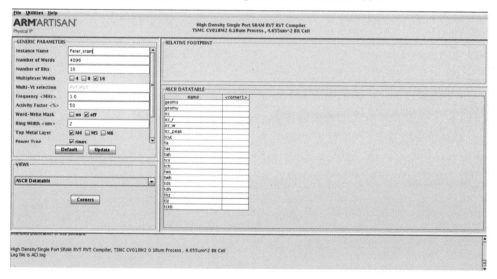

图 5-2　SRAM 生成工具界面

在一个设计中，常常会遇到多个模块需要 SRAM 的情况，但每块 SRAM 容量需求都较少。这时，主要有两种解决方案，一种是按照需求，生成多个容量较小的 SRAM，零散地分布在芯片中，另一种是将它们集中在一起，形成一个大的 SRAM。在工程中，往往使用第 2 种方案，在总容量相同的情况下，一块 SRAM 比分散的多块 SRAM 面积小。集中生成的问题在于，分散的 SRAM 每个都有自己独立的读写接口，而一块 SRAM 只有一个读写接口，因此需要编写一个专门的模块，称为仲裁器（Arbiter），用来协调各模块读写 SRAM 的需求，这也增加了设计的难度。

ROM 是只读存储器，CPU 无法向其内部写入内容，只能读取内容。ROM 中的内容，即 Boot，由软件人员编写完成后，生成二进制文件。用 ROM 的生成工具读取该文件，最后生成一个内容无法修改的 ROM 硬件。在 ROM 内部，二进制文件直接与电平相关，出现比特 1 时硬件上就连到数字电压 VDD 上，出现比特 0 时硬件上就连到 GND 上，因而 ROM 的结构十分简单。在芯片制造中，ROM 的硬件连线总是集中在少数的几个金属层上，这为修改 ROM 的内容提供了方便。虽然当需要修改内容时仍然要重新流片，但只需改动涉及 ROM 的少数掩模，修改的成本较低。

一个 ROM 的例化接口如下例所示，与 SRAM 相同的是，它也有 CLK、CEN、A 和 Q，但没有写数据和写使能的输入，因为它是只读器件。此例中给出的地址是 9 位，说明 ROM 的大小在 1～2KB 内。

```
rom       u_rom
(
    .CLK (clk      ), //i
    .CEN (csn      ), //i
    .A   (addr     ), //i[8:0]
    .Q   (rdat     )  //o[31:0]
);
```

ROM 的生成工具界面如图 5-3 所示。与 SRAM 的生成一样，仍然可以设定字长、字数及形状。Boot 文件名填写在 Testcode File 中。

Boot 文件常以 .rcf 为扩展名，每行放一个字，逐行排列，一个字长为 32 比特的 .rcf 文件片段如下。常用的嵌入式软件编译工具，如 Keil，编译后会生成 .bin 和 .hex 两种类型的文件，前者是二进制文件，由于是直接用 0 和 1 表示的，不是用 ASCII 码表示，所以用文本编辑器打开后显示为乱码，后者是 ASCII 码表示的十六进制文件，它们都不是 .rcf 的样式，需要使用脚本工具将其转换为例子中的格式才能使用。

```
00000001000000000000000110111101
00000001000000000000000110111111
00000001000000000000000110111111
00000001000000000000000110111111
00000001000000000000000110111111
00000001000000000000000110111111
00000001000000000000000110111111
00000001000000000000000110111111
00000001000000000000000110111111
```

在 NVM 存储器中，Flash 最为人们所熟知，它的存储容量很大，可擦除也可读取。虽然擦除速度较慢，但读取速度很快。单次编程器件（One-Time Programmable，OTP）是一种

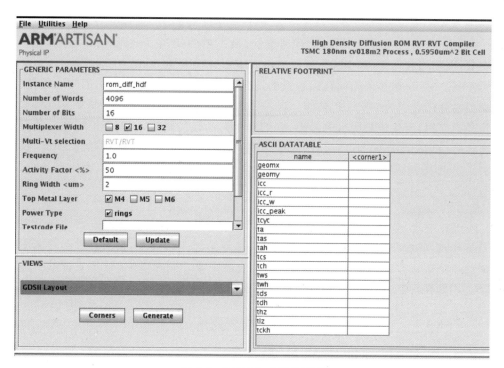

图 5-3　ROM 生成工具界面

只允许一次编程的记忆器件,若第 1 次烧写的程序有错,则无法修改,芯片就无法销售,因此它只适合于产品定位清晰,代码已经被检验为完全正确的场景。在过去的低成本芯片中,OTP 经常使用,但随着用户的需求越来越复杂化、多样化,OTP 已很难满足用户的需要,正逐步被多次编程器件(Multiple-Time Programmable,MTP)所取代,后者是一种可以多次擦写的记忆器件。对于用户而言,Flash 与 MTP 在使用上并无差别,只是 Flash 更容易使用更小的面积实现更大的容量,擦写和烧录的次数也更多。对于设计者而言,两者的工艺不同,控制方式也不同。MTP 往往可以在普通的流片工艺下构建,而 Flash 的构建则需要特殊高压工艺,这样为了使用 Flash,整个芯片的其他电路也都必须搬移到该工艺上,这种工艺上的搬移也被称为转厂,其对于数字电路的影响较小,但对于模拟电路的影响较大,其原有设计、仿真结论需要重新审核,甚至要重新设计。若既不想转厂,又想使用 Flash 作为NVM,则可以选用片外 Flash,这样,SoC 芯片本身使用普通工艺进行流片,形成一个 Die,Flash 只用专属工艺,形成另外一个 Die。两个 Die 可以各自封装,并焊接在电路板上,也可以封装在一起,作为一颗芯片进行销售。若使用同一个封装,则需要选购大小合适的 FlashDie,不同 Flash 厂商的实现工艺不同,大小不一,另外,引脚的排布也不同,因此,连线的难易程度、是否能被一个合适的封装所容纳,是需要仔细考虑的问题。分离的 Flash 大多采用高速 SPI 接口,因此 SoC 芯片需要设计一个 SPI 主设备控制器,挂接在总线上,以便 CPU随时通过它读取 Flash 中的内容。Flash 分为 NOR 和 NAND 两类,NAND 是主流类型,它具有成本低、擦写速度快、容量大等优点,但若将它作为 NVM,运行程序时必须先将整个程序搬移到 RAM 中才能运行,因为它没有单字节寻址的能力,只能使用页寻址,而 NOR Flash 虽然成本较高、擦写速度慢,但读速度快,最主要的是,它可以随机存取,不必一读就是一整页,因而当它作为 NVM 时,可以使用 XIP 技术直接在 Flash 中取指运行,不必复制到 RAM 中。MTP 在实现相同存储容量的情况下面积较大,但它对工艺的要求较低,因而有一部分芯片用它作为 NVM 记忆体。在一些芯片实现中,使用 ROM 作为 NVM,这样实现确实最为简单,但代价是明显的。ROM 的程序无法轻易修改,这就要求厂商必须保证其交付流片时使用的程序即为产品使用的最终程序,而这一要求是很难达到的,同时,这样做也失去了 SoC 架构固有的灵活性优势,把产品降格为固化的 ASIC 形式,舍本而逐末,诚不可取也。

注意 本书中程序、指令等名词混用,目的是让初识 SoC 芯片的读者有一个清晰直观的认识。严格地说,程序即为流程及步骤,该流程被编译为若干条指令,因而可称程序为完成规定步骤的指令集合。不可简单称为指令集,因为指令集是指一款 CPU 所支持的全部指令的集合。单独说指令,无法准确表示是全部的指令还是单条指令,因而本书中多使用程序一词表示需要 CPU 执行的任务。

5.4 SoC 芯片中常用的外围设备

上述 ROM、RAM、NVM 及其控制器是 SoC 运行必不可少的设备,如果缺少了它们,则 SoC 无法运行。其他设备虽然并非 SoC 运行的必要条件,但可以帮助 SoC 完成特定的任务。本节介绍一些常见的外设,它们在大多数 SoC 芯片中会用到。

(1) UART 可以使芯片与计算机等设备连接,通过计算机的串口工具与芯片进行通信。连接一般有两根线,分别为 Tx 和 Rx,前者是信号发送线,后者是信号接收线,没有统一的时钟线。UART 是没有主从关系的,即在连接中,没有主设备(Master)和从设备(Slave)之分,通信双方的地位是平等的,因而双方各有一套 Tx 和 Rx,其中一方的 Tx 接另一方的 Rx。实际上,一个固定的通信方向上只用了一根通信线,即所谓 1-wire 方式。市场上很多 SoC 芯片标称的 1-wire 接口,实则是 UART 接口的变体。UART 的通信机制简单,靠固定频率的电平直接表示比特,其频率常用波特率表示,在一字节发送中有起始位、校验位和结束位等,用以标识字节的边界。由于没有时钟,无法具备同步电路快速传输的优势,只能异步传输,即通信双方各自在内部产生并使用自己的时钟,这两个时钟之间频率相等,但没有相位关系,属于异步时钟。要做到时钟频率相等,则收发两端都要配置相同的频率,但由于时钟产生精度的问题,双方的实际频率可能有所差别,偶尔在传输中出现的乱码即是由该原因造成的。例如使用芯片的 32MHz 晶振产生波特率为 460 800 的 UART 时钟,须将 32MHz 分频 69.444 倍,实际只分频整数倍,即 69 倍,因此实际产生的 UART 时钟波特率为 463 768,这种频率偏差对于短数据通信的 UART 来讲是允许的,而如果对于大数据量 Burst 通信,例如 WiFi,则必须经过采样频偏校准。通常情况下,UART 传输频率只能达到几百 kHz,用以满足最基本的读写要求。计算机与芯片的 UART 之间一般需要电平转换,芯片电平标准一般是 3.3V,而计算机串口会输出多种电平,如 12V 等。

(2) 串行设备接口(Serial Peripheral Interface,SPI)是一种常用的低速通信接口,用于芯片间通信。它具有主从关系,由 Master 发出时钟,Slave 与其同步,并且 Master 还会发出接口操作命令,即操作码(Operation Code,Opcode),用来表示传输的目的是读还是写。最简单的 SPI 接口由 SCLK、CSn、MOSI、MISO 4 根线组成,其中,SCLK 是时钟线,CSn 是片选信号,MOSI 是 Master 输出给 Slave 的单向信号,MISO 是 Slave 输出给 Master 的单向信号。一个 Master 可以挂接多个 Slave,其中 SCLK、MOSI、MISO 3 根信号线是共享的,可以认为是总线,只有 CSn 是每个 Slave 拥有的独立信号。默认情况下,全部的 CSn 信号线均为高电平,当 Master 想跟其中一个 Slave 进行通信时,会拉低该 Slave 的 CSn,而其他 Slave 在此过程中保持静默。SCLK、MOSI、MISO 等 3 根信号线在默认情况下也通常为高电平,但并非强制要求。由于 SPI 使用同步通信机制,通信速率较快,其时钟通常可达到 50MHz 以上,100MHz 左右的也甚为常见。为了进一步提高通信速率或提高通信线的利用率,出现了很多 SPI 变体,如一根数据线既可以作为 MOSI,又可以作为 MISO,由单向线变为双向线,或者两根、4 根双向线同时通信。当 Master 向 Slave 发出信号时,由 4 根信号线同时传输,而当 Slave 向 Master 回复信号时,刚才的 4 根线其传输方向发生翻转,仍然同时传输数据。一般将两根信号线同时传输数据的方式称为 DSPI,将 4 根线同时传输数据的方式称为 QSPI。

(3) I^2C,也称 IIC,也是一种常用的芯片间通信接口,其特征已包含在其名字中,即两根线进行的通信,分别称 SCL 和 SDA。SCL 是时钟线,SDA 是数据线。由于存在时钟线,可知此设备也是有主从之分的,Master 是时钟的发出者,Slave 接收时钟,并在该时钟的驱动下采集 Master 的数据或向 Master 发出数据。I^2C 的接口简单,SCL 一般为单向线,即从 Master 指向 Slave。SDA 一般为双向线,不论 Master 还是 Slave,只要发出数据均由它负责传输。有些接口设计将 SCL 设计为双向线,它给 Slave 一个控制 SCL 的机会,可以将 SCL 下拉到低电平,以便通知 Master"Slave 尚未准备就绪",不能立即传输。这种 SCL 需要 Master 和 Slave 都具备相应的处理机制才能发挥作用。值得注意的是,与其他芯片引脚不同,I^2C 接口的引脚一般是开漏的(Open Drain,OD),即信号从 MOS 管的漏极直接输出。这种 OD 引脚的特点是只有输出低电平的能力,没有输出高电平的能力,要想输出高,只能接上拉电阻,因此,若看到 OD 引脚上的电平为高,此高电平不是引脚输出的结果,而是引脚处于高阻态,由上拉电阻输出的,只有引脚上的电平为低时,才是它真正的输出。使用 OD 的特性可以在一个 I^2C 接口上挂载一个 Master 和若干个 Slave,当 Master 将 SCL 和 SDA 的电平拉低时,接口上的所有设备都能够感受到,当 Master 所传输的 ID 是其中的一个 Slave 的,则由该 Slave 辨别出来,并响应,而其他 Slave 设备也会辨别出来并保持沉默,直到该通信结束。若使用普通引脚,则当线路上同时有两个设备,一个输出高电平,另一个输出低电平时,该线路将变为不定态。常用的 I^2C 时钟速率是 100kHz 和 400kHz,也有一些 I^2C 接口设计时钟频超过 1MHz。

(4) Timer,即计时器,负责计时,到达预定时刻后,会发出中断,通知 CPU 做后续处理。一颗 SoC 芯片往往会挂载多个 Timer,以满足同时计时的需要。例如,要实现某协议,需要先对事件 A 计时,在 A 计时尚未结束时,又需要对事件 B 计时。这就需要有两个硬件 Timer。在实际中,复杂的协议需要更多的 Timer。若使用软件计时,则计时的精准度是不够的,因为软件需要处理各种不同的任务,除顺序处理的任务外,还有不时而至的中断需要响应,因而纯软件计时经常会被其他任务打断,导致计时不准确,在需要严格定时的场景下,就要用到硬件 Timer。Timer 的本质是计数器,计数可以从 0 递增到预定值,也可以从预定值递减到 0。有些计数器可以设置先从 0 递增到预定值,然后递减到 0。开启 Timer 的目的主要是为了到达某个时刻能够向 CPU 发起中断,中断发起的位置可以与 Timer 重载时刻一致,也可以任意选取中间时刻。计时可以是不需要 CPU 操作就可重复进行的周期性计时,也可以是一次性计时,如停止后不能自动发起的 Oneshot 计时(详见第 4.1 节)。SoC 芯片中的若干 Timer,有着不同的计时精度要求和用途。普通 Timer 使用与 CPU 相同的时钟作为驱动,CPU 的时钟可以来自不同的源头,而 Timer 并不关心,它只是单纯使用 CPU 时钟,这样设计的好处在于简单方便,缺点是当 CPU 发生频率变化时,例如休眠时,若要记录与原来相同的时间,则 Timer 的设置必须改变,有时 CPU 进入深度休眠,时钟完全被切断,则 Timer 也无法使用。为了弥补普通 Timer 的缺点,SoC 芯片中还会集成实时 Timer,它的时钟源头是固定的(例如内部振荡器或晶振),不随 CPU 时钟的变化而变化,这样,它就可以按照固定的频率持续计时,其内部比普通 Timer 复杂,因为需要异步握手,使 CPU 的配置同步到该时钟源。实时 Timer 可以作为万年历使用,不论芯片是否休眠,它都一直在工作,对于具有操作系统(Operation System,OS)的芯片来讲是很有必要的。Timer 还可能会集成输入脉冲宽度统计功能,从芯片外输入的电平信号,进入 Timer,对它的高低电平宽度进行统计,并在电平切换时发出中断信号。

(5) 脉冲宽度调制器(Pulse Width Modulation,PWM)。可以产生宽范围频率的方波,占空比(Duty)可以设定。现实中很多应用都需要用到方波,如无线充电、电机驱动等,因而 SoC 芯片特别是通用 MCU 也常常会挂载 PWM 发生器。有些设备需要多路 PWM 共同驱动,这些 PWM 不是异步的,而是需要有特定的相位关系,因此,PWM 发生器往往会集成多路 PWM 逻辑,支持多路 PWM 同时发出。最典型的多路 PWM 应用是一对 PWM 以相位翻转的形式发出,即第 1 路 PWM 为高时,第 2 路 PWM 为低,反之亦然,这种 PWM 常被用于驱动模拟大功率 MOS 桥电路。除了周期和占空比,PWM 还有一个特征称为死区时间(Deadzone),它的作用是在多路 PWM 同步输出时,可以任意设定这些 PWM 的相位,使其满足驱动要求,如果仅有一路 PWM,则死区时间没有意义。仍然以驱动 MOS 桥电路为例,用于驱动的两路 PWM 不应该完全反向,因为 MOS 桥有一定的开关时间延迟,即使在数字上完全反向,在模拟上也并不能立即对 MOS 进行开关切换,那么在两路 MOS 管上就有机会同时导通,从而发生短路故障甚至烧毁芯片,因此需要将两路 PWM 的上升沿稍稍延后,让下降沿先出现,上升沿再出现,中间形成时间差,使两个 MOS 管在开关切换过程中有一段时间是同时断开的,从而避免短路风险。PWM 本质上仍然是一个计数器,内部计数到一些数值时输出高,计数到另一些数值时则输出低。一般来讲,有几路 PWM,其内部就应该有几个计数器,但若是多路同步的 PWM,应该共用一个计数器,以便保持同步。由于内部结构与 Timer 类似,在 SoC 设计中,常在 Timer 中加入 PWM 功能,即 Timer 既可以计时,又可以用于产生 PWM,而且一个 Timer 可产生一对同步的 PWM。常用的 MCU,例如 STM32 系列,在其说明书中常常有输出一对互补 PWM 的功能,所谓互补就是指上述翻转 $180°$ 的 PWM。

(6)看门狗(WatchDog,WDT),也是一种 Timer,它的主要用途是当 CPU 程序运行错误后死机时进行自动复位。在程序正常运行时,隔一段时间就需要对看门狗的计数器进行一次重载,即重新配置。一旦停止重载,当看门狗内部计数器倒计时到 0 时就会发起复位操作,即通过一根复位信号线引发总线复位,此时,凡是使用总线复位线作为自身复位信号的触发器都将被复位,复位释放后,程序将从 Boot 开始重新运行。由于看门狗担负着维持系统稳定的责任,其驱动时钟一般使用固定的时钟源,不与 CPU 时钟混用。

(7)通用输入/输出口(General-Purpose Input/Output,GPIO),不仅是一个接口,而且是一个设备,它具备诸多功能。不仅能读到它的输入值,以及按照要求输出高低电平,还具备多种中断功能,例如针对输入信号的上升沿、下降沿、高电平、低电平等状态产生的中断。需要注意的是,芯片中有两种不同的 GPIO 概念,其中一个是指本节提到的这类设备,另一个是芯片的通用引脚。作为通用引脚的 GPIO,实际上是 I/O 器件的一部分,如图 1-3 所示。需要严格区分这两个概念的原因是,作为引脚的 GPIO,并不单纯只连接 GPIO 设备,由于封装尺寸小型化,引脚资源紧张,一个引脚往往会连接多种设备进行功能复用。因而,一个 GPIO 引脚,既可以作为 GPIO 设备的输入/输出引脚,也可以成为 UART 或 I^2C 设备的接口,如图 5-4 所示。

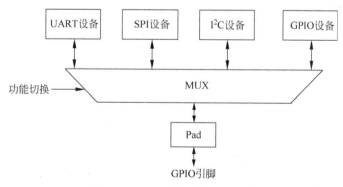

图 5-4 GPIO 引脚及其所接设备

5.5 SoC 内部程序的运行过程

简单的 SoC 芯片需要运行两个程序,先运行上电启动程序,即 Boot,它存放在 ROM 中,然后启动主要业务程序,这里称为 App。

Boot 程序是由软件人员编写并固化在 ROM 中的程序，它的主要作用是引导 App 顺利执行。在编写 Boot 时，须涉及如下 3 个方面：

(1) 对芯片组中的其他芯片进行复位。

(2) 检查 NVM 是否在预定位置上。

(3) 如何进入烧写模式，如何对 NVM 进行烧写。

上述第一点中的芯片组是指单独一颗芯片或一个 Die 无法独立完成任务，需要两颗或以上的 Die 共同完成任务的情况下，任务涉及的若干芯片就组成了一个芯片组。当该芯片组中的主控芯片执行 Boot 时，需要对组中其他芯片也进行复位操作。这样做的原因是 Boot 只在两种情况下被执行，一种是在上电复位时，另一种是在意外复位时。上电复位的时刻，即电路板刚刚通电的时刻。此时，芯片组中的所有芯片都是刚上电，因此它们一起复位，是否在主控芯片的 Boot 中执行复位操作其实并无区别，但如果主控芯片由于意外情况而复位，则不能允许仅仅是主控芯片发生复位，而其他芯片保持原有的工作状态继续工作，因为原有的工作状态很可能对于最初的工作并不合适，例如，某个芯片已经进入了一种高速处理模式，而上电时要求它先进入低速处理模式，根据主控芯片的指挥才能进入高速模式，当主控芯片复位后，该芯片仍保持高速模式就不符合上电规程的要求了，需要将其复位到低速模式。主控芯片发生意外复位的原因有很多，例如程序指向了一个无效地址，取回了一条错误的假指令，就是俗称的跑飞，芯片的电压、电流、温度超出或低于设计范围，导致取指和执行不正常等，这些原因会导致 CPU 对程序的执行发生错误。为了使芯片在发生上述意外情况后能自行复位，一般会在总线上挂一个看门狗电路，它的功能就是当程序执行错误时对总线发起复位。如何判断程序执行错误呢？看门狗的机制是程序必须周期性地对看门狗电路进行配置，俗称喂狗。不论程序的主要目的是执行何种功能，周期性地喂狗都是必要的，当 CPU 停止喂狗时，会导致喂狗超时，看门狗电路就会判断有意外发生，从而复位总线及总线上的设备，Boot 重新执行。除看门狗会引发复位外，CPU 本身还可能出现 LockUp 状态，它是一个信号，当 CPU 正在处理 NMI（不可屏蔽中断）中断服务程序时发生错误，或者在硬件错误（HardFault）处理中又再次发生了错误时，该信号会置 1，此时，在 SoC 设计时往往也用 LockUp 信号线作为复位线，将 CPU 复位。此外，通过软件配置寄存器的方式也可以实现总线手动复位，例如 ARM 的 Cortex M0 处理器中，SCB 寄存器组的 AIRCR 字段，若将其第 16 到第 31 位由默认值为 0xfa05 改为 0x05fa，并将第 2 位置为 1，就会发起总线复位。上述 3 种复位情况只要其中一种发生，就可以实现复位，Boot 将重新运行，总线上所挂的外设中多数寄存器都将被复位为初始态，同时，由于 Boot 中复位芯片组的动作，也会导致芯片组内的其他芯片复位。对其他芯片进行复位的方法，需要根据实际情况而定，例如，有些 Flash 是 SPI 接口，对它发出某些特殊的 SPI 命令就能完成 Flash 复位。

第二点是要求检查 NVM 是否在位置上，原因是某些芯片，其 NVM 记忆体可能呈现多种形态，可能是 Die 内集成的，也可能在 Die 外。若是在 Die 外，例如需要焊接在电路板上，则可能在芯片上电运行 Boot 时没有焊接，此时芯片无法运行 App，因为 App 的程序存储在 NVM 中，因此，需要 Boot 对是否存在 NVM 做检查。一般，Boot 会从 NVM 的一个特定位置读取一串特定数据,若数据与预期一致,则说明 NVM 存在。有两种情况可能导致检查失败,第 1 种是 NVM 不存在,第 2 种是 NVM 存在,但它是未经烧写的,其内部的所有比特都是初始值。

第三点是要在硬件上确定如何进入 NVM 烧写模式,以及烧写模式下 NVM 怎样烧写。这里的烧写模式,仅指批量生产芯片时对 NVM 进行烧写的方式。研发芯片的最终目的是售卖,而芯片一经导入供应链,其需求量巨大,一般以每月百万片为计量单位,也称为 KK,即 10 的 6 次方。这就要求芯片厂商具备快速进行量产测试的能力,而将 App 烧写到 NVM 中也是量产测试中的一个环节。在生产时,测试机台会发出规定信号,该信号可以是 App 的二进制数据流,按照 SoC 芯片规定的烧写格式,灌入芯片引脚中。数据流可以是符合 NVM 烧写标准的,直接进入 NVM,其他电路只起通道作用。也可以在芯片内部进行翻译,例如数据流通过串口或 1-wire 方式,只用一根线输入,再在芯片内部转换为符合 NVM 标准的烧写格式。对于使用 SPI 接口的 Die 外 Flash,一般会将 GPIO 引脚复用为 SPI 接口。测试机台产生 SPI 信号,顺着 GPIO 输入芯片内部,在片内仅提供通道作用,信号直接到达 Flash,从而完成烧写。这种方式适合 Flash 与 SoC 属于不同的 Die,却合封在一起的情况,若是分开封装的,则烧写 NVM 的工作会单独交由 Flash 测试流程完成,与 SoC 无关。当烧写方式确定后,需要在 Boot 中创建一种条件,当条件满足时,Boot 引导芯片进入量产烧写模式,否则 Boot 会引导芯片进入 App 继续运行。一种简单的进入烧写模式的条件是将芯片中的一个 GPIO 引脚在芯片内部下拉,则当它在电路板上悬空时,CPU 读该 GPIO 的输入值仍然为 0。在 Boot 运行时,检查该 GPIO 引脚的输入值,当其值为 0 时,说明当时用户并未对该 GPIO 进行特殊处置,是正常模式,继续进入 App 运行,若读出其值为 1,则说明用户在电路板上将该 GPIO 接到了电源上,进而说明用户打算烧写 NVM,此时,Boot 会对烧写涉及的 GPIO 引脚进行功能切换,转换为测试机台数据能够灌入的模式。这里需要注意的是,NVM 的寻址方式都比较复杂,因而都带有控制器,CPU 不直接与 NVM 发生关系,而是通过控制器传达。当 GPIO 引脚与 NVM 连通时,就需要屏蔽掉控制器的作用,否则系统设计会出现多重驱动的风险。一个简单的切换电路设计结构如图 5-5 所示,图中 NVM 与

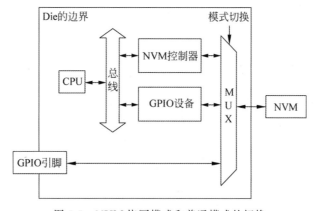

图 5-5　NVM 烧写模式和普通模式的切换

SoC 芯片本身是分开流片的，不在同一片 Die 上。当芯片正常运行业务时，NVM 控制器与 NVM 相连，当进入量产烧写模式后，GPIO 引脚与 NVM 直接联通，使量产测试机台能构造出烧写用的数据流通过 GPIO 引脚灌入 NVM。图中还提供了 GPIO 设备与 NVM 的连接，使 CPU 可以通过对 GPIO 设备的编程来操作 NVM 的读写。

综上，Boot 程序的基本流程如图 5-6 所示。

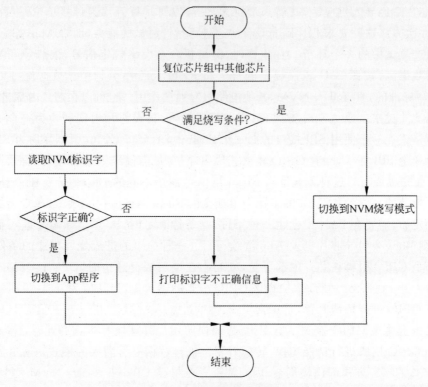

图 5-6 Boot 程序的基本流程

从 Boot 切换到 App 的过程，有 3 种实现方式，对于 App 来讲是 3 种运行方式。

（1）将 App 从 NVM 中复制到 RAM 中运行。

（2）App 在片内 NVM 中运行。

（3）App 在片外 NVM 中运行（XIP 方式）。

第 1 种方式的切换步骤是由 Boot 程序指挥将 NVM 中存储的 App 程序复制到片内 RAM 中，然后将默认运行地址从 ROM 改为 RAM。这种方式的优点是操作简单、App 运行速度快、流片工艺适应性强等，缺点是需要较大的 RAM 空间，必须能容纳 App 的全部程序，对于功能较为复杂、程序庞大的应用来讲，采用这种方法成本非常高。在小型 SoC 芯片中，应用程序较少，可使用此方法，为进一步简化设计，RAM 使用的是 SRAM，如第 5.3 节所述，它相对于 DDR 来讲操作更为简单，但面积更大。

第 2 种方式针对 Die 内集成 NVM 的芯片。若用此方式，则 Boot 程序会指挥将默认运行地址从 ROM 改为 Die 内 NVM。这种方式的优点是节省 RAM 资源、App 运行速度也比较快,缺点是需要特定的工艺,以及需要购买 OTP、MTP 等 IP,这些 IP 也会增加面积成本。Die 内 NVM 的读取速度有一定的上限,而对 SRAM 的读取可以与 CPU 同频,因此,当 CPU 时钟频率较高时,第 2 种方式的指令执行速度不及第 1 种方式。

第 3 种方式又称 XIP 方式,它针对 NVM 在 Die 外的情况,而且此处的 NVM 特指 NOR Flash。若用此方式,则 Boot 程序会指挥将默认运行地址从 ROM 改为 Die 外 NVM。这种方式的优点是节省 RAM 资源,也没有特定的工艺要求,无须采购 NVM IP,流片成本最低,缺点是 App 运行速度最慢,并且产品质量控制较难。运行速度慢是因为 NOR Flash 是通过 SPI 接口与 SoC 芯片相连的,这是一种串行连接,即使该接口使用快速的 QSPI 并将 SPI 的频率提升到最高的 104MHz,其实际指令读取速率仍然无法与片内 NVM 这类并行连接的速度相比,而且,CPU 取指时一般不会发起 Burst 操作,即读取连续地址上存储的指令,这与程序中的 if 跳转和 for 循环有关,因此 QSPI 无法发挥出它的优势。使用 SPI 读取 NOR Flash 时,一般会先发出 Opcode,即操作命令,然后传输需要读取的地址、模式字等信息,最后才会返回读取的数据。真正的 XIP 方式是省略 Opcode,从而减少 8 个比特的传输时间,即便如此,地址和模式字等仍然需要传输,加之无法使用 Burst,使传输效率只有 40%～60%,即使使用 104MHz 的 SPI 频率,实际指令读取速度也只能达到 6～8 MIPS,因此,XIP 方式只适合于执行慢速应用。另外,由于一个产品被拆分为两个 Die,在量产测试时就需要分别测试两个 Die 的质量,若合封在一个封装里,则对打线,即对 Die 上引脚的连接有较高要求,而且封装类型也受到限制,这就是产品质量较难控制的原因。

上述 3 种方式都需要 Boot 程序指挥将默认地址从 ROM 改为相应的目标器件地址。这种目标地址可灵活改动的特性不是软件赋予的,而是在 RTL 设计中通过地址解析器实现的。地址解析器在 SoC 架构中的位置如图 5-7 所示。连接 CPU 与外设的总线由多条不

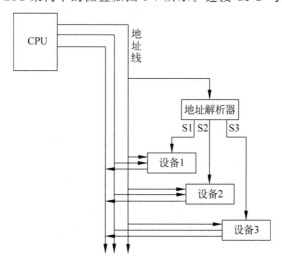

图 5-7　总线连接中地址解析器的位置

同功能的线路组成，这些线路，一部分由 CPU 指向外设，另一部分由外设指向 CPU，其中，地址线就是从 CPU 指向外设的线路。在 SoC 架构中，每个外设都有自己唯一的地址，外设内部也会包含寄存器，或者 RAM，它们也有自己的地址，这样可以保证 CPU 能准确地对某个特定外设的特定寄存器进行读写操作，不会牵连到其他设备。若 CPU 有对某个设备的读写需求，就会向总线发送该设备的地址，该地址能被总线上的所有设备接收，从而可以分析出 CPU 希望操作哪个设备。对地址的分析有两种方式，一种是分布式，一种是集中式。分布式即在每个设备内部建立一套解析逻辑，以分辨 CPU 是否想操作自己，集中式是使用一个统一的地址解析器进行解析，它不会具体到每个设备的每个内部寄存器地址，但它能分析出 CPU 当前希望操作哪个设备。如图 5-7 所示的集中式设计方法较为常见。

在地址解析器中，可以建立一套从 ROM 重映射（Remap）到目标存储器件地址的机制，以完成从 Boot 到 App 的切换。一个典型的地址解析 RTL 代码如下例所示。此例中，假设芯片中的存储设备有 3 种，分别是 ROM、RAM 和 Flash，它们都使用 32 位地址线进行统一编址。当 CPU 发出的地址为 32'h0100???? 时，表示选中 ROM，这里的"?"表示任意十六进制数，也代表 ROM 内部的子地址。当地址为 32'h2000???? 时，表示选中 RAM。当地址为 32'h02?????? 时，表示选中 Flash。这里，"?"的个数可以从 3 种存储器的实际大小来决定，例如 ROM 的子地址有 16 位，说明 ROM 包含 2^{16}B，即 64KB，RAM 也是 64KB，而 Flash 的子地址有 24 位，说明它的最大寻址范围是 16MB。上述是这 3 个存储器的绝对地址，重映射主要是指相对地址，即 CPU 不发出类似 32'h01000001 这样的绝对地址，而是只发出 32'h0 这样的简单地址，则它究竟希望操作哪个设备呢？代码中的 (addr[31:16]==16'h0) & (remap==2'd1) 逻辑用来解析这部分内容，即当用于识别设备的地址前缀全部为 0 时，通过 remap 信号线来判别哪个设备是默认设备。remap 本身可以通过其他设备上的寄存器进行配置，该信号上电后的默认值为 1，即以 ROM 为默认设备，若 App 在 RAM 中运行，则 remap 值由 1 变为 2，若在 Flash 上运行，则 remap 值由 1 变为 0。工程中，将形如 32'h0100000a 的地址称为绝对地址，它由基地址 32'h01000000 和偏移地址 a 组成，基地址用于选定设备，偏移地址用于选定设备中的某个存储器件，该器件的物理介质可以是寄存器也可以是 Flash 等 NVM，单位是字节。如果基地址为全 0，则根据 remap 值选定设备。

```
assign rom_sel =
    (addr[31:16] == 16'h0100)|((addr[31:16] == 16'h0)&(remap == 2'd1));

assign ram_sel =
    (addr[31:16] == 16'h2000)|((addr[31:16] == 16'h0)&(remap == 2'd2));

assign flash_sel =
    (addr[31:24] == 8'h02)|((addr[31:24] == 8'h0)&(remap == 2'd0));
```

读者可能会产生这样的疑问："CPU 发出的地址若只使用绝对地址，是否可以不需要考虑重映射的问题呢？"产生这样的疑问，是因为 Keil 等编译器中可以选择指令的地址形式，如图 5-8 所示，IROM1 即为程序编译后存储的位置，也是 CPU 取指的位置，这里填写的是 0x1000000,即 ROM 的地址,因而 CPU 在取用 ROM 中存储的 Boot 程序时,都会使用以 0x1000000 为基址的绝对地址进行访问。若 IROM1 处填写 0,则 CPU 会直接用偏移地址。 这么说来,IROM1 填写设备基址就可以忽略重映射步骤了吗?

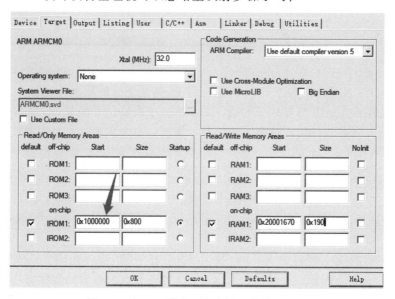

图 5-8 在 Keil 设定程序编译后存储的地址

实际上,即使在 Keil 编译时指明了绝对地址,也需要通过重映射切换到默认存储设备。 原因是,在从 Boot 切换到 App 的过程中,CPU 会请求地址 0 和地址 4,并不包含基地址,如 图 5-9 的(a)和(b)所示,在均为绝对地址寻址的情况下,(a)的中间过程中出现了地址 0,(b) 出现了地址 4,而这两处地址必须指向新转换的存储体。

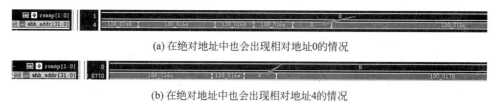

(a) 在绝对地址中也会出现相对地址0的情况

(b) 在绝对地址中也会出现相对地址4的情况

图 5-9 软件切换过程中出现的特殊地址

要实现软件切换,除了在 RTL 设计中需要做地址解析和重映射以外,在 Boot 软件中也 需要加入切换指令,这类底层命令往往使用汇编语言编写。一个切换例子如下,__asm 表示 它是用汇编语言编写的,可以放在以 C 语言为主的程序中,调用时可以直接使用函数名 mem_switch,与调用普通 C 函数无异。该函数的作用是将 CPU 内部的主栈指针 MSP 赋 值为镜像文件中地址 0 所存储的内容,并且将镜像文件中地址 4 存储的内容赋值为 CPU 内 部的 PC 指针。

```
__asm void mem_switch(void)
{
    MOVS   R0,#0
    LDR    R1,[R0]
    MOV    SP, R1
    LDR    R1,[R0,#4]
    BX     R1
}
```

一个编译好的镜像文件如图 5-10 所示。可见，其地址 0 的数值为 0x200017F8，其地址 4 的数值为 0x010001A9。当程序运行时，CPU 首先读取地址 0 的值，即 0x200017F8，将其赋值给其内部的 MSP，这样，在程序运行过程中遇到局部变量需要存储或读取，都可以从该地址开始。0x20000000 被 ARM 指定为 RAM 的基地址，因此可知栈的位置在 RAM 中。在对 MSP 赋值完毕后，CPU 会读取地址 4 的值，即 0x010001A9，并将该值赋给其内部的 PC 指针。0x010001A8 是复位入口地址，即不论何种原因使 CPU 复位，都会从该地址上的指令开始执行。PC 指针的目的就是告知 CPU，下一步需要从哪个地址取指令。需要注意的是，地址 4 上的数值是 0x010001A9，而实际指针指向的是 0x010001A8，最低位比特 1 被忽略，是因为该比特具有特殊含义，为 0 代表 ARM 指令集，为 1 代表 Thumb 指令集。综上，在完成了对地址 0 和地址 4 的读取后，CPU 才能正常执行后面的程序。

```
200017F8  010001A9    010001B5  010001B7
00000000  00000000    00000000  00000000
00000000  00000000    00000000  010001B9
00000000  00000000    010001BB  010001BD
010001BF  010001BF    010001BF  010001BF
```

图 5-10　镜像文件示例

不论是运行 Boot 程序还是 App 程序，都需要提供两个存储空间，一个是用于存储指令的代码空间，另一个是用于存储数据的数据空间。在编译器中，一般用 IROM 表示代码空间，用 IRAM 表示数据空间，如图 5-8 所示。实际上，IROM 并非只存储代码（这里指的是编译后的二进制指令，称为 Code），还包括 RO Data 和 RW Data，前者是程序中指定的常数或字符串（在程序运行过程中保持不变），后者是程序中被初始化的全局变量（在程序运行过程中还会发生变化），因此，一般将 IROM 空间表示为 Code＋RO Data＋RW Data。IRAM 中包含了 RW Data 和 ZI Data（也称 BSS），后者是未经初始化的全局变量，一般，这种变量也会使其初始化为 0，这就是 ZI 名称的由来（Zero Initialization）。可见，RW Data 是 IROM 和 IRAM 的公共部分。RW Data 在 IROM 中占据空间是因为需要存储它的初始值，而在 IRAM 中占据空间是因为它在程序运行过程中数值会发生变化。在 CPU 执行正式任务之前，会先将 RW Data 从 IROM 存储器复制到 IRAM 存储器中，并在 IRAM 存储器中开辟 ZI Data 空间，将其中的字节全部初始化为 0。这一过程是 CPU 根据指令完成的，在 RTL 硬件中无须做任何特殊处理，在硬件设计上，只需保证 IROM 和 IRAM 的空间满足上述几个分段落的要求，具体要求可以在编译文件中查到，例如 Keil 在编译后会产生 Listings 文件夹,其中在. map 文件中就写有本程序对 IROM 和 IRAM 的需求信息,如下例所示。

```
Total RO  Size (Code + RO Data)              1156 (   1.13kB)
Total RW  Size (RW Data + ZI Data)            144 (   0.14kB)
Total ROM Size (Code + RO Data + RW Data)    1172 (   1.14kB)
```

IRAM 中还包含堆(Heap)和栈(Stack)两部分。当在主程序 main 或子函数中声明局部变量时,这些变量值都存储在栈中,因此,有些程序会出现栈溢出的情况,这是由于局部变量超出了 IRAM 中栈的容量,一些找不到原因的 Bug 即是由该原因引起的。当然,如果在局部变量声明前加入了 const 关键字,则它会被编译为 Code 中的立即数,同时,在运行时,栈里也存在该变量,若加入 static 关键字,则会被编译到 ZI Data 中。若在函数中使用 malloc、new 等动态内存分配的命令,则开辟的空间会被安排在堆中。在程序编译前,需要先分配合适的堆和栈,在 Keil 工程中,一般在. s 文件中分配它们,如下例所示,这里的 Stack_Size 指栈大小,分配了 16 字节,Heap_Size 指堆大小,没有分配空间,因此此程序中不允许使用动态内存分配命令。综上,IRAM 由 4 部分空间组成,分别是 RW Data、ZI Data、栈空间、堆空间。

```
Stack_Size        EQU        0x00000010
                  AREA       STACK, NOINIT, READWRITE, ALIGN = 3
Stack_Mem         SPACE      Stack_Size
__initial_sp

Heap_Size         EQU        0x00000000
                  AREA       HEAP, NOINIT, READWRITE, ALIGN = 3
__heap_base
Heap_Mem          SPACE      Heap_Size
__heap_limit
```

通过以下 C 语言的示例可以辅助理解数据的存储区域,其中,myArray 为全局数组,并声明为常数 const,因此属于 RO Data,与代码一起存储于 IROM 中;aa 为全局变量,并有初始值,因此它属于 RW Data,既存在于 IROM 中,又存在于 IRAM 中;bb 为全局变量,无初始值,因此它属于 ZI Data,只存在于 IRAM 中;cc 虽然是局部变量,但它前面有 const 关键字,说明是常数,会被编译为立即数;dd 虽然是局部变量,但它前面有 static 关键字,说明它是静态变量,属于 ZI Data;ee 是局部变量,不管它是否有初始值,该值均存储于 IRAM 的栈中。指针 ff 指向一段堆空间,该空间存在于 IRAM 中。程序编译得到的指令,作为 Code,存储于 IROM 中。

```
const char myArray[3] = {7, 8, 9};        //RO Data
int aa = 10;                              //RW Data
int bb;                                   //ZI Data

int main(void)
{
    const  int cc = 11;                   //Code 立即数
    static int dd;                        //ZI Data
```

```
        int ee;                          //Stack Data
        int * ff;                        //该指针指向 Heap 中的一段地址

        ff = (int * )malloc(20);         //在 Heap 中动态分配一段 20 字节的区域
        ...
    }
```

　　镜像文件（Image）是程序被编译后生成的，一般会生成二进制非 ASCII 码和十六进制 ASCII 码两种格式，可以等同于 IROM，但比上文的 IROM 多一个中断向量表，该表存放在该文件的起始处，以地址 0 为起始，包括图 5-10 所示的栈指针地址、各中断服务程序存放的位置等。文件的后半部分为 IROM 中的 Code、RO Data、RW Data。所谓中断向量表，就是罗列了每个中断对应的服务程序入口地址的表格。中断由外设发给 CPU，用于引发 CPU 的注意，并做出相应的处理。每个中断，在程序中都有相应的处理措施，称为中断服务程序，这些程序都属于 Code，它们分散存储在镜像文件的不同位置，因而需要一张表格把每个中断服务程序的位置标识出来。

　　Boot 程序的镜像文件固定在 ROM 中，流片后不能改动，App 程序的镜像文件烧写在 NVM 中，流片后可根据 NVM 的特性进行修改，最常用的是可以任意擦写的 Flash 存储方式。ROM、RAM、NVM 都有对应的基地址，在镜像文件中显示的地址仅为偏移地址，当 CPU 要读取镜像中的一个数据时，需要将对应设备的基地址加上偏移地址，组成完整地址后再发到总线上，若仅包含偏移地址，则具体指向哪个存储器取决于上文所配置的重映射的编号。例如，镜像文件中的地址 5，若文件存储在 ROM 中，则在 CPU 视角下它的地址是 0x01000005，若文件存储在 RAM 中，则在 CPU 视角下它的地址是 0x20000005，若文件存储在 Flash 中，则在 CPU 视角下它的地址是 0x02000005。这些基地址已经在编译时指定了，如图 5-8 所示。

　　在编译 Boot 程序时，虽然 IROM 指定的是 ROM 地址，但 IRAM 仍然需要指定到 RAM 地址，因为只有 RAM 才是最适合快速读写的存储介质。同样，App 程序也需要将 IRAM 指定到 RAM 地址中。那么，Boot 的 IRAM 地址和 App 的 IRAM 地址需要分开吗？答案是不需要，RAM 特别是 SRAM，单位面积十分昂贵，使用时需要特别节约。理论上，Boot 的 IRAM 数据用于保证 Boot 顺利运行，当 Boot 结束运行并切换到 App 后，Boot 的 IRAM 失去了存在的意义，因而可以被 App 的 IRAM 覆盖并进行空间重用。需要注意的是，对于第 1 种 App 运行方式，即将代码从 NVM 复制到 RAM 中运行的方式，应避免 App 的代码将 Boot 的 IRAM 数据覆盖，因为此时 Boot 仍然在运行，仍然需要这些数据，所以不能被覆盖。一般，若代码从 RAM 的起始处复制，则 Boot 在指定 IRAM 时需要指定到 RAM 空间的末尾处，以避免被覆盖。指定 IRAM 的起始位置在图 5-8 的 IRAM1 处，其大小可以使用 RW Data ＋ ZI Data ＋ Stack Size ＋ Heap Size 来计算。

注意　Stack 在很多资料中被翻译为堆栈，这种翻译容易使初学者误认为是堆（Heap）和栈（Stack），因此，这里推荐称为栈，相应地，将 SP 称为栈指针。

4min

5.6 程序的分散加载

SoC芯片中程序的运行,一个镜像文件除了可以在指定的单个存储介质中运行外,还可以分散到多个存储介质中运行,例如,main 函数在 NVM 中运行,但其中一些子函数在 RAM 中运行。这样的好处是,如果 RAM 的速度快,而 NVM 的速度慢,程序中的某些功能要求运行响应速度足够快,而 NVM 无法满足这样的要求,但是,RAM 的空间不够,无法装下整个镜像文件。此时,就可以将那些对速度要求较高的功能映射到 RAM 中,而将其他要求不高的功能仍然放在 NVM 中,这样就实现了 RAM 面积与运行速度之间的平衡。这种将一个完整的程序分别从不同存储介质中取指的方式称为分散加载,也叫动态加载。

在 Keil 中进行分散加载的方法如图 5-11 所示。在 Options 中选择 Linker 标签,在 Scatter File 一栏中填入文件名,扩展名为.sct。

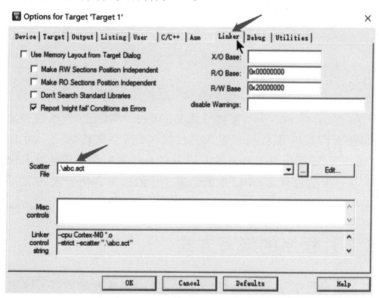

图 5-11 在 Keil 中设置分散加载文件

分散加载文件 abc.sct 的一个示例如下。此例假设 NVM 的基地址是 0x02000000,RAM 的基地址是 0x20000000。首先,将程序映射到 NVM 中,大小是 64KB(0x10000)。将除了 ram_app.o 文件以外的其他文件都放在 NVM 中,包括镜像文件开头的中断向量表。将 ram_app.o 单独映射到 RAM 中,大小是 1KB(0x400)。IRAM 部分也映射到 RAM 中,但这段区域被映射到 ram_app.o 后面,即地址 0x20000400 开始的位置。文件中,app_exe、ram_exe 等段名称均可以更改,关键是基地址、大小、括号中的内容要正确。.o 文件是程序编译后生成的目标文件,一般一个 C 语言文件就对应一个.o 文件,因而对于需要映射到 RAM 中的函数 ram_app,需要单独建立一个文件 ram_app.c,这样它就可以生成一个单独的.o 文件,并单独被映射。ram_app 函数也可以与其他程序放在一起,不过此时,需要加入

一些编译器控制声明,使编译器能辨认出它的特殊性,例如,在函数前面加一句__attribute_
_((section("ram_exe"))),也可以达到同样的效果。

```
LR_IROM1 0x02000000 0x10000
{
    app_exe 0x02000000 0x10000
    {
        * .o (RESET, +First)
        * (InRoot$$Sections)
        .ANY (+RO)
    }

    ram_exe 0x20000000 0x400
    {
        ram_app.o (+RO)
    }

    RW_IRAM2 0x20000400 0x1400
    {
        .ANY (+RW +ZI)
    }
}
```

注意,不要误以为 ram_app 单独被烧写到 RAM 中。实际上,整个镜像文件,包括 ram_
app,仍然被烧写在 NVM 中,但在执行镜像文件时,CPU 会先将 ram_app 复制到 RAM 的
ram_exe 区域(使用 VCS 等仿真工具对 SoC 芯片进行仿真时能够清晰地看到这一过程),然
后才开始执行。这一复制过程是 CPU 根据镜像文件的指令自动完成的,在 RTL 方面不需
要做任何控制。

5.7 SoC 芯片程序的烧写方式

SoC 芯片除了运行程序外,程序的烧写也是一个必须重视的问题。这里要烧写的程序
主要指 App,即对 NVM 的烧写,因为 Boot 已经固化在 ROM 中,不需要烧写。一般的 SoC
芯片需要提供 4 种以上烧写方式,分别如下:
(1) 量产烧写方式。
(2) 调试烧写方式。
(3) App 运行时的烧写方式。
(4) 在线升级烧写方式。
量产烧写方式已在 5.5 节中介绍过,这里介绍另外 3 种方式。
调试烧写方式是嵌入式软件人员修改软件程序后采取的烧写方式,它与量产烧写方式
的区别在于后者是对单独的芯片进行烧写,芯片尚未焊接,仅仅放在机台的 socket 插座上,
因此全部引脚都可以用于烧写,自由度较高,而调试烧写一般是芯片已经焊接在印制板上,

只有少量引脚可以用于烧写,因此这种烧写方式需要更加紧凑的设计,相应的代价是烧写速度可以比量产烧写慢一些。

　　ARM CPU 中包含一个调试专用模块 DAP,其作用是向用户提供 Debug 接口,可以使 CPU 复位和暂停、读写 SoC 内部各存储空间等。可以将 DAP 理解为用户干预 CPU 的接口,当用户调试时,用户本人就是另一个 CPU,芯片内部的 CPU 被用户取代,用户通过操作 DAP,从 CPU 手中夺取了总线的控制权,可以对总线进行任意操作。用户操作 DAP 的协议方式有两种,分别是 JTAG 和 SWD,它们的协议都比较复杂,一般用户不会自己构造协议的波形,而是通过仿真器间接实现对 DAP 的控制。仿真器是一种硬件,它内部包含对 JTAG 和 SWD 协议的解析逻辑和波形发生逻辑。它的一端连接计算机的 USB 接口,另一端连接 SoC 芯片电路板的 JTAG 或 SWD 接口,起到将 USB 信号与 JTAG/SWD 互换的作用。常用的仿真器有德国 SEGGER 公司的 JLink、ARM 公司自己出的 Ulink 等。

　　JLink 面向 SoC 芯片一侧的接口如图 5-12 所示,从图中可以看出 JTAG 和 SWD 分别需要哪些引脚。JTAG 需要连接 VCC 和 GND 两根信号线,以及 TMS、TCLK、TDI、TDO,而 TRST、RESET、RTCK 等 3 根信号线是可选的,其中,TMS 是模式设置线,方向是从仿真器指向 CPU;TCLK 是仿真器向 CPU 提供的调试时钟信号;TDI 是仿真器向 CPU 输入的数据;TDO 是 CPU 返给仿真器的数据;TRST 是仿真器向 CPU 发出的复位信号,只复位 DAP,低电平有效;RESET 也是仿真器向 CPU 发出的复位信号,会复位整个芯片,即发起总线复位,低电平有效;RTCK 是 CPU 给仿真器反馈的时钟,因为仿真器给 CPU 的时钟 TCLK 一般与 CPU 的内部时钟是异步的,而有些 SoC 设计,为了提高 JTAG 的通信速率,要求 TCLK 与 CPU 的内部时钟同步,此时就需要 RTCK 反馈给仿真器,以便它能即时调整 TCLK 的频率和相位,与 CPU 同步。SWD 的引脚与 JTAG 的引脚是复用的,其中,SWCLK 是仿真器向 CPU 输出的时钟信号;SWDIO 是仿真器与 CPU 交互的双向数据线;通过 SWO 和 CPU 可反馈一些诸如 MIPS、中断源等信息;RESET 也用于复位整个 SoC 系统。使用 SWD 时,SWCLK、SWDIO 是必需的,再加上 GND 连接,即可进行通信,而 JTAG 连线数量至少为 6 根,因而越来越多的调试选择使用 SWD 接口。

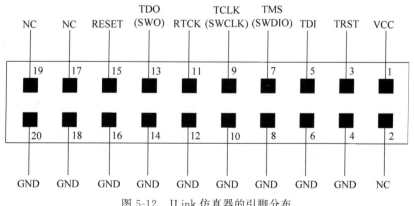

图 5-12　JLink 仿真器的引脚分布

使用调试方式对 NVM 进行烧写,也同样使用 JTAG 或 SWD 进行,思路是利用这些协议能够通过总线对任意地址进行读写的特性,将镜像文件的字节依次写入 NVM 中。如果使用 SWD,则最少只需占用芯片上的 3 个引脚(SWCLK、SWDIO、GND)就可以对 NVM 进行烧写。上文已提到,CPU 往往不能直接对 NVM 进行操作,需要通过 NVM 控制器进行间接操作。因而,烧写的地址和数据在进入总线后,也是先经过控制器,由它翻译为 NVM 可识别的数据格式后才能真正进行烧写。若控制器的操作过程比较复杂,或效率低,也可以考虑在烧写时绕过控制器,直接产生 NVM 需要的信号进行烧写。在控制器与直接产生的信号之间,通过 MUX 进行选择。在图 5-5 的 3 选 1 MUX 中,GPIO 设备可以直接操作 NVM 的设计,也就是出于这样的考虑,图中 NVM 是外部 NOR Flash,通过 SPI 接口与 SoC Die 相连。这种 Flash 是按页烧写的,一页是 256 字节,烧写时,一页数据放在一个 SPI 帧中才能保证烧写效率最高,烧写一页约需要一毫秒,若将同一页的不同字节分开烧写,则每次烧写都需要消耗一毫秒,烧写速度明显下降。若使用 Flash 控制器,先存储一页内容,然后烧写,需要开辟额外的 RAM,并使用 DMA 方式,这样增加了 Flash 控制器的面积和设计难度。使用 GPIO 设备产生 SPI 波形是一个折中的方案,由于该 Flash 的烧写速度主要取决于等待的一毫秒时间,而不是 SPI 时钟频率,或 SPI 输入数据的并行度,这样就降低了 GPIO 模拟 SPI 波形的难度,可以使用普通的兆级速率,单方向 SDI 和 SDO 这样的简单方式即可满足页烧写的要求。如果使用 JLink 仿真器,则可以使用配套工具 SEGGER Embedded Studio 进行烧写机制的编程。该程序会通过 SWD 或 JTAG 接口搬移到 SoC 芯片的 RAM 中,并被运行,运行的效果是图 5-5 中的 MUX 被切换为 GPIO 设备与 NVM 相连,并且凡是从总线上获得的数据,就通过 GPIO 设备模拟成 SPI 格式发送到 NVM 中。

很多 SoC 芯片设计厂商还会自研烧写器,该器件的核心也是一片较高性能的 MCU,它会模拟 SWD 或 JTAG 接口信号,将其内部存储的镜像文件转换为这些接口信号并烧写到放在 Socket 插座上的 SoC 芯片中。这样就不需要使用 JLink 或 ULink,也节省了连接计算机的时间开销和操作开销,烧写速度较快,因而也可以作为一种量产烧写方式使用。

在 App 运行时,有时也有烧写 NVM 的需要,例如产品厂商希望长期保存一些信息,但该信息在出厂时并不确定,而是由用户的使用习惯决定的,这些信息放在寄存器里或 RAM 里都会丢失,只能保存在 NVM 中。对于这种情况,使用 NVM 控制器作为烧写媒介就比较合适,因为 NVM 内部的 Code 在 CPU 运转时会通过 NVM 控制器被不断读取(Code 运行在 RAM 上的除外),因此该控制器的管辖权不应被剥夺,烧写时,也只能通过控制器烧写。需要注意的是,严禁烧写的数据破坏镜像文件区域,应烧写在 NVM 的空白区域中,一旦镜像文件被破坏,在本次运行或下次重新上电运行时,会发生无法恢复的错误。

在线升级烧写是针对具有以太网口或无线联网能力的芯片,使来自网络的数据流进入芯片中,对 NVM 进行烧写。其处理难度主要在于芯片中的网络部分,其他设置与调试烧写方式基本相同。其优点是一旦产品需要修改或升级,无须召回即可联网更新,最常见的就是手机或平板电脑在线更新 ROM 的方式,在消费电子中将 NVM 中存储的镜像也称为 ROM。这种方式对于无网络能力的芯片不适用。

5.8 SoC 芯片的参数校准

芯片内部的参数并不是在设计时就完全确定的,例如内部 RC 振荡器的设计频率和实际运行频率存在偏差,内部各电源域通过 LDO 或 DCDC 供电,供电电压未必会达到设计时的精度要求,对于电压、电流、温度的检测,也有不准确的可能,这是模拟电路上的不确定性,其根源来自 EDA 的仿真模型与实际版图性能的偏差、制造工艺的偏差、封装散热、实际使用方式与设计时的想象不一致等,因此,模拟工程师在设计时也不会将电路做死,而是会留一些可供调节的参数。数字电路中虽然电路仿真与实际不一致的情况几乎不存在,但对于与物理特性有关的性能参数,仍然需要调节,特别是通信芯片,实际通信环境与算法仿真环境有时相差很大,在芯片中需要准备多种预案及可调参数,这些都要做成电路摆放到芯片中,在使用时,根据不同情况选择启动合适的算法电路和参数,以求达到满意的效果。这些不确定性,在芯片设计时无法预料,补救措施是量产测试时的校准步骤及面向用户升级驱动程序。

RC 振荡器的频率、芯片内部的供电电压等参数的校准,可以在产线上测试,并由机台直接烧录到 NVM 中(仍然需要找一个预定的空白区域),而一些需要人工实验测试才能确定的参数,如果能在量产前确定,则可以通过机台烧写,若赶不上量产测试,则只能通过在线烧写或在产品生产过程中通过调试烧写方式进行。

校准参数有 3 种方法。第 1 种方法是作为单独的数值烧写在 NVM 的空白区域,当软件运行时,会自动读取该区域,并将该数值配置到相应的寄存器中以便起效。这种方式适用于芯片之间存在差异,无法做到每个芯片都使用同一个参数的情况。同时,也说明虽然不同芯片间在该参数上存在差异,但在一颗芯片内部,不会因为时间、温度等环境因素导致芯片的该参数需要重新校准。只有上述两个条件都具备,才使用第 1 种参数改法。第 2 种方法是直接修改软件程序,将实验后确定的参数写进去,做成新的镜像文件,替换 NVM 中原有的镜像文件。这种方式适用于不同芯片间没有差异,能够通用一个参数的情况。第 3 种方法是实时校准。有些参数,不仅不同芯片之间存在差异,同一芯片在不同时间、不同温度下也存在差异。对于这种情况,必须在芯片内部设计校准专用电路,芯片上电后,校准电路也开启,随时跟踪芯片状态,并计算出合适的参数配给寄存器。这类参数中比较典型的是无线射频电路中的 IQ 失配补偿参数、载波泄露补偿参数,以及天线非线性放大预失真等。

第 1 种校准方法有时也会使用第 3 种校准方法代替。原因是第 1 种方法对机台的测试环境、测试精度有要求,并且还占用测试时间,而测试时间又是芯片成本的一部分。为了避免参数不准确并节省成本,对于第 1 种参数,也会在芯片中设计专门的校准电路,但复杂度低于第 3 种校准,因为它没有实时校准的需求,仅上电完成一次校准即可。实时校准要求在保留正常数据业务的前提下进行校准,因此对校准提出了更高要求,而上电一次性校准电路不需要保留正常业务通道,它可以在上电时将需要校准的参数通过 MUX 切换到校准专用通道,校准完毕后再切回到正常业务通道,因而设计较为简单。一个典型的例子如 RC 振荡器频率校准使用的 AFC 电路。

5.9　SoC 芯片的上电异常保护

芯片上电时,由于芯片插头的电平不稳定,存在纹波,可能会导致芯片能够上电,但上电后状态不正常。特别是消费电子,在用户频繁拔插电源的情况下,由于手在插电时会发生抖动,电源接通其实是时断时续的,会有一定概率导致芯片功能异常,因此,在芯片设计时,需要考虑到这类情况,引入一些机制,使芯片在异常后可以自动复位,进入正常状态。主要的保护机制有两种,一种叫欠压保护(Under Voltage LockOut,UVLO),另一种是上文介绍的看门狗设备。

UVLO 是模拟电路。上电时,供电电压可能发生剧烈波动,如图 5-13 中 VDD 所示。UVLO 是对 VDD 的测量,并且使用两个门限来衡量 VDD 的大小,一个是复位门限,另一个是恢复门限。当 VDD 低于复位门限时,上电复位信号(Power On Reset,POR)就会变低,使整个芯片复位,当 VDD 高于恢复门限时,POR 就会升高,芯片正常工作,图中 VDD 上水平的两条虚线就是这两个门限,它们的设置不应相同,其差别称为回差,回差可以防止 VDD 震荡导致的 POR 震荡。图中恢复门限与 VDD 交汇于 A 点,使刚上电的 POR 变为高电平,但是紧接着 VDD 突降,与复位门限交汇于 B 点,POR 变为低电平,导致芯片复位,然后 VDD 又升高,与恢复门限交汇于 C 点,POR 变高,芯片复位结束,后面的 D、E 两点虽然也是 VDD 与恢复门限的交汇点,但是由于此时 POR 是高,因而对 POR 没有影响,也说明 VDD 在这两个点的抖动尚不够剧烈,设计中认为它不会造成芯片内部逻辑的紊乱,因而可以忽略。UVLO 的加入,使原本不够敏感的 POR 变得比较敏感,从而增加了 POR 复位的机会及复位的时间宽度,对保证芯片内部的稳定有一定意义。

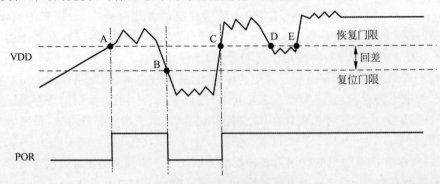

图 5-13　UVLO 对复位的控制

看门狗设备的功能已在 5.4 节中介绍过,这里不再赘述。在实际应用中,看门狗有一定的局限性,例如,在 Boot 中一般不会打开看门狗,因而如果芯片锁死在 Boot 中,同时 UVLO 设计或设置不当,芯片就会一直死机而得不到复位,另外,看门狗本身是基于时钟的,如果上电异常,时钟波形混乱,则无法满足看门狗内部触发器的建立时间和保持时间,也会造成看门狗电路功能异常,从而失效。因而,UVLO 是保护电路功能的第一道屏障,而看门狗更适合防范由于驱动软件操作失误而引发的异常,如 HardFault 等软件问题。

一般,UVLO 通用于 SoC 芯片和非 SoC 芯片,而看门狗用于 SoC 芯片。

5.10　ARM Cortex-M0 介绍

ARM 的 Cortex-M0 是一款结构简单且功能方面足以满足基本程序运行需求的 CPU,比较适合广大初学者学习。M 编号意味着它是 ARM 公司为移动可穿戴设备设计的处理器,M0 是这一系列处理器中的最低配版本,此外,还有 R 系列是在实时性方面进行了优化的版本,以及 A 系列所代表的高性能处理器版本。目前,Cortex M0 处理器已经加入了ARM 的 DesignStart 项目,初学者可以免费下载到它的评估版本,并可在 FPGA 上综合,以便学习它的操作流程、工作原理和处理特性。其核心代码仅两万余行,使用低端 FPGA 也能运行。下文将 Cortex M0 称为 CM0。

不像复杂的 CPU 内部有多级流水,CM0 内部流水只有 3 级,分别是取指、解析和执行。所谓流水操作,就是前面的一条指令正在执行的同时,后面的指令正在被解析,而再后面的指令正在被读取。这样,取指电路、解析电路、执行电路都可以得到充分利用,中间没有等待和空闲,除非取指太慢导致前面的解析和执行都空闲了,而指令还没取过来。因而取指的速度决定了 CPU 的运行效率,在 5.5 节中介绍了多种程序运行方式,就是为了做到速度与成本之间的平衡,以适应不同产品的需求。CM0 的 3 级流水是用寄存器划分的,说明其内部执行一条指令需要打 3 拍。对于较高端的 CPU,由于时钟频率高,建立时间的要求比较苛刻,因此在寄存器之间不能有太长的组合逻辑,需要在 CM0 基础上将组合逻辑再拆分,中间用寄存器隔开,从而造成了流水较长的状况。由此也可以看出,3 级流水决定了 CM0 不能使用太快的时钟。

CM0 的架构被称为 ARM V6-M,其实所谓架构就是指里面的指令集,一旦指令集确定,则对应的内部解析电路也就确定了,因而才称为架构。ARM V6-M 架构包括 Thumb-1的 16 位指令集及部分 Thumb-2 的 32 位指令集,总共有 56 个指令,其中 50 个为 16 位指令,其余 6 个为 32 位指令,它们分别是:BL、DMB、DSB、ISB、MRS、MSR。16 位指令与 32位指令混用是 Thumb 指令集的特性,可以避免一个简单的动作却占用了一条长的指令,从而降低了执行效率和存储效率。以 16 位指令为主的方式,可以使 CPU 的 32 位总线一次性读入两条指令,其中一条被执行,另一条被缓存,相当于一个小型的 Cache。Thumb 本意为大拇指,大拇指由关节控制可以进行对称折叠,象征着 32 位和 16 位指令可以自由切换,这就是 Thumb 名称的由来。关于纯 32 位的 ARM 指令集和混合长度的 Thumb 指令集的由来及演变,牵扯到 ARM IP 的演进历程,这里不再赘述。需要记住的是,CM0 只支持Thumb 指令集,因而在某些数据和控制中需要选择 ARM 或 Thumb 时,应选择 Thumb。

如图 5-10 的地址 4，其最低比特为 1，代表 Thumb 指令，在 CM0 中，镜像文件地址 4 的最低位保持 1 不变。

CM0 的地址线是 32 位，因此寻址空间是 32 位，即最多能支持 2^{32} B＝4GB 空间的寻址。其内部包含 AHB-Lite 总线解析逻辑。外围设备可以设计为总线要求的接口，并挂在该总线上，每个外设都拥有独立的地址，这样 CM0 能够掌握每个设备的每个寄存器。

CM0 内部的寄存器不需要通过总线访问，而是直接访问的，因此操作速度快（省去了总线握手环节）。这些寄存器分为两类，一类称为寄存器组，另一类称为特殊寄存器。

寄存器组中共有 16 个寄存器，命名为 R0～R15，其中，R0～R12 是普通寄存器，运行指令时用得最多的是 R0～R7，而 R8～R12 在执行特殊任务时才会用到。

R13 存储的是主栈指针 MSP 和进程栈指针 PSP，目的是帮助 CM0 找到栈的位置，并将软件中的局部变量保存到栈中或从栈中读取。在 CM0 中，主要使用 MSP，例如在第 5.5 节介绍的开机复位过程及从 Boot 到 App 的切换过程中，都是将镜像文件的地址 0 中的数据写到 MSP 中，让 CPU 知道 main 函数对应的栈位置。PSP 只在使用操作系统时才会用到，因为操作系统中系统和应用运行在不同的栈上。由于 CM0 的性能限制，较少使用操作系统，至多使用类似 RTOS 这样的微型操作系统，因而 PSP 并不常用。CM0 内部既有 MSP 寄存器又有 PSP 寄存器，但给用户使用时却只提供了一个接入点，也就是 R13。至于 R13 究竟指的是 MSP 还是 PSP，取决于特殊寄存器 CONTROL 的配置。CM0 的运行状态有两种，开机上电正常运行时称为线程模式（Thread Mode）和在中断时会自动进入的中断模式（Handler Mode）。MSP 和 PSP 只有在线程模式下才可选，在 CPU 处理中断时，栈指针固定使用 MSP。

注意 很多资料中将 Handler Mode 翻译为处理者模式，这虽然是直译，但没有体现该模式的用途。在软件中，中断服务程序一般命名为 Handler，例如 UART_Handler 是 UART 中断服务程序的函数名，因此，Handler 这里就是指中断服务程序，Handler Mode 应翻译为中断模式，这也体现了它的功能。

R14 是链接寄存器 LR，它用来记录子函数在母函数中的位置，以便使 CPU 在执行完子函数后能顺利回到母函数并继续执行下一条程序。

R15 是程序计数器 PC，用来告诉 CPU 下一条指令存储的地址，CPU 知道该地址后才会向总线发起读该地址的操作，以索取指令。

特殊寄存器包括 3 个，分别是 xPSR、PRIMASK 和 CONTROL。

xPSR 是程序状态寄存器，它其实是 3 个寄存器的合并。这 3 个寄存器分别是应用状态寄存器 APSR、中断状态寄存器 IPSR、执行状态寄存器 EPSR。APSR 记录了 CPU 计算结果的情况，包括是否为负数（用 N 表示该状态位）、是否为 0（用 Z 表示该状态位）、是否发生了无符号数运算的溢出（用 C 表示该状态位）、是否发生了有符号数运算的溢出（用 V 表示该状态位）。IPSR 用来显示当前正在执行的中断的编号（中断号）。CM0 中每个中断有自己的编号，从 −14 到 31，可用 6 比特表示。EPSR 中只有一个有意义的比特，用来表示当前指令集是 ARM 指令还是 Thumb 指令,由于 CM0 只支持 Thumb 指令,因而该寄存器的值永远是 1(用 T 表示该状态位)。这 3 个寄存器可以通过读它们的统一接口 xPSR 一次性获得,xPSR 中各状态位的位置如图 5-14 所示。需要注意的是,xPSR 是状态寄存器,因此,它只能读,不能写。在芯片中,状态寄存器都是只能读不能写的。这里的读写,是针对软件用户而言的。写普通软件时,需要用到 xPSR 状态的情况较少,当两个不同的中断号共用一个中断服务程序时(例如 gpio0_Handler 和 gpio1_Handler 共用一个中断服务程序),才需要读一下中断号,以确认当前是哪个中断在被处理。

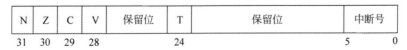

N	Z	C	V	保留位	T	保留位	中断号
31	30	29	28		24		5　0

图 5-14　xPSR 各状态位的位置

PRIMASK 寄存器只有一个比特可用(比特 0),负责对除了复位、NMI 和 HardFault 中断以外的其他中断功能进行总使能或总屏蔽。写 0 为不屏蔽,写 1 为屏蔽。屏蔽的好处是当 CPU 需要专注于某种事务且一段时间内不希望有任何中断打扰时,可以仅用这一个比特达到目的,这种情况发生在对软件实时处理要求较高的场合,例如,一个通信设备,偶尔需要发送数据,数据的长度和格式要求严格,软件在构造数据时,如果中间有中断处理任务,则数据的格式就会出错,此时最适合使用屏蔽策略。值得注意的是,写 0 虽然是不屏蔽,但在 CM0 的 NVIC 器件中,还有其他控制字可对中断进行屏蔽,因此,屏蔽中断的手段不只有这一种。

CONTROL 寄存器中比特 1(次低位)用于设置 R13 代表的是 MSP 还是 PSP。当其为 0 时表示 R13 读写的是 MSP,为 1 时表示 R13 读写的是 PSP。上文已经提到,当 CM0 处于中断模式时,R13 固定是 MSP,此时 CONTROL 只能读,并且显示为 0。只有当处于线程模式时才能自由配置。在 CM0 的应用中,较少使用操作系统,因而对 CONTROL 的控制也不常有。

上述 16 个寄存器组成的寄存器组,以及 xPSR、PRIMASK、CONTROL 三个特殊寄存器不需要总线就能直接访问,因此它们没有地址,它们的名字本身就是地址。例如汇编命令 MOVS R0,♯0,是将 0 写入 R0 寄存器,R0 没有具体的地址。

在下载的 CM0 套件中,可以看到其文件层次结构如图 5-15 所示,其主要包括两层,内层为 CORTEXM0 层,外层为 CORTEXM0INTEGRATION 层。CORTEXM0 中既包含 CM0 内核,还包含 NVIC 和 Debug 两个模块。CORTEXM0INTEGRATION 中既包含 CORTEXM0,还包含了 WIC 和 DAP 两个模块。做 SoC 集成时,一般会例化 CORTEXM0INTEGRATION 层,并在 AHB 接口中添加需要的设备,将各设备的中断线连接在中断接口处,如此就完成了一个简单的 SoC 芯片设计。上面所讲的流水线、指令集、寄存器组与特殊寄存器都属于 CM0 核的内容。

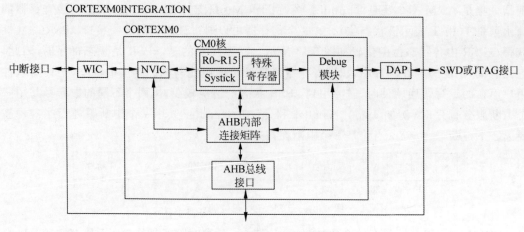

图 5-15 CM0 的内部组成模块

5.11　中断机制

内嵌向量中断控制器(Nested Vectored Interrupt Controller,NVIC)可以对 32 个普通中断进行优先级、掩码、挂起的判断。它可以决定一个中断是否能够生效(也称中断使能)、是否需要挂起等。它放置在 CORTEXM0 层中。

这里需要解释中断使能和挂起的含义。中断在芯片内部其实是普通的金属连线,在外设中产生,输入 CPU 里,平时是低电平,当外设需要 CPU 关注时,会在中断线上发出高电平,并且会 Latch 住,不会自动复位为低。此时,若该中断在 NVIC 中对应的使能位是有效的,则该高电平会成功地进入 CPU。CPU 收到该中断后,会停止获取预定的下一条指令,将当前运行的环境保存下来(将 PC 的值写到 LR 中),然后马上去查询中断向量表(镜像文件最开始的 192 字节),找到该中断编号对应的向量位置,将该位置写入 PC 中,于是再次取指令,取出来的就是该中断对应的中断服务程序的内容了。在该中断服务程序中,CPU 会对发起中断的设备中的寄存器进行读写,并将该中断清除掉(清除中断控制位在该外设的寄存器上,而不是在 CPU 里)。当中断服务程序执行完毕后,CPU 会将 LR 的数据再次写回 PC 中,这样它就可以从原来被中断打断的地方继续运行了。如果在 NVIC 中设置为不使能该中断,则尽管该中断线是高电平,CPU 仍然无动于衷,不会被打断。可见,对于中断的操作,实际上分为 3 个层次,分别是外设、NVIC 和 CM0 核。外设负责发起中断电平信号,这是中断的根源,如果用户想切断这个根源,则可以通过设置外设的寄存器,让中断电平不会变高。NVIC 把守着中断线与 CPU 之间的门户,只有 NVIC 允许中断线通过,它才能通过。最后在 CM0 内核中,还有上文介绍的 PRIMASK 寄存器把守最后一关,只有它为 0,中断才能起到真正引发 CPU 的作用,因此,一个中断要使能,需要打开设备内部中断使能、NVIC中断使能,并保持 PRIMASK 为 0。

每个中断都有自己的优先级,优先级共分 4 级,即 0~3。数值越低,优先级越高。高优先级的中断会先响应,即先被 CPU 处理。当 CPU 同时被两个中断打断时,它会先进入优先级高的中断服务程序进行处理,此时,低优先级的中断就处在挂起的状态,等待 CPU 处理。当 CPU 正在处理一个中断服务程序时,又来了一个中断,CPU 会看新来的中断是否具有比当前中断更高的优先级,若是,则会停止处理当前服务程序,而进入高优先级的中断服务程序中,待处理完成后再回头处理过去的中断程序。当两个中断优先级相同时,就按到来的先后顺序处理。还有一种情况是某个中断服务程序正在处理,相同的中断又到来了,即中断处理的速度赶不上中断生成的速度,此时,中断仍然会被挂起,待本次中断处理完成后再次启动此中断的处理。在 NVIC 中,中断可以通过人工挂起,即本来没有中断,但通过设置,可以制造一个虚假的中断,但这种方式并不常用。综上,挂起是指一个中断信号已经为高电平,但尚未引发 CPU 执行其服务程序,处于一种等待服务的状态。

初学者往往分不清中断(Interrupt)和异常(Exception)。在硬件中称中断,在软件中称异常。在 ARM 自己的官方文件中,硬件描述都用 Interrupt,而其软件注释中相同的中断却注释为 Exception。在软件中,异常的含义比中断更广泛,除了外设发出的引发 CPU 注意的信号,还有运行软件时出现的错误,也属于异常,但由于 CM0 的系统简单,一般也不运行操作系统,所以在这里中断基本等同于异常。

值得注意的是,CM0 中除了 32 个普通外设中断外,还有 6 个优先级较高的特殊中断,分别为复位中断、NMI 中断、HardFault 中断、SVC 中断、PendSV 中断、SysTick 中断。NVIC 只负责管理 32 个普通外设中断,其他 6 个中断在 SCB 寄存器中进行配置(详见表 5-4)。

复位中断是芯片在上电或热复位后必然会进入的,它将引导程序进入主程序 main。它的优先级是最高的。它在 CORTEXM0INTEGRATION 层没有硬件接口,属于内部中断。在下载的 designStart 包中,软件文件 startup_CMSDK_CM0.s 中已经包含复位中断服务程序 Reset_Handler 的汇编代码,一般不会去改变它。

不可屏蔽中断(Non Maskable Interrupt,NMI)在 CORTEXM0INTEGRATION 层上有接口,SoC 设计者可以将任何外接信号与该 NMI 口相连以作为中断,该中断无法被屏蔽。它的优先级仅次于复位中断,一般会将看门狗的中断或其他与芯片错误、异常有关的中断接到 NMI 口上,若没有这种特殊需求也可以下拉为 0。

HardFault 中断常在程序运行过程中发生寻址错误时触发。它的优先级仅次于 NMI 中断。它在 CORTEXM0INTEGRATION 层没有接口,属于内部中断。

SVC(Super Visor Call)中断是用户使用 SVC 指令从而人为生成的中断。它在操作系统中常用,为应用程序提供系统服务入口,在 CM0 中并不常用。它的优先级是可以配置的。在 CORTEXM0INTEGRATION 层没有 SVC 的接口,属于内部中断。

PendSV 中断是可挂起的 SVC 中断,即它虽然发出,但先挂起,待系统中完全没有中断了才会处理它。发起方式是用软件向 SCB 寄存器的 ICSR 字段比特 28 配 1。软件也可以取消挂起状态。该功能同样也常用于操作系统中,在 CM0 中并不常用。它的优先级是可以配置的。在 CORTEXM0INTEGRATION 层没有 SVC 的接口,属于内部中断。

SysTick 是 CM0 核内部的一个计时器,如图 5-15 所示。它是倒计时的,当计数到 0 时,会发起中断。SysTick 可用于操作系统,作为系统的统一时钟使用,而在无操作系统的应用中,由于它的驱动时钟源可以是外部固定频率时钟,也可以用它作为休眠唤醒时钟使用。它的优先级是可配置的。在 CORTEXM0INTEGRATION 层没有 SysTick 中断的接口,属于内部中断。

综上,SoC 系统集成者所看到的层次一般是 CORTEXM0INTEGRATION 层。若该层没有中断接口,则该中断称为内部中断,即 CM0 自己产生的中断。如果有接口,设计者则可以将信号线引到接口上,即为外部中断。

CM0 中所有中断的中断号和优先级见表 5-1。读者应特别注意区分中断号和优先级号。中断号是一个中断在 CPU 内部区别于其他中断的标志,它不体现中断的优先顺序,仅仅是个编号,而优先级号是规定了 CPU 处理中断的优先级顺序,几个中断可以拥有相同的优先级。编号越低,优先级越高。普通中断的优先级从 0 到 3,而 3 个特殊中断(复位中断、NMI 中断、HardFault 中断)优先级是负数,说明优先级更高。

表 5-1　中断的中断号和优先级

中 断 类 型	中　断　号	优 先 级 号	是否为外部中断
复位中断	−15	−3	否
NMI 中断	−14	−2	是
HardFault 中断	−13	−1	否
SVC 中断	−5	0~3 可配	否
PendSV 中断	−2	0~3 可配	否
SysTick 中断	−1	0~3 可配	否
32 路普通中断	0~31	0~3 可配	是

中断信号,不论是由 SoC 集成者引入的外部信号,还是由 CPU 内部产生的,也可称为中断请求信号(Interrupt Request,IRQ)。中断的目的是使 CPU 中止正在进行的工作,而将工作转移到处理中断上去,因此,中断代表的是一些紧急的、突发的、无法事先预料的工作,例如手指敲击键盘的行为会引发中断,因为 CPU 事先无法预料手指何时会敲下键盘。由中断引发的新工作称为中断服务程序(Interrupt Handler 或 Interrupt Service Route,ISR)。每个中断都对应一个中断服务程序,因而 CM0 中可以有 38 个中断服务程序,它们可以看作子函数,只不过调用方式不是普通软件调用子函数的方式,而是通过中断信号线直接驱动调用。正是因为中断服务程序的特殊性,才使 CM0 分为线程模式和中断模式。中断服务程序和主程序一同被编译到镜像文件中,分布在该文件的不同地址上,如何让 CPU 方便地找到对应的中断服务程序是一个问题。在 CM0 中,用中断向量表可以解决该问题。中断向量表是一张表格,它记录了每个中断的中断服务程序在镜像文件中的起始地址。CPU 获得中断后,只需找到中断向量表中对应的地址,并将该地址写入 PC 中,让取指令地址从该 PC 开始。中断向量表生成后,保存于镜像文件的头部,其具体地址和内容见表 5-2。可见,CM0 中断向量表的大小是 192 字节。图 5-10 就是表 5-2 中地址 0 的 MSP 和地址 4 的复位中断服务程序地址的一个具体例子。需要注意的是,中断向量表也可以不是 192 字节,因为

中断的数量在 RTL 中是可以配置的,如果没有用到这么多中断,也就没必要提供这么多的中断服务向量了。

表 5-2 镜像文件中的中断向量表

镜像文件的地址(单位:字节)	内 容
0x0	MSP 的初始值(主栈地址,指向的不是镜像文件的地址,而是 SRAM 的地址)
0x4	复位中断服务程序在镜像文件中的地址
0x8	NMI 中断服务程序在镜像文件中的地址
0xC	HardFault 中断服务程序在镜像文件中的地址
0x2C	SVC 中断服务程序在镜像文件中的地址
0x38	PendSV 中断服务程序在镜像文件中的地址
0x3C	SysTick 中断服务程序在镜像文件中的地址
0x40	普通中断 0 服务程序在镜像文件中的地址
0x44	普通中断 1 服务程序在镜像文件中的地址
0x48	普通中断 2 服务程序在镜像文件中的地址
0x4C	普通中断 3 服务程序在镜像文件中的地址
0x50	普通中断 4 服务程序在镜像文件中的地址
0x54	普通中断 5 服务程序在镜像文件中的地址
0x58	普通中断 6 服务程序在镜像文件中的地址
0x5C	普通中断 7 服务程序在镜像文件中的地址
0x60	普通中断 8 服务程序在镜像文件中的地址
0x64	普通中断 9 服务程序在镜像文件中的地址
0x68	普通中断 10 服务程序在镜像文件中的地址
0x6C	普通中断 11 服务程序在镜像文件中的地址
0x70	普通中断 12 服务程序在镜像文件中的地址
0x74	普通中断 13 服务程序在镜像文件中的地址
0x78	普通中断 14 服务程序在镜像文件中的地址
0x7C	普通中断 15 服务程序在镜像文件中的地址
0x80	普通中断 16 服务程序在镜像文件中的地址
0x84	普通中断 17 服务程序在镜像文件中的地址
0x88	普通中断 18 服务程序在镜像文件中的地址
0x8C	普通中断 19 服务程序在镜像文件中的地址
0x90	普通中断 20 服务程序在镜像文件中的地址
0x94	普通中断 21 服务程序在镜像文件中的地址
0x98	普通中断 22 服务程序在镜像文件中的地址
0x9C	普通中断 23 服务程序在镜像文件中的地址
0xA0	普通中断 24 服务程序在镜像文件中的地址
0xA4	普通中断 25 服务程序在镜像文件中的地址
0xA8	普通中断 26 服务程序在镜像文件中的地址
0xAC	普通中断 27 服务程序在镜像文件中的地址
0xB0	普通中断 28 服务程序在镜像文件中的地址

镜像文件的地址（单位：字节）	内　容
0xB4	普通中断 29 服务程序在镜像文件中的地址
0xB8	普通中断 30 服务程序在镜像文件中的地址
0xBC	普通中断 31 服务程序在镜像文件中的地址

需要特别注意的是，CM0 在读取中断向量表时，用的是简单的偏移地址。例如，普通中断 31 进入了 CPU，导致 CPU 读中断向量表，此时，CPU 发出的 AHB 总线地址为 0xBC，即使该镜像文件的程序在 Keil 编译时用的是绝对地址，例如 0x20000000 这样的地址，CPU 仍然不会使用 0x200000BC 来寻址。在 Keil 中使用绝对地址编译，只能使表 5-2 第 2 列以绝对地址呈现。这一性质要求软件人员必须关注当前运行程序的介质是否与重映射的编号对应，即当前运行程序的介质是否为默认存储介质。例如，当前运行 App 程序，该程序运行在 NVM 上，NVM 的绝对地址假设是 0x02000000，并且假设当前重映射编号指向的默认地址也是该 NVM（详情参见图 5-7 及其解释），则当中断发生时，CPU 通过偏移地址（例如 0xBC）也能顺利获得中断服务程序的入口地址，但当重映射编号指向的默认地址不是 NVM，而是 SRAM（假设其绝对地址是 0x20000000）时，CPU 会从 SRAM 读取中断向量，而 SRAM 中并没有镜像文件，于是 CPU 会发生运行错误。解决方法是在默认地址改变之后，将中断向量表复制一份到 SRAM 中，这样，CPU 就能够从 SRAM 中读到中断向量了。读者可能会疑惑为什么会出现镜像文件运行地址与默认地址不一致的情况。该情况主要发生在一些特殊应用场景下，例如，某种 NVM 在低功耗休眠状态下需要 CPU 发出一些命令才能使它恢复工作。默认情况下，程序在 NVM 中执行，但在从休眠到唤醒的过程中，CPU 必须先被中断唤醒，然后向 NVM 发一些命令让它恢复。此时，用于唤醒的中断服务程序存储在能够及时唤醒的 SRAM 中，中断向量表既在 NVM 中有一份，又在 SRAM 中有它的复制版本，在休眠之前，必须将 SRAM 作为默认设备，这样才能从 SRAM 中唤醒，否则 CPU 将向 NVM 索取中断向量，而 NVM 此时不可用，最终会导致程序挂死。

5.12　SCS 配置

在 5.10 节中已经介绍过 CM0 内部的寄存器组和 3 个特殊寄存器。在 CM0 的文献中，还常常出现系统控制空间（System Control Space，SCS）等概念，容易与寄存器组和特殊寄存器相混淆。实际上，SCS 也是由一些可配置的寄存器和一些状态寄存器组成的，它不在 CM0 核中，而是在图 5-15 中的 AHB 内部连接矩阵中，因此不能像寄存器组及 3 个特殊寄存器一样仅用自己的名称作为地址，而是在 AHB 总线上分配它的地址，其固定地址一般是 0xE000E000。该空间不是某一单独设备的配置，而是集中了 CORTEXM0 层可以通过 AHB 总线配置的所有寄存器，主要包括 3 个功能性寄存器组，分别为 SCB、NVIC、SysTick，它们的绝对地址见表 5-3。

系统控制块（System Control Block，SCB）可以控制或观察 NMI、SysTick、SVC、PendSV

表 5-3　SCS 内部分组及其地址

AHB 地址	功能寄存器组	AHB 地址	功能寄存器组
0xE000E010	SysTick 寄存器组	0xE000ED00	SCB 寄存器组
0xE000E100	NVIC 寄存器组		

等中断的状态,也可以对 CPU 休眠的策略进行控制。

　　NVIC 只能控制 32 个普通中断,因此,SCB 和 NIVC 联合起来才能完成对全部中断的配置。NVIC 的配置和状态没有放在 NVIC 器件本身,而是被放置在 SCS 中,这样可以在 NVIC 硬件中省去对 AHB 协议的解析电路。SCS 接受用户的 AHB 配置后,转换为实际的配置字,通过信号线直接配置到 NVIC 中。

　　SysTick 寄存器用于配置 CM0 核中的 SysTick 器件,并读取其状态,其功能在 SysTick 一节再详述。

　　SCB 的具体地址和含义见表 5-4。

表 5-4　SCB 具体地址及含义

AHB 地址	寄存器名	段　名	比特位置	说　明
0xE000ED00	CPUID	CPUID	31:0	在 CM0 中固定为 0x410CC200
0xE000ED04	ICSR	VECTACTIVE	8:0	返回当前正在运行的中断服务程序的中断号,功能与特殊寄存器 IPSR 相同
		VECTPENDING	20:12	返回当前处于挂起状态的中断号。若同时有多个中断挂起,则显示优先级最高的那个
		ISRPENDING	22	返回当前是否有中断挂起的状态
		ISRPREEMPT	23	一个挂起的中断将在下一步进入中断服务（用于单步执行时的调试目的）
		PENDSTCLR	25	取消 SysTick 中断的挂起状态
		PENDSTSET	26	制造一个 SysTick 中断,并挂起
		PENDSVCLR	27	取消 PendSV 中断的挂起状态
		PENDSVSET	28	制造一个 PendSV 中断,并挂起
		NMIPENDSET	31	制造 NMI 中断,并挂起
0xE000ED0C	AIRCR	VECTCLRACTIVE	1	清除已挂起的所有中断
		SYSRESETREQ	2	配置它可以制造一个 CPU 复位信号
		ENDIANESS	15	返回 CPU 的大小端模式,0 为小端,1 为大端。注意,这里不是配置,仅为状态的返回值,配置大小端在例化 CM0 的 parameter 中已经决定
		VECTOR_KEY	31:16	正常值是 0xFA05,若配成 0x05FA,并将 SYSRESETREQ 字段配置为 1,则会导致 CPU 复位

AHB 地址	寄存器名	段　　名	比特位置	说　　明
0xE000ED10	SCR	SLEEPONEXIT	1	设置 CPU 是否可以自动进入休眠 0：不自动进入休眠，再次休眠需要用户再发命令； 1：处理完中断服务程序后自动进入休眠
		SLEEPDEEP	2	设置 CPU 睡眠深浅 0：一旦休眠将进入浅睡模式； 1：一旦休眠将进入深睡模式
		SEVONPEND	4	设置中断唤醒策略 0：只有使能的中断可以唤醒 CPU； 1：任何中断都能唤醒 CPU
0xE000ED14	CCR	UNALIGN_TRP	3	当调试时，若遇到地址不对齐的情况，就会返回一个错误。用于发现不对齐的位置
		STKALIGN	9	设置进入中断后栈的对齐方式 0：4 字节对齐； 1：8 字节对齐
0xE000ED1C	SHP[0]	SHP[0]	31:24	设置 SVC 中断的优先级
0xE000ED20	SHP[1]	PENDSVPRO	23:16	设置 PendSV 中断的优先级
		STPRO	31:24	设置 SysTick 中断的优先级
0xE000ED24	SHCSR	svcallpended	15	反馈 SVC 中断挂起标志

NVIC 的具体地址和含义见表 5-5，它只负责控制 32 路普通外部中断。

表 5-5　NVIC 具体地址及含义

AHB 地址	寄存器名	段　　名	比特位置	说　　明
0xE000E100	ISER[0]	ISER[0]	31:0	设置 32 路中断使能
0xE000E180	ICER[0]	ICER[0]	31:0	取消 32 路中断使能
0xE000E200	ISPR[0]	ISPR[0]	31:0	可以读出 32 路中断的挂起状态，也可以手动将某个中断挂起
0xE000E280	ICPR[0]	ICPR[0]	31:0	取消 32 路中断的挂起状态
0xE000E400	IP[0]	P0	7:6	设置中断 0 的优先级
		P1	15:14	设置中断 1 的优先级
		P2	23:22	设置中断 2 的优先级
		P3	31:30	设置中断 3 的优先级
0xE000E404	IP[1]	P4	7:6	设置中断 4 的优先级
		P5	15:14	设置中断 5 的优先级
		P6	23:22	设置中断 6 的优先级
		P7	31:30	设置中断 7 的优先级

续表

AHB 地址	寄存器名	段　　名	比特位置	说　　明
0xE000E408	IP[2]	P8	7:6	设置中断 8 的优先级
		P9	15:14	设置中断 9 的优先级
		P10	23:22	设置中断 10 的优先级
		P11	31:30	设置中断 11 的优先级
0xE000E40C	IP[3]	P12	7:6	设置中断 12 的优先级
		P13	15:14	设置中断 13 的优先级
		P14	23:22	设置中断 14 的优先级
		P15	31:30	设置中断 15 的优先级
0xE000E410	IP[4]	P16	7:6	设置中断 16 的优先级
		P17	15:14	设置中断 17 的优先级
		P18	23:22	设置中断 18 的优先级
		P19	31:30	设置中断 19 的优先级
0xE000E414	IP[5]	P20	7:6	设置中断 20 的优先级
		P21	15:14	设置中断 21 的优先级
		P22	23:22	设置中断 22 的优先级
		P23	31:30	设置中断 23 的优先级
0xE000E418	IP[6]	P24	7:6	设置中断 24 的优先级
		P25	15:14	设置中断 25 的优先级
		P26	23:22	设置中断 26 的优先级
		P27	31:30	设置中断 27 的优先级
0xE000E41C	IP[7]	P28	7:6	设置中断 28 的优先级
		P29	15:14	设置中断 29 的优先级
		P30	23:22	设置中断 30 的优先级
		P31	31:30	设置中断 31 的优先级

5.13　ARM Cortex-M0 的集成

用户在集成 CM0 时，可以根据自身的需求，选择例化 CORTEXM0 或者 CORTEXM0INTEGRATION。对于无特殊需求的普通用户，建议直接例化 CORTEXM0INTEGRATION 层。

一个 CM0 的简单集成示例如图 5-16 所示。除了直接例化的 CORTEXM0INTEGRATION 层外，在总线上还挂有必要的各种外设。这些外设都包含一个统一的前缀 cmsdk，这是 ARM 在 CM0 之外免费提供的一套总线设备框架，用户可以在下载的文件包中找到。

CM0 支持的总线是 AHB-Lite 总线。ROM_wrapper、SRAM_wrapper、cmsdk_ahb_gpio、cmsdk_ahb_cs_rom_table、cmsdk_mcu_sysCtrl、cmsdk_ahb_default_slave 是挂在

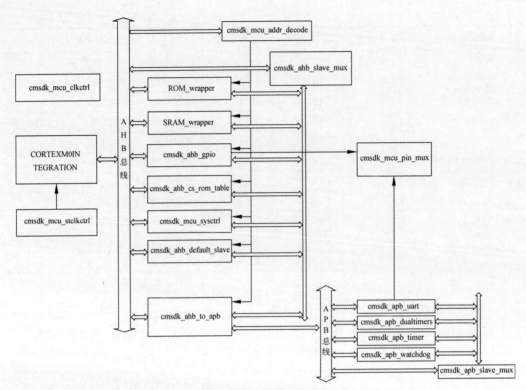

图 5-16　CM0 集成示例

AHB 总线上的设备,其中,ROM_wrapper 是 ROM 的顶层,因为按照 5.3 节介绍的方法所生成的 ROM IP 不包含 AHB 接口,因此需要在其上再包一个顶层,称为 wrapper。同理,SRAM_wrapper 内部也包含 SRAM IP。在 DesignStart 的文件包中,也可以找到名为 cmsdk_ahb_rom 的 ROM 和名为 cmsdk_ahb_ram 的 SRAM,但它们都是模型,所谓模型就是无法映射到实际电路,仅能用于仿真,也称为仿真模型。使用模型,可以使设计者搭建一个完整系统,从而验证系统中真正属于 RTL 部分的功能。在真正流片时,ROM 和 SRAM 本身不使用 Verilog 描述,而是用工具直接生成物理实体放置在版图上。本套系统也可以在 FPGA 中实现,此时,ROM 和 SRAM 需要用 FPGA 的软件开发工具生成,并例化在 RTL 里。cmsdk_ahb_gpio 是 GPIO 设备,它提供电平的输入、输出功能。cmsdk_ahb_cs_rom_table 是 ROM Table,当一款 ARM CPU 与外部仿真器(例如 JLink 和 ULink)相连并进行程序的下载、单步运行等 Debug 操作时,仿真器会先读该 CPU 的 0xF0000000 地址,即 ROM Table 地址,提取其内部信息,相当于对 CPU 进行认证,只有认证通过的 CPU 才认为是可以连接的。由于 ROM Table 设备的内容是固定在硬件上的,对于软件来讲是只读的,因此也是一个 ROM。ROM Table 的不同字段有不同含义,但对于集成来讲了解这些含义并非必要,因此这里不再赘述。cmsdk_mcu_sysCtrl 的主要功能有两个,一个是重映射序号的配置在这里,配置后,序号会通过直接连线进入 cmsdk_mcu_addr_decode 中,作为默认设备选择的依据(其中的机制详见 5.5 节),第 2 个功能是当系统发生意外复位时,可以读取其中的复位原因寄存器,获取刚才意外发生的原因。该寄存器没有用总线时钟驱动,因而不会因总线复位而被复位。复位的原因有 3 种,分别是 CPU 内部 LockUp 复位、看门狗复位、软件主动配置复位。cmsdk_ahb_default_slave 充当 AHB 总线上的默认设备。因为 AHB 总线的位宽是 32 位,即允许有 4GB 寻址空间,实际中各设备无法占满这些空间,必定有一些地址没有对应任何外设,此时,在设计上有两种选择,一种是当软件访问无意义的地址时置之不理,另一种是将这些地址统一收集到 AHB 默认设备中,以统一管理和统一回复,推荐使用第 2 种方法。cmsdk_mcu_addr_decode 和 cmsdk_ahb_slave_mux 不是总线设备,而是总线管理的辅助,其中,cmsdk_mcu_addr_decode 对应 5.5 节中的地址解析器,负责根据 AHB 地址选择当前操作的设备。cmsdk_ahb_slave_mux 负责汇总各设备的状态信息和读出数据,然后上传给 CM0。

　　cmsdk_ahb_to_apb 模块也可以看作一个 AHB 设备,与上述 AHB 设备的控制方式相同,但它实际上是一个桥接电路,即协议转换电路,负责将 AHB 协议翻译为 APB 协议。它作为 APB 的主控模块,上面挂着一些 APB 器件。图中的 APB 器件有 cmsdk_apb_uart、cmsdk_apb_dualtimers、cmsdk_apb_timer、cmsdk_apb_watchdog。cmsdk_apb_uart 是 UART,即串口设备,可以通过串口打印信息或通过串口向 CM0 输入信息。cmsdk_apb_dualtimers 是双计时器,它虽然是一个设备,但内部有两个 Timer,这两个 Timer 可以单独使用,每个 Timer 的计数位宽是 16 位。cmsdk_apb_timer 是一个单独的 Timer,其计数位宽是 32 位。cmsdk_apb_watchdog 是看门狗设备。cmsdk_apb_slave_mux 不是 APB 总线设备,而是 APB 的管理辅助,它负责选择当前操作的 APB 设备(类似 AHB 中的 cmsdk_mcu_addr_decode),还负责将 APB 设备的输出信号进行汇总,上传给 CM0(类似 AHB 中的 cmsdk_ahb_slave_MUX)。APB 设备中,也可以设计一个默认设备(类似 AHB 中的 cmsdk_ahb_default_slave),这样的设计会更为完整,图中未画出该设备是因为 cmsdk 未提供。

　　APB 设备和 AHB 设备并没有本质区别,它们都是 CM0 统属的外围器件,仅在总线接口上有所区别,其内部功能是不变的。例如,图中的 UART 是 APB 设备,也可以改成 AHB 设备,GPIO 设备也可以改成 APB 设备。AHB 和 APB 的区别在于速度,AHB 传输速度较快,而 APB 较慢。AHB 在协议上比 APB 复杂一些,因此,对于数据带宽较窄的设备,例如 UART,其波特率一般设为 115.2kHz~460.8kHz,会设计为 APB 设备,而用于存取数据和指令的 SRAM,如果也挂在 APB 总线上,则会浪费系统的主频。

　　各设备在总线上的地址可以由集成设计人员修改。AHB 设备的地址可以在 cmsdk_mcu_addr_decode 模块中分配和修改,APB 设备的地址可以在 cmsdk_apb_slave_mux 模块中分配和修改。在 CORTEXM0INTEGRATION 层次内部的地址,如 5.12 节讲解的 SCS 地址,一般不做修改。

　　图 5-16 中的 cmsdk_mcu_pin_mux 模块通称为 Pin Mux,即引脚的汇总,汇总后集中在引脚上,使引脚成为一个功能复合体。芯片的封装大小有限,因此每个引脚都应尽量复用多个功能。具体应用时,根据芯片用户的需要,通过软件配置该引脚的功能。在图中可以看到

GPIO 和 UART 被引入了 Pin Mux 中，说明该 Pin Mux 的一个引脚既可以当作 GPIO 输入/输出口使用，又可以当作串口使用，具体取决于软件配置。问题是，软件的配置怎样进入 Pin Mux 中？在 DesignStart 给出的设计例子中，Pin Mux 配置的提供者是 cmsdk_ahb_gpio，即 GPIO 设备。每个引脚只有两个功能，一个是 GPIO 设备接口，另一个是 UART 接口，因此只需一位配置字。在实际的设计中，Pin Mux 的功能远比图例中的情况更复杂，一个引脚可能会包含 5～10 个不同功能，需要多位配置字。一般会设计一个专门的 Pin Mux 配置设备，挂在 APB 总线上。设计专门的配置设备也是为了将 GPIO 设备和引脚进行区分，因为引脚在版图或产品说明书中也常被命名为 GPIO，实际上它的全称是 GPIO 引脚，而在设计时常称为 Pad，它的结构如图 1-3 所示。GPIO 设备和 GPIO 引脚的概念必须严格区分，否则会造成设计和配置的混乱。

图 5-16 中的 cmsdk_mcu_clkctrl 是时钟复位控制模块，负责产生整个芯片使用的时钟信号和复位信号。DesignStart 提供的模块是一个简化版本，整个系统使用统一的时钟和复位，由总线时钟驱动总线上的每个设备，仅 cmsdk_mcu_sysctrl 模块的复位原因寄存器使用非总线时钟，以避免总线复位后原因编号消失。

图 5-16 中的 cmsdk_mcu_stclkctrl 模块是一个简化的 SysTick 时钟控制和校准模块，将其输入给 CM0，以驱动 SysTick 工作。

图 5-16 概括了 DesignStart 中提供的 cmsdk_mcu 模块的内部结构。使用者可以选择手动例化并连接图中各模块，也可以直接例化它们的顶层，即 cmsdk_mcu。一个用于仿真的 CM0 SoC 系统框架如图 5-17 所示。cmsdk_mcu 代表一个完整的基于 CM0 的 SoC 设计，其中包含了 cmsdk_mcu_system、cmsdk_mcu_pin_mux、cmsdk_ahb_rom、cmsdk_ahb_ram、cmsdk_mcu_clkctrl。cmsdk_mcu_system 包含了大部分 SoC 组件，而另外 4 个模块之所以不包含在 cmsdk_mcu_system 之内，是因为它们属于模型性质，在设计芯片或 FPGA 工程时，需要进行调整，ROM 和 RAM 需要生成，Pin Mux 需要例化 I/O 器件，时钟复位模

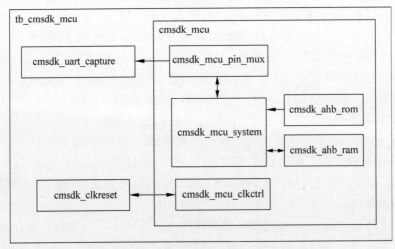

图 5-17　基于 CM0 的 SoC 系统框架

块需要重新设计。仿真顶层 tb_cmsdk_mcu 是以 cmsdk_mcu 或 cmsdk_mcu_system 为验证对象（DUT）从而搭建的平台，其中 cmsdk_clkreset 用常规方式生成了时钟和复位信号，cmsdk_uart_capture 是一个虚拟的 UART 的接收设备，可以将 cmsdk_mcu 输出的串口信息打印在仿真平台中。

外部中断信号线共有 33 根，其中 32 根为普通外部中断线，一根为 NMI 中断线。它们在 cmsdk_mcu_system 这一层次进行连接。中断信号线的连接方式如图 5-18 所示。在图 5-16 的设备中，只有 GPIO、UART、Dual Timer、普通 Timer、看门狗会起中断，其中，GPIO 的中断数量等于 GPIO 引脚数量。中断的连接不需要任何中介，直接从设备引到 CPU 顶层的 NMI 口或普通中断口即可。中断线在 CORTEXM0INTEGRATION 内部的运行方式详见 5.11 节。推荐将看门狗中断接入 NMI 口，而将其他中断接入普通外部中断口。

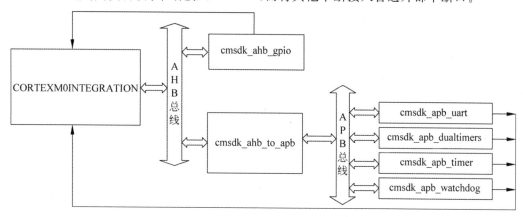

图 5-18　中断信号线的连接方式

在完整版的 CORTEXM0INTEGRATION 中会有下列设置项，即 parameter，需要集成设计人员进行配置，具体见表 5-6。需要注意的是 BE 所代表的大端模式和小端模式。大端模式（Big Endian）使用低地址存储高位字节，并且使用高地址存储低位字节。小端模式（Little Endian）正好相反，使用低地址存储低位字节，并且使用高地址存储高位字节。例如，在 C 代码中声明一个 unsigned int aa，数值为 0x12345678。如果采用大端模式，则 0x12 存储在地址 0，0x34 存储在地址 1，0x56 存储在地址 2，0x78 存储在地址 3。如果采用小端模式，则 0x12 存储在地址 3，0x34 存储在地址 2，0x56 存储在地址 1，0x78 存储在地址 0。软件在编程时，需要知道其 CPU 的大小端，然后才能进行正确的字节操作，例如软件想取数据 0x56，在大端模式下，需要去地址 2 中取，在小端模式下则去地址 1 中取。大小端在 ARM 提供的软件架构 CMSIS 中也有设置，很多软件人员会误以为是软件决定了 CPU 的大小端，实际上，在 SoC 集成时，大小端就已经通过 BE 确定了，通过软件无法修改，软件只是在已知大小端的基础上做出程序调整而已。在第 5.12 节的 SCB 寄存器中也有一个寄存器 ENDIANESS 可以反映大小端，但它是只读的，真正的根源还是在 BE 的设置上。

表 5-6 CM0 参数配置表

参 数 名	定 义
ACG	是否使用 CM0 内部时钟门控。0 表示不用门控，1 表示使用。一般选择使用
BE	选择 CPU 工作在大端模式还是小端模式。0 表示小端模式，1 表示大端模式。一般选择小端模式
DBG	是否使用 CM0 中的 Debug 模块。0 表示不使用，1 表示使用。当不使用时，将不支持仿真器代码下载及单步运行等 Debug 功能。一般选择使用
JTAGnSW	选择 Debug 接口类型。0 表示 SWD 接口，1 表示 JTAG 接口。SWD 接口连接简单，速度快，目前常用 SWD 接口
RAR	如果发生了 CPU 复位，则选择复位的波及范围。0 表示仅部分寄存器会复位，1 表示全部寄存器都复位。一般会选择 1
SMUL	选择内部乘法器的结构。0 表示运算快，但面积大。1 表示运算慢，但面积小。该选择根据实际应用而定
SYST	选择是否包含 SysTick 模块。0 表示不包含，1 表示包含。SysTick 无论在有无操作系统的应用中都有其作用，一般选择包含
WIC	选择是否包含 WIC 模块。0 表示不包含，1 表示包含。WIC 在 CM0 进入深度休眠后的唤醒中扮演着重要角色，而省电功能是 SoC 设计的必备，因此一般会选择包含
NUMIRQ	填写中断线的数量。最大是 32 根外部中断线，也可以减少。一般填写 32
WICLINES	填写引入 WIC 的中断线数量，这里比 NUMIRQ 多两根，它们是 NMI 中断和 RXEV 事件，其中的 RXEV 是在多核处理器中另一个核向本核发来的唤醒脉冲信号。在 CM0 系统中不常用。如果 NUMIRQ 填 32，则这里填 34
BKPT	填写断点的数量（Debug 器件中的配置）。CM0 最多支持 4 个断点，也可以写 0，即不支持断点
WPT	填写观察点数量（Debug 器件中的配置）。CM0 最多支持两个观察点，也可以写 0，即不支持观察点。观察点即 IDE 界面中常见的 watch 窗口，可以加入变量，以便实时观察变量的变化

5.14 通过软件验证设计

在完成了 SoC 的集成工作后还需要对设计进行仿真，即如图 5-17 那样搭建一个测试平台（TB）。SoC 芯片的验证一般通过两种方式，一种是传统的验证方法，即搭建 TB，在 TB 中加入激励，驱动 DUT 运行，并观察结果，同时在 TB 中建立参考模型，将 DUT 的输出结果与参考模型进行对照，另一种是编写嵌入式软件，将软件烧写到 NVM 中（其实就是在 TB 的开始阶段用 \$readmemh 或 \$readmemb 命令将软件编译得到的 HEX 文件录入 NVM 模型中），然后 CPU 会按照正常运行的方式逐条取指令。

在传统验证方法中，CPU 无法取指令并正常运行，因为用 SV 不容易表征复杂的软件运行过程。另外，SoC 的外设多种多样，需要搭建不同种类的参考模型用于验证对比，因而，该方法只适合于单一设备的验证，即将 SoC 设备进行拆分，为每个模块或每个设备搭建一套单独的 TB。在 TB 中用 SV 建立一个 AHB 或 APB 的机制，向设备中灌激励，同时监控设备的输出。

对于 SoC 集成的整体验证,需要使用软件方式。驱动通过软件指令提供,参考模型可以在软件中实现,也可以在 TB 中实现,根据验证的需要而定。

具体的软件运行步骤可参见第 5.5 节。本节将介绍 DesignStart 中提供的软件架构,以便读者可以据此编写出可用的 Boot 程序和 App 程序。

DesignStart 中的软件框架称为 CMSIS,它提供了 cmsdk_mcu 中各设备的驱动,它所包含的文件名及作用见表 5-7。

表 5-7 CMSIS 中的文件名及作用

文 件 名	作 用
CMSDK_CM0.h	(1) 登记中断序号,以便对 NVIM 进行操作,灵活开关,该序号需要根据 cmsdk_mcu_system 内中断线的连接顺序排列。 (2) 声明各外围设备的结构体,以便随时调用 登记各外围设备的 AHB 基地址,若在 RTL 中修改了基地址,例如修改了 cmsdk_mcu_addr_decode 或 cmsdk_apb_slave_mux,则需要在本文件中进行相应修改
CMSDK_driver.h	外围设备的 SDK 函数声明
system_CMSDK_CM0.h	系统初始化相关函数声明
core_cm0.h	对 3 个特殊寄存器,以及 SCS 中 SCB、NVIC、SysTick 相关寄存器的结构体声明,还包含 SCS 中 SCB、NVIC、SysTick 应用函数
core_cmFunc.h	3 个特殊寄存器的应用函数
core_cmInstr.h	一些汇编指令的 C 语言接口,例如常用的 __WFI() 命令和 __ISB() 等
startup_CMSDK_CM0.s	使用汇编语言进行系统配置,包括以下几点: (1) 堆和栈的大小设置。 (2) 中断向量表中不同中断向量的位置和中断向量表的大小。如果修改了 RTL 里中断的顺序,在软件上不仅要修改 CMSDK_CM0.h,还要修改本文件。 (3) 登记中断服务程序的名称,默认为 Handler,允许修改。 规定中断向量的执行顺序,特别是规定了启动流程,即 Reset_Handler 的执行流程
system_CMSDK_CM0.c	系统初始化相关函数,它的头文件是 system_CMSDK_CM0.h
CMSDK_driver.c	外围设备,如 UART、Timer、GPIO 等的驱动函数。它的头文件是 CMSDK_driver.h

注意 软件 SDK 是 SoC 芯片设计厂商向芯片用户提供的软件驱动代码,它包含芯片中每个设备的寄存器功能,以及操作流程控制。它是软件应用的基础,用户调用 SDK 进行编程,可以避免讨论与硬件相关的问题,把精力更多地集中在应用的实现上。SDK 一方面可以用于解决底层硬件问题,另一方面还可以在芯片有设计缺陷时,在芯片厂商内部通过 SDK 屏蔽,从而避免将缺陷泄露给芯片用户。

除了 CMSIS 提供的 SDK 外,DesignStart 还提供了一些示例程序。它们以 CMSIS 为基础编写而成。具体文件和功能见表 5-8。这里需要解释一下 retarget 的含义。通常,当在计算机上编程并在计算机的屏幕上显示时,C 语言程序都使用 printf 进行打印,会将文字打印在屏幕上,如果要打印在文件中,则使用 fprintf 函数,CPU 将直接操作显示设备或文件设备从而完成打印,但是在 SoC 芯片嵌入式系统中,C 语言命令 CPU 打印,其实是想操作 UART 设备,让它发出串口协议电平,这就不同于普通意义上的打印了。因而,将芯片通过 UART 打印到计算机上的过程称为打印的重定向(Retarget)。

表 5-8 DesignStart 中提供的示例程序

文 件 名	作 用
bootloader. c	BOOT 程序示例
dualtimer_demo. c	Dual Timer 应用示例
interrupt_demo. c	中断应用示例
self_reset_demo. c	带电热复位示例
sleep_demo. c	CPU 休眠示例
watchdog_demo. c	看门狗应用示例
retarget. c uart_stdout. c uart_stdout. h	UART 串口打印和接收函数
apb_mux_tests. c	APB 设备选择测试程序
default_slaves_tests. c	AHB 默认设备测试程序
gpio_driver_tests. c gpio_tests	GPIO 设备相关测试
memory_tests. c	测试 SRAM、ROM、ROM Table 等存储设备的功能
timer_driver_tests. c timer_tests. c	Timer 相关测试
uart_driver_tests. c uart_tests. c	UART 相关测试

5.15 产品级芯片集成

上述集成步骤只适用于 CM0 的学习者和评估者,而如果想以 CM0 为核心打造一款 SoC 芯片,则需要在原有平台上进行诸多改进,主要列举如下:

(1)产品级 SoC 芯片的时钟复位策略是非常复杂的,cmsdk_mcu_clkCtrl 中简单的时钟门控关系远远不能满足设计需求。SoC 芯片上电时钟和复位的设计详见 5.20 节。

(2)存储器,包括 SRAM、ROM、NVM 等,需要使用 IP 生成器产生,并放在实际电路版图中,同时要生成一份仿真用的 Verilog 模型代码。设计者需要将它们再包一层,形成 wrapper,将 AHB 接口协议转换为 IP 可以识别的数据流。

(3)GPIO 引脚的数量需要根据实际封装大小和引脚数量进行规划。用户往往会要求更多的 GPIO 数量以满足其各式各样的产品需求。GPIO 引脚数量将决定 GPIO 设备的输入/输出信号数量,设计者应据此修改 cmsdk_ahb_gpio 中的 GPIO 数量。

（4）在产品中,一个 GPIO 引脚上复用的功能很多,除了 GPIO 设备本身的输入/输出信号外,还有 UART、I^{2}C、SPI、PWM 等多种信号复用其上,有时,模拟信号也会通过该引脚进行输入和输出,因此,cmsdk_mcu_pin_mux 不能满足实际需求。需要新建一个专属配置模块,对 Pin Mux 的功能进行配置。由于产品电路板一旦定型,Pin Mux 的设置就不会改变,因此它的配置可以使用慢速的 APB 总线完成。将需要与芯片外界沟通的信号线都接到该 Pin Mux 上。在其内部,需要例化芯片 I/O 器件,它是既支持输入又支持输出的元器件,需要在不同功能模式下对 I/O 的方向进行选通。

（5）一般会在系统中增加 I^{2}C、SPI、PWM 等设备,而且数量不一定只有一个。例如配备两个 I^{2}C 或两个 UART 的 SoC 芯片很常见。提供的资源越多,产品开发的灵活度就越高,譬如两个 UART,可以允许用户使用其中一个进行人机交互,而另一个可以与其他芯片相连,进行单线数据传输,因此,需要芯片规划者在面积成本和挂载更多的设备之间做出平衡。这些设备使用的总线根据用户对速度的要求而定。在没有特殊要求的情况下,可以挂在 APB 总线上。

（6）SoC 设计中会有多个计时器,以便软件在实现产品功能时可以对不同的事件进行定时。例如,需要用软件实现某种通信协议,在发起一种通信帧时,开启一个计时器 A,在发起另一种通信帧时,需要再开启一个计时器 B,并保持计时器 A 的计时动作不停止。那么这种需求就需要两个计时器。当然,软件本身也有处理此问题的对策,例如用 for 循环代替硬件定时,或者只用一个计时器,每计时一小段时间,就打一个时戳,依靠这个时戳可以声明多个虚拟计时器,以满足多计时器的需求,但这些软件方式的定时都不准确,而且还容易被中断打扰,进一步增加了定时误差,因而对于时间要求严格的应用无法使用。硬件计时器的种类多样。普通计时器以总线时钟驱动,计数位宽根据需求制定,结构简单、面积小,其缺点之一是当位宽不满足要求时无法更改以适应新需求,因为一个固定计数位宽的计数器,在时钟频率固定的前提下,它的最长计时长度是固定的,缺点之二是一旦总线时钟频率变化,例如 CPU 进入休眠,则它的计数频率也会变化,因而无法做到任何情况下都准确计数。为了弥补第 1 个缺陷,可以在计时器中使用预分频,即驱动时钟进入计时器后,不直接驱动计时,而是先分频,根据需要指定分频比,然后以分频后的时钟来计数,如此,计时器的计时长度就是可调的,当需要更长时间计时时,可以将分频比调大,也可以考虑缩短计数位宽,以节省面积。为了弥补第 2 个缺陷,常常会引入一个固定的时钟源来驱动计时器,这样就不会因总线时钟频率变化而导致计时周期变化,但这会增加跨时钟握手电路,从而增加模块面积,这样的计时器称为实时时钟（Real Time Clock,RTC）。PWM 本质上也是计时器,因此,设计完的计时器还经常会集成 PWM 发生器功能,并且产生成对的互补 PWM,以满足驱动大功率晶体管的需要。计时器也可以做输入脉冲跨度计时,如果芯片应用中关心 GPIO 引脚上输入信号的脉冲宽度,则可以将宽度计时功能融入计时器设计中。对上述多种特性进行排列组合,能够得到不同种类的计时器。在 SoC 设计中,各种计时器都会挂载一些,以满足不同的用户需求。

(7) 中断并非要将 32 个都占满,需要根据应用的需要而定。有时,GPIO 引脚数量众多,为每个 GPIO 都设置独立中断可能无法做到,此时,可以将 GPIO 合并为若干组,组内使用一个中断。当 CPU 处理中断时,再根据内部寄存器区分中断原因。其他中断的合并原则也类似于 GPIO,例如 UART 有 TX 和 RX 中断,可以合并为 UART 统一中断。另外,看门狗也可以取消中断,因为喂狗动作就是配置看门狗的寄存器,一旦停止喂,就会导致系统复位,此逻辑链条与中断无关。看门狗本身是为了检测出 CPU 死机,有些死机情况是中断正常处理,而非中断不能正常运行,此时,通过中断喂狗的方式检测不出 CPU 死机的状态。

(8) SoC 芯片分为两个大类,一类是通用型 MCU,另一类是专用芯片。对于专用芯片,往往需要设计专用的设备,例如 WiFi 通信芯片,需要设计 WiFi 模块,并挂接在总线上。这种专用模块的复杂度和面积有时甚至会超过芯片本身的 CPU。受限于设计者对应用场景的理解及芯片复杂度,专用芯片往往要解决应用来实现方案的分工问题。哪些功能由软件承担? 哪些功能由专用硬件承担? 专用硬件和软件如何协调分工? 软件规模多大,需要占用多少 RAM 和 NVM 的面积? 这些都是系统规划时需要考虑的问题。一款专用芯片的设计压力,很多时候不在 SoC 系统上,而是在于上述几个问题的决策上。

5.16　AHB 总线协议

CM0 支持的总线为 AMBA3 AHB-Lite 总线,它是一种简化的 AHB 总线,主要用于单一主控的情况,即芯片中只有一个 CPU。CM0 系统简单、性能较差,一般基于它设计的芯片不会集成多核,很适合使用 AHB-Lite 这样的简单总线。

AHB-Lite 的接口信号见表 5-9。在表格中既给出了在 CPU 视角下的信号方向,又给出了在 AHB 设备视角下的信号方向,目的是便于读者分辨。总线接口主要用于定义 CPU 与设备之间的关联信号,因此,表中的大多数信号,要么是从 CPU 输出并输入设备中,要么是从设备输出并进入 CPU 中。信号 HCLK 和 HRESETn,分别是总线的时钟和复位,不论对于 CPU 还是对于设备都是输入,因为它们是来自 CPU 和设备之外的模块,即时钟复位产生模块(图 5-16 中的 cmsdk_mcu_clkCtrl 模块),不是 CPU 与设备之间的信号。HREADY 信号对于 CPU 和设备都属于输入信号,因为它的连接方式比较特殊,在下文中将详述。HREADYOUT 是每个设备的输出,它会合并为 HREADY 再输入 CPU,因而它不是 CPU 的直接输入信号。

需要特别强调的是,对于 CPU 来讲,所有设备都只是一簇簇的存储器群落,CPU 会向这些存储器中写入数据,也会从存储器中读取数据。对于设备本身实现的功能,作为硬件的 CPU 并不关心,而这些设备功能的实现,是通过设计软件流程,驱动 CPU 对设备存储器进行读写从而间接实现的,在 CPU 看来,它只是读写了存储器而已。了解了这一点,就可以理解总线的本质,其实就是 CPU 读写设备中存储器的通道。因而才会进一步理解总线中为什么会有 Bufferable 和 Cacheable 这类概念。初识总线的学习者切忌将总线理解复杂化。

表 5-9　AHB-Lite 总线接口信号

信号类型	信号名	位宽	方向(CPU 视角)	方向(设备视角)	定　义
系统信号	HCLK	1	输入	输入	总线时钟
	HRESETn	1	输入	输入	总线复位
控制信号	HTRANS	2	输出	输入	传输方式控制。 0：总线空闲。 1：总线忙。 2：只传一个数据。 3：连续传输数据
	HSIZE	3	输出	输入	数据大小控制。 0：每次传 1 字节。 1：每次传 2 字节。 2：每次传 4 字节。 3：每次传 8 字节。 4：每次传 16 字节。 5：每次传 32 字节。 6：每次传 64 字节。 7：每次传 128 字节
	HWRITE	1	输出	输入	传输方向控制。 0：CPU 读取设备。 1：CPU 向设备中写
	HPROT	4	输出	输入	数据保护策略。 第 0 位(最低位)：表示传输数据类型。为 0 时表示传输指令，为 1 时表示传输数据。 第 1 位：表示数据权限。为 0 时表示使用普通用户权限，为 1 时表示使用特权。 第 2 位：是否允许数据被 Buffer 存储和延迟。为 0 时表示不允许，为 1 时表示允许。 第 3 位(最高位)：是否允许数据被 Cache 缓存。为 0 时表示不允许，为 1 时表示允许
	HBURST	3	输出	输入	Burst 传输策略。 0：只传一个数据。 1：不定长的 Burst 传输。 2：4 次连续传输。 3：8 次连续传输。 4：16 次连续传输。 5：4 次连续 WRAP 传输。 6：8 次连续 WRAP 传输。 7：16 次连续 WRAP 传输
	HADDR	32	输出	输入	操作地址

续表

信号类型	信号名	位宽	方向 （CPU 视角）	方向 （设备视角）	定 义
数据信号	HWDATA	32	输出	输入	待写入的数据
	HRDATA	32	输入	输出	读出的数据
反馈信号	HRESP	1	输入	输出	设备状态反馈。 0：传输成功。 1：传输中出现错误
	HREADY	1	输入	输入	全部设备整体状态反馈。 0：总线上有设备正在忙，不接受下次传输，其他设备都需要等待它空闲。 1：总线上所有设备都是空闲的
	HREADYOUT	1	/	输出	本设备状态反馈。 0：本设备正在忙，不接受下次传输。 1：本设备空闲

AHB 接口信号可归类为系统信号、控制信号、数据信号、反馈信号。系统信号即时钟和复位。控制信号是 CPU 用来对传输进行控制的信号，它会通知设备一些信息，使设备可以按照该信息的要求与 CPU 进行数据交互。数据信号就是真正交流的数据。反馈信号即设备向 CPU 反馈的非数据信号。

CPU 用 HTRANS 信号来通知设备会不会传输数据，以及传输多少数据。为 0 时表示不传数据，总线空闲（IDLE）。为 1 时，虽然称为总线忙（BUSY），但实际用途是 CPU 在 Burst 传输的中间插入一个 BUSY 状态，表示这一拍是空闲的，但后面还要继续传输，其他控制信号不会改变。在 ARM Cortex-M 系列处理器中不会出现 Busy 状态。为 2 时表示传输单个数据，传完结束，称为 NONSEQ 或 SINGLE。当设备收到 NONSEQ 状态后，会知道之前的任何控制状态都无效了，从本拍开始用新的控制信号。为 3 时表示连续传输，称为 SEQ，即 Burst 传输。在该状态下，其他控制信号会保持，而地址会在每节拍中自增。当发起 Burst 传输时，第一拍是 NONSEQ 态，其后才是 SEQ 态。

注意　在 CM0 处理器中，只有 IDLE 和 NONSEQ 两种状态交替出现。

HSIZE 信号表示一次传输的数据宽度。写数据 HWDATA 和读数据 HRDATA 都有 32 位，相当于 C 语言中的 int 类型，它包含 4 字节。在一拍传输中，并非一定要传输 4 字节，程序员可以根据自己的需要决定传输的字节数。需要注意的是，HSIZE 表示的是一拍内传输的字节数，而 HTRANS 的 SEQ 态是多个节拍传输。以 FIFO 作类比，HSIZE 规定了 FIFO 的宽度，HTRANS 或 HBURST 规定了 FIFO 的深度。

注意　由于 AHB 数据位宽只有 32 位，所以 HSIZE 只会出现 0、1、2。

CPU 通过 HWRITE 信号告知设备它的操作目的是读还是写。若为写，则要写的数据将在下一拍出现在 HWDATA 线上。若为读，则设备需要准备好数据，并在下一拍输出。

　　HPROT 信号中不同的比特有着不同的含义。第 0 位表示本次传输,传的是指令还是数据,因为 CPU 运行程序时既有读指令的动作,又有读写数据的动作。若传的是指令,则 HWRITE 必定为 0,即读状态,因为 CPU 运行程序时只会读指令,不会写指令,并且 HSIZE 一定为 2,即 4 字节传输。若传的是数据,则读写都有可能,HSIZE 也随程序而变。第 1 位表示用户的读写权限,在 CM0 中,只支持特权模式,因此第 1 位固定是 1。第 2 位和第 3 位分别代表 CPU 是否允许设备对该数据进行 Buffer 或 Cache,因此这两位分别代表 Bufferable 和 Cacheable 状态。Bufferable 是指 CPU 是否允许数据延迟到达,即当 CPU 发起写时,是否允许数据不立即进入指定地址存储,当 CPU 发起读时,是否允许数据不立即反馈,而由设备自行决定延迟。Cacheable 是指 CPU 是否允许数据存储在缓存中,或数据来自缓存而非 CPU 请求的地址。例如 CPU 要求从地址 0x3 中读出数据,但是缓存地址 0x7 中刚好有 0x3 中的数据,则数据从 0x7 中读出并反馈给 CPU,而非直接出自地址 0x3。一般,CPU 是按照设备地址来决定 Bufferable 或 Cacheable 性质的,在 CM0 中,代码地址段 0x0000000～0x1FFFFFF 固定是 Cacheable 的,并且不能 Buffer,SRAM 地址段 0x20000000～0x3FFFFFFF 固定为既 Cacheable 又 Bufferable,设备地址段 0x40000000～0x5FFFFFFF 只能被 Buffer,不能被 Cache。从这一点可以看出,虽然设计者可以通过修改 cmsdk_mcu_addr_decode 文件来任意指定各 AHB 设备的地址,即 SRAM 可以不放在规定的 SRAM 地址段,其他外设也可以不放在外设地址段,但 CPU 在 HPROT 处的限制还是间接要求设计者遵守上述规定。当然,在设计简单的 AHB 设备时可以完全忽略 HPROT 信息。

注意　Bufferable 和 Cacheable 翻译为中文分别是可缓冲的和可缓存的。其含义表达不够清晰,因此一般以英文形式呈现。

　　HBURST 是 Burst 传输控制信号。若为 0,则只传单个数据,其他模式为连续传输。当连续传输时,相应的 HADDR 会在传输过程中自加,所加的数为 HSIZE 规定的字节数。普通 Burst 为简单自加(自加时需要注意必须控制在本设备范围内,不能通过自加进入其他地址范围),而 WRAP 模式是在 CPU 中有 Cache 时才会用到,因为某些数据存在 Cache 中,则地址在自加过程中可能突然变小,而 WRAP 本身就有非单调的、有转折的意思。当设备收到该信号后,会事先做好准备,例如 CPU 通知即将进行连续传输,设备就会先开辟一段空白内存,等待有连续的数据流进入或读出。实际上,所有控制信号的目的都是事先通知设备,一会儿 CPU 即将发生的动作,以便设备能减少过程发生时的延迟。

注意　在 CM0 中,HBURST 恒为 0,即不能用 Burst 传输。因为 CM0 内部用于暂存指令和数据的寄存器只有一个,无法做到 Burst 传输。

　　其他控制信号还有 HMASTER、HMASTLOCK,用于多核 SoC 在协同处理中锁定当前工作的 CPU,在 CM0 中不使用,这里不再赘述。

　　反馈信号 HRESP 传递的是设备处于错误状态的信息,当设备正常时为 0,发生错误时为1。这里的所谓错误,指设备无法满足 CPU 的读写要求,或是写入无法执行,或是读出无法执行。有些时候,仅仅是设备速度慢,导致读写有延迟,这种情况不属于错误。

反馈信号 HREADYOUT 是设备在内部有一定读写延迟时向 CPU 报告的信号,它通知 CPU 及总线上的其他器件再多等一会儿。在总线的连接上,一个设备的 HREADYOUT 信号为 0(未就绪)会导致整条总线工作暂停,因此,总线中存在一条总的 HREADY 线,它是各设备 HREADYOUT 信号相与后得到的。为了广播到总线上的每个设备,HREADY 是总线上全部设备及 CPU 的输入,所以一个 AHB 设备,既有输出的 HREADYOUT,又有输入的 HREADY。反馈信号 HRESP 也会在每个设备中分别产生,通过或门合并为一个信号,但它并不会被广播到所有设备中,因为它的主要目的是通知 CPU 做决策,只需接入 CPU。上述反馈信号合并处理在 cmsdk_ahb_slave_mux 模块中。

AHB 总线的读写时序分为两拍完成,分别称为地址阶段和数据阶段。在地址阶段,全部控制信号都给出,以便使设备能获取必要的传输信息,在数据阶段,若为写操作,则 HWDATA 处会出现要写的数据,若为读操作,则设备准备好数据后,在此阶段发出。一个典型的读写操作如图 5-19 所示。读和写操作在控制侧唯一的区别是 HWRITE 在写时序中为 1,在读时序中为 0。传输过程是流水线方式,例如 B 轮的地址阶段与 A 轮的数据阶段重合,即 A 轮正在处理数据时,B 轮的地址和控制信息已经发出,以此来提高传输速度。注意,在写时序中,设备真正获得数据是在数据阶段完成之后,例如获得数据 A 是在图中的 a 点,同理可知,若为读时序,则 CPU 采样数据 A 也是在该点。

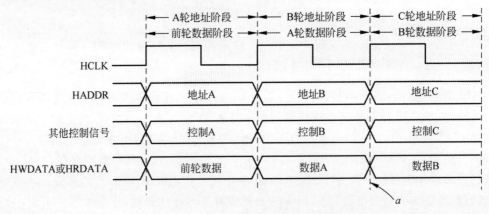

图 5-19 典型 AHB 读写传输时序

上述典型时序出现的前提是设备反应迅速,当 CPU 有请求时,下一拍就能完成操作。在这种情况下,反馈信号 HREADY 一直为 1。在实际电路中,有些设备反应较慢,无法在下一拍就完成读写,此时,该设备会将自身的 HREADYOUT 信号拉低,从而使总线整体的 HREADY 信号也变为 0,以此来拖延时间,暂停 CPU 和其他设备的数据读写活动(各设备的动作并没有停,仍然在运转中,停的只是总线读写操作)。

一个 AHB 设备之所以反应迟钝,有很多种原因。例如,它是一个基于 SPI 接口的存储设备,CPU 希望读该设备,当它发起 AHB 协议读后,该操作被转换为 SPI 读操作。由于

SPI 速度比 AHB 速度低很多，因而造成了延迟。再例如一个设备中有多个驱动时钟，AHB 的配置需要经过异步握手或异步 FIFO 才能进入设备中，此时，设备也会延迟。当然，异步设备可以先开辟一个缓冲寄存器，使 AHB 数据先进入，然后自己在内部慢慢消化，而不影响 AHB 速度，这就是上文中所谓的 Bufferable 的含义，但这种设计问题在于当 AHB 连续配置同一个寄存器时，上一轮异步握手未结束，下一轮异步握手就开始了，会造成握手错误，因此，对于需要异步握手的设备，不推荐使用 Bufferable 的方式，而是推荐将总线的 HREADY 拉低的方式。对于使用异步 FIFO 策略的设备，可以使用 Bufferable 的方式。关于异步 FIFO 和异步握手的选择，详见 4.3 节。

一个反应迟钝的 AHB 设备，通过 HREADY 暂停总线动作的时序如图 5-20 所示。图中，CPU 对地址 A 的操作在数据阶段遇到了拖延，HREADY 被地址 A 所在的设备拉低，因此，A 轮数据阶段又持续了一拍。又由于 B 轮地址阶段与 A 轮数据阶段是重合的，所以地址 B 和对应的控制也都延迟一拍。若该传输为 CPU 写操作，则在 HWDATA 上，数据 A 也延迟一拍，即图中数据 A1 与数据 A2 相同。若该传输为 CPU 读操作，则在 HRDATA 上，数据 A1 不被 CPU 接受，只有数据 A2 会被 CPU 采样，因为 HREADY 本身就表示数据 A1 是无效的。

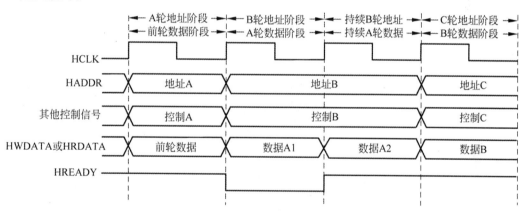

图 5-20　有设备延迟的 AHB 传输

一个设备发生错误，将 HRESP 拉高的示例如图 5-21 所示。CPU 对地址 A 进行读写操作，而此地址无法进行正常读写，地址 A 的设备会回复 HRESP，持续两拍。接下来，CPU 会继续它的操作。

一个真实的 AHB 传输案例如图 5-22 所示。在第 A 拍之前，HTRANS 是 0，说明总线空闲。在第 A 拍，HTRANS 变为 2，是单数据传输，同时 HSIZE 也变为 2，是 4 字节传输，HWRITE 为 0，说明是读操作。HPROT 是 0xA，说明读的是指令，并且 Cacheable。HADDR 是 0x02000BAC，因此 Cacheable 符合预期。第 A 拍是该通信的地址阶段，第 B 拍进入数据阶段后 HREADY 拉低，说明地址 0x02000BAC 读出需要一定延迟，该操作拖延了若干拍，直到第 C 拍 HREADY 上拉，HRDATA 才输出有效数据 0x43017060。从第 B 拍开始，在等待数据的同时，下一次传输的地址阶段也开始了。它也是单数据传输，HSIZE 为

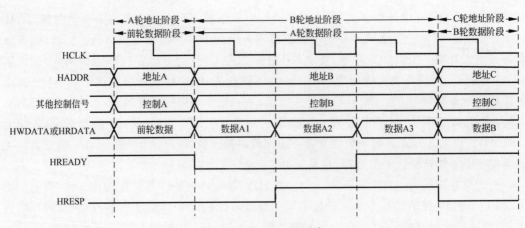

图 5-21　HRESP 的时序

0 说明只操作一字节，HWRITE 为高说明是 CPU 将向地址 0x20000410 写入一字节，写入内容为 0，在 HWDATA 中显示。HPROT 为 0xF，说明写入的是数据，并且兼具 Cacheable 和 Bufferable 两种特性。该传输在第 C 拍才真正进入地址阶段，并且在下一拍成功写入，HREADY 没有拉低。如前文所述，一般以 0x20000000 为基地址的设备是 SRAM，因此，对它的读写基本不会发生延迟，而以 0x02000000 为基地址的设备是指令存储器，包含 ROM 和其他 NVM 器件，ROM 没有延迟，但不同类型、不同接口的 NVM 对读操作的响应速度是不同的。

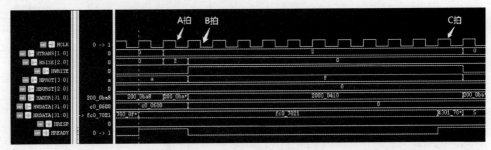

图 5-22　AHB 总线的真实波形

▶ 28min

5.17　AHB 设备的设计

　　总线上挂载的设备有着各自的功能，CPU 仅将其视作一组可供读写的存储器。可以将设备想象为人体器官，例如眼睛负责采集光信号，耳朵负责采集声音信号，它们都是接收设备，发射设备如嘴可以说话，手和脚可以做出动作，语音和动作都可以视为输出信号。CPU 是大脑，负责将采集来的信号进行处理，并指挥输出设备发出程序员想要的信号。如果将眼睛单独流片，那它就是一个光敏器件，放在没有 CPU 的简单场景也可以使用，因此，不能单纯地认为一切设备都是为 CPU 服务的，在很多专用芯片中，CPU 和 SoC 只起到辅助作用，真正发挥作用的是设备本身。

那么,CPU究竟起到了什么辅助作用呢? 主要是它具有按顺序配置存储器的能力。如果没有CPU,就不能编程。程序即步骤,不能编程意味着无法实现有步骤的操作,例如某设备中有两个寄存器A和B,设备要求先配置A再配置B。有了CPU,这项要求很容易实现。若没有CPU,默认情况下,A和B会同时配置,除非在硬件上刻意打拍,拉开配置的时间,也可以通过有限状态机来设定一个流程步骤,但这样的设定和打拍都是由硬件实现的,若该设备又改变了配置顺序,先配置B再配置A,则无CPU的情况下就必须重新设计和流片,而有CPU的情况下可以轻松调整该顺序。

在芯片架构设计时,存在一个CPU选型的问题,即选择一款适合本芯片应用场景的CPU,主要的衡量指标就是CPU的处理速度。处理速度快的CPU自然价格高,那么如何在CPU的性能和芯片成本之间做到平衡呢? 主要考虑设备的要求,特别是关键设备对CPU处理速度的要求。例如,一款ADC(用于将模拟信号转换为数字信号)的采样速率是100MSa/s,可知它以100MHz的频率向CPU输入数据流,那么CPU就必须有相对应的处理频率,而另一款UART设备以波特率460 800Hz向CPU输入信号,即它以每字节46kHz的频率向CPU输入数据流,那么对CPU的处理要求就很低。除了单个设备的要求,还要考虑到设备综合的要求,一款SoC中往往包含多个设备协同工作,需要CPU协调它们的工作流程和步骤,因此,CPU的处理速度选择是以关键设备为主,兼顾整个系统的需求。

由于设备各自有其特殊功能,本节所介绍的仅仅是设备中AHB接口的处理方法。AHB总线接口上的信号,不必全部使用。对于以CM0为核心的设备来讲,HMASTER、HMASTERLOCK、HBURST等3个信号基本不用。HPROT中第0位可以在看波形时帮助设计者分辨是数据还是指令,但一般在设备中用不到,第1位是固定的1,也用不到,第2位表示的Bufferable特性和第3位表示的Cacheable特性,其设定对于不同的地址段基本是固定的,因此,设备只要知道自己所在的地址段就知道这两个性质,不需要引入这两个信号。如果设备速度快,操作中间不会出现任何读写延迟,则可将HREADYOUT直接设为1,不需要接入任何逻辑。如果设备不会出现读写错误的情况,则将HRESP设为恒0即可,实际上,除非设备中包含特殊的存储介质,不然一般只会发生延迟读写,不会发生读写错误。HTRANS在CM0中也只有0和2两种状态。

一个简单的AHB设备代码如下例所示,为突出重点,未设计具体功能,仅提供了存储用的寄存器供CPU读写。例中,HMASTER、HMASTERLOCK、HBURST、HPROT等4个信号都未接入设备中。由于该设备用寄存器作为存储介质,读写无延迟,输出HREADYOUT恒为1,而且不可能产生错误,HRESP也恒为0。提供给CPU读写的寄存器为3个32位寄存器cfg_dat0、cfg_dat1、cfg_dat2,总的字节数有12个,只需4位地址表示,因而接口上并未将32位HADDR全部接入,只接了最低的4位。接口中,HSEL不属于AHB接口信号,它是由HADDR通过组合逻辑产生的,在第5.5节中图5-7的地址解析器即为产生各HSEL的模块,该节也给出了地址解析器的Verilog代码,图5-16中的cmsdk_mcu_addr_decode模块也是该模块,这里不再赘述。

在模块内部,首先通过控制信号产生自己的选择信号 sel,由于 CM0 中的 HTRANS 只有 0 和 2 两种状态,HTRANS[1]为 1 即表示传输态,因而 sel 成立的条件是 HADDR 选中本设备,CPU 要发起数据传输,并且总线是空闲的。byt0～byt3 选择了寄存器的不同字节范围。byt0 选中最低位字节,byt1 选中次低位字节,byt2 选中次高位字节,byt3 选中最高位字节。选择的方法是 HSIZE 与 HADDR 结合。HADDR[1:0]负责选择一个 int 类型(32 位)中的某字节,而 HADDR[3:2]负责选择某个 int。选择字节,最直接的选择就是使用 HADDR[1:0],适合程序员用 char 指针类型(8 位)进行寻址。另外,当程序员使用 short 类型(16 位)时,也可能选中该字节,因而,HSIZE[0]为 1 就说明程序员使用 short 指针方式寻址。此时,当 HADDR[1]为 0 时,选择低位的两字节,而当 HADDR[1]为 1 时,选择高位的两字节。再者,当程序员使用 int 指针类型寻址时,HSIZE[1]为 1,全部 4 字节都被选中。接下来,之所以需要对 sel、byt0、byt1、byt2、byt3、HWRITE、HADDR 进行打拍,是因为 AHB 的时序是控制信号与数据信号错位一拍,当上述控制信号被设备采样时,HWDATA 尚无法采样,必须再等一拍,因此,为了采样到 HWDATA,并保证该采样过程仍在控制范围内,就必须将控制信号打拍,然后用打过拍的控制信号来控制 HWDATA 的采样过程,从而生成 cfg_dat0 等信号。注意,在生成 cfg_dat0 的 always 块中连续用了多个 if,这些 if 不能改成 else if,因为它们是分别独立判断的,不存在 else 关系,这样写的目的是减少代码行数,也可以分别将 cfg_dat0[7:0]、cfg_dat0[15:8]等信号的产生写为多个 always 块。

```verilog
module ahb_device
(
    //AHB interface
    input                HCLK        ,
    input                HRESETn     ,
    input                HSEL        ,
    input                HREADY      ,
    input       [1:0]    HTRANS      ,
    input       [2:0]    HSIZE       ,
    input                HWRITE      ,
    input       [3:0]    HADDR       ,
    input       [31:0]   HWDATA      ,
    output  reg [31:0]   HRDATA      ,
    output               HREADYOUT   ,
    output               HRESP       ,

    //function
    output  reg [31:0]   cfg_dat0    ,
    output  reg [31:0]   cfg_dat1    ,
    output  reg [31:0]   cfg_dat2
);

//------------------------------------------------
wire                 sel         ;
wire                 byt0        ;
```

```verilog
wire                    byt1        ;
wire                    byt2        ;
wire                    byt3        ;

reg                     byt0_r      ;
reg                     byt1_r      ;
reg                     byt2_r      ;
reg                     byt3_r      ;

reg         [1:0]       addr_inte   ;
//----------------------------------------------------
assign sel  = HSEL & HTRANS[1] & HREADY;
assign byt0 = HSIZE[1] | (HSIZE[0] & (~HADDR[1])) | (HADDR[1:0] == 2'b00);
assign byt1 = HSIZE[1] | (HSIZE[0] & (~HADDR[1])) | (HADDR[1:0] == 2'b01);
assign byt2 = HSIZE[1] | (HSIZE[0] & HADDR[1])    | (HADDR[1:0] == 2'b10);
assign byt3 = HSIZE[1] | (HSIZE[0] & HADDR[1])    | (HADDR[1:0] == 2'b11);

always @ (posedge HCLK or negedge HRESETn)
begin
    if (!HRESETn)
    begin
        byt0_r          <= 1'b0;
        byt1_r          <= 1'b0;
        byt2_r          <= 1'b0;
        byt3_r          <= 1'b0;
        addr_inte       <= 2'd0;
    end
    else
    begin
        byt0_r          <= byt0 & HWRITE & sel;
        byt1_r          <= byt1 & HWRITE & sel;
        byt2_r          <= byt2 & HWRITE & sel;
        byt3_r          <= byt3 & HWRITE & sel;
        addr_inte       <= HADDR[3:2]   ;
    end
end

//---------   write  ------------
always @ (posedge HCLK or negedge HRESETn)
begin
    if (!HRESETn)
        cfg_dat0 <= 32'd0;
    else
    begin
        if (byt0_r & (addr_inte == 2'd0))
            cfg_dat0[7:0]   <= HWDATA[7:0];

        //注意：不是else if,而是if.将若干个always块的逻辑合并为一个
        if (byt1_r & (addr_inte == 2'd0))
            cfg_dat0[15:8]  <= HWDATA[15:8];
```

```
            if (byt2_r & (addr_inte == 2'd0))
                cfg_dat0[23:16]  <= HWDATA[23:16];

            if (byt3_r & (addr_inte == 2'd0))
                cfg_dat0[31:24]  <= HWDATA[31:24];
        end
end

always @ (posedge HCLK or negedge HRESETn)
begin
    if (!HRESETn)
        cfg_dat1 <= 32'd0;
    else
    begin
        if (byt0_r & (addr_inte == 2'd1))
            cfg_dat1[7:0]    <= HWDATA[7:0];

        if (byt1_r & (addr_inte == 2'd1))
            cfg_dat1[15:8]   <= HWDATA[15:8];

        if (byt2_r & (addr_inte == 2'd1))
            cfg_dat1[23:16]  <= HWDATA[23:16];

        if (byt3_r & (addr_inte == 2'd1))
            cfg_dat1[31:24]  <= HWDATA[31:24];
    end
end

always @ (posedge HCLK or negedge HRESETn)
begin
    if (!HRESETn)
        cfg_dat2 <= 32'd0;
    else
    begin
        if (byt0_r & (addr_inte == 2'd2))
            cfg_dat2[7:0]    <= HWDATA[7:0];

        if (byt1_r & (addr_inte == 2'd2))
            cfg_dat2[15:8]   <= HWDATA[15:8];

        if (byt2_r & (addr_inte == 2'd2))
            cfg_dat2[23:16]  <= HWDATA[23:16];

        if (byt3_r & (addr_inte == 2'd2))
            cfg_dat2[31:24]  <= HWDATA[31:24];
    end
end

//------------ read ---------------
//注意: 这里的读操作是组合逻辑,固定输出 32 位
```

```
always @ ( * )
begin
    //注意: 这里使用了 addr_inte, 而非 HADDR
    case (addr_inte)
        2'd0    : HRDATA = cfg_dat0;
        2'd1    : HRDATA = cfg_dat1;
        2'd2    : HRDATA = cfg_dat2;
        default : HRDATA = 32'd0;
    endcase
end

assign HREADYOUT = 1'b1;
assign HRESP     = 1'b0;

endmodule
```

最需要关注的是例子中 HRDATA 的产生逻辑使用了组合逻辑,根据 int 地址 addr_inte 分别反馈 3 个 32 位寄存器的值。有一些初学者认为应该按照 HSIZE 发送,即要求发一字节时,HRDATA 就放入一字节,要求发两字节时,HRDATA 就放入两字节,但实际上,不论 HSIZE 是多少,设备传给总线的都是 4 字节,CPU 会在内部选取它想要的字节。一个读写设备的 C 语言程序如下例。0x40010004 是 AHB 设备中寄存器 cfg_dat1 的绝对地址。先在地址 0x40010004 中写入数据 0x00054321,然后读出地址 0x40010005 中存储的字节。虽然设备回复给 CPU 的数据是 0x00054321,但实际 CPU 取到的是 0x43。代码中的 __ISB() 调用了 ISB 指令,即等待上一句命令执行完毕,若没有它,由于上下两句读写的都是同一个寄存器,数据 0x00054321 仍然存在于 CPU 中,所以它将不会读取设备,直接将 0x43 赋值给 tmp,达不到实验目的。

```
* ((int * )0x40010004) = 0x00054321;
__ISB();
tmp  =  * ((char * )0x40010005)
```

在 RTL 中产生 HRDATA 时,用的地址是 addr_inte,而不是 HADDR,这是因为该逻辑是一个组合逻辑,在时序的第二拍才是数据阶段,因而用的是 HADDR 的打拍信号 addr_inte 作为地址选择。

这里存在一个问题,如下面的 C 代码所示,希望读出从 0x40010005(为了简化表述,下文用地址 0x5 代表该地址)开始的两字节,但最后读出的时序如图 5-23 所示,传输从第 A 拍持续到第 B 拍,HSEL 为高表示本设备已经被选中,HSIZE 为 1 恰为两字节,但地址发出的是 0x4,HTRANS 是 0,并未发出传输。原因是这里的编译过程只允许双字节对齐和 4 字节对齐,即可读从任意地址开始的单字节,从地址 0x4 开始的双字节,或从 0x6 开始的双字节,或从 0x4 开始的 4 字节,但不允许读从 0x5 开始的双字节,或从 0x7 开始的双字节,或从 0x5、0x6、0x7 开始的 4 字节。如果出现了上述不允许的情况,程序编译器则会直接解析为无效传输。对于这种情况,HRESP 也可以拉高两拍,以通知总线发生未对齐错误。

```
*((int *)0x40010004) = 0x00054321;
__ISB();
tmp = *((short *)0x40010005)
```

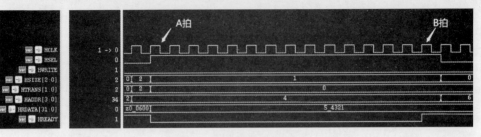

图 5-23　传输被取消的案例

实际上,嵌入式程序员最惯用的读取方法是首先读取 4 字节,然后取出自己需要的字节,如下例就可以实现读取从地址 0x5 开始的两字节,先读出从地址 0x4 开始的 4 字节,然后向右移除一字节,再通过位与 0xFF,掩住最高的一字节,剩下的就是中间两字节。

```
tmp = *((unsigned int *)0x40010004)
aaa = (tmp >> 8) & 0xff;
```

注意　RTL 中的 addr_inte,后缀 _inte 表示 Integer,即 4 字节整数。由于 _int 后缀一般表示中断,即 Interrupt,所以需要注意两个后缀的细微差别。

下例是一段 SRAM 与 AHB 接口交互的代码,其中,u_sram 的生成已在图 5-2 中做了介绍。本节主要介绍将 AHB 接口协议与生成的 SRAM IP 接口相互转换的逻辑,其中,sel、byt0、byt1、byt2、byt3 等信号逻辑与上例中一致。wr 和 rd 信号是对 SRAM 真正写和读意图的解析。wr_byt0_latch 等 4 个信号、地址信号 wr_addr_inte_latch,以及数据信号 wdat_latch,是对字节写状态的保留。一般的信号,在写操作完成之后就会清零,但它们会一直保持,直到下一次写操作时才更新,因而给它们加了 _latch 后缀。上一次写的信息就被原封不动地存储下来,可以视为一个深度为 1 的小型数据 Cache,当某个读地址恰好与 Cache 中数据地址 wr_addr_inte_latch 对应时,该模块就不用读 SRAM,而是直接向 CPU 返回 wdat_latch 内容。这种请求内容与 Cache 中内容一致的现象称为命中,即 buf_hit。本例中 SRAM 控制器的策略是优先读,即若出现了一个写,紧接着出现了连续读,则写操作将一直不发生,它将转换为挂起状态,即 buf_pend 状态。直到读停止,当出现了写或者总线空闲时才会将刚才要写的内容写入,即 ram_wr 状态。由于在 AHB 写和真正的 SRAM 写之间可能存在时间差,所以才需要上述 Cache 的加入。在生成的 SRAM IP 中,写命令 ram_wr_en_n 是低电平有效,每字节都有一个专门的使能开关,因此需要组合拼接。ram_cs 是片选信号,ram_addr_inte 是地址,只支持 32 位一起写入和读出。

```verilog
//与前例相同的 sel 逻辑
assign sel = HSEL & HTRANS[1] & HREADY;

//总线读写操作信号
assign wr  = sel & HWRITE;
assign rd  = sel & (~HWRITE);

//比特选择逻辑不变
assign byt0 = HSIZE[1] | (HSIZE[0] & (~HADDR[1])) | (HADDR[1:0] == 2'b00);
assign byt1 = HSIZE[1] | (HSIZE[0] & (~HADDR[1])) | (HADDR[1:0] == 2'b01);
assign byt2 = HSIZE[1] | (HSIZE[0] & HADDR[1])    | (HADDR[1:0] == 2'b10);
assign byt3 = HSIZE[1] | (HSIZE[0] & HADDR[1])    | (HADDR[1:0] == 2'b11);

always @(posedge HCLK or negedge HRESETn)
begin
    if (!HRESETn)
        wr_r <= 1'b0;
    else
        wr_r <= wr;
end

//缓存写位置
always @(posedge HCLK or negedge HRESETn)
begin
    if (!HRESETn)
    begin
        wr_byt0_latch      <= 1'b0;
        wr_byt1_latch      <= 1'b0;
        wr_byt2_latch      <= 1'b0;
        wr_byt3_latch      <= 1'b0;
    end
    else if (wr)
    begin
        wr_byt0_latch      <= byt0 & sel;
        wr_byt1_latch      <= byt1 & sel;
        wr_byt2_latch      <= byt2 & sel;
        wr_byt3_latch      <= byt3 & sel;
    end
end

//缓存写地址
always @(posedge HCLK or negedge HRESETn)
begin
    if (!HRESETn)
        wr_addr_inte_latch <= 11'd0;
    else if (wr)
        wr_addr_inte_latch <= HADDR[12:2];
end
```

```verilog
//与缓存地址进行对比,判断是否命中
always @(posedge HCLK or negedge HRESETn)
begin
    if (!HRESETn)
        buf_hit <= 1'b0;
    else if(rd)
    begin
        if (HADDR[12:2] == wr_addr_inte_latch)
            buf_hit <= 1'b1;
        else
            buf_hit <= 1'b0;
    end
end

//缓存写数据
always @(posedge HCLK or negedge HRESETn)
begin
    if (!HRESETn)
        wdat_latch <= 32'd0;
    else if (wr_r)
    begin
        if (wr_byt0_latch)
            wdat_latch[7:0]     <= HWDATA[7:0];

        if (wr_byt1_latch)
            wdat_latch[15:8]    <= HWDATA[15:8];

        if (wr_byt2_latch)
            wdat_latch[23:16]   <= HWDATA[23:16];

        if (wr_byt3_latch)
            wdat_latch[31:24]   <= HWDATA[31:24];
    end
end

//若命中,则从缓存中调用写数据直接读出,若未命中,则读 SRAM
assign HRDATA =
{ (buf_hit & wr_byt3_latch) ? wdat_latch[31:24] : ram_rdat[31:24],
  (buf_hit & wr_byt2_latch) ? wdat_latch[23:16] : ram_rdat[23:16],
  (buf_hit & wr_byt1_latch) ? wdat_latch[15: 8] : ram_rdat[15: 8],
  (buf_hit & wr_byt0_latch) ? wdat_latch[ 7: 0] : ram_rdat[ 7: 0] };

//------------------------------------------------------------
//写请求挂起逻辑,若操作顺序为写->读,则写操作进入 SRAM 的真正时间被推迟,即挂起
always @(posedge HCLK or negedge HRESETn)
begin
    if (!HRESETn)
        buf_pend <= 1'b0;
    else
```

```
        begin
            if (~buf_pend)
            begin
                if (wr_r & rd)
                    buf_pend <= 1'b1; //先写后读,挂起
                else
                    buf_pend <= 1'b0; //不挂起
            end
            else                        //buf_pend == 1
            begin
                if (rd)
                    buf_pend <= 1'b1; //保持挂起状态的方法是连续读,中间不能断
                else
                    buf_pend <= 1'b0;
            end
        end
end

//挂起状态中断,或者没有发生挂起,就会发生 SRAM 的实际写操作
assign ram_wr = (buf_pend | wr_r) & (~rd);

//32 位比特使能信号,低有效
always @( * )
begin
    if (ram_wr)
        ram_wr_en_n =   {{8{~wr_byt3_latch}},
                        {8{~wr_byt2_latch}},
                        {8{~wr_byt1_latch}},
                        {8{~wr_byt0_latch}}};
    else
        ram_wr_en_n = 32'hffffffff;
end

//SRAM 片选信号,低有效. 只要 SRAM 发生了实际读或写,都需要拉低
assign ram_csn = ~(rd | ram_wr);

//SRAM 地址,只接受 32 位地址,去除末尾两位
assign ram_addr_inte = rd ? HADDR[12:2] : wr_addr_inte_latch;

//SRAM 写数据,若刚才是挂起的,则从缓存中取数据,若未挂起,则从总线上取数据
assign ram_wdat = buf_pend ? wdat_latch : HWDATA;

//例化 SRAM
sram    u_sram
(
    .CLK        (HCLK               ), //i
    .CEN        (ram_csn            ), //i
    .WEN        (ram_wr_en_n        ), //i[31:0]
    .A          (ram_addr_inte      ), //i[10:0]
    .D          (ram_wdat           ), //i[31:0]
    .Q          (ram_rdat           )  //o[31:0]
);
```

　　下例是 ROM 的 AHB 接口逻辑，相对于 SRAM 来讲，ROM 的接口十分简单，只有读操作，而且，由于本例使用的 ROM 是一拍读出，即发出读命令后，下一拍将数据读出来，恰好符合 AHB 的地址阶段与数据阶段的时序，因此对 AHB 控制信号也未做打拍。如果 ROM 读出延迟大，则还需要在 HREADYOUT 上加入几拍低电平，以拖延总线。

```verilog
//与前例相同的 sel 逻辑
assign sel = HSEL & HTRANS[1] & HREADY;

//总线读操作，直接进入 ROM
assign rom_rd = sel & (～HWRITE);

//ROM 地址
assign rom_addr_inte = HADDR[12:2];

//例化 ROM
rom      u_rom
(
    .CLK      (HCLK              ),//i
    .CEN      (～rom_rd          ),//i
    .A        (rom_addr_inte     ),//i[10:0]
    .Q        (HRDATA            ) //o[31:0]
);
```

5.18　APB 总线协议

　　APB 总线是比 AHB 更为慢速的协议，优点是其接口协议更为简单。APB 设备是比 AHB 设备更次一级的设备，会通过 AHB 转 APB 桥来完成与 AHB 总线的互联。在系统中，CPU 只能看到 AHB 设备，因此，设计者不会在 CPU 上找到 APB 接口。APB 设备在 CPU 看来也是 AHB 设备，CPU 读写这些设备的存储器也是通过 AHB 总线协议完成的，只不过中间经过了桥的翻译。这座桥即为图 5-16 中的 cmsdk_ahb_to_apb 模块。所有 APB 设备信息都先在该模块汇总，并上传给 CPU，CPU 也只与该模块打交道，相当于 CPU 与众 APB 设备之间的管家。APB 协议也分为不同的版本，本书所介绍的是与 AMBA3 AHB-Lite 配套的 APB3 总线协议。

　　APB 总线接口信号见表 5-10。相比于 AHB 接口，APB 少了很多控制。这是由于它的操作对象仅仅是普通的慢速设备，而不包括 NVM 或 SRAM 等与执行程序有密切联系的存储设备，因此不存在 code 与 data 的区分，以及 Cacheable、Burst 等概念。另一方面，它只支持 32 位寄存器一起写入和读出，不支持单字节或双字节的操作(Byte Strobe)，因而也没有 Size 的概念。反馈信号 PREADY 相当于 AHB 中的 HREADY，也起到暂停总线，给设备处理一段额外时间的作用。PSLVERR 相当于 AHB 中的 HRESP,起到报错的作用。事实上,APB 通过桥上传 PREADY 和 PSLVERR 信息时,也都转换为 HREADY 和 HRESP。在 AHB 中有一个地址解析组合逻辑专门生成各模块的选择信号 HSEL,在 APB 中也存在同样的逻辑,不过它与其他逻辑一起放在 cmsdk_ahb_to_apb 模块中,在接口上有若干个 PSEL 信号,每个 APB 设备对应一个。PENABLE 与 PSEL 配合使用。

表 5-10　APB 总线接口信号

信号类型	信号名	位宽	方向 (CPU 视角)	方向 (设备视角)	定　义
系统信号	PCLK	1	输入	输入	总线时钟
	PRESETn	1	输入	输入	总线复位
控制信号	PWRITE	1	输出	输入	传输方向控制: 0:CPU 读取设备 1:CPU 向设备中写
	PSEL	1	输出	输入	设备选择: 0:未被选中 1:被选中
	PENABLE	1	输出	输入	设备使能: 0:未被使能 1:被使能
	PADDR	32	输出	输入	操作地址
数据信号	PWDATA	32	输出	输入	待写入的数据
	PRDATA	32	输入	输出	读出的数据
反馈信号	PREADY	1	输入	输出	设备状态反馈: 0:设备忙,总线暂停 1:设备正常,总线继续运行
	PSLVERR	1	输入	输出	设备错误反馈: 0:设备未出故障 1:设备在读写过程中发生错误

　　APB 的基本写时序如图 5-24 所示。APB 总线读写也分为两拍,但它不是 AHB 那样的流水线式。流水线式,平均到每次读写都只有一拍,非流水线式每次读写都需要两拍,因而,在没有设备暂停总线或发生错误的前提下,APB 速率是 AHB 速率的一半。两拍中,前一拍称为建立阶段(Setup),后一拍称为访问阶段(Access)。设备的 PSEL 在这两拍中都为高,但 PENABLE 只在访问阶段为高,在建立阶段为低。PWRITE、PADDR、PWDATA 等在这两拍内也保持不变。读时序也同理,与写时序的区别在于 PWRITE 为低,设备必须在访问

阶段将读数据放到 PRDATA 上。

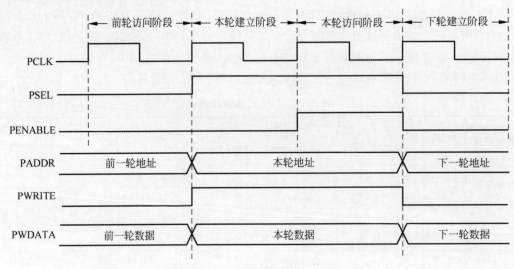

图 5-24　APB 基本写时序

图 5-24 的前提是 PREADY 恒为 1,并且 PSLVERR 恒为 0。若 PREADY 为 0,即设备速度不够,希望暂停总线动作,则该情况将会如图 5-25 所示。此时,访问阶段会拖延,拖延的拍数与 PREADY 为低的拍数相同,在拖延期间,控制信号都不变。

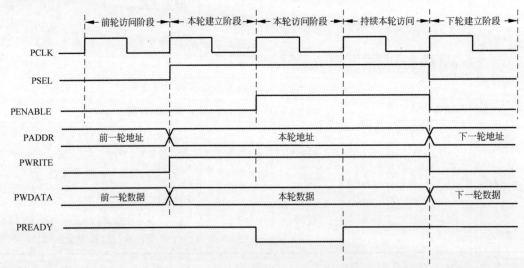

图 5-25　APB 传输中 PREADY 拉低的情况

若设备发生寄存器错误,无法写入或读出正确的数据,就会将 PSLVERR 拉高,其时序如图 5-26 所示。虽然图 5-25 和图 5-26 仅在 PSLVERR 信号上有所区别,但实际上有本质区别,特别是对于 CPU 读操作,当 PSLVERR 拉高后,CPU 会忽略读回的数据,不使用它参与后续的计算。

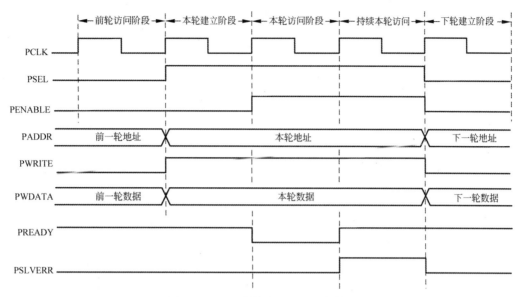

图 5-26　APB 传输中发生错误的情况

5.19　APB 设备的设计

30min

　　APB 设备接口比 AHB 简单,但要真正做到灵活运用接口来达到设备正常运行的目的,还需要考虑很多细节问题。下面给出了一个较为复杂的 APB 接口 Timer 设计,用以说明设计一个 SoC 设备时所需关注的要点。

　　该 Timer 内部计数使用 refclk,即参考时钟,它有配套的复位信号 refrstn,而 CPU 配置 Timer 或从中读取信息时,使用 APB 接口,它的时钟是 PCLK。这样的设计可以允许在 CPU 时钟频率变化的同时,Timer 能以固定的节奏计数,但是,由此也引入了跨时钟域问题,即信号在 refclk 和 PCLK 两个时钟域之间来回转换,而且两个时钟的快慢关系难以确定,refclk 可以是固定的时钟频率,但 PCLK 会发生变化,例如在 CPU 正常工作时,该时钟频率比 refclk 高,但当 CPU 休眠时,该时钟频率又变得比 refclk 要低了,因此,在这里可以考虑使用 2.23 节介绍的握手法跨时钟域技术,以及 4.3 节介绍的异步 FIFO 技术。

　　先关注简单 APB 接口的逻辑实现部分。读数据仍然使用组合逻辑实现,使能信号 rd_en 将持续整个传输过程,不区分建立阶段和访问阶段。只要保证在访问阶段结束后,CPU 能采样到数据即可。写操作是一个维持一拍的脉冲,不能多拍,因为多拍会不停地发起写操作,没有这样做的必要。在这里,代码选择在访问阶段产生写信号,当然,也可以选择在建立阶段产生。这里之所以在访问阶段产生,是为了简化后续 PREADY 的逻辑。在设备中不会发生读写错误,因而 PSLVERR 恒为 0。在接口逻辑中值得注意的地方是时钟采用的是 PCLKGated,而非 PCLK。PCLKGated 是在 PCLK 基础上增加了门控,当 CPU 发起读写操作时,才有 PCLKGated 信号,否则时钟将恒为 0。这样做可以减少 timer_en、int_en 等寄存器的动态功耗，但这种门控信号只适合于接口读写，内部逻辑运行需要持续的时钟，应注意不要将 PCLKGated 用于内部寄存器的驱动。PCLKGated 的门控来自模块 cmsdk_ahb_to_apb 输出的 APBACTIVE 信号。

注意　APB3 只支持 32 位寻址，因此 PADDR 的每个地址都表示 32 位，即 4 字节。这与按字节寻址的 HADDR 不同。在 cmsdk_ahb_to_apb 协议桥电路中，在输入 HADDR 和输出 PADDR 时会去除 HADDR 的低两位，以保证这一特性。有的桥设计中未做去除，PADDR 与 HADDR 位宽一致，但最低两位是全 0，此时，在将 PADDR 引入 APB 设备中时，可在设备接口上进行截取，例如 PADDR[10:2]。

寄存器的基本类型可分为 3 种，分别是可读可写型（Read and Write）、只写型（Write Only）、只读型（Read Only）。只读和只写型如果映射在一个比特上，可衍生出读写不一致型。可读可写型是最常见的寄存器类型，其特点是写入值与读出值相同，如本例中的 timer_en、int_en、rld_dat 等信号。只写型是指该寄存器可以配置，但从配置地址读取时，无法读出刚才配置的值，例如本例中的 int_clr 和 forc_rld。事实上，只写型往往只是一个脉冲，作为触发信号使用，虽称为寄存器，但在电路中却不对应任何寄存器，仅仅是信号的组合逻辑，工程界仍称为寄存器是为了方便软件人员理解。本例中的只读信号包括 raw_int、int_timer、cur_cnt_sync2apb 等，它们的特征是在模块内部通过逻辑产生，而非人为配置，反映了设备内部的状态，在接口上只表现在 PRDATA，即用户只有读的权力，没有写的权力。可见，只读类型也不对应寄存器，状态信号在内部产生，可以是组合逻辑也可以是时序逻辑，设计者仅仅是将信号线拉到接口上而已，并未进行存储。读写不一致型体现在 PADDR 为 2 时，寄存器的第 0 比特，当用户发起写操作时为配置只写信号 int_clr，当用户发起读操作时读出的是 int_timer，即配置值与读出值不一致，当配置 int_clr 为 1 时，读出的 int_timer 却是 0，因为该地址其实是只读和只写信号的复用，需要注意其与可读可写型的差别。寄存器的地址安排是需要仔细斟酌的，一般会将同一类配置放在一起，例如本例中 timer_en 和 int_en，前者是使能 Timer 整体功能，后者是使能中断，都是使能，因而集中在同一个地址上。rld_dat 本身占用 32 位，无法与其他寄存器分享地址。建议将只读寄存器、只写寄存器、读写不一致寄存器等作为一个整体，与可读可写寄存器地址分开，因为在编程操作中，可读可写寄存器经常会使用读入、修改、写回的方式，例如 C 语言表达式 reg0 |= (1 << 2) 和 reg0 &= ~(1 << 2)，前者是先读入 reg0，然后将它的第 2 位写 1，最后写回 reg0，后者是将其第 2 位清零后写回，其他位不变。若可读可写型与读写不一致型共同使用 reg0 地址，其中读写不一致型安排在第 3 位，在执行上面的 C 语言程序后，从读写不一致寄存器获取的值可能是 1，再将该 1 写回原位置，就相当于发起了一个只写操作，这是不符合编程意图的，因为本意只是想改变第 2 位数值，而不想发起其他操作。在有条件的情况下，尽量将只读、只写、读写不一致的寄存器分别安排在不同的地址上，以方便理解和管理。当地址紧张时，可以将这三类混在同一个地址中，或将只读、只写与可读可写混在同一个地址中，但切忌将可读可写与读写不一致两种类型的寄存器混在同一地址中。

　　产生中断信号是 SoC 设备的基本特征,它可以强迫 CPU 暂停(入栈)正在进行的工作,从而关注设备本身的状态。软件一般用两种方式来处理中断,一种是传统的中断方式,另一种是查询式(也称轮询式)。传统方式已在 5.11 节进行了详述,其特点是 CPU 被强迫转到中断服务程序。若设备中断的紧急程度不高,CPU 不愿意被强迫执行,而是希望按照自己的规划来执行自己的任务和处理中断,就可以使用查询式,即 CPU 只有想查询时才查询。这时,电路中的中断信号就不应该拉起(因为拉起后 CPU 就不得不去处理中断)但设备中的中断状态需要拉起以供 CPU 查询之用。这就是本模块设计中,中断信号被分为 int_timer 和 raw_int 的原因。int_timer 是中断信号线,只有当中断使能打开时,它才可能为 1。raw_int 是内部中断状态,仅反映内部情况,不表现在中断线上。读写不一致寄存器经常在中断管理中使用,一个地址,读的是中断线的状态,即 int_timer,当用户读到后,往往会做出将中断清零的操作(称为清中断),即发出 int_clr 脉冲,将两者安排在同一个地址的同一个比特上,可以方便操作和理解。中断信号 int_timer 往往设计为电平信号,即 Latch 信号,设备内部可使它为 1,而唯有配置 int_clr 才能使它清零。在中断服务程序中,清中断是必须做的步骤,而且往往是在第 1 步就做,因为不清就会不停地反复进入本中断。查询方式是 CPU 想查询时才会读一下中断状态寄存器,看它是否为 1。这里的中断状态有两种,即 raw_int 和 int_timer。前者是设备希望发起的中断,而后者是实际发起的中断,只有当中断使能 int_en 打开时才会将 raw_int 传出来,以 int_timer 形式传给 CPU。在查询方式中,一般不使能 int_en,只查询 raw_int 的状态。

```
module apb_timer
(
    //ref
    input                   refclk      ,
    input                   refrstn     ,

    //apb inf
    input                   PCLK        ,
    input                   PCLKGated   ,
    input                   PRESETn     ,
    input                   PSEL        ,
    input           [1:0]   PADDR       ,
    input                   PENABLE     ,
    input                   PWRITE      ,
    input           [31:0]  PWDATA      ,
    output  reg     [31:0]  PRDATA      ,
    output                  PREADY      ,
    output                  PSLVERR     ,

    //function
    output                  int_timer
);

//------------------------------------------------------------
```

```verilog
wire            rd_en               ;
wire            wr_access_en        ;
wire            wr_en0              ;
wire            wr_en1              ;
wire            wr_en2              ;
wire            int_clr             ;
wire            forc_rld            ;
reg             timer_en            ;
reg             int_en              ;
reg    [31:0]   rld_dat             ;
wire   [31:0]   rld_dat_sync2ref    ;
wire            forc_rld_sync2ref   ;
wire            rld_en_busy         ;
wire            timer_en_sync2ref   ;
wire            auto_rld            ;
wire            auto_rld_sync2apb   ;
wire            auto_rld_busy       ;
reg             cur_cnt_vld         ;
wire            cur_cnt_busy        ;
reg    [31:0]   cur_cnt             ;
wire   [31:0]   cur_cnt_sync2apb    ;
reg             raw_int             ;

//APB接口信号解析
assign rd_en         = PSEL & (~PWRITE);
assign wr_access_en  = PSEL & (~PENABLE) & PWRITE;
assign wr_en0        = wr_access_en & (PADDR == 2'd0);
assign wr_en1        = wr_access_en & (PADDR == 2'd1);
assign wr_en2        = wr_access_en & (PADDR == 2'd2);
assign PSLVERR       = 1'b0;

//产生只写信号
assign int_clr       = wr_en2 & PWDATA[0];
assign forc_rld      = wr_en2 & PWDATA[2];

//APB配置信号
always @(posedge PCLKGated or negedge PRESETn)
begin
    if (!PRESETn)
    begin
        timer_en    <= 1'b0;
        int_en      <= 1'b0;
    end
    else if (wr_en0)
    begin
        timer_en    <= PWDATA[0];
        int_en      <= PWDATA[1];
    end
end

always @(posedge PCLKGated or negedge PRESETn)
```

```
begin
    if (!PRESETn)
        rld_dat <= 32'hffffffff;
    else if (wr_en1)
        rld_dat <= PWDATA;
end

//APB 读信号
always @(*)
begin
    if (rd_en)
    begin
        case (PADDR)
            2'd0:    PRDATA = {30'd0, int_en, timer_en};
            2'd1:    PRDATA = rld_dat;
            2'd2:    PRDATA = {30'd0, raw_int, int_timer};
            2'd3:    PRDATA = cur_cnt_sync2apb;
            default:PRDATA = 32'd0;
        endcase
    end
    else
        PRDATA = 32'd0;
end

//当 forc_rld 引发 rld_dat 同步时,PREADY 拉低
assign PREADY = ~(forc_rld | rld_en_busy);

//将 rld_dat 从 APB 域同步到工作域
sync_bus
#(
    .BUS_WIDTH (32),
    .INIT      (32'hffffffff)
) u_rld_sync2ref
(
    .clk1    (PCLK                ),//i
    .rstn1   (PRESETn             ),//i
    .clk2    (refclk              ),//i
    .rstn2   (refrstn             ),//i
    .bus1    (rld_dat             ),//i[31:0]
    .bus2    (rld_dat_sync2ref    ),//o[31:0]
    .sig1    (forc_rld            ),//i
    .sig2    (forc_rld_sync2ref   ),//o
    .busy1   (rld_en_busy         ) //o
);

//将 timer_en 从 APB 域同步到工作域
sync_direct #(.BUS_WIDTH    (1)) u_en_sync2ref
(
    .clk1    (PCLK                ),//i
    .rstn1   (PRESETn             ),//i
    .clk2    (refclk              ),//i
```

```
    .rstn2        (refrstn                ),//i
    .bus1         (timer_en               ),//i
    .bus2         (timer_en_sync2ref  ) //o
);

//计时器的核心逻辑,计数器本身,从 rld_dat 递减到 0 后会引发中断
//当 forc_rld 命令发起后,会打断其计数进程,重新载入初始数据
always @(posedge refclk or negedge refrstn)
begin
    if (!refrstn)
        cur_cnt <= 32'hffffffff;
    else
    begin
        if (forc_rld_sync2ref | auto_rld)
            cur_cnt <= rld_dat_sync2ref;
        else if (timer_en_sync2ref)
            cur_cnt <= cur_cnt - 24'd1;
    end
end


//为反馈 cur_cnt 数值而产生的 toggle 同步驱动信号
always @(posedge refclk or negedge refrstn)
begin
    if (!refrstn)
        cur_cnt_vld <= 1'b0;
    else if (timer_en_sync2ref)
        cur_cnt_vld <= ~cur_cnt_vld;
end

//用 cur_cnt_vld 驱动 cur_cnt,从工作域同步到 APB 域
sync_bus
#(
    .BUS_WIDTH    (32),
    .INIT         (32'hffffffff)
)   u_cur_cnt_sync2apb
(
    .clk1         (refclk                         ),//i
    .rstn1        (refrstn                        ),//i
    .clk2         (PCLK                           ),//i
    .rstn2        (PRESETn                        ),//i
    .bus1         (cur_cnt                        ),//i[31:0]
    .bus2         (cur_cnt_sync2apb               ),//o[31:0]
    .sig1         (cur_cnt_vld & (~cur_cnt_busy)  ),//i
    .sig2         (                               ),//o
    .busy1        (cur_cnt_busy                   ) //o
);

//自动载入脉冲,能迫使 cur_cnt 重新载入初始值,同时也是中断产生的条件
assign auto_rld = (cur_cnt == 32'd0);
```

```
//将 auto_rld 从工作域同步到 APB 域
sync_sig      u_auto_rld
(
    .clk1         (refclk                     ),//i
    .rstn1        (refrstn                    ),//i
    .clk2         (PCLK                       ),//i
    .rstn2        (PRESETn                    ),//i
    .sig1         (auto_rld & (~auto_rld_busy) ),//i
    .sig2         (auto_rld_sync2apb          ),//o
    .busy1        (auto_rld_busy              ) //o
);

//中断状态标志,是一个 Latch 信号,因此必须用时序逻辑
//当 auto_rld 时,状态为 1,用户手动清零后才恢复 0
always @ (posedge PCLK or negedge PRESETn)
begin
    if (!PRESETn)
        raw_int <= 1'b0;
    else if (int_clr)
        raw_int <= 1'b0;
    else if (timer_en)
    begin
        if (auto_rld_sync2apb)
            raw_int <= 1'b1;
    end
end

//实际传送给 CPU 的中断信号,受到 int_en 门控影响
assign int_timer  = raw_int & int_en;

endmodule
```

　　上述接口、中断等知识均为 SoC 设备设计所通用,具有普遍性和一般性。此外,本例中的 Timer 还体现了在设计跨时钟域设备时的一些要点。它的主要寄存器都准备了两套,一套工作在 PCLK 上,负责与 APB 总线进行信息交互,另一套工作在 refclk 上,负责在内部运行时发挥作用。换句话说,CPU 给设备的配置,不能立即作用到设备中,同样,CPU 欲读设备的状态,它所得到的亦非设备内部实时运行的状态。这样的寄存器如 rld_dat,它是重载数据(Reload Data)的简称,是 APB 上的寄存器,对应的内部寄存器为 rld_dat_sync2ref。它的主要功能是给 Timer 一个计数的起点,并且当每次计数到 0 时,重新装载的仍然是该数。当 CPU 将一个 rld_dat 值配置给 Timer 时,不能立即生效,因为此时 Timer 很可能正在计数,新的重载数据直接进入可能会给 cur_cnt 赋一个亚稳态值。在设计时,需要把控将 rld_dat 传送到内部的时机和条件,例如,当 cur_cnt 每次数到 0 时将 rld_dat 信号传来,而跨时钟需要握手和打拍,需要在 cur_cnt 数到 0 之前数拍就发起跨时钟使能,也可以用手动方

式,即用户配置 rld_dat 后,再配置一个强制同步的脉冲信号 forc_rld,使能数据跨时钟,还可以在配置 rld_dat 后,自动产生一个同步脉冲,将该信号同步到内部时钟。本例中使用的是手动同步方式。sync_bus 是一个总线跨时钟同步器模块,其内部构造已在 2.23 节进行了详述。这里之所以使用握手同步方式而非异步 FIFO 方式,是因为 rld_dat 不是数据流,用户只是偶尔改变其配置,并不以传输数据为目的,在这种情况下,FIFO 的深度为 1~2,整体逻辑开销与握手方式没有明显区别。在设计时应根据需求灵活决定某信号是否需要做跨时钟,如果需求规定 Timer 在运行时不允许重载数据,仅在 Timer 不计数时重载,即所谓静态重载,则 rld_dat 可以不做跨时钟处理,直接拉到内部使用。对于 Timer 内部而言,rld_dat 可视作一种准静态信号,其定义为虽然不是纯静态信号,但不经常变化,可视其为静态信号。静态信号是指在设备运行的全程值都不变的信号。同理,Timer 的使能 timer_en 也有其对应的内部信号 timer_en_sync2ref。该信号的同步使用的是 sync_direct 同步器,即电平信号直接同步器,因为 timer_en 是一个电平信号,该同步器结构和代码也可参阅 2.23 节。很多设计会将此类配置信号作为准静态信号而不予跨时钟处理,此时,需要分析清楚亚稳态的传播路径是否与其他设备相互隔离,以及为本设备设计一个专用的软复位,以备出现亚稳态时通过手动软复位使其恢复正常初始态。

注意　在硬件设计中,所谓手动,指的是通过软件编程的方式实现某种功能。所谓自动,指的是通过 FSM 状态机等硬件自触发机制实现功能。自动方式可以减少软件工作量,也有速度快的优势,但一旦设计完成就无法修改,因而只适用于步骤非常明确、对响应速度要求非常高的情况,而普通情况下,推荐将大部分功能和步骤的实现交由手动方式完成,以提供最佳的灵活性和容错性。

　　由 CPU 向设备配置的方向上,若存在跨时钟处理,则在设计时应防备程序员连续多次配置同一个寄存器。例如以下 C 程序,会连续配置同一个地址,假设该地址是 rld_dat 的地址,在极端情况下,上一次跨时钟握手尚未完成,下一个配置已到来,此时就会发生逻辑混乱,造成中间状态无法恢复。如果 refclk 非常慢,会导致握手时间非常长,这种现象就容易发生。解决办法有两种,一种是将 rld_dat 的握手改为异步 FIFO,其深度取决于预估程序员连续配置的长度。另一种是将 PREADY 拉低,使总线暂停,直到握手结束后再重新置高,这样,在第一句程序执行完之前,第二句程序不会执行,从而保证了握手同步有序进行。在设计时,需要考虑应急预案与面积成本的平衡。应急预案越多,设计的可靠性就越高,越不容易出现意外情况,但同时,面积也会增加,有时还会拖慢程序的执行速度。因而在基于需求的设计中,需要详细理解用户需求,必要时应该在模块设计说明文档中注明禁止用户操作的行为,从而节省设计本身的成本,降低复杂度。在本例中,使用了拉低 PREADY 的方法。当用户配置了 rld_dat 后,手动发起 forc_rld 进行同步。同步过程产生忙信号 rld_en_busy。在发起 forc_rld 和同步忙期间,PREADY 为低,直到同步握手完成后拉高。

```
*((unsigned int *)0x40000001) = 100;
__ISB();
*((unsigned int *)0x40000001) = 200;
__ISB();
*((unsigned int *)0x40000001) = 300;
```

注意　上述 C 语言示例,若中间没有 ISB 间隔,则编译器一般会只执行最后一句,前面两句会被编译器视为无效语句。编译器的优化在其选项中,分为 00~03 共 4 个级别,优化力度随级别上升,但若语句中有 ISB 指令间隔或将地址声明为 volatile unsigned int * 类型时,表示程序员希望这 3 句都被依次执行。

　　在从设备向 CPU 反馈状态的方向上,处理方式与上文方法有所不同。在本例中,内部计时 cur_cnt 需要反馈,以使用户随时了解设备内部的计时情况。另外,auto_rld 是本次计时周期结束的标志,也需要跨时钟同步到 APB 时钟域,以驱动同为 APB 时钟域的中断信号。cur_cnt 是数据状态信号,auto_rld 是脉冲信号,需要用不同的同步方法,因此本例中使用总线同步模块 sync_bus 同步 cur_cnt,使用脉冲同步模块 sync_sig 同步 auto_rld,具体设计详见 2.23 节。值得研究的是反馈状态时的策略。auto_rld 脉冲是间隔出现的,不可能出现连续的脉冲,但也要防备由于 rld_dat 设置数值太小,使出现 auto_rld 的频率加快,导致握手混乱,因此,在驱动同步时,产生了忙信号 auto_rld_busy,并反馈到输入端,当上一次同步未完成时,即使 auto_rld 出现,也不能发起下一次同步。对于脉冲信号的同步,不适合使用异步 FIFO。从 auto_rld 同步到产生中断状态的整个过程,并没有 CPU 参与,属于设备内部行为,因此不应该影响到 APB 总线上的任何信号,特别是 PREADY。对于 cur_cnt 的反馈,可以选择两种方式。一种是仅当 CPU 读它时,才发起反馈和同步,如果同步时间不够,就拖延 PREADY。另一种是真正将其作为一种状态,凡是状态,就是不论 CPU 读不读,都会反映到寄存器上。本例中用的是第 2 种策略。为了让状态不停地反馈,特别产生了一个周期性脉冲信号 cur_cnt_vld,其波形类似时钟,工程上常称为 toggle 信号,它每隔一拍就驱动一次 cur_cnt 同步,若同步频率太高,则用忙信号 cur_cnt_busy 予以限制,以保证同步完成。

注意　同步模块产生的忙信号又反馈回同步模块的驱动,容易造成组合环。需要在设计时合理地插入触发器,以打破可能出现的环路。

　　像本例中 Timer 设备这样,CPU 的配置字先是被存储在 APB 域的寄存器,然后在合适的时机同步到内部寄存器,就是所谓 Bufferable 的体现。一般的设备,CPU 在 HPROT 中都会给予 Bufferable 权限,此类操作不会影响设备自身工作及 CPU 对设备的控制。一个 Bufferable 设备的结构如图 5-27 所示。

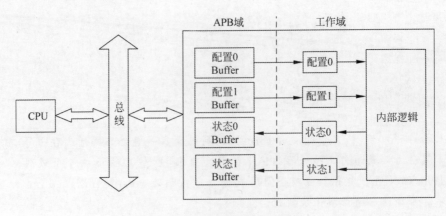

图 5-27　Bufferable 设备的结构

5.20　SoC 芯片时钟与复位信号的设计

　　设计 SoC 芯片,必须注重片内时钟与复位策略。从单个模块设计来看,只要不是跨时钟模块(握手或异步 FIFO),一般只需一个时钟输入和一个复位输入,但从芯片总体来看,需要多种时钟共同输入来驱动芯片在不同的要求下工作。可选的时钟源包括 RCO、晶振、PLL 等。RCO 或晶振一般配备两种频率,一种是兆赫兹级,另一种是千赫兹级的。兆赫兹级时钟用于驱动芯片正常工作,千赫兹级时钟用于在芯片休眠时有一个能维持其内部缓慢运行的时钟。当芯片内部需要用到比 RCO 或晶振更高的频率时,就需要 PLL 上场,因此,SoC 芯片中时钟的来源可以归纳为 5 个,分别为兆赫兹级 RCO、千赫兹级 RCO、兆赫兹级晶振、千赫兹级晶振、PLL。PLL 需要输入参考钟,而 RCO 和晶振的兆级时钟都可以作为 PLL 的参考钟使用。这 5 路时钟的起源如图 5-28 所示。RCO 的特点是芯片内部可以产生,但其频率不够稳定,抖动比较大,其精度是 ±1e4ppm,即频率在 ±1% 范围内抖动。当对芯片工作频率精度要求不高时,可以使用 RCO 或以 RCO 作为源头的 PLL 作为主要时钟源,这样,片外的晶振就可以省掉,从而可以降低方案成本。例如该产品单纯控制 GPIO 电平的高低电平,或者仅操作一些慢速设备如 UART、I^2C 等,可以只使用 RCO。当产品对频率精度要求高时,必须使用外部晶振作为时钟源,其精度是 ±20ppm,即频率在 ±0.002% 范围内抖动。同时,RCO 容易随着周围温度的变化而产生频率改变,称为温漂,这种频率偏移不是抖动,而是平均频率的偏移。在必要时需要产品暂时停止工作,校准后再重新工作,这是一般产品所不允许的,而晶振的温漂特性则稳定很多,基本不用考虑频率偏移的情况。千赫兹级 RCO 或晶振一般选择 32.768kHz 作为频率,因为该频率恰好是 2 的 15 次方,即对它进行 15 次 2 分频就可以得到 1Hz 频率,可方便地翻译为人们日常惯用的秒、分、时等计时单位。该频率作为给普通用户提供定时的频率非常合适,比它频率高的,功耗大,休眠时不希望有如此大的功耗,比它频率小的又太慢,影响了计时精度和唤醒反应时间。PLL 在以兆赫兹或几十兆赫兹为参考的情况下,可以很方便地输出百兆赫兹频率,给芯片的快速处理提供时钟。

注意　目前有一种基于MEMS微机电的振荡器可以取代晶振。晶振一般是固定频率的,如果要改变频率,则必须更换晶振。这种振荡器不需要更换,只需更改配置便可以更改频率,因而可以实现一个电路板上的多种频率动态输出。其精度甚至达到了0.01ppm,而且具有良好的抗外部振动性能。

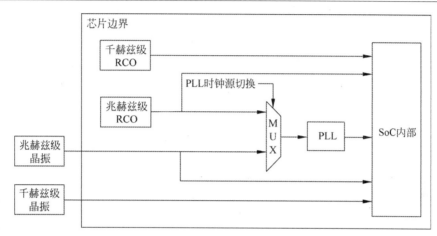

图5-28　SoC芯片时钟源

　　CPU和总线只能有一个时钟源,上述5个时钟源该如何选择呢?这里需要分阶段来讨论。在上电阶段,一般使用兆赫兹级RCO作为启动时钟供给CPU,这样,即便电路板上没有焊接晶振,芯片也可以正常启动,并正常执行Boot程序。当Boot执行完毕后,进入App程序执行阶段,可以根据用户需要,将切换到兆赫兹级晶振或PLL上。当CPU休眠后,会切换到千赫兹级RCO或千赫兹级晶振,一般休眠时钟用RCO提供,因为晶振驱动电路也有一定功耗。有些应用在休眠时也需要准确的时钟,例如用户希望每隔一分钟芯片解除休眠一次,进行某种操作再回去休眠,这分钟的时间要求较为严格,若按照RCO的精度,每100分钟就偏差一分钟,用户无法接受,此时需要用晶振提供32.768kHz时钟。切换时钟所使用的配置也可以放在一个AHB设备或APB设备中,CPU通过配置该设备从而设置了自己的时钟源。若用户使用了2.26节中介绍的无毛刺时钟切换电路,则不必担心在配置过程中发生CPU死机的可能。

　　一种时钟选择的架构方案如图5-29所示。5个时钟被放在统一的时钟复位模块中进行选择,该模块的时钟处理部分实际为一个5选1 MUX,该MUX可以由2.26节介绍的2选1 MUX级联而来。将选择后的信号作为CPU和整个SoC系统的主要工作时钟。图中PLL是经过一个时钟分频器后才进入MUX中的,原因是PLL输出的频率为数百兆赫兹,一些CPU由于本身架构和流片工艺的限制,在上百兆赫兹频率下无法满足建立和保持时间,因此必须将PLL降频使用。那么,既然CPU不需要PLL那么高的频率,为什么有些时候不是直接使用RCO或晶振的兆赫兹级时钟,而是一定要用分频后的PLL时钟呢?原因在于总线上挂的设备。图中给出的设备是一个像 5.19 节介绍的 Timer 一样,同时使用两个时钟的设备,在总线接口处使用 CPU 时钟,在内部工作中,使用 PLL 直接输出的百兆赫兹时钟。若该设备内部也用了跨时钟域同步技术,则 CPU 的时钟与工作时钟 PLL 无关,CPU 时钟源头可以任意选择,但若设备内部未做跨时钟域同步处理,则两个时钟的交互就容易产生亚稳态。只有保证这两个时钟来自同一个时钟域,才能避免亚稳态的发生。因而,当 SoC 芯片中启用图中的双时钟设备时,连 CPU 的时钟也要改为 PLL 分频的时钟,以保证该设备的两路时钟同源。某些设备之所以不做跨时钟处理,是因为速度,即高速设备需要与 CPU 快速交换信息,而握手或异步 FIFO 都会拖延信息交互,此时,只能取消跨时钟机制,并把 CPU 时钟改为 PLL 同源时钟。由于 PLL 的参考源来自 RCO 或晶振,所以广义上,PLL 天然与 RCO 或晶振同源,但在实际电路中,往往将通入数字电路之前的时钟均视为异步时钟,因为模拟电路中的时序不容易分析,在数字 SignOff 时,这段模拟电路部分不参与时序验收,无法检验其同步性,将其视为异步比较稳妥。既然是异步的,在需要同步时,要么抛弃异步信号改用数字中同源生成的信号,要么做跨时钟处理。本图使用了抛弃异步信号的策略。

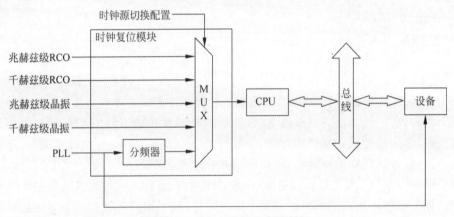

图 5-29　芯片内部时钟选择方案

图 5-29 中 CPU 只有一个时钟输入,而一般的 CPU IP,在接口上会有多个时钟输入,这些时钟是什么关系,用一个时钟表示多个时钟是否贴切?要获得答案,需要理解 CPU 的每个时钟分别驱动了 CPU 内部的哪些组件。以 CM0 为例,它需要的时钟有 5 个,分别命名为 FCLK、SCLK、HCLK、DCLK、SWCLKTCK,它们所控制的内部模块如图 5-30 所示。FCLK 即自由时钟(Free Clock),一般不会给它加门控限制,因而它的波形完全取决于外界给 CPU 提供的时钟。FCLK 直接控制的模块只有 WIC,但间接控制着整个 CPU,因为除 SWCLKTCK 以外,其他 3 个时钟都来自 FCLK。之所以驱动 WIC 的时钟不加门控,是因为 WIC 是 CPU 从深睡到唤醒的关键组件,只要 CPU 有时钟输入,就应该不被阻挡地使 WIC 得到驱动。SCLK 即系统时钟(System Clock),它来自 FCLK,中间加有门控,它直接驱动 NVIC 模块,间接驱动 CM0 核。HCLK 是 AHB 时钟,它来自 FCLK,中间加有门控,它驱动着 CM0 的核心和 AHB 总线设备(包括下属的 APB 总线设备)。DCLK 也来自

FCLK,中间加有门控,它驱动着 Debug 模块。SWCLKTCK 是与另外 4 个时钟异步的时钟,它来自仿真器,即 JLink、ULink 等外接设备,通过 JTAG 或 SWD 接口进入 CPU 内部,因此,SCLK、HCLK、DCLK 都是 FCLK 附加门控后衍生出的时钟,而 SWCLKTCK 来自芯片以外,在正常使用中不输入,仅当连接仿真器时才有输入。当表示 CPU 的时钟时,可以使用图 5-29 所示的方式,只以一根时钟线表示 CPU 的全部时钟,此时钟线即为 FCLK,上文所述 RCO、晶振、PLL 的切换,切换的对象就是 FCLK。

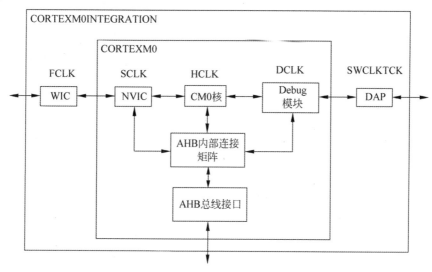

图 5-30 CM0 内部的时钟域

SCLK 与 FCLK 的区别建立在系统中存在 WIC 模块的前提下,若 WIC 不存在(集成时将 WIC 宏配置为 0)或 WIC 不使能(将 WICENREQ 拉为恒 0),则 SCLK 和 FCLK 合并,此时 SCLK 也像 FCLK 一样不加门控,同时,该系统也放弃了进入深睡这一选项。SCLK 的门控条件非常宽泛,即大多数时间 SCLK 有时钟流过,仅在特殊省电场景下 SCLK 没有时钟。这一特殊的省电场景由 4 个条件构成,其一是 CPU 已经进入了深度休眠,其二是 WIC 模块被使能,其三是 CPU 的 WAKEUP 信号输出为 0(并无唤醒动作),其四是仿真器并未连接本芯片(CPU 接口信号 CDBGPWRUPREQ 用来显示仿真器是否连接,当连接时,该信号输出 1)。由此看来,SCLK 仅在 CPU 进入深睡到被唤醒的中间时段被关闭,牵连 NVIC、CM0 内核、总线时钟均被关闭。

HCLK 在 CPU 进入休眠时关闭(普通休眠和深度休眠),当 CPU 正常工作时打开,因此,相对于 SCLK 只在深睡时才关闭的特性,HCLK 的不同在于它在普通休眠下也会关闭。CPU 接口输出的状态信号 GATEHCLK 就体现了 CPU 是否已进入休眠的特性,因此 HCLK 的门控可以直接使用 GATEHCLK 控制,当它为 1 时,说明 CPU 进入了休眠,所以关闭 HCLK,反之则开启。

DCLK 在仿真器连接本芯片后开启,其他时间关闭,因此,也可以用 CPU 的输出信号 CDBGPWRUPREQ 作为指示,当它为 1 时,说明有仿真器连接,可以开启 DCLK。

除 CPU 接口需要的 5 个时钟外，还有 APB 时钟 PCLK，它还衍生出了自己的门控时钟 PCLKGated。PCLKGated 的门控来自模块 cmsdk_ahb_to_apb 输出的 APBACTIVE 信号，当 AHB 对 APB 桥有操作时，PCLKGated 才有时钟，所以 PCLKGated 的使用范围仅限于可读可写的配置寄存器，而 APB 器件内部的正常工作需要时钟持续驱动，不能使用 PCLKGated，而对于 PCLK，也并非简单地使用 HCLK。有些设计考虑到 APB 设备速度慢的特点，将 HCLK 进行分频后作为 PCLK 使用。以 HCLK 作为 PCLK 的源头，意味着当 CPU 进入休眠后，APB 设备也将没有时钟驱动，某些设备还是希望在休眠中继续运行，最起码要保留发出中断的能力，只有中断才能激活 CPU，在这种情况下，可选择 SCLK 或 FCLK 作为 PCLK 的源头时钟。

一个设备可能既需要总线接口时钟，又需要其他驱动时钟，例如 ADC、RTC 等都有自己独立的工作时钟，这些时钟也需要在时钟复位模块中为它们单独设置门控，以便在不用到它们时将时钟关闭以减少功耗。

综上，时钟复位电路中的时钟部分，产生了 SoC 系统中需要的全部时钟。相比于分散的时钟产生方式，这种集中产生方式更方便管理、修改、时序约束。门控器件一般选择带 Latch 功能的 ICG，其时序如图 2-51 所示，它可以有效地避免开关时钟时产生毛刺。ICG 在芯片工艺 PDK 的标准单元库中可以找到。综合以上因素设计的 SoC 时钟控制部分如图 5-31 所示。常用的内部使用千赫兹级 RCO 或千赫兹级晶振的设备如看门狗，内部使用 PLL 等高速时钟的设备如高速 Flash、高分辨率的 PWM 等。除图中所画时钟外，还可能存在其他外来时钟，例如 ADC 一般也会有自己的时钟，但不参与产生 FCLK 的 MUX 选择，仅单独为 ADC 驱动设备内部使用。时钟复位模块中的时钟 MUX，不一定只有一个。图中的这个

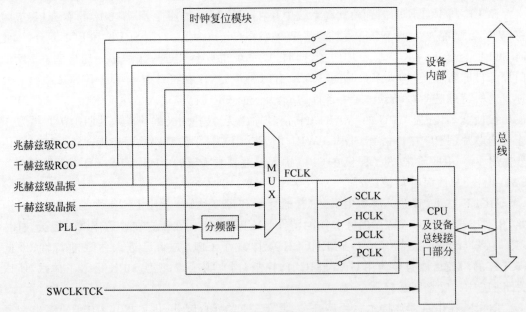

图 5-31　SoC 芯片的时钟策略

MUX 是该模块的重点,即为 CPU 提供的时钟 MUX,但在设计中,外围设备也可能需要时钟选择,例如某设备会在兆赫兹级 RCO 和兆赫兹级晶振之间做 MUX 选择,类似的排列组合很多,图中已省略,但设计者需要意识到可能出现的复杂情况。

关于复位信号的起源已在 2.24 节进行了详细论述,可以简单概括为在模拟电路中,电源电压经过比较器产生了一个 POR 信号进入数字电路中,作为数字电路的整体复位信号。另外,为了在芯片出现运行故障时可以免去拔插电源的麻烦(有些应用甚至不允许拔插电源),一般还会设置一个芯片引脚作为复位引脚,正常情况下该引脚恒为 1,当需要重启芯片时,将该引脚下拉为 0,并保持一段时间,所以芯片的复位是双源制的,POR 负责芯片上电时的复位,复位引脚负责热重启时的复位。

在芯片内部,根据 2.25 节介绍的异步复位同步释放知识可知,凡是异步时钟源,都需要产生单独的复位,不可直接使用 POR 复位。图 5-31 中的异步时钟共有 7 个,分别是 5 个 MUX 源头时钟、SWCLKTCK 和 FCLK。为什么 FCLK 也当作异步时钟呢?是因为 MUX 的原因导致无法确定 FCLK 的具体时钟源,因此也要为它单独设置一个复位信号。SWCLKTCK 一般不必产生复位,因为 CPU 顶层没有此时钟的复位信号接口。已知一个时钟,将一个异步复位信号同步到该时钟下的 RTL 代码可参看 2.25 节,总的原则和目标是当 POR 或复位引脚发生复位时,芯片内部不同时钟域都会同时发生复位,而当 POR 和复位引脚都不复位时,芯片内部的不同复位信号会根据各自所属的时钟建立情况逐一解除复位。

由于芯片内部会产生多个复位,而它们的源头只有两个,于是就形成了一棵双根复位树,其示例如图 5-32 所示。从图中可以清晰地看出复位的源头来自 POR 和复位引脚。来自引脚的复位信号称为引脚复位信号。由于引脚复位信号受片外电平控制,所以必须考虑在它上面可能存在的抖动,例如当手指按动复位开关时会产生抖动,因此,需要为它专门进行去毛刺处理,然后才能放心使用。去毛刺处理本质上也是个时序电路,因此也需要复位,

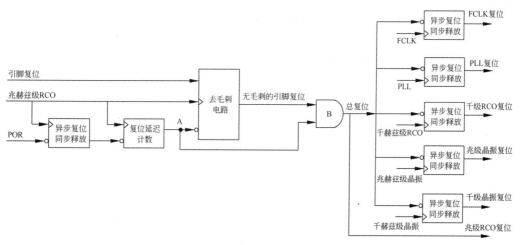

图 5-32 SoC 芯片的复位树

它的复位源也由 POR 提供。最后,两路源头在 B 点的与门合并,形成芯片的总复位信号,再由该信号向外衍生出不同时钟对应的复位信号,所以对于 CPU 和各设备而言,它们不关心复位来自 POR 还是引脚,而是只关心总复位信号。B 点之所以要用与门,是因为复位是低电平有效,不论是 POR 还是引脚复位,只要其中一个为 0 就会发生复位动作。

对 POR 进行异步复位同步释放操作,以及之后进行复位延迟计数操作,最终得到 A 点的信号是整个芯片复位的基础。异步复位同步释放及复位延迟计数都已在第 2.25 节的示例中进行了描述。计数的目的是延迟复位一段时间,以免刚上电的时钟信号尚未完全稳定就进入运行阶段,继而出现错误。使用计数器也存在一定风险,在时钟不稳定阶段可能会出现计数上的混乱,或虽然计数是对的,但采样计数值时错误,本质上都是进入亚稳态后又恢复,导致计数并不是设计所期望的逐拍加一,而是可能出现跳变。为了避免这种情况,一方面,要求模拟电路给出 POR 时,已经做了一定的延迟,另一方面,数字计数器的位宽要宽一些,因为只有一种条件可以跳出计数、解除复位,因而位宽越宽,在计数值随机变化后满足跳出条件的可能性就越小,复位越安全,但同时,位宽太宽会拉长复位时间,设计者需要根据具体的电路特征决定计数器的宽度。

对 POR 进行同步释放的驱动时钟,在图 5-32 中选择了兆赫兹级 RCO,原因是该时钟为上电时就已经存在的时钟,而晶振则未必焊接,其频率比千赫兹级 RCO 高,因而可以进行较精细计数和去毛刺,但是,若设计者希望在芯片进入普通休眠时引脚复位仍然能够去毛刺,则此处时钟应改为千赫兹级 RCO,因为只有它在普通休眠时仍在工作,其他时钟都已经关闭了。在芯片进入深度休眠时,全部时钟都会停止,此时,如果用户按下复位键,由于去毛刺电路停止工作,总复位信号不会出现复位动作,所以时钟也不会被激活,因而此时的引脚复位还应与模拟电路的时钟使能开关相连,使复位动作触发时钟工作,并激发 WIC 唤醒 CPU,此时,引脚复位是没有做去毛刺的。

一个去毛刺电路的 RTL 设计如下例所示,其对应的时序如图 5-33 所示,其中,key 是带毛刺的信号,key_no_glitch 是无毛刺的信号。毛刺定义为 key 信号上短于一定宽度的脉冲,包括高脉冲和低脉冲。毛刺的宽度由 cfg_cnt 来确定,计时单位是时钟周期。例如,将 cfg_cnt 定义为 10,时钟频率为 1MHz,则毛刺最大宽度为 $10\mu s$。由于作为通用模块设置,cfg_cnt 的具体数值未定,因而需要设置一个 CNT_WID 参数,在例化时根据具体需要设定 cfg_cnt 的数值范围。key 的初始值在不同的应用场景中也不同,因此又设置了 INIT_VAL 参数来自定义初始值。模块输入的 key 如果来自异步时钟,则可以先进行电平跨时钟,得到 key0,内部只以 key0 作为输入。key0 的变化被检测出来,作为 key_change。内部计数器 pulse_cnt 作为毛刺计数,当 key0 变化时,pulse_cnt 从 1 开始重新计数。当计数到最大值时不从头计数,而是保持最大值 max 不变。图 5-33 中以 m 作为 cfg_cnt 设置,当计数器计到 m 后,deglitch_done 信号置 1,说明输入信号已经维持了规定长度的恒电平,该阶段的去毛刺结束,输出信号将等于输入信号。当 key0 发生变化时,last_value 会保留 key_no_glitch 的上一种状态,这使 key_no_glitch 可以在 key0 变化时暂时保持其上一种状态,直到 deglitch_done 再次置 1 后才能等同于输入信号。若输入电平持续时间比较短,即判断为毛刺,则不会引起 deglitch_done 置 1,key_no_glitch 就一直保持不变。图中 A～E 表示了输入的不同电平,其中 A～C 的电平足够长,pulse_cnt 都数到了 m,因此输出时也体现了这些电平。D 阶段的脉冲较短,计数器未数到 m,因此 D 阶段的电平被模块过滤掉了。去毛刺的代价是输出延迟,本例中,输出相对于输入延迟了 m+1 拍,这也体现了信号与系统课程中因果系统的含义,即有因才会有果,一个模块只能处理历史信息而无法处理未来信息,因此必须等待毛刺发生才能处理,模块不可能在毛刺未出现时就判断一个电平是毛刺。从这个意义上说,所有系统,包括纯组合逻辑系统在内,都属于带有延迟的因果系统。设计只能通过减少打拍或减少组合逻辑的层级来减少延迟,但无法消灭延迟。两个数据如果分时间先后到达模块,则只能将早到的数据延迟到与晚到数据相同的时间后再进行处理,不可能将晚到的数据提前。对于带反馈的系统,例如 PLL、PID 等电路,理想模型下它们是实时反馈的,但真实电路是含延迟的,这会造成理想仿真与实际电路在性能上的差异,需要设计者注意。

```verilog
module sig_deglitch
# (
    parameter   INIT_VAL = 1'b1 ,
    parameter   CNT_WID  = 5
)
(
    input                       clk             ,
    input                       rst_n           ,
    input       [CNT_WID-1:0]   cfg_cnt         ,
    input                       key             ,
    output  reg                 key_no_glitch
);


    //--------------------------------------------------
    wire                        key_change      ;
    reg         [CNT_WID-1:0]   pulse_cnt       ;
    reg                         last_value      ;
    reg     [1:0]               key_syn         ;
    wire                        key0            ;
    wire                        deglitch_done   ;
    reg                         key0_r          ;

    //----------------- sync -------------------------------
    always @(posedge clk or negedge rst_n)
    begin
        if (!rst_n)
            key_syn <= {2{INIT_VAL}};
        else
            key_syn <= {key_syn[0], key};
    end
```

```verilog
assign key0 = key_syn[1];

always @(posedge clk or negedge rst_n)
begin
    if (!rst_n)
        key0_r  <= INIT_VAL;
    else
        key0_r  <= key0;
end

assign key_change = key0 ^ key0_r;

// --------------------  sync  ----------------------------------------
always @(posedge clk or negedge rst_n)
begin
    if (!rst_n)
        pulse_cnt   <= {CNT_WID{1'b0}};
    else
    begin
        if (key_change)
            pulse_cnt <= 1;
        else if (~(&pulse_cnt))
            pulse_cnt <= pulse_cnt + 1;
        //未写的 else 是溢出保护,等同于 pulse_cnt 等于全 1 时,计数器保持住
    end
end

assign deglitch_done  = (pulse_cnt >= cfg_cnt);

always @(posedge clk or negedge rst_n)
begin
    if (!rst_n)
        last_value <= INIT_VAL;
    else if (key_change & deglitch_done)
        last_value <= key0_r;
end

always @(posedge clk or negedge rst_n)
begin
    if (!rst_n)
        key_no_glitch <= INIT_VAL;
    else
    begin
        if (deglitch_done)
            key_no_glitch <= key0_r;
        else
            key_no_glitch <= last_value;
    end
end

endmodule
```

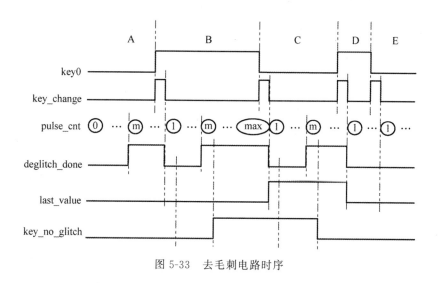

图 5-33 去毛刺电路时序

5.21 SoC 芯片的休眠策略设计

随着便携式、可穿戴式设备的普及,依靠电池供电的芯片越来越多。这些芯片都要求有超长的待机时间,即在非工作状态下,尽量减少功耗,因此,SoC 芯片的休眠、待机、省电策略变得越来越重要,不论设计何种应用场景的 SoC,都必须考虑到该问题。

休眠是在芯片处于非工作状态下采取的降功耗措施,因此,在讨论休眠问题之前,必须先定义非工作状态,但可惜的是,非工作状态的概念比较模糊,无法给出确切的定义。例如,手机屏幕关闭的状态下,操作系统会控制多核 CPU 中的一些核进入非工作状态,而另一些核仍处于工作状态;屏幕驱动芯片和摄像头驱动芯片更有可能处于非工作状态;由于仍然需要接听电话,5G 等通信芯片保持工作状态,而暂时无通信需求的蓝牙芯片可能处于非工作状态。这是从系统宏观层面看到的工作状态。微观角度,例如研发的目标是手机中的显示屏驱动芯片,它的非工作状态定义比较清晰,即屏幕处于关闭状态,但即使是它也需要定义多种非工作状态的模式,例如用户希望尽量快速点亮屏幕,这就需要使芯片仅仅进入普通休眠模式,若允许延长一些点亮时间,就可以定义深度休眠模式,从而进一步节省功耗。因此,非工作状态在不同的芯片应用中有不同的定义,一旦芯片进入非工作状态,还必须确认它需要进入何种程度的休眠。休眠程度大体可分为普通休眠和深度休眠。普通休眠也称为浅睡,它不会停止 CPU 时钟,但会将时钟频率降低。保持时钟的目的是使一些依赖时钟才能驱动的外设也能正常发起中断将 CPU 唤醒,这样,唤醒 CPU 的手段就有多种选择。例如 UART、I^2C、GPIO、Timer 等都可以用来唤醒 CPU。在唤醒方便的同时,由于保留了时钟,功耗无法进一步降低。深度休眠也称深睡,是完全将 CPU 时钟切断的策略,从而彻底节省了动态功耗,一般在切断时钟的同时,芯片的供电电压也会降低,例如从 1.8V 降到 1.6V,或者用驱动能力降低等措施以进一步减少静态功耗,有些芯片会彻底切断某些模块的 VDD 电源通路，以便节省这些模块的静态功耗。这些措施虽然可以大幅降低功耗，但也减弱了 CPU 的唤醒能力，延长了唤醒时间。减弱唤醒能力是指一些依靠时钟才能驱动中断的设备无法发出中断，因此不能利用它们来唤醒 CPU，一般在深睡后只能用外部输入激励的方式进行唤醒。延长唤醒时间是指在切断了某些模块的电源后，使其再次启动并稳定到工作状态需要额外付出一定时间。值得注意的是，从浅睡中唤醒未必比从深睡中唤醒时间短，因为浅睡中时钟频率特别慢，唤醒动作通过该频率进行，操作较慢，而深睡可以从无时钟直接切换到快速时钟，所以速度可能会快于浅睡。决定深睡唤醒速度的因素是时钟和电源的建立时间，因为深睡中时钟产生模块和部分电源关闭，它们从开启到稳定的时间在不同的设计中存在差异，这些差异，可能是由设计水平导致的，也可能是由指标要求导致的，即有着较高稳定性要求的设计，其启动和确认稳定的时间会较长。将芯片的非工作状态分为浅睡和深睡只是粗略的区分方法，由上文的介绍可知，节省芯片功耗的方式和手段多种多样，设计者可以将这些手段进行排列组合，然后定义成多种层次的省电模式。另外，非工作状态也不一定要休眠，一些芯片中未考虑休眠因素，不工作时，时钟和电源都保持不变，这样的芯片在市场上大量存在。

注意 芯片的关机状态，即切断总电源的状态，也可认为是一种非工作状态，但一般不将其涵盖在讨论范围之内，因为此时芯片的功耗是零，但芯片内部的运行信息均已丢失。这里讨论的非工作状态，即休眠状态，是指芯片仍有供电，其在工作状态下的运行数据仍然可以在 RAM 中找到，芯片唤醒后，能从上一个工作状态继续工作，而不是从初始态工作。

上文的休眠指的是 SoC 系统层面的休眠，而在 CPU 内部也定义了休眠机制。在图 5-30 中给出了 CM0 内部各模块时钟域的划分，并在 5.20 节详细介绍了 FCLK、SCLK、HCLK、DCLK 的时钟门控方法。从这些背景知识可知，WIC 模块在深睡情况下仍然工作，NVIC 和 WIC 在浅睡情况下仍然工作，CM0 核只在不休眠时工作。这里的深睡、浅睡都是 CPU 内部的定义，不同于 SoC 系统层面的休眠。CPU 定义休眠，不以时钟有无、电源是否切换为判断依据，而是以 CPU 的 SLEEPING 和 SLEEPDEEP 两个状态信号为依据。当 SLEEPING 为 1，并且 SLEEPDEEP 为 0 时，说明 CPU 处于浅睡状态。此时，CPU 中除了 NVIC 和 WIC 在工作外，其他模块均停止运行。当 SLEEPING 为 1，并且 SLEEPDEEP 也为 1 时，说明 CPU 处于深睡状态。此时，CPU 中只有 WIC 工作。要想让 CPU 进入休眠状态，需要输入指令 WFI 或 WFE，其中 WFI 可以用中断唤醒，WFE 除了用中断还可以通过 CPU 上的 RXEV 口接受脉冲来唤醒（用于多核连接的 CPU 中）。至于进入的休眠状态是深睡还是浅睡，不由 WFI 或 WFE 决定，而是由 SCS 寄存器的 SCB 中的 SCR 第 2 位 SLEEPDEEP 来决定，设为 0 表示一旦进入休眠就进入浅睡状态，设为 1 表示一旦进入休眠就进入深睡状态，详情见表 5-4。需要注意的是，CPU 定义的休眠对系统没有任何要求，换而言之，CPU 进入休眠后，系统设计可以选择各种策略，甚至选择时钟和电源保持不变，对 CPU 的休眠和工作无动于衷，此时，也会发现芯片功耗有所降低，因为 CPU 确实已经停止工作，内部时钟被切断，但降低后的功耗仍然无法忽略。一般，衡量芯片的低功耗水平都是

微安级(用测量电流来替代计算功耗)的,如果达不到该程度,则功耗不能忽略。

正是由于系统休眠和CPU休眠是两个独立的概念,所以才需要在系统设计时将两者关联起来。简而言之,就是当CPU进入休眠后,它会输出SLEEPING和SLEEPDEEP状态信号。设计者需要将这两个状态信号与时钟开关、电源开关和控制进行逻辑上的关联,以便使CPU的休眠与系统的休眠形成联动。当CPU休眠后,引发时钟切换动作或关停动作,以及电源控制动作。当有唤醒信号时,首先激发时钟的切换或开启动作,以及电源动作,然后唤醒CPU。一般会将这类控制逻辑放到一个专门的模块中,这就是常说的电源管理单元(Power Management Unit,PMU)。

PMU实际上并不复杂,其逻辑量仅相当于一个小型模块,但在设计时必须谨慎对待,因为它不是一个纯粹的数字模块,还包括对模拟的控制,例如上文所提到的供电电压降低、电源驱动能力降低、切断某些模块的电源、时钟关闭等功能,这些都不属于数字设计的范畴,而是属于模拟设计的范畴,因此,PMU的控制手段、控制流程,需要与模拟设计工程师进行讨论后才能制定。它要求在模拟上构建相应功能,并在数字上设计配置接口以配置这些功能。例如,在休眠时希望使用降低电源驱动能力的方式来获得省电效果,就需要在模拟上设计两种不同的LDO(LDO和DCDC是模拟电路中用于生成指定电压的模块),其中一种是大驱动能力的,另一种是小驱动能力的。当进入休眠时,由数字先开启小驱动能力的LDO,然后关闭大驱动的,以完成一次切换。驱动小意味着可带动的晶体管数量少,若晶体管数量多,则每个管子的供电可能会不足,工作就会不正常,极易导致死机,因此,小驱动能力的LDO必须确保CPU已经进入休眠状态后才能启用。再例如,想在休眠时切断某个模块的电源,就需要在该模块的电源线VDD处插入一个开关,并且数字逻辑可以控制该开关。这种开关一般需要手动插入,因为在自动布局布线流程中,VDD和GND是并行排列的金属线,不会在该供电线路上插入逻辑门,而且,开关的插入可能会影响芯片中各门电路的供电平衡性,即IR Drop,导致芯片上电后不同门电路的电压不均匀,因此需要考虑更多的因素以保证芯片正常工作。

与模拟的配合方案确定后,PMU的数字设计部分需要关注的就是开关模拟电路时的延迟情况。如在大小LDO的例子中,开启小驱动能力的LDO也需要时间,这段时间内大驱动能力的LDO不能立即关闭,否则芯片就会没有电压。再例如时钟产生电路,在休眠状态下,会关闭一部分快速时钟,或全部时钟均关闭,但如果电路中有一部分电路在CPU休眠时还会有一段时间的电平变换动作,而不是立即停止,则PMU不能在检测到CPU休眠态的同时关闭时钟,那样将把这部分电路的动作定格在工作的中间状态,而不是空闲状态,等CPU苏醒后,该电路会从中间状态继续工作,这是危险的,可能导致苏醒后的工作不正常。时钟的苏醒也需要等待时间,在这段时间内不允许唤醒CPU,否则CPU将在一个不正常的时钟上工作。综上,PMU设计的原则就是,当检测到CPU休眠后,等待一段时间或一个触发条件,分批次地关闭数字和模拟的功能模块、时钟和电源,当检测到中断后,先开启电源、时钟,等到这些设备均稳定后,再唤醒CPU。

一个 SoC 芯片从工作态到休眠态再被唤醒回到工作态的例子如图 5-34 所示。图中用并行的 3 条状态线分别表示 CPU、数字和模拟的状态，横向为时间轴。先开始 CPU 处在工作态，数字和模拟也都处在正常工作的状态。当用户需要让芯片进入休眠时，不应直接输入 WFI 或 WFE 命令，而是要先在 CPU 控制下，通过总线配置，将一部分非关键性电路关闭。所谓关键性电路指时钟、电源、取指令相关的电路，然后输入休眠命令，此时，仅 CPU 进入休眠态，而其他电路的功耗，除已关闭的那部分电路外，均未降低。PMU 模块通过检测 CPU 的输出信号 SLEEPING 和 SLEEPDEEP 来确认它已休眠，然后它会等待尚在运行状态的电路停止，最后将这部分电路关闭，包括不用的数字内部时钟，在设计时均有门控，也都可以关闭。待数字模块全都关闭后，触发模拟模块的关闭过程，主要是时钟和电源。至此，芯片才进入真正的休眠状态，功耗降至最低，并且运行状态仍保留在 RAM 中。在图中标注的实际休眠阶段即指本状态。当用户需要解除休眠时，需要给芯片一个中断或事件，该触发信号不能像传统的设计一样直接进入 CPU，而是要先触发开启电源和时钟，等待稳定后，由电源和时钟输出一个完成信号作为唤醒 CPU 的中断信号。唤醒后的 CPU 会在开始工作之前，使用总线将它需要的数字和模拟模块全部开启。

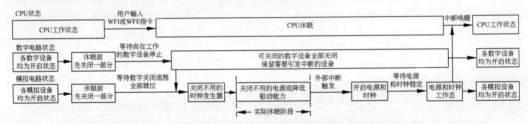

图 5-34　SoC 芯片从工作到休眠再到被唤醒的操作流程

PMU 并不会包办整个休眠唤醒流程，它只承担一部分工作。SoC 芯片总是以 CPU 为核心，所以通过总线配置寄存器开关模块的方式比较稳健，不易出现设计错误，因此，大部分的模块关闭、开启工作是在 CPU 醒着时由它自己完成的。如果 CPU 休眠，指令和程序将无法执行，这才需要 PMU 上场，而类似时钟、电源，以及休眠后还在运行的数字模块，是无法在 CPU 醒着时关停和开启的，因此只能在 PMU 中实现。总之，PMU 是一种通过逻辑门电路代替 CPU 操作寄存器开关的设备，仅在 CPU 失能的情况下工作。

图 5-34 中的中断唤醒过程是值得商榷的。按照正常的 CPU 设计集成方式，每条中断线都是可以溯源的，即某个特殊编号的中断线会触发对应的中断服务程序。在图中，不论什么中断，都会首先触发电源和时钟动作，而不是直接通入 CPU 中，CPU 的唤醒是由电源和时钟完成的标志实现的，这一过程掩盖了唤醒芯片的中断源。在实际设计中，对于中断唤醒方面，需要进行分类讨论。

当芯片处于浅睡时，由于仍然有慢速时钟的存在，所以内部设备或外部激励都可以作为中断源，更简单的方式是用 Timer 让芯片每隔相同的时间唤醒一次。为了尽量保证中断可以溯源，中断线仍然正常连接到 CPU 上，发起中断就可以快速唤醒 CPU，但同时，由于电源也需要切换，要求新切换的电源能够快速建立，能在 CPU 苏醒的同时增强供电能力。如果电源切换太慢,则必须将中断进行打拍延迟才能输入 CPU,如果是普通中断可以延迟,但是像 SysTick 及 DAP 引起的 Debug 唤醒都发生在 CPU 内部,则无法通过外部打拍延迟,这就限制了芯片唤醒的手段,特别是 Debug 唤醒,是非常重要的唤醒方式,否则芯片在休眠时接上 JLINK 也无法使用,这是很多使用者都接受不了的。因此,对于浅睡来讲,关键的问题在于加快电源切换的速度,甚至不切换电源,保留足够的供电能力。工作时钟的开启也要同步进行,以保证时钟切换握手顺利进行。

当芯片处于深睡时,由于时钟已经全部关闭,此时限制中断来源实属无奈之举。一般以外部电平激活电源和时钟,再由电源和时钟发起中断激活 CPU,如图 5-34 所示。外部电平一般指从芯片的 GPIO 口输入的低电平或高电平。有时,为了简化数字设计,直接将该外部电平作为中断信号连接到 CPU 上,这就要求一方面电源要快速建立,另一方面输出的时钟在开始时就不能有毛刺,否则 CPU 将在时钟毛刺环境下苏醒。这就要求在模拟时钟设计中必须自己做延迟,等时钟稳定后再输出,这样的模拟设计也允许电源和时钟模块同时开启,因为在时钟稳定的同时,电源一定也稳定了,可以用一个时钟稳定的标志同时代表时钟电源双稳定。

深睡的唤醒时间未必比浅睡长,因为在深睡时,可以不进行时钟切换,直接从无时钟状态开启工作时钟,而在浅睡情况下,必须从慢速时钟切换到快速时钟,而根据第 2.26 节的介绍,时钟切换首先要在慢速时钟上进行打拍,这就限制了切换时间,因此,前文提到的电源切换速度的问题,对于千赫兹级慢速时钟的浅睡场景,实际要求是不高的,因为模拟设计的速度一般为兆赫兹级。

一个 PMU 的设计结构如图 5-35 所示,其主要结构由 CPU 休眠状态信号控制的 3 个 MUX 组成,分别是时钟选择 MUX、数字使能 MUX,以及模拟使能 MUX。数字休眠策略切换电平决定了时钟选择 MUX 和数字使能 MUX 的切换,而模拟休眠策略切换电平决定了模拟使能 MUX 的切换,即时钟和数字使能是一起切换的,而模拟使能是单独切换的。PMU 挂在 AHB 或 APB 总线上。当芯片尚在正常工作时,用户可以将这些休眠策略都配置到 PMU 的寄存器中,例如在正常工作时使用 PLL 提供时钟,数字使能开启,而在浅睡时使用慢速休眠时钟,数字使能关闭,在模拟使能中保留休眠时钟和电源,其他使能关闭,在深睡时仍然选择 PLL 时钟,数字使能关闭,模拟使能全部关闭。这些配置完成后,当 CPU 进入浅睡或深睡时,数字休眠策略切换和模拟休眠策略切换就会在 MUX 中选择相应的策略,而最终的效果与 CPU 配置寄存器的效果无异。数字和模拟休眠策略信号均为电平信号,用于维持选择状态。切换工作状态控制逻辑会根据 CPU 输出的指示信号 SLEEPING 和 SLEEPDEEP 来完成控制,当休眠信号上升时,说明 CPU 已休眠,先切换数字时钟并关闭那些不与 CPU 同步关停的设备,然后关停模拟的一些时钟和电源,此顺序与图 5-34 所描述的顺序一致。为了完成上述关停顺序,需要在逻辑中使用计数器,但当 CPU 苏醒时,即休眠信号下降时,就不能按顺序开启了,而必须一起开启。设计中需要注意两点。第一点是图中所称的数字设备仅指不与 CPU 同步关停的设备,需要 PMU 帮 CPU 关闭,图中模拟设备也仅指电源和时钟,其他的数字和模拟设备都可以在 CPU 工作时由指令程序关停或开启。

第二点是深睡时的时钟选择一般与正常工作时相同，这并不意味着深睡时有着与正常工作同样的时钟，而是说深睡时的时钟策略是不切换而直接关停，这样可以保证唤醒速度最快，免去了唤醒后再切换的时间开销。

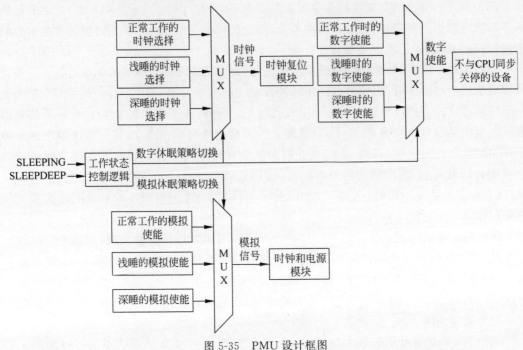

图 5-35　PMU 设计框图

深睡策略的设计需要用外部电平激励唤醒电源和时钟，即一旦外部激励电平开启，时钟和电源模块的使能将忽略寄存器配置，直接变为使能状态，这只需使用一个或门便可以做到。如果时钟没有输出，CPU 的休眠也不会被唤醒，因此不必担心 CPU 先被唤醒而后出时钟的问题，这是一种天然的保序机制。这里需要注意的是，因为没有时钟，所以去毛刺也变成不可能，因此，外部激励信号在未经去毛刺的情况下使能时钟和电源，存在一定的风险，需要在施加外部激励时做一定的防抖保护。外部激励电平可以做成 GPIO 多选一方式，即在休眠前，由用户选择某个 GPIO 引脚作为激活引脚，其他引脚不能激活，并且激活的电平也可以选择高电平或低电平。这些功能，使用组合逻辑即可实现。

在进入深睡休眠时，会彻底切断时钟，而从图 5-30 可知，当 CPU 在深睡时仍然会开启 WIC，它在 FCLK 的驱动下工作。在切断时钟时，可以选择用 ICG 门控方式先切断 FCLK，然后停止时钟发生器的输出，也可以选择直接切断时钟发生器的输出。后者在切断过程中可能会引入时钟毛刺，因为模拟电路时钟发生器往往不会做完整周期保护，如果将使能位配置为 0，则立即关停。那么，如果使用直接关闭方式，时钟毛刺会不会使 WIC 内部出现亚稳态？答案是不会。在第 2.23 节讲亚稳态产生原因时，强调过对于一个稳定不变的信号，无论以什么时钟采样，采样结果均是稳定的，即常数信号可以不经处理直接跨时钟。WIC 中 FCLK 控制的时序逻辑主要有两部分，一部分是使能，另一部分是接收到外部中断后转发给

CPU 内核。使能状态是一直保持的,中断掩码在用户不配置的情况下保持不变,中断状态在休眠前会用 CPU 将 NVIC 中全部的中断都清空,因此在 CPU 进入休眠时,其内部中断线也都是常数。在内部所有信号在休眠时均为常数的情况下,关闭时钟出现的毛刺不会造成影响。

CM0 的 WIC 使能机制如图 5-36 所示。先由 PMU 向 WIC 配置一个使能信号 WICENREQ(高电平信号,非脉冲),WIC 会将输入的高电平转换为低电平 WICDSREQn 传给 CPU 核,CPU 核同意开启 WIC,就回复低电平 WICDSACKn 给 WIC,再过一拍,高电平 WICENACK 会从 WIC 反馈给 PMU,表示 WIC 已经开启。当 PMU 要关闭 WIC 时,可将 WICENREQ 拉低,若干拍后,WICENACK 也会反馈低电平,表示 WIC 已关闭。一般在设计中不会频繁开关 WIC,若计划使用 WIC,就在 CORTEXM0INTEGRATION 的选项中将 WIC 选项设为 1,并将 WICENREQ 固定接高电平即可。

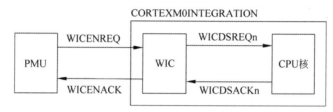

图 5-36 WIC 使能机制

WIC 的最主要功能是当外部中断到来后发出 WAKEUP 脉冲,其触发时序如图 5-37 所示。图中,WAKEUP 脉冲从中断到来后发起,持续 4 个时钟周期。中断也同时触发了 CPU 的苏醒,苏醒时间比 WAKEUP 慢两拍。WAKEUP 可以被拉到时钟复位模块中,和 CPU 的苏醒信号一起用于开启 SCLK 时钟门控,由于它比苏醒信号早发起,所以可以保证时钟在苏醒前的两拍就已开启,为苏醒做好准备。概括地说,WIC 并不会唤醒 CPU,而仅仅在接收中断后开启 SCLK,CPU 本身仍然是中断唤醒的。

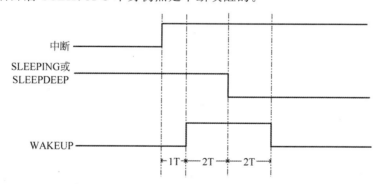

图 5-37 WIC 中 WAKEUP 信号的触发时序

除了 WIC,连接仿真器也可以将 CPU 从深睡中唤醒。连接仿真器后,DAP 会向 CPU 核发起上电请求。CPU 无法自己决定是否可上电,因为此时电源是否适合上电 CPU 并不知情,它需要请求 PMU 的意见。该请求通过 CDBGPWRUPREQ 高电平传给 PMU。

PMU 接到通知后会开启电源、时钟模块，并将 CDBGPWRUPACK 回复给 CPU。同时，CDBGPWRUPREQ 也应连到时钟复位模块中，用于开启 SCLK 和 DCLK 的门控。此时，CPU 才能被唤醒。如果设计中没有 PMU，则可以将 CDBGPWRUPACK 用 FCLK 打一拍再输给 CPU。CDBGPWRUPREQ 和 CDBGPWRUPACK 都是电平信号，仅当仿真器与 CPU 断联后，CDBGPWRUPREQ 才会由高电平恢复为低电平。对比 WIC 的使能和仿真器请求上电的过程，可以发现，WIC 使能是由 PMU 发起并由 CPU 批准的过程，而仿真器请求上电的过程是由仿真器发起并由 PMU 批准的过程，两者方向是相反的，如图 5-38 所示。在具体应用中，WIC 使能可以不经过 PMU 直接使用固定使能，而仿真器对 PMU 的请求则需要切实作用到 PMU 中，因为在休眠时连接仿真器的应用场景十分常见，若绕过 PMU 直接唤醒 CPU，则在浅睡时可以唤醒，但深睡时，CDBGPWRUPACK 没有打拍时钟，所以无法唤醒。

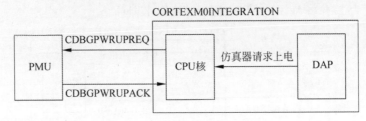

图 5-38　仿真器唤醒 CPU 的机制

从上述 SoC 芯片休眠的硬件集成策略可以看出，休眠机制是数字和模拟控制较为集中的部分，它不同于简单地配置寄存器，而是强调步骤和流程，需要数字设计者对模拟模块的开关时间、驱动特性有一定了解。基于这些了解的设计，集中于 PMU 模块，它仅在 CPU 失去运行指令能力时才发挥作用。与 PMU 相关的模块是 CPU 和时钟复位，三者协同配合才能完成休眠和唤醒的过程。浅睡的休眠机制较容易设计，并且不易出错，深睡的控制较为复杂，并且容易出现因考虑不周而引发的唤醒失败，设计时需要格外注意。

除了硬件设计，休眠策略也需要相应的软件流程。一个示例流程如图 5-39 所示。先在 SCB 中选择进入浅睡和深睡，然后选择触发休眠的条件。休眠有两种触发方式，一种是用户输入 WFI 或 WFE 指令，另一种是芯片平时就处于休眠状态，等有中断时进行处理，处理完毕后不需要用户输入任何指令也能自动进入休眠。后一种方式适合业务量少但对待机功耗和待机时间特别敏感的应用，如有源 RFID 标签这类长期不换电池、偶尔有运行需求的芯片。该选项在 SCS 寄存器的 SCB 中的 SCR 第 1 位 SLEEPONEXIT 字段。在 CPU 尚未休眠时，就应该将休眠时的策略配置好。如果即将进入深睡，则以外部 GPIO 引脚中断为主要的唤醒源，需要事先将该唤醒源配置妥当，例如，PIN MUX 切换到 GPIO 模式，引脚的输入使能打开，进行上下拉配置，配置中断唤醒的极性。还应对 NVIC 进行配置，关闭与唤醒无关的中断使能，防止其打扰芯片的休眠。浅睡的唤醒源选择比深睡多，一般不需要靠外部 GPIO 引脚唤醒。对于一些特殊的运行方式，例如 XIP，除了考虑芯片 Die 本身的低功耗外，外部悬挂的 Flash 的功耗也应考虑在内。进入休眠前，需要先退出 XIP 运行，进入 SRAM 运行，并且向 Flash 发命令使其进入低功耗模式。在唤醒时，先进入 SRAM 运行程序，然后唤醒 Flash,继而进入 XIP 状态运行。要做到这一点,就需要用到第 5.6 节程序分散加载的知识,将中断程序编译到 SRAM 中,并将中断向量表也放在 SRAM 中。

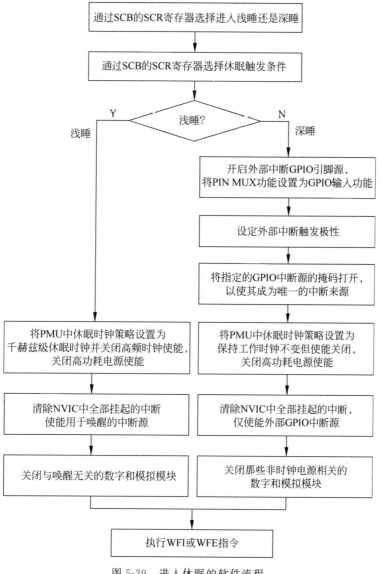

图 5-39 进入休眠的软件流程

5.22 SysTick 的集成和使用

SysTick 不论有无操作系统都会经常使用,它可以作为一个有着固定时钟源的 Timer 使用,还提供了时钟校准功能。SysTick 处于 CM0 核中,但它的配置却在 SCS 中,其基地址见表 5-3。SysTick 寄存器的具体定义见表 5-11。

表 5-11　SysTick 寄存器的具体定义

AHB 地址	寄存器名	段　　名	比特位置	说　　　　明
0xE000E010	CTRL	ENABLE	0	SysTick 计数使能
		TICKINT	1	SysTick 中断使能
		CLKSOURCE	2	时钟源选择： 0：外部时钟 1：SCLK 时钟
		COUNTFLAG	16	内部中断标志。 通过发起写该寄存器可以清除，也称为写清
0xE000E014	LOAD	LOAD	23:0	重载计数值
0xE000E018	VAL	VAL	23:0	当前计数值
0xE000E01C	CALIB	TENMS	23:0	时钟校准字（只读）
		SKEW	30	驱动时钟频率是否为 100Hz 的整数倍（只读）： 0：是 1：否
		NOREF	31	时钟源选择的状态（只读）： 0：外部时钟 1：SCLK 时钟

　　要将 SysTick 集成到系统内，连接方式具有一定的特殊性。在 CORTEXM0INTEGRATION 接口上有一个 26 位 STCALIB 信号，需要将该信号放到某个 AHB 或 APB 设备中进行配置，无法放到 SysTick 本身进行配置，因为它在 CPU 内部，一般在集成时不会改动 CPU 内部的代码，因此，配置 SysTick 的功能需要两部分寄存器，其中一个是表 5-11 所示的 SCS 寄存器，另一个是由集成设计者自行设计的设备地址，用于配置 STCALIB 信号。STCALIB 的定义见表 5-12。可见，STCALIB 与地址 0xE000E01C（CALIB 字段）是基本相同的，只不过 CALIB 都是只读的，而 STCALIB 可以配置。实际上，CALIB 读到的值正是 STCALIB 所配置的。STCALIB 中的 NOREF 与 CTRL 中的 CLKSOURCE 具有相同的定义，因此，时钟选择信号是被这两个配置双重驱动的。在 CPU 内部，对此多驱问题的处理方式是其中任何一个配置为 1，最终的结果才为 1，也就是说，只有当两者都配置成 0，才能使用外部时钟计数。

表 5-12　STCALIB 的具体定义

AHB 地址	寄存器名	段名	比特位置	说　　　　明
设计者自定义	STCALIB	TENMS	23:0	时钟校准字
		SKEW	24	驱动时钟频率是否为 100Hz 的整数倍： 0：是 1：否
		NOREF	25	时钟源选择的状态： 0：外部时钟 1：SCLK 时钟

除 STCALIB 以外,CPU 还有一个与 SysTick 相关的时钟使能接口 STCLKEN,它便是外部时钟的使能信号。外来时钟与 SCLK 的关系是异步的,不能直接驱动计数器,而是通过 STCLKEN 间接完成。STCLKEN 由外部时钟产生,但需要同步到 SCLK 时钟域,其产生逻辑如下例所示,其中,外部时钟名为 ext_clk,对应复位为 ext_rstn。toggle 信号由 ext_clk 驱动翻转产生,将其同步到 SCLK 时钟域,并探测变化沿,探测结果为 STCLKEN,将该信号输入 CPU 中。

```
always @(posedge ext_clk or negedge ext_rstn)
begin
    if (!ext_rstn)
        toggle <= 1'b0;
    else
        toggle <= ~toggle;
end

always @(posedge SCLK or negedge HRESETn)
begin
    if (!HRESETn)
        toggle_sync <= 3'd0;
    else
        toggle_sync <= {toggle_sync[1:0],toggle};
end

assign STCLKEN = toggle_sync[1] ^ toggle_sync[0];
```

外部时钟源一般会选择休眠时钟等相对较慢的时钟,特别是 SysTick 常用于秒、毫秒等公制时间单位的计时,在产品中也常用 32.768kHz 这样的频率,因为将它进行 15 次二分频就可以得到准确的一秒。在软件中,需要考虑如何设定 STCALIB 中的校准字 TENMS 和它的 SKEW。校准字是以 10ms 为衡量标准的,其对应的频率是 100Hz。当外部时钟频率是 100Hz 的整数倍时,将 SKEW 设为 0,并将 TENMS 设为该整数倍减 1。例如,不论是外部时钟还是 SCLK,最终的驱动时钟为 15MHz,它是 100kHz 的 150 000 倍,因此,SKEW 填 0,TENMS 填 149 999。

SysTick 是 24 位递减计数的,当计到 0 时会发起中断,并在 COUNTFLAG 位上置 1,因此,软件使用中断法或轮询法都可以检测到计数为 0,清除中断只需对 COUNTFLAG 发起写操作。

5.23　非 SoC 架构的芯片

市场上除了主流的 SoC 芯片,还有一些非 SoC 类型的芯片,即不包含 CPU,靠纯逻辑运行的芯片。SoC 芯片的优势在于可编程,灵活性、稳健性很强,与之相比,非 SoC 芯片在流片后,其功能和用法就定型了,仅有寄存器控制,其更改余地不大,要实现类似的流程控制,需要在设计时就加入有限状态机。那么,为什么还会存在非 SoC 芯片的需求呢?原因是它在某些简单应用场景下比 SoC 芯片面积小、成本低。SoC 芯片必备的一些组件，如 CPU、RAM、ROM，其面积占整个芯片的面积比例较大，而在非 SoC 芯片中可以省去。

失去 CPU 后，非 SoC 芯片就失去了自动执行预定动作的能力，只能执行两种动作，一种是上电时就预定好的动作，另一种是人机接口实时输入的控制命令。

上电预定动作当然不是指流片前在 RTL 中写的寄存器的默认值。芯片在流片前规定的上电默认值只是一个参考值，而这些值中可能会有一部分不符合芯片的应用情况和工艺状况。特别是对于模拟电路，电路原理图、版图、工艺类型、Foundry 等因素都可能影响它的参数，使流片前预计的参数与流片后实际测量的参数产生较大的区别。为了在缺失 CPU 的情况下使流片后各寄存器的配置也能修改，必须建立一套 FSM 机制，从外部存储器中载入修正数据配入寄存器。外部存储器不需要特别大的容量，一方面是出于节省成本的考虑，另一方面，非 SoC 芯片往往是逻辑量较少的小型芯片，并没有很多寄存器。相对于大容量的 Flash，小容量的 EEPROM 更适合此类场景。EEPROM 一般使用 I^2C 接口进行读写，因此，芯片内部需要集成一个 I^2C 主设备（Master），以便上电后自动读取 EEPROM 的值，并按顺序填写到芯片的各寄存器中。为了避免芯片在外部不挂载 EEPROM 的情况下，或 EEPROM 尚未被烧写为所需的值的情况下就被芯片读取，引起配置错误，继而导致芯片功能不正常的问题，芯片一般会对读取的数据进行合法性检查。检查项可以有两个，一个是写在 EEPROM 首地址的 ID，另一个是写在 EEPROM 末地址的 CheckSum 或 CRC 校验字。当 EEPROM 已配置了一套合理的控制字后，也会顺便在其首地址配置一个固定的 ID，即识别字。芯片读取 EEPROM 时，首先读取 ID，若其为规定值，则继续读取其他地址，否则就停止读取，芯片使用默认值工作。ID 的作用主要是体现 EEPROM 的存在，并且已经被人为烧写过。写在 EEPROM 末尾的 CheckSum 或 CRC 校验字的作用是证明 EEPROM 数据的完整性和传输的可靠性。当芯片将 EEPROM 中的字节逐一读入后，其内部会自动计算一个 CheckSum 或 CRC 值，而 EEPROM 末尾包含烧写者计算的检查值。将芯片内部计算值与 EEPROM 末尾的检查值进行对照，若一致，则说明 EEPROM 烧写正确且传输正确，数据可以使用，否则说明 EEPROM 数据损坏或在传输过程中损坏，不能使用，芯片仍然以默认值上电。由于需要最后检查 CheckSum 或 CRC 值才能证明数据的可用性，芯片在读取 EEPROM 后不能直接将数据写入功能寄存器，而是要先存入临时寄存器，待最终的检查通过后再载入，因此，配置用的寄存器的面积增大了一倍，若出于成本因素，不愿增加这部分面积，则可以在检查不通过后停止芯片继续运行，而不是以默认状态运行，因为此时默认状态已经被篡改。CheckSum 是一种简单的检查数据完整性的方式，将全部寄存器字节或字段按比特异或，就可以得到一字节或字段长度的 CheckSum 码，CRC 校验的检错能力更强，但电路更为复杂，面积开销更大。不论是 CheckSum 还是 CRC，在位宽限定的情况下，都有一定的漏检概率，即可能会有数据本身是错的，但未检查出来的情况，一般选择 32 位检查，可将该问题出现的概率降低到可忽略的程度。

人机接口实时操作是指在芯片外面挂接一个主控芯片，如 MCU，将该 MCU 与芯片通过 SPI、I^2C 等接口相连。MCU 可按顺序和步骤改变非 SoC 芯片内部的配置值。有时，这个 MCU 可被计算机代替,用人工方式按一定时间顺序对芯片中的同一个寄存器进行不同的配置。在这种应用中,MCU 或人工可看作 CPU,而非 SoC 芯片可视为挂接在 CPU 上的一个设备,两者组成了一个 SoC 芯片系统,总线的功能由 SPI 或 I^2C 接口来承担。此方案的缺点是成本高,因为非 SoC 芯片设计的前提就是为了降成本,而它的应用如果需要在外面单独配备一个 MCU,则成本并未降低,反而可能提高了,因此,此方案并非此类芯片的推荐方案,但可以用于芯片调试,避免每个配置步骤都必须重新上电走存储器读取流程。在正常应用中,仍使用上电载入 EEPROM 数据的方式。既然 EEPROM 常使用 I^2C 接口,那么人机交互方式的接口一般也选同样的 I^2C 接口,这样,两种方式可以通过同一个 I^2C 接口进行操作,不会浪费引脚,但外部 MCU 或计算机作为主控,非 SoC 芯片就只能作 I^2C 从设备(Slave),因而在芯片中除了要设计 I^2C 主设备外,还要再设计一个 I^2C 从设备。芯片运行过程可分为两部分,第一部分为上电状态,由 I^2C 主设备接管 I^2C 接口,从 EEPROM 中载入配置数据,第二部分为工作状态,由 I^2C 从设备接管 I^2C 接口,接受芯片外部 I^2C 主设备的读写。芯片内外 I^2C 接口和设备的连接方式如图 5-40 所示,包括芯片内部的主设备和从设备,芯片外部 EEPROM 和 MCU,它们都通过同一套接口相连,因而 I^2C 接口也被称为 I^2C 总线。值得注意的是,在 I^2C 通信中,只有从设备有地址,在图中,芯片内部的从设备和芯片外部的 EEPROM 都应有自己的地址,当用户通过 I^2C 烧写 EEPROM 时,不需要将 EEPROM 从电路板上取下,而是直接从 MCU 或计算机控制的 I^2C 主设备对 EEPROM 的地址发起写操作,芯片中的从设备也会侦听到该通信,但由于地址不同于烧写地址而会被自动屏蔽。

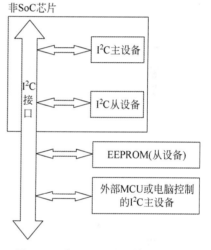

图 5-40　非 SoC 芯片及其外部环境的 I^2C 连接

　　非 SoC 芯片仅在功能简单、寄存器少的情况下才会比 SoC 芯片更省面积。它虽然节省了 CPU、RAM 和 ROM 的面积,但它需要更多的寄存器。例如,要设计一颗芯片来控制室内温度,对于 SoC 芯片,可以只用一个寄存器,通过编程在不同的温度场景下配置不同的值即可,而如果做成非 SoC 芯片,通过有限状态机来达到相同效果,首先必须确定状态的个数,然后确定每种状态下对应的配置字,再为这些配置字单独配备一个寄存器,在运行时,状态机在不同状态中将不同的配置字输入实际起作用的寄存器中,状态机相当于一个 MUX,如图 5-41 所示。如此,一个寄存器就变成了多个寄存器,从而增加了面积。

　　设计者也可以将 SoC 芯片中的每个设备视为一个单独的非 SoC 芯片,因为任何芯片都不是完全靠 CPU 控制才能运行的,即使最简单的 Timer 也有自动计数的功能,芯片设计的魅力主要体现在 CPU 配置完后的自动运行上,仅将设备视为组合逻辑的集合,而将 CPU 视为全部时序的体现,这种想法是错误的,因此,这个世界上可能非 SoC 芯片会越来越少,

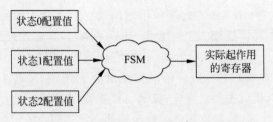

图 5-41　有限状态机运行所需要的配置

但其体现的设计思想，包括状态机、自动复位、自动加载数据等方法和思路，将会以越来越复杂的形式体现在 SoC 芯片的设计中。

第 6 章

简单接口协议及设计

接口是芯片之间的桥梁,可用于交换数据和状态信息。SPI、I^2C 和 UART 是常用的慢速接口,相对于较为先进的 SerDes 等高速接口,它们具备设计简单、成本低、对连接质量要求不高等优点,因而被各类芯片广泛采用。本章将向读者介绍这 3 种接口的设计和应用细节。

6.1 SPI

56min

SPI 是一种常见的用于芯片间通信的接口协议,其接口一般由 4 根信号线构成,分别是 CSn、SCLK、MOSI 和 MISO。凡是接口上有时钟信号的协议,都有主从设备之分,SPI 也不例外。当主设备需要读写从设备时,会先将 CSn 由默认的 1 下拉为 0,然后 SCLK 时钟从主设备中输出,每个时钟周期传输一比特数据。MOSI 是 Master Output Slave Input 的缩写,表示该信号的方向为主设备输出给从设备。MISO 是 Master Input Slave Output 的缩写,表示该信号的方向为从设备输出给主设备。MOSI 和 MISO 合称为数据线。一般情况下,这 4 根线在默认状态下均为 1。

SPI 的通信过程总是由主设备开始,由主设备向从设备发出读或写的请求并发出需要操作的设备地址。此时,数据线中只有 MOSI 的变化是有意义的,MISO 上的变化被忽略。当主设备要发起写操作时,MOSI 继续变化从而传输数据,MISO 仍然被忽略,直到传输结束,SCLK 和 CSn 重新恢复为 1。若主设备发起读操作,则在地址传输完毕后,从设备用 MISO 向主设备传输所请求地址上的数据。此时,MOSI 的值被忽略。有些 Burst 传输会在发完地址后等待若干周期时间,以便主设备或从设备可以准备数据。虽然具体的数据格式根据芯片应用场景会有所区别,但原理非常简单,即在 SCLK 的下降沿发出数据,在 SCLK 的上升沿采集数据,这一规律在 MOSI 和 MISO 上都适用。

一个使用 SPI 进行写操作的示例如图 6-1 所示。该传输由 3 字节组成,共 24 拍。第 1 字节传输操作命令,既包含读写的区别,也包含其他特征,具体根据芯片要求自行定义。第 2 字节传输 Slave 内部地址,即指定 Slave 内部众多地址中的一个作为操作对象。第 3 字节是 Master 写入 Slave 中指定地址的数值。在传输前,CSn 变低,传输结束后被拉高。Slave

在每个 SCLK 的上升沿采集数据，Master 在 SCLK 的下降沿准备新的输出数据。在纯写状态下，MISO 被忽略。本例假设操作命令、地址、数据均以字节为单位，实际中的这些部分可以都是任意比特。在 CSn 不被拉高且 SCLK 仍有时钟时，Slave 内部地址一般会自动加 1，从而继续将新的数据字节写入相邻的地址中。

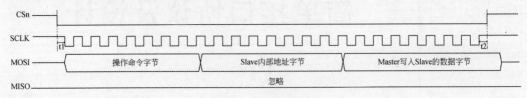

图 6-1　SPI 写操作

一个 SPI 读操作的示例如图 6-2 所示。在由 Master 向 Slave 传输了操作命令和地址后，由 Slave 向 Master 提供数据。时钟下降沿由 Slave 发出数据，上升沿由 Master 采样数据。若 CSn 继续使能，时钟继续给出，则 Slave 会自动输出下一字节的数据。

图 6-2　SPI 读操作

SPI 接口在读取数据时可能会因延迟过大而出现错误的情况。因为 Master 采样数据的位置是 SCLK 的上升沿，而数据一般由 Slave 在上一个 SCLK 的下降沿拍出，考虑 Master 采样数据还需要一定的建立时间，实际留给 MISO 传输数据的时间只有不到半个 SCLK 周期。若 MISO 走线过长、Master 或 Slave 的引脚延迟过大、SCLK 频率过高，传输时间超过了半个周期，则 Master 采样的数据将是错误的，这种情况对于时钟频率在 100MHz 左右的 SPI 传输较为常见。解决方法有 3 种思路，第 1 种是缩短走线、降低引脚上的延迟，但往往这种延迟受工艺限制无法缩短，第 2 种是减慢 SCLK 的速度，这会降低通信速率，第 3 种是使用内部驱动时钟采样，虽然在 SCLK 的上升沿无法采样，但可以间隔一个内部时钟周期再采一次，若时间仍然不够，就再隔一个周期，在有些极端情况下，延迟甚至大于一个 SCLK 周期，只要设定适当的捕获时间，仍然可以成功采样。

上述问题常见于 SPI 读操作中，而在写操作中不会出现。因为在时序约束和布局布线中，往往会将 CSn、SCLK、MOSI、MISO 的走线延迟调整得基本一致，一旦出现引脚延迟或线路延迟，则一起延迟，在 Slave 侧看到的波形依然如图 6-1 所示，而在读操作中，SCLK 是从 Master 到 Slave，中间有线路延迟，然后当 Slave 反馈数据时需要再重走一遍从 Master 到 Slave 的路径，于是相对于 Master 就产生了双倍的路径延迟。这一原理可以用传声筒来解释。写操作是不需要反馈的传声筒，发出者不关心声音什么时候被对方收到，同样，接收者认为发出者是实时对他说话。当发出者也需要听接收者的回复时，就会很明显地体会到自己的声音传输到对方的延迟,因为发出者听到的是双倍于路径延迟的回音。

在图 6-1 和图 6-2 的 CSn 变化沿标注有 t1 和 t2 两段时间,其中,t1 是从 CSn 下降沿到 SCLK 下降沿的时间,t2 是 SCLK 最后一个上升沿到 CSn 上升沿的时间。在某些具有特殊工艺和结构的芯片中,它的 SPI 开始通信前需要较长时间来做准备工作,例如具有 NVM 特性的 Flash 芯片。对于此类芯片,t1 和 t2 时间需要拉长,此外,两次 SPI 通信的间隔期也需要拉长。

SPI 有多种变体,例如上文中 MOSI 和 MISO 都是单方向的信号线,在传输中只有一根有数据,另一根是忽略的,造成了引脚的浪费,使用一根双向线合并 MOSI 和 MISO 功能,可以减少 SPI 对引脚资源的占用。另外,每次只用一根数据线来传输数据,速率无法提高,靠加快 SCLK 的速率来提高速度的方法受到工艺和接口延迟的限制,因此出现了 DSPI,即用两根数据线同时传输数据的方式。继续增加传输信号数量,又出现了 4 根数据线同时传输的 QSPI 方式。基于同样的逻辑,传输操作命令和 Slave 地址也可以使用多条线并行的方式。这些选项在芯片中表现为不同的操作命令,例如单信号读写、DSPI 读写、QSPI 读写等。为了进一步提高速率,操作命令字节可以设定一个默认值,以后的传输将跳过操作命令环节,从传输地址开始,第 5.5 节介绍的 XIP 就是将读操作作为默认操作命令。SPI 本质上是一种串行传输协议,而 DSPI 和 QSPI 的加入实际上是在一定程度上将串行改为了并行,并行传输一方面会占用更多引脚,另一方面,由于传输线间的延迟不同(芯片内部或电路板走线),要实现同步采样就需要降低时钟频率,因此,不论 SPI 多么努力地提高速度,其传输速率仍然处在较低的水平。普通常速 SPI 的时钟一般在 50MHz 以下,少数对速度有较高要求的 SPI 时钟可能会在 100MHz 左右。更进一步提高速率的方法是 SerDes 传输,它也是一种串行传输,与 SPI 不同的是它使用差分线而不是单线来提高信号的抗干扰能力,其传输频率可以达到上 GHz,但它的模拟电路设计复杂度较高,并且需要在数字上实现专门的 PHY 层和 MAC 层协议,因而只用于有高速数据传输需求的芯片中,如 USB 设备和 PCIE 设备等。

一个 SPI 接口也可以连接多个 SPI 设备,由一个 Master 和多个 Slave 设备共同构成。其原理与 AHB 总线、APB 总线并无区别,都是选择设备,并在设备上进行控制线的操作和数据传输,只不过由于 SPI 是串行传输,并且需要传命令字节,所以会更慢一些。AHB 和 APB 接口都有在设备未准备好数据时用于暂停总线动作的状态线,而 SPI 没有,但有些 SPI 仍然可以间接地实现该功能。SCLK 一般定义为 Master 向 Slave 输出的单向时钟线,有些 Master 设备将其做成双向线,并且设计为开漏引脚。这就意味着 Slave 可以反过来故意拉低 SCLK,使其无法振荡,Master 检测到 SCLK 不动后,就可获悉 Slave 需要一段等待时间,待 Slave 释放了对 SCLK 的控制,Master 才会继续传输数据。上述 SPI 的暂停过程需要双方都支持才能起效,仅仅 Master 或 Slave 单方面实现是没用的,但由于 SPI 缺乏统一的协议依据,这种用法实际上很少见。

一般通信系统中都有发射机(Transmitter,TX)和接收机(Receiver,RX)的概念。SPI 也是一种通信协议,那么是否可理解为 TX 对应 Master,RX 对应 Slave 呢? 不是。TX 是指单一功能的发射,RX是指单一功能的接收,而不论 Master 还是 Slave,都有发射并接收的能力,因此,单个的 Master 或 Slave 都可以理解为兼具 TX 和 RX。在一颗芯片中,往往 TX 和 RX 是同时存在的,而在一颗具有 SPI 通信接口的芯片中,除了 MCU 这样的通用芯片,一般已定位好自己在 SPI 中的角色,或是 Master 或是 Slave,因此只有符合自身角色的逻辑。需要注意不要将 Master 和 Slave 的概念与 TX、RX 的概念混为一谈。

下例给出了一个简单的 SPI Master 示例,其传输过程参照图 6-1 和图 6-2。该模块是一个纯粹的 SPI 协议驱动模块,内部没有存储数据的器件,存储的任务被放在了模块之外的主控上。主控可以是 FSM,也可以是 CPU,如果是 CPU,则本模块外面还需要包裹一层 AHB 或 APB 接口转换。主控可以通过 trig 脉冲命令本模块发起读或写的传输,用电平信号 wr 表示具体的读写操作,也可以规定需要传输的字节数量 len。当本模块需要数据时,会通过 wdat_req 向主控索取,主控需要在一拍后给出所要写的数据 wdat。当主控发起读命令时,也会得到从 Slave 传来的数据 rdat,以及对应的有效信号 rdat_vld。当传输完毕后,即达到了主控要求的 len 字节,则本模块会向主控发起一个 trans_over 脉冲表示结束。本模块与主控互动的接口中没有地址接口,因为为了尽量减少接口数量并简化沟通流程,在设计时,将地址的输入也融合到了 wdat_req 和 wdat 的过程中,即需要向 Slave 传输地址时,本模块会向主控发起 wdat_req,而主控应清楚地知道在 trig 后收到的第 1 个 wdat_req 实际上是在请求地址,它会将地址放在 wdat 中返回。主控在开始 SPI 操作前,需要先将 wr 和 len 配置好,再发起 trig。在模块的内部,采用了简单的二分频方式,即对驱动时钟 clk 进行二分频得到 SCLK,这样的设计逻辑简单、所需资源少。一般来讲,clk 与 SCLK 的分频倍数越大,操作越精细,例如在大的分频倍数的情况下,SCLK 除了产生 50% 占空比,还可能产生其他占空比。另外,上文提到的 Master 接收 Slave 数据,即 rdat_tmp 的生成,在本模块中按照普通的 SCLK 上升沿处采样的方式(cnt[0]等于 0 即表示 SCLK 的上升沿),而考虑到可能出现的双倍路径延迟情况,对于高速 SCLK 电路,往往会增加一个配置字,使 rdat_tmp 的采样可以在随后的几个 clk 中进行,而 clk 相对于 SCLK 的频率倍数越大,一个 SCLK 周期内可供采样的位置就越多。

```verilog
module spi_master
(
    //系统信号
    input              clk           ,
    input              rst_n         ,

    //与主控之间的握手信号
    input              trig          ,//触发传输脉冲
    input              wr            ,//写操作控制
    input      [7:0]   len           ,//传输数据字节长度(不包括操作和地址字节)
    input      [7:0]   wdat          ,//写数据
    output             wdat_req      ,//写数据请求
    output reg [7:0]   rdat          ,//从 Slave 读入的数据
    output reg         rdat_vld      ,//读入数据的有效信号
    output reg         trans_over    ,//传输结束信号
```

```
    //SPI 接口
    output  reg              CSn           ,
    output  reg              SCLK          ,
    output  reg              MOSI          ,
    input                    MISO
);

//----------------------------------------------------------
//设定的读写操作命令字节
localparam WR_OP = 8'h3c;
localparam RD_OP = 8'h5b;

//----------------------------------------------------------
reg          [31:0]          cnt             ;
wire         [31:0]          final_num       ;
wire                         wdat_req_mask   ;
wire                         cnt_end         ;
reg          [7:0]           sending_tmp     ;
reg          [7:0]           rdat_tmp        ;
wire                         rdat_last_vld   ;
reg                          rdat_last_r     ;
reg                          wdat_req_r      ;

//----------------------------------------------------------
//传输计数,作为简单状态机使用
always @(posedge clk or negedge rst_n)
begin
    if (!rst_n)
        cnt <= 32'd0;
    else if (trig)
        cnt <= 32'd1;
    else if (cnt_end)
        cnt <= 32'd0;
    else if (~CSn)
        cnt <= cnt + 32'd1;
end

//SPI 传输结束时,cnt 计数的值,因为一字节需要传输 16 个 cnt 计数
//所以字节数(2 + len) * 16 是最终传输完成的计数,减 1 是为了迎合 wdat_req _mask 的需要
//最高计数值实际上是(2 + len) * 16 + 1
assign final_num     = ((8'd2 + len) << 4) - 32'd1;

//掩盖最后的写数据请求,因为已经结束,所以不应该向主控继续请求数据
assign wdat_req_mask = (cnt == final_num);

//计数结束的标志
assign cnt_end       = (cnt == final_num + 32'd2);

//传输结束的标志
always @(posedge clk or negedge rst_n)
```

```verilog
begin
    if (!rst_n)
        trans_over <= 1'b0;
    else
        trans_over <= cnt_end;
end

//CSn 逻辑
always @(posedge clk or negedge rst_n)
begin
    if (!rst_n)
        CSn <= 1'b1;
    else
    begin
        if (trig)
            CSn <= 1'b0;
        else if (cnt_end)
            CSn <= 1'b1;
    end
end

//SCLK 是简单组合逻辑,它的频率是 clk 的 2 分频
always @( * )
begin
    if (cnt == 32'd0)
        SCLK = 1'b1;
    else if (cnt[0] == 1'b1)
        SCLK = 1'b1;
    else
        SCLK = 1'b0;
end

//sending_tmp 事先准备了 MOSI 需要发出的数据,并且根据发送情况自动向左移位
always @(posedge clk or negedge rst_n)
begin
    if (!rst_n)
        sending_tmp <= 8'hff;
    else
    begin
        if ((cnt == 32'd0) & trig)
        begin
            if (wr)
                sending_tmp <= WR_OP;
            else
                sending_tmp <= RD_OP;
        end
        else if (wdat_req _r)
            sending_tmp <= wdat;
        else if (cnt[0] == 1'b1)
            sending_tmp <= (sending_tmp << 1);
    end
```

```
      end

      //向主控发出数据请求
      assign wdat_req =   ((cnt[3:0] == 4'hf) & wr & (~wdat_req _mask))
                    | (cnt == 4'hf);

      //数据请求打拍,以满足 sending_tmp 在时序上的要求
      //即不能在请求的数据 wdat 到达之前就使用它,必须等到数据到来再使用
      always @(posedge clk or negedge rst_n)
      begin
          if (!rst_n)
              wdat_req_r <= 1'b0;
          else
              wdat_req_r <= wdat_req;
      end

      //MOSI 逻辑
      always @(posedge clk or negedge rst_n)
      begin
          if (!rst_n)
              MOSI <= 1'b1;
          else
          begin
              if (cnt == 32'd0)
                  MOSI <= 1'b1;
              else if (cnt[0] == 1'b1)
                  MOSI <= sending_tmp[7];
          end
      end

      //从 MISO 信号线采集信号,暂存在 rdat_tmp 中
      always @(posedge clk or negedge rst_n)
      begin
          if (!rst_n)
              rdat_tmp <= 8'd0;
          else
          begin
              if (cnt == 32'd0)
                  rdat_tmp <= 8'd0;
              else if ((cnt[0] == 1'b0) & (cnt > 32'd16) & (~wr))
                  rdat_tmp <= {rdat_tmp[6:0], MISO};
          end
      end

      //每16个 cnt 计数就收到一字节,从而发起 vld 有效信号
      assign rdat_last_vld = (cnt[3:0] == 4'd0) & (cnt > 32'd32) & (~wr);

      //将收到的数据 rdat 和对应的 rdat_vld 一起输出
      always @(posedge clk or negedge rst_n)
      begin
          if (!rst_n)
```

```
        begin
            rdat_last_r <= 1'b0;
            rdat_vld    <= 1'b0;
        end
        else
        begin
            rdat_last_r <= rdat_last_vld;
            rdat_vld    <= rdat_last_r;
        end
    end

    always @(posedge clk or negedge rst_n)
    begin
        if (!rst_n)
            rdat <= 8'hff;
        else if (rdat_last_r)
            rdat <= rdat_tmp;
    end

endmodule
```

一个内部无驱动时钟的 SPI Slave 的例子如下,其传输过程同样可参照图 6-1 和图 6-2。无驱动时钟是指除了接口上的 SCLK 以外,模块内部没有其他时钟,一般这种情况出现在需要特殊省电且结构简单、功能单一的被动器件中,在这些芯片中,不仅 Slave 驱动模块没有时钟,整个芯片都没有 RCO 等时钟源。只能用 SCLK 的代价是没有持续的时钟,只有当传输时才有时钟,而且按照图 6-1 和图 6-2 所示,SCLK 在结束时没有下降沿,会阻碍传输后各信号的复位,导致下一次传输的初始状态不正确,因而,需要配合 CSn,产生一个有完整上升沿和下降沿的时钟 dat_rcv_clk,这样才能实现基本的 Slave 功能。接口上的 sclk_rstn 原则上应该是 SCLK 的同步复位信号,但由于 SCLK 是非持续的,导致模块中全部信号在复位时都处于无时钟驱动的状态,根据亚稳态产生的原理,可以判断此时使用任何复位都不会产生亚稳态,因此 sclk_rstn 可直接使用芯片的上电复位信号 POR,不必做 SCLK 同步处理。模块内部最主要的是计数器 cnt,它可以理解为简单的状态机。这里的设计难点是 cnt 无法在一次传输结束后复位为 0,因为时钟源 SCLK 已经不再产生动作,因此,需要用 CSn 再做一次 MUX,产生 cnt2,强制在传输结束后归零,但在下次传输开始时,MUX 又会被切换到未能复位的 cnt 上,使 cnt 无法从 1 开始计数,所以 cnt 必须用 dat_rcv_clk 的上升沿驱动计数,在传输开始时,cnt 在 dat_rcv_clk 的第 1 个上升沿从 cnt2 的 0 开始计数,而如果使用 SCLK 作为驱动,MUX 的切换就失去了意义。即使这样处理,还是会产生一个时序问题,如果 CSn 先变为 0,cnt2 就先变回到未复位的值,然后 dat_rcv_clk 的上升沿到来,结果仍然是错的。因而需要对作为 MUX 选择信号的 CSn 进行延迟,产生 CSn2 信号,使 dat_rcv_clk 的上升沿先到来,cnt 变为 1,然后 MUX 再切换。该延迟可以做得很小,是皮秒级的,在 RTL 中,要达到这种效果,可以手动例化一个用于延迟的 Buffer,也可以要求后端在布局布线时插入一个 Buffer,使 CSn2 的下降沿比 dat_rcv_clk 的上升沿晚一些,其中后端的做法更能保证时序的准确。本例中语句 assign ♯0.01 CSn2 ＝ CSn 仅仅是在行为上进行描述,在仿真时有用,用于综合则会忽略 ♯0.01 的延迟。本模块输出的地址和字节都在 slave_in 中,通过 slave_Byte_vld_pre 提示主控前来采集,使用_pre 的后缀是为了标明该信号提前于 slave_in 输出,也是由于时钟限制,无法做到与数据同步。模块中不会锁存接收的地址和数据。不锁存地址,原因是在读操作中,SCLK 的上升沿采样地址的最后一个比特,其同周期的下降沿就要将数据给出,因此模块必须在 SCLK 的下降沿时就把要发送的数据准备好,地址不论使用 SCLK 的上升沿还是下降沿,都来不及锁存。不锁存数据,是因为采样最后一个数据后,没有足够的时钟供数据锁存。换而言之,地址和数据都可以锁存,但那样就无法提供及时的 slave_Byte_vld_pre 信号反馈,以便主控进行处理。主控得到第 1 个 slave_Byte_vld_pre,会辨认出它是地址,将其锁存,并在以后得到更多的 slave_Byte_vld_pre 时,将锁的地址加 1。当 SPI 为写操作时,主控得到 slave_Byte_vld_pre 会采集 slave_in,并存储到它的存储器阵列中。当 SPI 为读操作时,本模块要求在 slave_Byte_vld_pre 发出后的 SCLK 下降沿处 slave_out_dat 必须就位,因此在更新地址的同时,需要使用组合逻辑查询存储器阵列从而输出 slave_out_dat,而无法使用时序逻辑。可以看出,对于无时钟的芯片设计和模块设计,由于时钟的个数是有限的,处理数据的频率与时钟频率相同,所以无法通过加快节拍在采样的中间环节插入额外的行为,通常使用的数字处理手段很多都不奏效了,只能使用手动例化元器件、产生新时钟、对布局布线提出附加条件、使用组合逻辑赶时间、避免使用时钟而是使用普通信号线的变化沿来锁存一些数据等不常用的设计方法。因而,除非有特殊需求,一般 SPI、I²C 协议的主从设备实现会使用内部有时钟驱动的设计方法,以避免不必要的困扰。

```verilog
module spi_slave
(
    //SPI 接口
    input         CSn              ,
    input         SCLK             ,
    input         MOSI             ,
    output  reg   MISO             ,

    //系统信号
    input         sclk_rstn        ,

    //主控交互状态信号
    output        slave_Byte_vld_pre  ,//数据有效状态(读写共用)
    output  reg   wr_latch            ,//SPI 写操作意图
    output  reg   rd_latch            ,//SPI 读操作意图

    //主控交互数据
    output  reg [7:0]  slave_in          ,//从 MOSI 采样到的数据
    input       [7:0]  slave_out_dat      //需要从 MISO 发出的字节
);

//------------------------------------------------
```

```verilog
//设定的读写操作命令字节(Master 和 Slave 必须一致)
localparam WR_OP = 8'h3c;
localparam RD_OP = 8'h5b;

//----------------------------------------------------------
reg      [15:0]  cnt                    ;
wire     [15:0]  cnt2                   ;
wire             dat_rcv_clk            ;
wire             CSn2                   ;

//-------------- 通用逻辑 ----------------------
assign dat_rcv_clk = SCLK & (~CSn);  //用组合逻辑产生新的时钟

//内部计数器,可作为简单状态机使用
always @(posedge dat_rcv_clk or negedge sclk_rstn)
begin
    if (!sclk_rstn)
        cnt <= 16'd0;
    else
        cnt <= cnt2 + 16'd1;
end

//特殊语句,展示对 PR 的要求,对综合网表没有影响
assign #0.01 CSn2 = CSn;

//本模块内部实际使用的是 cnt2,而不是 cnt
//cnt2 对于每次 SPI 传输都会有一个归零操作,使每次新开始的 SPI 都能从 1 开始计数
assign cnt2 = (~CSn2) ? cnt : 16'd0;

//用 SCLK 的上升沿采样 MOSI,存入 slave_in
always @(posedge SCLK or negedge sclk_rstn)
begin
    if (!sclk_rstn)
        slave_in <= 8'hff;
    else
        slave_in <= {slave_in[6:0], MOSI};
end

//解读 SPI 的操作意图,即是读还是写
always @(posedge SCLK or negedge sclk_rstn)
begin
    if (!sclk_rstn)
    begin
        wr_latch <= 1'b0;
        rd_latch <= 1'b0;
    end
    else if (cnt2 == 16'd9)
    begin
        wr_latch <= (slave_in == WR_OP);
        rd_latch <= (slave_in == RD_OP);
    end
```

```
    end

    //数据有效信号(不论读数据还是写数据,该vld都表示数据已完成一字节)
    //对于写入的数据,该信号表示主控可以在SCLK的下降沿处从slave_in采到输入的数据
    //对于读出的数据,该信号表示主控可以在SCLK的下降沿处给读取地址加1
    //_pre后缀表示当有效信号起来时,实际数据尚未完成,必须等到SCLK的下降沿处
    assign slave_Byte_vld_pre = (cnt2[2:0] == 3'd1) & (cnt2 >= 16'd17);

    //用组合逻辑产生MISO
    always @ ( * )
    begin
        if ((cnt2 >= 16'd17) & rd_latch)
        begin
            case (cnt2[2:0])
                3'd1: MISO = slave_out_dat[7];
                3'd2: MISO = slave_out_dat[6];
                3'd3: MISO = slave_out_dat[5];
                3'd4: MISO = slave_out_dat[4];
                3'd5: MISO = slave_out_dat[3];
                3'd6: MISO = slave_out_dat[2];
                3'd7: MISO = slave_out_dat[1];
                3'd0: MISO = slave_out_dat[0];
            endcase
        end
        else
            MISO = 1'b1;
    end

endmodule
```

连接上文 Master 和 Slave 的 TB 如下例所示。在此 TB 中分别建立了 Master 和 Slave 的主控行为,并按照 Master 和 Slave 各自的要求进行了控制。还可以将两个主控分别写成行为模块,例化在 TB 中。该 TB 的行为是 Master 主控发起两次 SPI 操作,第 1 次发起写操作,将 Master 存储阵列中的数据,从地址 0x2 开始,到 0x4 结束,写入 Slave 的存储阵列中,第 2 次发起读操作,从地址 0x2 开始,到 0x4 结束,读出 Slave 存储阵列中的值。注意,在 TB 中可以使用索引中加变量的方式来寻址,例如 master_mem[master_addr],而在 RTL 中只能用 case(master_addr)进行讨论,因而 TB 的写法比 RTL 更灵活。

```
`timescale 1ns/1ps

module tb;
//interface
wire                CSn                     ;
wire                SCLK                    ;
wire                MOSI                    ;
wire                MISO                    ;
```

```
//Master
logic                    clk                    ;
logic                    POR                    ;
logic       [1:0]        master_rstn_sync       ;
wire                     master_rstn            ;
logic                    trig                   ;
logic                    wr                     ;
logic       [7:0]        len                    ;
logic                    master_base_addr_req   ;
logic       [7:0]        wdat                   ;
wire                     wdat_req               ;
wire                     trans_over             ;
logic       [7:0]        master_addr            ;
logic       [7:0]        master_mem[7:0]        ;
wire        [7:0]        rdat                   ;
wire                     rdat_vld               ;

//slave
wire                     dat_rcv_clk            ;
logic                    slave_base_addr_req    ;
logic       [7:0]        slave_addr             ;
wire                     slave_Byte_vld_pre     ;
wire        [7:0]        slave_in               ;
wire        [7:0]        slave_out_dat          ;
logic       [7:0]        slave_mem[7:0]         ;
wire                     wr_latch               ;
wire                     rd_latch               ;

//Dump 波形
initial
begin
    $fsdbDumpfile("tb.fsdb");
    $fsdbDumpvars(0);
    $fsdbDumpMDA(tb.master_mem); //下载二维波形
    $fsdbDumpMDA(tb.slave_mem);  //下载二维波形
end

//---------------  Master 主控  --------------------------
initial
begin
    clk = 1'b0;
    forever
    begin
        #(1e9/(2.0 * 80e6)) clk = ~clk;
    end
end

initial
begin
    POR = 0;
```

```
        #30 POR = 1;
end

//主控同步复位异步释放逻辑
always @(posedge clk or negedge POR)
begin
    if (!POR)
        master_rstn_sync <= 2'd0;
    else
        master_rstn_sync <= {master_rstn_sync[0], 1'b1};
end

assign master_rstn = master_rstn_sync[1];

//主控控制流程
initial
begin
    //初始化
    trig    = 1'b0;
    wr      = 1'b0;
    len     = 8'd0;
    wdat    = 8'hff;
    @(posedge master_rstn);
    #1000;

    //发起写操作
    @(posedge clk);
    trig    <= 1'b1;
    wr      <= 1'b1;
    len     <= 8'd3;

    @(posedge clk);
    trig    <= 1'b0;

    //等待结束
    @(negedge trans_over);
    #1000;

    //发起读操作
    @(posedge clk);
    trig    <= 1'b1;
    wr      <= 1'b0;
    len     <= 8'd3;

    @(posedge clk);
    trig    <= 1'b0;

    //等待结束
    @(negedge trans_over);
    #1000;
    $finish;
```

```
    end

//主控存储阵列
initial
begin
    master_mem[0]    = 8'h00;
    master_mem[1]    = 8'h11;
    master_mem[2]    = 8'h21;
    master_mem[3]    = 8'h31;
    master_mem[4]    = 8'h42;
    master_mem[5]    = 8'h52;
    master_mem[6]    = 8'h63;
    master_mem[7]    = 8'h73;
end

//当有请求时,赋给 Master 控制器地址和数值
initial
begin
    wdat = 8'hff;
    forever
    begin
        @(negedge wdat_req);
        if (master_base_addr_req)
            wdat <= master_addr;
        else
            wdat <= master_mem[master_addr];    //TB 比 RTL 方便之处是能直接寻址
    end
end

//主控维护内部地址
initial
begin
    master_addr = 8'h00;

    forever                                    //这里的 forever 等同于 always 块的用法
    begin
        fork
            begin
                @(posedge trig);
                master_addr <= 8'h02;          //开始时以 2 为初始地址
            end

            begin
                @(negedge wdat_req);
                if (~master_base_addr_req)      //处理完一次数据请求,地址加 1
                    master_addr <= master_addr + 8'h01;
            end
        join_any                               //完成任何一项都可重新进入循环
    end
end
```

```
//用 master_base_addr_req 和 wdat_req 配套可以分辨地址请求和数据请求
//两者均为 1 时表示地址请求,wdat_req 单独为 1 时表示数据请求
initial
begin
    master_base_addr_req = 1'b0;

    forever
    begin
        fork
            begin
                @(negedge CSn);
                master_base_addr_req <= 1'b1;
            end

            begin
                @(negedge wdat_req);
                master_base_addr_req <= 1'b0;
            end
        join_any
    end
end

//--------------- Slave 主控 -------------------------
//slave_base_addr_req 和 slave_Byte_vld_pre 配合决定 slave_in 是否为地址
//当两者均为 1 时说明 slave_in 为地址,当 slave_Byte_vld_pre 单独为 1 时说明是数据
initial
begin
    slave_base_addr_req = 1'b0;

    forever
    begin
        fork
            begin
                @(negedge CSn);
                slave_base_addr_req <= 1'b1;
            end

            begin
                @(negedge slave_Byte_vld_pre);
                slave_base_addr_req <= 1'b0;
            end
        join_any
    end
end

//由于整个芯片没有时钟源,所以主控中也不得不使用组合时钟
assign dat_rcv_clk = SCLK & (~CSn); //generate new clock

//采用 SCLK 下降沿打拍来维护 Slave 存储器的地址
initial
begin
```

```verilog
            slave_addr = 8'd0;

        forever
        begin
            @(negedge SCLK);
            if (slave_Byte_vld_pre)
            begin
                if (slave_base_addr_req)
                    slave_addr <= slave_in;
                else
                    slave_addr <= slave_addr + 8'd1;
            end
        end
    end

//采用 dat_rcv_clk 下降沿打拍来存储数据
initial
begin
    slave_mem[0]    = 8'h00;
    slave_mem[1]    = 8'h00;
    slave_mem[2]    = 8'h00;
    slave_mem[3]    = 8'h00;
    slave_mem[4]    = 8'h00;
    slave_mem[5]    = 8'h00;
    slave_mem[6]    = 8'h00;
    slave_mem[7]    = 8'h00;

    forever
    begin
        @(negedge dat_rcv_clk);
        if (slave_Byte_vld_pre & wr_latch)
            slave_mem[slave_addr] <= slave_in;    //TB 比 RTL 方便之处是能直接寻址
    end
end

//只能用组合逻辑,输入地址并实时读取数据
assign slave_out_dat = slave_mem[slave_addr];        //TB 比 RTL 方便之处是能直接寻址

//-------------- 例化 DUT ----------------------------------
spi_master          u_spi_master
(
    .clk            (clk          ),//i
    .rst_n          (master_rstn  ),//i

    .trig           (trig         ),//i
    .wr             (wr           ),//i
    .len            (len          ),//i[7:0]
    .wdat           (wdat         ),//i[7:0]
    .wdat_req       (wdat_req     ),//o
    .rdat           (rdat         ),//o[7:0]
    .rdat_vld       (rdat_vld     ),//o
```

```
        .trans_over           (trans_over          ),//o

        .CSn                  (CSn                 ),//o
        .SCLK                 (SCLK                ),//o
        .MOSI                 (MOSI                ),//o
        .MISO                 (MISO                ) //i
);

    spi_slave        u_spi_slave
    (
        .CSn                  (CSn                 ),//i
        .SCLK                 (SCLK                ),//i
        .MOSI                 (MOSI                ),//i
        .MISO                 (MISO                ),//o

        .sclk_rstn            (POR                 ),//i

        .slave_Byte_vld_pre   (slave_Byte_vld_pre  ),//o
        .wr_latch             (wr_latch            ),//o
        .rd_latch             (rd_latch            ),//o
        .slave_in             (slave_in            ),//o[7:0]
        .slave_out_dat        (slave_out_dat       ) //i[7:0]
);

endmodule
```

在上述 3 个设计示例中，Master 和 Slave 都使用了高字节序，即先传输高位比特，再传输低位比特，例如在 Slave 中 slave_in 的移位方式为 $\{slave\_in[6:0], MOSI\}$，即 MOSI 不断补充到低位，将高位挤掉。这并非强制要求，只不过多数 SPI 通信均使用高字节序。若改为低字节序，则需要对 Master 和 Slave 一起进行修改，此时，slave_in 的移位方式可改为 $\{MOSI, slave\_in[7:1]\}$，即 MOSI 不断地占据高位，将 slave_in 最低位挤掉。同样需要修改的是 Slave 模块中的 MISO 逻辑，以及 Master 模块中的 sending_tmp 和 rdat_tmp 的位移方向。

若 Slave 可以利用芯片自己产生的时钟，则可以按普通的方式设计 Slave 的逻辑，具体如下例所示。其接口上多了 clk 和 rst_n 两个信号，并且 slave_Byte_vld 少了 _pre 的后缀，表示该 vld 与输出的 slave_in 同步。在内部设计中，只需检测 SCLK 的上升沿便可以完成输入数据的采样。cnt 的地位不再是控制整个传输过程的状态机，而仅仅表示字节内部比特的计数，内部运行的不同状态由 op_phase、addr_finish、slave_Byte_vld 共同体现。有了固定时钟，就可以在每次传输结束后对寄存器进行复位，以备下次传输时使用，因而所有的时序逻辑都在 CSn 为 1 时复位，CSn 相当于另外一个复位信号。一般要求 clk 频率是 SCLK 频率的 4 倍或以上，以免出现 MISO 给出时间太晚导致 Master 来不及采样的情况。本例中 MISO 没有采用移位方式，而是直接将主控返回的数据 slave_out_dat 逐比特发出，这样做对于主控来讲时序上更为灵活，它可以选择只要输入地址就立即读出数据的组合逻辑寄存器，也可以选择在地址输入的 1T 或 2T 后才有数据输出的存储器。对比无时钟设

计，本例的有时钟设计更为灵活，同时，需要考虑的物理因素也较少，对后端的时序没有特殊
要求，是一种较为通用的设计方法。

```verilog
module spi_slave
(
    //系统信号
    input               clk                     ,
    input               rst_n                   ,

    //SPI 接口
    input               CSn                     ,
    input               SCLK                    ,
    input               MOSI                    ,
    output  reg         MISO                    ,

    //主控交互状态信号
    output              slave_Byte_vld          ,
    output  reg         wr_latch                ,
    output  reg         rd_latch                ,

    //主控交互数据
    output  reg [7:0]   slave_in                ,
    input       [7:0]   slave_out_dat
);

//-------------------------------------------------
localparam WR_OP = 8'h3c;
localparam RD_OP = 8'h5b;

//-------------------------------------------------
reg                     SCLK_r                  ;
wire                    SCLK_rise               ;
reg                     SCLK_rise_r             ;
reg                     SCLK_rise_2r            ;
reg         [3:0]       cnt                     ;
wire                    slave_Byte_vld_latch    ;
reg                     slave_Byte_vld_latch_r  ;
wire                    slave_Byte_vld_inner    ;
reg                     op_phase                ;
reg                     addr_finish             ;

//-------------------------------------------------
always @(posedge clk or negedge rst_n)
begin
    if (!rst_n)
        SCLK_r <= 1'b1;
    else if (CSn)
        SCLK_r <= 1'b1;
    else
        SCLK_r <= SCLK;
```

```
end

//采样 SCLK 上升沿
assign SCLK_rise = SCLK     & (~SCLK_r)  ;

//采样数据
always @(posedge clk or negedge rst_n)
begin
    if (!rst_n)
        slave_in    <= 8'hff;
    else if (CSn)
        slave_in    <= 8'hff;
    else if (SCLK_rise)
        slave_in    <= {slave_in[6:0], MOSI};
end

//比特采样计数
always @(posedge clk or negedge rst_n)
begin
    if (!rst_n)
        cnt <= 4'd0;
    else if (CSn)
        cnt <= 4'd0;
    else if (SCLK_rise)
    begin
        if (cnt == 4'd8)
            cnt <= 4'd1;
        else
            cnt <= cnt + 4'd1;
    end
end

//字节采样完毕,输出有效信号
assign slave_Byte_vld_latch = (cnt == 4'd8);

always @(posedge clk or negedge rst_n)
begin
    if (!rst_n)
        slave_Byte_vld_latch_r <= 1'b0;
    else if (CSn)
        slave_Byte_vld_latch_r <= 1'b0;
    else
        slave_Byte_vld_latch_r <= slave_Byte_vld_latch;
end

//有效信号过长,提取其上升沿作为真正的有效信号
assign slave_Byte_vld_inner = slave_Byte_vld_latch &
                                (~slave_Byte_vld_latch_r);

//向主控发送的有效信号,操作字节被排除在外
assign slave_Byte_vld = slave_Byte_vld_inner & (wr_latch | rd_latch);
```

```verilog
//表示操作字节传输阶段
always @(posedge clk or negedge rst_n)
begin
    if (!rst_n)
        op_phase <= 1'b1;
    else if (CSn)
        op_phase <= 1'b1;
    else if (slave_Byte_vld_inner)
        op_phase <= 1'b0;
end

//wr_latch仅在操作字节末尾进行判断
always @(posedge clk or negedge rst_n)
begin
    if (!rst_n)
        wr_latch <= 1'b0;
    else if (CSn)
        wr_latch <= 1'b0;
    else if (slave_Byte_vld_inner & op_phase & (slave_in == WR_OP))
        wr_latch <= 1'b1;
end

//rd_latch仅在操作字节末尾进行判断
always @(posedge clk or negedge rst_n)
begin
    if (!rst_n)
        rd_latch <= 1'b0;
    else if (CSn)
        rd_latch <= 1'b0;
    else if (slave_Byte_vld_inner & op_phase & (slave_in == RD_OP))
        rd_latch <= 1'b1;
end

//地址传输结束标志,电平信号
always @(posedge clk or negedge rst_n)
begin
    if (!rst_n)
        addr_finish <= 1'b0;
    else if (CSn)
        addr_finish <= 1'b0;
    else if (rd_latch & (cnt == 4'd7))
        addr_finish <= 1'b1;
end

//打拍,等slave_out_dat数据准备好以后再发出数据
always @(posedge clk or negedge rst_n)
begin
    if (!rst_n)
    begin
```

```
            SCLK_rise_r   <= 1'b0;
            SCLK_rise_2r  <= 1'b0;
        end
        else
        begin
            SCLK_rise_r   <= SCLK_rise;
            SCLK_rise_2r  <= SCLK_rise_r;
        end
    end

    //当地址传输结束后,MISO 被逐拍打出
    always @(posedge clk or negedge rst_n)
    begin
        if (!rst_n)
            MISO <= 1'b1;
        else if (CSn)
            MISO <= 1'b1;
        else if (SCLK_rise_2r)
        begin
            if (addr_finish)
            begin
                case (cnt)
                    4'd8: MISO <= slave_out_dat[7];
                    4'd1: MISO <= slave_out_dat[6];
                    4'd2: MISO <= slave_out_dat[5];
                    4'd3: MISO <= slave_out_dat[4];
                    4'd4: MISO <= slave_out_dat[3];
                    4'd5: MISO <= slave_out_dat[2];
                    4'd6: MISO <= slave_out_dat[1];
                    4'd7: MISO <= slave_out_dat[0];
                endcase
            end
            else
                MISO <= 1'b1;
        end
    end

endmodule
```

　　本节以较大的篇幅列举了 SPI 的 Master 和 Slave 的 RTL 写法及 TB 写法,其中 Slave 的 RTL 给出了无时钟和有时钟两种,目的是希望读者一方面掌握 SPI 的通信方式,另一方面对比不同的设计要求和思路之间的特点,通过具体案例理解它们各自的优势与劣势。这些实例可作为对第 2 章和第 3 章知识的综合运用。

注意　务必明确写操作和读操作的含义。在存在主从关系的总线通信中,写操作仅指数据从 Master 到 Slave,读操作仅指数据从 Slave 到 Master。这两种操作都由 Master 主动发起。如果不明确这一点,对定义不清晰,说到写操作时,经常会产生是 Master 写 Slave,还是 Slave 写 Master 的疑惑。在理解 SoC 和软件编程时也遵循同样规则,凡是写操作,都是从

CPU 写入设备,而不表示从设备写入 CPU。在软件的头文件定义设备结构体时,会看到 _IO、_I、_O 等 3 种寄存器类型,_IO 表示可读可写,_I 表示只读,_O 表示只写,这些定义都是站在 CPU 的角度而言的。

13min

6.2　I²C

I²C 是芯片间通过两条线进行慢速通信的一种方式,这两条线分别是 SCL 和 SDA,连接时一般也会将两颗芯片的地线连在一起,所以通常看到的是 3 线连接。SCL 是时钟线,SDA 是双向数据线,产生时钟的设备为 Master,接收时钟的设备为 Slave。由于 I²C 通信只用到两条线,因此协议握手过程比普通 SPI 复杂,而且速度较慢,一般应用的时钟频率不超过 500kHz,典型时钟频率为 100kHz 和 400kHz,少数具有高速要求的设备,时钟频率在 1MHz 左右。

I²C 的通信主要有写操作、当前地址读操作、任意地址读操作这 3 种类型。

一个写操作的数据帧如图 6-3 所示。图中白色部分表示 Master 发出的字段,深色部分表示 Slave 发出的字段。下面的数字表示该字段的比特数。

Master 总是以一个特殊的标志位开始,然后传输目标 Slave 的芯片 ID,即识别码。任何有主从关系的协议,如 AHB、APB、I²C、SPI 等,Master 本身一般不需要识别码,而每个 Slave 都需要自己的识别码,Master 在操作 Slave 时会指定某个 Slave,对于 AHB 和 APB 来讲,Slave 的识别码就是 Slave 在总线上的地址,例如 SRAM 的地址以 0x20000000 开始,对于 SPI 来讲,识别码就是 CSn 信号线,代价是接口上要为它多引一根线,而对于 I²C 来讲,这里的芯片 ID 就是 Slave 的识别码,读者也可以将其理解为 Slave 的地址。RW 是读写操作的标志,0 表示写操作,1 表示读操作。芯片 ID 与 RW 共同组成了一字节。

I²C 的规则是凡是接收完一字节,都会回复一比特的 ACK 或 NAK。ACK 是 Acknowledgement 的缩写,表示确认收到,并且可以继续,NAK 是 Negative Acknowledgement 的缩写,表示拒绝继续接收数据。ACK 在 I²C 中用 0 表示,NAK 用 1 表示。在数据传输过程中,只有发送的一方收到接收一方的 ACK,才会继续传输,若收到的是 NAK,则它将停止传输。对于写操作,发送方永远是 Master,而对于读操作,在传输数据之前,发送方是 Master,在传输数据时,发送方变为 Slave。

图 6-3 中的芯片内部地址字段指的是 Slave 内部的地址,而不是 Master 的内部地址。务必要分清芯片 ID 和芯片内部地址,ID 是为了区分 I²C 总线上多个 Slave 而分配的编号,而内部地址是在一个 Slave 内部,其数据存储的地址。Slave 会维护一个当前地址,用来标记 Master 正在操作的寄存器,可以借用 C 语言的概念,将当前地址想象为一个指针。当 Master 传给它一个芯片内部地址时,它的指针就会指向该地址。当接收完一字节数据后,该指针会自动加 1,这样,Master 传输的下一字节将会顺利地存储在下一个地址中。

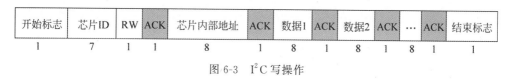

图 6-3 I²C 写操作

在完成全部写操作后,Master 会发一个结束标志。

I²C 在当前地址上进行读操作的时序如图 6-4 所示。操作仍然由 Master 发起,并且在芯片内部地址字段之前,与写操作没有区别(注意,在读操作时 RW 为 1)。图中没有芯片内部地址的传输过程,因此,Slave 的指针位置不变,仍保持本操作开始前的状态,这就是所谓当前地址读的意思。既然是读操作,在传输数据时,Slave 作为发送方发送字节,Master 作为接收方回复 ACK 或 NAK。若 Master 回复 ACK,则 Slave 的指针会加 1,若回复 NAK,则 Slave 的指针保持不变。图中,除最后一字节外,其他字节都回复了 ACK,因此,Slave 都会将指针加 1,以便将数据逐字节输出。在最后一字节结束后,Master 往往会回复 NAK,表示 Slave 不需要将指针加 1,因为传输已经结束了。

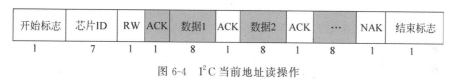

图 6-4 I²C 当前地址读操作

当前地址读操作用起来非常不方便,Master 不能随心所欲地读取 Slave 的地址。有什么办法可以使读也像写那样可操作任意地址呢?使用任意地址读操作即可。一个任意地址读的传输格式如图 6-5 所示。仔细观察可以发现,该格式实际是由两段传输格式连接而成的,其标志是里面包含两个开始标志位。以再次开始的标志位为界,前面的部分与写操作相同,而且 RW 也为 0,表示写操作。后面的部分为当前地址读操作。唯一特殊的是再次开始标志之前,按照惯例,应该也有一个结束标志,但这里没有。该传输格式内部的原理是,前半部分走写操作流程,目的是向 Slave 输入内部地址,改变其地址指针位置,然后不必真地写数据,就重新进入当前地址读操作,此时,Slave 内部指针已经指向了想要操作的地址,从而间接实现了任意地址的读操作。可见,要想传输芯片内部地址,必须发出写操作,即 RW 必须为 0。

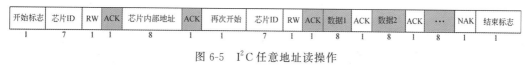

图 6-5 I²C 任意地址读操作

图 6-5 也可以扩展为图 6-6,按照上文的解释,两种操作的本质一致,都是先发起写操作,再发起当前地址读操作。区别仅在于后者使用了两次完整的传输,两次传输均包含开始标志和结束标志。中间网格表示非传输的等待期,实际等待时间不定,因为不同芯片的设计不同,需要的等待期也不同。

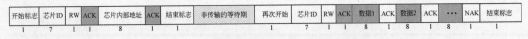

开始标志	芯片ID	RW	ACK	芯片内部地址	ACK	结束标志	非传输的等待期	再次开始	芯片ID	RW	ACK	数据1	ACK	数据2	ACK	...	NAK	结束标志
1	7	1	1	8	1	1		1	7	1	1	8	1	8	1		1	1

图 6-6　由两次传输构成的任意地址读操作

上述传输格式，对应的实际波形如图 6-7 所示。不论 I^2C 的传输格式如何衍生，其内部各字段均可以用图中展示的 4 个波形片段来概括。SCL 和 SDA 在不传输时均为高电平，在传输时，两者会依次变为低电平。SDA 首先拉低，然后是 SCL，两者拉低的时间差为 T1，该时间一般为半个 SCL 周期，不同的设计会有所区别。当传输完毕，准备结束时，SCL 先由低变高，然后是 SDA，两者变高的时间差为 T4，该时间一般设计为与 T1 相同。从上次结束到下次开始，需要等待 T5 时间，该时间的具体值也根据设计的不同而不同。除开始和结束标志外的其他报文格式，每个比特，均可以表示为普通传输周期，在该周期中，SCL 被 SDA 包围，前面是 T2 时间，后面是 T3 时间。I^2C 是在 SCL 的下降沿由发送方发出数据，在 SCL 的上升沿由接收方采样数据，这一点与 SPI 接口一致。有些设计可能会选择从 SCL 的低电平的一半处开始拍出数据，但这往往是在 SCL 频率特别低的情况下，一般设计仍然会使用 SCL 下降沿输出数据，因此，T3 时间往往为 0 或为一段很短的时间，因为在 SCL 的下降沿处，发端会开始准备发送信号。

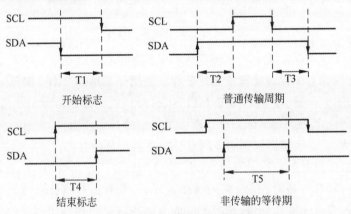

图 6-7　I^2C 的传输波形分解

注意　需要为比特下一个定义。在软件上，比特的定义是数据存储的最小单元，在硬件上，比特的定义是一次采样所得到的数据。虽然两种定义在本质上一样，但软件强调存储，而硬件强调采样。文中将开始标志和结束标志也视为一比特是为了方便理解，在 I^2C 中，比特的传输仅为普通传输周期的波形，开始和结束都属于特殊的波形。

同 SPI 接口面临的最紧要问题一样，I^2C 的读时序也是最需要关注的问题。若通信双方都是普通的触发器、锁存器等存储介质，则由 SCL 下降沿输出的数据会在短时间内输出，但若通信一方为 NVM 等特殊工艺介质，则读取存储数据并输出的时间就较长，如图 6-8 所示，SCL 下降沿后，又经过了 T6 时间新的数据才真正输出，此时 SCL 的采样上升沿已过，并且在 T6 的结束处产生了一个不应出现的开始标志,这是不允许的。若出现这种情况,则需要将 SCL 的频率降低。为了保证 SCL 具有一定的频率,并且不出现类似图 6-8 所示的情况,可以使用非 50% 占空比的 SCL 时钟,将 SCL 为高的时间缩短,为低的时间拉长,以提供更多的输出延迟时间。SPI 中提到的读操作双倍延迟问题在 I^2C 中也会出现,而在 SPI 中,尚允许采样数据的时刻在时钟上升沿之后,但 I^2C 不允许,因为出现同样状况的图 6-8,实际上构造了一个开始标志,这样会导致接收端误识别为通信的开始。

I^2C 的一个有趣的特点在于 Master 和 Slave 的互动方式与其他接口不同。I^2C 总是通过开漏引脚的方式,允许 Slave 反向操纵总线,这在其他类型的接口中并不常见。从这个意义上说,I^2C 只用两条线做到的事情,在其他类型的接口上总是使用更多线路和更多的握手机制才能做到。芯片中引脚的输出方式主要有推挽式和开漏式两种,如图 6-9 所示。

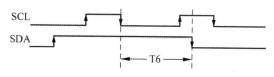

图 6-8 I^2C 输出延迟过长的情况

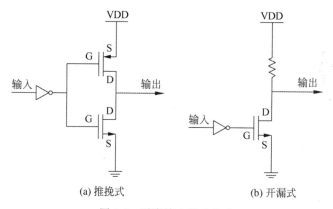

(a) 推挽式   (b) 开漏式

图 6-9 引脚输出驱动方式

推挽式在电源和地之间有上下两个 MOS 管。上管为 PMOS,下管为 NMOS。可将这两个 MOS 管想象为开关,控制开关的是它们的栅极(G 极)。PMOS 的特性是 G 极为 0 时开关导通,NMOS 的特性是 G 极为 1 时开关导通。当输入为 0 时,经过反相器会变为 1,导致下管导通,输出接地,上管关断,因此,输出也是 0,当输入为 1 时,经过反相器会变为 0,导致下管关断,上管导通,输出接 VDD,也是 1。为什么不将输入直接作为输出使用,而是要经过一个推挽电路呢?因为芯片的输出引脚需要能带动更强的电流,也可表达为需要更大的带载能力。电路的输入只控制两个管子的 G 极,仅决定开关的通断,实际输出的电压和电流与 G 级是隔离的。这样,不仅输出电流能独立决定,不受输入影响,连供电电压 VDD 都可以与输入不同,例如,电路的输入端最高电压为 1.8V,输出就可以是 3.3V,因此,使用推挽式 I/O 电路,电流上可以增强,电压上可以与芯片内部不一致。

与推挽式 I/O 相比,开漏式少了上管,只有下管。上管由一个电阻取代,该电阻称为上拉电阻。当输入为 0 时,经过反相器变为 1,下管导通,输出与地相连,因而也是 0。当输入为 1 时,经过反相器变为 0,下管关断,因此可以输出一个电压。

在实际芯片的开漏式引脚中,可能并不包含上拉电阻部分,如图 6-10 所示。图中有 3 颗芯片通过引脚互联。在每个芯片内部,都没有上拉电阻,在电路板上焊接的电阻是它们公共的上拉。对于单个芯片来讲,其 MOS 管的漏极被直接引到片外,内部不连接其他器件,开漏由此得名。如果没有外接上拉电阻,芯片就只能输出 0,当要输出 1 时,却没有高电平接入,输出的只是浮动电压。所谓浮动,即不定幅度的电压,若用电压表测量,可能测到 2.3V,也可能测到 0.6V,或者其他幅值,因此,开漏的引脚一定要接上拉,只不过上拉的位置可以在芯片内部,也可以在电路板上,还可以在与之相连的其他芯片内部。即使有了上拉,也只是弱上拉,当几颗芯片的引脚连在一起时,倘若其中一颗芯片输出 0,则整条通路就被拉为 0,并不会因为有上拉电阻而保持 1。仅当线路上的所有芯片都不输出 0 时整条线路会被动地上拉为 1。可概括为,芯片输出 0 为强驱动,输出 1 为弱驱动。这就体现了开漏引脚互联的优点,即自动通道忙闲侦听功能。图 6-10 中漏极的输出引脚,不仅输出,而且还引入到芯片内部逻辑中,用于侦听。当本芯片并未输出 0 的情况下,听到线路实际是 0,说明总线上有其他芯片已输出 0,即信道忙。这就完成了对信道忙闲的侦听。回忆 5.16 节的 AHB 协议及 5.18 节的 APB 协议可知,它们完成同样的功能,需要依靠 HREADY 和 PREADY 信号线,即增加了一条通信线。不仅如此,图 6-10 中的连线,既负责输出,又可直接回拉到内部逻辑,相当于在 AHB 协议中将 HREADY 和 HREADYOUT 线合并为一根。为什么 AHB 需要两条线,而开漏总线连接只需一根线? 是因为开漏形成了线与的关系,即各芯片的输出线连在一起,本身就做了与逻辑,而使用普通驱动方式输出的 AHB 线路,每个设备输出自己的 HREADYOUT 后,还会插入与门,将所有的 HREADYOUT 用与逻辑合并为 HREADY,因而 AHB 在总线连接上会多一些与门。需要注意的是,这里所讲的 AHB 连接,或推广为芯片内部信号的置 0 或置 1,都不是推挽式的,而是普通的芯片内部驱动,推挽式和开漏式仅在芯片的对外引脚上使用,但推挽式也与芯片内部驱动一样,不必上拉,输出 0 或 1 都由接口自身驱动,因而它也不能像开漏一样将输出简单地连在一起就能完成一个与操作。

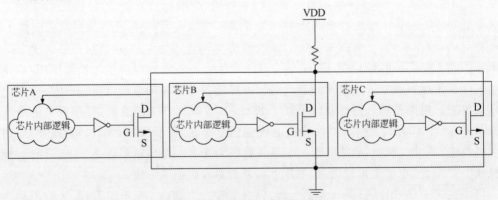

图 6-10 开漏式设备总线连接

I²C 接口既支持一个 Master 和一个 Slave 的通信,又可以作为总线,用一个 Master 操作多个 Slave。图 6-10 中的 3 颗芯片互联,其中有一个 Master 和两个 Slave,只不过以这种开漏方式连接,Master 本身不需要具备任何特殊性,因此在图上看不出 Master。在 5.23 节介绍非 SoC 架构的芯片时也举了一个设计实例,一个 Master 带动片内片外共计 3 个 Slave,参见图 5-40。I²C 连接的两条线,SCL 和 SDA,均使用开漏方式进行连接,因而在一般有 I²C 通信的电路板上会看到两个上拉电阻。一般仅有 Slave 功能的芯片不会在内部做上拉,但 Master 可以在内部做上拉,以节省电路板上的 BOM 成本。

忙闲侦听功能的优点体现在 I²C 上,具体表现为,当 Master 广播一个通信后,若总线上某个 Slave 回复 ACK,则 Master 都能听到,并可以继续操作,若总线上没有 Slave 回应 ACK,而是回应了 NAK 或没有任何回应(两者实际上无法区分),则 Master 不再进行后续操作。从 Master 传出的芯片 ID,可以获知它想操作哪个 Slave。操作中,其他 Slave 虽然不做回应,但都能听到,它们会数通信中的字节,获知每个 ACK,并听到最后的结束标志,从而将自己的状态机与总线通信情况进行同步。当然,最简单的 Slave 设计方法是状态机只检测开始标志和芯片 ID,若非自身的 ID,则直接进入空闲状态,等待下一个开始标志被检测出来。

在 I²C 操作中存在接口控制权争夺的问题,即使是单 Master 连接单 Slave 的情况,由于一根 SDA 线的实际控制方在 Master 和 Slave 之间来回切换,难免会出现 Master 和 Slave 同时对 SDA 进行拉 0 的情况,造成 SDA 线上的多重驱动,在仿真时的表现如图 6-11 所示。图中 A 点的阴影区域表示线路上正在发生多重驱动,但仅维持了一小段时间就恢复正常。这段多驱属于 I²C 通信的正常现象,由于采样时间为 SCL 上升沿,只要多驱在上升沿之前留足建立时间即可。另外,图中 B 点的毛刺也是控制权交互的表现,当 Master 和 Slave 都放弃控制权时,线路就会被上拉到 1,但也只持续了短暂的时间,也属于正常情况。简而言之,线路交互中,争夺控制权和放弃控制权的现象是不可避免的,只要数据及时恢复,不影响数据的采样即可。

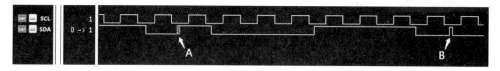

图 6-11 主从设备对 SDA 控制权的交换

开漏式引脚在 FPGA 中的写法如下,在芯片仿真时也可以使用这种写法,其中 scl_o 和 sda_o 相当于图 6-9 中 I/O 的输入,同时也是内部数字逻辑的输出。当逻辑输出为 1 时,引脚为高阻态,当逻辑输出为 0 时,引脚输出 0。高阻态意味着该引脚不输出,对外界没有驱动,同时,引脚上的信号也可以作为输入,即将引脚变为了一个双向引脚,这符合图 6-10 中双向引脚的应用设定。仅当逻辑输出 0 时,才会真正从引脚上输出。上文所讲的 SDA 争夺,其实际上就是 Master 内部的 sda_o 为 0,同时 Slave 内部的 sda_o 也为 0。

```
assign SCL = scl_o ? 1'bz : 1'b0;
assign SDA = sda_o ? 1'bz : 1'b0;
```

如果是芯片 RTL 设计,则需要例化 Pad,如下例就是对 SDA 双向引脚的实现。引脚的金属被命名为 SDA,它只能输出 0,但仅当 sda_o 为 0 时才会输出,否则将作为输入引脚,输入时,信号名为 sdi。

```
pad      u_sda
(
    .PAD    (SDA      ),
    .OUT    (1'b0     ),
    .OE     (~sda_o   ),
    .IN     (sdi      )
);
```

虽然 SCL 可以作为一个单向引脚,从 Master 输出给 Slave,但 I²C 将其也作为开漏引脚,是为了使 Slave 有反向控制 Master 的能力,即当 Slave 的数据尚未准备就绪时,它可以将 SCL 变为 0,而 Master 可以侦听到 SCL 的 0 状态与它希望驱动的 scl_o 不符,进而得知 Slave 正在主动暂停总线,该功能类似 AHB 中的 HREADY 拉低的行为。当 Slave 释放总线后,Master 可以继续操作。

3min

6.3 UART

UART 即通用异步收发器,是计算机上常用的串口。该名称中异步二字体现了该接口的特点,即无时钟的传输。接收和发送在其内部各自维护一套时钟,并约定时钟频率,即在计算机串口中输入的波特率。虽然时钟频率可以约定,但相位无法约定,因此仍然是异步的,异步传输有采出亚稳态的可能,因此一定概率的传输错误从本质上说是不可避免的。UART 可以用一位奇偶校验位来检查是否出现了传输错误,如图 6-12 中的 Parity。简单的 UART,发送数据只要一根信号线,接收数据也只要一根信号线,发送和接收彼此独立,没有 Master 和 Slave 之分,如果只需其中一种功能,就可以只接一根线。当然,通信中需要将地线相连,以提供公共的低电平基准。需要注意的是,由于 UART 没有 Master 和 Slave 之分,所以各个设备都从自身的角度出发定义引脚名称,即将发射都命名为 TXD,将接收都命名为 RXD。在连接两个设备时,需要将一个设备的 TXD 连到另一个设备的 RXD 上,而不是 TXD 连 TXD。这与 SPI 和 I²C 接口中相同名称线路相连的方式不同。

UART 也有流控机制,即接收方无法及时完成数据处理,希望发送方等待,或者当接收方想变为发送方时,可及时将该情况通知发送方。流控使用 RTS 和 CTS 线。对接双方中,一方的 RTS 接对方的 CTS。RTS 意为请求发送(Request To Send),CTS 意为清空发送(Clear To Send)。当接收方无法再继续接收数据时,它就会将自己的 RTS 信号线拉高,当它恢复继续接收的能力后,它会将自己的 RTS 拉低。因而 RTS 是输出引脚,CTS 是输入

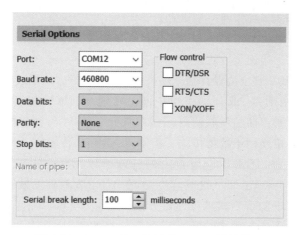

图 6-12 SecureCRT 软件的 UART 设置界面

引脚。

在 TXD 与 RXD 的连线上传输的也是高低电平,即数字信号。传输以一字节为一帧,一帧的定义如图 6-13 所示。开始位是低电平,比特 0 是字节中的低位,比特 7 是高位,接下来是校验位,最后是结束标志,用高电平表示。

开始位	比特0	比特1	⋯	比特7	校验位	结束标志

图 6-13 UART 传输的帧结构

校验位可以选择偶校验或奇校验。偶校验指字节及校验位中 1 的个数是偶数,奇校验指 1 的个数是奇数。例如,一字节为 8'b00101100,如果选择偶校验,则校验位填 1,与字节本身的 3 个 1 凑成 4 个 1,如果选择奇校验,则校验位填 0,凑成 3 个 1。接收端也需要做同样的选择,用同样的标准检查。如上例中,若选择偶校验,但收到的数值为 8'b00101101,并且校验位是 1,共出现了 5 个 1,就会发现出错,从而抛弃该帧。需要注意,单比特奇偶校验只有非常有限的校验能力,若偶数个比特同时出错,就无法检查出来,如上例中收到 8'b00101001,传错了两位,但若校验位为 1,合计有 4 个 1,仍然能够通过校验,因此,在很多 UART 传输中,直接不用校验位,比特 7 之后就直接传输结束标志。

结束标志之所以不命名为结束位,是因为它未必是一个比特,还可以选择 1.5 个比特或两个比特。常用的是一个比特。

上述设置,包括采样波特率、是否有校验位、校验位的奇偶、结束标志的宽度,都必须保证 UART 接口双方一致,即做好事先的约定。

波特率(Baud Rate)的概念一般用在 UART 通信中,实际上在其他领域也用,只不过名称略有区别。波特率的定义是每秒传输的比特数,即每秒的采样数,这一概念用在 ADC 领域,单位为 Sa/s(Sample per second),它与波特率的概念非常相似,区别在于 ADC 的一个采样点为多个比特,而 UART 是单比特。Sa/s 也可以理解为 Hz,因为 Hz 的原意是每秒波形的周期数,即周期的倒数,这里的波形若指的是采样时钟,则 Sa/s 与 Hz 是相同的,因此,可以将波特率、Sa/s 和 Hz 看作同一个概念。

由于 UART 没有主从关系，所以一般不会将多个 UART 设备连在一起，组成总线结构，最常使用的是一对一的连接方式。

在 UART 设计中，一般也会设计独立的发射机和接收机，只不过包在同一个 UART 顶层内，可能共享一根中断线，或分别引出中断。在通用 MCU 设计中，可能会集成多个 UART，以提供多个不同方向的互联使用，例如，一个 UART 与计算机相连用于打印，另一个 UART 与其他芯片相连用于数据传输。由于 UART 的传输方式简单，除了使用上述规定的 UART 交互方式外，还可以开发自己的特殊协议用于芯片交互，一种普遍使用的 UART 变体协议称为 1-wire，即单线通信协议，在 UART 基础上做了扩展，以体现传输地址和数据的区别，以及增加了更多的安全性。设计中，甚至可以用单线传输的方式来代替 DAC，有些器件有将内部运行的多比特数字状态输出的需求，但多比特输出会同时占用大量的引脚，大多数芯片无法拿出这么多空闲引脚供观测使用，因而一般会在芯片中放一个 DAC，将多比特数字信号通过 DAC 转换为单根模拟信号线，解决了占用过多引脚的问题，但 DAC 的面积和功耗也带来了额外的麻烦。对于时间要求不高的需求，可省去 DAC，将片内多比特并行数据转换为串行数据，通过单比特传输到引脚上，由计算机采样后再转换回并行数据也是一种解决办法。

不论是 SPI、I^2C 还是 UART，乃至全部的通信协议模块，都需要在其内部放置两个 FIFO，一个用于发送数据，另一个用于接收数据。用 FIFO 的好处在于可减轻 CPU 的负担，CPU 不必消耗过多的算力忙于填充数据或者接收数据。当需要发送时，先向 FIFO 中填入多个数据，此后通信接口将自动发出数据，仅当数据全部发送完成或出现问题（例如接收端通过流控阻止数据发送，导致发送端 FIFO 数据数量超过水线）时，才通知 CPU 处理。当发送端有数据传来时，无须 CPU 插手，接收端的 FIFO 就能自动接收数据，直到一个标准帧结束或者接收数据数量超过水线才会通知 CPU 去取数据并进行分析。FIFO 的使用能大量节省 CPU 的算力，并提高处理的时效性，因而它在通信中是非常重要的。

## 第 7 章

综合环境的搭建和时序约束

综合(Synthesis)指的是从抽象的寄存器传输级电路描述中识别出对应功能的元器件,并将整个描述文件转换为元器件连接的过程。最终的输出可以用传统的原理图方式,但由于现代数字电路规模极大,生成的原理图规模巨大且不方便将其进一步转换为流片用的版图,实际中往往不使用原理图,而是生成另一种文本文件,称为网表(Netlist)。初识网表,会发现它与 RTL 十分相似,都是用 Verilog 语法组织起来的文件,只不过里面没有 always、assign、与或非等抽象描述,全部为例化的元器件,由带有名称的导线沟通这些元器件。网表标明了芯片内部有哪些元器件,以及这些元器件是怎样连接的,从而为数字后端绘制芯片版图提供了必要的设计依据。本节将以 Synopsys 的综合工具 DC 为基础,介绍如何从零开始搭建综合环境,并介绍综合必备的时序分析知识。

7.1 TCL 基本语法

各种 EDA 工具的运行通常基于 TCL 语言,因此,掌握 TCL 脚本的基本语法是非常必要的。TCL 的全称为 Tool Command Language,即工具命令语言。

TCL 的注释用♯开头。注释一般与命令行分开,而不是像 C 语言和 Verilog 那样经常在代码后面加注释。如果需要在命令后面加注释,则需要用分号将注释和命令隔开。注释的示例如下:

```
♯这里是注释
set x 10
set y 20;♯这里也是注释
```

TCL 对变量的定义和赋值命令用 set,如下例中声明了一个变量 x,其值为 10。注意,这个 10 在脚本看来只是个字符,而不代表真实的数值含义,因此直接用于数值计算是不行的。相比之下,Perl 语言对此可自动匹配,即编译器自动判断是数字还是字符,C 语言是用户告诉编译器是 int 还是 char。TCL 在这些语言中显得不那么智能。

```
set x 10
```

如果在其他命令中需要引用已经声明的变量，则可使用 $。如下例中，已经声明了变量 a，在声明变量 x 时，希望直接引用 a 的值，就写为 $a。注意，这里的 10 仍然是字符而不是数值。

```
set a 10
set x $a
```

将字符 10 变为真正的数值参与运算，应使用命令 expr，如写为 expr 10+100，得到的结果为 110。在下例中，声明了一个变量 y，最终赋值为 110，就是这样算出来的，但仍然要注意，110 是字符而不是数值。中括号通常用于包裹一个函数操作，并将处理结果反馈作为变量的值，换而言之，由于有了中括号的参与，一行 TCL 中可以带有两个或多个命令，通过层层执行、层层赋值的方式，得到一个较为复杂的运行结果。

```
set y [expr 10 + 100]
```

如果要将变量打印出来，则应使用 puts 命令，格式为 puts＋文件句柄＋变量。若不写文件句柄，则默认打印在显示器上，即终端界面上。如下例语句，它打印出了变量 x 的内容。使用 set＋变量名，后面不跟数值，也可打印出相同内容。

```
puts $x
set x
```

若要注销已声明的变量，则应使用 unset 命令，如下例中注销了 x、y、z 这 3 个变量，中间使用空格隔开。

```
unset x y z
```

若要在一个变量后面再追加更多字符，则应使用 append 命令，如下例所示。此例中变量 x 开始时是 10，然后在其后面加了 abc。最终，x 的值为 10abc。由于 10 本身是字符而非数值，所以 10abc 只是简单的字符串结合操作，不含运算。

```
set x 10
append x abc
```

有些字符具有特殊含义，如果要将这些字符赋值给变量，则需要加转义符，即表示定义转换，字符不再表示默认意思，而只表示其本身的字符属性。转义字符用反斜杠\表示。例如上文的中括号，在 TCL 中默认表示一个函数操作。当用户需要将一个变量赋值为一个[或]符号时，就应使用如下转义字符。此例中，变量 x 被赋值为[2]，其中，前半个中括号使用了转义符，后半个不需要转义符也能自动转义。

```
set x \[2]
```

一些常见的需要转义的符号见表 7-1。

表 7-1　常见转义符号表

带转义的字符	所表示的字符
\空格	空格
\[	[
\$	$
\n	换行符
\t	制表符
\r	回车符
\x48	ASCII 码 0x48(十六进制)对应的符号,即 H
\41	ASCII 码 041(八进制)对应的符号,即!

如果要定义一个字符集合,则可以使用大括号,如下例所示,x 被定义为由 1~3 组成的集合。这里的字符集合与 C 语言的数组存在差异,数组是由数值组成的,而 TCL 中都是字符,因此不能理解为数组,只是没有结合在一起的字符,也可以称其为列表,即 list。

```
set x {1 2 3}
```

用 list 命令也可以建立列表,如下例:

```
set x [list 1 2 3]
```

从列表中取出其中一项的方法不像 C 或 Verilog 那样简单,也需要执行一个命令 lindex。如下例中,从变量 x 中取出了第 2 项。注意,TCL 中列表的初始编号为 0。

```
lindex $x 2
```

使用 llength 命令可以获得列表的长度,如下例中会反馈变量 x 所代表的列表长度。

```
llength $x
```

在列表中插入一个新项可以使用 linsert 命令,如下例所示,将变量 y 的内容插入变量 x 的第 3 项,原来的第 3 项及此后的项将向后移动。该命令不影响 x 的值,产生的新列表用于给其他变量赋值。这里,不论变量 y 的内容是普通字符串还是列表,都支持插入,但是,如果 y 是列表,则插入后会形成一个拥有两项的复合列表,而不是简单地扩展了项数。例如,x 的值是 aaa,y 是一个列表{1 2 3},则使用以下命令后,形成的新列表为{aaa {1 2 3}}。它不是一个拥有 4 项的列表,而是一个两项列表,第 0 项为 aaa,第 1 项为{1 2 3}。

```
linsert $x 3 $y
```

若将 y 的内容插入 x 的最后,则可以直接使用 end 来代替 3,如下例所示。

```
linsert $x end $y
```

如果要在列表尾部加入新项,则可以使用 lappend 命令,如下例所示,将 1、3、4 等 3 个

项加入列表 x 的尾部。注意,这里的 x 没有用 $x,因为本命令将改变 x 本身的值。

```
lappend x 1 3 4
```

用 lreplace 命令可以替换列表中的项,如下例中,将 x 的从第 1 到第 3 项替换为 5、6、7。该命令不影响 x 的值,产生的新列表用于给其他变量赋值。

```
lreplace $x 1 3 5 7
```

用 lrange 命令可以截取列表中的一段,如下例就截取了 x 中从第 1 到第 3 项的一段。

```
lrange $x 1 3
```

在列表中可以用 lsearch 命令来查找一个字符,如下例在 x 中查找一个字符 33,若找到,则返回列表序号,若未找到,则返回 -1。该命令可以加入一些控制选项,以增强其搜索能力,例如,-exact 表示精确匹配,-glob 表示支持通配符查找,-regexp 表示支持正则表达式查找。下例中,.∗3.+ 是一个正则表达式,.∗ 表示任意字符串,也可以不存在该字符串,.+ 也表示任意字符串,但该字符串必须存在。符合 .∗3.+ 查找要求的字符串例如 31ab,其中 1ab 即 .+ 表示的字符串,再例如字符串 @320,其中 @ 符合 .∗ 的要求,20 符合 .+ 的要求。正则表达式是非常强大的搜索方式,甚至有书籍专门介绍正则表达式的用法。由于篇幅所限,本书将不进行详述。

```
lsearch $x 33

♯以下是正则表达式查找示例
lsearch - regexp $x . ∗ 3 . +
```

用 lsort 命令可以对列表进行排序。默认情况下按照 ASCII 码的顺序排列,若加入选项,则可以支持其他排列方式。例如,-integer 表示按整数排列,-real 表示按浮点数排列,-increasing 表示按 ASCII 码升序排列,-decreasing 表示按 ASCII 码降序排列。如下例中,将 x 列表按 ASCII 码降序排列。注意,该命令仅仅用于读取 x 并排列,不会将排列结果再赋值给 x。

```
lsort - decreasing $x
```

用 split 命令可以将字符串中每个字符单独作为列表的项,即把字符串转换为列表,如下例所示,它将字符串 abc 拆成数组 a、b、c 这 3 项。大括号里面是空的,说明拆分是按字符拆分的。

```
split "abc" {}
```

若使用下面的表达式,则字符串也被拆成 3 项列表,分别为 abc、ef、g3。拆分的分隔符是冒号。

```
split "abc:ef:g3" :
```

也可以反过来将列表转换为字符串，使用 join 命令，如下例中，一个列表要连接起来，@& 表示连接使用的连接符，最终的效果是 1@&ak@&3b。

```
join {1 ak 3b} @&
```

TCL 的条件判断也使用常规的 if 和 else 表达。一个完整的条件表达式如下例，需要注意的是条件和结果都使用大括号，不像 C 语言那样条件用小括号，结果用大括号。另外，elseif 是连在一起的。TCL 属于早期脚本语言，语法解析比较生硬，因此需要严格按照下例编写条件语句，不要随意将括号的位置挪动到其他行。

```
if {条件 1} {
    结果 1
} elseif {条件 2} {
    结果 2
} else {
    结果 3
}
```

除了 if 语句，也可以使用 switch 语句表达条件，如下例所示。本例中，根据 x 的值来切换输出的结果。该语句可添加条件选项，例如-exact、-glob、-regexp 等，与 lsearch 命令的选项一致。

```
switch [条件选项] $x {
    a {结果 1}
    b {结果 2}
    c {结果 3}
    default {结果 4}
}
```

TCL 的循环表达结构有 3 种表达方式，也是其他语言中常用的 while、for、foreach。while 语句的形式如下：

```
while {条件} {
    循环体
}
```

for 语句的形式如下：

```
for {条件} {
    循环体
}
```

foreach 本质上就是 for，只不过表达更为简洁。如下例中，先对变量 i 赋值，并将 i 用于其后的循环中。i 会从列表 a 中逐一取值。

```
foreach i $a {
    循环体
}
```

foreach 也可以实现多个变量的同时赋值和循环，如下例中，i 从 1、2、3 中逐一取值，j 从 4、5、6 中逐一取值，并用于循环体中。

```
foreach i {1 2 3} j {4 5 6} {
    循环体
}
```

在循环中也支持 break 和 continue 这种跳出循环的表达。

比较复杂的 TCL 脚本还会自定义函数，使用命令 proc，语法是 proc＋函数名＋参数列表＋{函数功能块}，如下例中定义了一个加法函数 add，需要用到 x 和 y 两个参数，执行的操作是将两者的值相加。仍然要强调，TCL 默认情况下只操作字符，数学运算需要加 expr 命令。在较为复杂的 proc 表述中，还可以使用 return 命令将某个变量指定为返回值。

```
proc add {x y} {expr $x + $y}
```

调用函数的方法是函数名＋参数，如下例调用 add 函数，输入 1 和 3，返回 4，赋值给变量 z。

```
set z [add 1 3]
```

TCL 的函数也有局部变量和全局变量之分。若在函数中用到外部变量，则不能直接使用，需要用 global 声明，如下例中用到了函数外面的变量 a，所以要在函数中声明。

```
set a 10
proc add {x y} {
    global a
    expr $x + $y + $a
}
```

可以给函数的参数赋一个默认值，以方便调用，如下例中，x 的默认值为 1，y 的默认值为 2，在调用函数时，若参数确为 1 和 2，则直接写 add，允许不跟参数。

```
proc add {{x 1} {y 2}} {expr $x + $y}
```

TCL 对数值的处理比较烦琐，而对字符串操作是它的强项，因为 TCL 主要用于命令行中对文件名、目录名、路径等字符串进行操作。

在 C 语言和 Perl 中会使用 sprintf 来格式化字符串，或输出到屏幕上，或输出到另一个字符串变量中。在 TCL 中，完成相同功能的命令是 format，使用时把 C 语言中的逗号改成空格，没有括号，如下例所示。

```
format "%s is %d" $x $y
```

　　TCL 中使用命令 regexp 进行正则表达式的字符串匹配,表达式为 regexp＋选项＋匹配图样＋字符串。如果在字符串中能找到匹配图样,则返回 1,否则返回 0。如下例中,abc图样在字符串 baiabc001 中出现过,匹配成功,命令返回 1。

```
regexp {abc} baiabc001
```

　　该命令也可以像 Perl 一样将匹配到的字符串截取下来,用正则表达式中的小括号可以做到。在下例中,希望在字符串 baigvu001 中找到 g([a-z]＋)([0-1]＋)。首先找到 g,其后是 vu001,vu 匹配([a-z]＋),最后的 001 匹配([0-1]＋),因此,可以在 baigvu001 中找到想要的字符串。变量 x 将存储匹配到的整个字符串 gvu001,变量 y 存储与([a-z]＋)匹配的vu,变量 z 存储与([0-1]＋)匹配的 001。

```
regexp {g([a-z]+)([0-1]+)} "baigvu001" x y z
```

　　在此命令中加入选项可增加其功能,例如,-indices 可以让本命令返回匹配的位置。如下例中,x 将返回{3 8},表示匹配位置是从第 3 个字符到第 8 个字符,同理,y 将返回{4 5},z 将返回{6 8}。

```
regexp - indices {g([a-z]+)([0-1]+)} "baigvu001" x y z
```

　　除了字符串匹配,还有字符串替换,使用的命令为 regsub。格式为 regsub＋选项＋匹配图样＋字符串＋替换字符串＋替换后字符串存储的变量。若字符串中能找到匹配图样,则将找到的匹配图样用替换字符串代替,然后将新生成的字符串存储在最后指明的变量中。选项有-nocase,意为匹配时不区分大小写,-all 意为不仅匹配一处,还要将字符串中所有出现匹配图样的地方都找到并全部替换。如下例中,在字符串 baigvu001 中寻找与正则表达式 g[a-z]＋[0-1]＋匹配的字段,找到的字段是 gvu001,然后将其用 ccc 替换,形成的新字符串为 baiccc,将该字符串写入变量 x 中。

```
regsub {g[a-z]+[0-1]+} "baigvu001" "ccc" x
```

　　对字符串进行比较可以使用长命令 string compare,如下例所示。比较的是字符串的第 1 个不同的字符在 ASCII 码中出现的位置,而不是比较字符串的长度。本例中,两个字符串的首字符就不同,a 在 b 的前面,所以命令返回－1。若两个字符串相同,则命令返回 0,若两个不同的字符,是后面的字符串排在 ASCII 码表的前面,而前面的字符串排在 ASCII码表的后面,则返回 1。此命令可以添加选项-nocase,表示对大小写不敏感,选项-length 10表示只比较两个字符串的前 10 个字符,并做出比较结论。

```
string compare - length 10 abc bac
```

string equal 用于单纯地比较两个字符串的相同与否，而忽略其在 ASCII 码表上的顺序问题。返回 1 表示两者相同，返回 0 表示两者不同。也可以只用-nocase 和-length 两个选项。

使用 string length 命令可以获得字符串的长度，如下例中字符串的长度返回 3。

```
string length abc
```

使用 string tolower 可以使字符串变为小写字母，如下例返回值为 abc。

```
string tolower ABC
```

同样，使用 string toupper 可将字符串中的小写字母变为大写字母。如下例中返回值为 ABC。

```
string toupper abc
```

用 TCL 也可以对文件进行打开、关闭、读写、删除等操作。

打开文件使用 open 命令，如下例所示，其中，$filename 是文件名，$r$ 表示打开的目的是读，若是写，则改为 w，若是不改变原内容，但会在后面再追加一段写，则改为 a，若是既读又写，则改为 r+。打开文件后，总会产生一个文件句柄，后续用句柄来表示文件本身，该句柄被赋值给变量 x。

```
set x [open $filename r]
```

关闭文件可使用 close 命令，如下例，其中，变量 x 中存储着句柄。

```
close $x
```

使用 gets 命令可以获取文件的内容。如下例中，把 x 句柄所代表的文件中的每行内容都赋给变量 y。

```
while {gets $x y}
```

在文件中进行写操作仍然用 puts 命令。如下例中，将字符串 abc 写到 x 句柄所代表的文件中，写入位置在文件指针中体现。

```
puts $x "abc"
```

若文件句柄为 stdout，则表示显示器，即写在显示器上。若文件句柄为 stdin，则表示键盘、鼠标等录入设备，可以用此句柄让 TCL 从键盘上读入数据，而不是从真正的文件中读取。

当文本文件更新缓慢，没有显示出最新的内容时，需要对它进行刷新，使用 flush 命令，如下例所示，其中 x 表示文件句柄。

```
flush $x
```

对文件进行读写,需要知晓从哪开始读和写,这就是文件指针。刚打开文件时,指针会指向文件的开头,但也会遇到从中间开始读写的需求,所以需要有指针跳跃的命令,该命令就是 seek。用法如下例所示,其中,x 表示文件句柄,current 表示当前指针位置,10 表示偏移量。这句话的意思是:指针从当前位置向后移动 10 个字符,即为新的指针位置。current 可以代替为 start 或 end。start 表示文件开头,end 表示文件结尾。用 end 时,偏移数值应使用负数,因为指针无法从 end 再向后移动,只能向前移动。可见,current 是一个相对的位置基准,而 start 和 end 是绝对的位置基准。

```
seek $x 10 current
```

tell 命令可以报告指针的位置,如下例所示。

```
tell $x
```

当 eof 命令返回 1 时,表示指针指在文件的结尾处,用法如下例所示。

```
eof $x
```

TCL 还可以进行目录、路径的管理。在一个路径中查找文件名,用 glob 命令,如下例所示。查找文件名时,无法使用正则表达式,但可以使用通配符 *,以及中括号括起来的字符集合。如下例中,查找的文件名为 {abc,a123}/ * hd.[co],这是一个模糊匹配。{abc,a123} 表示 abc 或 a123 都能接受,[co] 表示出现 c 和 o 都能接受。若有文件路径为 abc/1hd.c 或 a123/Ahd.o,就会被找出。若未找出,则在默认情况下会报错,使用选项 -nocomplain 会抑制报错,返回 0。

```
glob – nocomplain {abc,a123}/ * hd.[co]
```

file atime 命令可以报告文件的访问时间,如下例所示,其中,$y 表示文件名字符串,注意,这里没有句柄。

```
file atime $y
```

与文件目录相关的命令还包括 file mtime 命令用于显示文件修改时间,file size 命令用于显示文件的字节大小,file type 命令用于显示文件的类型(类型包括纯文件、目录、字符设备、块设备、fifo、链接、socket 等)。

复制文件或目录使用 file copy 命令,下例中,源文件为 a.txt,复制后取名为 b.txt。选项-force 表示强制复制,当复制目录时经常使用。

```
file copy – force a.txt b.txt
```

删除文件或目录使用 file delete 命令,下例中删除了一个目录 abc。在删除目录时,一般使用-force 才能成功,当删除普通文件时,若用户所在的组有删除权限,则不需要使用-force 选项。

```
file delete – force abc
```

若需要新建目录,则可使用 file mkdir 命令同时新建多个目录。如下例中,同时新建了 A1、A2、A3 这 3 个目录。

```
file mkdir A1 A2 A3
```

如需给文件或目录改名,则可使用 file rename 命令。下例中,将文件 aaa 改名为 bbb。当改名时,如果被改名的文件或目录被其他进程占用,则会出现失败的情况,此时可使用-force 选项强制改名。

```
file rename – force aaa bbb
```

若要获取文件的全路径,则可使用 file dirname 命令,若要获知文件是否可以执行,则可使用 file executable 命令,若要获知某个文件或目录是否存在,则可使用 file exists 命令,若要获知文件扩展名,则可使用 file extension 命令,若要判断某个名称是否为一个目录,则可使用 file isdirectory 命令,若要判断某个名称是否为一个软链接,则可使用 file lstat 命令。上述命令都只需后面跟一个文件名或目录名。

TCL 的功能有一定的局限性,有时,使用其他脚本语言(如 Shell 或 Perl)实现某些功能更加简单方便。在 TCL 中也可以运行其他语言编写的脚本,使这些语言能够发挥各自的优势。调用其他脚本的核心命令是 exec,它可以直接用来调用 Shell 中的命令,相当于用户在终端里输入命令并执行。下例为 TCL 执行 Perl 脚本的例子,它先执行 Perl 脚本 abc. pl,然后将返回值赋到变量 x 中。实际上,exec 命令执行的是一条 Shell 命令,即 perl abc. pl,最前面的 perl 是 Shell 中运行 Perl 脚本的命令。

```
set x [exec perl abc.pl]
```

若 abc. pl 中的内容如下,则 TCL 中变量 x 的值为 7。

```
$a = 4; $b = 3; $c = $a+ $b; print $c;
```

6min

7.2 综合环境的搭建

综合前需要告诉工具 RTL 及元器件库的位置,因为 RTL 是综合依据的设计蓝本,而元器件库是综合的砖石材料。

一般通过一个 TCL 脚本来指定上述路径,它们可能分散在多个文件夹中,需要将它们都包含在变量 search_path 中,如下例所示。命令 set_app_var 用于声明不同的内部变量。读者应区分内部变量和普通变量。普通变量是指用户自定义的变量,它们的名称和用途可以由用户自己决定,而内部变量指综合工具已经定义好的变量,其名称和含义均不能改变,用户只能改变其内容。普通变量用 set 命令声明并赋值,而内部变量使用 set_app_var 声明并赋值。search_path 就是一个内部变量,专门用于提供工具寻找文件的路径。变量名后面的中括号通常包裹一个函数操作,并对处理结果进行反馈,以此作为变量的值。该函数名为 concat,即结合,将其后的所有路径都集合在一起,形成一个字符串组。在其后的路径中,单独的一个点表示当前路径,即运行综合工具时所在的路径,反斜杠表示本行命令尚未结束,但是一行内无法容纳全部命令,需要换行。综合器在读取带有反斜杠的若干行后会自动将其连接为一行命令。本例中,RTL 设计文件分布在两个路径中,但对于大的设计,层次清晰是十分重要的,因而真实的 RTL 会分布在许多路径中。RTL 中也可能用 `include 方式包含其他参数声明文件,这些文件也需要写在本路径下。除了 RTL 外,其他器件,诸如SRAM、ROM、元器件库等,在 Synopsys 体系下都使用 db 文件来描述,该文件是一种二进制文件,使用文本编辑器无法查看其内容。这些 db 文件存放的路径也需要放到 search_path 变量中。SRAM 和 ROM 的生成方法已在图 5-2 和图 5-3 中给出。元器件库的 db 文件由 Foundry 提供。本例中元器件库包含标准单元库和引脚单元库,之所以两者要分开保存,原因是,在芯片设计中,I/O 器件和标准单元常常是不同的,前者是芯片与外界接触的电路,后者是芯片内部的门电路,它们的电平标准有可能存在差别。

```
set_app_var search_path      [concat .  \
    RTL 路径 1                           \
    RTL 路径 2                           \
    SRAM 路径                            \
    ROM 路径                             \
    标准单元库路径                        \
    引脚单元库路径                        \
]
```

用户需要给内部变量 synthetic_library 赋值。该变量用于装载模型库。综合过程在EDA 工具内部实际上需要经过两个步骤。第 1 步先将 RTL 映射为通用单元,例如将符号 & 映射为与门,将时序逻辑映射为触发器等。第 2 步再将通用单元映射为标准单元库中的元器件。例如同样是与门,不同 Foundry、不同工艺下提供的元器件,其名称、规格都有所不同。这里需要用户在综合前指定第 1 步所需的通用单元库,该库与 Foundry 和工艺无关。一般,该库就是 DC 工具提供的 DesignWare 模型,名称是 dw_foundation. sldb。赋值语句如下。需要注意的是,许多 DC 教程会将综合的步骤归纳为 3 步,分别是翻译、优化和映射。后面两步在 DC 中使用同一个命令完成,因而本书将步骤归纳为两步。

```
set_app_var synthetic_library      dw_foundation.sldb
```

用户还需要指定元器件库的名称,即上述第 2 步中需要用到的元器件的库名称。仅在

search_path 中提供路径并不能让 DC 准确地找到该库,因为路径中可能存在多个 db 文件,工具无法识别哪个才是真正需要的元器件库,因而需要用户指定。该名称被放在内部变量 target_library 中,赋值语句如下:

```
set_app_var target_library    [concat 标准单元库文件名.db \
    引脚单元库名.db                              \
    SRAM 文件名.db                               \
    ROM 文件名.db                                \
    ]
```

接下来需要对这些与物理相关的路径进行汇总,写入内部变量 link_library 中,赋值语句如下,其中 * 表示该变量内部原来的默认值,这里将其保留,并增加 synthetic_library 和 target_library 两个路径。

```
set_app_var link_library        [concat * $synthetic_library $target_library]
```

用户还需要设置综合时存储临时文件的地址(主要是与 DesignWare 相关的二进制文件),一个是写路径,另一个是读路径,分别设置在内部变量 cache_write 和 cache_read 中。为了方便,一般会将这两个路径归为同一个路径。赋值语句如下例所示。该路径只保存了综合的一些中间文件,普通用户一般不进入该路径中查看,可以在综合时新建一个目录,专门存储此类信息。

```
set_app_var cache_read   路径 A1
set_app_var cache_write  路径 A1
```

综合工具运行在 Linux 服务器上,对于较大的设计,要想提高综合速度,必须最大限度地利用服务器中的多个 CPU 一起参与综合工作。用户可以指定服务器中 CPU 的核数,以便工具能适当地利用这些核。指定核数使用的命令如下,此例限定综合工具最多可以使用 8 个核。

```
set_host_options - max_cores 8
```

可以指定被综合的 RTL 所使用的语法标准,只要将语法标号赋值给内部变量 hdlin_vrlg_std 即可。下例中,使用了 Verilog-2005 作为标准。若未经指定,则默认为 Verilog-2001 标准。还有像 Verilog-1995 这样更为古老的语法标准。这些标准都是 Verilog 语法早期演进时形成的,在使用时已越来越模糊,一般使用 Verilog-2001 或 Verilog-2005 即可。

```
set_app_var hdlin_vrlg_std 2005
```

用户可以选择对设计中的常数进行优化,例如综合器会删除一些常数,并且用本模块以外的其他模块中的相同常数取而代之,这样可以减小面积,但是有时,这样做会导致形式验证失败,因而保守起见,该选项不开启。该选项通过将内部变量 compile_seqmap_propagate_ constants 设置为 true 或 false 实现开关,如下例所示。

```
set_app_var compile_seqmap_propagate_constants false
```

用户可以允许工具在读取 RTL 时自动识别其中的时钟门控,只要将内部开关变量 power_cg_auto_identify 设置为 true 即可,语句如下例所示。自动识别时钟门控,对降低芯片在工作中的功耗有一定帮助。

```
set_app_var power_cg_auto_identify true
```

在普通 RTL 设计中,一般会限制锁存器的使用,除非像无内部驱动时钟的 SPI Slave 那样只能通过有限周期的外部时钟驱动,或者一些特殊的时钟和复位电路,才会以手动例化元器件的方式引入锁存器。因而应对设计中的锁存器提高警惕。可以设置一个内部开关变量 hdlin_check_no_latch,让工具发现锁存器后就报警,以提醒设计者注意。语句如下:

```
set_app_var hdlin_check_no_latch true
```

将综合中 elaborate 步骤产生的临时文件集中存放在一个路径下,这里需要指定该路径,语句如下。这些文件主要是二进制形式的,一般的用户不需要查看它们。

```
define_design_lib work - path 路径 A2
```

为了方便操作,推荐将所有 RTL 文件名放入一个自命名的变量中,便于调用,如下例所示。这里的 rtl_files 是用户任意取的变量名,引号中罗列了所有 RTL 的名称,路径不需要写,因为前面声明的变量 search_path 已告知工具搜索的路径。由于 rtl_files 是一个普通变量,所以赋值时使用命令 set,而不是 set_app_var。

```
set rtl_files "rtl1.v rtl2.v rtl3.v"
```

以上设置相当于搭建了一个综合环境,接下来就可以进入正式的综合步骤。综合步骤在上文中称有两步,但那是从 EDA 工作机理的角度归纳的,我们这里从使用命令的角度归纳为 3 步,依次为 analyze、elaborate、compile,其中,analyze 和 elaborate 表示读入 RTL 设计并将其映射为通用单元,对应原理上的第 1 步,compile 表示将通用单元映射为标准单元库中的元器件,并且在映射之前会进行一定的结构优化、逻辑拆分及合并等工作,对应原理上的第 2 步。

analyze 用于读入 RTL 代码并进行分析,语句如下,其中的 rtl_files 就是之前定义的装有 RTL 名称的变量。-format verilog 表示使用 Verilog 标准语法进行分析,如果不符合,则报错,并停止综合过程。

```
analyze - format verilog $rtl_files
```

有时,在 RTL 中会用到 System Verilog 的语法,例如使用 signed 类型的信号。此时,需要改用 System Verilog 语法标准进行分析，语句如下：

```
analyze - format sv $rtl_files
```

接下来进行 elaborate 步骤，语句如下。读者应将此处的 design_top 替换为自己的 RTL 设计中最顶层的模块名。

```
elaborate design_top
```

在进行 compile 之前，先进行一些必要的设置。一个十分重要的步骤是读取时序约束信息。该信息是设计者亲自编写的，目的是使工具了解设计。需要工具了解的信息包括时钟频率、时钟占空比、时钟抖动、各时钟之间的关系、端口延迟、设计中是否有特殊的线路可以不遵守上面的规定等。工具了解了这些设计知识后，才能分辨出每条时序路径，并知道哪些路径是需要分析的、如何计算时序，以及哪些路径的时序是可以忽略的，因此，时序约束文件可以理解为设计者与综合工具的对话。广义来讲，RTL、软件程序等也都是人类与机器的对话文件，只不过以某种特殊的语言方式呈现而已。RTL 用 Verilog 语言，软件程序用 C、C++、Java 等语言，而时序约束用的是 sdc 语法，可理解为在 TCL 语言的基础上增加的一组专门用于时序约束的函数。时序约束语句可以直接写到综合环境搭建的脚本中，但一般的做法是单独新建一个文件并将时序约束语句放进去，以 sdc 为扩展名。在综合环境脚本中直接使用 source 命令将其读入，如下例所示，其中，timing.sdc 是带有时序约束的文件。选项-v 的意思是 Verbose，即啰唆的，如果工具有信息需要报告，则尽管报告出来，不需要缩减。

```
source - v timing.sdc
```

以下是对信号时序路径的分组和命名。这里将路径按发源地和目的地分为 4 组，分别命名为 reg2reg、in2reg、reg2out、in2out。reg2reg 是设计中所有从寄存器到寄存器的路径。in2reg 是设计中所有从输入端到寄存器的路径。reg2out 是设计中所有从寄存器到输出端的路径。in2out 是设计中所有从输入端直接到输出端的路径。语句中 weight 表示权重，即综合时工具的努力程度。综合时需要进行时序分析，当某个项目权重大时，综合器就会消耗更多的时间和算力去优化它的时序，如果权重小，则在上面消耗的时间少。本例中，reg2reg 组的权重为 20，其他组的权重为 1（默认），因此，在综合时，工具会花费主要精力来优化从寄存器到寄存器的时序路径。all_registers、all_inputs、all_outputs 都是工具定义的函数，意思分别是选中所有的寄存器、选中所有的输入端、选中所有的输出端。

```
group_path - name reg2reg    - from [all_registers]    - to [all_registers] - weight 20
group_path - name in2reg     - from [all_inputs]       - to [all_registers]
group_path - name reg2out    - from [all_registers]    - to [all_outputs]
group_path - name in2out     - from [all_inputs]       - to [all_outputs]
```

时序分析以寄存器为关键节点，时序路径的起点和终点是寄存器，而不是与或非等组合逻辑门,因此,上述分类以 reg2reg 为最主要路径。in 和 out 是端口,在时序分析时,往往假设在片外的 in 和 out 上也都存在一个寄存器,即 in 是片外的某个寄存器的输出,而 out 是片外的某个寄存器的输入,因此 in2reg、reg2out、in2out 等也都是广义的 reg2reg。在综合时,片外的情况千差万别,因而要首先保证设计内部 reg2reg 的时序没问题,而其他 3 组的时序是次要的,所以才将 reg2reg 的权重设得比其他 3 组重。关于时序路径的详细描述参见 7.3 节。

在 compile 之前,有必要进行唯一化工作,即运行命令 uniquify。在 RTL 中,经常会将同一个模块例化多次,例如设计中需要 3 个 FIFO,那就设计一个 FIFO,将其例化 3 次,还需要 4 个 Timer,那就设计一个 Timer,然后例化 4 次。如果是 C 语言函数,则它仅存储在同一个内存位置,多次调用意味着多次进入这块内存区域运行,因此,C 语言多次调用同一个函数比不使用函数更节省内存,但是在 RTL 中,如果模块被多次例化,就意味着该模块在电路中被实现了多次,例化次数越多,复制的份数就越多,因此例化并不能节省面积,与直接将设计展开的效果是相同的,之所以要用例化的方式仅仅是因为这些区域的功能都相同,只需设计一次,避免重复设计。在 RTL 中,对同一模块的不同例化,区分方法是路径＋例化名,例如一个 FIFO 例化路径是 a1/a2/a3/u_fifo,另一个相同 FIFO 模块例化的路径是 a1/u_fifo,虽然两者的例化名是一样的,但路径不同,工具仍然能区分出来。若路径相同,则要求两个例化一定不能重名,但是对于综合后的网表,后续还用于布局布线,上述 a1/a2/a3 这样的 RTL 层次可能会被打平,看不出层次,因此,路径＋例化名的区分方式就行不通了。在综合时使用 uniquify,能将 RTL 只出现一次的模块,根据例化的次数复制多次,并且上面的线路名称都可能出现差别。这样,在后端做 CTS 等步骤时,就可以忽略模块的例化问题了,将这个例化的模块作为普通设计来处理,对其进行正常的时钟布线和取名。uniquify 命令在调用时一般不带参数。

进行 compile 步骤时,通常使用 compile_ultra 命令。该命令包含许多有用的选项。一个十分常用的选项是-gate_clock,它可以在综合过程中自动识别并加入时钟门控,工具会优先选择 ICG 时钟门控以防止出现毛刺。自动插入时钟门控,既可以节省功耗,还能够减少元器件的使用,从而减少面积。插入门控时钟的原理是寻找时序逻辑中的 if 语句,若 RTL 代码如下例所示,只写了 else if (vld),下面再未出现 else,或者用 else 写了一个保持逻辑,则说明可以插入时钟门控。通常在设计时可以认为 vld 和 din 等信号会进行一些逻辑上的组合并由 D 端输入触发器中,但实际综合时,vld 作为时钟门控开关,直接控制 clk,当 vld 为 1 时,clk 会通入,当 vld 为 0 时,clk 直接被切断,这样就节省了该触发器的动态功耗,而且也不必将 vld 与 din 做更多的组合逻辑,节省了元器件,因此,类似本例中的表达是被推荐使用的,换句话说,在进行时序逻辑设计时,只有在不得已的情况下,才会把最后的 else 写出来。在综合时常常会统计整体设计中时序逻辑的门控比例,一般要求不低于 95%。工程师会查看究竟哪些触发器是没有门控的,仔细斟酌未能插入门控的原因,能插入的就尽量插入。

```
always @(posedge clk or negedge rst_n)
begin
    if (!rst_n)
        dout <= 8'd0;
    else if (vld)
        dout <= din;
    else //也可以不写以下两句话
        dout <= dout; 保持不变
end
```

如果设计中需要插入 DFT 的 Scan 链(方法详见 2.35 节),则需要加-scan 选项。综合器在选择元器件时,会专门选择带有 Scan 功能的元器件,这些元器件比不带 Scan 功能的同类元器件面积更大。综上,compile_ultra 命令的使用语句如下:

```
#不带 Scan 功能
compile_ultra - gate_clock

#带 Scan 功能
compile_ultra - gate_clock - scan
```

综合完成后可以修改线路的命名,便于阅读和辨认,修改方式如下。修改的命令主要有两个,其一为 define_name_rules,其二为 change_names。define_name_rules 用来定义一组命名规则,包括连线(Net)、端口(Port)、元器件例化(Cell)的命名,-allowed 选项后面是允许出现的字符,-first_restricted 选项后面是避免在名字开头处出现的字符。本例中,规则的名称为 simple_names。由于定义了命名规则后,网表中的名称并没有改动,所以还需要使用 change_names 命令,让新定义的 simple_names 规则生效。

```
define_name_rules simple_names - type net - allowed "A - Za - z0 - 9_\[\]" \
        - first_restricted "0 - 9_"

define_name_rules simple_names - type port - allowed "A - Za - z0 - 9_\[\]" \
        - first_restricted "0 - 9_"

define_name_rules simple_names - type cell - allowed "A - Za - z0 - 9_" \
        - first_restricted "0 - 9_"

define_name_rules simple_names - special verilog \
        - map { {{"\\\\ * cell\\\\ * ","U"},{" * - return","RET"}} }

change_names - rules simple_names - hierarchy - v
```

综合的最后阶段是输出网表和报告。网表是综合的目的,是输出产物中必不可少的。输出方式如下:

```
write - hierarchy - format verilog - output design. v
```

输出的网表仍以 Verilog 为语法模板,只不过内部表达全部变成了元器件的例化和连线,排除了抽象表达。本例中输出的文件名为 design.v。

综合器在关闭时不会像通常的工具那样提示保存工程,使用者必须主动保存本次综合的信息,以便下次重用。保存的综合信息为一个二进制文件,扩展名为 ddc。保存方法如下:

```
write – hierarchy – format ddc – output design.ddc
```

在下次使用时,可以用 read_ddc 命令读取 design.ddc,即可查看本次综合的信息。

综合器可以输出的报告多种多样,设计者最关心的是面积和时序。输出时序报告的语句如下:

```
report_timing – max_paths 10 – delay_type max > timing.rpt
```

report_timing 命令有很多选项,如本例中,-max_paths 10 表示每个路径组报告 10 条路径,在上文中已经将设计分为 reg2reg2、in2reg 等 4 组,因此总共报告 40 条时序路径。-delay_type max 表示只报告建立时间的分析结果,不报告保持时间的分析结果,若改为 min,则报告保持时间。> timing.rpt 表示将报告出来的时序写到一个名为 timing.rpt 的文本文件中,该文件在没有指明路径的情况下会存储在运行 DC 工具的目录中。

用以下语句可以报告面积,并存储在名为 area.rpt 的文本文件中。

```
report_area – physical – nosplit > area.rpt
```

可以将综合结果汇总为一个质量报告输出,它能够让设计者从宏观角度获知本次综合是否有时序违例的情况,以及设计面积的大小等信息。输出质量报告的语句如下,报告存储在名为 qor.rpt 的文本文件中。

```
report_qor – nosplit > qor.rpt
```

上文提到的时钟门控覆盖率也可以输出为报告,语句如下,报告存储在名为 clock_gating.rpt 的文本文件中。

```
report_clock_gating – nosplit > clock_gating.rpt
```

将上述综合脚本语句进行汇总,就能够形成一个完整的综合脚本,如下例所示。

```
set_app_var search_path       [concat .                          \
    RTL 路径 1                                                    \
    RTL 路径 2                                                    \
    SRAM 路径                                                     \
    ROM 路径                                                      \
    标准单元库路径                                                 \
    引脚单元库路径                                                 \
]
set_app_var synthetic_library     dw_foundation.sldb
```

```
set_app_var target_library      [concat 标准单元库文件名.db \
    引脚单元库名.db                                    \
    SRAM 文件名.db                                     \
    ROM 文件名.db                                      \
    ]
set_app_var link_library      [concat * $synthetic_library $target_library]
set_app_var cache_read   路径 A1
set_app_var cache_write 路径 A1
set_host_options - max_cores 8
set_app_var hdlin_vrlg_std 2005
set_app_var compile_seqmap_propagate_constants false
set_app_var power_cg_auto_identify true
set_app_var hdlin_check_no_latch true
define_design_lib work - path 路径 A2
set rtl_files "rtl1.v rtl2.v rtl3.v"
analyze - format sv $rtl_files
elaborate design_top
source - v timing.sdc
group_path - name reg2reg    - from [all_registers] - to [all_registers] - weight 20
group_path - name in2reg     - from [all_inputs]    - to [all_registers]
group_path - name reg2out    - from [all_registers] - to [all_outputs]
group_path - name in2out     - from [all_inputs]    - to [all_outputs]
uniquify
compile_ultra - gate_clock
define_name_rules simple_names - type net - allowed "A - Za - z0 - 9_\[\]" \
        - first_restricted "0 - 9_"
define_name_rules simple_names - type port - allowed "A - Za - z0 - 9_\[\]" \
        - first_restricted "0 - 9_"
define_name_rules simple_names - type cell - allowed "A - Za - z0 - 9_" \
        - first_restricted "0 - 9_"
define_name_rules simple_names - special verilog \
        - map { {{"\\\\ * cell\\\\ * ","U"},{" * - return","RET"}} }
change_names - rules simple_names - hierarchy - v
write - hierarchy - format verilog - output design.v
write - hierarchy - format ddc - output design.ddc
report_timing - max_paths 10 - delay_type max > timing.rpt
report_area - physical - nosplit > area.rpt
report_qor - nosplit > qor.rpt
report_clock_gating - nosplit > clock_gating.rpt
```

将上述脚本保存为一个文本文件，文件名可任意选取，这里假设文件名为 syn.tcl。在 Linux 服务器的终端（Terminal）中进入要综合的目录，然后输入以下命令，即可进行完整的综合过程，其中，dc_shell 是运行 DC 综合工具的命令，-f syn.tcl 意为直接执行脚本 syn.tcl，否则用户需要在 DC 工具中逐条输入 syn.tcl 中脚本的内容，| tee dc.log 的意思是将综合信息打印到 dc.log 文件中，以便以后查看。

```
dc_shell - f syn.tcl | tee dc.log
```

在执行上述命令前，还需要事先准备好时序约束文件 timing.sdc，其具体写法将在下文中介绍。

很多初学者习惯于在 Windows 系统下运行软件的方式,即双击图标,调出 GUI,并在界面中找到选项菜单进行详细设置后再运行。在 Linux 服务器中,最基本的操作方式是打开终端,在终端输入命令来运行。在命令后面可以加入各种选项,在脚本中也可以加入各种选项和环境设置,实际上也相当于在 Windows 系统的操作过程。这种 Linux 系统的运行方式称为批处理方式,即 Batch 方式,其优点是可以避免每次打开软件都重复这些设置步骤,这些步骤被保存在脚本中。使用图形界面的交互方式,优点在于直观,需要记忆的选项少,缺点在于操作步骤多。当然,在图形界面中也可以保存设置环境(Session),下次打开界面后,载入保存的环境也能达到批处理的效果,但图形界面的另一个缺点是不可回避的,即因为要进行图形渲染而额外付出了算力。其实,在 Windows 系统下执行软件,也可以使用 Batch 模式,在 Linux 系统上执行软件,也可以使用图形界面,只不过它们都不是主流的做法。DC 工具也可以调用图形界面,操作步骤是先在终端输入 dc_shell,当进入 DC 工具的命令提示符后,输入 start_gui 命令。EDA 工具的运行还是建立在命令的基础上,图形界面仅仅是一个外壳(Shell),在图形界面中的鼠标和键盘操作,最终都会转换为命令,输入 EDA 工具中。每个 EDA 工具的使用者都必须熟悉命令方式和批处理方式,摆脱对图形界面的依赖。

从上文对 DC 工具命令的介绍,可以看出,这些命令大体可分为设置型和执行型两类。设置型的命令仅仅是改变工具中某个变量的值,改变后并不立即生效。设置型命令也可分为设置数值、设置路径,以及设置一个功能开关。执行型命令能够根据设置(实际上就是工具内部的变量)执行某些步骤,例如 analyze、elaborate、compile_ultra 等命令。其实,在 RTL 设计中,存在很多需要用户配置的寄存器,也可以按照设置型和执行型来定义这些寄存器。例如一个 Timer,计数到什么数值后停止,需要设置,但不立即生效,因而是设置型寄存器,用户配置一个寄存器启动了 Timer 计数,该寄存器就属于执行型,所以 EDA 的设计思路和硬件设计是相通的。DC 工具的命令还有很多,对于设计者,特别是新人而言,只需有一个综合脚本示例,掌握常用的综合命令,只有专门的综合工程师或 SignOff 工程师才需要更多地了解这些命令的具体含义,因为很多命令及其背后代表的方法在芯片研发流程的演变中已经变得不再实用,仅仅作为一种历史遗迹被保留下来,耗费大量时间去研究这些命令是没有必要的。

需要注意的是,在设置 target_library 值时,DC 工具需要的都是二进制文件 db,而某些情况下 PDK 目录中没有相应的 db 文件,例如 rom.db、ram.db,使用生成工具(见图 5-2 和图 5-3)生成的就是 lib 文件,而不是 db。这就需要用户将 lib 先转换为 db 再运行综合脚本。转换需要使用 Library Compiler 工具。先输入 lc_shell 命令进入该工具的命令行环境,然后进行两步。第 1 步是读入 lib 文件,命令如下例所示。read_lib 是命令,rom_tt.lib 是待读入的 lib 文件。读入后,工具会打印出读入的 lib 库名称,该名称在大部分情况下与 lib 文件名一致,例如本例中 lib 库名称应该是 rom_tt,但也有可能是其他名称,例如 rom_typical,这些名称都不带 .lib 扩展名。

```
read_lib rom_tt.lib
```

第 2 步是将读入的 lib 改写为 db 文件，运行命令如下例所示，其中，write_lib 是命令，-format db 说明输出的格式为 db，rom_typical 是上一步读入的 lib 库名，rom_tt.db 是输出的 db 文件名。

```
write_lib - format db - out rom_tt.db rom_typical
```

所有 db 都可以使用相应的 lib，通过上述方式得到。lib 文件往往有很多，按不同电压、不同温度、不同工艺指标进行排列组合，通常将这些条件称为 Corner，多种情况同时考虑，以提高流片后的适应范围，称为 Multi-Corner Multi-Mode，MCMM。MCMM 主要用于后端和 SignOff 阶段，在综合阶段通常考虑的是建立时间，因此，选择具有_ss 标注的 lib，表示传递延迟最大的情况，同时要选择标注电压最低、温度最高的 lib，因为高温低压情况下芯片工作是最慢的，它的建立时间最容易不满足。如果如此苛刻的条件下，时序都可以满足，则说明综合的结果比较可靠，而对于刚接触综合的设计新人，可以使用 tt（典型延迟，不快也不慢）的 Corner，电压适中、温度为室温（通常为 25℃）的 lib，方便进行练习和 Debug。

81min

7.3　时序分析基础

时序分析的全称是静态时序分析（Static Timing Analysis，STA）。所谓静态，指的是不用仿真，只以门级电路网表、门电路物理特性文件（db 或 lib）为基础，通过简单运算来分析芯片的功能是否能在流片后最终实现，分析的对象是时序。在理想情况下，STA 能够完全代替后仿，而之所以现代通用流程中 STA 和后仿都做，是由于 STA 本身局限于以寄存器为节点的分析，对于端口的约束有时会偏离实际应用需求，用后仿可以对这种情况进行补充，即所谓双重检查，以提高最后的流片质量。STA 无法代替前仿，因为 STA 无法获知芯片功能是否被正确实现，它只负责检查时序，即在芯片前仿功能正确的前提下，保证前仿和真正的芯片看到的效果是一致的。

这里有必要解释一下 DC 工具分析时序的方法和思路。较为基本的时序分析理论、计算方法和波形，已经在 2.21 节中做了阐述。本节将展开这个话题，用公式来说明 STA 的原理。

RTL 被译为寄存器传输级代码，所以寄存器才是 RTL 设计的核心，寄存器即触发器，体现的是时序逻辑，相对来讲，组合逻辑只能是配角。DC 工具分析时同样是以时序逻辑为核心来定义和分析路径的。首先是定义时序路径的概念，具体为，若电路中存在两个寄存器，分别命名为 FF1 和 FF2，FF1 的 Q 端通过组合逻辑与 FF2 的 D 端相连，则从 FF1 的 Q 端到 FF2 的 D 端就是一条路径，如图 7-1 所示。读者务必记住这幅图，在本书下面的论述中，将经常用到此图的信号名和元器件名来代替抽象的称谓。准确地说，这条路径的起点不是 FF1 的 Q 端，而是它的时钟输入端。从时钟采样的时刻到 Q 端数据输出的时刻，中间也有一段时间差,这里命名为 Tq。假设组合逻辑消耗的时间为 Tc,则整条路径消耗的时间为 Treal＝Tq＋Tc,Treal 就是信号在路径上实际消耗的时间。FF1 输出的数据,能否被 FF2 采样到,取决于两个条件。第 1 个条件是该数据到达 FF2 的 D 端时刻是否提前于 clk2 的触发沿,并且提前的时间不能少于 FF2 触发器的建立时间 Tsetup。第 2 个条件是该数据在线路上是否能一直保持不动,并能坚持到 clk2 触发沿过后的一段 Thold 时间。只要 Treal 满足了上述两个条件,就可以断定 FF1 发出的数据能被 FF2 正确采样。第 1 个条件可以写为 T1＝Tperiod－Tsetup,其中,Tperiod 为 clk1 和 clk2 共同的周期,这里假设 clk1 和 clk2 是同频同相的时钟。第 2 个条件可以写为 T2＝Thold。Treal 与 T1、T2 的正确关系是:T2≤Treal≤T1。在时序检查时,会定义余量(Slack)的概念,建立时间的 Slack＝T1－Treal,保持时间的 Slack＝Treal－T2。可见,如果一条路径满足要求,意味着建立时间和保持时间的 Slack 均为正,至少为 0。Slack 为负表示时序不满足(Violation)。WNS(Worst Negative Slack)表示所有时序不满足的路径中最差的路径,也称为关键路径,当遇到多条路径时序不满足时,应先排查关键路径。建立时间和保持时间各有一条最关键的路径。TNS(Total Negative Slack)表示全部负数 Slack 相加,以便设计者评估时序不满足的情况是否严重。若 WNS 与 TNS 接近,则说明时序基本满足,修正个别路径就可以全部满足,如果差别很大,则说明设计中存在大量时序不满足的路径,WNS 报出的只是冰山一角。

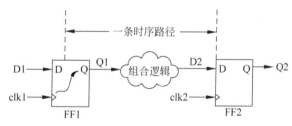

图 7-1　时序路径的定义

　　DC 工具进行时序分析的思路是首先将每条时序路径都辨认出来,然后计算出它们的 Treal、T1、T2,最后用 T2≤Treal≤T1 条件检验 FF2 是否能确定无疑地采到数值。FF1 在本次分析中称为源寄存器,FF2 称为目的寄存器。FF1 发出信号,该动作也称为 Launch,FF2 接收信号,该动作也称为 Capture。在时序分析时,既要分析 FF1 作为发出者的路径,又要分析该 FF1 作为接收者的路径,即 FF1 会是某些路径的源寄存器,也会是某些路径的目的寄存器。在一个设计中,多数触发器的 Q 端都会引出不只一条导线(多个扇出),分别引到不同触发器的 D 端,因而需要分析的路径数量很多。T1 和 T2 是时序检查的通过标准,从原理上说,除了与设计时钟频率有关外,与具体的设计无关。Treal 是根据具体设计来定的,是被测项。读者应分清标准和被测项的区别,这在复杂时序问题的讨论中非常重要。

　　在 T1 和 T2 这两个条件中,T1 的要求比较苛刻,不太容易满足,因为芯片时钟速度越来越快,导致 Tperiod 的数值较小。虽然升级工艺也会使 Tsetup 减小,但其减小的速度比不过 Tperiod,因此,工艺越先进,芯片速度越快,T1 就越小,Treal≤T1 的条件就越难满足。

T2≤Treal 条件较容易满足，在老工艺中可以看到 T2 的值为正值，随着工艺进步，在某些工艺下 T2 的值为 0，甚至可能是负值，在这种情况下，T2≤Treal 是天然满足的，因为 Treal 一定是正值。因而，综合在时序方面的任务主要是使电路满足最基本的 T1 条件，不允许有 T1 条件不满足的情况。一旦存在此类情况，综合器就会增加综合时间，开动服务器中的全部算力来解决问题。若仍然无法最终解决，综合器就会以失败结束，在报告中罗列出失败的路径。设计者处理失败路径的方法有修改时序约束、修改 RTL 等。T2 条件如果不满足，则在综合阶段不会继续努力修正，而是先忽略，直接进入版图的布局布线环节。

在计算中，各种指标的来源和出处各不相同。Tq、Tsetup、Thold 来自元器件库 db 文件，是 Foundry 可以决定的指标，其数值与 Foundry 厂商和工艺都有关系，而与设计无关。Tc 的基础也是元器件库 db 文件，例如一个组合逻辑是与门串连一个或门，要计算两者的总延迟 Tc，则 DC 工具会先从 db 文件中找到与门的延迟数据和或门的延迟数据（这里用 Ta 和 To 来表示），然后测量从源寄存器 Q 端到与门的连线长度，转换为传输延迟 Tw1，再测量从与门到或门中间的连线长度，转换为传输延迟 Tw2，最后测量从或门到目的寄存器 D 端的连线长度，转换为传输延迟 Tw3。计算 Tc＝Ta＋To＋Tw1＋Tw2＋Tw3。因而 Tc 是与设计相关的量，用了多少组合逻辑器件、这些逻辑器件的延迟各是多少、组合逻辑器件和寄存器的位置关系等因素都会影响 Tc。Tperiod 是用户输入的约束信息。

需要注意的是，在综合阶段尚未进行电路的布局布线，元器件间的距离未知，上述 Tw1、Tw2 和 Tw3 无法真正通过测量距离得到。DC 工具的办法是计算元器件的扇出数。扇出数指一个元器件的输出端会引出多少根导线到其他的元器件上。工程上发现扇出数与线路延迟存在一定的关系。扇出数越大，连线越长，线路延迟就越长，因而在读入的元器件库 db 文件中，存在一个查找表，称为线载模型表，根据扇出数可以查找到对应的线长，并可计算出线上的阻抗、电容等参数。有了阻抗和电容信息，就可以假设出某种拓扑模型来推知线路延迟。在 db 文件中会提供许多线载模型方案让用户选择。所谓线载（Wire-Load），即导线上的负载。在 7.2 节最后给出的脚本中，并没有指定线载模型及策略，用的是默认值。可以用下例所示的 DC 命令来指定线载模型，其中，set_wire_load_model 命令用于选择不同的线载模型表，其后跟表格的名称。这些名称可以从 db 对应的 lib 文件中找到，在 7.2 节已经说明了一个 db 文件必然有它对应的 lib 文件，在不存在 db 的情况下可以用工具从 lib 文件生成 db 文件。如上文所述，在查找表之后，已知阻抗和电容，可以根据某种拓扑结构来推知延迟。该拓扑结构由 set_wire_load_mode 命令给出，这里选择 top 结构，其他选择还有 enclosed 结构和 segmented 结构，其中，top 结构比较悲观（算出来的延迟大），而 enclosed 结构比较乐观（算出来的延迟小），segmented 并不常用。

```
set_wire_load_model "smic18_wl20"
set_wire_load_mode top
```

扇出数量和导线长度也代表着对发出信号的元器件的带载要求，因此，对于扇出大的元器件，综合器可能会使用带载能力强（可通过电流大）的元器件类型。在元器件库中，相同功能的元器件也会提供多个,它们的区别是带载能力。一般带载能力大的元器件可以支持的扇出数量大,但它的延迟也大,影响时序收敛。在综合或手工例化时,可以指定使用某种带载能力的元器件,但一般情况下,设计者并不知道如何指定,因此最好是使用综合器自己指定的类型。在第 2 章中介绍了手动例化的方法,目的不是为了增强驱动,而是为了其他目的,例如对时钟和复位做标记,方便在时序约束时定位到具体路径,此时,所例化的元器件一般选择中等带载能力的。

事实上,线载模型并不准确,根据线载模型计算出的 Tc 值是得怀疑的,因此,很多芯片在设计时修改了研发流程,在综合前先进行物理版图布局规划,然后进行综合,综合时不使用线载模型,而是用物理规划后的位置信息。有些设计流程是先用线载模型综合一轮,然后将综合网表用于布局布线(一般不走到精细布线环节),将得到的位置信息输到文件中(扩展名为 def),然后在综合器中输入 RTL 或上一轮的网表,以及 def 文件,进行第 2 轮综合,以便综合器可以用准确的延迟信息进行时序计算和优化。这样在综合与布局布线间来回反复可能会经历多轮,最终达到最优的综合效果及版图效果。这种方式称为物理综合,以便与基于线载模型的综合相区别。这种综合方式目前在一些 EDA 厂商开发的 IP 产品中经常使用(也是因为 EDA 厂商对自己的软件最为了解),而在一般的芯片开发领域还在推广中。对于比 90nm 更为落后的工艺,例如 180nm,线载模型的准确性还有一定保证,可以继续使用原来的流程进行研发。

上文对时序的分析和计算,逻辑上较为简单,目的是便于读者理解其基本原理,但这种分析是建立在一个理想条件下的,其条件就是图 7-1 中的 clk1 和 clk2 是完全相同的时钟信号。在实际中,clk1 和 clk2 无法做到完全相同。比它稍微困难一点的情况是 clk1 和 clk2 来自同一个时钟源,频率也相同,但是,由于它们各自所走的线路不同,从同一个源发出的时钟传播到 clk1 和 clk2 时产生了时间差,即相位差。为了定量分析该问题,这里假设 clk2 的传输比 clk1 晚 Δt 时间(FF2 的时钟不一定晚于 FF1 的时钟,实际情况要根据走线情况判断,这里只是假设如此),这个 Δt 就是第 2.24 节所介绍的 Skew。不考虑 Skew 的情况下,T1=Tperiod-Tsetup,考虑 Skew 后,T1=Tperiod-Tsetup+Δt,而 Treal≤T1 的要求仍然不变,因此,只要 Δt 大于 0,则 T1 就会比没有 Skew 时更大,Treal 满足建立时间的条件放宽了,更容易满足建立时间要求,换句话说就是允许路径上有更多的组合逻辑、更长的走线。Δt 大于 0 意味着 clk2 相位晚于 clk1,而如果 Δt 小于 0,即 clk1 晚于 clk2,则 T1 变小,Treal 更难满足建立时间。对于保持时间,需要满足 T2=Thold+Δt,对于 T2≤Treal 的要求不变,因此,当 Δt 大于 0 时,Treal 更难满足保持时间的要求,对应到实际电路就是要求在路径上延迟更长的时间,如果线路本身延迟很小,例如仅仅是一根导线,没有组合逻辑门,为了满足该延迟需求,还必须插入 Buffer 以增加额外的延迟。

由于 Skew 的存在而使 T1 改变的波形如图 7-2 所示,其信号名称与图 7-1 中的标注对应。图中,clk2 的相位晚于 clk1。A 点为原理上的 T1 点,B 点为事实上的 T1 点,Treal 为 C 点。这里假设 Treal 延迟很大,一直延迟到 A 点过后才发生,按理说并不满足 Treal≤T1 的要求,而实际上 C 点还要略早于 B 点,因而事实上满足了 Treal≤T1 的要求,这就是

Skew 的存在有助于建立时间的原理。基于该原理，原则上，在后端布局布线的 CTS 阶段本来应该完全去除的 Skew，在某些情况下值得保留，用它来帮助路径满足时序要求。在综合阶段，不具备 CTS 能力，因为 CTS 需要后端 PR 工具对时钟树进行平衡和布线，在综合时 DC 工具不做这一步，所以综合时总认为时钟线上的传输是理想的，没有借 Skew 来修正建立时间的概念。在综合阶段所设的时钟不确定性指标 Uncertainty，不是 Skew 的概念，因为该指标会将 T1 和 T2 都恶化，而 Skew 对 T1 是一种优化。

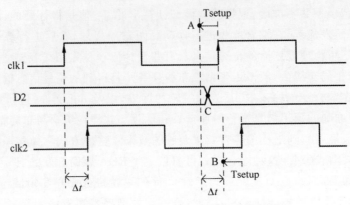

图 7-2　包含 Skew 情况的建立时间条件

由于 Skew 的存在而使 T2 改变的波形如图 7-3 所示。相比于图 7-2 展示的情况，本图在 D2 路径上的延迟要小得多，其 T1 条件很自然地满足了，而 T2 条件却遇到了困难。原理上的 T2 时间点在 A1 和 A2 处，但 Skew 导致该时间点右移至 B1 和 B2 处。Treal 的位置在 C1 和 C2 处。原本能够满足 A1 和 A2 的要求，即 T2≤Treal，但挪到 B1 和 B2 后，就不能满足了。这里需要指出的是，一条路径不可能同时遇到 T1 和 T2 两方面的困难，要么 T1 比较容易满足而 T2 难满足（如图 7-3），要么 T2 比较容易满足而 T1 难满足（如图 7-2）。上述在 PR 阶段借助 Skew 改善 T1 的做法势必会恶化 T2，但由于 Tperiod 相对于 Tsetup 和 Thold 是比较长的，那些挣扎在 T1 边缘上的路径改善一点，并不会马上导致 T2 由满足变

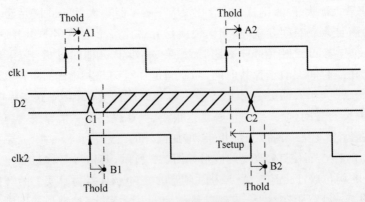

图 7-3　包含 Skew 情况的保持时间条件

为不满足,中间有很长的缓冲地带,如图 7-3 中斜杠部分所示。

虽然正向的 Skew 对建立时间有一定优化作用,但用 CTS 做时钟树平衡的目的就是要消除 Skew。原因是 clk1 和 clk2 的角色在电路中也会互换,在一种情况下有利,互换后就会变为不利,因而还是应回到最理想的状态下分析 STA 最为稳妥。时钟树平衡,意思是让时钟相位对齐,需要记住的是,该过程只会移动时钟相位,不会移动其他信号的相位。

除了 Skew,还有一个 Latency 的概念。Latency 即延迟,分为源延迟(Source Latency)和线路延迟(Network Latency)两种。若设计的时钟输入端不止一个,而且这些时钟输入端都还需要分析时序关系,就需要知道这些时钟到达设计时,已经消耗了多少延迟。注意,源延迟研究的是到达设计之前,时钟已经消耗的延迟,而不是在设计中时钟传播期间所消耗的延迟。在设计当中由于时钟传播所消耗的延迟就是线路延迟。源延迟和线路延迟共同造成了时钟到达触发器时钟端时表现出来的总延迟。既然能用总延迟来表示,为什么还要区分源延迟和线路延迟呢?因为线路延迟在设计内部,PR 工具可以根据走线和线路上的元器件,计算出线路延迟,因此在 PR 阶段,线路延迟是工具可计算的,而源延迟是工具无法获知的,需要人为估计并告知工具。注意,这里的意思是 PR 阶段线路延迟可以依靠工具得到,但综合时,由于不做 CTS,该延迟在工具中也无法计算,也由人来提供。

源延迟在不止一个时钟端口的设计中需要纳入计算,而线路延迟在任何设计中都要纳入计算。

源延迟会产生 3 个需要工具处理的点。第一,对于输入信号,需要在计算时序时,加入源延迟因素,从而判断在设计内部是否能正确采样到该信号。若发现无法正常采样,则不能通过时钟树平衡来解决问题,而是要根据情况,若 Capture 时钟到达过迟,则需要对输入信号进行延迟,若 Capture 时钟到达过早,则需要延迟 Capture 时钟。第二,对于输出信号,要考虑在设计之外,该信号是否能被采样到。若发现无法正常采样,则只能延迟设计内的 Launch 时钟相位,或延迟输出信号。第三,对于内部信号,会用时钟树平衡的方式将两个时钟相位对齐。

线路延迟在工具中只需用时钟树平衡的方法将其在路径中表现出来的 Skew 消除,因此,Skew 一般说的是由线路延迟和源延迟的第 3 种类型构成的路径时钟相位差,可以用时钟树平衡的方式消减或少许保留。

除了相位上的 Skew 和 Latency,频率也是一个变量。clk1 和 clk2 的时钟可以不同频。这里将问题分为 clk1 慢 clk2 快及 clk1 快 clk2 慢两种情况分别讨论。前者可以简称为慢发快采,后者可以简称为快发慢采。为了简化讨论,先不考虑 Skew 因素。

一个慢发快采的波形如图 7-4 所示,其中,clk1 的周期是 9ns,clk2 的周期是 6ns。其初始相位是对齐的。工具获得这两个时钟后,会自动对其进行扩展,一直扩展到能找出重复的规律为止。从图中可以看出,两个时钟的触发沿,A 和 E 是对齐的,C 和 H 也是对齐的,并且从 A 到 C 的波形与后面的波形完全一致,说明从 A 到 C 的范围具有充分的概括性,再往后就是重复的了。工具只需分析从 A 到 C 的范围。这里称从 A 到 C 的范围为分析范围。一般来讲,分析范围就是 clk1 周期和 clk2 周期的最小公倍数,例如本图中,clk1 和 clk2 周期的最小公倍数是18ns,说明clk1画两个周期即可,同时,clk2画了3个周期。在前文中没有引入分析范围的概念,是因为当clk1的周期等于clk2时,分析范围就是一个周期,已经有周期的概念就没必要引入分析范围的概念,但对于频率不同的情况,用分析范围的概念可以划清时序分析的边界,在分析范围内看时序,就足以概括全部时序情况。如果clk1和clk2的周期是互质的,例如clk1的周期为43ns,clk2的周期为13ns,两者除了1之外没有其他公因数,那么最小公倍数就是559,相当于13个clk1周期,43个clk2周期,这样分析起来较为烦琐,因此,在选取时钟频率时应尽量避免选择两个互质的时钟频率。

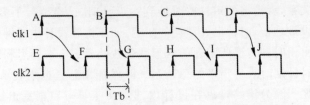

图 7-4　Launch 时钟慢且 Capture 时钟快的波形

　　观察图7-4分析范围的Launch和Capture过程,可以发现两处。一处是从A发出,在F采样。另一处是从B发出,在G采样。工具会找其中时序最难满足的一处进行分析。时序难以满足,也称为时序紧张,在图中显然是从B到G的过程时序更紧。这里的时序指的是建立时间。上文中介绍T1的计算公式为T1=Tperiod－Tsetup,前提是clk1和clk2拥有相同的频率,Tperiod即为两者共同的周期。实际上,T1的真正算式为T1=Tb－Tsetup,其中,Tb指clk1的触发沿与其在右边相邻的clk2的触发沿的距离。之所以原来将Tb写为Tperiod是因为两者刚好是同一个值,而对于图7-4,两者并不相同,因此,这里只能写成Tb。Treal算法不变,仍然是从B沿出发,延迟Tq＋Tc。最终判断Treal是否小于或等于T1。

　　关于图7-4中数据的保持时间,仍然需要观察分析范围内的Launch和Capture行为。数据从clk1的A沿发出,经过Treal才到达FF2的D端。在clk1用A沿拍出新的数据之前,旧数据在从A沿到Treal的过程中仍然保持在FF2的D端不变,直到Treal后被新上的数据所取代。clk2的E沿负责采样这个旧数据,它的保持时间T2=Thold,判断E沿是否能成功采到旧数据,仍然需要判断Treal是否大于或等于T2,因此,T2、Treal的计算,以及判断标准,都同clk1与clk2同频时一致。再分析clk2的F沿,它负责采样由clk1的A沿拍出的新数据,保持时间计算的是在F沿以后数据还能保持的时间,很显然,在F沿后数据还能一直保持到clk1的B沿,再加上B沿发数据也有一个Treal时间,因此,F沿在保持时间方面不如E沿的时序紧张。接下来的G沿也和F沿一样,都不如E沿紧张。综上,分析保持时间的位置应该在E沿,因为它的要求最苛刻,时序最紧张,而E沿的要求也仅仅是与clk1和clk2同频时一致,因此,clk1和clk2各自的频率及两者之间的频率关系,不会影响保持时间的分析,即保持时间与任何时钟的频率都无关。

　　有细心的读者可能会问:"为什么A沿发出的数据不能用E沿来采,而一定要用F沿来采?"从本质上说,这是一条规则,当设计RTL时,就假设由F沿采,当进行前仿时,看到的也是 F 沿采,因此,设计功能正确的前提就是 F 沿采。后面的步骤,包括综合和 PR 都是 RTL 的具象化,其目的是具象以后功能仍然不变,最好和前仿一致,那么它的努力方向也是让 F 沿采,并避免 E 沿采。避免方法就是先进行时钟树平衡,使 E 沿和 A 沿基本对齐,然后进行时序路径分析。

继续观察图 7-4,可以发现,从慢到快的传输不仅有时序问题,还有逻辑问题,因为它可能会导致重复采样。A 沿数据在 F 沿采样,B 沿数据在 G 沿采样,在 H 沿又采了一次,这便是重复采样。其结果是,发出方本意为传输数据 1、2、3,接收方收到的却是 1、2、2、3,而且它认为发出方发送的数据就是 1、2、2、3,这种沟通不畅会导致功能错误,因此,从慢到快的采样最本质的问题不是时序问题,而是逻辑问题,如何在接收端还原发送端原本想传递的信息才是最重要的,这就需要在 RTL 逻辑设计中做保证,而图 7-4 仅仅是该逻辑设计中的一个片段,并非全部,所以设计者千万不要有用时序方法能解决一切的思想,很多问题先从 RTL 角度考虑,其次才是时序。另一个时序不能代替 RTL 的例子是 6.1 节讲过的 SPI 数据回读问题,即回读会引入双倍的线路延迟,导致 Master 在该采样的地方可能采不到数据,向后延迟一段时间才能采到。从时序角度出发解决问题的办法是尽量将线路延迟缩小,使 Master 在该采的地方能采到数据,或者在 Master 的回读链路上,再复制一条 SCLK,它比原本的 SCLK 要延迟一个 Skew,这样就可以做到延迟采样,但是,线路延迟并不是想缩短就能缩短的,特别是 SPI 接口一定会经过引脚,它是电路中延迟最大的部分,而且是必需的,无法去除,而复制 SCLK 并加入人为 Skew 的思路也有明显问题,就是 Skew 无法加得很大。时序上加延迟往往小于 1ns,一般以 ps 作为单位,如果回读的延迟超过 1ns,就要插入很长的 Buffer 链,导致面积明显增加,逻辑结构和代码的可维护性都会降低。最主要的问题是不够灵活,如果回读延迟有所改变,例如增加了 0.5ns,或者减少了 0.1ns,这种固定延迟的 Buffer 根本无法适应,仍然会采错,因此,合理的思路是在 RTL 中进行修改,通过在 Master 内部驱动时钟中选择采样沿来灵活掌控采样位置,这个选择是可以通过寄存器配置的。哪些问题可以由时序解决,哪些问题必须从 RTL 设计上解决,其界定标准是看原理和问题出现的时间范围。图 7-4 反映的从慢到快过程,本质上就无法避免重复采样,因此,这是一个 RTL 问题。SPI 回读延迟是一个纳秒级的问题,延迟的量以纳秒计算,所以也是一个 RTL 问题,而 Tq、Tsetup、Thold、Skew 等数值,一般为皮秒级,处理这些问题就可以用时序方式,即用 EDA 工具来解决。

再来用上文介绍的方法讨论快发慢采的情况,如图 7-5 所示。为了方便讨论,此图仅在图 7-4 基础上将 clk1 和 clk2 的位置进行了互换,clk1 的周期是 6ns,clk2 的周期是 9ns,最小公倍数仍然是 18ns,相当于 3 个 clk1 周期,由此确定了分析范围是从 A 沿到 D 沿,不包括 D 沿,因为 D 沿是 A 沿的周期性重复。

在图 7-5 的分析范围内,有 B 沿的数据被 H 沿采,以及 C 沿的数据被 I 沿采。看图可知,前者的建立时间最紧张。假设两个沿的距离是 Tb,则仍然有 T1 = Tb − Tsetup,如果难以满足 Treal ≤ T1 的条件,则不要勉强,将其改为异步跨时钟域处理即可。对于保持时间的分析,时序最紧张的是 G 沿,而且算法仍然是 T2 = Thold。

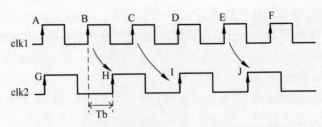

图 7-5　Launch 时钟快且 Capture 时钟慢的波形

　　图 7-5 中出现了数据丢失的情况，从 A 沿发出的数据，没有任何 clk2 时钟沿接收，实际上就是丢弃了。该现象很正常，因为快发慢采必然导致数据丢失，就如慢发快采必然导致数据重复采样一样。正常情况下是不允许数据丢失的，处理该问题的方法仍然是修改 RTL，最重要的是控制 clk1 上数据的频率。正常发送频率与 clk1 自身频率相同，每一拍发一个数据，但快发慢采时必须降速，这样才能让 clk2 采样时数据不丢失。降速是按整数倍降的，例如，每两个 clk1 沿发出一个数据，或每 3 个 clk1 沿发出一个数据。图中，如果是两倍降速，则可以选择由 A 沿发数据，B 沿不发，接下来 C 沿再发数据，D 沿不发，但需要注意的是，分析范围与其说是由 clk1 和 clk2 的时钟周期来确定的，倒不如说是由两者的数据周期来确定的，因此，数据分频后，需要按照数据的周期重新确定分析范围。clk1 的周期是 6ns，数据是 clk1 的二分频，其周期为 12ns，clk2 采样周期不变，仍然是 9ns，所以最小公倍数是 36ns，即 clk1 需要画出 6 个周期才能概括全部情况，如图 7-6 所示。图中，A、C、E 沿发出数据，由 H、I、J、K 沿采样数据。

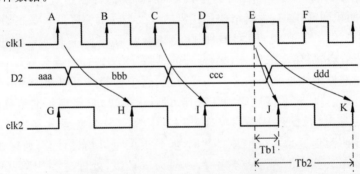

图 7-6　快发慢采情况下对 D2 的降速

　　再次分辨建立时间的紧张程度，可以发现，从 E 沿到 J 沿时序是最紧张的，两者距离为 Tb1，因此，T1＝Tb1－Tsetup。细心的读者可能会发现，J 沿的目的是采数据 ddd，而 K 沿也可以采 ddd，因此，J 沿不满足时序条件也没关系，只要 K 沿能采到即可，所以建立时间标准：T1＝Tb2－Tsetup，这样分析对吗？其实是有隐患的。虽然 K 沿确实能采到 ddd，但也无法阻止 J 沿发生采集 ddd 的动作，它做出了动作却未能采到，势必会在输出端产生亚稳态，一直持续到 K 沿用新的数据替换为止。分析时序的目的就是为了避免亚稳态，因此，这里无法绕过 J 沿采样的特殊性而单独讨论 K 沿采样。

为了真正能够绕过 J 沿的时序紧张部分,彻底解决时序问题,需要在 clk2 采样 D2 时为它配备一个采样使能信号 D2_vld,其波形如图 7-7 所示。其实 D2_vld 信号应该在 clk1 上生成,这是在收发两端无速率差异情况下的常规做法,但由于现在的场景是有速率差异,因此,D2_vld 就改在 clk2 上生成。注意,D2 降频后,在综合器看来,原来的 B、D、F 沿都是多余的,在综合时会在触发器的时钟输入端加入门控,将这些无效沿屏蔽,因而图中只画出了有效的 A、C、E 沿。可见,所谓的快发慢采,最终还是变成了慢发快采。这是一条重要规律,即快发慢采,需要转换为慢发快采,再由慢发快采最终变为同频率采样。当然,如果 clk1 和 clk2 是整数倍分频关系,则可以由快发慢采直接变为同频采样。对于本图中的场景只能先转换为慢发快采,将 clk1 周期降为 12ns,clk2 周期仍然是 9ns。

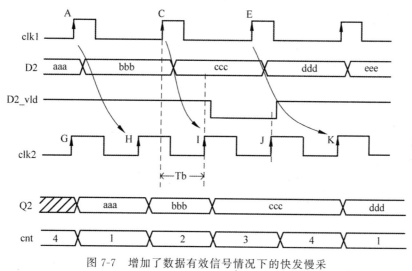

图 7-7 增加了数据有效信号情况下的快发慢采

描述该采样过程的示例代码如下,其中,Q2 的值取决于 D2 和 D2_vld 的共同作用。在图 7-7 中,该寄存器在 J 沿处将看到 D2_vld 为 0,于是它就可以避免在 J 沿采样 D2,从而避开时序不满足的隐患。

```
always @(posedge clk2 or negedge rst_n2)
begin
    if (!rst_n2)
        Q2 <= 8'd0;
    else if (D2_vld)
        Q2 <= D2;
end
```

在综合时,只要在 compile_ultra 步骤上加入 gate_clock 选项,工具就会自动识别上述 RTL,并在 clk2 进入该寄存器的支路上插入时钟门控,如图 7-8 所示,所以并非 D2 与 D2_vld 组成组合逻辑,共同作用在 D端,而是 D2_vld 与 clk2 组成组合逻辑,共同作用在时

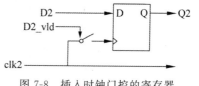

图 7-8 插入时钟门控的寄存器

钟输入端,这样可以使 clk2 的 J 沿不出现。因而,Q2 上不会出现亚稳态。

D2_vld 是否需要在 clk1 上产生,然后传播到 clk2 上呢? 对于 clk1 和 clk2 相位关系明确的情况是不需要的,它可以在 clk2 内部自发地产生。如图 7-7 中声明了一个计数器 cnt,由于分析范围相当于 clk2 的 4 个周期,所以将 cnt 设定为 1 到 4 循环。每经过一个 clk2,计数器加 1,当数到 3 时,D2_vld 自动变低即可。

这样,图 7-7 中最紧的时序是从 C 沿到 I 沿,间隔为 6ns,T1＝6－Tsetup。

用 RTL 处理了主要的采样问题,但是,在时序检查时,会不会再次找出 E 沿和 J 沿,作为最短路径进行分析呢? 是可能的。为了避免这种情况,可以使用两种办法。当 clk2 的频率是 clk1 数据速率的两倍及以上时,可以用 multicycle 约束,拓宽 Tb 的范围。在图 7-7 中,clk1 原本的周期是 6ns,而它的数据是分频后的,数据周期是 12ns。clk2 的周期是 9ns,clk2 的频率是 clk1 实际频率的 1.3 倍,不到两倍,不能使用 multicycle 约束。此时,可以使用第 2 种方法,即定义时钟波形法。综合工具支持用户向它灵活地描述时钟波形,设计者可以将波形描绘得如图 7-9 所示,这样在检查时只会检查最紧的 C 沿到 I 沿的情况。

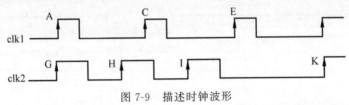

图 7-9　描述时钟波形

综上所述,可以得出时序处理和时序分析的一般规律,总结如下:

(1) 建立时间标准 T1 的计算方式为 T1＝Tb－Tsetup＋Skew,其中,Tb 为 clk1 与 clk2 的触发沿间的最短距离。如果两个时钟沿同时发生,则不能认为 Tb 为 0,而是要向后找下一个 clk2 的沿。若 clk1 与 clk2 同频,则 Tb 恰好为 Tperiod,因此,这是一种特例。在电路分析中,绝大多数路径符合这种特例。

(2) 保持时间标准 T2 的计算方式为 T2＝Thold＋Skew。在判断保持时间时,不讨论 clk1 和 clk2 的频率关系,除非使用了 multicycle 约束使 T2 的运算不符合这一算式,才需要再使用一个 multicycle 来恢复算式的有效性。

(3) 路径的实际延迟,其计算方式为 Treal＝Tq＋Tc。Treal 的计算与 clk1 和 clk2 的频率无关,与时钟的 Skew、Jitter 也无关。它只是单纯地从 clk1 的触发沿开始,将组合逻辑的延迟累加而已。

(4) 建立时间通过的标准为 Treal≤T1,保持时间通过的标准为 T2≤Treal。T1 和 T2 实际上是对 Treal 的限制条件,当 Treal 满足条件时,时序通过。所谓时序通过,指路径上的 FF2 能正常采样 D2,而不出现亚稳态。

(5) 将 Skew 定义为时钟的相位差。严格地说,Skew 不是指 clk1 和 clk2 之间的相位差,而是单纯指 clk2 与其理想值之间的相位差。换而言之,Skew 是一个时钟自身的物理量,相位差和延迟在这里是同一个概念,如果没有延迟,就不会产生相位差。之所以经常以 clk1 和 clk2 之间的相位差作为 Skew,是因为在时钟树平衡之后,clk1 就是 clk2 的理想值,前提是 clk1 和 clk2 是同频的,但在快采慢和慢采快的场景中,clk1 不能作为 clk2 的理想值,此时才显示出 Skew 的本质。

(6) 在分析一条路径的时序时,不论快发慢采、慢发快采,还是同频采样都先计算分析范围。具体确定方法是两个时钟的数据周期的最小公倍数。分析范围之外的全部情况都是分析范围内情况的重复。数据周期是指该时钟上数据发送的周期,该周期可能与时钟周期相同,也可能慢于时钟周期。

(7) 一切快发慢采都会造成数据丢失,需要将其先转换为同频采样(clk1 和 clk2 刚好是整数倍关系),或慢发快采(分析范围在此确定),最后到同频采样。一切慢发快采都会造成重复采样,最终也要转换为同频采样。同频采样所用的频率就是已经减慢的 clk1 的频率。整个转化过程由 RTL 完成,综合工具不参与,但在进行时序检查时,还可能会分析出 RTL 改造前的紧张时序。若慢发快采可以保证每个发出的数据都被两次以上采样,则可以用 multicycle 进行约束。若快采的次数不足发射数据的两倍,则说明有些数据仅被采了一次,有些数据会被采两次,被采的次数不确定,则可以使用特殊的时钟波形声明来告诉工具真实的时钟模样,防止出现不必要的紧张时序。

(8) 为了简化时序收敛过程,当遇到快发慢采,或慢发快采,并且 clk1 和 clk2 不是整数倍分频时,有时会选择将两个时钟作为异步时钟处理(详见 2.23 节)。这样,以 RTL 的复杂度为代价,避免了可能的时序约束错误,简化了约束和检查过程。

(9) 若 clk1 和 clk2 为整数倍分频关系,则在设计中应尽量不新建时钟,而是使用有效信号让综合器自己靠插入门控来产生时钟(详见 2.38 节)。这样做的好处是时序约束少,不用声明分频关系,工具自动会进行分析。代码的逻辑性也更强。对于仅有一个时钟输入源的简单设计来讲,尽量在代码内部始终保持一个时钟是简单又方便的选择。

(10) 即使 clk1 和 clk2 不是整数倍分频关系,例如 clk1 是 9ns,clk2 是 12ns,但如果它们也都由同一个时钟源(例如 3ns)分频而来,也遵循上面的规律,则应尽量使用公共时钟编写时序逻辑,使用有效信号 vld 代替分频关系。

(11) 若 clk1 和 clk2 的时钟不是设计内的同源时钟分频,而是在设计之外,例如,由模拟模块提供,则虽然它们的相位情况是可测量的,但温度、电压等因素的影响必须考虑在其中,其相位的关系可能并不是十分精确的。此时处理的方法,要么就是留下足够的时序余量,要么就将两个时钟作为异步时钟进行处理,这样稳健性更强。

(12) 只有对采样时间有着严格要求的设计,才需要进行特殊的同步采样操作,而不能使用异步跨时钟域采样。因为异步跨时钟域采样的方式,采样相对较慢,最起码要多次打拍来消除亚稳态。

(13) 认识时序是一个循序渐进的过程。首先从分析同频同相的简单时钟开始,这也是芯片中最多遇到的情况,然后加入 Skew 的考量。接下来可以分析整数分频时钟,即 clk1 和 clk2 是整数分频关系。最后可以分析任意关系的 clk1 和 clk2 的时序。

在上文为时序路径下定义时,只说明两个寄存器中间为时序路径,那么从片外引入的信号,或者设计的输出信号,是否就不受时序约束了呢?当然不是。DC 工具为了将这部分电路也纳入时序分析范围，特意扩展了定义，将设计内部从寄存器到寄存器的路径概念扩展为包括片内片外的所有寄存器，如图 7-10 所示。图中，FF3 到 FF4 的路径，全部处在数字设计边界内，是典型的时序路径。FF1 到 FF2 的路径中，只有 FF2 在设计边界内，也算是时序路径。同理，FF5 到 FF6 的路径也是。可以将 FF1 到 FF2 的路径定义为输入路径（in2reg），将 FF5 到 FF6 的路径定义为输出路径（reg2out），将 FF3 到 FF4 的路径定义为内部路径（reg2reg）。这样的分析使组合逻辑也不再区分设计内外，凡是一条路径上的组合逻辑，如果在片外有一部分，片内还有一部分，则仍然作为一个统一体进行分析，例如图中设计的边界切分了两边的组合逻辑。必须指出的是，这样的分析十分理想化，分析者必须已知片外FF1 的时钟 clk1，以及 FF6 的时钟 clk6，而且还必须了解片外组合逻辑的延迟要求。这些要求，在大多数情况下是无法获知的。另外，该模型也否认了有其他非数据信号输出的可能性，例如输出的是一个片内的时钟信号，该信号应做何种约束？在时序规定中并没有指明，所以对于某些没有时钟的信号，例如信号本身就是时钟信号，或者在设计内是纯组合逻辑，没有用时钟打过拍，不知道它属于什么时钟域（如本图中 FF7 和 FF8 之间的信号），在约束时都需要设置一个虚拟时钟。虚拟时钟不是真实存在于设计中的时钟，用该时钟对那些没有归属的信号进行约束。在本图中，需要虚拟 clk1、clk6、clk7、clk8 等 4 个时钟，而 clk2 到 clk5 是设计中真实存在的时钟，不需要虚拟。FF7 到 FF8 的路径定义为输入/输出路径（in2out）。

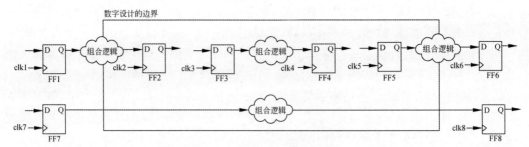

图 7-10 时序路径概念的扩展

对于端口的时序分析，不必引入新的算法工具，只用上面提到的老方法，计算 T1、T2、Treal，并比较其大小即可。难点在于片外的触发器的参数，例如 Tb、Tsetup、Thold 等参数不如设计中数字元器件参数那样容易查找，并且片外的组合逻辑究竟有多长，不易确定。在工程实践中，如果不能确定，就使用经验值，即抛开实际的连接情况，人为地指定这些值，简单来讲，就是 FF1 的 Tsetup、Thold、Tq 等参数设置与片内 FF2 一致。clk1 认为与 clk2 同频同相。由 T1 倒推 Treal，即 Treal = Tperiod − Tsetup，然后设定设计外组合逻辑占了整个 Treal 的 60%，设计内组合逻辑占 40%。具体的约束对象是片外组合逻辑的长度，其计算方式为 $0.6 \times \text{Treal} = 0.6 \times (\text{Tperiod} - \text{Tsetup})$，或者直接设置为 $0.6 \times \text{Tperiod}$。

读者可能会产生这样的疑问：既然 DC 工具可以分析时序，那么，设计者了解时序分析的意义何在？一个设计中，成千上万条时序路径，也不是靠人工能够分析出来的。设计中懂得时序分析的过程和计算方法，有两种意义。第一，使设计者有能力编写时序约束文件。如果不了解时序知识,不知道工具需要哪些参数,就不会编写出与设计相匹配的时序约束文件,自然就不会得到合理的时序分析结果。第二,工具报出时序问题后,需要设计者分析。例如,工具报出 T1(在工具中称为 Data Required Time)及 Treal(在工具中称为 Data Arrival Time),并报出了负数的 Slack,设计者必须根据 Treal 和 T1 的定义逐步分析路径上的 Tq、Tc、Tperiod、Tsetup,判断其中是否存在明显异常。若为明显异常,例如 Tperiod 显示与约束文件不符,就要检查其他时钟约束,看是不是工具错误地将其他时钟传入本路径中了(在多时钟 MUX 设计中经常出现)。若并无明显异常,所有的数值都显示正常,但 Slack 却是负数,说明时序确实紧张,则要么修改 RTL,缩短 Tc,要么降低对芯片速度的要求,增大 Tperiod,或者改一个更好的工艺,缩短 Tsetup、Tq 和 Tc。这些步骤和方法都基于对时序的完整理解,因此,学习时序分析是很有必要的。

　　DC 工具的时序分析功能和电路综合实现功能是什么关系呢? 时序分析的目的是得到一个时序正确的电路实现,所以工具一边实现,一边会分析实现后的电路的时序。当它发现某条路径有问题后,会调整该路径的实现方式,例如更换其他功能的元器件、更换驱动能力稍弱但功能相同的元器件、删除一些重复的路径、复制一些公共路径等。最后,若全部路径符合时序约束要求,则将停止并输出结果,若经过多轮迭代仍无法符合全部的时序要求,则会停止并输出结果,等待设计者修改约束和设计。

7.4　时序约束

23min

　　设计者不仅要通过 RTL 将设计的功能告诉综合器,还需要写时序约束文件将设计对时序的要求也告诉综合器,所以,RTL 与时序约束文件都是设计者与综合器沟通的媒介,用来传递设计思想。有经验的设计者不会把综合器当作机器或软件,而是将其当作一个人。他听不懂正常的语言,需要用特殊格式的语言和文字与他对话。设计者向他提供的信息越多、越全面,他对设计的理解就越深刻,综合或者布局布线出来的结果也就越好,因此,在约束时,特别是在为布局布线和 SignOff 进行约束时,应该做到事无巨细,将所有的设计细节,特别是时钟树细节,全面详细地告诉工具,让工具理解。这样,它的时序分析才能不出错。

　　时序约束文件的扩展名为 sdc,在综合的脚本中引入 sdc 的位置在 compile 步骤之前,因为编译时会用到这些数据,具体的读入步骤和命令详见 7.2 节。

　　时序约束的命令和语法由综合工具规定。在早期,不同 EDA 厂商的约束命令都不兼容,但目前多数 EDA 厂商的约束文件都已统一为一套命令,这就是 sdc 约束命令,甚至 FPGA 的开发工具也支持同样的 sdc 命令。这使同一套设计、同一个约束,可以在不同厂商的 EDA 中使用,经过简单修改后,也可以应用于 FPGA,大大减轻了设计者的学习负担。

　　常用的时序约束命令见表 7-2。对于初学者来讲,约束命令条目数量多,每条命令下的选项多,释义复杂,专业术语和简写随处可见,并且其内容涉及时间参数、驱动能力、功能设置、功能限制等多个方面,要想全面了解这些概念,需要广泛的数字、模拟及 EDA 软件方面的知识,因此,对于主业为设计,综合工作仅止于简单参与的工程师来讲,只需掌握其中基本的命令和选项。实际上，大多数工程师会有一套自己常用的脚本，对于不同的项目，只要修改脚本中的一部分设置，其他设置都延用即可。

表 7-2　常用时序约束命令

分　类	命　令	说　明
时钟约束	create_clock	声明一个端口时钟
	create_generated_clock	声明一个设计内部产生的时钟
	set_clock_uncertainty	告诉工具时钟的不确定性，即 Skew 和 Jitter 的联合效果
	set_clock_latency	设置时钟的延迟
	set_clock_groups	对所有用 create_clock 和 create_generated_clock 命令声明的时钟进行分组，以确定它们是否有同步异步之关系
综合限制	set_dont_touch	阻止工具替换某个元器件及其名称
	set_dont_touch_network	阻止工具在线路上替换、增加、删除元器件
时序豁免与路径选择	set_ideal_network	设定某些信号的传输线是理想的，无须计算它们的延迟
	set_false_path	设定不需要进行时序分析的路径
	set_case_analysis	只选择一种情况进行时序分析，其他情况不分析
	set_multicycle_path	移动时序分析的位置
延迟约束	set_input_delay	告诉工具输入端口的延迟
	set_output_delay	告诉工具输出端口延迟
	set_max_delay	设置某一段路径的最长延迟

在各种时序约束命令中，时钟是时序分析的重中之重，设计者需要将设计中的时钟信息完整清晰地告诉工具，因此，时钟方面的命令尤其多。所有时钟约束都属于通知类命令，即以告诉工具某种设计信息为目的，对工具本身没有提出要求。综合限制是对工具本身的要求，它限制了工具的综合范围，不允许它在设计时更换某些元器件及调整 RTL 中元器件的名称。时序豁免与路径选择也是对工具的限制，它限制了工具进行时序分析的范围，即设定某些路径不进行分析，或者改变分析方法。延迟约束是通知类命令，目的是告诉工具路径的延迟要求，并不限制工具的行为。

create_clock 用于声明一个从外部进来的时钟，该声明可以使工具知道设计中谁是时钟。约束语法如下例所示。-name 是设计者为时钟取的名字，该名字在综合工具中使用，可以与 RTL 中的名字不同。-period 是该时钟的周期，单位是 ns。-waveform 是该时钟的形状描述，本例在列表中放了 0 和 100 两个数，0 表示波形从 0ns 开始变为 1，100 表示从100ns 开始变为 0。如果还想描述更为复杂的波形，如图 7-9 中的 clk2，则可以在列表中增加数值项来补充说明。一般在时钟声明时，会以 0ns 作为高电平的起点，但也可以设成其他时间。设成其他时间的目的是定义多个输入时钟之间的相位关系。get_ports 也是一条命令，用来寻找设计中的端口，相当于用鼠标拖曳选中一个端口。脚本中是不可以使用鼠标的，但可以模拟鼠标动作，这种选择设计中某些元器件和线路的做法就是在模仿鼠标动作。get_ports 后的 CLK 是 RTL 中的时钟输入端口名称，使用列表符号括住它是一种习惯，因为 get_ports 也可以选中一组目标，常常将这些目标都放在列表中，这里虽然只有一个目标，使用列表方式也并不为错。-add 选项后面不跟参数,指的是在端口 CLK 上如果声明了多个时钟,这些时钟要加-add 来表示重复声明。为什么会在同一个时钟端口上声明两个时钟呢? 有时在一个端口上可能会通入几种不同波形的时钟,这种用法在内部时钟声明中更为常见,特别是对于较为详细的时钟描述而言,这一点将在 7.5 节介绍 PR 时钟约束时得到体现。需要注意的是,如果命令难以容纳在一行内,则可使用反斜杠换行,但切忌在反斜杠后面再加字符,例如空格,虽然看不到,但编译时会出错。

```
create_clock – name clk – period 200 – waveform {0 100} – add \
[get_ports {CLK}]
```

有些时候,需要设定一个虚拟时钟,即内部本来不存在该时钟,但时序检查时需要用。例如一些外来输入信号,其时钟并没有与信号一起输入设计中,但该信号的时序需要检查,此种情况可将它的时钟设为虚拟时钟。当有输出信号需要被片外的另一个时钟采样时,也可以设虚拟时钟来代表采样时钟。虚拟时钟的声明方法如下,与普通时钟声明的区别仅仅是没有指明具体的产生端口。

```
create_clock – name clk – period 200 – waveform {0 100}
```

create_generated_clock 用于声明内部时钟,即在设计中,内部新产生的时钟,它们是由端口时钟衍生出来的,例如分频时钟。要注意,在数字电路中一般不会出现新产生的时钟为源时钟的倍频时钟,因为数字电路很难做到 PLL 那样的倍频功能。约束语法如下例所示。-name 仍然是给时钟取名,该名称在综合工具中使用,可以与 RTL 中的名称不同。-master_clock 用来说明它的源头,即它是由哪个端口时钟产生的。-source 用来指明产生的端口。下例中,新产生的 freeclk,其源头时钟是 clk,它在 RTL 中的端口名是 CLK。初学者常常会认为 master_clock 与 source 有意义重复之嫌,实际上,将源头用 master_clock 和 source 两个选项分别指明有其深意。在较为复杂的时钟约束中,一个 source 位置,可能声明了多个时钟,具有多个不同的名称,那么,新产生的 freeclk 究竟是由哪一个时钟分频而来的,需要由 master_clock 指明。

```
create_generated_clock – name freeclk – master_clock clk \
        – source [get_ports {CLK}] \
        – add   – edges {1 3 7} \
        [get_pins {u_clkCtrl/bai_freeclk_buf/Z}]
```

-edges 选项指明了该时钟相对于源时钟的形状。本例声明的 freeclk 波形如图 7-11 所示。源时钟 clk 的每个沿都带有标号,并且标号从 1 开始计。-edges 选项带的参数是{1 3 7},意思是在 clk 的 1 号沿变高,在 clk 的 3 号沿变低,在 clk 的 7 号沿再次变高。可见,{1 3 7}实际的

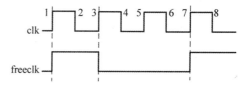

图 7-11 create_generated_clock 的 edges 选项释义

意思是在 clk 的基础上进行 3 分频,占空比为 1/3。如果是简单的分频,则可以用-divide_by 选项来代替-edges,但建议使用-edges,因为它更灵活,能够表示更为复杂的时钟波形,而且简单的分频也能够表达。

[get_pins {u_clkCtrl/bai_freeclk_buf/Z}]指明了时钟产生在一个引脚上。

-add 选项在 create_clock 命令中介绍过,这里建议对所有内部时钟声明都加上该选项。因为加上后不会造成错误,但如果不加,则在一个 pin 上声明了多个时钟的情况下,声明就会无效,而且,不同厂商的 EDA 工具对语法的严格程度不同,例如,PR 用 Cadence 的 Innovus,它在读入 sdc 后检查更严格,要求 create_generated_clock 后加-add。

set_clock_uncertainty 命令用来定义时钟的不确定性。前文提到过时钟传播过程中存在很多影响相位的因素,如 Skew、Jitter 等,还有一些其他因素,例如时钟从源头到达设计,其延迟带有一定的不确定性,可以统一用 set_clock_uncertainty 命令来对它们的总体效果进行设置。该设置的目的是使时序悲观化,即对建立时间和保持时间进行恶化,使其更不容易满足。

在约束时,建立时间和保持时间分开约束。建立时间的不确定性约束如下例所示。使用-setup 表示对建立时间的约束。后面的 get_clocks 的意思是选中某个时钟。这里的 6 表示 6ns,即对建立时间的恶化为 6ns。

```
set_clock_uncertainty - setup 6 [get_clocks clk]
```

保持时间的不确定性约束如下例所示。选项-hold 表示保持时间。这里的 0.3 的单位是 ns,即对保持时间的恶化为 0.3ns。

```
set_clock_uncertainty - hold 0.3 [get_clocks clk]
```

对建立时间和保持时间的恶化体现在 T1、T2 两个标准上,而不是 Treal 上。T1 计算变为 T1 = Tb−Tsetup−Tuncertainty_setup,T2 计算变为 T2 = Thold + Tuncertainty_hold,其中,Tuncertainty_setup 和 Tuncertainty_hold 分别代表用户设定的建立时间和保持时间的不确定性。可以看出,受不确定性的影响,T1 缩小,T2 增大,而验收标准 T2 ≤ Treal ≤ T1 不变,则 Treal 的范围变窄了,更容易不满足时序要求。只有在这种苛刻条件下都能检查通过的电路,在遇到真正的时钟问题时,才有能力抵抗得住,保持芯片的正常功能。

建立时间不确定性的具体设定方法在不同厂商那里莫衷一是,但总体来讲,它的数量级较大,与时钟周期呈线性关系。有些厂商直接在时钟周期的基础上加入一个比例,有些厂商在给时钟周期加入一个比例系数之后,再加上 Skew 和 Jitter 的估计值,而有些厂商只加了 Skew,而将 Jitter 放在 set_clock_latency 命令中约束。这些方法都没有对错之分,因为该不确定性本身就是一个粗略的评估值,只有在 PR 后才能确定。设计者只需设定一个适中的值,不要设得太小,将许多时序问题转移到 PR 中解决,也不要太大,使综合很长时间都难以收敛。下面给出一个使用时钟比例作为约束的例子,其中,$PERIOD 是 TCL 声明的时钟

clk 的周期变量,这里指定它有 20% 的周期相位是不确定的。这样设置比较激进,因为一般时钟的不确定性在 10% 以内。

```
set_clock_uncertainty - setup [ expr $PERIOD * 0.2 ] [ get_clocks clk ]
```

保持时间不确定性一般是一个不随周期变化的常数。有些厂商会设定估计的 Skew 值,有些厂商会在 Skew 基础上再加入负向的 Jitter。在这里并不存在绝对标准。

不确定性对于 create_clock 命令声明的端口时钟一定要设置,而对于 create_generated_clock 命令声明的内部时钟则可以不设置,因为这些时钟的不确定性继承自它们的源时钟。

命令 set_clock_latency 是用来约束时钟传输时延的。在第 7.3 节已经说明时延包括源延迟和线路延迟。假如已经用 create_clock 命令声明了一个时钟 clk,声明位置是端口 CLK,而这个 clk 的真实产生位置在模拟电路中,从模拟电路产生到声明的端口 CLK,中间必然存在一定的延迟,该延迟就是源延迟。另一方面,clk 从设计内部传播到每个触发器,也有一个延迟,这就是线路延迟。

对于源延迟的约束如下,-source 选项标明它是源延迟,这里将延迟约束为 0.3ns。也可以不设一个具体的值,而是给定一个范围,原因是延迟确实无法准确估计,它受温度、电压等多种因素的影响。-early 选项后面可以跟一个最小值,-late 选项后面可以跟一个最大值。延迟的值也可以设为负数。

```
set_clock_latency - source 0.3 [ get_clocks clk1 ]
```

对于线路延迟的约束不带-source 选项,其他写法与上例相同。

由于很多设计只有一个时钟输入,所以不必设置延迟,只设置不确定性即可。还有一些较为复杂的设计,虽然有多个时钟输入,但这些时钟都被设定为异步,可忽略它们的时序关系,也不需要设置延迟。有些 set_clock_latency 的使用单纯是为了加入一些 Jitter 因素,实际上在 Uncertainty 中加入也可以。

如果是需要写 set_clock_latency 的情况,则在综合时应约束一个源延迟和线路延迟,而在 PR 时,只需约束源延迟,线路延迟的约束可以删除,因为对延迟的约束都是设计者的估计值,而 PR 后,工具可以从走线路径中计算出真正的线路延迟,无须设计者提供估计值,而源延迟由于在设计外面,所以仍然需要。

set_clock_groups 命令用于给众多时钟进行分组。分组的目的是确定时钟间的关系,而时钟之间有 4 种具体关系,具体见表 7-3。先限定两个时钟 A 和 B 为讨论对象,若这两个时钟存在时序关系,则用-group 选项将它们放在同一个组中。若不需要检查 A 和 B 的时序关系,就用-asynchronous 声明它们是异步时钟,工具如遇到一条路径涉及 A 和 B 时,它将不分析时序。注意,异步时钟是可以同时存在的,只是在时序上无关而已。若 A 和 B 是一个 MUX 的两个输入,则需要用户选择使用哪个时钟,意味着两者不可能同时作用到 MUX 之后的电路中,因而在 MUX 之后,两者是互斥的,而在 MUX 之前,两者是同时存在的。这样的两个时钟用-logically_exclusive 声明它们的逻辑为互斥关系。若设计者没有将本来是逻辑互斥关系的 A 和 B 约束为逻辑互斥,则工具仍然会检查两者的时序。例如,MUX 之后的时钟叫 clk,某条路径上 FF1 和 FF2 都由 clk 驱动,看上去结构很简单,不易出错,但工具可能会分析为 A 驱动 FF1,B 驱动 FF2,或相反。clk 要么全为 A,要么全为 B,不可能存在一条路径,同时有 A 和 B 参与,因此,这种分析实际是多余的,这种检查理应被屏蔽。与逻辑互斥相似的是物理互斥,即一个时钟源,要么输出 A,要么输出 B,不可能同时输出两个时钟。这种情况用-physically_exclusive 选项声明。若将时钟源也看成 MUX,则逻辑互斥和物理互斥是同一个结构,但物理互斥还包括非 MUX 的情况,即一个物理时钟源实体产生两种不同时钟的情况。同样,如果一对本来物理互斥的时钟没有约束为互斥,则工具仍会分析原本不存在的 A 和 B 之间的时序。互斥的意思是在某一时刻观察电路,只存在 A 或 B,两者不会同时存在,而异步的两个时钟是可以同时存在的。SignOff 工具会对信号,特别是时钟之间的相互影响做检查,即信号完整性检查(Signal Integrity,SI)。如果两个时钟被声明为物理互斥,则不会检查两个时钟的相互影响,而逻辑互斥,在 MUX 之前两个时钟均存在,仍然有相互影响的可能,所以会检查。对于综合工具来讲,实际上没有区别。

表 7-3　时钟间关系

时 钟 关 系	约 束 选 项	说　　明
存在时序关系	group	需要用工具对两个时钟的 Launch 和 Capture 时序进行检查
异步时钟	asynchronous	当两个异步时钟一个作 Launch,另一个作 Capture 时,不需要进行时序检查,而是在 RTL 中保证不出现亚稳态和数据丢失
逻辑互斥	logically_exclusive	存在一个时钟 MUX,由选择信号在两个时钟间切换。同一个时刻,只会有其中一个时钟从 MUX 中穿过。换而言之,两个时钟是互斥的
物理互斥	physically_exclusive	时钟从一个源头产生,该源既可以产生时钟 A,又可以产生时钟 B,但两者不能同时产生,它们在物理上是互斥的

一个使用 set_clock_groups 的例子如下,其中,A、B、C 被分为一组,它们相互之间的时序都要检查,同理,D 与 E,以及 F 与 G 的时序都要检查,但组与组之间是异步的,不检查时序。B、D、G 是逻辑互斥的,而且又声明了它们是物理互斥。这里需要注意的是,所有用 create_clock 和 create_generated_clock 声明的时钟都需要写在 set_clock_groups 中,以确定这些时钟的分组关系,包括虚拟时钟在内,是否需要检查时序,若需要,则放在一个组中,若不需要,则放在不同的组中。一个组中的时钟,可能是几个从外界输入的相关时钟,也可能是衍生时钟,例如 B 和 C 可能是从 A 衍生出来的时钟,将其分在一组中,互相检查时序是正常的,但要强调的是,分组的原则是灵活的,是由设计者自己决定的,例如 D 和 E 也可能是从 A 衍生出来的时钟,但与 A 分到不同的组,不检查时序,也是允许的,只要设计者自己认为不需要检查时序,就用这种方式通知工具不必检查。工具不做智能推论,例如 A 和 F 已经声明是异步时钟,那么是否可以认为由 A 产生的 J 和 H 也天然地与 F 是异步的呢? 不是,只有主动声明是异步,才是异步,只有这样,才能保证最大的设计灵活性,时钟关系不会被所谓的智能推测所绑架,因此,全部时钟都必须在 set_clock_groups 中找到,以避免未约

束的时钟在几个组之间相互检查,造成时序检查结果脱离实际,失去 Debug 的价值。

```
set_clock_groups – asynchronous – group {A B C} – group {D E} – group {F G}
set_clock_groups – logically_exclusive – group {B} – group {D} – group {G}
set_clock_groups – physically_exclusive – group {B} – group {D} – group {G}
```

本质上,使用 set_clock_groups 的目的是避免不应该检查时序的两个时钟被工具检查时序,因而,只设置 asynchronous 就可以达到这样的目的,看起来,logically_exclusive 和 physically_exclusive 是没必要的。对于综合来讲确实如此,因此,在综合的约束中,很少使用互斥的选项,但在 PR 和 SignOff 阶段,设计者必须加强工具对时钟树的理解,用 logically_exclusive 和 physically_exclusive 可以做到更为精细的描述时钟树的结构。时钟树的综合,即 CTS,是 PR 的重要环节,很大程度上决定了整个设计的时序是否能满足要求,工具越是理解设计,综合出来的时钟树就越准确。在用 PR 和 SignOff 分析时序时,仅用 asynchronous 选项并不能杜绝本来不应分析的一对时钟又被工具拿来分析,从而影响到整个布局布线,在 7.5 节将展示该约束的实用方法。

set_dont_touch 和 set_dont_touch_network 都是阻止工具触碰一些元器件和走线的命令,不是告诉工具某些设计信息,而是限制工具的某些行为。EDA 工具和游戏软件一样,也是基于面向对象的语言编写而成的,每个元器件、每条线路,就如同游戏中的人物一样,都是一个个例化的对象。凡是对象,都有属性和方法。上述两条命令在输入后,会附着在指定的元器件或线路上,作为它们的属性。凡是具有这种属性的元器件,将不会被其他类型、其他驱动能力的元器件所替代,也不会被优化掉,例化的名称也保持不变。set_dont_touch 经常用于电路标定,或称锚位。所谓锚位,即描述一个事物时所基于的起点。在进行时序约束时,经常会用到 get_ports、get_pins 之类选中某个电路元素的命令,被选中的电路元素就是锚位,基于该锚位,设计者可以声明时钟、声明端口延迟等各种操作。如果锚位是端口,由于它的名称并不会改变,所以可以作为一个很好的锚位,但如果是引脚,就很难定为锚位。元器件的例化名一般是由综合器自己决定的。RTL 中用到的信号,如果是触发器的输出,则在综合后也可以继承 always 块中的名字,但如果是组合逻辑中的信号名,则往往会被替换。连线也都命名为一些编号。由于约束是在这些名称产生之前就进行的,设计者无法先获知元素的名字,然后设为锚位。因而,对于必须进行约束的几个位置,设计者希望名字是确定的,不会被综合过程所改变。特别像 create_generated_clock 这样的内部时钟声明,往往锚位就是一个组合逻辑器件的输出端,必须固定该组合逻辑的名称才能施加约束。set_dont_touch 能够满足这种需求。当需要锚位时,可以手动在 RTL 中例化一个 Buffer,取一个特殊的名称(一般是加入特殊的前缀或后缀),然后设置 set_dont_touch。这一语法的另一个应用是当电路中确实存在手动例化元器件的功能模块时,不希望综合器改变这块电路,所以设为 set_dont_touch。例如,一个逻辑在抽象的 RTL 后时序不满足,改成手动例化元器件的方式可以满足,此时,就不希望工具再动这块改好的功能了,可以设为 set_dont_touch 来保护。命令的具体用法如下例所示,其意思是,在 u_clkCtrl 模块中,凡是遇到带有 bai_为前缀的元器件都不要删除或修改它。在下面的 create_generated_clock 就用到了这个元器件,在 u_clkCtrl/bai_clk_buf/Z 接口上产生了时钟 clk2。

```
set_dont_touch [get_cell {u_clkCtrl/bai_ * }]

create_generated_clock  – name clk2 – master_clock clk – source \
[get_ports {CLK}] – add – divide 1 [get_pins {u_clkCtrl/bai_clk_buf/Z}]
```

set_dont_touch_network 会阻止综合器对线路进行综合,例如在保持时间不满足的情况下,综合器可能会在路径上插 Buffer,为了提高线路的驱动能力,也可能会插 Buffer。用此命令可以使工具忽略这些因素,不在线路上插元器件。在综合阶段,时钟网络是不做 CTS 的,因此经常用 set_dont_touch_network 来阻止工具在时钟线路上插 Buffer。与之相似的是复位网络,即复位信号的走线。综合阶段一般会要求不动复位网络,不需要在复位网络上插 Buffer,也可通过 set_dont_touch_network 实现。具体用法如下例所示,表示从接口 u_clkCtrl/bai_rst_ * /Z 出发的线路,上面不准插入 Buffer。实际上,随着综合工具越来越智能,对于时钟网络已经不需要加入 set_dont_touch_network 属性,但复位网络往往还需要加。

```
set_dont_touch_network [get_pins {u_clkCtrl/bai_rst_ * /Z}]
```

一条线路,如果不打算计算它的延迟,就可以使用 set_ideal_network 命令,将其设定为理想线路,这样,它的时序就一定能过。例如复位网络,如果在综合阶段不检查它的 Recovery 时序和 Removal 时序,则除了可以用 set_dont_touch_network,也可以用如下例所示的方法。

```
set_ideal_network       [get_pins {u_clkCtrl/bai_rst_ * /Z}]
```

一种更加简单粗暴的避免时序检查的方式是使用 set_false_path 命令,这也是许多设计者最为熟悉的方式。该命令的语法示例如下。-from 和-to 两个选项限定了避免时序检查的路径的起终点,示例中是从 u_pwm 模块中的信号 pwm_out * 出发到 GPIO * 端口上的所有路径都不分析时序。 * 是通配符,例如 pwm_out_a0、pwm_out_b1 等名称都会包含在 pwm_out * 中,GPIO0、GPIO1 等都包含在 GPIO * 中。因为使用了通配符,所以使一句约束对多条路径产生了效果。除-from 和-to 外,还可以使用-through,即路径上有某个组合逻辑器件,就可以将该元器件的接口定义为-through 的位置,凡是通过该接口的路径都会受到约束。

```
set_false_path  – from u_pwm/pwm_out *  – to [get_ports {GPIO * }]
```

使用 set_false_path 时要谨慎使用通配符,因为它是时序豁免语句,它使路径不再需要检查时序,这对于同步逻辑来讲是危险的,使用通配符囊括模糊的多条路径,更有可能因约束不慎将原本比较重要的时序路径也包含在豁免之列,所以如果要使用该命令,最好用 from、to、through 等选项联合作用，后面跟具体的端口名或引脚名，以明确限制路径。

关于 set_false_path 的应用场景，一些公司常用它来避免异步时钟之间的时序检查，但本书仍然推荐使用 set_clock_groups-asynchronous 的方式来避免。set_false_path 可以用于一些不需要特别关注时序的路径上，例如一些手动配置线，在使用中不会经常改变这些配置，并且在改变配置后，何时生效也都没有严格规定。该命令可以避免工具在不重要的慢速路径上花费过多的资源和时间，从而将精力集中于关键路径上。有时，工具会误认为一条路径是关键路径，例如 PWM，可能驱动时钟频率较高，但实际输出的 PWM 频率只有几 kHz。由于其驱动时钟较高，工具会识别为关键路径，认为接收该信号的寄存器也使用相同频率的时钟，所以多次综合时序都不收敛，此时就可以用 set_false_path 命令排除工具对时序的担忧。

set_case_analysis 命令用于指定本约束文件的工作场景。芯片内部会设计多个 MUX，用于切换时钟及切换工作模式等，不可能使用一个约束文件涵盖所有工作模式。例如一颗芯片有高速模式和低速模式，高速模式选用高速时钟，以建立时间为主要难点，低速模式选用低速时钟，以保持时间为主要难点。虽然是两种模式，但载体是同一个电路，因此，需要分两个约束文件。假设这两个时钟由一个 MUX 进行选择，则需要用 set_case_analysis 来设定控制信号。再例如，有一个专门的约束文件用于芯片在 DFT 模式下的运行约束，就需要用 set_case_analysis 设置 SCAN_MODE 等于 1。该命令的应用示例如下，它设置了一个时钟 MUX 的控制信号 clk_select，将其值设为 0。

```
set_case_analysis 0 [get_pins {u_clkCtrl/u_clk_gen/clk_select}]
```

工具在综合、PR、SignOff 等阶段同时输入多个约束文件，称为多场景多模式设计（Multi-Corner Multi-Mode，MCMM）。与凭借单一场景进行综合和绘制版图相比，MCMM可以提高最终电路版图对多个模式的适应力，减少返工，但同时也会增加一些综合时间和布局布线时间。在综合阶段，因为要重点解决建立时间问题，所以虽然也可以用 MCMM，但一般只约束运行最快的场景，而在 PR 和 SignOff 阶段，则需要运行真正的 MCMM。

set_multicycle_path 命令已在 7.3 节图 7-9 的解释中提到过，它的目的主要是缓解普通时序分析的压力，将时序满足的标准放宽，但不要以为单纯地使用此命令就可以让不满足的时序变得满足，它背后也要基于 RTL 的改造，如同异步时钟处理，虽然不需要做时序检查，但在 RTL 上要做跨时钟域设计。具体的 RTL 改造方式已在 7.3 节中做了详述，概括而言，当慢发快采时，在 D2 上伴随一个 D2_vld 信号，它只在重复采样中的一个合适的采样位置为高，其他采样位置均为低，当采样 D2 时，须在 D2_vld 为高时采；当快发慢采时，需要先调整发送频率，使其转换为慢发快采，然后使用相同的处理方法。但是，RTL 上的处理并不会使工具自动识别出最紧张的时序，它仍然按照固有的方法来分析，为了使时序检查与 RTL改造相一致，避免工具检查出不存在的时序错误，需要用到 set_multicycle_path 命令，该命令最主要的应用场景就是这种收发速率不相等的场景。

　　一个慢发快采的波形如图 7-12 所示，图中假设 clk2 的频率是 clk1 的 3 倍。为了使读者容易理解，忽略了两个时钟传播的 Skew。按照固有的分析方法，从 A 沿发出的数据，应该在 E 沿采样，即寻找离 Launch 沿最近的 Capture 沿。那么，T1 = Tb－Tsetup，但是，D2 上数据的变化点在 K，说明 Treal 比较长，无法满足在 E 沿采样的要求，只能在 F 沿或 G 沿采。假设 RTL 因此改造为在 F 沿采样，需要通知工具放弃 E 沿的时序分析，改用 F 沿，使 T1 = Tb × 2 － Tsetup。换而言之，分析点从 E 沿右移到 F 沿。在这种情况下，使用 set_multicycle_path 约束的语法如下，其中，-setup 表示移动建立时间检查点的位置，2 表示移动一个单位。移动的单位是什么？是 clk1 的一个周期，还是 clk2 的一个周期？如果用 -end，则表示移动单位是 clk2 的一个周期，如果用-start，则表示移动单位是 clk1 的一个周期。注意，这里约束值为 2，表示分析点移动一个 clk2 周期，而非两个周期。那么，是向右移移动还是向左移动呢？这就需要规定移动的正方向。语法规定，在-end 情况下，建立时间的正方向是向右移动，若使用-start，则建立时间的正方向是向左移动。本例中是向右移动，即从原本的 E 沿移动到 F 沿。若 RTL 改为在 G 沿采样，则此处约束值应该为 3。

```
set_multicycle_path 2 - setup - end - from clk1 - to clk2
```

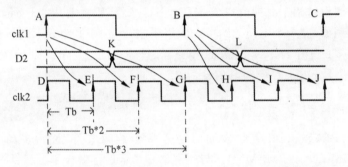

图 7-12　在慢发快采中使用 set_multicycle_path 命令的波形(1)

　　但是，使用上面的语句，不仅移动了建立时间分析点，还连带移动了保持时间分析点，从它原本所在的 D 沿位置，向右移动到了 E 沿位置。这就意味着 T2 不再等于 Thold，而是改为 T2 = Thold＋Tb。这就要求 Treal 必须延迟至少 Tb 时间，而 RTL 设计中并没有这样的要求，因为 Treal 即使特别小（K 点非常接近 A 沿，L 点非常接近 B 沿），只要它的长度超过了 Thold，那么不论从 clk2 的哪个沿采样数据，保持时间都是足够的。也就是说，用 D 沿采样，对于保持时间来讲已经是最苛刻的情况了。与这个苛刻的条件相比，图 7-12 所示的例子中用 F 沿采样，对保持时间的要求本来可以进一步放宽，甚至 Treal 是负数都可以满足采样要求（实际电路中 Treal 不可能为负），因此，无论何种情况，保持时间一般以最苛刻的 T2 = Thold 为标准来约束，并不需要将条件进一步苛刻化，但是问题在于，使用了上面的约束命令，保持时间就会进一步苛刻化，即 T2 的值变大了，使得 Treal 更加难以满足。如何使它再回到原来的条件上呢？方法是再用另一条约束将保持时间分析点从 E 沿移回 D 沿，约束语法如下，其中，-hold 表示移动的保持时间分析点，数值 1 表示移动一个单位，-end 仍然表示移动单位是 clk2 的一个周期。语法对于保持时间正方向的规定与建立时间正好相反,以此体现-hold 其实是对-setup 的一种补救措施。本例中,只要数值 1 为正值,就表示保持时间向左移动一个 clk2 时钟周期,从 E 沿移回了 D 沿。

```
set_multicycle_path 1 - hold - end - from clk1 - to clk2
```

综上,在一般的 set_multicycle_path 使用中,上述两句约束是同时存在的,既要约束-setup,也要约束-hold。

set_multicycle_path 是一个较难掌握的约束,因为它有联动机制,不容易理解,在初学者中还常常引发用法争议。这里将其特殊性梳理如下,以便读者对语法有一个清晰的把握。

(1) 如果 RTL 上没有相应机制,单靠语法约束,则会掩盖时序问题,但不能解决时序问题,从而导致最终的流片失败。

(2)-end 和-start 决定了移动的单位,同时,也决定了移动的正方向。

(3)-setup 移动了建立时间分析点位置,但同时会导致保持时间分析点位置也朝相同方向移动,这种联动是需要特别注意的,初学者往往只知道它移动了建立时间点。

(4) 一般不希望保持时间点也随着移动,所以用-hold 把它移回去。-hold 不像-setup 那样有联动,它只会移动保持时间分析点。

(5) 总结-end 和-start 的正方向:-end -setup,正方向为右移;-end -hold,正方向为左移;-start -setup,正方向为左移;-start -hold,正方向为右移。有了正方向的规定,就说明约束值可以是正,也可以是负,但一般来讲,都约束为正值,这样才对时序有利,几乎不会用到负数约束值。

(6)-hold 的约束值总是比-setup 的约束值小 1。

(7) 在慢发快采时,一般用-setup -end 和-hold -end 两句话来约束,在快发慢采时,一般用-setup -start 和-hold -start 两句话来约束。也就是说,若 clk1 快,就用-start 来约束,若 clk2 快,就用-end 来约束。

(8) 如果 clk2 重复采样次数不足两次,则 RTL 机制仍然是 D2_vld 机制,但约束不能用 set_multicycle_path。

(9) 写 RTL 时,不鼓励用产生内部分频时钟的方式来采数据,而是鼓励用同一个时钟,通过 vld 方式来发送分频信号。那么,不同速率的收发就变成了相同速率的收发。此时,也同样会出现如图 7-12 所示的组合逻辑过长、Treal 过大的问题,也同样可以用 set_multicycle_path 约束来解决,但此时,-from 和-to 就不能填写为两个时钟了,而是要填写具体路径的起终点,而且,此时用-start 和-end 所代表的单位都一样。

下面再给一个快发慢采的案例,如图 7-13 所示。clk1 的频率是 clk2 的两倍,并且 clk2 是 clk1 的分频。clk1 虽然是快速时钟,但为了让 clk2 能采样,clk1 降频发送数据,使数据速率与 clk2 频率匹配,但是,工具并不知道 RTL 的这种处理,它用固有分析方法,分析 Launch 沿与 Capture 沿的最接近处,即从 B 沿到 G 沿。设计者约束的目的是告诉工具,应该从 A 沿到 G 沿,放弃从 B 沿到 G 沿的分析。根据上面总结的 9 条原则,可以写两条语法约束如下：

```
set_multicycle_path 2 − setup − start − from clk1 − to clk2
set_multicycle_path 1 − hold  − start − from clk1 − to clk2
```

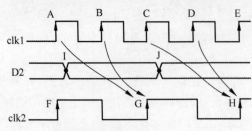

图 7-13　在快发慢采中使用 set_multicycle_path 命令的波形（2）

set_max_delay 命令可以直接约束延迟的大小。正常的时序分析是先得出 T1 和 T2，以它们作为标准来衡量 Treal 是否满足要求，而 set_max_delay 可以跳过 T1 标准，直接给出一个新标准 T1'，检查是否满足 Treal≤T1'，当 Treal 超出该标准时仍然会报错，并且正常时序分析必须以路径为单位进行计算，而 set_max_delay 可以不受路径概念制约，例如只约束一段组合逻辑的延迟。该约束的应用示例如下，它将从 GPIO 端口到 Flash 相关端口中间的最大延迟规定为 20ns，其中，GPIO 端口作为设计的输入，Flash 相关端口作为设计的输出。

```
set_max_delay − from [get_ports GPIO ∗ ] − to [get_ports {Flash_ ∗ }] 20
```

　　一般情况下，不会用到此命令，但有两种特殊情况比较适合使用它。第 1 种情况是一条组合逻辑穿越了整个设计，中间并没有寄存器。此情况固然可以用规定一对虚拟时钟的方式进行正常约束，但用本命令直接约束延迟更为直观。第 2 种情况是在包含输入端口路径或输出端口的路径上，由于引脚复用的缘故，与引脚相连的端口上，其数据速率可以特别快，也可以特别慢。正常情况下，会用特别快的约束，以便对时序进行严格检查，但过于严格的检查会导致原本只在慢速时应用的部分逻辑，其时序难以收敛，不论怎样修改约束或 RTL，都不能收敛，而且在这些非关键路径上浪费过多的综合资源也没有必要，此时，可以用 MCMM 方式，把约束文件分成两个，分别代表两种模式，一起输入工具中，但一旦这种路径情况过多，需要区分的情况也越来越多，情况间的排列组合更是不可胜数，不可能全都用独立的约束文件进行约束。使用 set_max_delay，只约束那些慢速逻辑到端口的场景，就省去了过多的讨论，让设计者的要求变得清晰。从应用意义来讲，set_multicycle_path 约束也可以用 set_max_delay 代替。

　　从原理上说，使用 set_false_path 是放任时序，即走线方式、选择元器件方式都是自由的，不受约束的，而使用 set_max_delay，虽然可以放宽约束，但毕竟约束是存在的，因此，使用 set_false_path 的场景应该用 set_max_delay 代替，但在实际应用上，设计者更喜欢使用 set_false_path，因为它用起来更方便，只需指出路径，并不需要计算和给出任何数值，而 set_max_delay 还需要计算一个数值。

　　本书将 set_ideal_network、set_false_path、set_case_analysis、set_multicycle_path、set_max_delay 这 5 条命令归为一类，是因为它们都具有限制工具分析时序的能力，阻止工具按

照固有的分析方法来分析,其中,set_ideal_network 和 set_false_path 用于完全限制,不做时序分析,set_case_analysis 用于排除一部分场景,只考虑指定场景下的路径,set_multicycle_path 用于放宽工具对一条路径的时序要求,但仍然要分析时序。set_max_delay 用于直接约束延迟,可以通过此法来跳过路径约束。这些命令与 set_dont_touch 和 set_dont_touch_network 命令一样,都用于限制工具行为,但后者限制的是元器件的映射,前者限制的是时序。

在处理的优先级方面,set_false_path 和 set_max_delay 的优先级高于正常时序约束的优先级。所谓正常时序约束,指的是声明时钟后,系统自动进行的 reg2reg 约束,以及在 set_input_delay 和 set_output_delay 命令下的 in2reg 约束和 reg2out 约束。如果一条路径,既可以应用正常约束,又可以应用 set_false_path 或 set_max_delay 约束,则工具会选择用后者,正因为如此,这两条命令被称为例外(Exception)。set_multicycle_path 是介于正常时序和例外的中间形态,它的优先级高于正常约束,但若遇到两条例外,则它也会被忽略。

在 in2reg、reg2out 这两类路径上,设计并不包含完整的路径,只是路径的一半,剩下的半段在片外。如果不知道另外半段路径的时钟,则将无法进行正常分析,因此引入了 set_input_delay 和 set_output_delay 两条命令来规定端口上用哪种时钟,同时还指明了在片外的半段路径上,延迟是多少,为计算整条路径延迟提供条件。这两条命令的用法如下,约束的端口是 GPIO,数值表示在片外延迟 3ns,端口受 clk 时钟打拍。必须强调,约束的值是设计之外的,初学者往往会认为是设计之内的值。设计之内的延迟不用告知工具,工具会自己计算,如果要约束,则可使用 set_max_delay 命令。-max 选项限定了外部延迟可能的最大值,-min 选项限定了最小值。一般情况下不专门限定最小值。

```
set_input_delay  - max 3 - clock clk [get_ports {GPIO * }]
set_output_delay - max 3 - clock clk [get_ports {GPIO * }]
```

GPIO 功能复用是很常见的,对于这种复用,可以用两种方法来在约束上进行适应。第 1 种是使用最快的时钟约束最关键的路径,即跑得最快的路径。用 set_max_delay 来约束同一端口上较为缓慢的路径。第 2 种是重复约束同一个端口,加入-add_delay 选项以免工具只选择其中一条命令,这种用法与时钟约束时加-add 选项一样。重复定义端口时序的用法示例如下,其中,在同样的 GPIO 端口上定义了两个时钟 clk1 和 clk2,也定义了两种延迟,工具必须分析这两种情况是否同时满足。

```
set_input_delay - max 3   - clock clk1 [get_ports {GPIO * }]
set_input_delay - max 10 - clock clk2 - add_delay [get_ports {GPIO * }]
```

对于片外延迟的约束,如果设计者不确定具体值,就可以遵循四六法则或三七法则,即片内延迟在理想情况下占整个路径要求的 30%～40%,而片外延迟在理想情况下占整个路径要求的 60%～70%,这样可以在片外发生各种变化的情况下,都能保证芯片工作正常。这里说的路径整体要求指的是 T1,即 Tb－Tsetup。例如,T1 为 10ns,那么 set_input_delay

或 set_output_delay 就可以约束到 6ns，留给内部 4ns 的延迟。综合器为了让内部延迟不超过 4ns，会使用多种手段，如果最终仍然没能将延迟控制在 4ns 以内，就会报时序错误。有些情况下，设计内部时序十分紧张，约束到 40% 后，路径整体上无法满足时序要求，那就需要仔细思考，片外究竟需要多少延迟，能不能再从它的 60% 出让一部分给片内，逐步尝试给片内放宽一些约束，看是否能满足。如果片外延迟已经无法再缩小，而时序仍不满足，就需要研究修改 RTL，缩短逻辑链条，甚至考虑用手动例化元器件的方法来优化时序。在极端状况下，片外要求可以忽略，而片内的时序非常紧张，无法满足，例如端口实际上是一个延迟很大的 Pad，可以考虑将延迟设为负值，或者使用 set_max_delay 直接约束内部延迟。

时序约束的一个特征是只有添加了约束，工具才会检查。对于工具已经识别的路径，如果没有约束（例如路径上的 clk1 或 clk2 未声明），则工具不会自动检查它的时序，但它会报告出没有约束的路径列表，可以使用如下命令来报告它们。

```
check_timing - include data_check_no_clock
```

7.5　综合时序分析与后端时序分析的异同

时序约束文件并不仅在综合中用到，在 PR 和 SignOff 工序中也会用到，但是，综合和 PR 对文件的要求有所不同。综合对时序约束的要求较低，因为综合的目的是将 RTL 抽象的表述具体化，使其变成真正由元器件组成的电路，但是对于版图的细节，在综合中并不讨论，特别是对时钟树的综合，即在时钟线路上插多少 Buffer 和 Skew，怎么控制才能使各时钟分支平衡，在综合时都不讨论。PR 对时序约束的要求高，是因为它必须深入地讨论每个版图细节、时序细节，特别是时钟的细节。从综合工具和 PR 工具的内部运行机制来讲，前者的分析方法更为简单，后者的分析更为全面，考虑因素比较多，在发现问题后，解决手段也比较多样。因而，在写时序约束文件时，一般会写两套，一套简单地给综合用，另一套较为复杂，给 PR 和 SignOff 共用。给综合用的常常只是一个单独的文件，里面描述了芯片最典型或者最快速模式下的时序要求，以便在综合时就考虑较多的时序紧张度，为后面的布局布线流程留出时序余量，而为 PR 准备的约束文件往往有多个，它们代表不同的芯片工作场景和状态，例如正常工作模式、休眠模式、SCAN 模式、Debug 模式等，每种模式在时钟来源、时钟频率、端口时序要求等方面都有差异，只有这些要求都得到满足，才能保证芯片在这些场景下都能正常工作，PR 和 SignOff 工具在开始它们的工作前，必须将这些文件都输入进来，在软件运行过程中综合考虑这些时序要求，这就是使用 MCMM 的方式来运行。

综合和 PR 在约束上的不同，最集中地表现在关于时钟的约束上。这里举一个具体的例子。假设约束的对象是一个较为复杂的 SoC 设计，它有 4 个时钟，分别是 RCO、PLL、XTAL、sleep_clk，其中，RCO 是片内 RC 振荡器输出的时钟，PLL 是锁相环输出的时钟，XTAL 是片外晶振产生的时钟，sleep_clk 是休眠时钟（可以来自片内或片外晶振）。这些时钟的具体说明详见 2.24 节。假设这 4 个时钟均为异步关系。

4 个时钟作用于系统内部的结构框图如图 7-14 所示。时钟之间两两二选一,最终汇聚到 A 点。A 点就是最终用户选择的时钟。由 A 点产生 SoC 内部时钟 FCLK、SCLK、HCLK、DCLK,这些内部时钟的详细介绍详见 5.20 节。假设芯片主要工作在 PLL 高频时钟下,那么 A 点应该选择 PLL,输入的 3 个时钟选择信号当中,select1 是任意的,select2 选1,select3 选 0。需要理解的是为什么这里的时钟切换都是二选一? 为何不是 4 选 1 直接出结果? 理由是要做到时钟切换无毛刺,就必须使用 2.26 节介绍的无毛刺时钟切换电路,而不应该直接从标准单元库中找一个 4 选 1 的时钟 MUX 放在这里,而无毛刺的时钟切换电路,本书所介绍的是二选一的,由若干的二选一组合,可以形成一个多选一的电路。

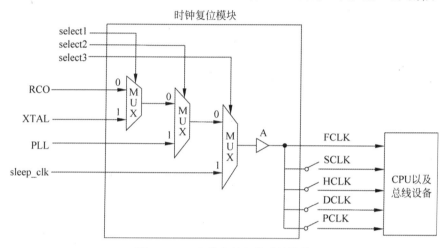

图 7-14　一个较为复杂的时钟结构

对于 4 个输入时钟,用 create_clock 命令来约束。在 A 点,需要声明时钟 FCLK,以便SCLK 等其他内部时钟以 FCLK 作为源时钟。在 A 点产生内部时钟时,如果是综合用的时序约束文件,就可以直接约束为如下语句,即 A 点直接选择以 PLL 作为它的源时钟,其他内部时钟的声明在-master_clock 选项上填 FCLK,在-source 选项上填[get_pins {A}]。

```
create_generated_clock – name FCLK – master_clock PLL \
    – source [get_ports {PLL}] – add – divide 1 [get_pins {A}]
```

由于 4 个输入时钟都是异步关系,所以不需要分析它们之间的时序关系,但需要对它们进行异步分组,而且,所有的时钟都必须进行分组。那么,FCLK 等内部时钟应该分到哪一组呢? 因为本文件设定 PLL 是它们的源时钟,所以将其与 PLL 划为同一组。分组语句如下,使用-asynchronous 选项来说明它们是异步的。

```
set_clock_groups – asynchronous – group {PLL FCLK \
        SCLK HCLK DCLK PCLK} \
    – group {RCO} – group {XTAL} – group {sleep_clk}
```

用 set_case_analysis 命令来告诉工具,在综合时只考虑 PLL 选通的情况,其他情况可以忽略，约束方式如下：

```
set_case_analysis 0 [get_pins select1]
set_case_analysis 1 [get_pins select2]
set_case_analysis 0 [get_pins select3]
```

需要注意的是，约束中使用的引脚名，如 A、select1、select2、select3，看似用起来十分简单，想要什么信号，在 RTL 中找到名字就可以在这里约束，实际上，若引用的是模块内部的信号，则要看它是由组合逻辑产生的，还是触发器的输出。若是由组合逻辑产生的，则很有可能在综合第 1 步映射通用单元时就已经改名了，而如果是触发器输出，则有可能保留了原信号的名字，但也有可能增加了前缀或后缀，例如_reg，所以如果一定要使用内部的某个信号，则建议在该约束点上插入一个 Buffer，例如在 A 点就可以插，在约束时写 set_dont_touch，这样在综合时就不会改名了，工具可以找到用户所指定的约束位置，在 7.4 节中称其为锚位。在图 7-14 中，A 处插了 Buffer，假设 A 是 Buffer 的例化名，Buffer 的输出引脚名称为 Z，则正确的锚位方法是[get_pins A/Z]，即选择例化名为 A 的 Buffer 的 Z 端。

上面的约束方式比较简单，用于综合时序约束。在综合过程中，除时钟选择部分外，其他时序分析都在 PLL 下，不会产生意外的分析结果，而时钟选择部分的跨时钟已经声明为异步了，因而不分析，全靠 RTL 保证。

如果上述约束未经修改地直接应用于 PR 过程，则一定会出现很多令人意外的分析结果，例如，在分析一条路径时，出现以 RCO 作为 clk1 及以 PLL 作为 clk2 的情况。这说明简单描述时钟还不足以让 PR 工具理解设计中的时钟结构，最后 CTS 的结构会非常混乱，如图 7-15 所示。如果工具能正常理解时钟关系，则可以做出十分整齐的 CTS 结构，如图 7-16 所示。

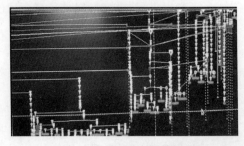

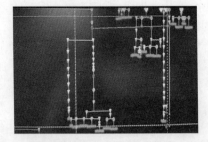

图 7-15 混乱的 CTS 结构　　　　　　　图 7-16 整齐的 CTS 结构

如何才能使 PR 工具理解完整的时钟架构呢？需要 set_clock_groups 命令，配合 asynchronous、logically_exclusive、physically_exclusive 这 3 个选项，并且正确理解 create_generated_clock 命令的-master_clock 和-source 需要分开的原因。

为了更好地描述时钟，需要在 RTL 的时钟结构上增加锚位，如图 7-17 所示，其中，将 A 点重新命名为 M3_a。SCLK、HCLK 等没有插入 Buffer，是因为它们前面有时钟门控，门控也是一种标准单元，只要设为 set_dont_touch，就可以起到锚位作用。这些不希望综合器改名的锚位元器件在例化时应该加入可识别的前缀或后缀,如图中插入的 Buffer 都带有_a 后缀,SCLK 等的门控也可以带有同样的后缀,这样,设定如下约束后,工具就不会改名了。

```
set_dont_touch [get_cell { * _a}]
```

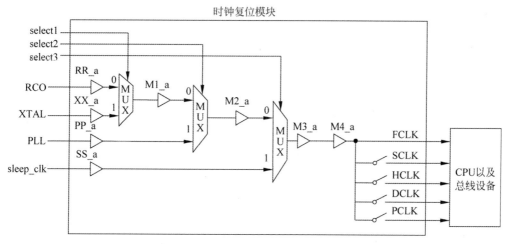

图 7-17　增加锚位后的时钟结构

时钟树需要逐步描述,层层展开,将每个 MUX 都描述清楚。当描述 RCO 与 XTAL 的 MUX 时,使用如下语句。RCO_buf_clk 和 XTAL_buf_clk 是 RR_a 和 XX_a 的输出,从功能上讲,在这里产生时钟毫无用处,那为什么仍然要在这里插 Buffer 来生成新的时钟呢? 这是因为两个时钟在 MUX 的输入端是逻辑互斥的,插入 Buffer 是为了在 set_clock_groups 命令中使用 logically_exclusive 选项。为什么不能直接将 RCO 和 XTAL 设为逻辑互斥呢? 因为它俩并不互斥,它们可能在设计的其他部分同时使用,有的模块只使用 RCO,有的模块只使用 XTAL,当这两个模块同时工作时,两个时钟不互斥。互斥的仅仅是它们在时钟复位模块的分支,所以一旦将 RCO 和 XTAL 设为互斥,就会导致一些应有的检查失效。为了准确描述这一关系,就应该在时钟复位模块中新产生两个时钟。M1_a 的 Z 端产生了两个时钟,分别是 RCO_m1 和 XTAL_m1,前者来自 RCO,后者来自 XTAL,但是写约束时按照就近原则,离 M1_a 最近的不是 RCO 和 XTAL,而是 RCO_buf_clk 和 XTAL_buf_clk,因而源时钟用的是这两个 Buffer 之后的时钟。之所以在 M1_a 的 Z 端产生两个时钟,是因为真实情况下两个时钟都可能穿过 MUX,通过这种方式告诉工具。最后要说明的是,RCO_m1 和 XTAL_m1 是物理互斥的,因此又用了一个 set_clock_groups 命令,使用 physically_exclusive 表明了互斥关系。

```
create_generated_clock − name RCO_buf_clk − master_clock RCO \
     − source [get_ports {RCO}] − add − divide 1 [get_pins {RR_a/Z}]
```

```
create_generated_clock − name XTAL_buf_clk − master_clock XTAL \
    − source [get_ports {XTAL}] − add − divide 1 [get_pins {XX_a/Z}]

set_clock_groups − logically_exclusive − group {RCO_buf_clk} \
    − group {XTAL_buf_clk}

create_generated_clock − name RCO_m1 − master_clock RCO_buf_clk \
    − source [get_pins {RR_a/Z}] − add − divide 1 [get_pins {M1_a/Z}]

create_generated_clock − name XTAL_m1 − master_clock XTAL_buf_clk \
    − source [get_pins {XX_a/Z}] − add − divide 1 [get_pins {M1_a/Z}]

set_clock_groups − physically_exclusive − group {RCO_m1} − group {XTAL_m1}
```

M1_a 和 PLL 进行 MUX 的约束语句如下。仍然对 PLL 声明了一个 Buffer 后的时钟 PLL_buf_clk。由于 M1_a 上本身是两个时钟,加上 PLL_buf_clk,于是在 MUX 的输入端, 有 3 个时钟被声明为逻辑互斥。在 M2_a 的 Z 端上产生了 3 个时钟,分别是 RCO_m2、 XTAL_m2 和 PLL_m2,它们被声明为物理互斥。可以看出为什么在 create_generated_ clock 命令中,既有 master_clock 选项又有 source 选项,两者并不一定是绑定关系。在声明 RCO_m2 时,源时钟用的是 RCO_m1,源头是 M1_a/Z,在声明 XTAL_m2 时,源时钟用的 是 XTAL_m1,源头仍然是 M1_a/Z。

```
create_generated_clock − name PLL_buf_clk − master_clock PLL \
    − source [get_ports {PLL}] − add − divide 1 [get_pins {PP_a/Z}]

set_clock_groups − logically_exclusive − group {PLL_buf_clk} \
    − group {RCO_m1} − group {XTAL_m1}

create_generated_clock − name RCO_m2 − master_clock RCO_m1 \
    − source [get_pins {M1_a/Z}] − add − divide 1 [get_pins {M2_a/Z}]

create_generated_clock − name XTAL_m2 − master_clock XTAL_m1 \
    − source [get_pins {M1_a/Z}] − add − divide 1 [get_pins {M2_a/Z}]

create_generated_clock − name PLL_m2 − master_clock PLL_buf_clk \
    − source [get_pins {PP_a/Z}] − add − divide 1 [get_pins {M2_a/Z}]

set_clock_groups − physically_exclusive − group {RCO_m2} \
    − group {XTAL_m2} − group {PLL_m2}
```

M2_a 和 sleep_clk 进行 MUX 的约束语句如下。在 MUX 输入口上的实际是 4 个时钟 信号,它们都被声明为逻辑互斥。最终从 M3_a 的 Z 端输出的也是 4 个信号,也被声明为物 理互斥。

```
create_generated_clock − name sleep_buf_clk − master_clock sleep_clk \
    − source [get_ports {sleep_clk}] − add − divide 1 [get_pins {SS_a/Z}]
```

```
set_clock_groups - logically_exclusive - group {sleep_buf_clk} \
    - group {RCO_m2} - group {XTAL_m2} - group {PLL_m2}

create_generated_clock - name RCO_m3 - master_clock RCO_m2 \
    - source [get_pins {M2_a/Z}] - add - divide 1 [get_pins {M3_a/Z}]

create_generated_clock - name XTAL_m3 - master_clock XTAL_m2 \
    - source [get_pins {M2_a/Z}] - add - divide 1 [get_pins {M3_a/Z}]

create_generated_clock - name PLL_m3 - master_clock PLL_m2 \
    - source [get_pins {M2_a/Z}] - add - divide 1 [get_pins {M3_a/Z}]

create_generated_clock - name sleep_m3 - master_clock sleep_buf_clk \
    - source [get_pins {SS_a/Z}] - add - divide 1 [get_pins {M3_a/Z}]

set_clock_groups - physically_exclusive - group {RCO_m3} - group {XTAL_m3}\
    - group {PLL_m3} - group {sleep_m3}
```

在 M3_a 的 Z 端有 4 个时钟,FCLK 等内部时钟究竟用哪个呢? 在这里可以分出不同的时序约束文件,每个文件代表一种情况。例如,下面的语句仅约束工作在 PLL 时钟下的情况。先用 set_case_analysis 选出工作情况,然后产生 FCLK 和 SCLK 等时钟,其中,FCLK 直接来自 PLL_m3,而以后的时钟都基于 FCLK,不再直接与端口上的时钟发生关系。这种约束可以减少每个约束文件的修改量,它们只在 set_case_analysis 和产生 FCLK 时有区别,其他时钟声明都是共用的。

```
set_case_analysis 0 [get_pins select1]
set_case_analysis 1 [get_pins select2]
set_case_analysis 0 [get_pins select3]

create_generated_clock - name FCLK - master_clock PLL_m3 \
    - source [get_pins {M3_a/Z}] - add - divide 1 [get_pins {M4_a/Z}]

create_generated_clock - name SCLK - master_clock FCLK \
    - source [get_pins {M4_a/Z}] - add - divide 1 [get_pins {ICG_a/Z}]
......
```

既然已经选定了工作模式,还需要再分一次组,声明异步时钟,规定哪些时钟的组合是可以不用进行时序检查的,如下例所示。这样做有两个目的。第一,FCLK 及其所属时钟在确定工作模式前不知道应归属于哪个时钟域,现在通过本语句确定放在 PLL 时钟域。第二,将 RCO、XTAL、PLL、sleep_clk 在时钟树传播中产生的时钟都汇总整理到本语句中。读者可能会感到奇怪,sleep_m3 本来就是由 sleep_clk 产生的,为什么还要声明为一组? 如果不写 sleep_m3,则是否能够默认将它与 sleep_clk 分为一组呢? 其实,这是工具为用户提供的灵活性。sleep_m3 虽然是由 sleep_clk 产生的,但用户也可以将两者声明为异步时钟,甚至将 sleep_m3 归到 RCO 或 XTAL 等群组中。怎么约束,完全取决于设计者的理解,以及 RTL 是如何实现的。同样的道理也适用于其他源时钟与子时钟的关系。当然,一般情况下用不到这样的灵活度,但是不能遗漏任何已声明的时钟,必须全部写下来。

```
set_clock_groups – asynchronous – group {sleep_clk sleep_m3} \
    – group {RCO RCO_buf_clk RCO_m1 RCO_m2 RCO_m3}\
    – group {XTAL XTAL_buf_clk XTAL_m1 XTAL_m2 XTAL_m3}\
    – group {PLL PLL_buf_clk PLL_m2 PLL_m3 FCLK SCLK HCLK DCLK PCLK}
```

由于在 PR 中已经区分了工作模式,所以还需要注意 set_input_delay 和 set_output_delay 的时钟,在不同的工作场景,使用的时钟可能是不一样的,例如在 PLL 场景,驱动时钟就是 PLL 时钟,但在 RCO 场景,驱动时钟就是 RCO 时钟。当然,如果整个设计主要是由选择后的 FCLK 所驱动,则由于 FCLK 本身就自带工作模式,所以此时就不用改变端口延迟的时钟声明,而统一用 FCLK 即可。

一些 GPIO 引脚端口,在不同的工作模式下,其用法会有所变化。例如,在使用 SWD 方式为 CPU 进行 Debug 的模式下,SWD 时钟通过某个 GPIO 进入芯片中,它就不能作为普通的 GPIO 端口用 set_input_delay 和 set_output_delay 来约束了,而在另外一些模式下,它是普通端口。

综上所述,综合和 PR,在时钟树的约束上繁简有别,要求不同,需要读者注意。

另外一个常见的综合与 PR 间的约束区别是,综合中用 set_ideal_network 和 set_dont_touch_network 来阻止工具自动往时钟和复位上插 Buffer,而在 PR 时不需要这两条语句,PR 的目的就是完全解决电路的实现和时序问题,其中的重要任务就是往时钟线和复位线上插 Buffer。对于 set_clock_latency 命令,在 PR 时,只需约束源延迟,不需要约束线路延迟,线路延迟的信息 PR 已经掌握了。在使用 set_clock_uncertainty 命令时,会将这些约束值减小,因为 PR 已经加入了真实的 Skew,在时钟不确定性中叠加的关于 Skew 的部分可以去掉。除此之外,PR 和 SignOff 作为严格的布局布线和检查验收工具,还会有很多在综合中不常见的约束内容,例如对信号间相互干扰(CrossTalk)的检查、对设计中的各种不利因素(On Chip Variation,OCV)的设定、对时钟上升下降的 Transition 速度、最大负载电容、最大扇出数等因素的检查与修复(Design Rule Violation,DRV)、对时钟悲观量的去除(Clock Reconvergence Pessimism Removal,CRPR)、对 MCMM 的设定等,这些都是比较高级的用法,需要相关专业人员进行,一般的设计者较少接触,这里不再进行进一步讨论。

第8章

设计工具介绍

本章介绍一些数字设计中常用的工具,每个工具都具有诸多知识点,因此这些工具都有相关的专著详细介绍其中的细节。本书篇幅有限,无法将工具的使用技巧和细节都涉及,但对于未接触过真正数字设计的学习者,以及刚接触不久的从业者而言,本章可以使其了解这些工具的特点、用途,以及最常用的操作,为今后深入学习指明方向。

8.1 Gvim

7min

Gvim 是一种文本编辑器,用于编写 RTL、TB、时序约束文件,在查看网表时也可以使用该工具。实际上,设计者可以使用任意编辑器来做这些工作,例如 Windows 的记事本、写字板、UltraEditor、NotePad 等,但是,Gvim 是数字设计工程师最常用的文本编辑工具,原因是它具有超过以上各种编辑器的强大功能和性能,同时,它也是 Linux 服务器的标配编辑器。Gvim 脱胎于 Vim,Vi 是它们共同的祖先。Vim 不支持使用鼠标,Gvim 可以,因而更受欢迎,但时至今日,仍然有老派的工程师不习惯使用鼠标,他们一直将手放在键盘上,靠各种快捷键来完成鼠标的跳跃式选取,并称为优雅。从这个意义上说,Vim 和 Gvim 已经超出了编辑器的范畴,成为工程师区别于其他计算机用户的标志,能优雅地使用 Vim,更是可以拿来炫耀的职业素养。

Gvim 的强大表现在以下几个方面:

(1) 灵活的列编辑功能。

(2) 支持正则表达式查找与替换。

(3) 支持分屏显示。

(4) 支持文件对比。

(5) 支持多个剪贴板。

(6) 支持全键盘操作。

上述 6 个功能是工程师使用 Gvim 的主要理由。

Verilog 是一种代码行数非常多的语言,例如 2.15 节介绍的两种接口声明方式,虽然第 1 种的行数少,第 2 种行数多且内容重复,但通常仍然推荐使用第 2 种。再例如在执行对比任务时,不能使用变量索引,而只能使用重复的 case 语句。这些表达方式,体现了硬件不同于软件的特征,同时也说明,实现同样的功能,用 Verilog RTL 会比 C 语言之类的软件占用更多的行数。另一方面,Verilog 代码中经常有重复的表达,若干句表达可能只有细微差别,特别是编写 SoC 设备的寄存器或总线控制逻辑时。因此,Verilog 比其他任何语言都更需要列编辑功能,该功能可以同时选中多行文字中的某一列,对其进行统一删除、插入或替换。

正则表达式用于对字符进行模糊查找,即通过一种范式,选中文本中符合范式要求的字符,还能在选中后,对其中的部分或全部进行替换。查找、替换功能在任何文本编辑器中都有,但多数软件可以进行的模糊查找仅限于使用通配符,例如查询 bai * g,可以匹配 baiwg 等词,难以满足更加灵活的查找需求,例如只想找 bai 和 g 之间是数字的词,数字的数量不限,并且首字母 b 之前除空格外,不允许有其他字符。这样的需求,在 Gvim 中用正则表达式就可以表达为 \< bai[0-9]\+g。正则表达式为文本的查找和替换带来了极大方便,很多时候可以替代脚本处理,省去了编写脚本的时间。在 Verilog 中,特别是在综合和 PR 的网表中,名字有细微差别的信号非常多,要想精确地找到它们,并对它们进行操作,不了解正则表达式会十分艰难,并且容易出错,因此,学习正则表达式也是数字工程师的必修课。

分屏显示可以在同一个屏幕上显示多个文件,在编写 RTL 时非常实用。由于 RTL 模块接口庞大而又复杂,在例化模块、声明信号时,需要同时打开两个文件,或同时打开有层次包裹关系的多个文件是很有必要的。诚然,很多工程师特别依赖 VCS、Spyglass、nLint 等工具进行语法检查,依靠报错和警告来发现问题,但靠工具检查永远是被动的,Debug 者在头脑中没有形成一个完整的设计观念,而是困于一条条的报错中。这些报错虽然可以逐条修正,但修改之处往往是顺序混乱的,在修改后,往往已经失去了再次用肉眼进行 Debug 的可能,因此,不提倡完全依靠工具和脚本进行逻辑语法的 Debug。设计代码的最佳状态应该是接口信号顺序与例化顺序一致,分组明确,内部信号在声明时的分组也应该明确,最终,将各分散的模块汇总到设计顶层,在顶层的信号声明顺序与模块接口顺序一致,并且在连接到庞大的寄存器配置模块时,顺序和分组也都应保持不变。提出这样的要求,并非把人当机器,其好处在于设计者在按要求编写代码时,可以强迫自己重新整理设计思路,如果在设计中存在思维盲区,或者由于设计时间过长而遗忘了细节,就可以利用整理声明的机会提醒和回忆设计内容,对提高设计的安全性大有裨益。另外,RTL 代码的语法重复性高,在写一个模块时,往往也需要同时打开另外一个模块,或者同时展示本模块的其他区域,以便随时参考。分屏显示功能减少了在代码编写和对照过程中文件切换的频次,提高了编写效率和正确性。

文件对比时也需要分屏显示,但它会比较出两个或多个文件的区别并进行高亮显示。RTL 重复率高,两段看似一样的代码,仅在细节上有差别,这些差别肉眼难以察觉,此时可以用对比的方式。另外,在编写代码时,可能同一个模块会编写若干个版本,这些版本基于不同的原理和思路,最后集成时再决定用哪个。这些版本的控制,可以用版本管理软件,例如 SVN 和 Git,它们可以进行版本的对比、注释等,但对于一个文件产生的分支,使用 Gvim

的文件对比功能更为方便。一个在 Gvim 中进行文件分屏和对比的例子如图 8-1 所示。

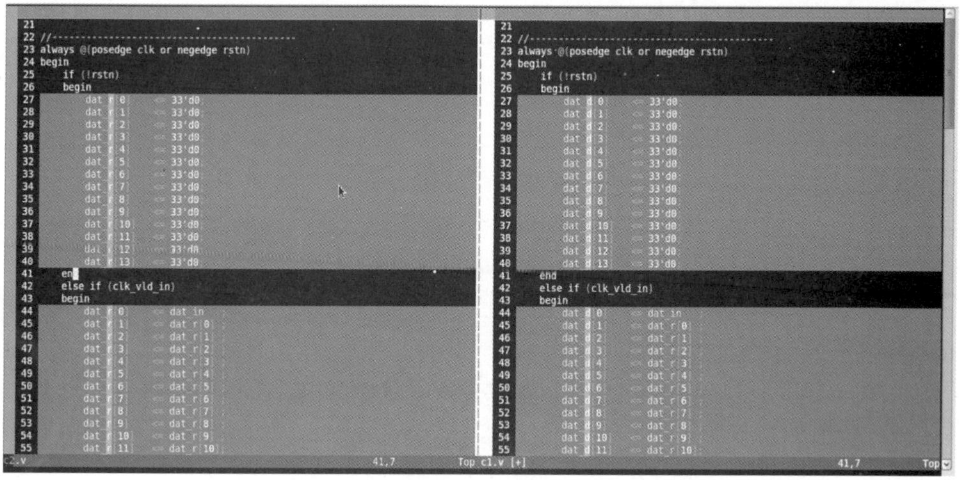

图 8-1　用 Gvim 分屏并进行文件对比

Windows 系统下快捷键 Ctrl＋C 的原理是将内容放入系统剪贴板,然后通过 Ctrl＋V 操作将该内容粘贴到指定位置。在这个操作中,剪贴板只有一个。Gvim 不仅提供了系统剪贴板,还提供了更多的剪贴板。如果需要在不同的位置粘贴不同的内容,则一个剪贴板不够用,此时多个剪贴板的好处就体现出来了。当然,系统剪贴板的好处在于内容可以跨软件复制粘贴,而 Gvim 的非系统剪贴板中的内容无法粘贴到其他软件中。

Gvim 或者说 Vim,支持不用鼠标的全键盘操作,减少了手在鼠标和键盘间来回移动的频率,提高了输入效率。

上述功能,虽然并非 Gvim 所独有,但将它们集成在同一个小型免费软件中确实难能可贵,特别是在 Linux 环境下。另外,Gvim 的运行效率也很高。在大型设计中,综合、PR 产生的网表体积庞大,要打开它,使用一般的编辑器往往需要等待较长时间,甚至无法打开,但用 Gvim,打开速度相对较快。Gvim 的主要缺点在于上手困难,必须记忆快捷键才能得心应手,新人往往望而却步。其实,只要坚持使用,一年左右时间就可以熟练掌握。Gvim 也有 Windows 版本,不论写的是不是代码,都可以用它,以便快速提高熟练度。

下面介绍一些最常用的 Gvim 操作。

(1) Gvim 与其他编辑器最大的区别在于它的操作分为命令模式和编辑模式,而其他编辑器只有编辑模式,因此,在其他编辑器上直接就能编辑,换到 Gvim 则必须在命令模式和编辑模式之间来回切换。使用 i 或 a 键,可以从命令模式切到编辑模式,使用 Esc 键,可以从编辑模式返回命令模式。用惯 Gvim 的人在使用其他编辑器时也经常频繁按 Esc 键就是这个原因。Gvim 之所以要区分这两种模式是因为它的附加功能很多,而又不想通过图形界面的方式调用这些功能,只能在命令模式下输入。例如搜索文字,在其他编辑器中往往用 Ctrl＋F 调出搜索图形界面,再输入要搜索的关键字,而在 Gvim 中,需要在命令模式下键入斜杠号/,后面跟需要搜索的内容。如果在编辑模式下输入斜杠号,则该符号就会被插入文本中,不被当作命令。下面介绍的操作,都是在命令模式下进行的。

（2）在小范围移动编辑光标时,不用鼠标或键盘的光标键,而是在命令模式下使用 k 表示上,j 表示下,h 表示左,l 表示右,即右手放在正常的输入位就能移动光标。按 w 键可以向右跳转一个单词,区分单词的方法是看是否有空格分隔。

（3）大范围移动,例如要跳转到第 23 行,在命令模式下直接输入 23gg,光标会跳转到第 23 行的开头。gg 表示跳转。如果想跳到最后一行,又不知道行号,则可以在命令模式下输入 100%,同理,若想跳到文件的中间,则可以输入 50%。Gvim 支持重复多次执行同一个命令,例如光标执行一次向下任务,按 j 键,如果要向下移动 79 行,可以用 79j,即 j 的动作重复 79 次。23gg 和 50% 两个命令表示绝对跳转,是在忽略当前光标位置的情况下进行的跳转,而 79j 是相对跳转,是基于当前光标位置进行的跳转。

（4）选择一段字符,也称为块选择。在命令模式下按 v 键,光标会变形,即进入了块操作模式。此时,再使用 k、j、h、l 等方向键,或 23gg 等跳转操作,就会选择从光标位置到跳转位置的整个区域,软件会高亮显示这部分区域。此时,可以按 y 键对这块区域进行复制。按了 y 键后,软件会自动从块操作模式退出,但内容已经进入剪贴板。再将光标移动到任意位置,按 p 键即可粘贴。

（5）Gvim 命令的按键是区分大小写的。例如,要用块操作选中一整行,可以在该行首字符上按 v 键,再按 l 键向右选择,直到选取了一整行为止,然而,更快的方法是按 V 键,就是大写的 v,即键盘上的 Shift+V。其他命令也同样区分大小写。

（6）Gvim 的亮点——列操作,也是一种块操作。在命令模式下键入 Ctrl+Q,即可进入列操作模式,然后按 k 等方向键选择列的长和宽。在 Linux 的 Gvim 中,也可以使用 Ctrl+V 来进入列操作。选择完毕后,可以复制,也可以直接插入字符,按大写 I 或大写 A,可以进入编辑模式,输入字符后按 Esc 键返回命令模式,此时,选中的列中的每行都会出现刚才键入的字符。

（7）删除字符,不论是普通命令模式还是块模式,都可以在选中后使用 x 键进行删除,也可以用 Delete 键。在命令模式下,Backspace 键无法删除字符,需要进入编辑模式才能使用。如果需要删除整行,则可将光标移动到该行任意位置,然后输入 dd。

（8）将选中的字符按 y 键进行复制后,会将内容保存在默认剪贴板中。再按 p 键会将该内容调出并粘贴。除了默认剪贴板,还有系统剪贴板及键盘剪贴板。要想将字符送到系统剪贴板中,需要先选中字符,然后依次输入“+y 这 3 个符号。粘贴时,连续输入”+p 即可。在 Gvim 中,键盘上的许多按键本身就可以充当剪贴板,例如想将一段字符存储在按键 c 代表的剪贴板中,选中字符后依次输入“cy,粘贴时输入“cp,读者可以从上述两个例子中总结出剪贴板使用的规律。除字母键外,符号按键也可以作为剪贴板。这些剪贴的内容分别存放在不同的存储器中,互相不冲突也不覆盖,可以任意调用,但要注意,跨软件的复制粘贴只能使用系统剪贴板,默认剪贴板也是普通剪贴板,即字母 a 代表的剪贴板,因此也不能跨软件粘贴。

（9）要保存文件时,须在命令模式下输入“:w”两个字符。保存并退出时使用“:wq”

3个字符。有时,文件句柄被占用,拒绝改写,可键入":w!"强制改写。若同时打开了多个文件进行分屏编辑,要想一次性地将对它们的修改全部进行保存,可以使用":wa",其中,a表示全部。若不想保存,强行退出,输入":q!"。

(10) 要搜索文件中的内容,可在命令模式下输入斜杠/,后面跟需要搜索的内容。该搜索支持正则表达式。若希望忽略大小写,则可输入/\c 3个字符,后面跟内容。按Enter键后,搜索内容会被高亮显示。此时,按n键可以向下寻找每个搜索词,按大写N键可以向上搜索。如果要全字匹配,则可以使用正则表达式,例如要搜索单独的word一词,就可以输入/\< word\>,其中,\<和\>将word包围,术语称为字符串锚位,反斜杠是转义字符。也可以将光标移动至任意单词上,按 * 键(或组合键Shift+8),即可搜索全文中相同的词。

(11) 替换方法是在命令模式下按照以下格式输入。搜索被替换的内容时仍可使用正则表达式。格式中的%表示全文查找并替换,若使用第2行的格式,意思是在从34到56行的范围内查找和替换,超出范围不处理。若一行中找到多处欲被替换之内容,则只替换最前面的一个,后面的忽略。若想将整行中全部匹配内容都替换,则应在表达式结尾加/g。搜索时若有忽略大小写的需求,则在表达式末尾加/i,这两个选项也可以组合使用,即为/gi。

```
:%s/被替换掉的内容/新内容
:34,56s/被替换掉的内容/新内容
```

(12) 取消上一步操作不能使用惯用的Ctrl+Z,而是直接按u键。Gvim能够记忆用户操作的多个步骤,多次按u键可以按顺序回退这些步骤。

(13) 如果取消上一步后,又后悔了,希望回到取消前的状态,则可以用Ctrl+R。

(14) 分屏显示多个文本,可以输入以下格式,这样,可以在保留当前文件显示的基础上,再打开另一个指定的文件,分别占据屏幕的一部分。sp表示上下分屏,vsp表示左右分屏。如果代码的一行比较长,就使用上下分屏,以便显示完整的一行。如果代码的行短,但是行数多,为了尽可能多地显示几行,就使用左右分屏。在RTL编写中,vsp使用较多。如果用户忘记了文件名,则不需要去终端目录中查看,可以在输入":vsp"后按Ctrl+D,这样就会显示当前目录下的所有文件名,选取其中一个即可。或者不写文件名,而是输入一个点号(.),这样分屏显示的是路径上的文件,用户可以找到需要打开的文件,然后按Enter键打开。很多时候,分屏的主要目的是查看同一个文件的不同位置,因为RTL代码行数多,无法集中在一屏显示,此时,只需输入":vsp",不写文件名。一个屏幕支持多次分屏,即同时打开多个文件,但如此屏幕会显得拥挤,需要调整每个文件占据屏幕的空间。经典的做法是用键盘命令调整,但这样做的操作效率不高,一般用鼠标来挪动分屏框调整。如果使用Vim,则只能用键盘调整。切换当前需要编辑的文件,可以用鼠标选择,也可以按两次Ctrl+W来切换,但当同时开启多个文件时,用鼠标选择更为方便。

```
:sp 文件路径/文件名
:vsp 文件路径/文件名
```

（15）对两个文件进行对比，可以用两种方式。一种是在打开文件前，在终端输入以下命令，即可打开两个文件，并用不同颜色显示对比结果，重复的部分会自动折叠。若两个文件已经用分屏方式打开，则在两个文件的命令模式下都输入":diffthis"，也可以进行对比。若在此模式下对文件进行了修改，则需要取消原来的对比结果，重新对比，此时需要输入":diffupdate"。

```
gvimdiff 文件名 1 文件名 2
```

（16）如果光标发生了跳转，例如输入100%跳转到文件结尾处，想要回到跳转之前的位置，则可以输入 Ctrl+O。

从以上常用操作可以看出，Gvim 的命令模式代替了其他编辑器的交互窗口和菜单功能，其中包含 3 种类型的操作。第 1 种是操作型命令，如用 x 键删除一个字符，用快捷键 Ctrl+Q 进行列选择等，特点是命令短，并且输入后即时生效，不需要按 Enter 键确认。第 2 种是设置型，以冒号开头，后面加设置，例如":vsp"和":diffthis"等。第 3 种是搜索，以斜杠开头，加搜索内容。后两种的命令都比较长，并且需要在输入后按 Enter 键确认才能生效。在命令模式下输入的命令都可以在文档的最下部看到显示，特别是第 2 种和第 3 种，如果不按 Enter 键确认，该输入命令就一直留在那里，如果输错了，则可以编辑，如果想取消，则可以用 Esc 键。由于第 1 种命令是即时的，输入错了会导致执行错误的命令，此时，需要用 u 键取消操作。

很多设置命令可以在打开文件后用第 2 种命令来输入，但如果是所有文件都普遍适用的设置，就应该使用全局设置方法改变软件的默认设置，免去每次都要输入的烦恼。全局设置通过一个文件来完成。对于 Linux 下的 Vim，其设置文件一般放在用户根目录下，命名为 .vimrc（最前面的点表示隐藏文件，用 Linux 的 ll 或 ls 命令看不到它，需要用 ll -a 命令才能显示），对于 Windows 系统下的 Vim，其设置文件在安装目录下，名为 _vimrc。用户可以将通用设置命令写到该文件中，保存后，任何重新打开的文件都会自动执行这些命令，常用的 .vimrc 设置如下：

```
set nocompatible
set showmatch
set sw = 4
set smartindent
set nowrapscan
set backspace = indent,eol,start
set number
set hlsearch
set ruler
set autoindent
set ts = 4
set expandtab
set nobackup
set noswapfile
filetype on
syntax on
```

⏵ 5min

8.2 Spyglass

Spyglass 是用于对 RTL 进行检查的工具,其最基本的功能是 Verilog 语法检查、可综合性检查等。它还包含跨时钟域的检查、DFT 检查等高级功能。该工具会按照严重程度及错误的类型对检查出的问题进行分级和归类。工具检查出来的问题,有些是严重的语法错误,会影响综合,对于这些问题,需要及时改正。有些问题是提示性的,即工具认为这样的设计存在风险,工程师需要自己评估风险的严重程度,自行决定是否进行进一步修改。语法检查使用 VCS 或 DC 综合工具也能做,使用 Spyglass 或 nLint 等专门的检查工具,意义在于它的检查更为细致,能深窥到设计内部,猜测设计的逻辑意图和逻辑细节。该工具内部已经包含了一个集合有工程师设计经验的建议库,通过将本设计与建议库进行对照,找到不一致之处,进而报告出来供设计者参考,因此,除了检查必要的语法规则外,尽量多地提出设计建议是 Spyglass 存在的价值,相当于一个经验丰富的工程师帮设计者检查代码。

这里介绍 Spyglass 检查的基本步骤。它和综合工具一样,可以选择命令行运行或 GUI 运行。为了直观起见,下文介绍 GUI 方式。检查的步骤分为 3 步,分别是安装设计、安装目标,以及分析结果。在 Linux 终端输入 spyglass 命令即可进入软件界面,如图 8-2 所示。在图中上排可以很容易找到检查的 3 个步骤对应的按钮,其中,安装设计分为两个子步骤,分别是添加文件和读取文件,每个步骤都对应一种界面,图 8-2 为添加文件界面。可以通过按钮的颜色区分当前处于哪个步骤和界面,深色显示为当前界面。

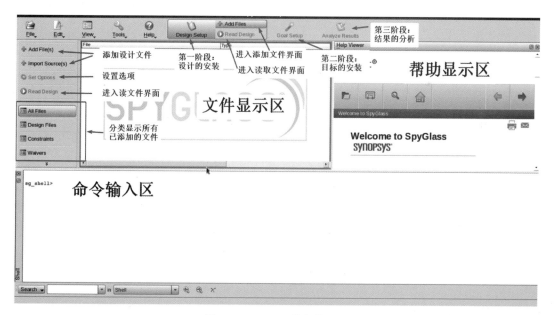

图 8-2 Spyglass 的初始界面

Spyglass 支持的文件类型很多,其中最基本的是设计文件,可以是 Verilog 语言编写的以.v 为扩展名的文件,也可以是 VHDL 语言编写的以.vhd 为扩展名的文件,还可以是 Verilog 的库文件,以 lib 为扩展名(与综合时读入的 db 文件内容一致)。还可以加入约束文件。Spyglass 有自己的约束文件类型,以 sgdc 为扩展名。如果说 sdc 文件是设计者向 DC 工具介绍设计的时序,则 sgdc 文件就是设计者在向 Spyglass 介绍设计的方方面面,内容涉及的范围超过了时序。例如,需要告知工具,本设计的顶层模块名、用于跨时钟同步握手的模块名、用于产生时钟和复位的模块名、FIFO 所处的位置和名称、状态机所处的位置、各时钟的名称及频率、哪些信号可以看作静态信号(不需要关注跨时钟问题)等。提供如此详细的信息,是为了使工具理解设计,从而提出更准确的建议,减少无用的建议。还可以添加 Waiver 文件,它以 swl 为扩展名。该文件负责屏蔽那些用户认为可以忽略的警告信息。约束文件的工作机理是了解设计并提出建议,不会提出未被发现的隐患,而 Waiver 的工作机理是在工具已经提出的建议中强行屏蔽其中的一部分。sgdc 和 Waiver 的语法都可以在帮助显示区中查到。最后,也可以添加一些物理设计文件,如整个设计的物理特征文件 def,以及元器件的物理特征文件 lef 等。还可读入时域约束文件 sdc,在 Spyglass 中也提供了对 sdc 文件的检查功能。添加的文件都会被分类显示,如图 8-3 所示。上述各文件类型有着必要性方面的不同。设计文件是最为必要的,仅凭这些文件,也可以进行基本的语法检查。sgdc 添加后,可以进行较为详细的语法检查及跨时钟域检查。Waiver 是在任何检查中需要屏蔽警告时才会用到。物理文件(def、lef 等)在进行与后端相关的布局布线评估时才需要。

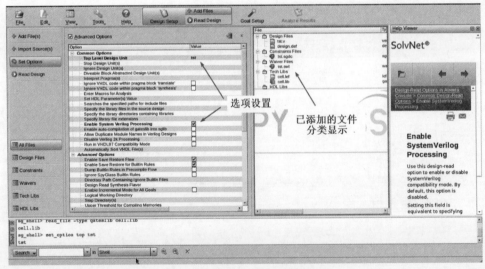

图 8-3 添加文件与设置选项

在选项设置中可以设置软件检查的细节和规则,例如填写顶层模块名、是否支持 System Verilog 语法等。

在添加了必要的文件后,单击上方 Read Design 按钮就可以进入读取文件界面,如图 8-4 所示,其中,两个需要勾选的选项分别是对设计进行综合及增量编译。对设计进行综合并不意味着 Spyglass 能做综合工具的工作,综合的本意就是用元器件替换抽象设计,因此,这里的综合只是用 Spyglass 中定义的概念性门电路,类似综合的第 1 步,将抽象 RTL 映射为通用单元。增量编译与软件编译器中的定义一致,可以减少再次编译时的工作量。读取的行为需要按钮触发。最终的结果会显示在界面的下方。在进行真正的检查步骤之前,若遇到关键语法错误,则会在这里报告。界面上排的 MS 按钮可以显示本设计的内部结构,Waiver 按钮可以让用户通过界面屏蔽一些警告,屏蔽后可保存为 .swl 扩展名文件。用户也可以通过该文件来学习 Waiver 语法。

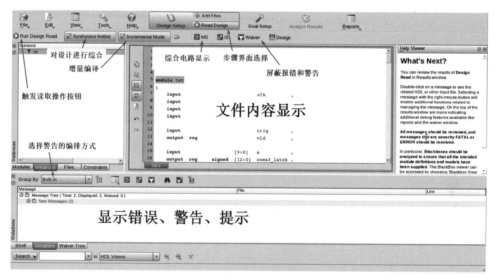

图 8-4 读取文件界面

在读取文件后,上方的 Goal Setup(安装目标按钮)将变为可点选状态,点选后可进入安装目标界面,如图 8-5 所示。目标指的是检查目标,即做检查的目的。图中目标分为 13 个大类,共 50 个小类,每种类型都需要购买相应的许可证(License)才能运行,其中,Lint 大类是最基本功能,即对设计进行语法规则的检查。adv_lint 大类主要检查 RTL 中的断言及状态机、case 语句使用的正确性。constraints 大类主要检查 sdc 文件的约束。txv 大类主要检查 sdc 中 set_false_path 和 set_multicycle_path 约束的正确性。cdc 大类主要检查 RTL 代码中跨时钟异步处理是否存在及其正确性。rdc 大类主要检查 RTL 中跨复位域的问题,即检查同步释放设计是否存在及其正确性。dft 大类主要对 RTL 中 DFT 设计及可测性覆盖率进行检查。power 大类可以基于 RTL、TB 和波形,评估芯片运行的功耗,并给出功耗优化建议。power_verification 大类主要检查芯片的 PMU 低功耗设计是否正确和完整,需要提供 RTL、sgdc,以及 UPF 文件。physical 大类可以在 RTL 阶段预测出 PR 时可能发生的布线拥塞及时序问题,需要输入 RTL 和技术库,在 Spyglass 中会进行一次虚拟的物理综合。physical_aware_power 大类调用了 power 大类和 physical 大类的引擎,能从物理角度更准确地评估功耗。connectivity_verify 大类可以进行 IP 间和 SoC 间的连接检查。

位于 Goal Setup 项中的 Setup 按钮提供了目标运行的细节选项。

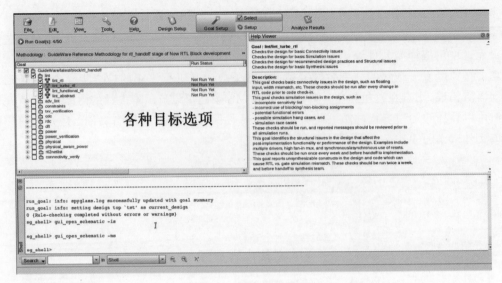

图 8-5　安装目标界面

用户选择好目标后，单击左上方的 Run Goal(s) 按钮即可运行目标。

运行完目标后，会自动跳入分析结果界面，如图 8-6 所示，其上方的 Analyze Results 提示会变为绿色。从左上方的 Run Goal(s) 选择某个目标来查看对应的报告，具体的报告会显示在界面的下方，可以按照紧急程度排序为致命错误（Fatal）、错误（Error）、警告（Warning）、普通信息（Info），也可以按模块显示。一般，致命错误和普通错误都必须修改正确，而警告中包含了确实存在问题的部分，以及一些不是问题的条目，对于这些条目，可以忽略，或使用 Waiver 方式屏蔽。每条报告都包含报告类型编号，用户可以将该编号输入帮助

图 8-6　分析结果界面

文档,从而学习其具体含义。如果是错误或警告,则在帮助中还包含对问题如何修改的建议。事实上,Spyglass 的帮助文档是非常好的学习资料,对于学习 RTL 设计技巧及深层次了解芯片知识都有很大帮助,学习者应充分利用这些帮助信息。某些检查条目还会对应电路原理图进行提示,例如在进行 CDC 检查后,单击报告上方的电路按钮,可以看到问题的局部原理图,使定位问题更加直观形象。在操作过程中,若希望修改工程文件、运行目标或检查选项,则可以随时在上述 3 个步骤间进行切换。

8.3 Formality

    Formality 是一款形式验证工具,用于 RTL 与网表的一致性对照。在芯片研发流程中,可能需要经过多次形式验证。首先,在综合后可以得到初步网表,可进行一次形式验证。当插入 DFT 后,进行第 2 次形式验证,此时,需要将 SCAN_MODE 设为 0,即选择非 SCAN 模式。在后端完成 PR 之后,会将网表与版图进行一次 LVS 对照,可以看作模拟电路的形式验证。最后,将 RTL 与最终 PR 的网表进行形式验证,检验通过后 SignOff。

    Formality 的运行方式与 DC 综合器一致,可以使用 fm_shell 命令直接进入提示符运行环境,将 RTL 和网表读入软件,即可运行。也可以使用脚本,与第 7 章建立的综合脚本 syn. tcl 一样,这里也建立一个脚本,名为 fm. tcl,它可以完成读入 RTL 和网表、设置参数、启动检查、输出报告等功能。一个示例脚本如下,为了更清晰地说明,凡是需要读者自己填写的部分都用双引号括了起来,读者在写脚本时不需要这些双引号。脚本中提到的 svf 文件是在进行综合时生成的,它包含 RTL 信号名与网表信号名之间的映射关系,是形式验证所必需的文件。svf 文件若不专门命名,则其默认名为 default. svf,默认存放在综合的工作目录中。需要注意的是,只有退出综合工具,或在综合工具提示符下输入命令 set_svf -off,该 svf 文件才会有效,因此,最好在运行 Formality 之前退出 DC 工具。

```
set design "顶层模块名"
set top_svf_dir "svf 文件存储的路径"
set verification_datapath_effort_level unlimited

#该选项在大多数检查中开启
set synopsys_auto_setup true

#设置 svf 路径
set_svf $top_svf_dir

#打印信息
report_guidance

#进入安装阶段
setup

#读取元器件库文件,这些文件与综合时读取的是同一批文件
```

```
read_db "标准单元库文件名.db"
read_db "引脚单元库名.db"
read_db "SRAM 文件名.db"
read_db "ROM 文件名.db"

#在工作目录中新建两个文件夹,分别命名为 ref 和 imp
create_container ref
create_container imp

#读入 RTL
read_sverilog - container ref - libname REF_LIB - 09 - f "RTL 的文件列表"
set_top ref:/REF_LIB/ $design
set_reference_design ref:/REF_LIB/ $design

#读入网表
read_verilog - container imp - libname IMP_LIB - 01 "网表文件"
set_top imp:/IMP_LIB/ $design
set_implementation_design imp:/IMP_LIB/ $design

#将 DFT 的 SCAN_MODE 设置为 0,只对照正常工作时的 RTL 与网表的一致性
#由于 DFT 功能是直接插入网表中的,RTL 与网表一定是不一致的,应避免对照
set_constant - type port imp:/IMP_LIB/ $design/SCAN_MODE 0

#报告设计中内容为空的黑盒,一般会报告一些无逻辑功能的物理器件
report_black_boxes

#进入对照阶段
set status [match]

#若出现不一致的问题,则需要报告
if { $status != 1} { echo "match FAILED" }

#报告出那些没有找到对应项的元器件
#注意,即便对照一致,也会存在找不到对应项的元器件
#例如,为了消除天线效应而在网表中插入的专门器件,以及一些综合器自动插入的时钟门控等
report_unmatched_points - compare_rule
report_guidance

#若对照一致,则进入验证阶段,若验证阶段也通过了,则打印成功
if { $status == 1} {
  set status [verify]
  report_failing_points
  if { $status == 1} { echo "SUCCEEDED" }
}

report_status
```

运行 fm.tcl 的方法是在终端输入以下命令,它表示运行 Formality,并执行 fm.tcl 脚本,同时,将屏幕上的内容也打印到 fm.log 文件中。

```
fm_shell - f fm.tcl  | tee fm.log
```

检查完毕后,可以在工具命令行中输入 start_gui 打开 GUI 进行 Debug,该界面如图 8-7 所示。可以从界面上方的按钮看出形式验证的步骤,即第 1 步读取 RTL 作为参考组(Ref),第 2 步读取网表作为实施组(Impl),第 3 步进行设置和文件安装过程(Setup),第 4 步进行对照(Match),第 5 步进行验证(Verify),第 6 步对最后没有检查通过的问题进行 Debug,这些步骤在 fm.tcl 脚本中均已体现。图中展示的是 Debug 界面,它下面有一系列选项卡,可以查看对照通过的信号、未通过的信号、已忽略的信号等。当形式验证失败时,主要查看未通过的信号列表。

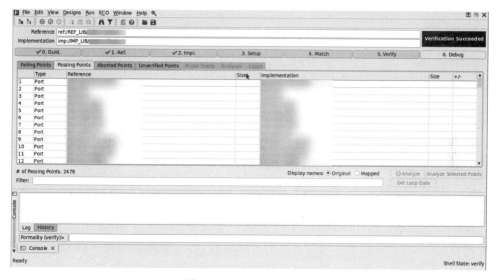

图 8-7　Formality 的 GUI

8.4　Perl

3min

　　Perl 是数字设计工程师常用的脚本语言,在介绍 TCL 时已经可以看出,TCL 较为适合处理文本,而处理计算事务却略显笨拙。Perl 在处理文本和计算任务方面都比较灵活,编程长度短,编程效率高,因而受到工程师的欢迎。从计算机语言的角度来看,Perl 算是没落的贵族,它曾经被应用于互联网行业,用来进行网页制作、数据库维护、生成表单等,但随着互联网行业的快速发展,好用且高效的语言层出不穷,Perl 渐渐地落后于时代,应用范围逐渐变窄,目前只在电子设计行业还占有一席之地,但随着 Python 的走红,这最后的阵地也渐渐被 Python 所取代。相对 Python 来讲,Perl 的安装包体积更小,语言更为简洁,表达方式灵活,并且是 Linux 服务器中预装的脚本语言。Python 目前应用的主要问题是版本问题,即 Python 3 和 Python 2 在语法表达方面有较大区别,Python 3 更严谨和规范,很多网上流行的脚本用 Python 3 编写而成,但许多 Linux 服务器中预装的是 Python 2,Python 3 的脚本不能直接在其上运行,必须经过修改移植,这妨碍了 Python 在芯片设计领域的应用。可见,芯片设计是一个相对封闭的行业。芯片公司为了信息安全,一般只安置局域网服务器,工程师在局域网服务器上工作,这些服务器不能随时接入互联网。安装软件、更改设置、增加算力、扩展磁阵等操作都由专门的 IT 工程师负责,从而制造了一个封闭的工作环境,保留了一些较为古老的语言和应用方式。数字工程师的脚本应用,站在互联网的视角都是活化石级的。随着芯片产业的发展,相信工程师所使用的脚本语言会更加接近于主流语言,因而撰写本节的目的,不仅是介绍 Perl,还包括对脚本语言在数字设计中发挥什么作用的介绍,使读者在以后接触任何一种新语言时,知道用在哪、怎么用。

脚本语言在设计领域的应用,主要总结为以下 6 点。

(1) Verilog 是一种重复率和冗余度很高的语言,多个句式表达间可以找出其重复性和规律性。在 2.7 节中,介绍了使用 generate 块来减少重复表达,用类似 C 语言的变量来代替重复的方法,但是这种方式有其弊端,即定位问题时无法定位到出现问题的具体一行,因为 generate 块中的一句话实际上是多句表达的概括。在多个句子中,究竟哪一个句子出错了,在代码中无法体现,因此,有些项目中要求不使用 generate 块,而是用 Verilog 中重复且冗余的表达方式。这种重复可以用手写,即复制粘贴并对需要修改的地方做出修改,但这种做法可能会引入错误,而且这种错误不是语法错误,用 Spyglass 查不出来,是极大的风险隐患,因此,推荐使用脚本来编写这种重复的代码,这样不会引入偶然的错误,如果出错,则所有语句一起错,容易被检查出来。

(2) 对于大型网表,即便是效率较高的 Vim 也难以打开,或者打开后卡得无法处理。这时,如果需要查看网表,找出其中的某个元器件及其连接方式,甚至修改某个元器件的名称,就只能寻求脚本的帮忙了。可以选择直观的方式,将一份网表用脚本拆分成若干块,这样用 Vim 也能分别打开查看。也可以选择用脚本提取想要的信息,并替换为新的名称。网表是非常重要的设计文件,一旦改错,在后续步骤中会引发很多意外和麻烦,例如 Formality 的对照就会出错,PR 和 SignOff 也会受影响,因此,进行这样的操作需要熟练掌握根据字符特征进行精准定位和替换的方法,使用正则表达式是唯一的选择。

(3) 使用 Verdi 可以查找 RTL 中某个名称的信号,这一功能使用脚本也能做到,而且,由于脚本有正则表达式的加持,信号检查的精准性和灵活性更高。习惯在文本编辑器中查看代码的工程师推荐使用这种方法。

(4) 对于报文格式固定的验证,报文片段之间都有一定的制约关系。可以使用脚本来产生随机且不失约束关系的激励,然后输入 TB 中。对于数量众多的 TC 管理、Scoreboard 结果汇总等验证任务,也可以使用脚本完成。

(5) 任何需要进行报告整理、数据汇总的场景都可以用脚本完成。

(6) 可以将脚本应用于文件系统的管理中,例如删除旧文件、新建目录、文件改名等操作,甚至文件压缩也可以用脚本实现。

计算机语言都具备一些共性,例如,都要规定条件语句、循环语句、子函数调用、数组等语法格式。除此之外,不同的语言就显现出它们各自的特点。例如 C 语言,什么语句对应什么硬件,十分清晰,但每个变量都必须声明,这样的语言称为低级语言,不适合用来当脚本程序。MATLAB、Perl、Python 等可以不声明变量,甚至变量属于什么类型(是数值还是字符串)在某些语言中都是模糊的,需要解析器根据程序的上下文自动判断,这样的语言称为高级语言,使用高级语言能拓展应用范围,并能加快程序的编写。有些语言需要经过编译、链接和执行等过程,试图在程序运行前就发现大部分问题,而有些语言通过解析器快速解析后直接执行,一边执行一边找错误,当发现错误时才停止运行。在表达方式上,有些语言格式整齐严谨,将格式的整齐融入语法中,不遵守就无法执行,而有些语言格式自由,书写随意性强,虽然也有格式规范,但只是建议,不遵守也不会影响执行。在计算机语言的底层,即编译解析层面,也有许多不同,包括内存的管理方式、数据搬运方式及解析器编写所基于的底层语言。这些底层因素影响了计算机语言的执行效率、资源占用及安装包的大小。正是由于不同语言都有着各自的优缺点,才促使软件工程师不满于现有语言,不断发明新语言。20世纪的 70、80 年代,是一个野生语言发明的高峰期,因为当时大型软件厂商较少,以小型公司为主,软件领域还处在百家争鸣的战国时代,现在使用的 Perl、Python、MATLAB 等均可追溯到那一时期,它们最初都是由不带有商业性质的个人发明的,依靠论坛传播。进入 90年代特别是 21 世纪后,随着软件、互联网产业的成熟,以大型厂商主导的计算机语言开发和推广成为主流,语言的相互竞争和替代体现了商业集团之间的竞争态势,非商业的个人发明语言方式已经越来越边缘化,难以被编程者群体广泛接受。

作为脚本语言,需要具备的特点就是快速编程、快速执行、批量处理、减少人工,相对而言,可读性和可维护性则放在次要的位置。Perl 就具备这样的特征,语言简练,无须声明,一个目的对应多种实现方式,可以快速编程,无须编译直接运行。Perl 的缺点是可读性较差。从上述 6 点应用来看,数字设计工程师主要用它进行正则表达式的匹配和定位,而可读性差是正则表达式所引入的特征,并不是 Perl 所独有的。

Perl 的语法规定很多,本书篇幅有限,这里仅举一个在多个 RTL 文件中查找目标信号的例子,程序如下。程序的第一句是通知系统使用 usr/bin/perl 解析器来解析这个脚本。该解析器是默认安装在 Linux 服务器上的,可以在终端输入 which perl 来找到它的安装位置。接下来的两句 use 是调用 Perl 的两个应用库,若不添加库,则一些特殊的函数和用法将不能被解析器所读懂。该脚本的主函数只有一句话,它在当前目录下搜索所有文件(搜索范围包括子文件夹),看是否能找到想要的信号名。该脚本的方便之处就在于,一般在文件夹中只能搜索文件名,而只有打开文件后才能搜索内容,运行该脚本,可以逐一打开文件并搜索内容,是两种搜索功能的结合。主函数调用了一个子函数 wanted。主函数将当前的文件名保存在变量 \$_ 中,传给子函数。子函数先检查该文件名是否包含 Verilog 的后缀.v,从而过滤掉非 Verilog 的文件,然后打开。用变量 \$line 存储文件中的每行,并与想要的信号名进行匹配。匹配之后打印信号名所在的文件、行号,以及该行的内容。Perl 中的变量一般不声明,为了与函数相区别,变量均以 \$开头。不声明的变量均是全局变量,可在主函数和子函数中调用。在本例的子函数中用 my 声明了 3 个变量,这样的变量是局部变量,也叫私有变量,离开子函数后就被注销,可保证与主函数的同名变量不冲突。可以发现,Perl 中的任何变量都是不声明其数值或字符串属性的,解析器会自动考虑每个变量的类型,例如一个变量放在字符串中,就当它是字符串,另一个变量用于计算,就当它是数值。这样自动赋予变量属性难免会有违设计者的初衷,设计者也可以强制指定变量类型。本例中进行了两处正则表达式匹配。在 Perl 中,正则表达式匹配的符号为 =~,用 if 语句判断是否匹配成功。逐行读取文件时不需要检查指针是否到达了文件末尾,在其他语言上需要检查的文件末尾标志 eof,在 Perl 中不用写专门的语句来检查,而是直接写为 while($line = <fp>),意思是从文件句柄 fp 中提取一行内容,直到文件结尾,这也体现了 Perl 语言编程的简单性和高级性。

```perl
#!usr/bin/perl

# 装载两个应用库
use File::Basename;
use File::Find;

# 主函数,只有一句话.在这里调用了子函数 wanted,调用方法是\& 后接子函数名
find(\&wanted, ".");

# sub 声明了名为 wanted 的子函数
sub wanted
{
    # 声明 3 个私有变量
    my $dir  = $File::Find::dir;
    my $line;
    my $cnt;

    # 使用正则表达式,只匹配包含.v后缀的 Verilog 文件,其他文件不打开
    if( $_ =~ /.+\.v$/)
    {
        # 打开 Verilog 文件
        open(fp, "< $_");

        # cnt 为文件内部行计数
        $cnt = 1;

        # 搜索每行
        while( $line = <fp>)
        {
            # 去除每行末尾都有的换行符
            chomp( $line);

            # 使用正则表达式,在一行中寻找关键字 Bai
            if( $line =~ /Bai/)
            {
                # 若找到了,则打印文件名、行号,以及该行内容
                print "$dir/ $_ : $cnt : $line\n";
            }
        }
    }
}
```

```
            #行号自增
            $cnt ++;
        }

        #完成文件搜索后关闭文件句柄
        close(fp);
    }
}
```

## 第 9 章

数字 IC 工程师的
成长与提高

选择数字 IC 方向的学生和从业时间不长的工程师非常关心的问题就是怎样提高 IC 设计水平,需要遵循怎样的学习路径,哪些项目方向适合自己。本章就来讨论具体的学习和提高方法,帮助新人做好学习路径规划和项目方向选择,并且介绍数字设计如何与其他专业的同事进行分工和协作。

9.1 学习方法

一个数字 IC 设计工程师的学习路径应该从学习 Verilog 语法开始。在学习中要特别区分哪些语法是可以综合为电路的,即电路表达,哪些语法是不能综合为电路的,即行为表达。许多初学者由于无法分清这两者,会将行为表达方式用在 RTL 中,造成无法综合的问题。本书第 2 章和第 3 章分别介绍了可综合的语法和行为级的语法,目的就是帮助读者进行区分。有些公司会强调大学里数字电路和模拟电路课程对从事设计工作的重要性,使很多新人将重点放在了经典的数电和模电教科书上,但是,仔细盘点关系最密切的数电课程章节,可以发现所讲内容主要是将电路概念过渡到数字概念,以及讲解 MOS 管、组合逻辑、触发器、锁存器的内部结构等,最后是一些较为简单的逻辑讲解。在实际设计中,元器件是作为整体被调用的,工程师可见的是它们的引脚及功能,而对其内部结构几乎不进行讨论。卡诺图等逻辑简化工具在实际设计中可以对 RTL 代码起到一定的简化作用,但随着设计越来越复杂,企业反而要求设计者充分表达其本意,而非简化后的逻辑意义,这样可以方便后来的维护人员阅读,至于逻辑的简化工作,在综合工具中会自动完成。换句话说,在现代设计中,RTL 主要体现的是一种设计思想,而不是直接体现最终的电路。因而数字电路的课程内容不应该占用很多学习时间,只要理解概念即可,真正使设计水平得以迅速提高的方式是 Verilog 模块的设计与仿真练习。相比之下,模电课程知识对数字人员理解模拟电路、促进与模拟人员的沟通,有一定的帮助作用,对于芯片使用中遇到的实际物理问题,也会有一定的启示作用,但是对 Verilog 的学习者来讲,模拟电路属于进阶内容,应与芯片上层业务的学习放在同一个优先级上。

在掌握了基本的电路设计语言后,可以进一步学习 System Verilog,语法掌握到第 3 章介绍的程度即可。换而言之,设计者应掌握产生任意激励和对输出结果进行判别的必要语法。如果能进一步掌握 UVM 的验证方法,会对验证团队的工作有一个更为深入的理解,用于仿真自己设计的模块也可提高设计的质量,但是,从时间顺序和优先级上,对于电路的理解应该放在更为重要的位置,例如 FIFO、状态机、信号传输与握手、总线、跨时钟域同步等知识。

FPGA 的使用是数字设计人员的必修课,因为数字人员的工作原本就包括在 FPGA 上对自己和他人的设计进行验证。对于 FPGA 与 ASIC 内部结构的不同点,以及各自在设计上的特点,设计人员应有所了解,本书 1.9 节已对此问题进行过讨论。

时序约束是在掌握了 Verilog 和 System Verilog 之后需要进一步学习的内容。最合适的学习工具不是 DC 综合器,而是 FPGA 的 EDA 软件,因为 FPGA 是现成的芯片,约束语法正确性及约束效果可以得到直接体现。FPGA 工具还可以对时序问题进行图形化显示,使学习过程更为简单易懂。

在进行 Verilog 设计练习时,可以使用计算机仿真与 FPGA 相结合的方式,在 VCS 上做仿真练习后,移植到 FPGA 工程中查看真实的运行结果。FPGA 的优势在于设计的效果可以直接体现,而仿真结果再真实,也是一种模仿真实场景的方式,与实际效果仍然存在差异。例如某些处理需要的时间较长,可能以数秒计,放在仿真中,就需要数小时或数天时间,但在 FPGA 中就可以只等几秒便输出结果。有些操作需要通过软件配置,而在仿真中,很可能 System Verilog 的驱动过程与实际软件的驱动过程不一致,导致已经验证通过了的设计在实际操作中却困难重重,配置步骤烦琐,还可能会出现意想不到的异常。仿真的优势在于它可以提供设计的解剖图,当遇到不明原因的问题时,通过仿真查看每个信号的运行情况就能准确定位问题,因此,在做 Verilog 设计练习时,比较高效的步骤是先仿真,确定主要功能和设计的正确性,然后移植到 FPGA 上看效果。若在 FPGA 运行中出现问题,再返回仿真平台,将 FPGA 上的激励移植到 TB 中,复现 FPGA 上的问题并尝试各种方法予以解决,最后回到 FPGA 上看问题是否最终得到解决。

设计者还应了解一些基本 EDA 工具的使用,例如 VCS、Verdi、DC、Spyglass 等,更高级的设计者还可以进一步掌握 PT、Formality,甚至 Virtuoso。其中,VCS 和 Verdi 在设计过程中经常用到,可以在工作中逐渐学习掌握,DC 和 Spyglass 并非一定在设计中用到,在项目中可能有专门人员来做这些工作。新入职的员工往往会被安排进行 Spyglass 的检查工作,可以利用这一机会尽可能多地掌握该工具,而 DC 综合的使用,若没有专门的工作安排,则可以在业余时间进行练习。其他 EDA 工具,一般是在工作中用到时再进行详细了解,在前期的学习过程中,只需知道它们的用途。需要清楚的一点是,电路设计者不是 EDA 软件的编写者。对于 EDA 软件的编写者来讲,深入讨论每个软件设置细节,熟悉软件上各版本的历史传承关系,本身就是他们的工作职责之一,而对于电路设计者,只需掌握软件的部分用法,熟悉必要的概念、术语、简写,而不需要做到与 EDA 厂商相同的熟悉程度,因为这意味着大量的时间消耗,而实际收益却不大。任何学习过程都遵守二八法则,即工作中 80% 的知识,花费 20% 的时间就可以学到,而另外花的 80% 时间,在工作中只用到 20%。设计者必须与自己的记忆力做长期的斗争才能长期保持对这些知识的熟悉程度。一般一年内不用就可能全部忘掉，所以建议在学习时，对于当前无用的储备知识，先了解概念并在头脑中树立一些基本印象和思维定式，印象是比较容易保持长期记忆的，而具体步骤和细节不适合记忆。只要有了牢固的印象，使用时补习细节会比初次学习轻松一些。

对于不同的脚本语言，有不同的掌握要求。Shell 和 Linux 命令一样是日常在服务器上工作的基本需求。TCL 是 DC、PT 等工具的基础脚本语言，也需要掌握。Perl 和 Python 属于加分项，仅仅会写并不足以给设计工作加分，真正加分的是在需要用到时能够想到用它，从而使设计的准确性、格式的整齐性、编写的快速性、测试的完整性得到事实上的提高。相比于单纯的 Perl 和 Python，学习正则表达式更具有实用价值，因为不仅脚本能用，在日常编辑的 Gvim 中也可以随时使用。脚本的学习存在一个问题，一旦公司中有成熟的脚本，就很少改动，因此，语言的细节适合作为词典进行查询，而不适合记忆。学习者可以先将全部语法练习一遍，观察每条语法的效果，并将其中比较常用的保存为示例脚本。最终应达到的效果是，知道通过脚本可以做哪些事，而细节可以通过查看示例脚本的方式来辅助记忆，指导今后的实用性编程。

掌握了基本的 RTL 和仿真语法、了解了电路设计的典型模块和设计方法、掌握了FPGA 的基本使用方法、会写简单的时序约束、掌握基本 EDA 使用方法后，就可以着手了解具体的芯片业务，向更高级的芯片设计阶段迈进。

9.2　选择合适的方向

芯片其实是个笼统的概念，因为各行各业都需要芯片。在芯片时代到来之前，每个行业都会有自己的设计团队根据本行业的需求设计开发电子线路，在行业之间的交集很少，从业人员一般选择在本行业内流动。但进入芯片时代后，由于各行业不具备芯片设计和制造知识，无法继续承担设计任务，这才将设计工作全部集中，形成了芯片行业。对于设计不同领域的芯片厂商来讲，除了芯片底层的设计和制造知识是共通的以外，其上层业务存在天壤之别。作为芯片从业者，可以选择两条发展道路。第 1 条路是坚守芯片设计的底层领域，充分掌握芯片设计、综合、验证、PR 等知识，熟悉各种 EDA 工具，在不同行业的芯片厂商中都可以找到设计职位，最终成为一名芯片专家。第 2 条路是在了解芯片设计的大部分知识后，转而研究芯片所处的具体行业，研究它的具体要求，这样在设计时，设计者将得到主导权，在方案讨论、架构制定、IP 性能评估等方面拥有发言权甚至决策权，最终可成为一名架构师或算法专家。目前常说的芯片设计工程师及芯片设计职位，多数指的是第 1 条路径，而第 2 条路径只是附加要求。第 1 条路径的优点在于就业面宽，可以突破行业兴衰的影响，方便地从一个行业切换到另一个行业。第 2 条路径与相关行业绑定较深，就业面较窄，但常常在产品中拥有较多的发言权和主导权，可以担任更高层的职位。一个学习者或从业者，在早期都要走第 1 条路径，或者读研究生时走第 2 条路径，但在就业后只能从第 1 条路径开始重新起步。等发展到一定阶段，例如从业 5～6 年时，从业者应该对自身的优势和劣势，以及所处行业和公司的发展前景有一个清晰的评估。坚持在第 1 条路上走,还是转到第 2 条路,需要工程师自己评估和判断。相比之下,数字后端就只有第 1 条路可以选,因为该职业远离主要业务实现,只关注芯片本身的制造环节,而模拟工程师要想升级为有经验者,就必须走第 2 条路,因为模拟设计的不同领域虽然看似相通,但设计时讲究的细节、芯片可能遇到的问题各不相同,需要在同一个领域多次流片,才能积累起相应的知识,而这些知识换到其他领域可能并不适用,或并不是其他领域的主要问题,因此,凡是堪称专家的模拟工程师都是在本职领域长期深耕过的,他们不会轻易改变方向。

目前芯片研发方向中比较受关注的是 CPU、GPU、DPU、AI、车载处理器、WiFi、5G、MCU、区块链加解密等领域,但正如上文所说,芯片其实是工业、民用、军事等诸多领域都要用到的一种零部件和电子原料,因此,对于那些不在聚光灯下的芯片方向,诸如雷达、电源管理、电机驱动、微机电陀螺仪、传感器、摄像头、数模转换、LED 等,也是不可或缺的。对于新人来讲,会纠结究竟哪个方向才是适合自己的。笔者认为,如果 9.1 节提到的 IC 设计基础没有掌握牢固,则方向问题只是个次要问题,夯实基础才是主要任务。不论芯片多么高端,分配给新人的任务也不会过于复杂,而如果是一款简单芯片,新人反而会承担更多的工作,因为研发成本低,对于专业度的要求也相应降低。一些新人看不起开发 SPI、I^{2}C 等简单模块的工作,认为每天讨论高大上的术语才更专业,这是一种误区。对于新人来讲,用一两年的时间练习简单模块,并且能够得到流片的机会,芯片回来后能有幸测试自己设计的芯片,是十分难得的经验。在职业的初期,与其挑选研发方向,倒不如挑选合适的芯片公司。对于有一定基础的从业者,才存在选择芯片应用方向的问题。

9.3　数字工程师与模拟工程师的协作

芯片结构包括数字和模拟,数字工程师和模拟工程师一起配合才能设计出完整的芯片,但是,由于设计思维的不同,在两者的协作中,经常会出现一些沟通问题。

模拟工程师对待时钟信号并不像数字工程师那样重视。在数字电路中,由时钟驱动的触发器是最主要的时序器件,在设计中会严格限制其他信号作为触发源,也尽量避免使用锁存器。数字设计中之所以主要依靠时钟来做时序逻辑,将重点全都压在时钟上,一方面是单一的重点比分散的重点更容易获得 EDA 工具的识别和特殊处理,例如独立的走线层次、更宽更厚的金属、更大的屏蔽距离等,另一方面是为了简化时序分析过程。正如 7.3 节所展示的那样,时序分析建立在路径概念之上,而路径的定义中包含两个由时钟驱动的触发器。如果一个电路,包含不由时钟驱动的触发器或者锁存器,就无法使用路径概念,对于 EDA 分析工具来讲就只能放弃,设计者需要根据元器件参数进行人工分析。人工分析的效率极低,只能对少量电路使用这种方法,因而这些特殊电路即便存在,也是个别的、非普遍的,需要受到格外重视,然而,模拟工程师在手工搭建数字电路时,时钟驱动触发器、普通信号驱动触发器、普通信号驱动锁存器等设计都会出现。为了保证时序,他们会将采样沿或锁存使能的位置专门安排在被采样数据的中间处,这样,建立时间和保持时间都能满足。那么,有了这保险的方法，为什么数字设计还要走钢丝，经常游走在建立时间和保持时间的边缘？那是因为参照系不同。手工搭建数字电路时，被采样的数据是参照系，采样时机随数据变化。大规模的 EDA 数字设计中，时钟是参照系，数据随时钟变化。时钟是统一的，可以做成时钟树消除其上的 Skew 影响，因而参照系是统一的。如果以被采数据作参照系，则 Launch 时钟与 Capture 时钟的距离必须被有意放大，这样才能保证 Capture 沿在数据的中间，但这意味着时钟树的分支之间需要有意插入若干 Buffer，会因此浪费很多面积。更重要的问题是，数字设计的假设前提是 Launch 时钟与 Capture 时钟是可互换的，即某路径的 Launch 和 Capture 时钟，换到其他路径就可能互换关系，专门为 Capture 插入的 Buffer，当它作为 Launch 出现时无法再保证采样的时序，因此，对于大规模数字电路，无法像模拟手工设计那样挪动触发位置。

上述例子可以反映出许多模拟工程师对数字设计所基于的原理和基础的不熟悉，他们不能站在时序分析角度来看待采样电路，这会导致一系列问题。例如，如果模拟电路中需要数字时序电路，但规模较小，模拟工程师会手动搭建，但这些电路往往未经过充分验证，也没有经过时序分析，只经过了 Virtuoso 仿真，出现功能性故障的概率比正常流程的数字设计大很多。再例如，一起讨论设计，特别是在讨论数模接口的逻辑时，模拟工程师会向数字工程师提出用某个普通信号作为触发或锁存驱动的建议，而这将导致时序分析上的困难。在进行修改版图（Engineering Change Order，ECO）时，模拟版图工程师可能会修改数字连线，并且不经时序检查，做完 DRC 和 LVS 就直接验收（SignOff）。这些做法在数字工程师看来都是危险的。

在实际的芯片规划中，应尽量将时序逻辑电路规划到总的数字设计中进行统一设计，尽可能避免模拟工程师手工搭建数字电路的情况。对于有些芯片，数字设计分散在不同的模拟模块中，例如 ADC、电源、时钟等模块各自需要一块单独的数字逻辑，而且它们的物理距离有可能较远，从统一设计的版图拉线到这些模块内部，走线会很长。此时可以考虑将一个数字开发任务分为多个，分别走数字的设计、验证、综合、PR 流程，产生多个数字版图嵌入各自的模拟模块中。

一些在模拟中应用时序逻辑的场景比较隐秘，不容易被发现和重视。例如，要控制模拟电路，需要数字工程师提供配置寄存器，而模拟工程师基于静态思维，要求简单地直接配置，但是当模拟功能模式需要切换时，直接配置会产生中间态，既不属于前一种模式，又不属于后一种模式，成为电路运行的隐患。一些模拟工程师没有数据信号和控制信号的概念，认为在配置寄存器时不需要由数字设计产生对应的 vld 信号，而是由配置寄存器的操作自然而然地产生 vld，从而使与模式相关的一系列寄存器同时使能或失效，而在数字设计和软件操作中，任何自然产生的控制信号都属于功能复用，即利用了一个原有的机制去解决一个新问题。如果原机制和新问题是完全重合的，则可以复用，若两者有细微差别，则不能被复用，需要另外产生新的控制信号。对于模拟的模式切换这类应用，需要若干寄存器同时生效，另一组寄存器同步失效，在数字电路上使用单独的控制信号触发是最安全的办法。

模拟电路本身也有时序成分，而且是不能用数字电路代替的。例如，对上电流程的控制,先开一个临时电源,待芯片完全启动后切换到正常电源,这就是一种流程时序控制。这样的设计,数字无法参与,因为在做这些动作时,数字的电源尚未建立,数字电路处在不供电的状态,无法做任何控制。数字工程师也需要认清这些功能和需求,了解数字电路的局限性。

数字与模拟工程师的另一个显著区别在于数字工程师习惯于通过代码、脚本等文本方式研究电路,而模拟工程师习惯看原理图。当一个数字工程师希望与模拟工程师沟通电路设计细节时,往往会打开一段代码进行说明,这时,模拟工程师常常会表示不理解。他们会画出一个电路连接,但是所讲的却是数字工程师不常讨论的电流、电容、阻抗等内容。这是常见的数字模拟沟通不畅的情况。作为数字工程师,应了解模拟工程师的习惯,尽量避免使用代码形式展示设计,可以用画电路的方式,或者画波形的方式,当然,平时注意培养自身的绘画能力,才能在需要时随心所欲地表达,过于依赖绘图软件,会导致手绘能力的退化,使即时讨论无法开展,因为在这样的讨论中不可能使用绘图软件慢慢画。模拟工程师也应了解数字的理解范围,应将话题集中于逻辑电平范围内,准确提炼自己对数字设计的要求,进行一定程度的抽象,不要表述过多的模拟细节,使数字工程师无法抓住重点。

数模混仿也体现了模拟和数字的沟通特征。数字向模拟配置参数,以及模拟向数字反馈信息等常规操作是不需要进行数模混仿的,只需在各自的仿真验证平台上做单独验证。适合数模混仿场景是数字和模拟进行循环迭代控制。此时,数字不确定它提供给模拟的配置是否正确,因为这些配置一般由待验证的算法产生,并不是一个确定的值,同时也不确定是否能从模拟侧得到预期的反馈,因此,必须将数字电路和模拟电路连在一起进行仿真,数据从数字流向模拟,再从模拟流向数字,循环往复,直到预期的效果出现。如果模拟电路在数学上有确定的表达,则可以用 SV 代替模拟电路(如 3.16 节所示),避免做数模混仿。如果模拟电路无法用确切的公式或明确的计算步骤来表达,就必须使用数模混仿方法。数模混仿可以在纯文本方式和原理图方式这两种方式中选择。数字工程师往往会主导纯文本方式的仿真,在这种方式下,模拟工程师无法直观地看出电路连接是否正确,也无法给出有效的设置建议,所以为了提高模拟工程师的参与度,更快地推进混合验证工作,最好使用图形化界面,将数字控制器直接例化到原理图中,通过模拟连线的方式搭建仿真平台。

本节总结了模拟和数字工程师的工作特点和理解习惯,希望两者能够更加了解对方的想法和需求,理解彼此的强项和薄弱之处,从而避免无意义的讨论,提高数模混合设计的开发效率和产品质量。

9.4 数字工程师与软件工程师的协作

除了与模拟工程师一起工作以外,数字工程师还常常要与软件工程师一起配合。在项目当中,数字工程师还起到一个沟通媒介的作用。模拟工程师一般不与软件工程师直接发生联系,需要通过数字工程师,将模拟表达翻译成软件工程师能够听懂的逻辑表达、数据表达。反过来,软件工程师的流程化表达也需要数字工程师翻译成电路表达,才能让模拟工程师理解。在软件工程师看来，不论是模拟还是数字，都是硬件。数字工程师是硬件的代言人。

一款 SoC 芯片的研发，既需要数字和模拟工程师提供硬件平台，也需要软件工程师提供相应的驱动软件和上层协议软件。很多芯片的功能是硬件和软件各完成一半，不论哪个环节薄弱，都做不成一个好产品，因此，在宏观上，数字工程师在芯片初期的策划阶段就应当在架构方面与软件工程师进行清晰的边界划分，哪些功能归软件实现，哪些功能归硬件实现，软硬件的接口如何定义，这些都应该十分清晰。软件需要多大的 RAM 和 ROM，多大的 NVM，CPU 需要多少算力，每个 CPU 核应运行多快，都应做好事先规划。在细节上，也要做好流程规划，很多模块的控制需要软硬件配合，先由软件触发启动，再由硬件做自动运算和信号处理，最后由硬件发出中断让软件读取处理结果。有些过程还需要软件根据数字电路反馈的结果来修改之前的配置，并重新触发，进行迭代式计算。为了不丢失数据，硬件中还常常包含 FIFO，当 FIFO 将满时，即使硬件运算和处理过程并未结束，也要马上通知软件读取 FIFO，以免拥塞或造成数据丢失。不论是模拟电路还是数字电路，在某些应用中都有对配置顺序的要求，需要数字工程师画出清晰的软件流程图标明配置顺序，如果数字工程师不强调顺序，则软件配置时将认为寄存器是可以随机配置的。

在芯片的验证阶段，也常常需要软件参与。因为要驱动整个 SoC，仅依靠 SV 不足以覆盖验证任务，需要软件人员编程，像使用真正的芯片一样操作 DUT。这时，需要软硬件一起确定编译的软件以何种格式进入仿真平台，是在初始化时以 BOOT 方式进入并运行，还是走正常流程先运行 BOOT 再转到 App 软件上。软件和 SV 在仿真中的分工配合也应在开始验证前确定下来。

软件除了满足硬件的需求外，也会对硬件提出自己的需求。例如，他们可能要求一些 Timer 使用固定时钟，计数周期不随 CPU 频率的变化而改变等。在设计一款设备时，往往最初的软硬件握手机制是考虑不周的，软件在使用时会感到诸多不便。此时，硬件应充分收集软件的使用体验，改进过去的握手机制，使软件在操作中更为得心应手。软件在使用芯片时的最高境界是忘记正在操作一款芯片，其操作过程如同操作计算机般流畅。没错，计算机就是一个非常成熟且稳定的硬件，很少出现异常，软件工程师在计算机上主要处理上层任务，很少去 Debug 底层错误。这些优点也是所有芯片设计者追求的目标。好用才是芯片的根本，一款芯片是不是好用，软件工程师体会最深。

9.5 写在最后

本书既是一本芯片知识的科普书，又是一本介绍芯片设计和语法知识的教科书，也是笔者从业十余年来知识和经验的结晶。笔者曾经和很多新人有过交流，在新人们的诸多问题中，最多被问到的就是芯片设计在国内是不是一个有前景的行业，近些年的火爆会不会持续很久，是不是一个越老越吃香的行业，会不会有中年危机。这些问题，在十年前我也曾问过自己。只能说，所有人都向往笃定的未来，但现代社会的日新月异，复杂而多变的国际局势，决定了我们无法过上那种一眼看到老的安稳日子。对于年轻人来讲,要走的路还很漫长,今后的几十年里,科技会发生什么样的变革,行业生态会有怎样的变化,一百年以后还会不会有芯片这个行业,真不好说。可以预期的是,单靠本行业内的研究深入和自我优化不足以提供芯片业下一步发展的空间,能够颠覆行业的技术很可能来自交叉领域,来自其他学科的突破。这些技术可能来自材料学或者生物学,它将突破我们对芯片的许多认知,使芯片的体积进一步微型化,速度进一步提高,功耗进一步减低。另外,以目前 AI 的学习能力和进步速度,也许在不久的将来,就不需要人来设计芯片了,AI 可能会设计出超过人类想象的奇怪而又高效的结构,至少也会首先取代数字后端 PR 和模拟版图的大部分工作。有时,当笔者面对满屏的实验数据,不知如何总结归纳时,就在幻想有一个 AI 帮忙处理数据的场景,笔者相信这一天一定会在我们的有生之年到来。新的技术进步既可能提高现有芯片的性能,又可能降低芯片生产制造的门槛。民间化和分散的个性化是一个永恒不变的潮流,计算机提高了个人的生产能力,家用打印机使个人获得了过去只有印刷厂才有的能力,3D 打印使过去只有工厂才能生产的器物也能在家中被制造出来,软硬件方面的技术进步使自媒体取代了主流媒体,AI 学习使普通人也能创作高质量的画作和以假乱真的照片,那么,芯片制造技术会不会降低其门槛,甚至让普通企业只花费少量成本就能建立生产能力,笔者认为是可能的,甚至可能出现家用的微型 3D 电路打印机,将个人设计的版图打印成芯片或直接打印成包含芯片的电路板,这样,如果家中有特殊的应用需求,就可以自己设计,自己打印,这将极大地扩展普通人改造世界的能力。当然,家庭或小企业用的设备肯定是普及型的,不能代表技术的最高水平,但它足以改变我们每个人的生活。如果大家觉得这样的设想过于玄幻,请回忆一下 20 世纪七八十年代,国内有一种职业叫打字员。也许我们就是打字员,打的是芯片这种特殊的文字,而时代的进步终将淘汰一些职业,或早或晚,我们会看到网上有这样的问题:请问世界上真的曾经存在过芯片设计这一职业吗?

畅想未来是为了给现实作借鉴,希望 IC 新人能够放弃静态的思维,在加深理解技术的同时开阔眼界,广泛涉猎,对新技术保持敏感。毕竟,新技术还要靠人来推动。新的技术进步必然会产生更多的新兴岗位,就如同笔者的很多前辈是从 PCB 板设计转行业过来的一样,即使旧有行业被新兴行业所取代,旧的从业者也可以利用原有知识体系在邻近的新行业中发挥作用。最怕的是只掌握了一点点知识就想阻止科技进步,抱着铁饭碗过一生的想法。

此外,也必须看到,个人的命运与国家、社会的大环境是息息相关的,我们无法逃脱环境谈个人。如果国家能赶上下一次技术进步,甚至技术革命,使新材料新技术应用于芯片制造中,或者使低端芯片制造能力在民间普及,调动起广泛的创造力,就可能实现弯道超车,赶上甚至超过微电子先进国家的水平,这将是国内芯片从业者的春天。但如果进一步落后于人,差距越来越大,则可能导致国内芯片行业萎缩,人才流失。众所周知,技术革命会在短时间内将国家间的实力差距急剧拉大。当它再次发生时,就决定了我们所有从业者的职业前途。

除了宏观的大事,还有微观的小事。在一个人的职业生涯中,技术水平、交际能力、身体素质、家庭背景等因素,都会影响到其职业发展。每个普通人都不得不跳入老人、配偶、子女、住房、理财等种种事务所形成的漩涡中。人们在不同的方面投入了不同比例的精力和时间,加之各种外部因素的影响,才有了他们各自不同的经历和命运。在古代,王朝早期总是要给农民平均分配土地的,但发展到王朝中期,就会看到破产农民和大地主之间的天差地别。在现代,即便是起点相似的同班同学,毕业 20 年后再相见,其身份和社交圈子的差异也足以造成难以跨越的隔阂,所以无常才是这个世界真正的常态。认真生活,充分展示出自己的优势和魅力,离开这个世界时不后悔,是笔者给 IC 新人的唯一忠告。

图 书 推 荐

书　名	作　者
深度探索 Vue.js——原理剖析与实战应用	张云鹏
剑指大前端全栈工程师	贾志杰、史广、赵东彦
Flink 原理深入与编程实战——Scala＋Java(微课视频版)	辛立伟
Spark 原理深入与编程实战(微课视频版)	辛立伟、张帆、张会娟
HarmonyOS 应用开发实战(JavaScript 版)	徐礼文
HarmonyOS 原子化服务卡片原理与实战	李洋
鸿蒙操作系统开发入门经典	徐礼文
鸿蒙应用程序开发	董昱
鸿蒙操作系统应用开发实践	陈美汝、郑森文、武延军、吴敬征
HarmonyOS 移动应用开发	刘安战、余雨萍、李勇军 等
HarmonyOS App 开发从 0 到 1	张诏添、李凯杰
HarmonyOS 从入门到精通 40 例	戈帅
JavaScript 基础语法详解	张旭乾
华为方舟编译器之美——基于开源代码的架构分析与实现	史宁宁
Android Runtime 源码解析	史宁宁
鲲鹏架构入门与实战	张磊
鲲鹏开发套件应用快速入门	张磊
华为 HCIA 路由与交换技术实战	江礼教
openEuler 操作系统管理入门	陈争艳、刘安战、贾玉祥 等
恶意代码逆向分析基础详解	刘晓阳
深度探索 Go 语言——对象模型与 runtime 的原理、特性及应用	封幼林
深入理解 Go 语言	刘丹冰
深度探索 Flutter——企业应用开发实战	赵龙
Flutter 组件精讲与实战	赵龙
Flutter 组件详解与实战	［加］王浩然(Bradley Wang)
Flutter 跨平台移动开发实战	董运成
Dart 语言实战——基于 Flutter 框架的程序开发(第 2 版)	亢少军
Dart 语言实战——基于 Angular 框架的 Web 开发	刘仕文
IntelliJ IDEA 软件开发与应用	乔国辉
Vue＋Spring Boot 前后端分离开发实战	贾志杰
Vue.js 快速入门与深入实战	杨世文
Vue.js 企业开发实战	千锋教育高教产品研发部
Python 从入门到全栈开发	钱超
Python 全栈开发——基础入门	夏正东
Python 全栈开发——高阶编程	夏正东
Python 全栈开发——数据分析	夏正东
Python 游戏编程项目开发实战	李志远
Python 人工智能——原理、实践及应用	杨博雄 主编,于营、肖衡、潘玉霞、高华玲、梁志勇 副主编
Python 深度学习	王志立
Python 预测分析与机器学习	王沁晨
Python 异步编程实战——基于 AIO 的全栈开发技术	陈少佳
Python 数据分析实战——从 Excel 轻松入门 Pandas	曾贤志
Python 概率统计	李爽

书　名	作　者
Python 数据分析从 0 到 1	邓立文、俞心宇、牛瑶
FFmpeg 入门详解——音视频原理及应用	梅会东
FFmpeg 入门详解——SDK 二次开发与直播美颜原理及应用	梅会东
FFmpeg 入门详解——流媒体直播原理及应用	梅会东
FFmpeg 入门详解——命令行与音视频特效原理及应用	梅会东
Python Web 数据分析可视化——基于 Django 框架的开发实战	韩伟、赵盼
Python 玩转数学问题——轻松学习 NumPy、SciPy 和 Matplotlib	张骞
Pandas 通关实战	黄福星
深入浅出 Power Query M 语言	黄福星
深入浅出 DAX——Excel Power Pivot 和 Power BI 高效数据分析	黄福星
云原生开发实践	高尚衡
云计算管理配置与实战	杨昌家
虚拟化 KVM 极速入门	陈涛
虚拟化 KVM 进阶实践	陈涛
边缘计算	方娟、陆帅冰
物联网——嵌入式开发实战	连志安
动手学推荐系统——基于 PyTorch 的算法实现（微课视频版）	於方仁
人工智能算法——原理、技巧及应用	韩龙、张娜、汝洪芳
跟我一起学机器学习	王成、黄晓辉
深度强化学习理论与实践	龙强、章胜
自然语言处理——原理、方法与应用	王志立、雷鹏斌、吴宇凡
TensorFlow 计算机视觉原理与实战	欧阳鹏程、任浩然
计算机视觉——基于 OpenCV 与 TensorFlow 的深度学习方法	余海林、翟中华
深度学习——理论、方法与 PyTorch 实践	翟中华、孟翔宇
HuggingFace 自然语言处理详解——基于 BERT 中文模型的任务实战	李福林
AR Foundation 增强现实开发实战（ARKit 版）	汪祥春
AR Foundation 增强现实开发实战（ARCore 版）	汪祥春
ARKit 原生开发入门精粹——RealityKit + Swift + SwiftUI	汪祥春
HoloLens 2 开发入门精要——基于 Unity 和 MRTK	汪祥春
巧学易用单片机——从零基础入门到项目实战	王良升
Altium Designer 20 PCB 设计实战（视频微课版）	白军杰
Cadence 高速 PCB 设计——基于手机高阶板的案例分析与实现	李卫国、张彬、林超文
Octave 程序设计	于红博
ANSYS 19.0 实例详解	李大勇、周宝
ANSYS Workbench 结构有限元分析详解	汤晖
AutoCAD 2022 快速入门、进阶与精通	邵为龙
SolidWorks 2021 快速入门与深入实战	邵为龙
UG NX 1926 快速入门与深入实战	邵为龙
Autodesk Inventor 2022 快速入门与深入实战（微课视频版）	邵为龙
全栈 UI 自动化测试实战	胡胜强、单镜石、李睿
pytest 框架与自动化测试应用	房荔枝、梁丽丽